*Standard*

# FOOD HYGIENICS

# 표준 식품위생학

*Standard*

# FOOD HYGIENICS

# 표준 식품위생학

채용곤 · 이광배 공저

정문각

# 머 리 말

식품은 인간의 생존에 필수적이다. 식량이 부족할 때는 사람들은 그것이 유해하더라도 굶지 않기 위하여 모든 것을 먹을 수밖에 없었다. 그러나 그러한 시대가 지나면서 식품의 유해성에 관심을 기울이게 되었고 이제 소비자들도 자신들이 소비하는 식품에 대한 안정성을 강하게 요구하는 시대가 되었다.

최근 들어 식품 분야에 있어서 유전자 재조합 식품(GMO) 농산물, 잔류 농약, 단체 급식소의 집단 식중독 발생 및 수입 식품에 대한 안전관리 문제가 사회적 관심사로 대두되고 있다. 이러한 것들은 식품위생 관리를 전적으로 책임지고 강력히 추진할 수 있는 범정부 차원에서 제도적 장치를 마련하여 대책을 수립하고 실천함이 최상의 방법이라 생각되나 현재까지 그러한 제도적 장치는 미흡한 수준이다.

21세기는 시장 개방의 가속화로 인한 수입 식품의 계속적인 증가와 과학기술 발달에 의한 첨단 기술제품의 개발, 신종 위해 미생물 및 세균성 바이러스 질환의 출현, 중금속 및 농약 등 위해물질의 증가 등으로 식품의 위생관리가 절실히 요구되고 있다.

본 서는 식품위생의 중요성을 인식하고, 20년 동안 대학에서 식품위생 강의를 하면서 조금씩 준비한 내용들을 모아 한 권의 책을 만들게 되었다. 본 책을 저술함에 있어서 가급적이면 쉬운 용어를 사용하려고 노력하였으며, 또한 최근에 문제가 심각하게 제기되는 식품매개성 질병에 대하여 비교적 자세하게 서술하였다. 대학에서 식품위생을 공부하는 학생이나 위생사, 영양사 국가고시를 준비하는 학생들에게 알찬 교과서가 되기를 바라는 마음으로 최선의 노력을 다하여 저술하였으나 미비한 점이 많을 것으로 생각된다. 이에 대해서는 여러 선배 교수님과 식품관련 전문 연구원, 동학 여러분의 지적과 충고에 따라 또는 새로운 연구의 결과에 의거 미진한 부분은 보완할 것이다.

끝으로 본 서가 식품위생을 공부하는 학생이나 식품과 관련된 부분에 종사하시는 분들에게 조금이라도 도움이 될 수 있기를 바라며, 본 서의 출판을 위해서 애써 주신 도서출판 정문각 여러분에게 깊은 감사를 드립니다.

2012년 1월

저자 일동

# 차 례 CONTENTS

CONTENTS

CONTENTS

# 제1장 식품위생의 개요

# 1. 식품의 의의

인간이 생활을 유지하는 데는 의·식·주의 3대 요소가 필수적이라 할 수 있는데, 특히 식품은 생명과 건강유지 및 증진에 없어서는 안 되는 가장 소중한 요소 중의 하나일 뿐만 아니라 인체에 섭취되어 적절한 영양분을 공급하는 구실을 한다.

따라서 식품은 그 성분의 균형이 잡혀 있고 위생적인 상태로 공급되어야 한다. 즉 인체의 형성과 생활 에너지 공급에 필요한 영양소를 최소한 한 종류 이상을 함유하고 유해한 물질을 함유하지 않은 천연품 또는 인공품으로서 우리가 섭취할 수 있는 것을 말한다. 이러한 식품의 본질을 벗어난 식품은 식품으로서 가치가 없을 뿐만 아니라 인체에 해를 줄 수 있는 무서운 독으로 작용할 수도 있다. 오늘날과 같이 발전된 식생활 문화 속에서 매우 편리한 식생활을 즐기고 있지만 식품의 제조 가공 및 보존기술이 크게 발달되어 각양 각색의 식품이 유통되고 있는 반면에 건강에 해를 끼칠 소지도 그만큼 커지고 있다는 사실을 알아야 한다.

# 2. 식품위생의 정의

인간의 건강을 해치는 수많은 요소들 중에는 잘못된 식생활습관, 비위생적인 식생활 등의 요인들로 인하여 자연사 중 4/5가 식품으로 인해 사망한다는 연구결과도 있듯이 식품은 인간의 건강을 증진시키기도 하지만 반대로 해칠 수도 있다. 동양의학에서는 "의식동원(醫食同源)"이란 말이 있다. 의학적인 측면에서 받아들이면 '질병을 치료하는 식품이 있다'는 뜻이 되겠지만 실제로는 '먹는 것이 곧 치료'라는 말이다. 이 말은 잘못된 식사법은 건강을 해치지만 올바른 식사법은 병을 치유하고 건강을 유지시킨다는 뜻이다. 식생활이 건강의 열쇠라는 사실은 누구나 알고 있지만, 무엇을 얼마나, 어떻게 먹어야 하는지에 관해서는 사람들이 잘 모르고 있다.

최근의 문명의 발달로 식품제조 가공 및 저장기술이 크게 발달하여 우리 식생활도 그만큼 편리해졌지만 반면에 급속한 산업화, 도시화에 따른 식품공해, 즉 유독물질의 식품오염 가능성 증가, 방사선 조사 등 새로운 가공기술의 사용에 따른 유해물질 생성에 대한 의구심, 분석기술의 발달에 따른 새로운 유해물질의 발견, 수입 식품의 급증 등에 따라 우리의 건강을 해치는 요소들이 크게 늘어나 인간의 생명과 건강을 위협하는 사례들이 점차 늘어나고 있는 실정이다. 이에 따라 식품의 안정성에 대한 국민의 우려 증가와 함께 국민의 의식수준도 빠른 속도로 향상되어 더 안전한 식품에 대한 요구가 더욱 커지고 있다.

식품위생은 식품에 의한 위해 발생을 사전에 방지하고 식품이 갖는 본래의 역할만을 할 수 있도록 하는 것이 그 목적이라 할 수 있다. 최근 아프리카 난민에게 무상으로 제공되는 곡물 중에 존재할 수 있는 잔류 농약에 대해서도 현지에서 강력하게 문제가 제기되고 있을 정도로 이제 식품의 안전성은 빈부나 국가발전 정도에 관계없이 전 세계인의 문제가 되고 있다.

식품위생에 대하여 식품위생법(제2조)에서는 "식품, 첨가물, 기구 또는 용기·포장을 대상으로 하는 음식에 관한 위생"이라고 정의하였고, 1955년 스위스 제네바에서 열린 세계보건기구(WHO)의 환경위생전문위원회에서는 이를 좀 더 구체적으로 표현하여 "식품위생이란 식품의 생육, 생산, 제조로부터 최종적으로 사람에게 섭취되기까지의 모든 단계에서 모든 식품의 안전성과 건강성 및 건전성이 확보되도록 하기 위한 모든 조치(Food Hygiene means all measures for ensuring the safety, Wholesomeness, and soundness of all stage from its growth, production or manufacture until its consumption)"라고 정의하였다.

여기서 "식품의 안전성"이란 식품의 섭취가 건강장애의 원인이 되지 않는 것, 즉 식품 중에 식중독균이나 경구 전염병을 일으키는 식중독균, 병원균, 유해·유독물질 등이 함유되어 있지 않는 것을 말하고, "식품의 건강성 및 건전성"이란 식품이 건강을 유지하는 데 필요한 영양분을 충분히 함유하고 있고 그들이 정상으로 유지되어 있는 상태를 뜻하며, 이러한 것이 넓은 의미에서 식품위생에 기여한다고 생각하는 것이다.

# 3. 식성병해

음식물에 의하여 발생하는 건강장애를 식성병해(food injury 또는 food borne diseases)라 한다. 식성병해의 원인으로서는 생물학적 인자, 식품생산 인자, 환경오염 물질에서 유래되는 인자, 가공과오 등 우발사고에서 유래되는 인자의 네 종류로 구분할 수 있다.

생물학적 인자로서는 세균, 곰팡이, 효모 등의 미생물과 기생충 등이 포함되고, 식품생산 인자로서는 농약, 항생물질, 식품첨가물 등이 있으며, 환경오염 물질 및 가공과오 등에서 유래되는 인자로서는 유기수은, 카드뮴, PCB, 납 등이 있다. 이를 다시 생성요인에 따라 분류하면 내인성(內因性), 외인성(外因性) 및 유인성(誘因性)의 세 종류로 크게 나눌 수 있다.

**내인성** : 식품 자체에 함유되어 있는 고유성분으로 인체에 유해작용을 일으킬 수 있는 성분을 의미하는 것으로 동물성 및 식물성 자연독, 변이원성 물질, 식이성 allergen, 생리작용 억제성분, 즉 항비타민성 물질, 항효소성 물질, 항갑상선 물질 등이 이에 속한다.

**외인성** : 식품의 고유의 유독성분이 아니라 식품의 생산, 생육, 제조, 가공, 저장, 운반 등의 과정에서 외부로부터 식품에 유입된 것으로 세균성 식중독균, 경구 전염병균, 기생충, 각종 mycotoxin, 부정 첨가물, 방사성 물질 그 밖의 각종 환경오염 물질, 농약, 항생물질 등이 이에 속한다.

**유인성** : 식품의 제조, 가공, 저장, 유통 등의 과정에서 식품 중에 또는 식품의 섭취에 따라서 생체내에 유해·유독물질이 생김으로써 생성된 물질에 의하여 유해현상을 나타내는 것으로 여기

에는 변질유지에서 생성된 유지과산화물, 조리과정에서 생성된 발암성 물질(Trp-p-1, Trp-p-2, Glu-p-2, IQ 등, benzo-($\alpha$)-pyrene), 식품성분과 첨가물과의 상호반응 또는 아질산염과 아민류와의 생체내 반응 생성물인 N-nitrosamine 등이 있다. 식성병해는 주로 급성적인 식중독이 문제시되어 왔지만 최근에는 아급성 또는 만성적인 새로운 형태의 건강장애가 증가되는 경향을 보이고 있다. 그 원인은 광범위한 환경오염으로 인하여 식품의 생산에서 소비자에게 섭취까지 이르는 과정에 음식물이 오염될 기회가 크게 증가하였고, 특히 식품첨가물, 농약, 항생물질 및 그 외의 공해물질이 첨가 또는 혼입되는 기회가 많아진 데 있다.

## 4. 식품의 안정성과 독성

식품의 안정성을 확보하고 식품에 의한 건강장애를 방지하기 위해 기본적으로 요구되는 것은 무엇보다도 우선 국민들의 위생에 관한 일반적인 지식의 향상과 실천일 것이다. 특히 식품의 제조, 판매, 취급 등에 관여하는 사람의 위생지식의 향상, 업무의 중요성에 관한 자각과 책임 있는 행동이 중요한 요소인 것을 알아야 한다.

식품을 모든 유해요인으로부터 안전성을 확보하려면 다음과 같은 기본원칙을 지켜야 한다.

① 세균성 식중독균, 경구 전염병균 원인균에 식품이 오염되지 않도록 할 것. 일단 오염의 의심이 있는 것은 섭취하지 말 것
② 부패나 변패를 일으키는 미생물에 오염되지 않도록 주위 환경을 청결히 할 것
③ 오염의 의심이 있는 식품은 살균 후 저온에서 단기간 저장할 것
④ 유독 또는 유해물질이 혼입되거나 첨가되지 않도록 할 것
⑤ 식품첨가물은 허용된 것만을 사용하되 사용량의 한계를 절대로 넘지 않도록 하고 불량 첨가물을 사용하지 말 것
⑥ 불량·부정 식품을 제조 및 판매하지 말 것
⑦ 농약이나 공장폐수 등에 식품이 오염되지 않도록 할 것
⑧ 자연독에 의한 식중독이 발생되지 않도록 할 것
⑨ 위조·변조 식품이 제조되지 않도록 적절한 조치를 취할 것

위의 조건을 충족시키지 못하면 식품은 식품으로서의 가치를 상실하고 건강상의 병해를 일으키게 된다.

식품의 안전을 위해 인체에 위해를 일으킬 수 있는 요인들을 제거하는 것도 중요한 일이지만 그들이 인체에 미치는 영향을 조사하는 것도 중요한 일이다. 독성시험의 종류는 급성 독성시험, 아급성 독성시험, 만성 독성시험의 3단계를 거쳐 인체에 위해를 주지 않는 최대 무작용량의

판정과 사람이 하루에 섭취할 수 있는 1일 섭취허용량(acceptable daily intake; ADI)을 구하여야 한다.

### 1) 급성중독

유독물질에 의하여 단기간에 독성이 나타나는 현상으로 그 증상은 급격하고 경과도 빠르다. 초기에는 메스꺼움, 구토, 쇼크, 허탈, 혼수상태에 빠지며 호흡곤란을 거쳐 심장마비 등을 일으켜 사망하기도 한다. 급성독성의 강함을 표시하는 데는 최소치사량(minimum lethal dosis)과 $LD_{50}$ 또는 치사농도(lethal concentration)를 사용하는데 이 중 치사량 50%($LD_{50}$)이 가장 널리 사용되고 있다. 치사량 50%($LD_{50}$)은 실험동물의 50%가 사망하는 것으로 추정되는 시험물질의 1회 투여량이며 체중 1kg당 mg수 또는 g수로 표시된다. 시험에 있어서는 $LD_{50}$근처에서 단계적으로 용량을 달리 하여 투여한 다음 7~14일 정도 관찰하여 주로 50% 치사량($LD_{50}$)의 측정이나 급성 중독증상을 관찰하는 것으로써 화학물질의 대략적인 독성을 판단하는 데 필요하나 독성의 평가에는 참고가 될 정도이며 이것만으로 안정성을 예측할 수 있다.

〈표 1-1〉 급성의 대·소의 기준

| $LD_{50}$ (흰쥐, 경구, mg/kg) | 독성의 정도 | 사람에 대한 추정 치사량(g) |
|---|---|---|
| 1 이하 | 극대 | 0.05 |
| 1~50 | 대 | 1~5 |
| 50~500 | 중 | 20~30 |
| 500~5,000 | 소 | 200~300 |
| 5,000~15,000 | 극소 | 500 |
| 15,000 이상 | 거의 무독 | 500 이상 |

〈표 1-2〉 주요 식품첨가물의 $LD_{50}$

| 첨가물명 | $LD_{50}$ (g/kg) |
|---|---|
| 아질산 나트륨 | 0.22(생쥐, 경구) |
| 디히드로 초산 | 1.0(쥐, 경구) |
| 바닐린 | 1.5(쥐, 경구) |
| 안식향산 | 2.0(토끼, 경구) |
| 디부틸히드록시톨루엔(BHT) | 2.4(생쥐, 경구) |
| 자당 지방산 에스테르 | 5 이상(쥐, 경구) |
| 에리소르빈산 | 5 이상(생쥐, 경구) |
| 비타민 $B_1$ 염산염 | 7.7(생쥐, 경구) |
| β-카로틴 | 8 이상(개, 경구, 기름용액으로서) |
| 식용색소 적색 2호 | 10 이상(생쥐, 경구) |
| 5′-이노신산 나트륨 | 12.0(생쥐, 경구) |
| L-글루타민산 나트륨 | 12.9(생쥐, 경구) |
| 삭카린 나트륨 | 17.5(생쥐, 경구) |

독성물질의 투여방법은 경구투여 하는 것이 보통이지만 피하, 근육, 복강, 정맥 등에 투여하기도 한다. 이 독성시험에서 얻은 자료는 그 물질의 독성의 정도를 나타낼 뿐 아니라 아급성실험이나 만성 독성시험을 할 때 그 투여량을 결정하는 참고자료가 된다. 급성독성의 대·소 기준은 표 1-1과 같고 식품첨가물의 $LD_{50}$은 표 1-2와 같다.

### 2) 아급성중독(단기 독성시험)

급성독성이 밝혀진 물질에 대하여 시험물질을 실험동물에게 1~3개월간 약물을 투여하여 나타나는 독성을 조사하는 시험으로 만성 독성시험의 투여량을 결정하기 위한 예비시험으로 실시되는 경우가 많다. 따라서 이 시험을 range finding test라고도 한다.

### 3) 만성중독(장기독성)

미량의 유독물질이 오랜 기간에 걸쳐서 계속적으로 흡수되었을 때 느끼지 못하는 사이에 특정한 생체기관의 장애를 일으켜 나타나는 현상으로 경우에 따라서는 흡수된 유독물질이 체내 축적되어 중독량에 이르게 되므로 비로소 중독 증상이 나타나기도 한다.

만성 독성시험은 단기간에는 아무런 장애가 나타나지 않으나 소량씩을 장기간 섭취했을 때 나타날 독성을 예상하고, 식품이나 식품첨가물이 인체에 끼치는 최대 무작용량(最大無作用量; maximum no effect level)을 추정하려는 것이 이 시험의 목적이다. 실험동물로는 적어도 두 종을 사용하는데 그 한 종은 흰쥐나 생쥐이고, 다른 한 종은 설치류가 아닌 개 또는 원숭이가 되는 것이 보통이다. 사료 중 독물 농도를 4~5 level로 설정하고 각 level에 대하여 생쥐, 흰쥐의 경우는 자웅 각 80마리 정도 그 이상을 사용하여 기본 사료에 여러 농도별로 시험물질을 첨가하여 실험동물의 이유(離乳) 직후부터 2년 또는 2년 반 동안 사육한다. 개의 경우는 암수 약 4~6마리 또는 그 이상을 사용하여 그 수명의 10분의 1에 해당하는 1~2년간 사육한다. 전 기간을 통하여 실험동물의 체중, 사료 섭취량, 물 섭취량의 측정 외에도 일반 증상, 사망률을 관찰하고 혈청학적 검사, 생화학적 검사, 병리조직학적 검사 등을 실시하여 여기서 얻어진 결과를 통계학적으로 해석하고 종합적으로 판단하여 최대 무작용량, 최소 중독량 등을 결정하게 된다.

### 4) 최대 무작용량(MNEL)의 판정

식품과 관련한 안정성은 만성 독성시험을 통해서 얻은 최대 무작용량(maximum no effect level; MNEL)이나 이것으로부터 산출한 1일 섭취허용량(acceptable daily intake; ADI)에 의하여 평가할 수 있다. 최대 무작용량은 동물에게 아무런 영향을 주지 않는 투여량의 최대량으로 가급적 큰 동물에 대한 장기간 만성 독성시험에도 완전히 무독성이 인정되어야 하며 동물 체중 1kg당의 mg으로 표시한다. 최대 무작용량을 판정하는 데는 다음과 같은 조건을 충족시키는 시험농도로서 표현할 수 있다.

첫째, 시험물질을 사료에 섞어 실험동물에게 잘 섭취토록 하며, 대조군(對照群)과 비교해 성장장애나 사망하는 것이 없어야 한다.

둘째, 사육기간이 종료된 후의 부검(剖檢)을 통해서 해부학적 장기의 종대(腫大), 위축 또는 종양의 발생이 없어야 할 뿐 아니라 병리조직학적 검사에서도 대조군(對照群)과 비교하여 중독성의 병변이 없어야 하고, 혈액학적으로도 이상 현상이 발견되지 않아야 한다.

### 5) 1일 섭취허용량(ADI)

1일 섭취허용량(acceptable daily intake; ADI)은 사람이 일생에 걸쳐 매일 섭취하여도 아무런 장애가 일어나지 않는 그 물질의 양으로 1일 체중 1kg당의 mg으로 표시한다. 일반적으로 실험동물에 대한 최대 무작용량의 안전계수 1/100을 곱하여 사람의 최대 무작용량으로 보고 있다. 이것은 동물과 사람이란 종속 차에 따른 저항력의 차이(1/10)와 건강인과 노인, 어린이, 임산부 등 비교적 저항력이 약한 사람과의 차이(1/10)와의 상승효과를 생각해서 정한 값이지만 경우에 따라서는 1/200~1/500이란 안전계수를 쓰는 경우도 있다. 이렇게 해서 얻은 값을 사람의 섭취허용량으로 WHO가 발표하고 있다. 그러나 식생활의 내용은 해마다 변동하고 있으므로 너무 오래된 자료로서는 정확한 섭취량을 알 수 없음에 특히 유의해야 할 것이다. 그리고 같은 첨가물을 사용하고 있는 서로 다른 식품을 대량으로 섭취해도 그 합한 양이 결코 1일 섭취허용량(ADI)을 넘지 않도록 배려해야 한다.

## 5. 식품위생 관리의 문제점

식품이란 근본적으로 안정성이 확보되어야 한다는 전제에는 이론의 여지가 없고, 정부 당국도 좀 더 안전한 식품이 국민에게 공급되도록 하기 위하여 나름대로의 최선을 다하고 있으나, 이를 위한 식품정책 결정에는 쉽지 않은 몇 가지 문제가 있다.

즉 식품위생행정의 궁극적인 목표가 안전한 식품의 공급이지만, 가장 기본적인 전제가 되는 것은 어떤 식품이 안전한가 여부의 판단에도 상당히 어려운 부분을 포함하고 있다. 한 예로 보존료는 식품 중 미생물의 증식에 기인된 국민 건강상 위해를 방지하기 위하여 식품에 첨가하고 있으나, 과다섭취 시 그 가능성은 아주 낮으나 인간의 건강에 악영향을 줄 수 있다.

이와 같은 경우 식품위생행정 당국은 보존료의 첨가에 따른 이익(미생물의 증식에 기인된 국민 건강상 위해 발생 방지)과 손해(보존료 섭취에 따른 국민 건강상 위해 발생 가능성)의 평가를 통하여 예상되는 이익이 가능한 손해보다 대단히 크기 때문에 국민 건강상 위해 발생 가능성이 무시될 수 있는 첨가 수준으로 이를 사용하도록 하는 결정을 내리게 된다. 다시 말해서 모든 가능한 위해를 방지할 수 있는 결정은 내릴 수 없다.

그러나 우리가 발생 가능한 모든 위해를 완전히 차단하는 것은 현실적으로 불가능할 뿐만 아니라 국민 건강상 더 큰 위해를 초래할 수 있다. 즉 보존료의 사용을 완전히 금지한다면 미생물의 증식에 실제로 국민 건강상 더 큰 위해를 줄 수 있다. 이와 같은 예는 수돗물의 염소처리 시의 이익과 염소처리 시 생성될 수 있는 트리할로메탄에 의한 손해 발생 가능성에도 그대로 적용될 수 있다. 그러나 대부분의 국민들은 단순히 보존료가 첨가되어 있으므로 안전하지 못하다고 생각하는 등 작은 가능성뿐인 위해 발생에 더 많은 관심이 있고 그 실익에 대하여는 모르거나 현실상황을 외면하는 경우가 많아 식품위생 행정에 대한 불신이 증폭되고 있다.

지금까지 기술한 오염물질에 대한 근본적인 인식의 차이에서 오는 어려움과 함께 이와 같은 식품 중 바람직하지 못한 오염물질의 관리, 다시 말해서 관리기준의 설정은 어떻게 할 것인가도 또 다른 식품위생 정책결정상 어려움이다. 누구나 알다시피 식품 중에는 수천 가지의 유해물질이 있으며, 이 중에는 자연적으로 그 식품 내에 존재하는 것과 외부로부터 오염 또는 사용된 물질이 있다. 그러나 이와 같이 식품 중 바람직하지 못한 물질에 대하여 모두 기준·규격을 설정하여 관리하는 것은 현실적으로 불가능할 뿐만 아니라 과학적으로도 불필요한 경우가 많다. 즉 식품에 존재할 수 있는 물질은 무한하기 때문에 그것들 전부에 대하여 기준치를 정하여 대응한다는 것은 불가능하고, 그 물질이 식품 중 적은 양으로 존재하여 통상적인 식생활 중에서는 인간의 건강에 악영향을 줄 가능성이 없는 경우에는 기준·규격을 설정할 과학적인 필요성이 없으며, 또한 아직 그 물질의 위해 발생 가능 여부에 대한 정확한 과학적 평가가 없는 경우라면 기준·규격도 설정할 수 없는 것이다. 식물성 식품이나 음료에는 그 물질 자체로는 강한 독성을 나타내기도 하는 페놀 화합물이 많이 들어 있으나, 식품에 보통 존재하는 수준에서는 독성이 없는 것으로 알려져 있어 이와 같은 물질에 대하여 기준·규격을 설정하지 않는 것도 한 예이다.

## 6. 식품위생의 관리대책

식품의 안정성을 확보하고 식품에 의한 건강장애를 방지하기 위해 기본적으로 필요한 것은 무엇보다도 국민들의 위생에 관한 일반적인 지식의 향상과 실천일 것이다. 특히 식품의 제조, 판매, 취급 등에 관계하는 사람의 위생적인 지식향상, 업무의 중요성에 관한 자각과 책임 있는 행동이 중요한 요소이다. 그러나 개인 영업자의 자각과 행동에 기대하는 것만으로는 식품의 안정성을 충분히 확보할 수 없기 때문에 식품위생법을 중심으로 한 규정에 따라 교육 및 지도를 병행하여 적극적으로 실시되어야 한다. 그러므로 각 지방 자치단체별로 위생담당 부서, 특히 일선 행정활동 임무를 띤 식품위생 감시원의 활동이 중요시 된다.

# 제2장 식품과 미생물

수천 년 전부터 인간은 치즈, 요구르트, 김치, 된장, 맥주 및 포도주 등의 발효식품을 만들어 먹어 왔다. 이처럼 발효가 미생물의 작용이라는 사실을 모르던 시대에도 발효식품이 제조되고 이용되었던 것이다. 한편, 부패 역시 미생물에 의하여 일어나는 발효와 매우 유사한 반응으로 이것은 후에 식품위생과 연결되었으며, 또 어떤 미생물들은 사람과 동물에 질병을 일으킨다는 것이 발견되었다.

미생물학의 발달과 함께 미생물의 병원성이 점차 밝혀짐에 따라 여기에 대한 치료 및 예방법 연구가 크게 발전하였으며, 음료수와 음식물이 소화기계 전염병 발병의 중요한 경로가 된다는 사실도 알게 되었다. 또한 병원균에 오염되지 않은 음료수와 음식물을 먹으면 이러한 질병에 걸리지 않는다는 사실도 알게 되었다. 경구 전염병과 식중독 예방차원에서 제일 먼저 세워진 공중보건학적인 대책을 한마디로 말한다면 그것은 바로 '식품의 위생관리'인 것이다. 미생물과 식품과의 관련성이 병원미생물의 발견 이래, 이처럼 100여 년이 지난 오늘날에야 겨우 학문적한 분야로 발전하게 된 데에는 여러 가지 이유가 있다고 생각된다. 확실히 과거에 창궐했던 콜레라, 장티푸스 등의 전염병은 일부의 경우를 제외하고는 현재 문명국이라는 나라에서는 그 발생이 극히 적다. 그러나 오늘날처럼 보건위생 개념이 널리 알려져 있고 그에 대한 대책이 여러 가지로 마련되어 있는 상황에서도 식중독 발생건수는 감소되지 않고 오히려 증가되는 추세에 있다. 이와 같은 사실은 식품위생 분야에서 미생물학적 관리가 아직도 불충분하다는 것을 암시한다.

지구상 모든 환경에는 미생물이 존재하므로 음식물에 미생물이 부착될 수 있는 기회도 많다. 음식물을 미생물의 침해로부터 보호하기 위해서는 이미 음식물의 원료인 농수산물이 논, 밭에서 자라는 시기에서부터 보호하기 위해서는 방제수단을 강구하지 않으면 안 된다. 특히 최근에는 발암성이 있는 독을 생산하는 곰팡이는 농작물이 밭에서 생육 중인 단계에서 침입하여 농작물을 오염시키는 것으로 알려져 있다.

오랜 옛날부터 미생물을 이용하여 다양한 식품을 제조해온 입장에서는 당연한 귀결인지 모르나, 우리나라는 식품위생학적 입장에서 식품제조를 논해야 함에도 불구하고 현실은 그렇지 못하다. 식품미생물의 생태학적 연구는 인체의 건강에 미치는 문제와는 관계없이 식품의 부패 및 변패 등을 방지하기 위하여 식품의 건조, 냉장, 가열 또는 조사살균, 포장, 보존료 개발 등의 기술을 개발하였으며, 더구나 그와 같은 연구를 통하여 미생물의 성질을 규명하려는 노력을 게을리 하지 않았다.

# 1. 식품 중 미생물의 발육조건

## 1-1. 이화학적 요소

### 1) 영양(Nutrient)

모든 미생물은 구조와 조직을 구축하고 유지하는 데 필요한 구조단위와 에너지원을 모든 외부의 환경에서 얻어야 하는데 이를 영양소(nutrient)라 한다. 식품에 관여하는 대부분의 미생물은 종속영양균에 속하는 것이 많으며 요구하는 영양성분은 탄소원, 질소원, 무기염류, 생육인자 등이다.

### 2) 온도(Temperature)

온도는 미생물의 생육에 직접적으로 영향을 미치는 주요한 요소로서 미생물의 통상적인 생육온도의 범위는 0~90℃이다. 이러한 온도에서 모든 미생물이 생육할 수 있는 것은 아니다. 따라서 미생물은 발육최적 온도에 따라 저온균(20℃ 이하에서 증식, 7℃ 이하에서 발육하는 것도 있다), 중온균(37℃ 전후가 최적, 일반적인 미생물(병원균 포함)이 이에 속한다), 고온균(70℃에서 가장 잘 발육하는 세균) 등으로 나눈다. 미생물은 자신의 최적온도 조건보다도 높은 온도에서는 생육이 억제되거나 치사되는데 이것은 효소 단백질이 고온에 의하여 열변성이 일어나기 때문이다.

### 3) 수분(Water)

미생물의 영양세포는 75~85%의 수분으로 구성되어 있으므로 생육에 수분이 미치는 영향은 대단히 크다. 세포 내에서의 여러 가지 화학반응은 각 물질이 물에 녹아 있는 상태에서만 이루어지기 때문에 수분은 필수 불가결한 것이다. 미생물이 생육할 수 있는 환경 중에 함유한 수분은 식품 중의 단백질 또는 탄수화물과 수소결합으로 되어 있는 결합수와 열역학적 운동이 자유로운 자유수가 있으며 미생물이 이용하는 수분은 자유수이다.

미생물이 식품 중의 수분을 어느 정도까지 이용할 수 있는가 하는 것은 수분활성(water activity; Aw)을 보면 쉽게 알 수 있다. 식품을 용기에 밀봉해 두었을 때 식품의 수분은 용기 내의 상대습도와 평형을 유지하게 되는데, 이때의 상대습도를 평형상대습도 또는 수분활성이라고 한다. 식품이 갖는 수증기 압력을 P, 그 온도에서의 최대 수증기압을 Po로 표시하면 그 식품의 Aw는 P/Po이다. 여기에다 100을 곱한 것이 수분활성이다.

일반적으로 수분활성이 0.95~0.99에서 미생물의 생육이 가장 양호하며 0.60~0.65의 수분활성에서는 생육이 정지된다.

〈표 2-1〉 25℃에서의 용액의 수분활성

| 수분활성(Aw) | NaCl (g/100mL $H_2O$) | Sucrose (g/100mL $H_2O$) | Glycerol (g/100mL $H_2O$) |
|---|---|---|---|
| 0.995 | 0.87 | 0.92 | 0.26 |
| 0.980 | 3.5(해수) | 3.42 | 1.0 |
| 0.960 | 7 | 6.5 | 2.0 |
| 0.900 | 16.2 | 14(syrup) | 5.1 |
| 0.850 | 23(great salt lake) | 20.5(포화) | 7.8 |
| 0.800 | 30(포화) | – | 10.5 |
| 0.700 | – | – | 16.8 |
| 0.650 | – | – | 20 |

### 4) 산화환원전위(Oxidation reduction potential; ORP)

식품의 산화환원전위는 그 식품 특유의 산화환원전위 그리고 대기 중의 산소분압, 환경에서의 식품에의 산소의 혼입도 등에 따라 결정된다. 산화환원전위가 높은 곳(식품의 표층부)에서는 호기성 균이 발육하고 낮은 곳(식품의 심층부나 통조림, 병조림 식품)에서는 혐기성 균이 발육한다. 통성 혐기성 균은 표층, 심부 어느 곳에서도 발육하며 합성수지 포장식품에서도 잘 증식한다.

### 5) 수소이온농도(pH)

pH는 미생물의 생육과 밀접한 관계를 가지고 있다. 일반적으로 미생물의 생육이 가능한 pH 영역은 5.0~9.0 사이인데, 미생물에 따라 생육최적 pH가 다르며 생육가능 영역도 조금씩 다르다. 곰팡이는 pH 2.0~8.5에서 발육할 수 있으며 대부분 산성에서 더 잘 자란다. 효모는 대부분 pH 5.0~6.0, 최저 pH는 2.0~1.5이고, 세균은 대부분이 중성에 가까운 pH 6.0~8.0에서 잘 발육하며 최저 pH는 4.0~4.5 정도이다.

## 1-2. 생물학적 요소

미생물은 순수한 단일 균의 상태로서 생활하고 있는 환경이 아니고 2종 이상의 균들이 혼재할 때 균 상호간에 서로 도움을 주고받는 관계를 맺고 있다. 이와 같이 혼합계에서 각 미생물 간에는 영양물질·산소·생활 환경 등의 경쟁적 섭취 혹은 어떤 균의 대산산물이 다른 균을 억제하는 소위 길항현상이 나타난다. 그러나 때로는 미생물 혼합계에 있어서 상호가 전혀 무관계로 생육하는 불편공생(neurtralism, neurtrialistic symbiosis) 혹은 그의 일방이나 양자가 서로 이익이 되는 편리공생, 또 종류가 다른 미생물의 공동으로 상호의 기능을 나타내는 공동작용을 하고 있다.

# 2. 식품 중의 미생물상

미생물은 각각 환경에 적응하여 특유의 미생물상(microflora)을 형성하고 발효, 부패 및 병원작용 등에 관여한다. 식품도 이러한 자연환경 속에서 제조, 가공, 조리, 보존 또는 유통되므로 미생물에 의한 오염을 받게 된다. 식품 중에 존재하는 미생물의 수는 우리가 상상하는 것보다 훨씬 많다. 즉 식품을 섭취할 때 일반적으로 식품에는 $10^3$~$10^5$/g 정도의 세균을 함유하고 있고 경우에 따라서는 $10^6$~$10^7$/g에 이르는 수도 있다. 이때 대부분의 균은 위 속에서 위산에 의해 사멸되고, 일부 저항력이 강한 것이 장내로 들어가도 장내 상주균에 의해 심한 생육억제를 받게 되어 증식이 불가능하며 한편으로 잔존되더라도 물리적 작용, 즉 분변에 의해 배설된다.

위생상 문제가 되는 것은 병원성 미생물로서 이들은 소량이 식품에 잔존하더라도 경구섭취에 의해 무서운 경구 전염병과 세균성 식중독을 발병하게 된다. 식품이나 원료는 각종 오염원에서 유래된 여러 가지 미생물에 의하여 1차적 또는 2차적으로 오염되고 이들 미생물의 길항(拮抗, antagonism) 또는 공생(共生, symbiosis)에 의하여 그 식품 고유의 미생물상을 형성한다. 그러나 같은 종류의 식품이라도 그 유래, 수송, 가공, 저장, 조리 등 그 식품의 거쳐 온 경로에 따라서 미생물상이 달라진다. 이러한 현상을 미생물상(微生物相, microflora)의 변화라고 한다.

식품의 미생물상의 변화과정을 보면 미생물군은 식품 자체의 온도, 수분, 성분, 조성 및 pH 등의 조건에 따라 여기에 가장 알 맞는 조건을 갖춘 미생물이 식품에 정착하게 되어 식품의 미생물상을 형성하게 되는데 이들 식품 중의 미생물상은 다음과 같은 특징을 가지고 있다.

첫째, 식품의 미생물상은 항상 1~2 종류의 미생물이 우점종으로 존재한다. 일단 형성된 미생물상은 다른 환경으로부터 소규모의 오염이 있어도 미생물상의 구성에는 큰 변화가 생기지 않는다.

둘째, 표면적이 넓거나 통기성 상태의 식품에는 호기성 세균에 의한 미생물상이, 식품의 심부나 산소가 잘 통하지 않는 식품에서는 통성 혐기성 균이나 혐기성 균에 의한 미생물상이 형성된다.

셋째, 수분함량이 큰 식품에서는 세균이 우선적으로 발육·증식하고 반대로 수분함량이 적은 건조식품이나 산성의 과일류에는 곰팡이가 우선적으로 미생물상을 형성한다.

넷째, 원료가공의 상태와 저장조건에 따라 특수한 미생물상이 형성된다. 예를 들면, 저온에서 가공, 보존되는 식품에서는 저온 세균, 당을 함유한 산성 식품에서는 유산균을 비롯한 호당성 세균, 염장품에는 호염성 세균에 의한 미생물상이 각각 형성된다.

다섯째, 식품의 종류 즉 농산물, 수산물, 축산물 등은 각기 주위 환경에 따라 지배를 받아 미생물상을 형성한다.

여섯째, 가공식품의 경우 미생물상이 형성되어 있다하더라도 가열에 의하여 약화되면 포자형성균인 내열성 세균이나 기구, 공기 등에서 유래한 오염 세균에 의해서 새로운 미생물상이 형성된다.

일곱째, 형성된 미생물상은 시간이 경과됨에 따라 복잡한 것에서 단순한 것으로 변하는 경향이 있는데, 이와 같은 현상을 미생물상의 경시적 변화(generic succession)라고 한다.

예를 들면, 저온 저장육의 경우 실온에 보관 시 미생물상은 그림 2-1에서 보는 바와 같이 처음에는 여러 가지 세균에 오염되었다가 시간이 경과할수록 어느 한 종류의 세균이 우점종으로 나타나기 시작한다. 대부분의 미생물은 비병원성이어서 보통은 특별한 해를 끼치지 않아 식품위생의 대상이 되지는 않지만 식품의 관리나 위생학적인 측면에서 원칙이 무시되는 경우에는 식품을 악변시켜서 섭취할 수 없는 상태에 이르게 하여 결과적으로는 소비자에게 경제적 손실을 끼치고, 경우에 따라서는 부패중독, 예를 들면 알레르기성 식중독의 원인이 되기도 한다. 한편 사람에게 병원성을 갖는 미생물이 식품에 부착하거나 식품 중에 증식하면 경구 전염병이나 식중독을 일으킬 수도 있고 곰팡이에 의해서 생산되는 mycotoxin으로 인한 중독을 일으키기도 한다.

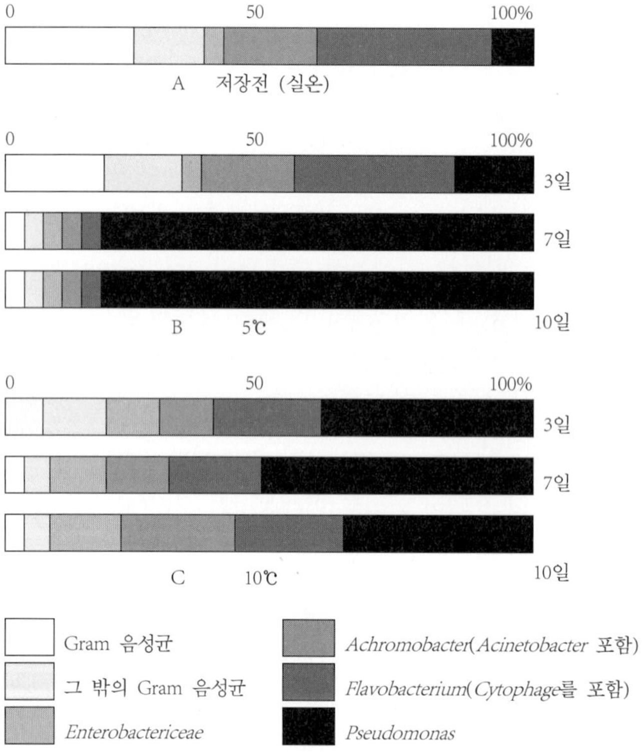


〈그림 2-1〉 5℃와 10℃ 저장육에서의 미생물의 경시적 변화(小久保 등, 1971)

# 3. 식품에 미생물의 오염경로

자연환경에는 수많은 미생물이 존재하며 기회가 있을 때마다 식품에 오염되고 있다. 식품의 미생물 오염원은 그 대부분이 자연환경이라 할 수 있으며, 그 외 식품의 취급 및 가공이나 보존과정에서 2차 오염이 이루어지고 있다. 자연환경은 생태학적 관점에서 분류하면 토양 미생물,

수생 미생물(담수, 해수), 공중 미생물 및 분변 미생물로 크게 나눌 수 있다.

## 3-1. 토양 미생물

토양은 미생물의 온상지라고 볼 수 있을 정도로 대단히 많은 미생물이 분포하고 있어서 보통 토양 1g 중 $10^8$~$10^9$ 정도에 달하고 있다. 토양에 분포된 미생물 중에는 세균이 그 수가 가장 많고 그이어서 방선균, 곰팡이, 효모의 순이며 원충류도 일부 존재한다. 그러나 종류와 수는 토양의 성질, 있는 곳, 깊이 등 서식장소와 계절에 따라 달라진다. 토양 미생물은 토양 중의 유기물을 분해하여 토양의 비옥화를 촉진하고 정화작용의 원동력이 되기도 하지만 식품의 원료에 직접 오염되기도 하고 수분과 함께 대기 중에 비산하여 각종 기구 및 음식물 등에 부착되는 경우와 가축의 체 표면이나 채소, 곡물 등 식품에 오염을 유발한다.

이들 중 식품오염에 관계되는 세균을 균속별로 보면은 *Bacillus, Micrococcus, Pseudomonas, Corynebacterium, Serratia, Proteus, Clostridium, Achromobacter, Brevibacterium, Aerobacter* 등이 있으며, 식품에 직접적인 관계는 적으나 식품오염 시 흙냄새를 발생시키는 방선균으로는 *Actinomyces, Sterptomyces, Nocardia* 등이 있고, 곰팡이속으로서는 *Penicillium, Aspergillus, Mucor, Rhizopus, Trichoderma, Fusarium* 그리고 효모속으로서는 *Saccharomyces, Torula, Monila* 등이 있다. 식품은 토양으로부터 이들 미생물에 의하여 직·간접으로 오염을 받게 되는데 특히 생선, 채소, 과일, 곡류 등과 그 가공·조리식품의 오염이 심하다.

## 3-2. 수생 미생물

물속에도 물의 성질에 따라 다소의 차이는 있지만 토양 다음으로 많은 미생물이 존재하는 자연환경 중의 하나이다. 물의 성질 및 서식장소에 따라 담수 세균, 해수 세균, 하수 세균 등으로 구분된다.

### 1) 담수 세균

담수 미생물은 태반이 세균으로 담수 내 유기물의 종류와 양에 따라 그 수와 종(種)에 많은 차이가 있으나 저온균과 호냉균이 주류를 형성하고 있다. 대표적인 세균속은 물속 고유의 Gram 음성 간균인 *Pseudomonas, Achromobacter, Alcaligenes, Aeromonas, Flavobacterium* 등이 있는데 이들은 특히 하천, 호수, 연못 등의 지표수에 서식하면서 담수계 미생물상을 이루고 저온 저장 중인 생선, 어패류나 식육의 부패에 관여한다. 한편, 토양으로부터 유입된 *Micrococcus, Mycobacterium, Bacillus, Corynebacterium* 등의 세균도 있고, 하수 및 분변 등에 의하여 오염된 세균인 *Escherichia, Aerobacter, Proteus* 등도 담수에 존재한다. 특히 하수 및 분변 세균이 식품에 오염될 경우 수인성 전염병을 유발시킬 소지가 있기 때문에 주의를 하여야 한다. 담수 중의 세균 수는 장소, 계절, 강우 등의 영향을 받으며 1mL 중에 수백에서 수천이 함유되어 있는 경우도 있다. 지하수는 지층의 정화작용을 받으므로 세균수가 극히 낮고, 우물물은 깊이에 따라 그 수가 좌우된다. 수돗물은 염소소독을 하므로 미생물 수가 매우 적지만 극소수 존재하는 것으로 밝혀져 있다. 따라서 음료수는 1mL당 일반 세균수는 100 이하이어야 하며, 대장균은 50mL 중에서 검출되지 않아야 한다. 그리고 우유의 경우는 1mL당 일반 세균수는 2만 이하여야 하고, 대장균군은 1mL당 2 이하로 규정하고 있다.

담수 미생물이 식품에 오염되는 경로는 주로 직접적으로는 담수어의 생식과 식수로 사용하는 경우 및 식품을 담수로 씻을 때에 오는 경우가 많다.

### 2) 해수 세균

해수는 1~3%의 소금농도를 유지하고 있으므로 육지에서 유입된 일반적인 미생물은 삼투현상에 의하여 사멸하는 것이 보통이다. 수적으로 보면 담수보다는 훨씬 적은 세균이 존재하나 해수 자체를 하나의 환경으로 살아가는 해수 고유의 세균들이 있다. 이러한 해수 세균은 호염성이거나 내염성인 것이 많다. 해수 세균 속으로서는 *Vibrio, Pseudomonas, Achromobacter, Aeromonas, Photobacterium* 등이 대표적이고, 이 외에도 흙이나 담수에서 유래된 *Bacillus, Micrococcus, Corynebacterium* 등도 검출되고 있다. 해수 세균의 분포는 심부보다는 해수 표면층, 외양(外洋)보다는 유기물의 유입이 많은 연안 부근에 많다. 연안의 바닷물은 내륙에서 담수 세균, 하수 세균, 분변 세균 등이 유입하여 오염되므로 어패류에 의한 소화기계 경구 전염병이나 장염 비브리오 식중독의 원인이 될 수도 있다. 해수 세균의 식품오염은 어류, 패류, 조류 등의 직접 오염과 항만이나 어시장 주변에서 간접 오염 등을 들 수 있다.

### 3) 하수 세균

하수는 유기물이나 인축의 배설물을 많이 함유하는 것이 특징으로서 이러한 하수에는 담수, 토양, 분변 등에서 유래된 각종의 세균들로 구성되어 있다. 하수 중에 존재하는 세균속들은 주로 *Escherichia coli, Citrobacter freundii, Klebsiella pneumoniae, Enterobacter claacae, Proteus* 등이 대표적이고, 그 외에 *Clostridium, Bacillus* 등의 아포형성균과 *Pseudomonas, Micrococcus, Vibrio* 등이 함유되어 있다. 이들 하수 세균의 식품오염 경로는 하수 세균이 식품에 직접 오염되는 경우와 낡은 수도관을 통한 하수의 유입 등의 간접 오염이 있을 수 있다.

## 3-3. 공중 미생물

공기 중에는 미생물의 증식에 필요한 영양분이 없기 때문에 공기 자체를 환경으로 살아가는 고유의 미생물상(microflora)을 이루지 못한다. 공중에 부유하는 미생물은 토양 미생물 중에서 건조나 자외선에 강한 *Bacillus*속의 아포균이나 사상균의 포자, *Micrococcus, Staphylococcus, Streptomyces* 등의 Gram 음성 구균(알균)으로 바람에 비산된 것들이 대부분이고 때로는 고온 다습한 공기 중의 경우에는 건조에 약한 Gram 음성 간균(막대균)도 간혹 검출된다. 공중 미생물의 식품오염 경로는 식품을 다룰 때 떨어져 직접·간접으로 식품을 오염시킨다. 따라서 식품공장이나 작업실 내의 세균 수는 제품의 품질에 직접 영향을 끼치므로 식품을 취급하는 작업실은 공기 중의 세균 수 감소에 특별한 관심을 기울여야 한다.

### 3-4. 분변 미생물

분변의 처리는 문명의 발달과 더불어 수세식 변소의 사용으로 분변 세균에 의한 식품의 오염을 최소한도 방지하고 있으나 아직도 일부 도시와 농촌에서는 재래식 변소의 사용으로 토양 및 하천의 오염이 심할 뿐만 아니라 분변을 원예작물의 비료로 사용함으로써 소화기계 전염병, 식중독, 기생충 감염의 온상이 되고 있는 등 위생상의 많은 문제점을 야기하고 있다. 분변 미생물은 대부분이 세균으로 *Clostridium, Bacteroides, Bifidobacterium, Lactobacillus* 등을 비롯하여 장내세균에 속하는 *Escherichia coli, Klebsiella, Citrobacter, Enterobacter, Serratia, Proteus* 등과 소화기계 전염병 또는 식중독의 원인균인 *Shigella, Salmonella* 등이 있다. 이외에 장구균도 중요하며 장 관계 바이러스 등도 분변과 함께 배설되어 감염원이 된다. 이들은 사람의 손을 거치거나 동물 체표의 오물 등을 통하여 식품을 오염시키고 또 분뇨 처리시설의 미비나 분뇨의 불법 방류 등으로 토양, 하천, 바닷물 등에 혼입되어 최종적으로 식품을 오염시킨다. 또 오줌 중에 배설되거나 타액, 객담 등의 비말 중에 함유되었다가 머리털, 피부, 손톱 등을 거쳐 식품을 오염시키고 또 쥐나 곤충 등의 매개로 식품이 오염되기도 한다.

## 4. 식품의 위생지표균

식품은 유기화합물이므로 미생물에 오염되면 증식에 필요한 영양원이 존재하기 때문에 빨리 번식하여 부패나 변패 등의 현상이 발생되고 경우에 따라서는 식중독이나 경구 전염병이 발생할 위험이 크다. 식품의 위생 정도를 알아보기 위하여 일반 세균을 측정하거나 대장균이나 장구균 검사를 실시한다.

### 4-1. 일반 세균수

식품의 안전성, 보존성, 취급의 양부 등을 종합적으로 평가할 수 있는 유력한 지표로 이용되는 것은 세균의 오염도, 즉 일반세균수를 측정하는 것이다. 식품중의 세균수는 식품 1g 중에 존재하는 세균수를 말하며 표준 한천평판 배양법을 이용하여 35℃에서 24~48시간 배양하여 생균수를 측정하는 것이 보통이다.

## 4-2. 대장균 군(*E. coliform* Group)

대장균군은 인축의 대표적 장내세균으로 생화학, 유전학을 비롯하여 여러 미생물 분야의 연구재료로서 가장 많이 사용되고 있다. 식품위생 분야에서 대장균 군(coliform group)은 분변오염의 지표균인 동시에 식품에서 발견되는 부패 세균이다. 대장균 군이란 일반적으로 Gram 음성 호기성 또는 통성 혐기성 무포자 주모성 간균으로 유당(lactose)을 분해하여 산과 가스를 발생시키는 균의 총칭으로 세균분류학에서 말하는 대장균(*Escherichia coli*)과는 반드시 일치한다고는 할 수 없는 이른바 *coli aerogenes* group이란 특정 균군의 통칭명이다. 따라서 대장균 군에는 표 2-2에서 보는 것 같이 인축의 분변에서 반드시 유래된다고 볼 수 없고 식품, 흙, 물 등에서 유래되는 *Enterobacter, Erwinia, Aeromonas* 등도 포함되어 있다. 이러한 점에서 보면 대장균 군이 검출되었다고 해서 반드시 분변에 오염된 것으로 단정할 수 없고 오히려 식품의 환경위생 관리면에서 넓은 의미의 오염을 가리키는 지표로서 의의를 갖는 것으로 보는 것이 보다 타당하다. 대장균과 매우 근접한 종으로는 *Shigella*속이 있는데 이는 모든 균종이 병원성이고 인간에게 세균성이질을 일으킨다.

〈표 2-2〉 장내세균의 균속과 분변 기원성 및 병원성(ICMSF, 1978)

| 세 균 명 | 분변 기원 | 장관 병원성 | 대장균 군 |
|---|---|---|---|
| *Escherichis* | + | −(+) | + |
| *Edwardsiella* | + | −(+) | − |
| *Citrobacter* | < | − | + |
| *Salmonella* | + | + | − |
| *Shigella* | + | + | − |
| *Klebsiella* | < | −(+) | + |
| *Enterobacter* | < | − | + |
| *Hafnia* | < | − | − |
| *Serratia* | − | − | − |
| *Proteus* | < | −(+) | − |
| *Yersinia* | + | −(+) | − |
| *Erwinia* | − | − | − |

< : 분변에 유래하지만 환경에 널리 분포한다.
−(+) : 대개는 비병원성이나 혈청형에 따라서는 병원성을 갖는다.

## 4-3. 장구균(Enterococcus)

장구균은 대장균 군과 같이 인축의 분변 중에 항상 존재하는 세균으로서 대장균 군과 같은 근거에서 식품의 분변오염의 지표균으로 이용되는데 수적인 면에서 $10^5$~$10^8$/g 정도로 대장균보다는 적게 나타나는데 대장균 군의 분포는 반드시 분변오염과 일치하지 않는 경우도 있지만 장구균은 인축의 분변에 의한 오염과 깊은 관계가 있다. 즉 장구균은 인축의 분변에 의해서 오염되지 않는 환경에서는 검출되지 않아서 분변오염의 지표성이 높은 것으로 생각되고 있으며 식품의 가공 조작과정에서 생존률이 커서 냉동식품, 건조식품, 가열식품 등의 검사에서는 대장균 군보다도 유용하다고 본다. 장구균은 Gram 양성의 구균(알균)으로 포도당을 분해하여 산을 생성하고 catalase 반응은 양성을 나타내는 것으로서 *Streptococcus*속 중의 *Enterococcus*군에 속하며 *Streptococcus faecalis*와 *Streptococcus faecium* 및 이들 양균의 아종(subspecies)을 포함하는 균군의 총칭이다.

오염지표균으로서 대장균 군과 장구균의 비교는 표 2-3과 같은데 둘 중 어느 것이 우수한 것인지 또는 어느 쪽을 택할 것인지에 대한 의견은 일치하지 않고 있다. 그러므로 보다 정확한 분변오염의 실태를 파악하려면 대장균 군과 장구균을 동시에 검사하는 것이 바람직하다.

〈표 2-3〉 오염지표균으로서의 대장균 군과 장구균의 비교

| 특 성 | 대장균 군 | 장구균 |
|---|---|---|
| 형태 | 간균 | 구균 |
| Gram 염색성 | 음성 | 양성 |
| 장관내 균수 수준 | 분변 1g 중 $10^{7\text{-}9}$ | 분변 1g 중 $10^5$~$10^9$ |
| 각종 동물의 분변에서 검출 상황 | 동물에 따라서는 불검출 | 대부분의 동물에서 검출 |
| 장관 외에서의 검출 상황 | 일반적으로 낮다 | 일반적으로 높다 |
| 분리, 고정의 난이도 | 비교적 쉽다 | 비교적 어렵다 |
| 외계에서의 저항성 | 약하다 | 강하다 |
| 동결에 대한 저항성 | 약하다 | 강하다 |
| 냉동식품에서의 생잔성 | 일반적으로 적다 | 일반적으로 크다 |
| 건조식품에서의 생잔성 | 적다 | 크다 |
| 생선, 채소에서의 검출률 | 낮다 | 일반적으로 높다 |
| 날고기에서의 검출률 | 일반적으로 낮다 | 일반적으로 낮다 |
| 절인 고기에서의 검출률 | 낮거나 없다 | 일반적으로 높다 |
| 식품매개 장관계 병원균과의 관계 | 일반적으로 크다 | 보다 적다 |
| 비장관계 식품매개 병원균과의 관계 | 적다 | 적다 |

# 5. 주요 식품위생 미생물

식품의 부패나 변패에 관여하는 미생물은 수없이 많지만 식품부패균으로서 보편적인 것을 중심으로 세균류, 곰팡이류, 효모류 등으로 분류하면 다음과 같다.

## 5-1. 세균류

### 1) *Bacillus*속

*Bacillus subtilis*가 기준 종으로 알려져 있으며 이 균 속은 Gram 양성의 대형 간균으로 내열성의 포자를 형성하고 토양, 담수, 해수 등 자연계에 널리 분포되어 있는 무해한 부생균으로 단백질이나 여러 종류의 다당류를 가수분해하는 세포외 효소를 생산하는 종이 많아서 식품오염균 중 가장 보편적인 균으로 알려져 있다. 또한 이 속의 세균이 형성하는 내생포자는 내열성이 강하여 저온처리나 불충분한 canning food에 살아남을 수 있다. 그러나 amylase와 protease 활성이 강하므로 효소제 생산균으로 이용되고 있다. *B. cereus*는 병원균으로 식중독의 원인이 되고 있고, *B. stearothermophilus*는 생육 최고 온도가 65~75℃인 내열성 종으로 통조림 식품의 변패의 원인이 된다. *B. anthracis*는 인축에 병원성이 매우 높은 유일한 *Bacillus*로 탄저병의 원인이 되고, 항생제를 생산하는 균종도 있는데 *B. polymyxa*는 polymyxin을, *B. subtilis*는 subtilin, subtenolin, bacilomycin을 생산한다.

### 2) *Micrococcus*속

*Bacillus*속 다음으로 자연계에 널리 분포되어 있는 Gram 양성의 호기성 무포자 구균으로 catalase 양성이다. 최적 증식온도는 25~30℃이고 황색, 적색, 등색, 백색의 색소를 생산하는 균주가 많다. 어떤 종은 내염성이 강하여 식염수 중에 잘 생육한다. 또 많은 종이 내열성이 강하기 때문에 저온살균 후에 잔존한다. 이 균 속은 포도상구균(포도알균)을 제외하고는 아직까지 사람에게 병원성을 가진 것은 발견되지 않고 있다. 식품에 있어서 이 속의 중요성은 다음과 같다.

첫째, 공기, 물, 토양 등 자연계에 널리 분포하고 영양 요구성이 비교적 단순하며 간단한 질소화합물을 이용할 수 있는 종이 많다. 특히 호기적 환경에서 증식이 왕성하다.

둘째, 대부분의 종이 당을 발효하여 산을 생성한다.

셋째, *Mic. caselyticus, Mic. freudenreichi*는 acid proteolytic(산 발효와 단백질 분해를 동시에 할 수 있는 것)작용을 한다.

넷째, 내염성이 강한 것이 있어 비교적 저 수분 환경에서 생장한다.

다섯째, 내열성인 것이 많아 *Mic. varians*는 우유 저온살균 후에도 생존한다.

여섯째, 표면에 생육하여 식품을 변색시키는 것이 많다. *Mic. flavus*는 황색, *Mic. roseus*는 식빵에 생육하여 분홍빛으로 변색시킨다. 이들은 특히 육제품 curing에서 *Micrococcus*의 초산염 환원능에 의하여 아질산을 생성하고 고기를 발색시킨다.

일곱째, 점질물(slime), 특히 육제품에 형성한다.

여덟째, 10℃ 이하에서도 잘 생육한다(*Micrococcus cryophiluse* 등). 자연계에 널리 분포하며 공기, 물, 식품제조 용기로부터 식품에 혼입된다.

### 3) *Pseudomonas* 속

*Pseudomonas*균은 Gram 음성 무포자 간균으로 단모성의 편모를 가지고 있으며 최적 증식온도는 20~30℃이지만 0℃ 내외에서도 증식하는 종이 있는 저온성 수생 세균이다. 3~5%의 식염농도에서도 생육이 가능하고 형광성의 녹색, 청자색, 적색, 황색 등의 수용성 색소를 생성하는 것도 많다. 토양, 담수, 해수 등에 널리 분포되어 있고, 동물에 대한 병원성 또는 조건적 병원성을 일으키는 일부의 균종(*Pseudomonas mallei, Pseudomonas aeruginosa*)도 있지만 대부분은 비병원성이다. 식품과 관련된 이 균속의 특징은 어패류, 고기류, 육가공 제품, 생유, 계란, 채소 등 여러 식품에 대한 부패 세균으로 특히 저온에서 호기적으로 저장되는 식품의 부패에 큰 작용을 한다. 특히 부패 세균으로서 중요시 되는 것은,

① 증식속도가 빠르고, 많은 균종이 저온에서 잘 증식한다.
② 암모니아 등의 부패 생산물의 생성량이 많고, 전분의 분해력은 약하지만 단백질, 유지의 분해력이 강하다.
③ 몇 균종이 색소를 생성한다.
④ 여러 종류의 방부제에 대하여 저항성을 가진다는 점이다.

*Pseudomonas*속의 대표적인 균종은 *Pseudomonas fluorescens*로 이는 분포가 넓고 호냉성 탄화수소 자화성이 있는 부패균으로서 겨울철 생유에 오염되면 고미유(苦味乳)의 원인이 될 뿐만 아니라 수용성의 형광색소를 생성하기 때문에 형광균이라고 부른다. 또한 *Pseudomonas aeruginosa*(녹농균)은 상처의 화농부에 번식하여 푸른색이나 청색을 띠며 식품의 부패, 우유의 청변을 일으킨다.

### 4) *Serratia* 속

주모성의 활발한 편모를 가져 운동성이 강한 호기성 Gram 음성 무포자 단간균(짧은막대균)으로 단백질의 분해력이 극히 강하며 휘발성 염기질소 등의 부패 생성물을 발생시켜 식품에 심한 부패냄새를 나게 하며, 특유의 적색색소(prodigiosin)를 생성하므로 식품에 오염되면 식품 표면의 적변현상(赤變現象)을 일으킨다. 이 균속의 대표적인 균종으로는 *Serratia marcescens*로 단백질의 분해력이 강하며, 휘발성 염기질소 등의 부패 생성물을 발생시켜 식품에 심한 부패취를 발생시키며 생선묵과 우유를 적변시킨다.

### 5) *Proteus* 속

*Salmonella, Shigella*속과 더불어 병원성 장내세균이라고 불리어진다. 주모성의 활발한 운동성을 갖는 중온성의 Gram 음성의 무포자 간균이며 단백질을 분해하여 암모니아, 아민을 생성하여 식중독의 원인이 된다. 일반적으로 5%의 식염의 농도와 30%의 설탕 배지에서 증식하며, 장내세균

중에서 항균물질에 대한 저항력이 가장 강하다. 대표적인 종으로는 *Proteus morganii, Proteus vulgaris, Proteus rettgeri, Proteus mirabilis* 등 4종이 있다. 특히 *Proteus morganii*는 histamine을 축적시켜 알레르기 식중독을 유발하기도 한다.

### 6) *Clostridium*속

Gram 양성 혐기성 유포자 간균으로 caltalase 음성이다. 내열성의 포자는 세포의 중앙이나 말단에 만들고 통상 포자낭은 그 부분에서 부풀어 오른다. 탄수화물의 분해력이 강하여 젖산, 수소가스 및 알코올이나 아세톤을 생산하는 당류 분해성이 있으며 육류, 어류에서는 균의 단백질 분해력이 강하여 부패 식중독의 원인이 되기도 한다. 이 균속 중 *Clostridium botulinus*와 *Clostridium welchii*는 혐기적인 상태에서 번식하여 식중독을 일으키는 독소를 생산하기도 한다. *Clostridium*은 토양에 많이 분포하여 먼지와 함께 생선, 곡류의 낱알 등에 부착하여 2차 오염으로 식품에 혼입한다. 식품에 증식하게 되면 악취가 나고 식품이 심하게 팽창하게 된다. 통조림이나 우유 등에서는 팽창이 심하게 일어나므로 통조림에서는 *Clostridium* 포자의 가열살균에 특히 유의해야 한다. 식품에 분포하는 대표적인 *Clostridium*속 균종을 보면 당류 분해성이 있는 *Cl. butylicum*과 *Cl. pasteurianum*은 치즈, 산패 우유나 과일 통조림, 된장, 침채류, 어육소시지에 분포해 있고, *Cl. thermosaccharolyticum*은 당류 분해성 균 중에서도 고온성 균이다. 단백질 분해성인 *Cl. sporogens, Cl. lentoputrescens*들은 치즈, 훈제품, 햄, 소시지, 부패육에 분포한다. 그 외에도 acetone-butanol 생산에 관여하는 *Cl. acetobutylicum, Cl. madisonii, Cl. saccharolyticum, Cl. roseum, Cl. felsineum* 등이 있고 butanol-isobutanol 발효에 관계있는 균은 *Cl. butylicum, Cl. toanum, Cl. amylosaccharobutylicum* 등이 있다.

### 7) *Lactobacillus*속

*Lactobacillus*속은 장간균 때로는 단간균으로 연쇄상으로 배열되는 것이 많고 운동성을 가진 종은 주모성 편모를 가지고 있으며 육류의 부패 세균으로 보고된 바도 있다. Homo형 발효균은 증식온도가 비교적 낮은 균과 높은 균으로 분류된다<표 2-4>. *lactobacillus*속이 증식하는 최저온도는 5~6℃이나 0~2℃에서 증식되는(*Lac. casei, Lac. plantarum*) 것도 있다.

*Lac. bulgaricus*는 우유 중에 존재하며 최적온도가 40~50℃이고 유당에서 대량의 젖산을 생산한다. *Lac. acidophilus*는 유사한 균으로 장내에서 쉽게 서식하고 정장작용이 강하여 젖산균 제조나 발효유 제조에 사용된다. *Lac. bifidus*는 모유를 섭취하는 아이의 장내에 특히 많은 젖산균이다. *Lac. plantarum, Lac. brevis*는 치즈, 김치류, silgae에 많고 *Lac. sake, Lac. homohiochii, Lac. heterohiochii*는 청주의 제조나 저장에 관여한다. *Lac. thermophilus*는 적온이 높아 50~60℃ 이상이고 장기간의 저온살균으로 살균되지 않아 우유를 산패시킨다. *Lactobacillus*속이 식품에 미치는 영향은

〈표 2-4〉 생리적 특성으로 구분한 젖산균의 3 그룹

| Homo형 젖산균<br>당을 젖산으로 발효 | | Hetero형 젖산균<br>당을 DL-젖산, 초산, 에탄올, 탄산가스로 발효 | |
|---|---|---|---|
| Thermobacterium<br>45℃에서 증식<br>15℃에서 증식 불가 | Streptobacterium<br>45℃에서 증식 불가<br>15℃에서 증식 | Betabacterium | |
| *L. helveticus*<br>*L. bulgaricus*<br>*L. lactis*<br>*L. acidophilus*<br>*L. leichmanii*<br>*L. delbrueckii*<br>*L. sarivarius*<br>*L. jensenii* | *L. casei*<br>*L. plantarum*<br>*L. xylosus*<br>*L. curvatus*<br>*L. coryneformis*<br>*L. homohiochi* | *L. fermentum*<br>*L. buchneri*<br>*L. brevis*<br>*L. celobisus*<br>*L. viridescens*<br>*L. coprophilus* | *L. hirgardit**<br>*L. trichodes**<br>*L. fructivorans**<br>*L. desidiosus**<br>*L. heterohiochii** |

첫째, 유제품이나 식물성 발효식품의 발효와 유산제조에 이용되는 반면 포도주나 맥주의 품질을 저하시킨다.

둘째, Hetero type에 의한 휘발성 성분(gas)의 생성이 때로는 식품에 유해하다.

셋째, 비타민 합성능이 거의 없으므로 비타민이 적은 식품에서는 생장하지 않는다.

넷째, 고온성 *Lactobacillus*는 내열성이 강하므로 고온살균 또는 치즈 응유(凝乳)의 가열공정에 살아남을 수 있으므로 고온 치즈의 생산에 사용된다.

## 5-2. 사상균류

우리 주변에서 가장 흔히 잘 볼 수 있는 진핵미생물의 한 group인 곰팡이는 종에 따라 형태와 색깔이 다양하다. 곰팡이는 균사(hypha)에 의해서 실과 같이 보이므로 사상균(絲狀菌, filamentous fungus)이라고도 한다. 곰팡이의 포자는 황색, 녹색, 청색, 갈색, 흑색 등 여러 가지 색을 띠기 때문에 눈에 띄기 쉽다. 일반적으로 식품에 곰팡이가 생기면 식품이 부패되어 식용으로 적합하지 않게 되는데 주로 *Mucor*속, *Rhizopus*속, *Aspergillus*속, *Penicillium*속, *Neurospora*속의 곰팡이들이 있다. *Aspergillus flavus* 같은 곰팡이는 발암성 독소를 균체 외로 배출시킨다. 반면에 곰팡이는 옛날부터 각종 양조 및 식품공업에 이용되어 왔다. *Aspergillus*속의 곰팡이는 된장, 간장, 청주의 제조에 이용되고, *Penicillium*속의 곰팡이는 치즈제조, Penicillin과 같은 항생제를 생산하며, 그 외에도 구연산을 비롯한 유기산 생산, amylase, protease를 비롯한 효소류의 생산에 *Aspergillus*나 *Rhizopus, Eremothecium* 등이 이용되고 있다. 곰팡이는 내건성, 내산성, 내염성 등 자연계에서 생존력이 강하고 널리 분포되어 있기 때문에 식품오염에 깊이 관여한다. 곰팡이의 발생조건은 다음과 같다.

첫째, 수분 10% 정도의 건조식품(곡류, 분말식품)이 외계에 노출되어 온도가 높으면 발생한다.

둘째, 수분이 40% 이하가 되면 세균의 번식은 어렵지만 이때부터 곰팡이의 번식은 강해진다.

셋째, 고농도의 당, 염, 지방식품(염장건재품, 버터, 치즈, 된장, 잼, 과자류)에 번식한다.

넷째, 산성 식품과 과일류, 특히 pH 4.0 정도에서 곰팡이의 번식이 양호하다.

다섯째, 세균에만 항균력이 있는 보존료를 첨가한 식품에 잘 번식한다.

이러한 조건에서 번식이 왕성한 곰팡이류 중 대표적인 것은 다음과 같다.

### 1) *Mucor* 속(털곰팡이속)

자연계에 널리 분포하므로 흔히 볼 수 있는 곰팡이로서 무격성 균사가 공기 중으로 길게 뻗어 솜 털 같은 집락을 형성하는 것이 특징이다. 무성생식으로 포자낭 포자를 형성하고 유성생식으로 접합포자를 형성한다. 이 균 속은 식품 부패에 관여하지만 식품제조에 이용되는 균도 많다.

*Mucor mucedo* : *Mucor*속의 대표적인 곰팡이로 토양, 과실, 퇴비에 널리 분포하나 식품공업에 이용되지는 않는다.

*Mucor hiemalis* : 토양 중에 널리 분포하며 pectinase 활성이 강하다.

*Mucor racemosus* : 부패한 야채, 과일, 맥아, 사료에서 널리 볼 수 있는 것으로 회백색, 회갈색 균총을 이룬다. 약하게 알코올 발효를 하며 glycerol을 생성하나 주로 과일을 부패시키고 장류국균(醬類麴菌)의 오염원이 된다.

*Mucor rouxii* : 중국 누룩에서 분리된 곰팡이로 전분 당화력이 강하고 알코올 발효력도 약간 있으므로 amylo법에 의한 알코올 제조에 이용된 적도 있다.

*Mucor pusillus* : 치즈 제조에 필요한 rennet의 대용으로 이 곰팡이가 생성하는 응고효소가 이용되기도 한다.

### 2) *Rhizopus* 속(거미줄곰팡이속)

전분 당화력이나 유기산 생성능이 강해서 발효공업에 이용되는 종이 많다. 무성적으로 포자낭 포자를 형성하고 *Mucor*보다 번식이 빠르고 거미줄이 엉긴 것 같은 집락을 만든다. 이 속의 곰팡이는 원예작물(딸기, 채소, 밀감)의 부패원인 균으로서 작용하는 것이 많다. 특히 *Rhizopus nigricans*는 *Rhizopus*속의 대표적 균주로 빵, 곡류, 과실 등에 흔히 발생하고 고구마 연부병의 원인이 되기도 하며, 특히 빵에 잘 번식하므로 빵곰팡이라고도 한다. 그 외에도 식품에 관련된 종으로는 *Rhizopus japonicus, Rhizopus delemar* 등이 있다.

### 3) *Aspergillus* 속(누룩곰팡이속)

*Aspergillus*속 곰팡이의 군락은 황색, 녹색, 갈색, 흑색 또는 백색 등 균종에 따라 차이가 있으며 전분의 당화력과 단백질 분해력이 강한 균주가 많아서 동양의 양조공업에 가장 중요한 곰팡이의

하나로 발효공업에 널리 이용되며 식품의 부패에도 관여하고 있다. 식품과 관련된 주요 종(種)은 다음과 같다.

*Aspergillus oryzae* : 황국균(黃麴菌)이라고 하며 청주, 간장, 된장 제조에 사용되는 koji곰팡이의 대표적인 균종이다.

*Aspergillus niger* : 흑국균(黑麴菌)의 대표적인 균종으로 강산에 내성이 있어 과일이나 빵 밀감 등에 잘 생육하고 pectinase, cellulase, amylase 등의 효소활성이 강하므로 이들 효소제조에 이용된다.

*Aspergillus flavus* : *Aspergillus oryzae*와 비슷한 점이 많으나 기저경자를 형성하고 포자의 색이 처음부터 녹색이라는 점에 차이가 있다. 곡류 등에 잘 번식하여 인축에 발암성이 강한 aflatoxin을 만드는 균주가 있으므로 사료나 곡물에 오염되지 않도록 해야 한다.

#### 4) *Penicillium* 속(푸른곰팡이속)

자연계에 널리 분포하며 과일, 야채, 빵, 떡에 잘 번식한다. 황변미의 원인균이며 일반 양조에서는 유해 곰팡이로 취급되나 penicillin을 생산하는 유익한 균종도 있다. 식품과 관련된 주요 종은 다음과 같다.

*Penicillium citrinum* : 황변미 원인균의 하나로 유독성 황색색소 citrinin($C_{13}H_{14}O_5$)을 생산하는데 이 독소는 신장이나 간에 독성이 있다.

*Penicillium islandicum* : 쌀 이외 옥수수나 대두에도 번식하는데 이 균이 생산하는 독소는 간에 유해하고 극단적으로는 전신마비로 사망할 수 있다. 이 외에도 *Penicillium toxicarium*도 황변미에서 분리되는 중독을 일으키는 곰팡이이다.

*Penicillium expansum, Penicillium italicum, Penicillium digitatum* : 과일을 부패시키는 대표적인 푸른곰팡이로 *Penicillium expansum*은 사과나 배에 번식하여 청록색 집락을 형성하고 *Penicillium digitatum*과 *Penicillium italicum*은 감귤류에 연부병을 일으킨다.

### 5-3. 효모류

진핵미생물 중에서 통상 존재 형태가 단세포인 진균을 일반적으로 효모라 총칭한다.

효모는 크게 나누어 자낭균 효모, 담자균 효모, 불완전균 효모의 3군으로 구분되지만, 불완전 효모에는 담자균계와 자낭균계의 효모가 혼합된 것이 있어 실제로는 2군으로 생각해도 좋다. 양조식품의 제조나 변패에 관여하는 효모는 거의 자낭균류의 효모이며, 담자균류의 효모는 적색의 효모를 제외하면 식품의 변패에 관여하는 것은 적다.

식품제조나 변패에 있어서 어떤 효모가 유용균인가, 변패균인가를 구분하는 데에는 매우 미묘한 문제가 있어, 제조공정에서의 유용균이 유통과정에서는 변패균으로 되는 것도 적지 않다. 일반적으로 효모는 약산성 내지 미산성을 좋아하고, 중온성이며, 최고 발육온도가 45℃를 넘은 것은 드물다. 보통은 25℃에서 배양하지만 20℃ 이하가 되지 않으면 발육할 수 없는 호냉성 종도 있는데 그 대부분은 담자균류 효모이다.

효모는 자연계에서 과실의 표면, 수액, 꽃의 밀샘, 토양, 해수, 우유, 공기, 곤충의 체내에 널리 분포되어 있다. 효모는 식품미생물상 매우 중요한 미생물 군으로 알코올 발효능이 강한 종류가 많아 옛날부터 주류의 양조, 알코올 제조, 제빵 등에 이용되어 왔다. 또한 효모의 균체는 식·사료용 단백질, 비타민류, 핵산물질 생산에 큰 역할을 하고 있다. 또한 효모는 산소분압이 낮은 조건에서도 생육할 수 있으므로 발효양조 식품에 혼입되어 불쾌한 냄새나 맛을 내기도 한다. 그리고 호냉성 효모가 존재하기 때문에 냉동식품에 변패를 일으키기도 한다. 그리고 세균보다 고삼투압에 저항성이 있으므로 당농도가 높은 과즙, 벌꿀, 시럽, 건조과일 또는 염농도가 높은 식품에 생육하여 변패를 일으킨다.

### 1) *Saccharomyces* 속

발효공업에 이용되는 효모의 대부분이 여기에 속하고 효모 중에서 가장 중요한 속이다. Glucose, sucrose, maltose 등은 발효능이 강하여 각종 주류의 제조(맥주, 포도주, 탁주, 알코올), 제빵 등 식품과 발효공학에 이용되고 있다.

### 2) *Pichia* 속

양조과정에서 주름이 많은 피막을 형성하는 산막효모(産膜酵母, film yeast)로 유해균의 경우가 많다. 특히 김치류의 표면에 피막을 형성하고 맥주나 포도주의 유해균이다.

### 3) *Hansenula* 속

*Pichia*속과 같은 산막효모이며 포자의 모양도 비슷하나 *Pichia*속은 질산염을 자화하지 않는데 반하여 *Hansenula*속은 자화한다. 일반적으로 알코올로부터 에스테르 생성능이 강하다. 양조과정에 혼입되어 피막을 만들고 알코올을 소비하는 유해균이기는 하지만 포도주나 일본청주의 숙성 시 향(香)을 생성하기도 하다.

### 4) *Zygosaccharomyces* 속

*Zygosaccharomyces rouxii*는 높은 식염농도에서 생육하는 내염성 효모로, 간장 발효액 중에 번식하여 간장에 특유한 향미를 부여하는 간장의 주된 발효효모이나, 간장의 표면에 회백색 가루모양의 피막을 형성하여 간장의 향미를 손상시키는 *Zygosaccharomyces salsus*나 벌꿀, 잼, 당밀 등 당 농도가 높은 곳에서 발효하여 품질을 저하시키는 *Zygosaccharomyces melis*도 여기에 포함된다.

### 5) *Rhodotorula*속

Carotenoid 색소를 생성하며 적색 내지 황색을 나타내는 것이 특징이며 적색효모라고도 한다. 알코올 발효 능력은 없으며, 자연계에 널리 분포하고 식품오염균으로 식품의 퇴색현상을 일으키기도 한다.

### 6) *Torulopsis*속

세포는 일반적으로 작은 구형 또는 난형이며 균사를 형성하지 않는 점이 *Candida*속과 다르다. 또한 전분과 같은 물질을 만들지 않은 점에서 *Cryptococcus*속과 구별된다. 자연계에 많이 존재하며 여러 가지 식품의 변패 원인이 되는 것도 있다.

# 제3장 식품의 변질

식품을 실온에 오래 방치하면 향미, 색조 등의 외관이 변함과 동시에 식품 고유의 성질도 변하여 영양가의 손실과 함께 식용으로서의 가치를 잃게 되는데 이러한 현상을 변질 또는 열화(劣化 ; spoilage, rot or decay)라고 한다. 변질은 크게 미생물, 햇볕, 산소, 효소, 화학물질 등에 의해서 발생되는데, 식품의 구성성분에 따라 미생물에 의한 단백질의 변질을 부패(腐敗 ; putrefaction), 탄수화물과 지질의 변질을 변패(變敗 ; deterioration), 지방질이 미생물 이외에 산소, 햇볕, 금속 등에 의하여 산화 분해되는 산패(酸敗 ; rancidity), 또 탄수화물이 미생물의 작용에 의하여 알코올, 젖산, 식초산, 아미노산 등의 유용한 물질이 생기는 발효(醱酵 ; fermentation) 등으로 구분하기도 한다. 그런데 식품은 탄수화물, 지질, 단백질 등의 성분이 복합적으로 구성된 것이므로 그 변질과정에는 여러 가지 현상이 복합적으로 일어날 수 있고, 또 단백질의 분해로 생성된 것 중에도 이용 가능한 유익한 것이 있는 점으로 보아서 변질현상을 위와 같이 간단하게 구분하는 것은 전적으로 타당하다고 보기는 어렵다.

## 1. 부패(腐敗 ; Putrefaction)

가장 일어나기 쉬운 변질은 미생물의 증식에 의해 단백질이 분해하여 아미노산을 생성하고 다시 아미노산이 amine, ammonia, mercaptane, $H_2S$, $CO_2$, $CH_4$, indol 등의 함질소화합물 등의 부패 생성물이 생성되는데, 이러한 현상을 부패(putrefaction)라고 한다. 부패 초기에는 분해 생성물의 종류와 양에 따라 다르나 이 시기에는 아민, 암모니아, 산패, 자극취, 알코올, 에스테르 냄새 등이 생기고 변색, 퇴색, 광택의 소실 등의 외관상의 변화를 가져온다. 또 액체의 경우는 침전, 응고, 발포 등의 현상을 나타내고, 입에 넣으면 이미(異味)와 자극미(刺戟味)가 난다.

식품 부패에 관여하는 미생물이 부패 미생물이며 여기에는 비병원성 세균, 곰팡이, 효모 등이 있다. 부패 미생물은 식품의 종류나 상태, 오염경로, 물리적·화학적 조건 등에 따라 그 종류가 달라지고 또 부패의 진행에 따라 미생물의 증식률, 부패 생성물의 조성과 그 pH, 산소량 등의 변화에 따라 양상이 달라진다. 식품의 부패과정은 일반적으로 처음에는 식품 표면에 부착한 호기성 미생물에 의해서 진행되고 pH가 알칼리성으로 이행되면 분해가 활발해져서 변색과 부패취가 발생한다. 이어서 번식한 미생물이 조직 사이의 틈을 이용하여 점차 내부로 침입하는데 이때 혐기성 미생물도 함께 침입하여 분해과정에 참여한다. 부패에 관여하는 미생물은 여러 종류가 있으나 특히 단백질 분해력이 강한 세균이 주가 된다. 식품 부패에 관여하는 세균속으로는 편성혐기성 세균속인 *Clostridium*과 호기성 세균속 *Pseudomonas, Achromobacter, Proteus, Flavobacterium, Micrococcus*가 주역이 되고, 곰팡이속으로는 *Aspergillus, Penicillium, Mucor, Rhizopus*, 효모속으로는 *Saccharomyces, Torulopsis, Zygosaccharomyces* 등이 있다.

## 1-1. 동물성 식품의 부패

동물성 식품이 부패되기까지의 과정은 대략 사후강직, 강직해제, 자기소화, 부패의 순으로 나눌 수 있는데 동물은 죽은 후 ATP, creatin 인산 등의 높은 에너지의 인산 화합물의 분해를 동반하는 근수축 때문에 이른바 사후강직(rigor mortis)이 일어난다. 이러한 현상은 자연적으로 일어나는 현상으로 동물의 종류나 연령 주위 온도에 따라 약간의 차이는 있으나 일정시간이 경과하면 원래의 상태로 되돌아오는데 이것은 glycogen을 충분히 저장하고 있던 근육에서 산소의 공급이 멈추어지면 당의 대사경로는 혐기적 해당반응을 하게 된다. 이 때문에 근육에 젖산이 축적되어 pH가 산성이 된다. 수축한 근육은 그 후 해경(강직해제)되어서 부드럽게 된다. 동물육에서는 이 상태가 적당한 부드러움과 좋은 맛이 생성되나, 어육은 근섬유가 약하고 해경에 의해 보다 현저하게 풍미를 손상시킨다. 또 해경 후에 이미 부착하고 있던 세균의 증식이 일어나기 쉽게 되므로 동물의 육(肉)에 비하여 어육은 변질, 부패되기 쉽다. 성분 중의 단백질은 세포의 lysosome 중의 cathepsin 등에 의하여 산성 조건하(pH 5.0 부근)에서 peptide, amino acid로 분해된다. 이러한 분해과정을 자기소화(autolysis)라 한다. 자기소화 작용 후 미생물이 급격히 증식하여 부패가 시작된다. 부패는 이와 같이 자기소화 작용과 부패 미생물의 협동작업에 의하여 일어나며, 그 결과 각종 부패 생성물이 생기고 관능적 변화가 일어난다.

## 1-2. 부패의 기전

부패는 대체로 단백질이 미생물에 의하여 분해되어 사람이 이용 불가 상태로 되는 현상으로 다음과 같은 과정을 거친다. 단백질은 protease에 의해 peptone, polypeptide, dipeptide 등으로 분해되고 이들은 다시 peptidase에 의해 아미노산으로, 아미노산은 탈아미노 반응과 탈탄산 반응, 탈아미노 반응, 탈아미노와 탈탄산의 동시 반응 및 기타 반응에 의하여 더욱 분해되어 ammonia, amine, phenol, cresol, indol, scatole, $H_2S$, mercaptane 등 많은 부패 생성물이 생긴다.

### 1) 탈아미노 반응(Deamination)

호기성 균이나 통성 혐기성 균에 의하여 호기적인 조건하에서 아미노산에서 아미노기($-NH_2$)가 이탈하는 반응으로서 ammonia, organic acid, alcohol, phenol 등의 생성물이 생긴다.

① 산화적 탈아미노 반응

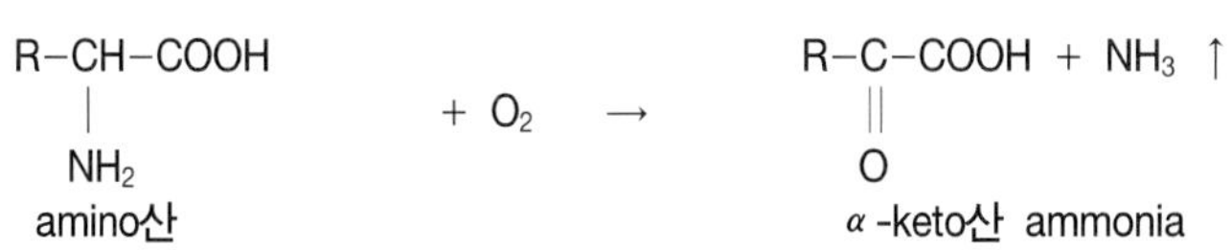

② 환원적 탈아미노 반응

$$R-CH(NH_2)-COOH + 2H \rightarrow R-CH_2-COOH + NH_3\uparrow$$

포화지방산

③ 불포화적 탈아미노 반응

$$R-CH_2-CH(NH_2)-COOH \rightarrow R-CH=CH-COOH + NH_3\uparrow$$

불포화지방산

④ 가수분해적 탈아미노 반응

$$R-CH(NH_2)-COOH + H_2O \rightarrow R-CH(OH)-COOH + NH_3\uparrow$$

oxy산

### 2) 탈탄산 반응(Decarboxylation)

통성 또는 편성 혐기성 균에 의해서 혐기적 조건에서 아미노산에서 $CO_2$가 이탈하는 반응으로 amine류가 생성된다.

$$R-CH(NH_2)-COOH \rightarrow CH_2-NH_2 + CO_2\uparrow$$

amine

예) $CH_2(NH_2)-COOH \rightarrow CH_3-NH_2 + CO_2\uparrow$

Glycerine → Methylamine

### 3) 탈아미노와 탈탄산의 동시 반응

알코올, 지방산 또는 탄화수소 등이 생성된다.

① 가수분해적 동시 반응의 예

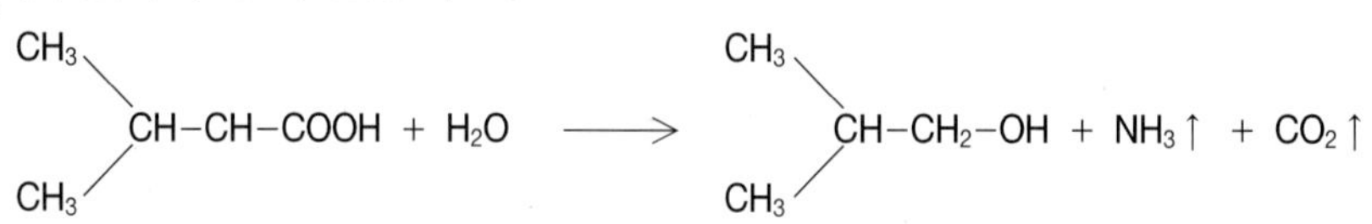

valine → isobutylalcohol

② 산화적 동시 반응의 예

$$CH_3-CH(NH_2)-COOH + O_2 \longrightarrow CH_3-COOH + NH_3\uparrow + CO_2\uparrow$$

alanine → acetic acid

③ 환원적 동시 반응의 예

$$CH_2(NH_2)-COOH + H_2 \longrightarrow CH_4 + NH_3 + CO_2\uparrow$$

glycine → methane

### 4) 기타

① 함황아노산 : 분해생성물 ; mercaptane, $H_2S$ 등

② Trimethylamine oxide : Trimethylamine oxide가 환원되어 비린내의 원인인 trimethylamine 생성

③ amine류 : 세균의 amine oxidase에 의하여 ammonia, $CO_2$, $H_2O$ 생성

④ tryptophan : tryptophanase의 작용에 의해 indol 생성

## 1-3. 부패의 판정

식품이 부패하면 냄새가 나고 외관이 변하기 때문에 누구나 쉽게 알게 되어 먹지 않기 때문에 식품위생상의 문제는 없지만 초기 단계에서 부패는 판별이 명확하지가 않아 식품위생상 문제가 되고 있다. 이 단계를 진단하는 방법에는 관능검사(organoleptic examination), 미생물학적 검사(microbiological examination), 화학적 검사(chemical examination), 물리적 검사(physical examination) 등이 있다.

### 1) 관능검사

사람의 오감, 즉 시각, 후각, 청각, 미각, 촉각 등을 통하여 식품의 선도를 판정하는 것으로 개인차가 있고 객관적인 표준이 되지 못하는 단점이 있으나 상당히 예민하고 신속성이 있기 때문에 일반적으로 흔히 이용되고 있다. 관능검사는 훈련된 여러 명의 시험원에게서 데이터를 얻어 통계처리하고 숫자로 표시하도록 하고 있다.

시험항목으로는 첫째, 냄새의 유무 : 암모니아 냄새, 아민 냄새, 산패한 냄새, 알코올 냄새 등

둘째, 색깔의 변화상태 : 변색, 퇴색, 광택의 소실 등

셋째, 조직의 변화상태 : 고체인 경우의 탄력성, 유연성, 점액의 발생 유무 등

넷째, 맛의 이상 유무 : 이미, 무미, 자극미 등을 조사한다.

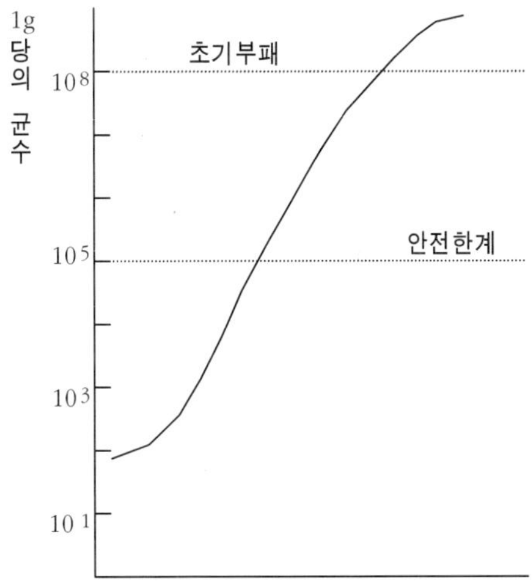

〈그림 3-1〉 세균의 증식곡선

### 2) 미생물학적 검사

식품의 부패는 미생물의 작용에 의해서 일어나므로 식품 중의 생균수는 식품의 신선도와 밀접한 관계를 가지고 있다. 이 방법은 오염균의 종류, 균종, 균주에 따라 그 부패 활성이 다르기 때문에 정확하게 선도를 판정하기는 어렵다.

일반적으로 생균수가 식품 1g당 $10^5$인 때를 미생물학

적인 안전한계로 보고 단백질이 풍부한 식품의 경우 $10^7$~$10^8$/g 이르면 초기 부패단계로 보는 것이 일반적이지만, 이것은 식품의 종류에 따라 차이가 심하므로 일반적으로 적용하기에는 위험한 일이다. 식육이나 어육의 경우 부패 초기에는 세균이 육괴 내부에 거의 침입되어 있지 않기 때문에 g당보다는 단위면적당의 균수로 표현하는 편이 적절하다. 일반적으로 생균수가 $10^7/cm^2$에 달하면 부패취가 감지되고, $10^8/cm^2$ 정도가 되면 표면에 점액이 발생한다.

### 3) 화학적 검사

식품이 미생물에 의하여 부패가 진행되면 부패 생성물에 의해서 여러 가지 화학적 변화가 발생되는데 여기에는 trimethylamine, 휘발성 염기질소의 측정, pH, histamine, K값 등이 있다.

#### ■ Trimethylamine(TMA)

신선도가 떨어진 어류에서는 Trimethylamine(TMA), ammonia, piperidine $\delta$-aminovaleraldehyde, $\delta$-aminovaleric acid 등의 휘발성 amine류에 의해서 생선 특유의 비린내가 난다. Trimethylamine은 신선한 어류에는 존재하지 않으며 이것은 해수어(海水魚)의 선도가 떨어짐에 따라 어류의 체표 점액에 들어 있는 무취인 trimethylamine oxide (TMAO)가 세균의 환원효소에 의해서 생성된 것이다. 따라서 trimethylamine oxide의 함량이 많은 해수어는 그 함량이 적은 담수어보다 더 빨리 상한 냄새가 발생한다. 해산 어패류의 경우 2~3mg/100g이면 부패 초기로 판정한다.

$$(CH_3)_3NO + 2H \rightarrow (CH_3)_3N + H_2O$$

trimethylamine oxide (무취) → trimethylamine (비린 냄새)

〈표 3-1〉 어육 중의 trimethylamine oxide(TMAO) 함량(mg%/100g)

| | |
|---|---|
| 해수 경골어(海水硬骨魚) | 40~100 |
| 해수 연골어(海水軟骨魚) | 700~900 |
| 담수어(淡水魚 ) | 4~6 |

#### ■ 휘발성 염기질소(volatile basic nitrogen; VBN)

식품성분 중 단백질은 부패성 미생물에 의하여 ammonia, amine류 등을 생성하므로 휘발성 염기질소(volatile basic nitrogen)를 정량하면 신선도를 판정할 수 있다. 이 방법은 보편적으로 미량확산법(Conway)이 널리 쓰이지만 요소함량이 많은 식품에는 적용할 수 없다. 일반적으로 100g당 5~10mg이면 신선한 어육, 15~25mg 보통 어육, 30~40mg 초기 부패의 어육, 50mg 이상은 부패 어육으로 판정한다(그림 3-2, 3 참고).

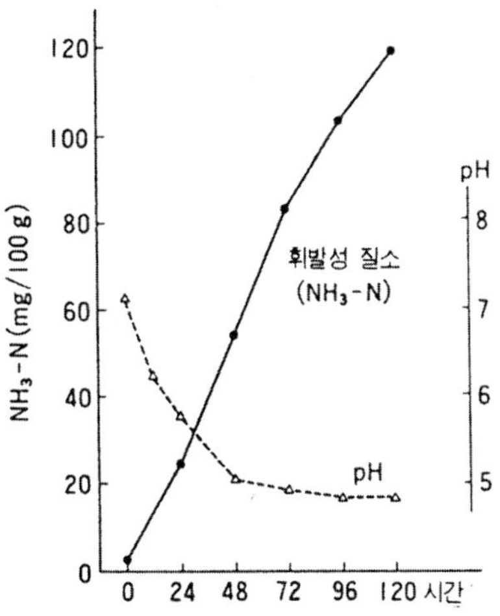


〈그림 3-2〉 대합 부패 시 휘발성 질소와 pH의 경시적 변화

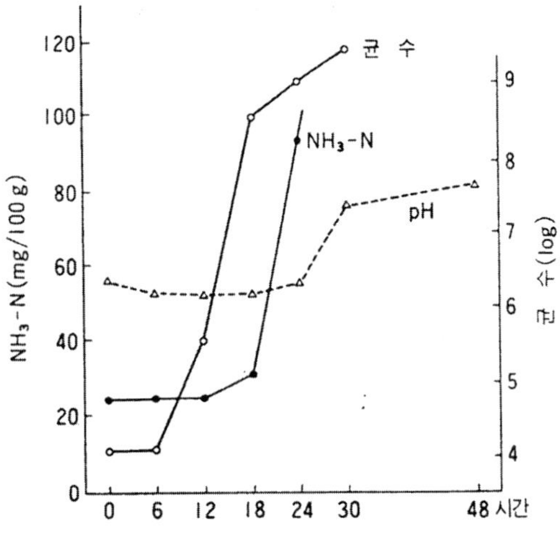


〈그림 3-3〉 통조림, 게살 개봉 후 부패 시 질소 pH와 세균 수의 경시적 변화

### ■ pH

식품의 구성성분 중 탄수화물은 미생물에 의하여 분해되어 유기산을 생성하게 되므로 pH가 일반적으로 저하되어 산성화되지만, 부패가 계속 진행되면 서서히 상승하는 경우도 있다. 이 방법은 식품의 가공법, 부패 세균 또는 식품의 종류에 따라 변화가 심하므로 초기 부패의 지표로 이용하기는 어려움이 있지만 다른 항목과 관련시켜 종합적으로 판단하는 데 참고 자료로 활용되는 경우가 많다. 일반적으로 동물성 식품의 부패 판정의 기초조사로서 측정 시 pH가 알칼리로 측정되면 부패가 진행된 것으로 본다.

〈표 3-2〉 중요한 휘발성 염기질소

| 휘발성 염기질소 | | 기원 화합물 |
|---|---|---|
| ammonia | $NH_3$ | 아미노산의 분해 |
| methylamine | $CH_3NH_2$ | 아미노산의 분해 |
| dimethylamine | $(CH_3)_2NH$ | 아미노산의 분해 |
| trimethylamine | $(CH_3)_2N$ | trimethylamine oxide |
| ehtylamine | $C_2H_5NH_2$ | alanine |
| isobutylamine | $(CH_3)_2 \cdot CH \cdot CH_2NH_2$ | valine |
| isoamylamine | $(CH_3)_2CH \cdot CH_2CH_2NH_2$ | leucine |
| phenethylamine | $-CH_2 \cdot CH_2NH_2$ | phenylalanine |
| putrescine | $NH_2 \cdot CH_2(CH_2)_2 \cdot CH_2NH_2$ | ornithine |
| cadaverine | $NH_2 \cdot CH_2(CH_2)_3 \cdot CH_2NH_2$ | lysine |

### ■ Histamine

Histamine은 생선이나 장류 중에 함유된 histidine이 세균의 탈탄산작용으로 생성된 amine류로서 어육 특히 고등어, 청어, 꽁치 등의 붉은살 계통의 어류가 부패하면 많이 생기며 어육 중에

4~10mg% 축적되면 알레르기성 식중독을 일으키게 된다. 또한 histamine은 부패한 생선이나 간장 등에서 매운 맛을 나타내는 성분 중의 하나이다. 고등어는 "살아있는 부패"라고 불리울 정도로 부패가 빠르다. 그것도 관능적으로 부패라고 확인하기 어려운 시기에 이미 다량의 histamine이 생성된다. 그 이유는 고등어의 단백질 중에 histidine이 많기 때문이다(그림 3-4).

Histidine　　　　Histamine

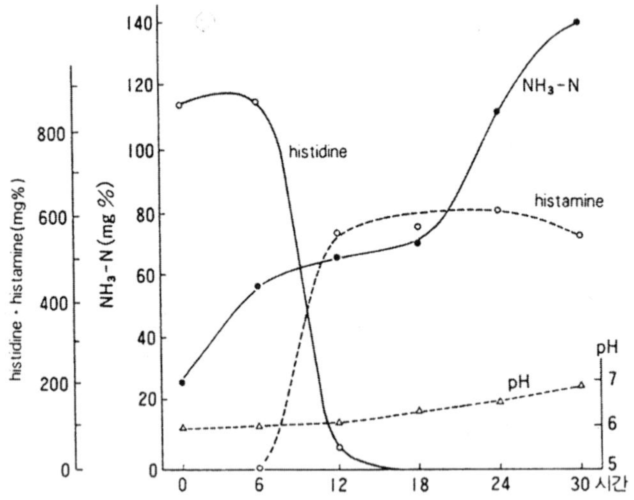


〈그림 3-4〉 고등어의 부패과정에서의 pH, 휘발성 질소, histidine, histamine의 경시적 변화

■ K 값

어류가 죽으면 어육 중의 ATP가 분해되어 inosine이나 hypoxanthine의 양이 증가한다. K 값은 ATP와 그 분해 생성물의 전량에 대한 inosine과 hypoxanthine의 합계량의 백분율이며 어육에 세균이 증식하기 이전의 극히 신선한 때의 어육의 선도를 판정하는 데 이용된다. 그 기준은 다음과 같다. 10% 이하이면 죽은 직후의 어류, 10~20% 횟감으로 적합하며, 20~30% 신선한 생선이라고 볼 수 있고, 그 양이 60~80% 정도면 초기 부패과정에 있다고 판정한다.

### 4) 물리적 검사

식품의 경도, 탄력, 점성, 전기저항 등을 측정하는 방법이며 화학적 측정에 비하여 비교적 간단할 뿐만 아니라 단시간에 결과를 얻을 수 있는 점에서 좋은 방법이기는 하지만 같은 종류의 식품이라 할지라도 여러 가지 조건에 의하여 변화가 달라지므로 초기 부패의 판정방법으로는 믿기 어려운 점도 있다.

### 1-4. 부패의 방지

오늘날 식품의 유통기구는 복잡하여 생산에서부터 소비자의 손에 들어오기까지 위생적인 유통방법이 요구되고 있으며, 또 경제적인 이유 등으로 장기간의 저장이 필요하게 되었다. 이러한 요인은 해외로부터 식량수입의 증가와 함께 한층 강하게 되어서 식품의 변질, 특히 부패를 방지하는 일은 더욱더 중요하게 되었다.

식품의 부패는 미생물의 증식에 의하므로 부패의 방지는 균의 증식을 억제 또는 살균함으로써 유효하게 처리할 수 있다.

## 2. 변패(變敗 ; Deterioration)

미생물의 에너지원으로 이용도가 높은 것은 탄수화물로서 고분자의 전분이나 펙틴 등은 저분자의 당류로 분해되고, 이 분해 생성물인 당류는 더욱 분해하여 표 3-3과 같은 여러 가지 저급 화합물인 알코올, 유기산, 케톤 등이 생성되어 식품의 풍미를 해친다.

더욱 분해가 진행되면 최종적으로 $CO_2$와 물이 생긴다. 지질은 triglyceride, 인지질, sterol, 지용성 비타민 등이 생성된다. 동물성이나 식물성 식품은 모두 유리지방산 함량이 적고, 지방산의 대부분은 triglyceride 중에 ester결합해서 존재하고 있다. 우리들이 식품으로 섭취하는 triglyceride는 유지라고도 부르며 동물의 육, 난, 어육, 버터, 치즈에 그리고 식물의 종자류에 많이 함유되어 있다. 유지는 미생물의 lipase에 의해 분해되어 지방산을 만든다. 지방산은 계속하여 $\beta$-산화를 받아 대사되며, 이 과정에서 저급 지방산 등이 생길 수도 있다. 미생물에 의한 유지의 변질은 유해 생성물을 생산하지 않으므로 단백질의 변질에 비해 문제는 크지 않다.

〈표 3-3〉 미생물에 의한 당류의 분해 생성물

| 생 성 물 | 미 생 물 |
|---|---|
| 초산, 낙산, 이소발레리안산 | *Pseudomonas* |
| 에틸알코올 | *Yeast* |
| 젖산 | *Lactic acid bacteria* |
| 개미산, 초산, 젖산, 에틸알코올, 수소, 이산화탄소 | *E. coli, Salmonella* |
| 프로피온산 | *Propionic acid bacteria* |
| 프로펠렌 글리콜 | *Bacillus, Enterobacter, Vibrio* |
| 낙산, 에틸알코올, 부틸알코올, 아세톤, 이소프로필알코올 | *Clostridium* |

# 3. 산패(酸敗 ; Rancidity)

식용 유지나 유지 가공품은 산패하기 쉬워서 기호성 및 식품위생 등의 면에서 문제가 되고 있다. 산패에는 자동산화(autoxidation)에 의한 산패와 열 산화에 의한 산패 등으로 구분된다. 유지분자 중의 불포화지방산이 오랜 기간의 보존이나 햇볕, 열, 금속이온 등의 작용에 의하여 상온하에서 공기 중의 산소와 결합하여 일어나는 것이 자동산화인데, 이때 생긴 산물을 총칭해서 과산화지질(lipid peroxides)이라고 한다. 과산화 지질이 만들어지면 식품 중의 고도 불포화지방산의 함량이 저하되고 따라서 영양가의 저하가 일어난다. 과산화지질 중에는 유기성분이 있고 중독증상도 알려져 있다. 유지의 자동산화는 지방산의 불포화도, 산소, 열, 햇볕, 방사선, 중금속 등에 의해 촉진되기 때문에 식용 유지나 유지 가공식품의 보존에는 이들 인자를 고려하여 비금속성 용기에 넣어 냉암소에 보관하여야 한다. 한편, 열 산화는 유지를 공기와 접촉하에 보통 160 ~ 180℃로 가열할 때 일어나는 산화·중합에 의하여 수산기를 갖는 C–C 결합의 이량체를 주로 하는 중합체가 생기고 분해생성물인 저급 지방산, hydroxy산, aldehyde, ester류 등도 생긴다.

## 3-1. 유지의 자동산화 기전

유지의 자동산화는 산소가 불포화지방산의 이중결합에 직접 결합하는 것이 아니라, 이중결합에 의한 *α* 위치의 methylene기($-CH_2$)의 수소가 산소, 열, 빛, 및 금속 등의 충격의 energy에 의하여 이탈되고 유리기(free radical)를 생성함으로써 본질적으로 일어난다. 이 반응은 개시반응(initiation reaction), 전파반응(연쇄방응, propagation reaction), 종결반응(termination reaction)의 3단계를 거쳐 일어난다. Oleic acid가 결합된 유지의 자동산화 반응의 기전을 예를 들어 설명하면 다음과 같다.

**1) 개시반응** : RH → R· + H· (기본식)

① R· + [A] $-CH_2CH=CHCH_2-$ $\xrightarrow[-H\cdot]{}$ RH + [B] $-CHCH=CHCH_2-$

ree radical　8 9　10 11 유지분자　　안정된 화합물　혹은

$-\dot{C}H_2CH=CHCH-$
allyl radical

**2) 전파반응** : R· + $O_2$ → ROO·

ROO· + RH → ROOH + R· (기본식)

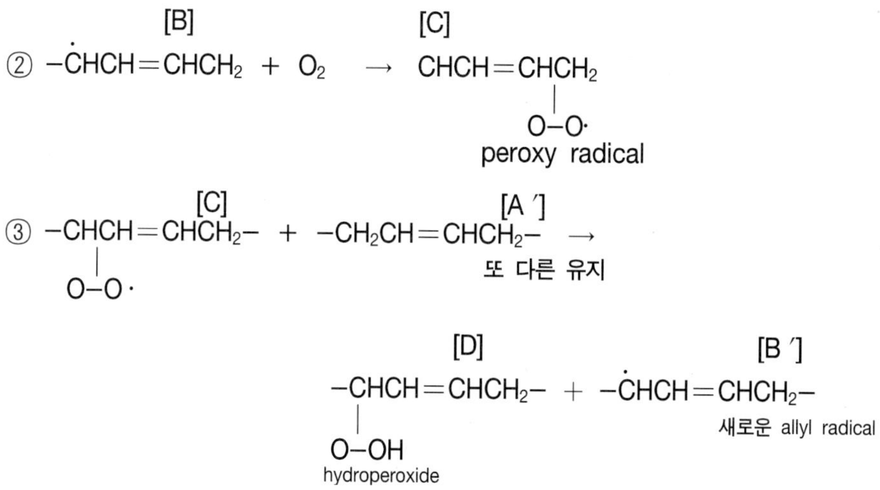


먼저 유지분자 [A]로부터 수소가 떨어져 나감으로써 유지분자의 유리기 allyl radical [B]가 생성되어 반응이 시작된다. ②에서 생성된 과산화물 유리기 peroxy radical [C]는 반응성이 크기 때문에 다른 유지분자[A′]로부터 수소 원자를 탈취하여 자신은 비교적 안정한 hydroperoxide[D]로 되고, 새로운 유리기 allyl radical [B′]를 생성시킨다. 새로 생성된 유리기 [B′]는 자동산화 반응의 연쇄반응으로 ②와 ③의 반응이 되풀이 된다.

종결반응은 전파반응 중에 활성이 큰 각종 radical, 즉 allyl radical이나 peroxy radical 등이 서로 결합하여 이중체(dimer), 삼중체(trimer) 등의 중합체(polymer)를 형성하며, 이 종결반응에 참여한 radical들에 한해서는 전파반응에서 제거된다.

### 3) 종결반응

$R\cdot + R'\cdot \rightarrow RR'$

$R'\cdot + ROO\cdot \rightarrow ROOR'$

$ROO\cdot + R'OO\cdot \rightarrow ROOR' + O_2$ **(기본식)**

유지의 자동산화 반응 중에 생성된 중간산화 생성물인 hydroperoxide(ROOH)는 유지의 산패로 여러 가지 분해 생성물의 출발물질이 된다. 즉 hydroperoxide는 분리가 가능하고 비교적 안정하지만 쉽게 분해되어 aldehyde, ketone, alcohol, carboxylic acid, epoxide, lactone 등을 생성하여 산패취의 원인이 되고 중합하여 유지의 점도를 증대시킨다. 산패취는 주로 aldehyde에 기인되는데 특히 2,4-decadienal은 냄새가 심하다(표 3-4).

〈표 3-4〉 각종 지방산의 hydroperoxide에서 생성을 예상한 aldehyde류

| 지방산 | Hydroperoxides | 생성 aldehyde |
|---|---|---|
| oleic caid | 11-hydroperoxy-9-ene<br>10-hydroperoxy-8-ene<br>9-hydroperoxy-10-ene<br>8-hydroperoxy-9-ene | octanal<br>nonanal<br>2-decenal<br>2-undecenal |
| linoleic acid | 13-hydroperoxy-9,11-diene<br>11-hydroperoxy-9,12-diene<br>9-hydroperoxy-10,12-diene | hexanal<br>2-octenal<br>2,4-decadienal |
| linolenic acid | 16-hydroperoxy-9,12,14-triene<br>14-hydroperoxy-9,12,15-triene<br>13-hydroperoxy-9,11,15-triene<br>12-hydroperoxy-9,13,15-triene<br>11-hydroperoxy-9,12,15-triene<br>9-hydroperoxy-10,12,15-triene | propanal<br>2-pentanal<br>3-hexanal<br>2,4-heptadienal<br>2,5-octadienal<br>2,4,7-decatrienal |

## 3-2. 과산화지질의 독성

유지가 산화되면 불포화지방산 함량이 저하되어 영양가가 떨어진다. 또 휘발성 carbonyl 화합물에 의한 특유한 냄새의 발생, 중합체에 의한 갈변화 등은 품질의 노화를 일으킨다. 산화에 의해 생성된 화합물은 독성을 나타내는 것도 있는데 문제가 되는 것은 대부분이 가공식품에 있다. 라면, 기름에 튀긴 과자, 말린 생선 등이 대상이 된다. 과산화물가가 300~500인 변질된 라면에 의한 중독이 발생한 적이 있으며, 그 증상은 구토, 복통, 설사 등 소화기계의 이상이었다. 오늘날에는 유지 및 유지를 함유한 식품에는 과산화물가와 산가에 관해서 기준이 설정되어 있다(표 3-5).

또한 자동산화에 의해서 생긴 2차 산화 생성물이나 hydroperoxide는 단백질과 반응하여 그 영양가를 저하시키고 hydroperoxide의 분해로 생긴 휘발성분은 식품의 풍미에 악영향을 끼칠 뿐 아니라 경구적으로 섭취되면 생체 내의 각종 효소의 활성을 억제하여 독성을 나타내기도 한다. 최근 2차 산화 생성물의 하나인 malonaldehyde의 세포독성이 주목된다. 또 이와 같은 radical의 작용에 의하여 생긴 과산화지질은 생체 내에서 발암의 성장적 단계에서 중요한 구실을

〈표 3-5〉 유지 및 지방성 식품의 규제

| | |
|---|---|
| 즉석면류 | 성분규격 : 산가 3 이하 또는 과산화물가 30 이하<br>보존기준 : 직사광선을 피하여 보존 |
| 식용유 | 규격 : 미정제유 산가 0.2~4.0 이하<br>정 제 유 산가 0.2~0.6 이하<br>사라다유 산가 0.15 이하 |
| 튀김류<br>(유지의 함량이 10% 이상인 것) | 지도요령 : 직사광선, 고온다습한 곳을 피할 것<br>산가 5를 넘고 과산화물가 30을 넘는 것,<br>산가 5를 넘는 것, 과산화물가 50을 넘는 것은<br>판매금지 |

하는 것으로 생각되고 있다. 즉 hydroperoxide가 benzopyrene 등의 발암물질을 활성화하거나 백혈구에 작용하여 염색체이상 유발인자를 생기게 함으로써 세포에 암을 일으키게 할 수 있다고 보는 것이다.

## 3-3. 유지의 산화 방지

유지의 자동산화를 촉진하는 인자, 즉 산소의 차단, 전이금속, 열, 효소 등의 인자 제거 및 항산화제에 의한 radical의 포착 등으로 산화를 지연시킬 수 있다(표 3-6).

〈표 3-6〉 유지의 자동산화 방지

1. radical 생성의 방지
   - ① 투명하고 착색된 포장용기에 의한 빛의 차단
   - ② 저온보존
   - ③ chelate제에 의한 금속의 제거
   - ④ 공기 중의 산소 차단
   - ⑤ lipoxygenase 등 효소 활성저하(가열처리)
2. 지용성 항산화제에 의한 radical의 포착

## 3-4. 산패의 판정

유지의 산패도를 알아보는 데는 여러 가지 지표가 이용되는데 자동산화유에 있어서는 과산화물가, 산가, carbonyl가, thiobarbituric acid가를 열산화유에 있어서는 산가, carbonyl가, anisidine가, 산화산, 포립성 등을 흔히 측정한다.

### 1) 관능실험

색상, 냄새, 맛, 점도 등을 확인한다.

### 2) 과산화물가(peroxide value; POV)

과산화물의 양을 나타내는 값으로써 지질의 자동산화의 정도를 알기 위해 일반적으로 많이 이용된다. 이 과산화물가는 유지 1kg에 함유된 과산화물의 mg당량수(number of milli equivalents) 또는 밀리 당량수(number of milli moles)로서 표시한다. 유지는 과산화물가가 클수록 독성이 크다.

포테이토 칩, 땅콩, 라면 유지의 POV는 일반적으로 5~30이고, 건어물에서는 이것들 보다 조금 높다.

### 3) Carbonyl가(carbonyl value; CV)

유지나 지방질 식품은 산패하면 hyroperoxides를 거쳐 2차 생성물인 carbonyl를 생성한다. Carbonyl 화합물은 가열에 의하여 생기기 쉬우므로 튀김기름 등에서 중요하다. Carbonyl 화합물에는 휘발성의 알데히드, 케톤과 불휘발성의 keto acid, keto glyceride 등이 함유되어 있다. 이 carbonyls는 2,4-dinitrophenyl hydrazine과 NaOH(KOH)의 작용으로 적색의 2,4-dinitrophenyl hydrazone을 만듦으로 이 적색을 비색정량하는 방법이다. Carbonyl가는 2차 생성물의 양이므로 linoleic acid를 예로 들면 그림 3-5와 같이 POV치 보다 늦게 상승한다. POV치는 분해가 진행하면 감소한다.

$$\text{PUFA} \xrightarrow{O_2} \text{Hydroperoxides} \xrightarrow{\text{분해}} \text{Carbonyls}$$

Carbonyls-2,4-dinitrophenyl hydrazine + NaOH
⟶ Red Color(2,4-dinitrophenyl hydoazone)

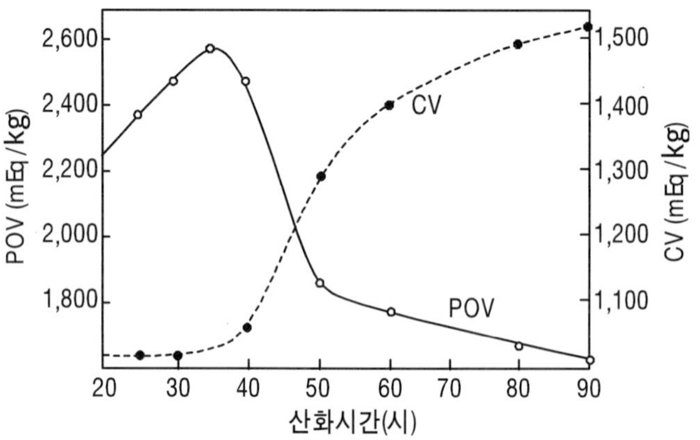


〈그림 3-5〉 리놀산 메틸 에스테르의 산화에 동반하는 POV, CV의 변화

### 4) 산가(Acid value; AV)

산가는 유리지방산 함량을 나타낸 값이다. 변질된 유지에서는 종종 가수분해에 의해 생긴 유리지방산과 2차 생성물로서 생기는 저급지방산이 함유되어 있다. 지질 1g을 중화하는데 필요한 KOH의 mg수를 산가로 나타낸 것이다. 산가는 유지의 변질뿐 아니라 유지의 정제도를 알기 위해서도 이용되는 지표이다.

### 5) 티오발비튜린가(Thiobarbituric acid value; TBA)

과산화지질의 분해로 생기는 화합물 중 malondialdehyde는 thiobarbituric acid와 초산 산성조건 하에 반응해서 적색 물질을 만든다. 이 물질의 색을 비교 또는 형광분석에 의해 정량한다. 위생시험법에서는 530nm에서 흡광도를 측정하여 시료 1g당 흡광도 A를 TBA가로 한다. 과산화물가

(POV)는 산화가 고도로 진행됨에 따라 다시 감소되는데 반하여 TBA가는 감소되는 일은 없고 계속 증가된다. TBA가는 1kg 중에 함유되어 있는 malon aldehyde의 몰수(number of mole)로 표시된다. 이 방법은 육류와 같은 유지식품의 산패측정에 널리 사용되고 있으나 그 응용범위는 제한되어 있다.

$$\text{PUFA} \xrightarrow{O_2} \text{Hydroperoxides} \xrightarrow{\text{분해}} \text{Carbonyls}$$

Carbonyls(malon aldehyde) + Thiobarbituric acid + HCl ⟶
Red complex(specific to malon-aldehyde)

# 제4장 식품의 저장

식품의 저장은 인류의 생존에 중요한 위치를 차지하였지만 다양한 저장법이 개발된 지는 불과 200년이 채 못 된다. 저장식품에서 미생물의 오염은 식품의 질적인 문제, 오염된 식품을 섭취했을 때 발생할 수 있는 건강상 문제, 보존기간 때문에 많은 관심의 대상이 된다. 식품의 저장법은 저장기간 중의 미생물의 증식을 억제하여 저장기간을 연장하고 그 식품을 섭취함으로써 발생할 수 있는 건강상의 위해를 최저로 하는데 초점을 맞추어 발전되었다. 따라서 자동산화와 같은 예를 제외하고는 식품의 부패는 미생물에 의하여 일어나므로 미생물의 살균 또는 증식억제가 식품저장의 첫 걸음이다. 미생물학의 입장에서 식품저장의 목적은 첫째, 식품에 대한 미생물의 오염을 최소화하고, 둘째, 식품처리 과정에서 미생물 생균수를 절대적인 최소치로 감소시키며, 셋째, 처리된 식품에서 미생물의 증식을 최저로 함에 있다.

미생물에 의한 식품의 변질을 막기 위해서 널리 사용되고 있는 저장법은 건조탈수법, 저온저장법, 가열법, 염장법, 당장법, 산 저장법, 훈연법, 방사선 조사 살균법, 가스 저장법 등이 있다.

## 1. 건조법(Drying)

미생물의 생육에 가장 중요한 수분을 제거시켜 세균의 발육을 저지시키거나 사멸시켜 식품을 보존하는 방법으로 식품을 건조시키면 식품 중의 가용성 고형성분의 농도가 증가되고 삼투압이 높아지는데 미생물은 삼투압에 대하여 저항성이 약하므로 생육하지 못한다. 식품 중의 화학적 및 미생물학적 부패반응을 일으키는 가장 중요한 요인은 수분함량(moisture content)과 수분활성도(water activity)이다. 수분함량은 식품의 저장성이나 그 가공, 수송 등에도 매우 중요한 역할을 하며 미생물의 발육과 수분함량과는 밀접한 관계가 있으므로 식품의 저장수명은 식품 중의 수분함량에 의하여 가장 큰 영향을 받는다. 건조되었거나 동결건조되어 저장성이 좋은 식품은 수분함량이 5~15% 범위이다. 일반적으로 세균은 수분함량이 15% 이하에서는 번식하지 못하나 곰팡이는 13% 이하에서도 번식할 정도로 건조에 강하다. 따라서 식품을 건조시켜 저장하려면 곰팡이의 생육이 불가능할 정도로 건조시켜야 한다. 식품 중에 존재하는 수분에는 자유수와 결합수가 있는데, 결합수는 식품 중의 탄수화물이나 단백질, 지질 등의 유기분자가 수소결합(hydrogen bond)에 의하여 밀접하게 결합된 것을 말하고 염류, 당류, 수용성 단백질 등을 용해하는 용매(solvent)로서 작용하는 성질을 가진 것을 자유수 또는 유리수(free water)라고 한다. 한 식품 속의 결합수와 자유수는 서로 독립적으로 존재하는 것이 아니며 일부 자유수는 경우에 따라서 결합수로 될 수 있고, 또 일부 결합수는 자유수로 될 수 있다.

〈표 4-1〉 자유수와 결합수의 비교

| 자 유 수 | 결 합 수 |
|---|---|
| 용매로서 작용한다.<br>건조시키면 쉽게 제거된다.<br>0℃ 이하에서는 쉽게 동결된다.<br>미생물에 이용된다.<br>비점과 융점이 높다.<br>4℃에서 비중은 제일 크다.<br>비열이 크다.<br>표면장력이 크다.<br>점성이 크다. | 당류와 같은 용질에 대하여 용매로 작용하지 않는다.<br>0℃ 이하로 냉각시켜도 동결되지 않는다.<br>식품을 압착(壓搾)하여도 제거되지 않는다.<br>100℃ 이상 가열하여도 제거되지 않는다.<br>정상적인 물보다 밀도가 크다.<br>미생물의 증식에 이용되지 못한다. |

표 4-1에서 보는 바와 같이 결합수는 미생물이 이용하지 못하는 데 반하여 자유수는 미생물이 이용할 수 있는데, 자유수는 수분활성도(water activity; *Aw*)로 정의할 수 있다. 식품 중의 수분함량이 같아도 구성성분의 질과 양, 용존하는 용질의 차이에 따라 수분활성이 달라지는데 이는 가용성 물질이 용해에 의해서 수분 일부가 속박되어 자유수의 양이 감소하기 때문이며 그 결과 식품이 나타내는 수증기압이 떨어지게 된다.

미생물의 생육·증식에는 일정량 이상의 수분이 필요하나 이 수분이 염류, 당류용액의 상태로 있을 때는 미생물이 실제로 이용할 수 있는 수분함량은 한 식품의 외관상의 수분함량보다 적다. 이와 같이 미생물 활동에 있어서도 전체 수분함량보다도 미생물이 실제 이용할 수 있는 수분의 양이 문제가 된다. 이상의 두 가지 경우를 고려하여 볼 때 식품 중 수분의 상태는 식품의 수분함량과 상대습도 간의 두 값에 대한 비율인 수분활성도(water activity; *Aw*)라는 개념을 사용하는 것이 바람직하다. 한 식품의 수분활성도는 어떤 임의의 온도에 있어서 그 식품이 나타내는 수증기압(P)에 대한 같은 온도에 있어서의 순수한 물의 최대 수증기압($P_o$)의 비로 정의된다. 식품의 수분함량과 수분활성을 비교하면 그림 4-1과 같다.

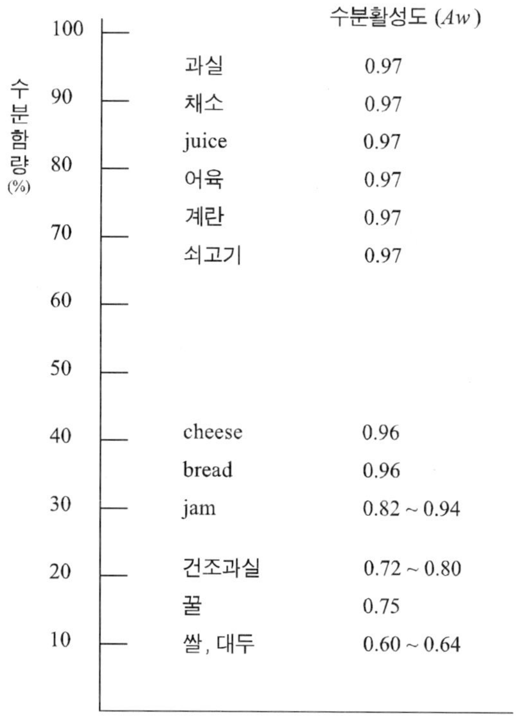


〈그림 4-1〉 수분함량과 수분활성

미생물은 어느 *Aw* 이하의 환경에서는 생육할 수 없으며 미생물이 생육할 수 있는 최저 *Aw*는 표 4-2와 같다. 따라서 수분 요구량은 세균 > 효모 > 곰팡이 순이고 포자는 더욱 낮다.

〈표 4-2〉 식품 미생물의 생육 가능한 *Aw*의 한계

| 미 생 물 | 생육최저 Aw |
|---|---|
| 세 균 | 0.94 |
| 효 모 | 0.88 |
| 사상균 | 0.80 |
| 호염세균 | ≦0.75 |
| 내건성 사상균 | 0.65 |
| 내삼투압성 효모 | 0.61 |

빵과 같은 건조식품은 바로 *Aw*치가 곰팡이의 지적조건이며, 벌꿀은 당분이 고농도로서 *Aw*치가 낮아 고삼투압을 좋아하는 효모류가 살게 된다. 우유, 수육, 어육, 야채, 과실, 난류 등은 *Aw*치가 0.98~0.99이므로 미생물의 증식이 쉽다. 미생물의 증식을 완전히 저지하려면 *Aw*치를

〈표 4-3〉 식품의 건조법

| 건 조 법 | | 특 징 |
|---|---|---|
| 일광건조<br>(자연건조) | | 햇빛을 이용하여 탈수시키는 방법으로 농산물이나 해산물 등을 건조시킬 때 이 방법을 사용한다. 조작이 간단하고 경비가 적게 들지만 시간이 많이 걸리고 풍미의 저하, 영양분의 손실을 초래하는 결점이 있다. |
| 인공건조 | 고온건조 | 식품을 90℃ 이상의 고온에서 건조시키는 방법으로 $\beta$ 전분이 $\alpha$ 전분으로 된다. |
| | 열풍건조 | 가열한 공기를 보내서 식품을 건조시키는 방법으로 육류, 난류, 어류 등에 이용된다. |
| | 배건법 | 식품을 직접 불로 건조시키는 방법으로 일차적으로 향미는 생성되지만 성분의 변화가 많다. 보리차, 홍차 등은 배건함으로써 향미가 좋아진다. |
| | 냉동건조 | 냉동시킨 후 저온에서 건조시키는 방법으로 단백질의 응고와 지방의 산화를 방지할 수 있고 colloid 물질의 변화가 일어나지 않으므로 식품의 신선도가 유지된다. 한천, 건조두부, 당면 등의 건조에 사용된다. |
| | 분무건조 | 액체를 분무하여 열풍으로 건조시키는 방법인데 우유를 분유로 만들 경우 분무하면서 가열하면 증발 면적이 커져서 건조가 빠르다. |
| | 감압동결건조 | 식품을 저온에서 감압하여 건조시키는 방법으로 건조 채소, 건조란, 분유의 제조에 이용된다. 산소가 적고 온도가 낮으므로 식품성분의 변화가 적다. |
| | 증발건조 | 엿, 연유 등의 액체식품을 농축시켜 저장성을 높이고 무게와 부피를 작게 할 때 이용한다. 상압에서 단백질의 응고, 당분의 캐러멜화 등의 변화가 일어나 냄새와 빛깔이 나타나므로 진공증발법에 의하면 한층 제품의 질을 좋게 할 수 있다. |
| | 포말건조 | paste상 식품에 carboxyl methyl cellulose, 천연고무, monoglyceride 등의 점주제나 계면활성제를 가하고 $N_2$ 가스를 불어 넣어 표면을 확대시켜 구멍이 뚫린 건조선반에 얹어 이동시키면서 열풍을 통과시켜 건조하는 방식이다. |
| | 고주파건조 | 고주파를 식품에 조사하면 내부로부터 열을 발생하여 균일하게 건조된다. 증발되는 수분은 표면으로 압출시키는 작용이 있으므로 수분의 확산이 곤란한 재료나 급속 건조 시에 이용되며, 식품이 타지 않는 것이 특징이다. |
| | 적외선 건조 | 적외선을 식품에 조사하여 식품 표면의 온도를 상승시켜 건조하는 방법이다. |

0.60(수분 11~14%) 이하로 하면 되지만 효소는 0.35 이하로 하지 않으면 그 작용을 저지시킬 수 없다.

그러나 식품 중의 지질은 *Aw*가 0.30 이하가 되면 산화되기 쉽다. 그것은 식품 조직이 다공성이 되어서 공기 중의 산소의 공격을 받기 쉽게 되기 때문이다. 따라서 약간의 수분을 남겨둘 필요가 있는데 이 수분은 식품성분 중의 활성기와 수소 결합하여 존재하는 이른바 단분자막을 형성하여 산소의 공격을 막아서 지질의 산화를 억제할 수 있게 한다. 이에 필요한 수분량은 전분식품에서는 6%(A*w* 0.15), 계란, 육류에서는 3.5%(A*w* 0.08), 분유, 채소에서는 2%(A*w* 0.06)이다.

식품의 건조법에는 일광건조와 인공건조법이 있으며 표 4-3과 같다. 이와 같이 탈수 건조한 식품은 그대로 방치하면 다시 수분을 흡수하여 보존성을 잃게 되므로 적절한 방습조치를 강구하여야 한다.

## 2. 저온저장법(Low temperature storage)

식품의 변질 및 부패는 부패세균의 발육과 자기소화 작용으로 온도와 수분이 필요하다. 그러나 식품을 얼리면 자유수가 없어지므로 부패작용은 정지한다. 온도가 10℃ 떨어지면 화학반응 속도는 1/2 정도 떨어지므로, −20℃에서 저장하면 산화속도는 30℃일 때의 1/30 정도로 감소한다. 이것이 저온식품 저장의 원리이다. 저온상태가 되었다고 해도 산화작용 속도가 느려지는 것이지 완전히 멈추는 것은 아니기 때문에 식품을 장기간 저온상태에서 보관하는 것은 좋지 않다. 일반적으로 어는 점에서 15℃까지의 온도를 냉장, 이 온도에서의 저장을 냉장저장, −10℃ 이하의 온도대를 동결, 이 온도대에서 저장을 동결저장이라 한다. −5℃의 온도대를 반동결, 이 온도대의

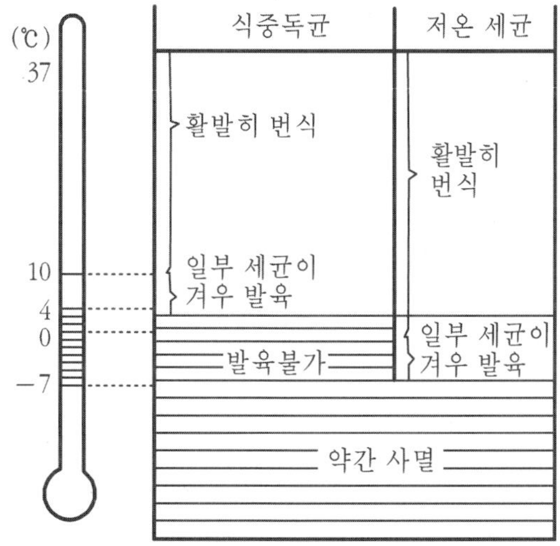


〈그림 4-2〉 식중독 세균과 저온 세균의 발육한계

저장을 반동결냉장이라 하며 이를 모두를 포함하여 저온이라 하고, 이들 온도대에서의 저장을 저온저장이라 한다.

식품의 저온저장법은 표 4-4와 같다.

〈표 4-4〉 식품의 저온저장법

| 저 장 법 | 저장온도(℃) | 저장기간 | 저장식품 |
|---|---|---|---|
| 냉장법 | −2~+10 | 단기간 저장 | 과일, 채소 |
| 반동결냉장법 | −3~+2 | 단기간 저장 | 어패류(신선도 유지 유효) |
| 냉동법(동결저장법) | −8~−30 | 장기간 저장 | 육류, 어패류 |

## 2-1. 냉장(Refrigeration)

냉장은 저온 세균이 증식할 수 없는 0~10℃ 부근이므로 저온균의 단백질 분해작용과 효소작용의 반응속도가 떨어질 뿐 대사가 완전히 정지되지 않으므로 수송, 가공, 소비의 전(全) 단계에서 이용되는 일시적인 저장방법일 뿐 장기간 저장은 불가능하다.

대부분의 식품이 −5℃ 이하로 냉각되면 수분의 60~80% 이상이 얼음의 결정으로 바뀌게 되므로 수분의 활성은 현저하게 떨어져 저온 세균도 증식이 중지되며, 저장기간에 따라서 일반세균, 즉 장염 비브리오균, 병원성 대장균 등의 생균수는 현저히 감소된다.

야채류, 과실류는 −2℃ 이하로 저장하면 오히려 조직이 파괴되어 변질하게 된다. 또한 감자, 바나나, 밀감, 호박, 파인애플 등 온대·열대 원산의 채소와 과일은 0℃ 이상에서도 한랭장해를 받기 쉬우므로 조심하여야 한다. 일반적으로 야채류의 저장에는 0~5℃에서 습도 80~90%로 저장하고 과실류는 당분이 많으므로 −1℃ 이하로 냉장하지 않아야 한다. 육류나 조리된 식품은 0~5℃에서 어패류는 −4~−6℃에서 저장하는 것이 이상적이다.

〈표 4-5〉 채소, 과일의 저장적온

| 종 류 | 저장적온(℃) | 종 류 | 저장적온(℃) |
|---|---|---|---|
| 바나나 | 13~15 | 복숭아 | 4 |
| 고구마 | 10~13 | 사과 | −1~11 |
| 호박 | 10~13 | 당근 | 0 |
| 파인애플 | 5~7 | 양파 | 0 |
| 토마토 | 4~10 | 양배추 | 0 |
| 밀감 | 4~7 | | |

## 2-2. 냉동(Frozen)

냉동은 식품을 동결시키기 때문에 식품에 변화를 주는 단점이 있지만 장기간 보존이 가능하며 수육, 어육, 난, 야채, 과일 등 광범위하게 응용된다. 식품을 −18℃ 이하로 유지하면 저장 중에 미생물에 의한 피해를 방지할 수 있지만 동결할 때 일어나는 조직의 파괴로 인하여 식품의 품질이 저하되는 경우가 많다. 이 때문에 등장한 급속동결법은 식품을 −30~−40℃로 급속하게 동결시키는 방법인데 얼음 결정이 미세하기 때문에 해동 후 품질저하가 적다. 식품을 냉동하기 전에 염장(bring)을 하는 경우가 있다. 염장은 원료를 염액(NaCl 1~3%)에 침지하는 방법이다. 또 냉매를 사용하여 냉각시키기도 한다. 냉매로는 $NH_3$, Freon(dichlorodifuoro methane)이 많이 이용된다.

### 2-3. 움 저장(Cellar storage)

움 저장은 과거 땅속에 구덩이를 파고 그 속에 식품을 보관해 오던 것을 응용한 것으로 움(지하) 속에 감자, 고구마, 무, 배추, 오렌지 등을 저장하는 방법으로 온도는 약 10℃를 유지하는 것이 이상적이다. 저장될 식품이 수확하는 과정에서 껍질에 상처가 생기면 세균이 침입하여 부패되는 경우가 많으므로 curing한 다음에 저장해야 한다. Curing이라고 하는 것은 상처가 생긴 고구마나 감자를 약 33℃에서 4일간 습도를 90% 이상으로 유지하여 보관하면 상처 가까운 조직의 전분이 차차 변하여 새로운 Cork층이 생겨 부패균, 흑반균, 연부균(*Rhizopus nigricans*)의 침입을 막을 수 있게 되는 것이다.

### 2-4. 저온유지 유통(Cold chain)

Cold chain이 처음 이용된 1960년대에는 냉동식품만을 대상으로 각 식품의 품질유지에 가장 적절한 저온대를 유지하면서 유통시키는 방법으로 그 뜻이 한정되었으나, 오늘날 이용되는 cold chain은 보다 넓은 의미로 모든 식품의 품질유지에 가장 효과적인 저온에서 식품을 유통하는 것을 말한다.

## 3. 가열살균법(Heating sterilization)

식품을 가열하여 부패의 원인이 되는 미생물을 사멸시키거나 효소를 불활성화 하여 미생물의 작용을 저지함으로써 식품의 변질을 방지하여 보존시키는 방법이다. 가열살균하여 가공 또는 발효시키는 방법과 살균 밀봉하여 오염방지와 함께 저장효과를 높이는 통조림, 병조림을 예로 들 수 있다. 가열온도와 시간은 식품의 RNA와 같은 고분자물질의 열저항성, 수분함량, pH, 열전도, 식품에 오염된 미생물의 종류와 수, 식품의 저장기간에 따라 달라진다. 일반세균 또는 병원성 세균은 60℃에서 30분간 가열로 사멸되지만 포자를 형성하는 세균과 일부 식중독 세균은

100℃에서 30분 가열에도 사멸되지 않는 것도 있다. 세균의 포자는 열에 대한 저항성이 중성에서 가장 크고 pH 5.0 이하의 산성 환경에서는 그 저항성이 저하되므로 산을 첨가하고 가열하면 살균효과를 높일 수 있다. 식품의 가열살균법은 표 4-6과 같다. 이들 방법 중 저온살균, 고온단시간 살균, 초고온순간가열살균 등은 우유류의 살균에 이용되고 있다.

〈표 4-6〉 식품의 가열살균법

| 살 균 법 | 가열방법, 가열온도, 가열시간 등 | 특 징 |
|---|---|---|
| 저온가열살균(Pasteurization) | 60~65℃분 가열(우유는 63℃, 30분) | 우유, 술, 주스, 소스, 간장, 과즙 등의 식품에 이용. 식품의 영양소나 향미가 보존되는 장점이 있으나 아포균의 포자는 사멸되지 않는 단점이 있음 |
| 고온단시간살균(High temperature shortime method; HTST) | 70~95℃에서 20초 내외 | 살균효과가 크고 영양성분의 파괴가 적다. |
| 초고온순간살균법(Ultrahightemperturеheating method; UHT) | 120~135℃에서 1~2초, 135~150℃에서 0.5~1.5초 가열 후 급냉 | 장기 보존용의 LL우유에 적용 |
| 고온장시간살균(High temperature long time method; HTLT) | 95~120℃에서 30~60분간 가열 | 통조림, 병조림에 탈기밀봉 후에 가열·장기간 보존이 가능 |
| 초음파가열살균 | 초음파(100~200만 cycle)을 적용시킴 | 영양성분의 파괴나 풍미의 변화가 적다. |

〈표 4-7〉 미생물의 가열살균 조건

| 종 | 류 | 가열온도(℃) | 가열시간(분) | 비 고 |
|---|---|---|---|---|
| 세균 | *Salmonella* | 60 | 4.3 | |
| | *E. coli* | 57 | 20~30 | 대장균 |
| | *Staphylococcus aureus* | 60 | 19 | 화농균 |
| | *Bacillus subtilis* | 100 | 15~20 | 고초균 |
| | *Fat sour bacteria* | 100~135 | 70 | 통조림에서 발생 |
| | *Cl. botulinum* | 100 | 330 | |
| | *Cl. caloritolerans* | 100 | 520 | |
| 곰팡이 | 균 사 | 60 | 5~10 | 곰팡이의 포자는 120℃, 30분 가열에도 사멸되지 않는 것도 있음 |
| | 포 자 | 60~70 | 5~10 | |
| 효모 | 영양세포 | 50~58 | 10~15 | |
| | 포 자 | 60 | 10~15 | |

■ 가열조건과 살균효과

가열할 때 여러 가지 조건 중에서 때로 미생물의 내열성을 높이는 경우로는 다음과 같은 것을 들 수 있다.

① 미생물이 생육하는 조건에 있어 대수기의 후반에 있을 때

② 단일 세포보다 덩어리를 형성하고 있든가 세포수가 많을 때
③ 습열(濕(熱)일 때보다 건열(乾熱)일 때
④ 가열시 액(液)의 pH가 중성이거나 이 영역에 가까울 때

따라서 위의 네 가지 조건이 부합되지 않는 조건에서 가열하는 것이 가열살균의 목적을 쉽게 달성할 수 있다.

## 4. 조사살균법(Irradiation sterilization)

식품에 열을 가하지 않고 미생물을 사멸시켜 보존성을 높이는 방법으로 이 방법에는 자외선살균법(ultraviolet rays)과 방사능살균법(radiation)이 있다.

### 4-1. 자외선 살균법(Ultraviolet rays)

자외선은 미생물의 세포를 파괴하는 작용이 있으나 미생물에 따라 살균효과가 다르며 일반적으로 세균 > 효모 > 곰팡이 순이여서 특히 곰팡이의 살균에는 상당한 조사시간이 필요하다. 자외선 가운데 살균력이 가장 강한 파장은 2600~2700 Å 부근으로 세포질에 흡수된 자외선의 작용은 특별히 핵산에 큰 손상을 주게 된다. 흡수된 자외선에 의하여 핵산의 인접한 pyrimidine 사이에 pirimidine dimer를 형성하면 DNA 복제가 억제되어 변이의 변인이 될 수 있다. 이 방법은 식품의 품질에 영향을 거의 미치지 않고 취급도 간단한 이점이 있으므로 기구, 식품의 표면, 투명한 음료수, 청량음료와 분말식품, 실내의 공기 등의 살균에 이용되지만, 자외선이 미치지 못하는 부분이나 식품의 내부 깊은 곳까지는 살균할 수 없는 결점이 있다.

### 4-2. 방사선 살균법(Radiation)

식품에 방사선을 조사하는 목적은 생물학적·생화학적 효과에 의하여 식품의 보존기간을 연장함으로써 식품의 품질을 유지하고, 식품유통에 대처하고 개선에 이바지함에 있다. 식품에 조사하면 온도의 상승이 거의 없으므로 고온에서 파괴되는 식품성분의 변화가 없어서 냉살균(cold sterilization)이라 한다. 방사선의 투과성 때문에 포장식품도 처리가 가능함으로 포장으로 인한 미생물의 오염을 방지할 수 있고, 조사방법이 간단하고 균일하게 처리할 수 있으며, 첨가제($NO_2$, $NO_3$, $SO_2$)의 사용량을 감소시킬 수 있다. 또한 보존제, 살균제, 훈증제 사용 후의 잔류 독성과 같은 문제도 없다. 그러나 전리방사선이 세포 내의 물 등의 전리를 일으켜 세포에 치명적인 효과를 나타내는 점, 지용성 비타민(A, E, K)은 방사선에 분해되기 쉬운 점, 이미 밝혀지지 않은 현상이 나타날 가능성이 있다. 이와 같은 가능성 즉 유도 방사능, 축적 에너지, 조사식품을 섭취함으로써

일어나는 돌연변이 등의 문제가 있을 수 있으므로 FAO/IAEA(국제원자력기구)/WHO의 합동전문위원회(JECFI)에서 승인한 조사식품의 종류와 내용을 참고할 필요가 있다(표 4-9). 식품에 이용되는 방사선은 동위원소에서 방사되는 전리방사선으로 $^{60}$Co의 $\gamma$선, $^{137}$Cs의 $\gamma$선, $^{90}$Sr의 $\beta$선, 전자가열장치에서 얻는 전자선 등이 이용되는데 $\gamma$선은 전자파로서 투과력이 강하고 전자선은 전자이며 투과력이 약하다.

방사선 조사과정이 엄격한 감독하에 있고, 방사선 조사를 한 번만 하도록 하여 적정선량 이상이 처리되는 것을 규제하고 있다. 또 판매를 위한 식품을 방사선을 조사하고자 하는 업체는 허가를 받아야 한다.

## 4-3. 식품의 방사선 조사와 기준

식품에 사용하는 방사선은 $\gamma$선 $^{60}$Co, $^{137}$Cs, X-선, 전자빔 등이 사용할 수 있는데, 식품조사 방사선의 선원 및 선종은 거의 $^{60}$Co의 감마선으로 한다. 우리나라에서 허용된 방사선원 및 선종은 $^{60}$Co의 $\gamma$선이다.

식품에 방사선 조사의 주요 이용 목적은 식품의 발아 억제, 살충, 살균 및 숙도 조절의 목적에 한하여 식품에 방사선을 조사한다. 가열, 냉장, 냉동, 화학약제에 의한 처리와 동일한 이유로 식품에 감마선이 조사된다. 식품의 부패라든가 질병의 원인이 되는 해충, 곰팡이, 세균 등을

〈표 4-8〉 허용대상 식품별 흡수선량

| 품 목 | 조 사 목 적 | 허가선량(kGy) | 허가일자 |
|---|---|---|---|
| 감자, 양파, 마늘 | 발아·발근억제 | 0.15 이하 | 1987.10.16 |
| 밤 | 발아·발근억제 | 0.25 이하 | |
| 버섯(생·건조) | 살충·숙도지연 | 1 이하 | |
| 건조식육 | 살균·살충(위생화) | 7 이하 | 1991.12.14 |
| 어패류 분말 | 살균·살충(위생화) | 7 이하 | |
| 된장 분말 | 살균·살충(위생화) | 7 이하 | |
| 고추장 분말 | 살균·살충(위생화) | 7 이하 | |
| 간장 분말 | 살균·살충(위생화) | 5 이하 | |
| 전분 | 살균·살충(위생화) | 10 이하 | |
| 건조향신료 및 조제품 | 살균·살충(위생화) | 7 이하 | 1995.5.19 개정 |
| 건조채소류 | 살균·살충(위생화) | 7 이하 | 1995.5.19 |
| 효모식품 | 살균·살충(위생화) | 7 이하 | |
| 효소식품 | 살균·살충(위생화) | 7 이하 | |
| 알로에 분말 | 살균·살충(위생화) | 7 이하 | |
| 인삼(홍삼 포함)제품류 | 살균·살충(위생화) | 7 이하 | |
| 2차 멸균용 환자식 | 살균·살충 | 10 이하 | |

* 흡수선량 단위 : kGy로 표시하며, 10kGy는 물 2.4℃ 상승시키는 데 필요한 열량과 같다.

살균 및 살충하든가 식품을 창고, 점포, 가정에서 장기간 보존하기 위하여 식품을 조사한다. 또한 우리나라에서 방사선 조사 허용대상 식품 및 흡수선량은 표 4-8에서 보는 바와 같으며, 1977년 현재 전 세계적으로 39개국 227여 개의 식품이 조사 처리되고 있다. FAO/WHO 식품규격 위원회에서는 식품조사에 이용하는 선량을 10KGy 이하로 할 것을 권고하였다. 이것은 총체평균 선량이 10KGy 이하의 방사선을 조사한 식품은 모두 독성이 나타나지 않았다는 FAO/WHO/IAEA 조사식품의 건전성에 관한 합동전문가위원회의 결과에 따른 것이다.

또한 식품에 방사선을 조사하는 데는 일정한 제한을 두고 있다. 즉 일단 조사한 식품을 다시 조사하여서는 안 되며, 조사식품을 원료로 사용하여 제조·가공한 식품도 다시 조사하여서는 안 된다. 이것은 적정선량 이상으로 초과되어 조사될 경우 독성학적 위험성이 발생되는 것이 아니라, 조사목적과 달리 나쁜 품질이 일어날 수 있기 때문이다. 즉 감자 발아 억제를 위해 0.15kGy로 조사된 식품을 그 선량 이상으로 다시 조사할 경우 조직이 연화되어 더 빨리 부패가 일어날 수 있으며, 어패류 분말을 7kGy로 조사하고 다시 재조사하여 과선량을 쬐일 경우 산패취가 발생하여 풍미가 나빠질 수 있기 때문에 재조사에 의해 과선량이 일어나는 것을 피하고자 하는 조치이다.

〈표 4-9〉 식품의 조사살균 승인항목 (JECFI)

| 종류 | 목 적 | 선량(kGy) | 승인내용 |
|---|---|---|---|
| 감자 | 발아방지 | 0.15 이하 | 잠정 승인(1969) |
| | | 0.03~0.15 | 무조건 승인(1976) |
| 양파 | 발아방지 | 0.02~0.15 | 유보(1969), 잠정 승인(1976) |
| | | 0.15 이하 | 무조건 승인(1980) |
| 밀, 밀가루 | 살충 | 0.75 이하 | 잠정 승인(1969) |
| | | 0.15~1.0 | 무조건 승인(1976) |
| 닭고기 | 보존기간 연장 | 2~7 | 무조건 승인(1976) |
| | | 5~7 | 무조건 승인(1976) |
| 어패류 | 부패억제 | 1.0~2.2 | |
| 수산제품 | 병원성 미생물 살균 | 2.2 이하 | 잠정 승인(1976) |
| 파파야 | 살균, 성숙지연 | 0.5~1.0 | 무조건 승인(1980) |
| 양송이 | 성숙억제 | 0.25~3.00 | 무조건 승인(1976) |
| 딸기 | 보존기간 연장 | 1.0~3.0 | 유보(1976) |
| 쌀 | 살충 | 0.1~1.0 | 무조건 승인(1976) |
| | | | 잠정 승인(1976) |
| 코코아콩 | 살충 | 1.0 이하 | 무조건 승인(1980) |
| | | 5.0 이하 | 무조건 승인(1980) |
| 야자씨 | 살충 | 1.0 이하 | 무조건 승인(1980) |
| 망고 | 살충, 성숙지연 | 1.0 이하 | 무조건 승인(1980) |
| | 가열병용, 부분 살균 | | 무조건 승인(1980) |
| 두류 | 살충 | 1.0 이하 | |
| 향신료 | 살충 | 1.0 이하 | 무조건 승인(1980) |
| | 부분 살충 | 10 이하 | 무조건 승인(1980) |
| | 병원성 미생물 살균 | 10 이하 | 무조건 승인(1980) |

그리고 조사식품은 용기에 넣거나 또는 포장한 후 판매해야 하고, 조사 처리된 식품에는 다음과 같은 도안을 제품포장 또는 용기에 직경 5cm 이상의 크기로 표시하여야 한다.

〈방사성 조사처리 표시〉

〈표 4-10〉 식품중 방사능 잠정 허용기준

| 핵 종 | 대상식품 | 기준(Bq/kg) |
|---|---|---|
| $^{131}I$ | 유 및 유가공식품 | 150 |
| | 기타 식품 | 300 |
| $^{134}Cs$ + $^{137}Cs$ | 모든 식품 | 370 |

# 5. 염장법(Salting)

식품을 소금에 절이는 방법으로 어류, 육류, 채소류 등에 널리 이용되며, 식품을 소금물(20~25%)에 담아서 식품조직에 소금물을 침투시키는 염수법(brine salting)과 소금(10~15%)을 뿌려서 이것을 퇴적하거나 혼합하여 저장하는 건염법(dry salting)이 있다. 식염의 저장효과는 물 분자가 식염의 용해에 사용되고 속박을 받아서 표 4-11과 같이 수분활성이 떨어지고 삼투압도 커지게 되어 미생물 자신도 탈수되고 원형질 분리를 일으켜 생육이 억제된다. 또 물에 용해되었을 때 이 용액에 용해되는 산소의 용해도 감소 즉 산소분압의 감소 의한 호기성 세균의 생육억제, 자기소화효소에 대한 활성억제, 염소이온의 유해작용 등이 있다.

〈표 4-11〉 소금용액의 수분활성과 농도와의 관계

| 수분활성(Aw) | NaCl의 농도 | | 수분활성(Aw) | NaCl의 농도 | |
|---|---|---|---|---|---|
| | (mol) | (%,W/V) | | (mol) | (%, W/V) |
| 0.995 | 0.15 | 0.9 | 0.92 | 2.31 | 13 |
| 0.99 | 0.30 | 1.7 | 0.90 | 2.83 | 16 |
| 0.98 | 0.61 | 3.5 | 0.88 | 3.33 | 19 |
| 0.96 | 1.20 | 7 | 0.86 | 3.81 | 22 |
| 0.94 | 1.77 | 10 | | | |

보통의 미생물은 식염의 농도가 10% 정도에서 생육이 억제되지만, 곰팡이는 세균보다 저항성이 강하여 13~15%에서 증식이 저지된다. 한편 간장 등에서 생육하는 일종의 내염성균(耐鹽性菌)은 15% 이상의 소금농도에서도 번식한다. 식염의 농도와 세균발육 억제관계는 세균의 종류에 따라서 다르다(표 4-12). 염장 시 살균효과를 높이기 위하여 산과 병용하면 효과가 크다.

〈표 4-12〉 세균의 생육을 억제할 수 있는 NaCl의 농도

| 세　　균 | 젖산균 | 낙산균 | 요소 분해균 | 단백질 분해균 | 지방 분해균 | pectin 분해균 | 섬유 분해균 |
|---|---|---|---|---|---|---|---|
| 억제 NaCl 농도(%) | 15 | 24 | 18 | 30 | 16 | 18 | 16 |

# 6. 당장법(Sugaring)

식품을 설탕 또는 전화당(轉化糖, invert sugar)을 식품에 첨가하여 젤리, 잼, 마멀레이드(marmalade), 가당연유, 과일의 설탕절임 등을 저장하는 방법이다.

원리는 염장법에서와 같으나 그 농도에서는 차이가 있다. 삼투압은 분자의 몰(mol) 수에 비례하므로 사용되는 당은 분자량이 적고 용해도가 높은 것일수록 그 효과가 크다. 당류의 분자량은 포도당, 설탕, 물엿의 순으로 크지만 포도당은 용해도가 낮아 결정이 생기기 쉽다. 미생물의 설탕에 대한 내성은 일반적으로 당 농도가 50% 전후해서 생육이 억제되지만, 효모나 곰팡이는 80%까지 견디는 것이 있으므로 염장법과는 농도면에서 큰 차이가 있다.

# 7. 산 저장법(Pikling)

산 저장은 pH가 낮은 초산, 젖산 등을 이용하여 식품을 저장하는 방법이다.

산을 첨가하여 pH를 낮추면 미생물 증식저지 효과를 얻을 수 있을 뿐 아니라 조미효과도 얻게 된다. 대부분의 세균은 pH 7.0~8.0 사이의 중성에서 번식하므로 pH를 5.0 이하로 하면 세균의 번식이 억제되어 식품의 저장성을 높일 수 있다. 산이 미생물의 저지작용은 균의 종류에 따라 다르나 대체로 세균은 pH 5.0 이하가 되면 생육이 정지하고, 효모는 pH 3.0에서 생육이 정지된다. 또 일반적으로 같은 pH에 있어서도 유기산이 무기산보다 미생물의 번식을 저지하는 효과가 크고 산과 염, 산과 당, 산과 보존료 등을 같이 사용하면 효과를 더욱 증가시킬 수 있다.

## 8. 가스저장법(Controlled atmosphere)

저장 중 식품의 호흡작용을 하는 성질을 이용한 것으로서, 수확후의 채소나 과일, 계란 등의 호흡작용에 필요한 산소를 줄이고 탄산가스($CO_2$)나 질소가스($N_2$)의 농도를 높임으로써 호흡작용을 억제하여 저장성을 높이는 방법으로 가스치환법의 일종이다. 이 방법은 식품을 대량 처리할 수는 있으나 특수설비와 면밀한 관리를 위한 경비가 필요한 것이 문제점이다. 일반적으로 사과는 탄산가스 10~15%, 질소가스 0~10%의 혼합기체에서 5℃로 저장하고 토마토는 탄산가스 5%, 산소 5%로 12℃에서 저장하는 것이 좋다. 그러나 산소가 전혀 없으면 분자 간의 호흡에 의해 알코올 발효를 일으켜 품질을 저하시키기도 한다. 가스 저장은 식물성 식품에 대하여는 호흡작용을 억제하고 동물성 식품에 대하여는  부착되어 있는 호기성 부패균의 번식을 저지하는 효과가 있다.

## 9. 훈연법(Smoking)

목제를 불완전 연소시켜서 발생되는 연기 속에 식품을 넣고 연기 중의 살균성분을 식품에 침투시켜서 저장성을 높이는 방법으로 어류나 육류의 저장과 가공에 응용된다. 훈연 속의 살균물질인 aldehyde, alcohol, phenol 등은 조직에 침입하여 미생물의 발육을 억제하고 또한 훈연에 의한 건조현상에 의해 저장성을 높인다. 또한 훈연성분은 독특한 향기를 갖고 있는데 이 향기성분은 유기산류(전체 성분의 39.9%), carbonyl 화합물류(전체 성분의 약 24.6%)와 각종 phenol류(전체 성분의 약 15.7%) 등으로 구성되어 있다. 이들은 다 같이 강한 특유향이 있고, 다시 식품 중의 성분과 2차적으로 반응하여 특징 있는 냄새를 만든다. 훈연에는 냉 훈연, 온 훈연, 열 훈연, 액 훈연 등이 있는데, 이 중에서 식품의 저장성은 냉 훈연이 가장 크고 그 다음은 온 훈연, 열 훈연 순이다.

# 제5장 식중독

# 1. 식중독의 정의

식품과 관련된 우리나라의 주변 환경은 국내·외적으로 급격하게 변화되어 가고 있다. 도시화, 산업화 등에 따라 식품의 원재료 및 가공식품이 유해물질에 오염될 가능성이 높아지고 있으며 농약, 항생물질, 성장호르몬 등 다양한 화학물질의 사용이 증가하고 있다. 특히 식중독 사고도 빈번히 일어나고 있어 식품 안전성에 대한 소비자들의 우려도 점차 커지고 있는 실정이다.

국민소득의 증대, 핵가족화, 맞벌이 가정의 증가 추세에 따라 식생활도 점차 변하여 즉석식품 및 편의식품의 소비가 늘어나고 외식문화가 발달하여 식품 접객업소의 수가 증가되고 있다. 초·중·고등학교의 급식과 대형 식당 및 집단 급식소의 증가에 따라 식품위생의 안전수칙을 철저히 지키지 않아 발생하는 식중독 사고는 계속해서 증가추세에 있다.

식중독은 거의 인류와 함께 존재한 질병으로 보지만 학문적으로 검토되기 시작한 것은 19세기 후반부터이다. 1872년 이탈리아의 Francico Selmi가 단백질 분해산물인 유독 amine인 ptomine이 식중독의 원인 물질이라고 제창한 학설이 20세기 초기까지 가장 유력하였다. 그러나 20세기 중반부터 미생물학의 발달로 식중독의 원인균이 검출됨으로써 ptomine설은 점차로 자취를 감추게 되었다.

식중독(food poisoning)을 한 마디로 표현하기는 어렵지만 본래의 뜻은 음식을 먹고 중독된 경우이지만 그 중독의 원인은 다양하여 현재 병원성 미생물이나 유독·유해한 물질로 오염된 음식물을 섭취하여 발생하는 급성위장염 및 신경장애 등의 중독증상이라고 말할 수 있다. 식중독의 중독증상은 원인물질에 따라 다양하게 나타나지만 일반적으로 고열, 복통, 설사, 구토, 두통 등이 대표적인 증상으로 때로는 호흡곤란, 탈수증상 등을 일으켜 생명을 위험하게 할 수도 있다. 우리나라뿐만 아니라 전 세계적으로 가장 많이 발생하는 식중독은 대부분이 세균성이다. 식중독은 원인물질에 따라 크게 세 가지로 분류되고 있다.

첫째, 변질된 음식물에 의한 식중독, 즉 세균에 의한 부패·변질 식품의 섭취나 세균이 생산한 독성물질의 섭취에 의한 세균성 식중독

둘째, 독버섯, 복어, 싹튼 감자 등에 의한 자연독 식중독

셋째, 수은, 카드뮴 등의 유해 중금속 물질에 의한 화학성 식중독으로 분류되지만 대부분은 세균에 의해서 발생되고 있으나 치사율은 자연 독에 의한 식중독이 높다.

식중독 발생의 주된 원인은 다음과 같다.

① 조리 후 부적절한 온도에서 장시간 음식물을 보관

② 오염된 조리기구와 용기 및 불결한 조리기구의 관리, 사용

③ 개인의 비위생적인 습관, 손 세척 소홀, 개인 질병, 식품취급의 부주의

④ 비 위생적이거나 안전하지 못한 식품원료의 사용 등이다.

# 2. 식중독의 발생실태

## 2-1. 식중독 통계의 특성

식생활의 다양화와 국제교류의 증가 등으로 인하여 식품의 오염과 변질의 기회가 급증하면서 식중독의 원인이 더욱 다양화되고 그 발생이 때와 장소를 가리지 않으며 때로는 규모가 대형화되어 인류의 건강을 위협하는 가장 큰 원인의 하나로 대두되고 있는 실정이다. 식중독은 전 세계적으로 발생하고 있으며 매년 많은 생명이 식중독으로 사망하고 있어 세계의 가장 큰 살인자라는 사실을 우리는 절실하게 깨닫지 못하고 있다. 그러나 식중독으로 보고되는 공식적인 자료들은 선진국에서 조차도 빙산의 일각에 불과하다는 것이 세계적 전문가들의 지론이다. 각 나라별로 차이는 있으나 실제 발생 사례의 10% 정도만이 보고되고 있는 것으로 알려지고 있다.

우리나라에서는 1962년부터 식품위생법이 제정되어 의사가 식중독 환자를 진단하거나 식중독에 의한 사망자를 검안하였을 때에는 보고서식에 의하여 지체 없이 보고하여야 하고 그 보고를 받은 보건소장이나 지소장은 역학조사 등 필요한 조치를 한 다음 그 결과를 소속 지방 단체장을 거쳐서 보건복지부장관에게 보고하도록 의무화함으로써 식중독 통계를 낼 수 있는 바탕을 마련하였지만 실제로 식중독의 발생상황을 정확하게 파악하기에는 상당한 어려움이 있다. 그것은 식중독이 특정한 단일 질환이 아니고 유사증을 총칭하는 것일 뿐더러 증상에도 경증이 있기에 모든 환자가 반드시 의사의 진단을 받는다고 볼 수 없으며 또 의사가 식중독을 다른 질환으로 오진할 수도 있기 때문이다.

## 2-2. 연도별 식중독 발생상황

우리나라 연도별 식중독 발생상황은 그림 5-1과 같다. 최근 10년간 식중독 발생건수는 지속적

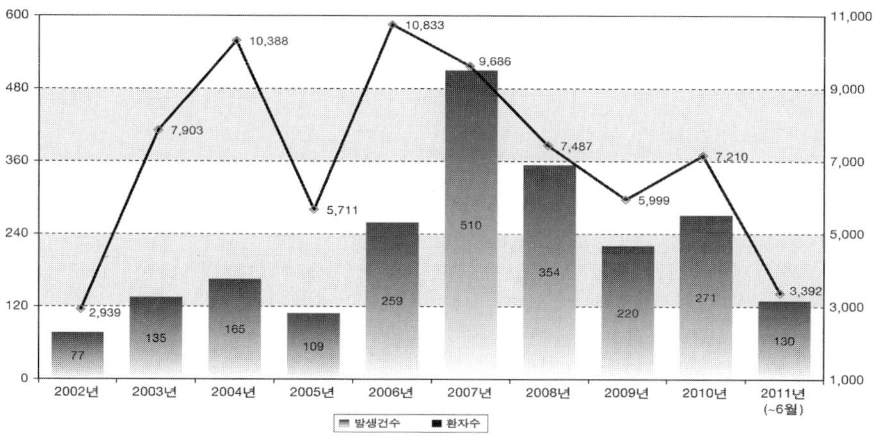


〈그림 5-1〉 연도별 식중독 발생상황(발생건수 및 환자수)

<자료 : 식중독 통계시스템, 2011.11>

으로 증가하고 있는 경향을 보이고 있으며, 환자 수는 일정한 경향을 보이지 않고 1~2년 주기로 증감을 반복하고 있다. 2002년과 2005년의 경우 식중독 발생건수 및 환자 수가 일시적으로 감소한 것은 월드컵과 APEC 개최에 따른 사전예방 활동 강화(위생점검 등)에 의한 것으로 생각되며 2006년, 2007년부터 급격히 증가한 것은 급식 및 외식의 증가, 지하수 오염, 기후 변화(온대 → 아열대)에 따른 기온상승, 식중독 발생사건에 대한 보고 증가 등에 기인한 것으로 사료된다.

〈표 5-1〉 병인별 식중독 환자 발생현황

단위 : 발생건수(건), 환자수(명)

| 원인균 | 구분 | 2002년 | 2003년 | 2004년 | 2005년 | 2006년 | 2007년 | 2008년 | 2009년 | 2010년 | 2011년 (~6월) | 합계 |
|---|---|---|---|---|---|---|---|---|---|---|---|---|
| 살모넬라 | 발생건수 | 24 | 17 | 23 | 22 | 22 | 42 | 22 | 17 | 27 | 7 | **223** |
| | 환자수 | 548 | 416 | 839 | 753 | 576 | 1,497 | 387 | 477 | 677 | 226 | **6,396** |
| 황색포도상구균 | 발생건수 | 8 | 13 | 11 | 16 | 32 | 38 | 15 | 12 | 19 | 7 | **171** |
| | 환자수 | 370 | 808 | 763 | 863 | 1,924 | 843 | 556 | 864 | 372 | 578 | **7,941** |
| 장염 비브리오균 | 발생건수 | 10 | 22 | 15 | 17 | 25 | 33 | 24 | 12 | 18 | 1 | **177** |
| | 환자수 | 188 | 732 | 300 | 663 | 547 | 634 | 329 | 106 | 223 | 63 | **3,785** |
| 바실러스 세레우스 | 발생건수 | 0 | 3 | 2 | 1 | 5 | 1 | 14 | 0 | 14 | 1 | **41** |
| | 환자수 | 0 | 198 | 84 | 24 | 59 | 50 | 376 | 0 | 401 | 16 | **1,208** |
| 클로스트리듐 퍼프린젠스 | 발생건수 | 0 | 1 | 4 | 0 | 2 | 4 | 6 | 5 | 5 | 5 | **32** |
| | 환자수 | 0 | 12 | 680 | 0 | 160 | 81 | 434 | 527 | 171 | 310 | **2,375** |
| 클로스트리듐 보톨리눔 | 발생건수 | 0 | 1 | 0 | 0 | 0 | 0 | 0 | 0 | 0 | 0 | **1** |
| | 환자수 | 0 | 3 | 0 | 0 | 0 | 0 | 0 | 0 | 0 | 0 | **3** |
| 캄필로박터 제주니 | 발생건수 | 0 | 1 | 3 | 1 | 1 | 7 | 6 | 7 | 15 | 9 | **50** |
| | 환자수 | 0 | 215 | 175 | 175 | 53 | 449 | 73 | 405 | 380 | 230 | **2,155** |
| 병원성 대장균 | 발생건수 | 2 | 6 | 21 | 15 | 38 | 62 | 36 | 37 | 28 | 8 | **253** |
| | 환자수 | 63 | 1,502 | 2,043 | 1,883 | 2,832 | 1,945 | 1,278 | 1,671 | 1,926 | 445 | **15,588** |
| 기타 세균 | 발생건수 | 2 | 6 | 13 | 1 | 1 | 0 | 0 | 0 | 0 | 2 | **25** |
| | 환자수 | 279 | 226 | 1,156 | 45 | 5 | 0 | 0 | 0 | 0 | 20 | **1,731** |
| 노로바이러스 | 발생건수 | 0 | 14 | 13 | 6 | 51 | 97 | 69 | 32 | 31 | 26 | **339** |
| | 환자수 | 0 | 1,442 | 922 | 719 | 3,338 | 2,345 | 2,105 | 568 | 1,994 | 1,015 | **14,448** |
| 기타 바이러스 | 발생건수 | 1 | 2 | 5 | 2 | 3 | 2 | 1 | 0 | 2 | 1 | **19** |
| | 환자수 | 137 | 164 | 485 | 25 | 33 | 32 | 26 | 0 | 8 | 6 | **916** |
| 화학물질 | 발생건수 | 0 | 0 | 0 | 1 | 1 | 0 | 2 | 0 | 1 | 0 | **5** |
| | 환자수 | 0 | 0 | 0 | 8 | 14 | 0 | 34 | 0 | 3 | 0 | **59** |
| 자연독 | 발생건수 | 2 | 2 | 3 | 1 | 1 | 3 | 2 | 6 | 6 | 2 | **28** |
| | 환자수 | 23 | 11 | 15 | 3 | 4 | 22 | 50 | 126 | 33 | 7 | **294** |
| 불명 | 발생건수 | 28 | 47 | 52 | 26 | 77 | 221 | 157 | 100 | 105 | 61 | **874** |
| | 환자수 | 1,331 | 2,180 | 2,926 | 550 | 1,288 | 1,788 | 1,839 | 1,255 | 1,030 | 476 | **14,663** |
| **합계** | **발생건수** | **77** | **135** | **165** | **109** | **259** | **510** | **354** | **228** | **271** | **130** | **2,238** |
| | **환자수** | **2,939** | **7,909** | **10,388** | **5,711** | **10,833** | **9,686** | **7,487** | **5,999** | **7,218** | **3,392** | **71,562** |

<자료 : 식중독 통계시스템, 2011.11>

## 2-3. 병인별 식중독 발생상황

병인별 식중독 발생 양상은 표 5-1과 같다. 1990년 중반 이전까지만 해도 우리나라에서 발생하는 식중독은 대부분 세균성인 살모넬라에 의한 식중독이 가장 많았으나 최근(2002~2011년)에는 병원성 대장균이 가장 많이 발생하였고, 황색포도상구균, 살모넬라, 장염 비브리오에 의한 식중독이 발생되고 있다. 2008년 이후 전체 식중독 발생은 감소하였으나, 과거에 발생기록이 없던 *Bacillus cereus*, *Norovirus*와 *Camphylobacter jejuni*에 의한 식중독도 급격히 증가하고 있는데, 이는 식수와 식재료 오염, 육류의 생식, 식품 간의 교차오염 등에 기인하는 것으로 판단된다. 특이할 만한 것은 비록 발생건수와 환자 수는 적지만 우리나라 최초로 2003년도에 *Clostridium botulinus*에 의한 식중독이 발생한 사실에 대하여 주목할 필요가 있다. 2000년 이전까지 발생예가 없었던 식중독이 최근에 다발하고 있는 것은 과거에 *Norovirus*, *Camphylobacter jejuni*, *Clostridium botulinus* 같은 균에 의해 식중독이 발생하지 않은 것이 아니라 진단기술의 미흡으로 원인불명 처리된 것이라 생각된다. 따라서 식중독균에 대한 진단기술을 향상시켜 원인균 파악을 좀 더 철저히 하는 것이 국민 보건에 이바지할 것으로 기대된다.

〈표 5-2〉 월별 식중독 발생상황

단위 : 발생건수(건), 환자수(명)

| 연도 | 구분 | 1월 | 2월 | 3월 | 4월 | 5월 | 6월 | 7월 | 8월 | 9월 | 10월 | 11월 | 12월 | 합계 |
|---|---|---|---|---|---|---|---|---|---|---|---|---|---|---|
| 2002년 | 발생건수 | 4 | 2 | 5 | 12 | 10 | 8 | 5 | 13 | 10 | 4 | 2 | 2 | **77** |
| | 환자수 | 266 | 179 | 143 | 454 | 298 | 231 | 349 | 212 | 276 | 97 | 354 | 80 | **2,939** |
| 2003년 | 발생건수 | 2 | 0 | 26 | 7 | 25 | 19 | 5 | 17 | 28 | 4 | 2 | 0 | **135** |
| | 환자수 | 92 | 0 | 2,525 | 208 | 1,916 | 1,501 | 88 | 364 | 951 | 88 | 176 | 0 | **7,909** |
| 2004년 | 발생건수 | 3 | 3 | 3 | 14 | 35 | 36 | 12 | 9 | 23 | 9 | 10 | 8 | **165** |
| | 환자수 | 148 | 58 | 112 | 742 | 2,678 | 2,626 | 495 | 372 | 1,832 | 503 | 447 | 375 | **10,388** |
| 2005년 | 발생건수 | 4 | 2 | 3 | 16 | 12 | 16 | 11 | 13 | 15 | 6 | 5 | 6 | **109** |
| | 환자수 | 142 | 78 | 44 | 865 | 689 | 1,062 | 346 | 639 | 788 | 51 | 449 | 558 | **5,711** |
| 2006년 | 발생건수 | 6 | 4 | 8 | 8 | 6 | 56 | 31 | 42 | 35 | 15 | 8 | 40 | **259** |
| | 환자수 | 52 | 52 | 319 | 75 | 809 | 4,567 | 348 | 1,514 | 1,161 | 216 | 190 | 1,530 | **10,833** |
| 2007년 | 발생건수 | 31 | 28 | 41 | 42 | 65 | 56 | 49 | 76 | 44 | 25 | 32 | 21 | **510** |
| | 환자수 | 730 | 277 | 820 | 959 | 1,296 | 1,803 | 849 | 754 | 1,343 | 287 | 294 | 274 | **9,686** |
| 2008년 | 발생건수 | 13 | 14 | 23 | 31 | 28 | 36 | 28 | 38 | 51 | 37 | 29 | 26 | **354** |
| | 환자수 | 177 | 144 | 680 | 751 | 627 | 1,256 | 354 | 538 | 1,207 | 454 | 440 | 859 | **7,487** |
| 2009년 | 발생건수 | 14 | 22 | 20 | 26 | 36 | 29 | 20 | 18 | 20 | 7 | 7 | 9 | **228** |
| | 환자수 | 126 | 279 | 753 | 709 | 1,232 | 1,318 | 378 | 324 | 301 | 416 | 40 | 123 | **5,999** |
| 2010년 | 발생건수 | 9 | 17 | 15 | 20 | 15 | 29 | 34 | 41 | 35 | 18 | 15 | 23 | **271** |
| | 환자수 | 142 | 430 | 364 | 893 | 201 | 1,908 | 561 | 770 | 783 | 335 | 362 | 469 | **7,218** |
| 2011년 | 발생건수 | 11 | 14 | 21 | 26 | 23 | 35 | 0 | 0 | 0 | 0 | 0 | 0 | **130** |
| | 환자수 | 114 | 338 | 823 | 827 | 871 | 419 | 0 | 0 | 0 | 0 | 0 | 0 | **3,392** |
| **합계** | **발생건수** | **97** | **106** | **165** | **202** | **255** | **320** | **195** | **267** | **261** | **125** | **110** | **135** | **2,238** |
| | **환자수** | **1,989** | **1,835** | **6,583** | **6,483** | **10,617** | **16,691** | **3,768** | **5,487** | **8,642** | **2,447** | **2,752** | **4,268** | **71,562** |

<자료 : 식중독 통계시스템, 2011.11>

## 2-4. 월별 식중독 발생상황

2002년부터 2011년까지의 월별 식중독 발생 상황은 표 5-2와 같다. 식중독은 연중 발생하지만 약 50% 정도가 기온이 높은 여름철(5~8월)에 집중적으로 발생하고 있으며, 노로바이러스 식중독이 겨울철에도 식중독이 지속적으로 발생하고 있어 각별한 주의가 필요하다.

## 2-5. 원인 식품별 식중독 발생상황

2006년 이후 역학조사 결과 추정된 식중독 발생의 주요 원인 식품은 건수 기준으로 어패류가 급격히 증가하고 있으며, 육류와 조리식품 등에 의한 식중독이 완만히 증가하고 있다(그림 5-2). 이러한 결과는 이들 식품의 생식, 불충분한 가열조리, 비위생적인 음식물 취급, 그리고 조리 후 보관의 불량 등에 기인한 것으로 추정된다. 그 외에 김밥, 도시락 등 복합 조리 식품은 발생건수에 비하여 환자의 수는 증가하였는데, 이는 반조리식품 및 조리식품의 이용이 증가한 것에서 기인한 것으로 판단된다. 우리나라에서의 주요 식중독의 원인 식품은 어패류 및 가공품, 육류 및 가공품, 김밥, 도시락 등 복합 조리식품이 주류를 이루고 있음을 알 수 있다.

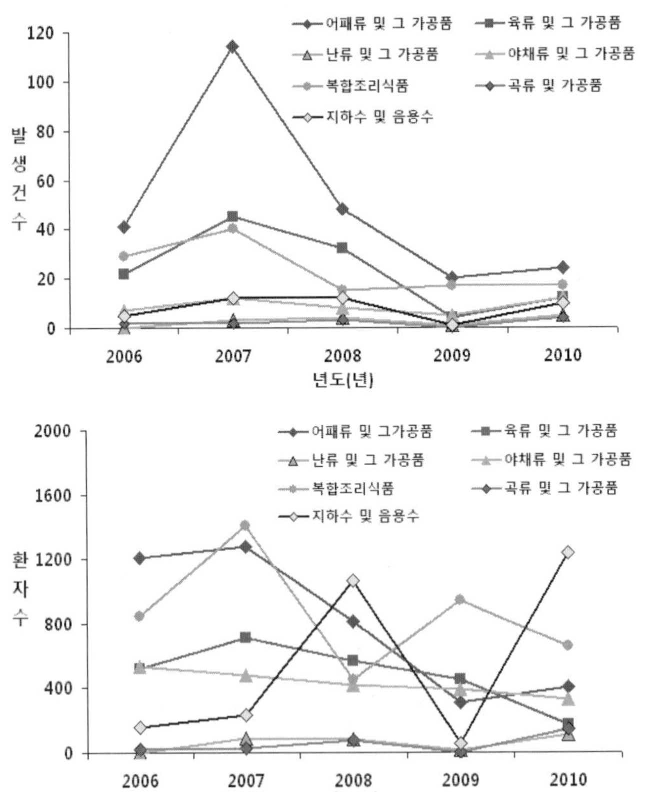


〈그림 5-2〉 최근 5년간 원인 식품별 식중독 발생상황

<자료 : 식중독 통계시스템, 2011.11>

## 2-6. 섭취장소별 식중독 발생상황

식중독 발생 때 식품을 제조한 곳이나 판매한 곳의 규명은 원인물질의 추정에 필요하며, 식품을 섭취한 곳의 규명은 사건의 규모를 특정하여 확산되는 것을 막기 위해 필요하다. 표 5-3은 식중독 발생현황을 섭취장소별로 분류한 것이다. 1980년 후반까지 식중독은 주로 가정에서 대부분 많이 발생하였는데, 2000년 이후부터는 가정에서의 식중독 발생률은 점차 감소하는 반면 집단 급식소, 특히 학교급식에서 식중독이 대규모로 발생되고 있다. 음식점 및 집단 급식소에서 식중독이 주로 발생하는데 전체 발생건수의 73%를 차지하였으며, 음식점 중에는 특히 어패류 취급업소의 식중독 발생이 급격히 증가하였다. 집단 급식소(학교, 기업체)는 2008년을 기점으로 감소하는 추세를 보이고 있는데, 이러한 경향은 지속적인 교육 및 홍보 강화로 개인과 조리종사자의 위생수준이 높아진 것으로 판단된다.

원인 시설별 월별 발생상황은 표 5-4와 같다. 발생건수의 약 50% 정도가 5~9월에 집중적으로 발생하며, 환자 수는 5월, 6월, 9월에 많이 발생하였다. 음식점은 5~9월에, 학교의 경우는 6월에 가장 많이 발생하였고, 노로바이러스 식중독이 증가하면서 겨울철에도 지속적으로 식중독이 발생하고 있다. 하절기인 5~9월에 식중독이 많이 발생하는 것은 조리온도 불충분, 교차오염, 개인위생 불량, 오염된 식재료 등의 섭취 등이 원인인 것으로 추정된다.

〈표 5-3〉 섭취장소별 식중독 발생상황

단위 : 발생건수(건), 환자수(명)

| 원인시설 | 구분 | 2002년 | 2003년 | 2004년 | 2005년 | 2006년 | 2007년 | 2008년 | 2009년 | 2010년 | 2011년 (~6월) | 합계 |
|---|---|---|---|---|---|---|---|---|---|---|---|---|
| 학교(직영) | 발생건수 | 7 | 16 | 42 | 12 | 24 | 36 | 33 | 27 | 30 | 20 | **247** |
| | 환자수 | 497 | 1,230 | 4,952 | 1,412 | 1,994 | 2,308 | 2,533 | 1,496 | 2,770 | 1,379 | **20,571** |
| 학교(위탁) | 발생건수 | 2 | 33 | 15 | 7 | 46 | 21 | 6 | 12 | 8 | 2 | **152** |
| | 환자수 | 309 | 3,391 | 1,760 | 892 | 4,998 | 793 | 450 | 1,220 | 620 | 252 | **14,685** |
| 기업체 | 발생건수 | 7 | 18 | 15 | 11 | 23 | 41 | 22 | 20 | 15 | 4 | **176** |
| | 환자수 | 586 | 1,509 | 1,026 | 1,447 | 1,081 | 1,432 | 633 | 719 | 799 | 174 | **9,406** |
| 음식점 | 발생건수 | 30 | 46 | 34 | 53 | 108 | 289 | 208 | 98 | 133 | 56 | **1,055** |
| | 환자수 | 583 | 1,441 | 1,049 | 1,021 | 1,971 | 3,476 | 2,392 | 1,132 | 1,704 | 847 | **15,616** |
| 가정집 | 발생건수 | 7 | 7 | 7 | 9 | 15 | 30 | 24 | 11 | 3 | 4 | **117** |
| | 환자수 | 117 | 81 | 44 | 111 | 119 | 151 | 176 | 89 | 11 | 18 | **917** |
| 기타 | 발생건수 | 23 | 15 | 39 | 13 | 33 | 82 | 48 | 24 | 25 | 15 | **317** |
| | 환자수 | 734 | 257 | 1,206 | 729 | 515 | 1,320 | 1,108 | 664 | 774 | 470 | **7,777** |
| 불명 | 발생건수 | 1 | 0 | 13 | 4 | 10 | 11 | 13 | 36 | 57 | 29 | **174** |
| | 환자수 | 113 | 0 | 351 | 99 | 155 | 206 | 195 | 679 | 540 | 252 | **2,590** |
| **합계** | **발생건수** | **77** | **135** | **165** | **109** | **259** | **510** | **354** | **228** | **271** | **130** | **2,238** |
| | **환자수** | **2,939** | **7,909** | **10,388** | **5,711** | **10,833** | **9,686** | **7,487** | **5,999** | **7,218** | **3,392** | **71,562** |

<자료 : 식중독 통계시스템, 2011.11>

〈표 5-4〉 원인 시설별 월별 식중독 발생상황

단위 : 발생건수(건), 환자수(명)

| 월 | 구분 | 집단 급식소 | | | 음식점 | 가정집 | 기타 | 불명 | 합계 |
|---|---|---|---|---|---|---|---|---|---|
| | | 학교(직영) | 학교(위탁) | 기업체 | | | | | |
| 1월 | 발생건수 | 3 | 2 | 11 | 53 | 5 | 14 | 9 | **97** |
| | 환자수 | 120 | 171 | 672 | 498 | 18 | 417 | 93 | **1,989** |
| 2월 | 발생건수 | 5 | 3 | 7 | 57 | 8 | 18 | 8 | **106** |
| | 환자수 | 368 | 117 | 155 | 605 | 37 | 515 | 38 | **1,835** |
| 3월 | 발생건수 | 18 | 31 | 14 | 67 | 10 | 12 | 13 | **165** |
| | 환자수 | 1,157 | 2,938 | 974 | 968 | 66 | 372 | 108 | **6,583** |
| 4월 | 발생건수 | 28 | 10 | 12 | 85 | 15 | 31 | 21 | **202** |
| | 환자수 | 1,752 | 862 | 810 | 1,793 | 178 | 702 | 386 | **6,483** |
| 5월 | 발생건수 | 33 | 13 | 20 | 118 | 6 | 40 | 25 | **255** |
| | 환자수 | 2,937 | 1,756 | 1,208 | 2,608 | 46 | 1,409 | 653 | **10,617** |
| 6월 | 발생건수 | 50 | 51 | 32 | 102 | 11 | 42 | 32 | **320** |
| | 환자수 | 5,254 | 5,443 | 2,414 | 1,856 | 125 | 1,002 | 597 | **16,691** |
| 7월 | 발생건수 | 15 | 6 | 18 | 102 | 6 | 32 | 16 | **195** |
| | 환자수 | 761 | 307 | 795 | 1,124 | 45 | 535 | 201 | **3,768** |
| 8월 | 발생건수 | 15 | 8 | 19 | 148 | 12 | 43 | 22 | **267** |
| | 환자수 | 1,067 | 933 | 987 | 1,727 | 51 | 472 | 250 | **5,487** |
| 9월 | 발생건수 | 25 | 18 | 15 | 125 | 21 | 45 | 12 | **261** |
| | 환자수 | 3,020 | 1,438 | 503 | 2,116 | 178 | 1,307 | 80 | **8,642** |
| 10월 | 발생건수 | 7 | 3 | 9 | 77 | 10 | 11 | 8 | **125** |
| | 환자수 | 573 | 101 | 366 | 709 | 101 | 485 | 112 | **2,447** |
| 11월 | 발생건수 | 18 | 2 | 9 | 55 | 8 | 14 | 4 | **110** |
| | 환자수 | 1,079 | 299 | 318 | 697 | 46 | 279 | 34 | **2,752** |
| 12월 | 발생건수 | 30 | 5 | 10 | 66 | 5 | 15 | 4 | **135** |
| | 환자수 | 2,483 | 320 | 204 | 915 | 26 | 282 | 38 | **4,268** |
| **합계** | **발생건수** | **247** | **152** | **176** | **1,055** | **117** | **317** | **174** | **2,238** |
| | **환자수** | **20,571** | **14,685** | **9,406** | **15,616** | **917** | **7,777** | **2,590** | **71,562** |

<자료 : 식중독 통계시스템, 2011.11>

## 2-7. 원인균별 원인 시설별 발생상황

2002~2011년까지 원인균별 원인 시설별 발생상황을 조사한 결과는 표 5-5와 같다. 주요 식중독 발생 원인균으로는 병원성 대장균, 노로바이러스이었으며, 그 다음으로는 황색포도상구균과 살모넬라였다. 집단 급식소에서는 병원성 대장균과 노로바이러스에 의해 발생건수가 높았고, 음식점에서는 장염 비브리오균에 의한 발생건수와 환자수가 매우 높은 것으로 보아 이것은 장염 비브리오의 대표식품인 어패류 취급 시 부주의에 의한 것으로 추정된다. 노로바이러스는 원인시설에 관계없이 발생건수가 높아지고 있는데, 이는 오염된 지하수, 오염된 지하수로 처리한 식재료나, 오염된 패류 섭취 및 사람과 사람 간 2차 감염에 의해 나타난 것으로 판단된다.

〈표 5-5〉 원인균별 원인 시설별 분표 현황

단위 : 발생건수(건), 환자수(명)

| 원인균 | 구분 | 집단 급식소 | | | 음식점 | 가정집 | 기타 | 불명 | **합계** |
|---|---|---|---|---|---|---|---|---|---|
| | | 학교(직영) | 학교(위탁) | 기업체 | | | | | |
| 살모넬라 | 발생건수 | 6 | 2 | 9 | 128 | 30 | 41 | 7 | **223** |
| | 환자수 | 413 | 148 | 449 | 3,466 | 337 | 1,395 | 188 | **6,396** |
| 황색포도상구균 | 발생건수 | 20 | 22 | 19 | 75 | 8 | 23 | 4 | **171** |
| | 환자수 | 2,133 | 2,075 | 1,277 | 1,167 | 132 | 1,071 | 86 | **7,941** |
| 장염 비브리오균 | 발생건수 | 2 | 1 | 8 | 110 | 16 | 32 | 8 | **177** |
| | 환자수 | 183 | 352 | 205 | 2,080 | 136 | 737 | 92 | **3,785** |
| 바실러스 세레우스 | 발생건수 | 8 | 1 | 3 | 19 | 2 | 6 | 2 | **41** |
| | 환자수 | 714 | 164 | 96 | 128 | 12 | 86 | 8 | **1,208** |
| 클로스트리듐 퍼프린젠스 | 발생건수 | 3 | 9 | 3 | 9 | 0 | 7 | 1 | **32** |
| | 환자수 | 181 | 1,403 | 85 | 356 | 0 | 335 | 15 | **2,375** |
| 클로스트리듐 보툴리늄 | 발생건수 | 0 | 0 | 0 | 0 | 0 | 1 | 0 | **1** |
| | 환자수 | 0 | 0 | 0 | 0 | 0 | 3 | 0 | **3** |
| 캄필로박터 제주니 | 발생건수 | 7 | 5 | 13 | 10 | 1 | 8 | 6 | **50** |
| | 환자수 | 533 | 409 | 753 | 193 | 2 | 150 | 115 | **2,155** |
| 병원성 대장균 | 발생건수 | 62 | 28 | 32 | 80 | 4 | 28 | 19 | **253** |
| | 환자수 | 5,432 | 3,671 | 3,138 | 2,341 | 23 | 690 | 293 | **15,588** |
| 기타 세균 | 발생건수 | 7 | 2 | 6 | 1 | 1 | 7 | 1 | **25** |
| | 환자수 | 808 | 99 | 598 | 34 | 11 | 172 | 9 | **1,731** |
| 노로바이러스 | 발생건수 | 66 | 41 | 38 | 112 | 11 | 42 | 29 | **339** |
| | 환자수 | 5,613 | 3,655 | 1,555 | 2,044 | 50 | 1,047 | 484 | **14,448** |
| 기타 바이러스 | 발생건수 | 6 | 1 | 3 | 3 | 0 | 5 | 1 | **19** |
| | 환자수 | 690 | 66 | 38 | 24 | 0 | 92 | 6 | **916** |
| 화학물질 | 발생건수 | 1 | 0 | 0 | 1 | 2 | 1 | 0 | **5** |
| | 환자수 | 31 | 0 | 0 | 14 | 11 | 3 | 0 | **59** |
| 자연독 | 발생건수 | 1 | 0 | 1 | 9 | 10 | 7 | 0 | **28** |
| | 환자수 | 24 | 0 | 80 | 34 | 57 | 99 | 0 | **294** |
| 불명 | 발생건수 | 58 | 40 | 41 | 498 | 32 | 109 | 96 | **874** |
| | 환자수 | 3,816 | 2,643 | 1,132 | 3,735 | 146 | 1,897 | 1,294 | **14,663** |
| **합계** | **발생건수** | **247** | **152** | **176** | **1,055** | **117** | **317** | **174** | **2,238** |
| | **환자수** | **20,571** | **14,685** | **9,406** | **15,616** | **917** | **7,777** | **2,590** | **71,562** |

<자료 : 식중독 통계시스템, 2011.11>

## 2-8. 식중독 발생의 국내외 동향

식중독 발생의 국내외 동향은 표 5-6과 같다. 미국은 일정한 수준을 유지하고 있으며, 일본은 감소추세를 나타내고 우리나라도 점진적으로 증가하다가 2007년을 정점으로 점차 감소하는 추세를 나타내고 있다. 인구 1백만 명당 평균 환자수(1996~2006년 평균 기준)는 일본 277명, 한국 137명, 미국 83명이며, 건당 환자수는 미국과 일본이 약 20명이고, 우리나라는 건당 49명으로 나타났다.

〈표 5-6〉 식중독 발생의 국내외 동향

| 연도 | 구분 | 건수 | 환자수(명) | 백만 명당 발생건수 | 백만 명당 환자수(명) |
|---|---|---|---|---|---|
| 2008 | 한국 | 354 | 7,487 | 7.3 | 154.5 |
| | 일본 | 1,369 | 24,303 | 10.7 | 190 |
| 2007 | 한국 | 510 | 9,686 | 10.6 | 200.5 |
| | 일본 | 945 | 20,698 | 7.4 | 162.4 |
| | 대만 | 240 | 3,223 | 10.5 | 140.8 |
| 2006 | 한국 | 259 | 10,833 | 5.4 | 224.3 |
| | 일본 | 1,491 | 39,026 | 11.7 | 305.4 |
| | 대만 | 265 | 4,401 | 11.5 | 191 |
| | 미국 | 1,247 | 25,659 | 4.2 | 85.9 |
| 2005 | 한국 | 109 | 5,711 | 2.3 | 118.6 |
| | 일본 | 1,545 | 27,019 | 12.1 | 211.5 |
| | 대만 | 247 | 3,530 | 10.8 | 154.4 |
| | 미국 | 928 | 20,179 | 3.3 | 68.2 |
| | EU | 5,311 | 47,251 | 11.8 | 105 |

<자료 : 식중독 통계시스템, 2011.11>

# 3. 식중독 지수개발

지구의 온난화로 인하여 초봄과 초가을의 온도가 이상고온 현상을 보이고 있으며, 이로 인하여 식중독 추세가 증가하고 있다. 더구나 학교급식의 증가로 인하여 대량 급식시설은 증가하고 있으나 식품조리나 보관상의 문제로 인하여 대형 학교급식 시설에서의 식중독 사고가 증가되고 있는 실정이다. 식중독을 사전에 예방하기 위해서는 식품의 조리과정 및 전처리 과정에서의 주의도 필요하겠으나, 조리된 음식물의 보관장소 및 시간도 매우 중요하다. 여름철 식중독을 예방하기 위한 방안으로 조리된 식품의 보관시간을 산정하기는 일반 시민들에게는 매우 어려우므로 그날의 온도에 따른 식중독이 발생될 수 있는 시간을 지수화하여 발표하는 것이 식중독을 예방하는데 도움을 주고자 도입된 것이 식중독 지수이다.

따라서 식중독 지수는 여름철 식중독을 예방하고 국민의 위생을 위하여 개발된 정량적이고 수치적인 개념으로 여름철 그날의 온도에 따른 미생물에 의한 식중독 위험도를 나타낸 지수로 초기균수(XO)에서 식중독을 유발시키는 균수(X)까지의 시간을 지표 미생물인 *E. coli*을 Model로 하여 식중독 유발시간을 계산하여 지수화한 것으로 미생물이 최대 성장속도(maximium specific growth rate)를 나타낼 때의 증식시간(doubling time)과 어떤 온도에 있어서 성장속도(specific growth rate)에 따른 증식시간(doubling time)을 구하여 이들의 비를 백분율로 나타낸 값이다. 최고값 100은 음식물을 외부에서 보관 시 초기 균수가 1,000마리/g일 경우 약 3시간 30분만에 식중독이 일어날 수 있게 된다는 뜻으로 지수 50의 개념은 최고값 대비 식중독을 유발시키는 시간이 2배 소요되는 것으로, 시간상으로는 7시간 이후 상온에서 저장된 음식물은 식중독을 일으킬 수 있다는 개념이다.

**식중독 지수 = (최적조건에서의 식중독 유발시간 / 임의의 온도에서의 식중독 유발시간) X 100**

# 4. 식중독 증상

설사, 구토 및 복통은 식중독의 가장 일반적인 증상이다. 발열과 같은 다른 임상 증상은 일부 규칙성을 보이지만, 이들 세 가지 증상은 특히 중요하며, 식중독균의 병원기전을 이해하기 위한 기초로서 여기에서 자세히 설명할 필요가 있다. 식중독과 관련된 임상증상의 범위와 강도는 어떤 미생물이 관여하였는지를 가늠할 수 있는 효과적인 가이드가 되지만, 절대적인 것으로 생각해서는 안 된다. 모순되는 것도 있기 때문에 확실한 동정은 실험실 진단이 필요하다.

## 4-1. 설 사

설사는 일상 진료에서 잘 만나는 질환의 하나이다. 그 원인으로는 여러 가지가 있으며, 그 병태를 이해하고, 적절한 치료를 하는 것이 바람직하다. 특히 소아의 급성 설사증 환자에 있어서는 손쉽게 탈수 상태로 되며, 때로는 사망에 이르는 것도 있다. 또한 소아의 만성 설사증에서는 영양장애에 의해 신체 지능의 발육이 장애되는 것이므로 주의가 필요하다. 여기에서는 설사증 중 세균성과 바이러스성 설사증의 기전을 중심으로 하여 기술한다.

### 1) 설사의 정의

설사란 배변횟수의 증가가 아니라 그 성상에 있으며, 변이 액상 또는 액상에 가까워 수분량이 증가한 것으로 되어 있다. 즉 1일 1회도 액상변이면 설사이다. 변의 수분량 증가는 장관에서의 수분분비 항진과 흡수장애에 의한 것이다.

### 2) 소화관 내의 수분과 $Na^+$ 동태

소화관의 기능은 섭취한 음식물의 소화, 흡수, 운반(배설을 포함)이며, 설사는 이들 중 어느 곳의 장애에 기인한다.

소장의 기능은 섭취한 음식물과 췌장액이나 담즙과의 혼합을 계산하여 소화·흡수를 하며, 그 밖에 장 내용물을 전방(항문 쪽)으로 수송 운동을 하는 것이다. 한편 대장의 기능은 소장에서의 음식 찌꺼기의 수분 염류를 흡수하고, 수송을 하며, 변괴(糞塊)를 저장하고, 배설하는 것이다.

사람의 장관은 경구 섭취한 수분 이외의 타액, 위액, 담즙, 췌장, 장액 등의 분비와 흡수가 장관 부위마다 다르며, 소장 말단에 다다르기까지 이들 대부분은 재흡수된다. 장관의 수분흡수 능력으로는 소장에서는 2~4L/시간, 대장에서는 3~4L/일로 되어 있다.

물의 수송은 이온이나 영양분의 능동수송과도 관련이 있으며, 삼투압 구배에 의해 수동적으로 진행된다. 장융모에서 수분 흡수는 융모 상부에서 고삼투압으로 일어나지만, 이온과 영양분의 수동수송과 장융모 혈관의 대류 기구에 의해 제어 유지되고 있다. 한편, 수분의 분비는 음와부에서 일어난다고 되어 있다.

장점막세포에서의 물·전해질 수송의 중심은 $Na^+$ 수송(흡수)이며, 다음의 네 종류가 알려져 있다. ① 점막상피의 basolateral membrane에 있어서 Na-K-ATPase($Na^+$ pump)에 의한 능동적인 흡수, ② $Na^+$-기타 용질과의 공수송, ③ $Na^+$-$Cl^-$ 공수송, ④ $Na^+$-$H^+$ 교환이다. 이들 중 가장 중요한 기전은 ①의 $Na^+$ pump에 의한 것이며, 이것에 의해 수송된 $Na^+$ 및 기타의 용질이 세포 간극에 유입되어 고삼투압 상태로 되고, 장관강에 있는 물은 수동적으로 세포 간극의 tight junction을 통하여 유입되고, 모세관측으로 이동한다. ②의 공수송에 이용된 용질로는 포도당이나 아미노산 등이 있다. $Na^+$ 흡수는 포도당의 존재하에서 증강되지만, 이 기전은 콜레라 치료의 ORS(oral rehydration solution, 경구수액제)의 개발에 응용되고 있다.

## 4-2. 구 토

구토(vomiting 또는 emesis)는 구강을 통하여 위와 장 내용물의 강력한 배출이다. 구토는 대개 욕지기감, 과도한 유연증, 얼굴의 창백 및 발한이 선행된다. 구토과정에서 위는 2구획으로 나누어지며, 심호흡을 한다. 그 다음 횡격막과 복근의 심한 수축과 함께 위(胃) 내용물은 식도를 통해 역류하게 된다.

구토 중에 발생하는 다른 생리학적 현상의 공동작용은 제4뇌실에 있는 구토중추의 조절하에 일어난다. 구토중추는 우리 몸의 많은 부분 특히 소화기관에서 일어나는 구심성 자극에 의해 활성화될 수 있다. 예를 들면, 위와 소장은 미주신경과 장신경의 구심성 신경섬유에 의해 자극된다. 많은 실험적인 증거를 통해 미주신경이 상부 위장관의 동반 자극과 함께 구토를 일으키는 것으로 추정하고 있다. 포도상구균 장독소의 자극은 구토에서 복부 미주신경이 관여한다는 좋은 예이다. 대체로 말하면, 복부 미주 구심성 신경섬유는 위장점막 내에서 기시하는 것과 장벽의 근육층 내에서 tension receptor를 이루는 것으로 나누어질 수 있다. 이들 수용체는 장에서 발생하는 장력과 수축작용을 신호한다.

## 4-3. 복 통

불행하게도 복통에 대한 정확한 기전을 거의 모른다. 복강내 기관들은 피부와 비교해 볼 때 조직 당 신경말단 수가 적다. 이것은 복부에서 통감각의 국소화 정도가 빈약하다는 것을 의미한다. 더욱이 염증은 신경말단부가 기계적인 자극과 화학적 자극에 더 민감하게 만드는 것으로 나타났다. 그러므로 염증반응을 일으키는 미생물성 감염은 숙주를 팽창의 결과로 발생하는 여러 가지 자극과 같은 통증성 자극에 더 감수성이 있도록 만든다.

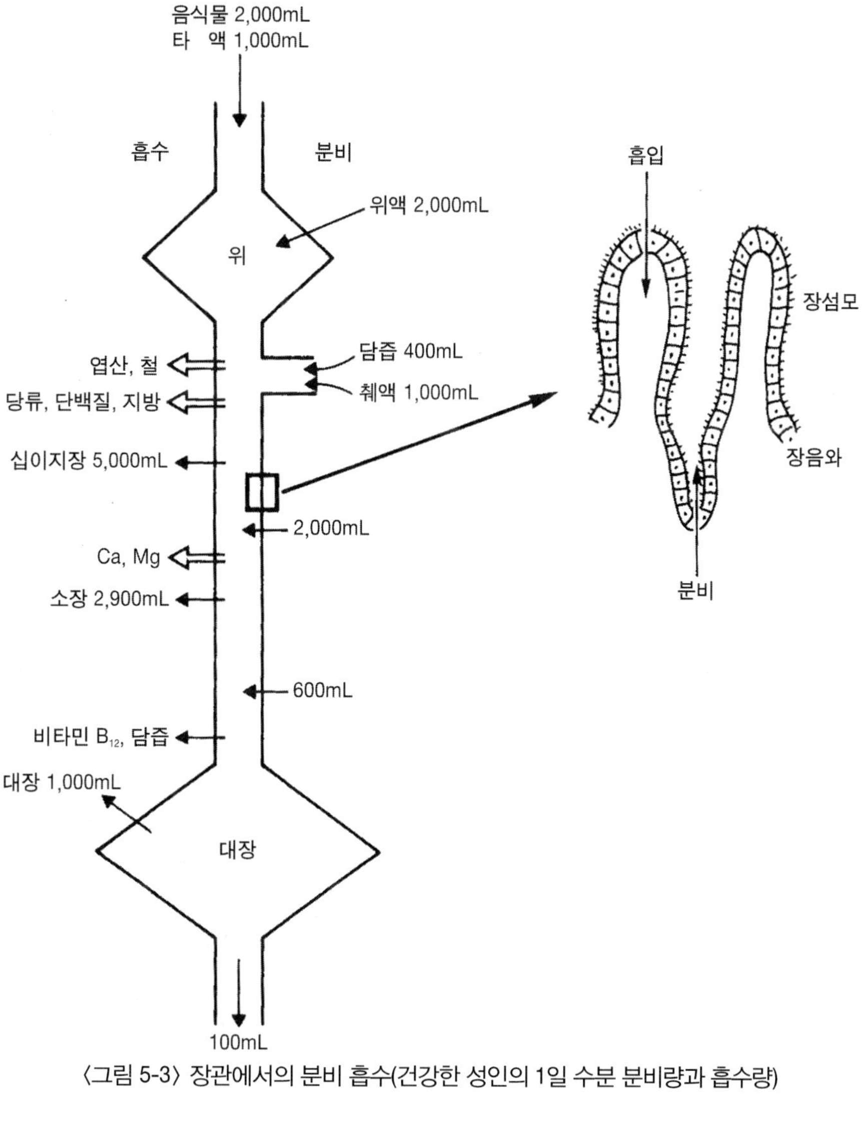


〈그림 5-3〉 장관에서의 분비 흡수(건강한 성인의 1일 수분 분비량과 흡수량)

# 5. 전 세계 식중독의 최근 현황

의학 및 식품위생의 발달에도 불구하고 전 세계적으로 수억 명에 이르는 사람들이 오염된 식품에 의해 일어나는 질병으로 고생하고 있어 식중독은 아직도 인간에게 중요한 질환이다. WHO 최근 보고에 의하면 식중독이 보고된 사례보다 300~350배가 더 많은 것으로 조사되고 있다. 특히 개발도상국은 콜레라, 캄필로박터증, 대장균증, 살모넬라증, 세균성이질, 브루셀라증 및 A형 간염을 포함한 질병에 의해 가장 고통을 받고 있다. 해마다 15억 명이 설사증상이 나타나며, 5세 이하 어린이 300만 명 이상이 죽고 있다. 또한 설사질환의 상당수가 식중독에서 유래된 것이다.

안전한 음용수 공급, 확실한 위생기준 및 저온살균과 같은 기술의 응용에도 불구하고 수많은 산업 국가는 최근 식중독 발생이 증가하는 것을 경험하고 있다. 조사에 의하면 해마다 인구 5~10%가 식중독에 감염되는 것으로 나타났다. 그 중에서도 많은 것은 *Listeria monocytogenes, E. coli* O157:H7, 다제 내성 *Sal. typhimurium*은 공중 보건에 새로운 중대한 위협으로 알려져 있다. 1996년 일본과 스코틀랜드처럼 동떨어진 곳에서 O157의 발생이 그 증거이다.

죽음과 건강-질병이란 관점에서 식중독균에 의한 인간의 고통 이외에도 실질적인 경제적 손실에 의해 개인 및 가정, 산업, 건강 정보시스템 및 전체 사회에 영향을 미치고 있다. 국가 수준에서 식중독의 유행은 관광 및 무역에 영향을 미친다. 1991년 콜레라가 페루에서 발생하였을 때 수산 및 수산 가공수출에서 7억 달러를 손해 보았고, 유행 발생 후 식품 서비스 산업과 여행객 감소로 3개월에 7천만 달러를 손해 보았다. 농산물에서 국제 무역을 통한 세계적 가치는 1993년에 3810억 달러로 추산되었다.

미국의 조사에 의하면, 미국에서 해마다 발생하는 세균성 식중독 환자 수는 650만~3,300만 명이며, 약 500~9,000명이 사망하는 것으로 추정되고 있으며, 매년 경제적 부담은 약 7억~29억 달러로 추정되고 있다. 또한 캐나다에서는 1996년 식중독에 의한 손실액을 2억 4천만 달러로 추정하였다. 비록 대부분의 식중독 증상은 가볍지만, 그 결과는 심할 수도 있다. 설사와 구토 같은 급성 위장염 증상 외에 많은 식중독 병원균은 침입성 질병을 일으킬 수 있다. 예를 들면 *L. monocytogenes* 감염은 신생아와 면역부전환자에게 수막염이나 패혈증을 일으킬 수 있으며, 임산부에게 유산을 일으킬 수 있다. 살모넬라증은 또한 패혈증을 일으킬 수 있다. 또한 식중독은 만성 후유증이나 장애를 일으킬 수 있다. 톡소플라스마증은 선천성 기형의 중요한 원인이 된다. 대장균 O157 : H7은 어린이에게 급성신부전의 가장 흔한 원인이 되는 용혈성 요독증후군(HUS)의 주요 원인이다. 비티푸스성 살모넬라 또는 *Y. enterocolitica* 감염은 관절염을 일으킬 수 있으며, 캄필로박터증은 폴리오를 관리한 이래 미국에서 이완성 마비의 가장 흔한 원인 중 하나인 Guillain-Barre syndrome의 원인이 되고 있다.

# 6. 식중독에 대한 대책

식중독은 인류가 해결해야 할 중요한 문제 중의 하나이다. 병원체의 변화를 이해하려는 많은 노력은 병원체의 유전자 특성에 대한 정보를 제공하며 위험을 최소화할 수 있는 환경 조건에 대한 정보도 제공할 수 있을 것이다. 현재나 미래의 병원체에 대한 병원성을 예측할 수 있다면 병원체를 좀 더 효과적인 방법으로 신속하고 정확하게 검출함으로써 식중독을 미연에 방지할 수 있을 것이다. 검출방법의 발달로 효과적인 예방책과 관리방법을 이끌어 낼 수 있을 것이다.

대부분의 식중독은 부주의한 방법으로 식품을 잘못 다루어 발생하므로, 깨끗한 물, 공중위생, 질병조사, 식품관리가 무엇보다도 중요하다. 또한 식중독에 대한 기초 조사는 이미 밝혀져 있지만 현재 이루어지고 있는 조사만으로는 미흡한 점이 많다. 현재 세계는 단일 무역체제에서 거래가 이루어지고 있기 때문에 생산지에 대한 자료, 세계 교역국 간의 자료 교환을 위해서 모아진 자료는 전자 통신 서비스로 연결되어야 한다. 이러한 자료들이 효과적으로 사용되기 위해서는 HACCP 제도를 활용한 접근방법이 필요하다.

개인위생이 많은 발전을 하였지만, 우리는 미생물의 위해성을 줄일 수 있는 식품가공 기술을 계속적으로 발전시켜야 한다. HACCP 제도는 각 생산물과 가공과정에 따라 적용되는 것이지 일반적인 것은 아니다. 더 많은 연구결과와 개인위생을 통해 강화된 HACCP는 식품가공 회사들이 병원성 미생물의 발생에 대처할 수 있도록 적용되어야 한다. 식중독 발생의 85%가 집단급식소나 전문음식점에서 취급 부주의로 발생하므로 HACCP 개념을 이 분야로 확대시킬 필요가 있다. 이상과 같이 식중독은 병원체, 식품, 사람에 대한 모든 정보를 유기적으로 활용할 때에만 효과적으로 예방할 수 있을 것이다.

# 7. 최근 문제가 되고 있는 식중독균

### 1) *Salmonella serotype enteritidis*

비티푸스성 살모넬라증은 전 세계적으로 가장 흔하게 보고되는 감염증의 하나이다. 지난 20년 동안 살모넬라증 발생이 2배가 된 것은 중앙 집중 생산과 대규모 공급의 현대 식품산업의 출현과 관계가 있는 것 같다. 가장 많이 발생하는 혈청형은 *Sal. enteritidis*, *Sal. typhimurium* 및 *Sal. hidelberg*이며, 인체 살모넬라증의 대부분을 차지한다.

*Sal. typhimurium* 출현은 완전한 계란의 내용물에 오염되는 산란용 닭의 난소에 침입하는 병원균의 병원성과 관계가 있다. *Sal. enteritidis*는 번식용에서 산란용 닭에 수직적으로 전파될 수 있다. 바꿔 말해 오염된 계란을 생산한다. 무리에 존재하면, 감염은 전파가 설치류, 사료,

기타 다른 닭을 포함하여 환경원을 통해 유지되기 때문에 제거하기 어렵다. *Sal. typhimurium* 관리는 전염병 관리보다 계란 생산을 강조하는 경제적 압력 때문에 더욱 악화되었다.

### 2) *Campylobacter jejuni*

*Campylobacter jejuni*는 1970년 후반까지 사람에게 질병을 일으키는 것으로 알려지지 않았다. 그러나 그 후 세균성 식중독의 주요 원인균으로 출현하였다. 미국에서 발생한 *C. jejuni* 감염 추정률은 매년 200만 명 이상이다(미국 국민의 약 1%). 심한 신경성 징후를 일으키는 Gullain-Barre syndrome은 캄필로박터 감염후유증이다. 미국에서 Guillain-Barre syndrome 환자 118명을 조사한 결과, 36%는 신경증상이 발병하기 전 수주 전에 *C. jejuni* 감염의 혈청학적 증거가 있었다.

*C. jejuni*에 의한 식중독 발생과 산발성 질환은 다른 역학적 특성이 있다. 계절성은 두 개의 최빈수를 갖는 형상으로 5월과 10월에 피크를 이루며 여름철에 낮다. 주로 산발성 질환을 대표하는 CDC에 보고된 캄필로박터 분리균 수는 여름철에 피크를 이룬다. 이 현상은 식중독 발생과 산발성 질환을 일으키는 상황이 다름을 시사하는 것이다. 역학조사를 해보면 식중독 발생은 주로 오염된 원유나 물의 소비와 연결되어 있으나, 산발성 질환은 불완전하게 요리된 닭고기의 취급과 소비와 주로 관계가 있는 것으로 나타난다.

식용 동물의 사육에서 염소 소독을 하지 않은 음용수를 사용하는 것은 농장 환경에서 *C. jejuni*을 유행시키는 중요한 위험인자이다. 식용 동물을 사육하는 데 사용하는 음용수의 염소 소독은 원료육과 닭고기가 *C. jejuni*에 오염되는 것을 줄이는 실질적인 방법이다.

### 3) *E. coli* O157 : H7

대장균 O157 : H7은 1982년 미국에서 두 번의 발생이 있었는데, 패스트푸드 레스토랑 체인점에서 잘 요리되지 않은 햄버거를 먹음으로써 발병한 이후 인체 병원균으로서 최초로 알려졌다. 이 식중독균은 출혈성 설사와 비출혈성 설사의 주요 원인으로 나타난 이래, 미국에서 매년 2만 명의 환자가 발생하고 250명이 사망한다. 감염병 발생은 캐나다, 일본, 아프리카, 영국 등 전 세계적으로 보고되고 있다. 출혈성 설사를 일으키는 것 이외에 대장균 O157 : H7 감염은 미국에서 어린이들에게 신부전의 주요 원인인 용혈성 요독증후군(HUS)의 가장 흔한 원인균이다. HUS는 중요한 장기 합병증(長期合併症)과 관계가 있다. HUS로 발전한 환자의 3~5%는 사망하며, 약 12%는 말기 신장 질환, 고혈압, 신경장애를 포함한 심한 후유증과 함께 회복된다. Ground beef, 상추, 살균하지 않은 사이다나 우유와 처리하지 않은 물을 먹는 것은 식중독 발생과 관계가 있으며, 사람에서 사람으로 전파하는 것은 잘 알려져 있다.

### 4) *Vibrio vulnificus*

미국에서 *V. vulnificus*의 출현은 1979년에 최초로 보고되었으며, 우리나라에서도 해마다 1~2명의 희생자가 생기고 있다. 어패류를 먹고 발생하는 *V. vulnificus* 질환은 여름철에만 발생하며, 어패류에서 *V. vulnificus* 감염은 일반적으로 과량의 철에 의해 특정한 기초 질환을 가진 사람에게 영향을 주는 증상인 패혈증을 일으킬 수 있다. 임상증상은 쇼크, 피부에 수포성 장애 발현, 사망으로 이어지며 증상의 진행속도가 매우 빠르다.

### 5) *Listeria monocytogenes*

인체 리스테리아증의 주요 근원이 식중독이라는 것이 최근에 알려졌다. 리스테리아증은 신생아와 면역부전 숙주에게 수막염이나 패혈증을 일으킬 수 있으며, 임산부에게 사산을 일으킬 수 있다. 산발성 리스테리아증은 치명률이 약 20%이다. 침입성 리스테리아증의 식중독 발생은 양배추 샐러드, 살균 우유, 파테, 돼지 혀로 만든 젤리, 부적당하게 살균된 우유로 만든 연치즈와 관계가 있다. 최근 발생한 것을 조사한 결과 *L. monocytogenes*는 정상 숙주에게 발열성 위장염을 일으킨다. 1989년 미국 농무성과 FDA는 인스턴트 식품에서 *L. monocytogenes*를 없애는 정책을 수립하였다. 1989년과 1993년 사이 식품 산업은 가공식품에서 리스테리아 오염을 줄이는 노력을 시작하였으며, 권장 음식물을 정하고 사람들에게 리스테리아 감염 위험이 증가하고 있음을 알렸다. 그 이후 4년 동안 전 미국 9개 감시 지역에서 리스테리아증의 발생이 40%나 감소하였다.

### 6) *Yersinia enterocolitica*

*Y. enterocolitica*에 의한 감염은 발열, 설사, 복통을 일으킨다. 더 심한 경우, 직장 출혈과 회장 천공을 일으킨다. 장간막선염과 회장말단염은 5세 이상의 어린이와 성인에서 발생한다. 발열, 오른쪽 아래 1/4의 부분 복통, 백혈구증가증의 증상은 급성 충수염으로 자주 오인된다. 전 세계적인 감시 데이터는 예르시니아증 발생이 증가하고 있음을 의미한다. 미국에서 *Y. enterocolitica*는 위장염의 중요한 원인균으로 크게 알려져 있다. 1970~1980년대 O : 8혈청군이 대부분을 차지하였으며, 우유가 관련 매개체의 주류를 이루었으나, 1980년 중반 이후, O : 3혈청군이 미국에서 가장 흔한 혈청군이 되었다. 이것은 전 세계적으로 O : 3혈청군이 주류를 이룬 영향이다. 1990년 미국 7개 병원에서 위장염 환자의 모든 분변가검물에서 *Y. enterocolitica*를 조사한 3개월간의 조사에서 *Y. enterocolitica*는 *Shigella*와 거의 가깝게 분리되었으며, 분리균의 92%가 O : 3형이었다. 돼지는 O : 3혈청군의 주요 병원소이며, 돼지고기의 소비는 감염의 주요 위험인자이다. 미국에서 예르시니아증은 낮은 사회경제 그룹의 유아에서 중요한 감염이며, 이 유아들의 관리인에 의한 돼지 장 요리(식용곱창)와 관계가 있다. 유아들은 관리인의 손에서 돼지 장에서 유아에게 이 균이 전염된 후 감염되는 것 같다.

# 8. 식중독 출현에 영향을 미치는 인자

### 1) 노인과 면역부전환자의 증가 및 식습관의 변화

산업 국가에서 발생하는 인구통계의 변화는 중증의 식중독 감염에 감수성이 높은 인구 집단의 비율이 증가하는 것이다. 미국에서 증가하는 집단은 HIV 감염자, 즉 후천성 면역결핍증(Acquired immune deficiency syndrome; AIDS, Human immunodeficiency virus; HIV), 연령 또는 기초적인 만성질환에 감염된 결과로서 면역 손상자들이다. 미국에서 약 65~90만 명이 HIV에 감염된 것으로 추정된다. HIV 감염으로 인해 손상된 면역을 가진 사람은 HIV에 감염되지 않은 사람보다 살모넬라증, 캄필로박터증 및 리스테리아증의 높은 발병률이 보고되어 있다. 살모넬라 감염은 심하고, 재발하거나 지속적이다. 더욱이 살모넬라와 *L. monocytogenes*에 의한 장관외 질병은 일반 집단보다 HIV 감염자 사이에서 더 많이 발생되고 있다.

미국에서 연령에 따른 식중독 감수성자의 비율은 인구의 중앙값이 올라가는 것과 같이 서서히 증가하고 있다. 1900년에 미국 인구의 5% 미만이 65세 이하였다. 2040년까지 인구의 20%가 65세 이상이 될 것이다(그림 5-4). 비인슐린 의존성 당뇨병과 같은 만성질환 때문에 식중독에 대한 감수성 높은 인구는 증가한다. 미국에서 진단된 비인슐린 의존성 당뇨병의 증가는 1960년과 1993년 사이 3배가 증가하였으며, 1935년과 1993년 사이에 8배로 증가되었다. 비인슐린 의존성 당뇨병의 모든 진단 케이스에서 진단되지 않은 1케이스가 있은 것으로 추정된다.

소비자의 식품과 관련된 행동의 변화는 과거에 미지의 미생물 식중독 위험성을 폭로할 수 있다. 예를 들면, 많은 소비자는 건강 촉진 노력으로 신선한 과일과 야채의 섭취가 증가하였다. 비록 신선한 생산품은 영양분이 있지만, 자라고, 수확하고 유통되는 동안 오염될 수 있다. 식물과 과일의 표면은 토양에 의해 오염되거나, 가축이나 야생동물의 분변에 의해 오염된다. 멜론 같은

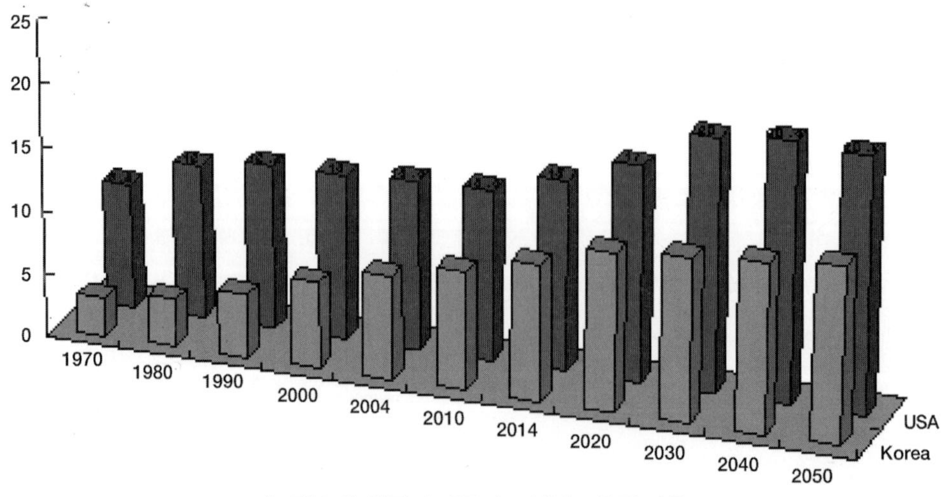


〈그림 5-4〉 한국과 미국의 노인인구 추정 비율

생산품의 표면에서 병원균은 자르는 동안 생산품의 내 표면으로 이동할 수 있으며, 실온에 놓아두면 증식할 것이다. 신선한 생산품의 소비가 증가함에 따라 이런 형태의 식품과 관련된 식중독 발생보고 수가 증가하고 있다. 1990년 이래, 미국에서 식중독 발생은 sliced melon, green onion, 살균하지 않은 사과 사이다, 사과 주스, 신선한 압착 오렌지 주스, 상추, 나무딸기, 자주개자리 싹과 sliced tomato와 관계가 있다.

날음식이나 가볍게 요리한 음식에 대한 선호도는 식중독의 위험성을 증가시킬 수 있다. 생굴, 비 살균 우유를 포함한 동물성의 날음식은 위험하며 특히 ground beef는 위험하다.

소비자 행동의 또 다른 변화는 최근 수십 년 동안 미국에서 외식에 지출하는 비율이 증가하고 있다는 것이다. 패스트푸드 레스토랑과 샐러드 바는 50년 전에는 드물었지만, 오늘날의 사회에서는 중요한 위치이다. 1990년대 가정 밖에서 발생한 식중독은 미국에서 보고된 식중독의 거의 80%를 차지하였다.

### 2) 산업과 기술의 발달

식품산업의 통합은 식중독의 유행과 밀접한 관계가 있다. 시장 크기가 커지며, 대규모 중앙 집중화된 식품가공업자로부터 생산품을 더 넓은 지역으로 공급하는 추세는 대규모 식중독을 일으킬 위험을 가지고 있다. 1985년 대형 중서부 우유회사에서 오염된 우유에 의해 발생한 살모넬라 식중독은 약 250,000명의 환자가 발생하였다. 1994년, *Sal. enteritidis*의 전국적인 발생은 날 액상 계란을 수송한 후 철저하게 위생적으로 청소하지 않은 탱크 트럭에 아이스크림 믹스를 운반하였을 때 발생하였다. 오염된 아이스크림을 먹은 후 224,000명이 살모넬라증을 일으킨 것으로 추정되었다. 대량 생산된 식품의 오염은 특히 오염 수준이 낮을 때 검출하기 어려운 분산된 식중독 발생을 일으킬 수 있다. French 연치즈와 관련된 대장균 O157 : H7 식중독 발생에서, 4개 국가에서 발병이 보고되었다.

### 3) 해외 여행과 국제 무역의 증가

해외 여행은 20세기에 놀라울 정도로 증가하였다. 1950년 500만 명의 해외 여행자들이 전 세계를 돌아다녔다. 2010년까지 해외 여행자는 9억 3,700만 명으로 추산하고 있다(그림 5-5). 여행자들은 자국에서 흔치 않는 식중독 병원균에 감염되고, 이것은 귀국한 후에 질병이 발생하면 진단과 치료를 복잡하게 할 수 있다. 가끔 병원균은 집에서 여행하지 않은 사람에게 전염된다. 콜레라와 브루셀라증의 경우 해외 여행자에 의해 미국에 가져온 오염된 식품을 먹은 비 여행자에게서 발생하였다. 최근 중미에서 귀국한 무증상 식품취급자에 의해 감염된 비 여행자 중에서 콜레라가 발생하였다. 개발도상국을 방문하는 해외 여행자는 각종 세균, 바이러스, 기생충이 관련된 질병을 총망라한 여행자 설사에 특히 위험하다. 첫 번째 위험인자는 분변에 오염된 식품이나 물에 노출되는 것이다. 이들 나라에서 요리된 식품과 요리되지 않은 식품 모두 부적당하

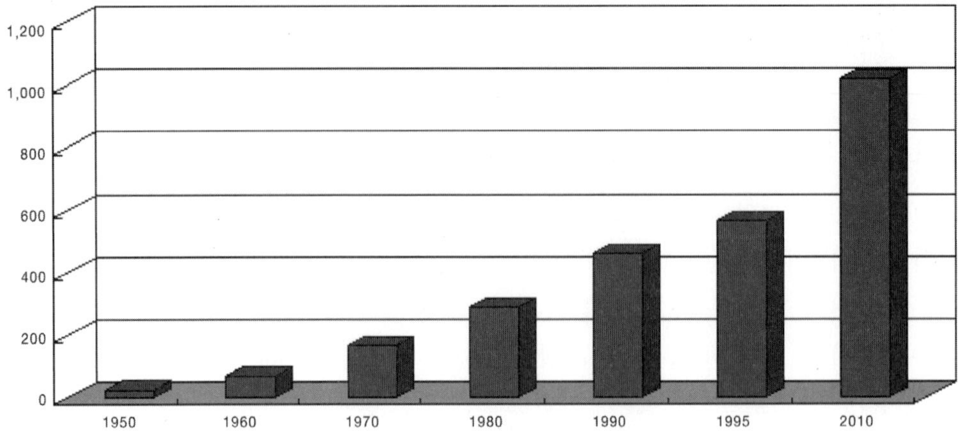


〈그림 5-5〉 세계 해외 여행자의 증가 비율

게 다룬다면 위험할 수 있다. 수돗물, 얼음을 넣은 음료수, 길거리에서 파는 식품, 잘 요리되지 않은 식품 또는 요리한 후 실온에서 4시간 이상 놓아둔 식품은 특히 위험하다.

시장에 다양한 식품이 증가할 때, 질병은 국제적으로 공급된 식품과 관련이 있다. 1992년, 메릴랜드에서 발생한 콜레라는 동남 아시아에서 수입한 코코넛 우유에 의해 발생되었다. 1994년 영국, 노르웨이, 스웨덴에서 발생한 *Shigella sonnei*에 의한 식중독은 남부 유럽에서 자란 상추가 관련되어 있었다. 유럽, 북미, 중동에서 발생한 *Salmonella agona*에 의한 식중독은 중동에서 수입한 어린이용 간식과 관련이 있다. 1989년 미국에서 발생한 4건의 포도상구균에 의한 식중독은 중국에서 만든 버섯 통조림을 먹고 발생하였다.

### 4) 미생물의 항생물질 저항성

사람이나 동물에 항생물질을 치료 목적으로 사용하는 것은 항생물질에 저항성이 있는 균의 생존을 도와주는 결과를 초래할 수 있다. 살모넬라의 항생제 내성 균주가 매우 두드러지게 증가하였다(그림 5-6). 미국에서 살모넬라에 감염된 환자를 조사한 결과, 1970년대에는 17%에서

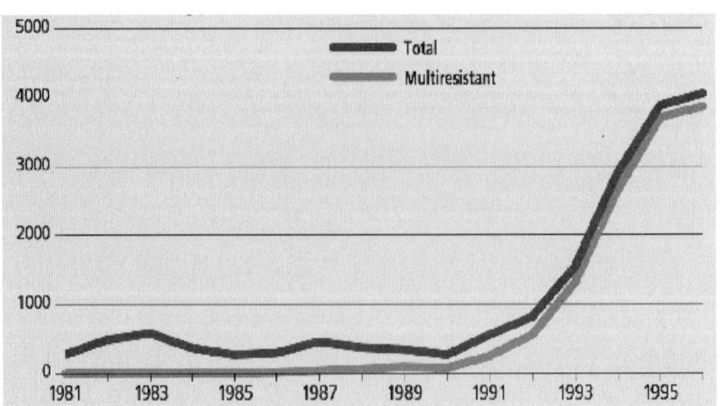


〈그림 5-6〉 유럽에서 다제 내성 *Sal. typhimurium* 의 분포(1981~1996)

1996년 33%로 항생물질 내성 살모넬라 감염이 증가하고 있음이 나타났다. 감수성 균주에 감염된 환자와 비교할 때, 항생물질 내성 균주에 의한 감염 환자는 치료기간이 훨씬 길었다.

1980년대 유럽에서는 가축의 전염병 치료에 fluoroquinolone을 사용하기 시작하였다. 닭사육에 fluoroquinolone의 사용은 사람에서 fluoroquinolone 내성 *C. jejuni* 출현과 일시적으로 관련이 있었다. 미국에서 fluoroquinolone은 닭의 특별한 질병의 치료에서 한정적으로 사용하도록 승인되었다. 1996년 CDC와 FDA는 사람과 동물에서 분리된 살모넬라균에서 fluoroquinolone과 다른 항생물질에 대한 내성균 출현에 대한 감시를 시작하였다. fluoroquinolone 내성 감염의 유행을 모니터링하는 것은 문제의 중요성을 평가하고 권장 치료기준을 정하는 데 중요하다.

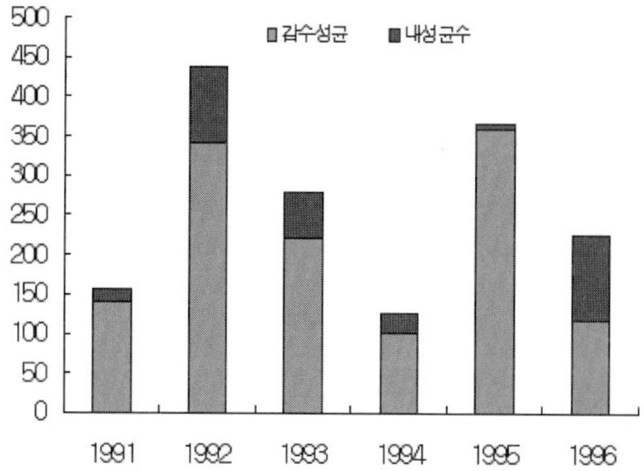


〈그림 5-7〉 한국에서 다제 내성 *Sal. typhimurium*의 분포(1991~1996)

### 5) 경제 발전과 토지 이용

경제 발전과 토지 이용에 대한 최근 추세는 식중독의 변화된 유행에 공헌하고 있다. 미국에서 식용 동물은 해마다 16억 톤의 배설물을 생산하고 있다. 대규모 생산시설에서 배설물 처분은 큰 문제가 되고 있다. 쥐와 다른 동물은 거름 속에서 번식하며 살모넬라와 같은 식중독 병원균을 위한 농장에서 병원소로서 작용할 수 있다. 동물과 사람의 분변 유거수는 지표수를 오염시키고, 조류가 증가하게 되며 그 결과 어패류에 생체 독소가 농축되게 된다. 멕시코 만에서 추운 계절에만 굴을 수확하던 것이 일년 내내 굴을 수확하는 형태로 변화한 것은 *V. vulnificus*의 출현과 관련이 있는 자원 이용의 변화 예이다.

## 9. 효과적인 예방 관리를 위한 접근방법

### 1) 적극적인 식중독 감시활동

식중독 감시는 식중독을 예방하는 데 중요하다. 실험실, 의사 및 공중보건 기관 사이의 협력은 진단보고, 균 분리 및 감염원을 조사하는 데 중요하다.

대부분의 식중독 감시는 수동적이다. 우리나라에서는 사회적으로 문제가 발생한 대규모 식중독에 대해서만 역학조사를 하고 있다. 지방자치 단체의 보건 담당자는 역학조사 결과를 중앙정부에 보고하며, 시도 보건환경 연구원에서는 분리 균에 대한 정보를 보고하고 있다. 이 감시 정보의 통계 분석이 신속하게 이루어진다면 시간 또는 지역적으로 다른 감염 집단을 탐지할 수 있으며, 발병을 초기에 감지할 수 있을 것이다. 의사 보고에 대한 정보는 아직 자체 정보 수준에 머무르고 있지만 앞으로 함께 이용될 수 있다면, 실험실에 의한 감시와 같이 식중독 병원균에 의한 감염에서 장기간 추세를 모니터링하는 데 이용될 수 있다. 그러나 이러한 감시 시스템은 단지 일부 환자만이 병원을 찾기 때문에 많은 의사들은 설사 환자에서 분변 배양물을 상시 얻을 수 없고, 식중독 병원균 배양을 모든 실험실에서 할 수 없으며, 모든 실험실이 보건 공무원에게 분리 균을 보고하지 않기 때문에 상당수가 보고되지 않기 쉽다. 미국에서도 CDC에 보고된 살모네라증의 모든 사례 중 약 20~100건은 보고되지 않는 것으로 추정되고 있다.

적극적인 감시는 시의 적절하게 정보를 증가시킬 수 있으며, 관리 측정 효과를 모니터링하기 위한 기준선을 만들기 위해 특별한 식중독 병원균에 의한 질병 부담을 더 정확하게 결정하는 데 도움을 줄 수 있다.

### 2) 안전한 식품생산과 취급

식중독의 예방은 원료식품과 최종 식품의 조심스러운 취급에 의존한다. 위험은 농장에서 식탁까지의 어디에서든지 일어날 수 있다. 식품위생에서 20세기의 혁명은 냉장, 물의 염소 소독, 하수처리, 우유의 살균 및 어패류 모니터링을 포함한 환경보건 기술의 응용을 통해 가능하게 되었다. 한번 충족되면 이 기술들은 많은 식품과 관련된 산발성 질환과 집단 발병을 성공적으로 감소시켰다.

새로운 세기의 접근법으로서 신기술과 산업 엔지니어링은 식품 안전성을 개선할 전망을 가지고 있다. 원료와 최종 성분의 열처리, 항균성 세척 및 살균은 가장 확실한 기술이다.

# 10. 식중독의 역학조사

식중독의 역학조사는 식중독이 발생했을 때 그 발생상황, 병인물질, 원인식품 등을 조사하고 실험적 수법을 통하여 병인론적 연구를 실시하여 식중독의 실태를 파악하는 것이다.

## 10-1. 역학조사의 종류

질병발생 시 현지에서 실시하는 여러 가지 역학조사를 현지역학조사라 부르며, 다음과 같이 구별한다.

① **기주조사**(Retrospective study)— 발생 전 사항에 대한 조사로서 응급으로 실시하는 경우가 많다. 응급조사, 돌발관찰 또는 횡단조사라 부른다.

② **장래조사**(Prospective study)— 장래의 발생상황을 예측해서, 일정한 계획을 세워 조사하는 것이다. 계획조사, 종단조사 또는 장기조사라고도 한다.

## 10-2. 역학조사의 준비

역학조사의 준비로서는 ① 정보망의 확립정비, ② 의사계출의 이행, ③ 조건반사의 설치정비, ④ 조사용 서류, 용지, 지도의 준비, ⑤ 검사기구의 준비, ⑥ 사건기록, 환자대장의 정비, ⑦ 문헌의 수집 정리 등이 요구된다.

## 10-3. 역학조사의 수단과 조직

### 1) 조사의 수단

역학조사를 실시하는 데는 어떠한 경우라 할지라도 다음과 같은 수단과 순서에 의하는 것이 좋다. 즉 ① 임상적 관찰, ② 병원학적 또는 연구실적 관찰, ③ 역학적 관찰, ④ 행정적 관찰

### 2) 조사반의 편성

전문가를 포함한 조사반을 편성한다.

## 10-4. 역학조사의 기본원칙

질병이 발생되거나 유행할 때 실시하는 역학조사는 식중독, 경구전염병, 비전염병 모두 다음과 같은 기본원칙에 의해서 실시한다.

### 1) 인지단계

① 진단의 확인— 가. 임상적 진단, 나. 병원학적 진단, 다. 역학적 진단

② 유행의 인지

### 2) 현상단계

① 역학현상의 파악— 가. 기초인구 현상, 나. 생물학적 현상, 다. 시간적 현상, 라. 지리적 현상, 마. 사회적 현상

② 유행요인의 구명— 가. 병원물질의 규명, 나. 오염경로와 오염원 규명

### 3) 해석단계(이론단계)

① 유행기서의 해석— 가. 공통 감염경로·연쇄경로 감염조사, 나. 공통 원인식 발견

### 4) 구성단계(법칙단계)

① 가설의 설정과 실증

② 유행법칙의 발견

### 5) 방어단계

① 유행의 방어와 예방— 가. 오염원 대책, 나. 오염경로 대책, 다. 공중에 대한 대책

# 제6장 세균성 식중독

식품 중에 특정의 세균이 식품에서 증식한 후 이 식품을 경구적으로 섭취함으로써 설사, 복통, 구토, 발열 등의 급성 위장염을 주 증상으로 하는 중독을 일으킬 때 이를 세균성 식중독(bacterial food poisoning)이라고 한다. 해마다 수 없이 많은 식중독이 발생하고 있으며 그 가운데, 병인 물질이 판명된 것의 85~90%는 세균에 의한 것이다. 아직까지 식중독 사건의 15~20%는 병인 물질이 불분명하지만 그들 역시 역학적으로 볼 때 대부분 세균에 기인하는 것으로 생각되므로 식중독에 있어서 세균이 점하는 비중은 대단히 크다.

세균성 식중독은 발병기전에 관해서 세균의 장관 정착성 또는 세균의 enterotoxin에 대한 연구가 발전되었지만 일단 종래와 같이 발병기전에 따라 감염형, 독소형, 생체내 독소형으로 분류하는 것이 일반적이다.

### 1) 감염형

식품 중에 세균이 증식한 상태에서 그 생균을 대량 경구적으로 섭취시 이것이 장관내 정착, 증식해서 복통, 설사, 구토, 발열 등의 증상을 일으키는 식중독으로 *Salmonella,* 장염 *Vibrio,* 병원성 대장균, *Camphylobacter* 등이 이에 속한다.

### 2) 독소형

식품 중에 세균이 증식하면서 독소를 생산하고, 그 독소를 식품과 함께 경구적으로 섭취함으로써 발생하는 식중독으로 황색포도상구균, *Botulinus*균, *Cereus*균 등이 있다. 독소형 식중독은 원인균이 이미 사멸해 있어도 독소가 잔존해 있다면 식중독이 일어나는 것이 특징이라 할 수 있다.

### 3) 생체내 독소형(중간형)

식품과 함께 섭취된 세균이 장관 내에서 증식 또는 장관 내에서 아포를 형성할 때에 독소를 생산(장관내 독소), 그 독소에 의해서 일어나는 식중독으로 독소원성 대장균, *Welchi*균(A형), *Aeromonas*균, *Cereus*균(구토형), NAG *Vibrio*균 등이 있으며, 이들에 의한 식중독은 감염형과 독소형의 중간형태를 취한다고 생각되어 중간형 또는 생체내 독소형으로 분류하고 있다. 그 외에도 균체외 독소의 생산은 인정되나 독소와 설사증과의 관련이 명확히 되어 있지 않는 것도 있다. 중간형 식중독균은 장관 내에서 독소를 생산하여 식중독의 원인이 되지만, 식품 중에서 이와 같은 독소를 생산해도 위를 통과할 때에 위의 효소나 산에 의해 독성을 잃고 만다. 이러한 세균에 의해 식중독이 일어나기 위해서는 위와 같은 원인균의 생균이 우선 식품을 통해서 섭취되어져야 한다.

감염형 식중독과 경구 전염병에 있어서 발생양식의 차이는 독력(virulence)의 차이에 의한 것으로 경구 전염병은 독력이 강하여 미량의 세균에 의해서도 발병하지만 식중독균은 독력이 약하여 대량의 생균을 동시에 섭취함으로써 비로소 발병한다(표 6-1). 식중독 발생에 필요한 생균 수는 균의 종류에 따라 다르나 보통 100만~1억 이상 필요하다고 알려져 있다. 그러므로 식중독의 경우에는 경구 전염병과 같이 사람에서 사람으로 2차 감염은 일어나지 않으나 발생시설 관계로 환자수가 비교적 많고 집단적으로 발생하기 쉽다.

〈표 6-1〉 세균성 식중독과 소화기계 전염병과 차이점

| 구 분 | 세균성 식중독 | 소화기계 전염병 |
|---|---|---|
| 균 량 | 식품 중에 일정량 이상의 식중독 원인물질(균량이나 독소)을 섭취함으로써 발병할 수 있다. | 식품은 단순히 병원균의 운반체로서 존재하므로 미량의 병원균이 체내에 침입되어도 발병할 수 있다. |
| 2차감염 | 원인 식품의 섭취로 발병하기 때문에 2차 감염은 일어나지 않는다. | 사람에서 사람으로 직·간접으로 전염력을 가지고 있기 때문에 2차 감염이 발생할 수 있다. |
| 면 역 | 식중독균은 생체 내에서 항체를 생성하지 못하므로 면역체가 형성되지 않는다. | 병원체에 의한 질병 이환 후 해당되는 항체에 의해 면역체가 형성된다. |
| 음료수와의 관계 | 비교적 관계가 적다. | 흔히 일어난다. |
| 잠복기 | 식품에서 증식된 균의 양 및 독소에 의해서 발생되므로 비교적 잠복기가 짧다. | 병원체의 종류에 따라 다소의 차이는 있으나 식중독균에 비하여 비교적 잠복기가 길다. |

〈표 6-2〉 감염형 식중독과 독소형 식중독의 비교

| 구 분 | 감염형 식중독 | 독소형 식중독 |
|---|---|---|
| 발증기구 | 식품과 함께 섭취된 다량의 균이 소화관 점막에 작용하여 발생 | 세균이 증식할 때 생성된 균체외 독소가 소화관에 작용하여 발생 |
| 잠 복 기 | 비교적 길다. | 비교적 짧다. |
| 균의 생사와 발병과의 관계 | 세균을 사멸시키면 식중독은 발생하지 않는다. | 세균을 사멸시켜도 식중독이 발생할 수 있다.<br>(독소가 파괴되지 않을 수도 있기 때문) |
| 섭취전 가열살균에 의한 예방효과 | 감염형 식중독균은 대부분 열에 약하기 때문에 섭취 전에 가열하면 예방효과가 크다. | 포도상구균이 생성한 독소는 열에 대한 저항성이 매우 강하므로 식품에서 일단 생성된 독소는 가열로서 예방할 수 없지만 *Botulinus*균이 생성한 독소는 이열성이어서 가열하면 예방할 수 있다. |
| 냉장보존 | 균의 증식을 억제하면 식중독은 발생하지 않기 때문에 식품을 냉장 보관하면 예방할 수 있다. | 포도상구균에 의한 식중독은 예방할 수 있으나 *Botulinus*균에 의한 식중독은 효과가 없다. |
| 공통적인 증상 | 설사·복통·메스꺼움·구토 | |

〈표 6-3〉 식중독균의 잠복기 비교 및 주요 증상

| 구 분 | 식중독균 | 잠 복 기 | 주요 증상 |
|---|---|---|---|
| 감염형 | *Salmonella*<br>장염 비브리오균<br>병원성 대장균<br>*Campylobacter*균<br>장관침습성 대장균<br>*Yersinia enterocolitica* | 12~24시간<br>12~18시간<br>10~30시간(유아는 짧다)<br>2~7일<br>2~3일<br>1~4일 | 설사, 복통, 발열, 두통, 구토<br>설사, 복통, 구역질, 구토, 발열<br>복통, 설사, 발열, 구토, 구역질<br>설사, 복통, 두통, 발열<br>오한, 전율, 발열, 구토, 설사<br>복통, 발열, 설사 |
| 독소형 | 포도상구균<br>*Botulinus*균<br>*Cereus*균(설사형) | 1~6시간(평균 3시간)<br>12~36시간(짧을수록 중증)<br>8~16시간(평균 12시간) | 구역질, 구토, 설사, 복통<br>복시, 연하곤란, 발성·호흡곤란<br>구역질, 구토 |
| 생체내 독소형 | *Welchi*균(A형)<br>독소원성 대장균<br>*Aeromonas*균<br>*Cereus*균(구토형)<br>*NAG Vibro*균 | 8~22시간(평균 12시간)<br>24~72시간<br>8~9시간<br>1~5시간(평균 3시간)<br>5~13시간(평균 8시간) | 복통, 설사<br>복통, 설사, 구토, 구역질<br>오심, 구토, 설사, 발열<br>구역질, 구토<br>수양성 설사, 구토 |

〈표 6-4〉 세균성 식중독의 원인별 빈도 및 치명률

(역학 각론 : 신광출판사 1991)

| 원 인 | 환 자 수 | 백 분 율 | 사 망 수 | 치 명 률(%) |
|---|---|---|---|---|
| 세 균 | 11.163 | 73.4 | 19 | 5.2 |
| *Salmonella*균<br>포도상구균<br>*Botulinus*균<br>장염 비브리오균<br>병원성 대장균<br>기타 세균 | 1,260<br>7,888<br>5<br>835<br>1,034<br>141 | 8.3<br>51.9<br>0.0<br>5.5<br>6.8<br>0.9 | 9<br>2<br>4<br>3<br>0<br>1 | 0.7<br>0.0<br>80.0<br>0.4<br>0.0<br>0.7 |
| 독성물질 | 143 | 2.7 | 84 | 20.3 |
| 화학성(농약)<br>식물성(버섯 등)<br>동물성(복어, 게 등) | 52<br>185<br>176 | 0.3<br>1.2<br>1.2 | 11<br>44<br>29 | 21.2<br>23.8<br>16.5 |
| 불 명 | 3,633 | 23.9 | 38 | 1.0 |
| 계 | 15,208 | 100.0 | 131 | 0.9 |

* 최근 10년간의 통계임

# 1. 감염형 식중독

## 1-1. 살모넬라 식중독(Salmonella food poisoning)

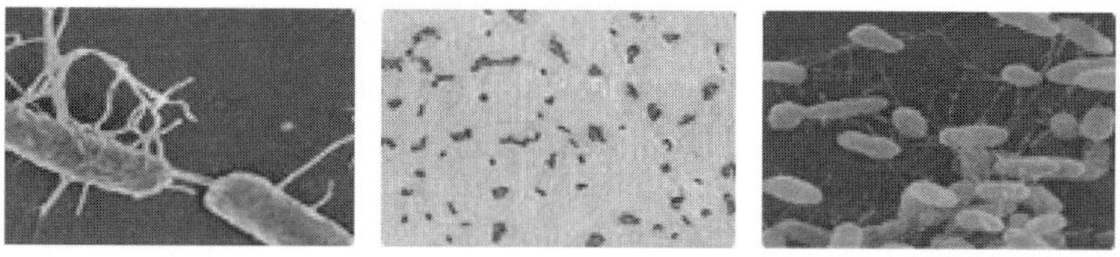

감염형 식중독 중 가장 일반적이고 대표적인 식중독으로 1885년 Salmone과 Smith에 의해서 돼지콜레라에 걸린 돼지로부터 최초로 분리되었다. 1888년에 독일의 Gärtner가 식중독 사망자로부터 *Salmonella enteritidis*를 분리하여 식중독의 원인균으로 가장 먼저 발견하였다.

최근 장티푸스 환자는 하수도의 보급에 따라서 급속히 감소되고 있는 반면 *Salmonella*에 의한 식중독은 매년 증가되어 공중위생상 심각한 문제로 되고 있다. *Salmonella*는 생물학적, 혈청학적으로 성질이 비슷한 균 군의 총칭으로 *Salmonella*균속이라고 불리우며 약 2,000여 종의 균형이 보고되었으나 사람에게 병원성을 갖는 것은 그 일부에 지나지 않는다.

### 원인균

분류학적으로는 장내세균과(Enterobacteriaceae)에 속하는 Gram 음성 주모성 간균으로 아포를 형성하지 않는 호기성 또는 통성 혐기성 균이다. 탄소원으로 구연산을 이용하며 포도당으로부터 가스를 생산하기도 한다. 보통 한천배지에서 잘 발육해서 24~28시간에 육안으로 분명하게 판명할 수 있으며 대장균과 닮은 집락을 형성한다. 발육지적 온도는 37℃이며 10℃ 이하에서는 거의 증식하지 않는다. 열에는 약해서 60℃에서 20분이면 사멸한다. 대표적 장내세균인 대장균과의 구별에는 살모넬라가 유당을 분해하지 못하며 indol를 생성하지 못하고 황화수소를 생산하는 성질이 이용된다.

살모넬라균은 Kauffmann-White의 항원분석표에 기초한 혈청형별로 분류되어 있으며, 현재 50종류 이상의 O군과 약 80종류의 H 항원의 조합에 의하여 2,000종 이상의 혈청형으로 분류되어 있다. 그 가운데 병원성을 갖고 있는 것은 일부에 한정되며 두 가지의 질병을 일으킨다. 그 중 하나는 티프스성 질환으로 티푸스균(*Salmonella typhi*), 파라티푸스 A 및 B(*Samonella paratyphi* A and B) 등이 이에 속한다. 이들은 경구 전염병으로 취급되어 식중독균 중에는 들어가지 않는다. 또 하나는 감염형 식중독을 일으키는 것으로 현재까지 식중독 원인균이 된 살모넬라는 40~50여 종이 알려져 있으며, 대표적인 것은 다음의 세균을 들 수 있다.

*S. enteritidis, S. typhimurium, S. cholerae suis, S. derby, S. thompson, S. anutum, S. heidelgerg, S. senftenberg, S.infantis, S. newington, S. montevideo, S. blockley, S. scharzengrund*

우리나라와 일본의 식중독 사례로 10여 년까지는 *S. enteritidis*에 의한 것이 압도적으로 많았으나, 최근에는 구미에서 옛날부터 많은 *S. typhimurium*에 의한 것이 앞서게 되었다. 이 사실은 육류, 계란, 사료 등의 수입이 활발히 되었기 때문으로 보인다.

**오염원**

살모넬라는 사람, 가축, 쥐, 곤충류, 파충류, 양생류 등의 장내에서 서식하고 있는 것이 많아서 그 분변과 함께 자연계에 방출되고 또 비교적 오래 생존하기 때문에 우리 주변에 흔히 볼 수 있는 쥐, 파리, 바퀴 등도 보균하는 경우가 많다. 따라서 이들의 동물이 식품의 오염원이 된다. 또 사람도 보균자가 될 수 있기 때문에 오염원은 그 범위가 대단히 광범위하다고 볼 수 있다.

특히 가축 및 가금류 중 가장 높은 보균 동물은 닭, 돼지, 소 순이며 가축 보균의 원인은 먹이이다. 이들 감염원으로부터 대부분의 경우 식품을 매개로 해서 사람에게 감염된다. 즉, 살모넬라에 이환되거나 보균상태에 있는 동물의 육·유·란 및 그 가공품을 섭취했을 때 감염된다(1차 감염). 또 이들 동물, 사람의 분변 및 기타 오염된 식품을 섭취했을 때 감염된다(2차 감염). 특히 식품 중에서 식육은 도축장에서 오염과 유통과정이나 식육처리기에 2차 오염이 있어서 식육의 20~30% 이상이 살모넬라균에 오염되어 있는 것으로 보고 되어있다. 계란의 오염 원인은 닭의 난소, 난관에 살모넬라균이 감염되는 경우인데 실제로는 병아리 백리균과 같이 숙주의 특이성을 갖는 혈청형 이외에서는 드물고,  닭의 분변, 바닥 등에서 살모넬라균이 알 껍질에 묻어서 내부로 침입하는 경우인데 일반적인 것은 후자이다. 신선한 계란이라도 계란을 냉각하면 기공으로 침입하는 것이 각 혈청형에서 관찰되었다.

**원인 식품 및 감염경로**

살모넬라 감염의 유행을 조사해서 추적된 원인 식품들은 육류와 그 가공품이 제일 많으며, 부적합하게 요리된 닭고기나 달걀과 그 가공품, 날 소시지, 가열되지 않은 우유와 유제품, 감염된 조리사나 쥐의 분변으로 오염된 음식물 등도 원인 식품으로 작용한다. 또 오염된 그릇이나 도마에서 가공된 식품들이 원인이 된 적도 있다. 이 균은 다양한 음식물에서 증식할 수 있는데 특히 우유에서는 쉽게 감염량을 초과하는 수만큼 증식한다. 병원 내에서 일어나는 살모넬라증 유행은 특히 오래 끄는 경향이 있는데, 이들은 흔히 오염된 음식으로 시작되어 오염된 기구와 직원의 손을 통해 사람과 사람으로의 전파가 계속되기 때문이다. 이 균에 의한 식중독은 세계적으로 발생하지만 북부 아메리카와 유럽에 가장 많이 발생한다.

**잠복기 및 임상증상**

식품 1g당 $10^5$~$10^9$ 이상의 균을 섭취하면 보통 12~24시간, 넓게는 6~48시간(평균 20시간) 정도의 잠복기를 거쳐 발병하며, 증상의 특징은 38~40℃의 고열을 동반한 급성 위장염이다.

〈표 6-5〉 국내에서 분리된 *Salmonella*의 혈청형 분포

| 혈청형 | 1994년도 | | | 1995년도 | | | 1996년도 | | | 총 계 |
|---|---|---|---|---|---|---|---|---|---|---|
| | 사람 | 식품 | 기타 | 사람 | 식품 | 기타 | 사람 | 식품 | 기타 | |
| *S. paratyphi A* | 1 | | | 2 | | | 3 | | | 6 |
| *S. agona* | 6 | | | 10 | | | 12 | | | 28 |
| *S. brandenberg* | | | | 17 | | | 6 | | | 23 |
| *S. saintpaul* | 3 | | | 3 | | | 4 | | | 10 |
| *S. derby* | 2 | | | 25 | 1 | | 12 | | | 40 |
| *S. heldeberg* | 2 | | | 4 | 1 | 1 | 2 | | | 10 |
| *S. paratyphi B* | 1 | | | | | | 3 | | | 4 |
| *S. stanley* | 4 | | 1 | 3 | | | 4 | | | 12 |
| *S. typhimurium* | 112 | 4 | 10 | 347 | 14 | 4 | 213 | 13 | | 717 |
| *S. mankumira* | | | | 1 | | | | | | 1 |
| *S. neumuenster* | 1 | | | | | | | | | 1 |
| *S. colorado* | 1 | | | | | | | | | 1 |
| *S. infantis* | 9 | | | 17 | 1 | | 6 | | | 33 |
| *S. schwarzengrund* | | | | | | | 6 | | | 6 |
| *S. montevideo* | 2 | | | 1 | | | 5 | | | 8 |
| *S. mbandaka* | | | | 12 | | | 5 | | | 17 |
| *S. bareilly* | | | | 3 | | | | | | 3 |
| *S. braenderup* | | | | 2 | | | | | | 2 |
| *S. livingstone* | 1 | | | 2 | | | 1 | | | 4 |
| *S. tennessee* | | | | 1 | | | | | | 1 |
| *S. richmond* | | | | | | | 1 | | | 1 |
| *S. ohio* | | | | 1 | | | 1 | | | 2 |
| *S. hadar* | 10 | | 1 | 22 | | | 14 | 1 | | 48 |
| *S. muenchen* | 4 | | 3 | 5 | | | 6 | | | 18 |
| *S. newport* | 1 | | | 5 | | | 5 | | | 11 |
| *S. chailey* | | | | | | | 2 | | | 2 |
| *S. tshionggwe* | | | | | | | 2 | | | 2 |
| *S. em e k* | 2 | | | | | | 2 | | | 4 |
| *S. enteritidis* | 243 | 4 | 4 | 301 | 5 | | 684 | 32 | | 1,264 |
| *S. typhi* | 137 | | 4 | 169 | | | 354 | | 6 | 670 |
| *S. anatum* | 3 | | | 3 | | | 3 | | | 9 |
| *S. london* | 4 | | | 3 | | | 33 | | | 40 |
| *S. meleagridis* | | | | 2 | | | | | | 2 |
| *S. westhampton* | | | | | | | 3 | | | 3 |
| *S. give* | | | | | | | 1 | | | 1 |
| *S. senftenberg* | | | | 5 | | | 3 | | | 8 |
| *S. havana* | | | | 1 | | | | | | 1 |
| *S. cerro* | | | | 2 | | | 1 | | | 3 |
| *S. kedougou* | | | | | | | 2 | | | 2 |
| 총계 | 540 | 8 | 23 | 969 | 22 | 5 | 1,399 | 46 | 6 | 3,018 |

〈표 6-6〉 살모넬라균 혈청형의 연대별 분포 변화

(역학 각론 : 신광출판사 1996)

| 혈 청 형 | 1945년 이전 | | 1951~1963 | | 1964~1972 | | 1967~1984 | | 1990 | |
|---|---|---|---|---|---|---|---|---|---|---|
| | 빈도 | 백분율 | 빈 도 | 백분율 | 빈 도 | 백분율 | 빈 도 | 백분율 | 빈 도 | 백분율 |
| *Salmonella* A | 56 | 8.3 | 386 | 37.6 | 31 | 3.5 | 469 | 5.9 | 98 | 7.9 |
| *Salmonella* B | 610 | 90.6 | 120 | 11.7 | 40 | 4.6 | 417 | 5.3 | 255 | 20.4 |
| *Salmonella* C | 2 | 0.3 | 47 | 4.6 | 15 | 1.7 | 142 | 1.8 | 94 | 7.5 |
| *Salmonella* D | 1 | 0.2 | 456 | 44.4 | 791 | 90.0 | 761 | 85.5 | 768 | 61.6 |
| *Salmonella* E | 1 | 0.2 | 14 | 1.3 | 2 | | 121 | 1.5 | 32 | 2.6 |
| *Salmonella* G | (3) | (0.4) | 4 | 0.4 | – | 0.2 | 2 | 0.0 | – | – |
| 계 | 673 | 100.0 | 1,027 | 100.0 | 879 | 100.0 | 7,912 | 100.0 | 1,247 | 100.0 |

경증의 경우 복통, 설사는 1~2회이나, 중증의 경우에는 1일 수 회로부터 수십 회로 3~4일간 지속하고, 대량이며, 또한 때로는 혈변도 있다. 체온은 38℃가 24~48시간 지속하는 것이 보통이다. 또 성인의 급성 위장염에서는 4% 정도의 비율로 균혈증을 볼 수 있다. 때로는 급성 충수염 또는 담석증으로 오진되는 것과 같은 심한 복통도 있다. 대부분 5일 이내에 회복되지만 일주일 이상 증세가 지속되는 경우도 있다. 소아 및 고령자의 위장염 증상은 일반 건강인에 비해 중증이다. 환자의 연령, 건강상태, 섭취균량 등의 조건에 따라 차이가 있으나 메스꺼움, 구토, 설사, 복통, 발열에 의한 전신권태 등의 증상이 나타난다. 이러한 증상은 급격히 시작되나 4~5일이면 열이 내리며 회복된다. 중증일 경우에는 탈수현상을 나타내고 shock 증상, 허탈, 혼수상태를 거쳐 사망하는 경우도 있다. 치명률은 0.3~1% 정도로 낮다.

#### 예방대책

① 모든 동물성 식품류는 철저히 요리해야 하며, 요리 후 부엌 안에서 재 오염되는 것을 방지해야 한다. 날음식의 섭취를 피한다.
② 음식을 만들기 이전과 이후에 손 씻는 것의 중요성에 관하여 요리사와 조리사에게 교육시킨다. 또한 음식의 냉장의 중요성, 부엌의 위생유지, 쥐나 곤충으로부터 음식을 보호하는 중요성 등에 관해서도 계몽한다.
③ 설사를 하는 사람들은 음식취급과 환자관리를 하지 못하도록 조치한다.
④ 가축과 애완동물의 살모넬라 감염을 검사하고 관리하며 예방조치를 취한다.
⑤ 도살장, 식품가공 공장, 정육점, 사료제조 공장 등을 철저히 감독한다.
⑥ 동물을 위한 먹이도 오염되지 않도록 배려한다.
⑦ 보균자는 병원체를 배출하는 기간은 배변 후 손을 씻도록 하고 음식취급을 하지 않도록 조치한다.
⑧ 60℃에서 20분 이상 가열하면 사멸되기 때문에 식품섭취 전 가열한다.
⑨ 저온 저장하되 장기간의 저장을 피한다.

## 1-2. 장염 비브리오 식중독(Vibrio food poisoning)

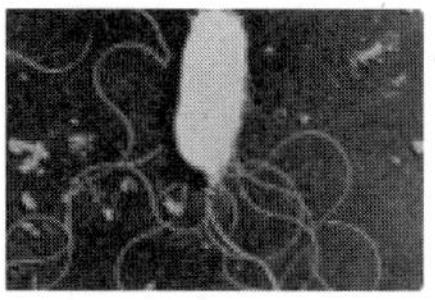
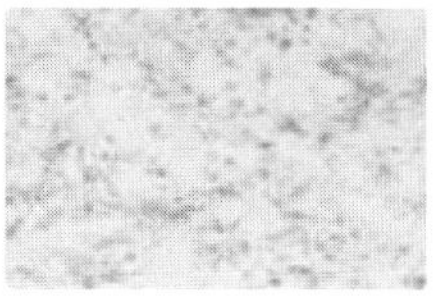
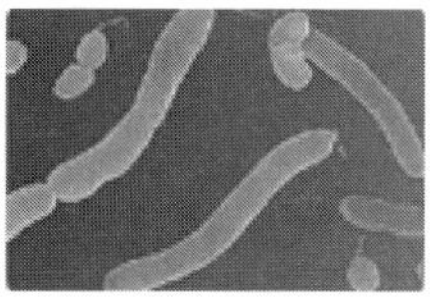

장염 브리오균은 비브리오과에 속하는 병원성 호염균으로 주로 설사를 심하게 하는 Gram 음성 콤마형의 간균(막대균)으로 1950년 일본에서 처음으로 발견된 식중독 세균이며, 학명은 *Vibrio parahaemolyticus*이다. 이 균에 의해 일어나는 식중독은 오염된 해산물 특히 갑각류와 연체류의 소비와 관계가 깊다(표 6-7).

〈표 6-7〉 비브리오균에 의한 감염증

| 세균명 | 오염원 | 질병 | 감염조건 |
|---|---|---|---|
| *V. cholerae* | 하천수 | 콜레라 | |
| *V. cholerae* non-O1 | 연안해수 | 위장염 | |
| *V. mimicu* | 사람<br>어패류 | 연조직 감염<br>이감염<br>패혈증 | 창상<br><br>기초질환 |
| *V. parahemolyticus* | 연안해수<br>어패류 | 급성 위장염<br>연조직 감염 | <br>창상 |
| *V. fluvialis* | 연안해수<br>하천수 | 설사증<br>위장염 | |
| *V. furnissii* | 어패류 | | |
| *V. hollisae* | 연안해수<br>어패류 | 설사증 | |
| *V. vulnificus* | 연안해수<br>어패류 | 연조직 감염<br>패혈증 | 창상<br>기초질환 |
| *V. alginolyticus* | 연안해수 | 연조직 감염<br>이감염<br>호흡기 감염 | 창상 |
| *V. damsela* | 연안해수<br>어패류 | 연조직 감염 | 창상 |
| *V. cincinnatiensis* | 연안해수<br>어패류 | 패혈증(?) | 기초질환 |
| *V. metschnikovii* | 연안해수<br>어패류 | 위장염(?)<br>패혈증(?) | 기초질환 |

### 원인균

장염 비브리오균은 Gram 음성 무포자 간균으로서 단모성 편모(comma형)가 있어 활발한 운동성을 가지고 있으나, 한천배지의 초기 배양에서는 주모(周毛)를 가지는 것도 있다. 비브리오균은 모두 호기성이며, 특히 장염 비브리오균은 해수성으로 해수의 염농도와 같은 2~4% 식염농도 전후에서 가장 잘 번식하는 저도 호염성으로 10% 식염에서는 발육이 억제된다. 최적 수분활성은 식염이 있을 때 0.99이고 최소 0.94이다. 수분활성과 발육온도는 상관관계가 있으며, 최저 수분활성은 용질에 따라 다르다.

분열시간도 대장균이나 포도상구균보다 짧은 10분 전후로 신선한 식품에 적당한 염분만 존재하면 단시간(2~3시간)에 식중독을 일으킬 수 있는 균수($10^6$/g)에 도달한다.

발육 지적온도는 35~37℃ 정도인데 이는 비병원성의 비브리오속을 포함한 해수 세균총의 대부분이 25~30℃의 발육 지적온도를 갖고, 35℃ 가까이 되면 발육이 현저히 약해지는 성질과는 극히 대조적이다. 최저 발육온도는 5℃이지만 일반적으로 10℃ 이하에서는 균수가 감소된다. 발육가능 pH는 5.6~9.6이지만 최적 pH는 7.5~8.6으로 특히 산성 조건에서는 번식이 나쁘고 pH 4.0 이하에서는 급속히 사멸한다.

열에는 매우 약하여 60℃, 10분 정도면 사멸하게 되며 담수에서는 수분 내에 사멸된다. 병원성을 갖는 비브리오균은 특정 조건하에서 사람과 토끼의 혈구에 대하여 용혈성을 나타낸다. 장염 비브리오균의 항원에는 O(균체 항원), H(편모 항원), K(협막 항원)의 세 종류가 있으나, H항원은 모든 장염 비브리오균에 공통이기 때문에 이 균의 혈청형은 O 및 K의 조합에 의하여 표시된다. 현재 장염 비브리오균의 항원표는 O 항원군(1~11), K 항원군(1~75)으로 이루어지는 80혈청형으로 되어 있다. 이들 혈청형은 식중독 발생 시에 환자와 원인 식품 유래주의 혈청학적 조사에 응용되고 있다(표6-8).

〈표 6-8〉 장염 비브리오의 항원구조표

| O Group | K antigen |
|---|---|
| 1 | 1, 25, 26, 32, 38, 41, 56, 58, 64, 69 |
| 2 | 3, 28 |
| 3 | 4, 5, 6 ,7. 29, 30, 31, 33, 37, 43, 45, 48, 54, 57, 58, 59. 65 |
| 4 | 4, 8, 9, 10, 11, 12, 13, 34, 42, 49, 53, 55, 63, 67 |
| 5 | 15, 17, 30, 47, 60, 61, 68 |
| 6 | 18, 46 |
| 7 | 19, 52 |
| 8 | 20, 21, 22, 39, 70 |
| 9 | 23, 44 |
| 10 | 19, 24, 52, 66, 71 |
| 11 | 36, 40, 50, 51, 61 |

### 오염원

장염 비브리오균은 연안 해수의 상재균이다. 겨울철에는 해수에서 검출되지 않으나 해수온도가 17℃ 이상으로 상승하게 되면 동물성 플랑크톤에 붙어 수온 상승과 함께 그곳에서 증식하여 해수로 나온다. 따라서 연안 해수역에서 잡히는 어패류는 당연히 장염 비브리오균에 오염되어 있고, 특히 여름철에는 오염 정도가 매우 높다. 겨울철에 검출되는 것은 드물기는 하지만 동남아시아나 인도로부터 수입되는 어패류에서 때때로 검출된다.

장염 비브리오균은 바닷물, 바다흙을 비롯하여 선창 등에서도 널리 분포하며 특히 육지에 가까운 해역에서 오염률이 높고 여름철에는 표 6-9와 같이 검출률이 높다. 따라서 이 균에 의해서 오염된 바다물이 오염원이 되며 어패류가 직접 오염되고 이들로부터 오염을 받은 조리대, 도마, 식칼, 행주 등의 세정이 불충분하면 2차 오염이 된다. 이렇게 오염된 식품이 염분을 적당하게 함유한 경우에는 여름철에는 특히 급속하게 증식하여 이것을 섭취하면 식중독이 발생하게 된다. 또 환자의 분변이 오염원이 되어서 식품을 오염시키는 경우도 생각할 수 있다.

〈표 6-9〉 해수 환경에서 *Vibrio parahaemolyticus* 의 월별 분포도

| 시료의 종 류 | 6월 | | 7월 | | 8월 | | 9월 | | 10월 | | 계 | |
|---|---|---|---|---|---|---|---|---|---|---|---|---|
| | 시료수 | 분리수 | 시료수 | 분리수 | 시료수 | 분리수 | 시료수 | 분리수 | 시료수 | 분리수 | 시료수 | 분리수 |
| 해 수 | 2 | | 10 | 1 | 10 | 2 | 10 | 1 | 10 | | 42 | 4(9.5%) |
| 해 토 | 2 | | 10 | 1 | 10 | 2 | 10 | 1 | 10 | | 42 | 4(9.5% |
| 선 창 | 2 | | 31 | 1 | 6 | 1 | 6 | | 6 | | 26 | 2(7.7%) |
| 생 선 (선창) | 40 | 2 | 31 | 4 | 40 | 8 | 34 | 5 | 22 | 2 | 167 | 21(12.6%) |
| 생 선 (시장) | 54 | 2 | 68 | 9 | 69 | 11 | 66 | 11 | 55 | 4 | 312 | 37(11.9%) |
| 회 | 36 | 1 | 36 | 1 | 50 | 6 | 40 | 2 | 28 | 1 | 180 | 11(6.1% |
| 계 | 136 | 5<br>3.7% | 151 | 17<br>11.3% | 185 | 30<br>16.2% | 106 | 20<br>12.1% | 131 | 6<br>4.6% | 769 | 79<br>10.1% |

<식품위생학 : 신광출판사; 자료 : 서울시 위생시험소보 제7권>

## 원인 식품 및 감염경로

장염 비브리오균은 해수 세균이기 때문에 비브리오균이 묻어서 증식한 바다 어패류가 원인식품이지만 또 생어패류에 의해서 직접·간접으로 2차 오염을 받은 복합조리식품 특히 오염된 생어패류로 만든 회나 초밥 등도 원인식품이 될 수 있다.

여름철에 발생하는 어패류에 의한 식중독의 대부분은 장염 비브리오균에 의한 것으로 식중독균으로 가장 중요한 위치를 차지하고 있다.

발생시기는 5월에서 11월에 걸쳐 발생되지만 그 대부분이 7~9월 사이에 집중적으로 발생하는 것이 특징이며, 겨울철에는 거의 볼 수 없다. 그것은 바닷물의 온도가 19℃ 이상이 되는 시기에 바닷물 중에서 증식이 아주 활발해지기 때문이라고 생각된다.

우리나라 식중독 통계를 보면 1993년 7건 발생에 환자 369명이 발생하였으며, 1994년에는 13건에 256명, 95년 1건 발생에 환자 1명, 96년에는 10건 발생에 273명의 환자가 발생하여 매년 전체 식중독의 17%를 차지하며 살모넬라, 포도상구균과 더불어 우리나라에서 주로 발생하는 식중독이다.

### 잠복기 및 임상증상

잠복기간은 8~20시간(평균 12시간)으로 살모넬라균보다 짧다. 잠복기가 짧을수록 증상은 심하게 나타난다. 그 증상은 심한 복통, 설사, 발열(37~38℃), 구역질, 구토로서 특히 상복부에 견딜 수 없을 만큼의 심한 통증이 있다. 설사는 일반적으로 수양성 변이지만, 때때로 이질 모양의 출혈성 설사변이 나오는 경우도 있다. 설사 횟수는 수 회로부터 10회 이상인 경우도 있다. 사망률은 극히 낮으나 노년자에서는 탈수에 의한 심쇠약사(心衰弱死)를 일으키는 경우도 있다.

간질환이 있는 사람과 위절제 수술을 받은 사람들은 특히 여름철에 생선회나 초밥 등의 날 어패류 섭취를 삼가야 한다. 이런 사람들이 식중독균이나 콜레라에 감염되었을 경우 중증으로 되는 일이 많고, 드물게는 사망례도 볼 수 있다. 또 장염 비브리오 유사균인 *V. vulnificus*에 의한 원발성 패혈증도 되기 쉽고 예후도 불량하여 사망률이 높다.

### 가나가와 현상과 내열성 용혈독

장염 비브리오균 중에서 환자로부터 분리된 균주는 특수한 혈액 한천배지로 배양하면, 발육한 균의 주변에 투명한 용혈 환을 나타내는데 반하여, 해수와 어패류에서 유래하는 균주의 대부분은 용혈성을 나타내지 않는다. 이와 같은 용혈현상을 가나가와 현상(Kanagawa phenomenon; KP)이라고 한다. KP 양성주와 음성주의 병원체에 관해서 임상적 고찰을 통한 비교실험을 실시한 결과 음성주는 대량($2\times10^{10}$)으로 감염시켜도 어떤 증상을 나타내지 않았지만, 양성주는 $2\times10^5$~$3\times10^7$ 정도의 투여로도 복부 위화감과 설사 등의 증상을 일으켰다. 따라서 KP 양성주가 사람에게 병원성을 갖는 균주임이 판명되었다. 물론 KP 양성주로부터 100℃, 10분 가열조건에도 용혈활성을 잃지 않는 내열성 용혈독(thermostable direct hemolysin)이 분리되었다. 이 독소는 분자량이 약 42,000의 단백질로서 실험동물에 의해 심장독성, 세포독성, 즉시적 치사독성을 갖고 있는 것이 분명하나 장관독성에 관해서는 토끼를 이용한 결장관의 액체저류 실험결과 이 독소가 장염 비브리오의 물과 같은 설사의 원인물질인지의 여부는 불분명하다. 또 콜레라 enterotoxin과 유사한 enterotoxin을 KP 양성주의 배양 상등액에서 분리하였다는 보고가 있으나 그 독성은 배양 상등액 중에서의 생산량이 미량이므로 설사 원인을 증명하는 생물활성 실험이 Chinese Hamster 난소세포의 변형을 측정하는 방법 이외에는 행해지고 있지 않기 때문에 콜레라 enterotoxin과 같은 사실상의 설사 원인 독소인지의 여부에 대해서는 확실하지 않다.

### 예방대책

어패류 및 그 가공품의 제조, 유통과정에서 항상 저온(10℃ 이하)으로 유지하여, 균에게 증식의 기회를 주지 않도록 해야 한다. 또한 장염 비브리오균은 열에 약해서 60℃에서 10분, 55℃에서 15분의 가열로 사멸되므로 식품을 섭취 전 가열조리 후 섭취하는 것이 안전하다. 장염 비브리오균만을 담수에 넣으면 수 초만에 사멸하는 특성 때문에 조리전에 어패류를 물로 씻는 것을 권장하고

〈표 6-10〉 병원성 대장균 식중독의 종류와 특징

| 원 인 균 | 발 병 기 구 | 주 요 증 상 |
|---|---|---|
| 장관병원성 대장균<br>Enteropathogenic *E.coli* (EPEC) | 부착·정착<br>Shiga-like toxin (→단백질 합성 억제 작용) | 메스꺼움, 구토, 설사, 복통, 발열 |
| 장관조직 침입성 대장균<br>Enteroinvasive *E.coli* (EIEC) | 장점막으로의 균의 침입(→상피세포 파괴) | 설사(일부 점혈변) > 발열, 메스꺼움<br>복통 > 구토, 오한, 전신권태 |
| 독소원성 대장균<br>Enterotoxigenic *E.coli* (ETEC) | LT(→adenylate cyclase의 활성화)<br>ST(→guanylate cyclase의 활성화) | 설사(수양성), 복통 > 발열<br>메스꺼움 > 구토 |
| 장관출혈성 대장균<br>Enterohaemorrhagic *E.coli* (EHEC) | Shiga-like toxin 또는 verotoxin | 혈변, 복통 > 메스꺼움, 구토 > 발열 |

<자료 : Honda 등: 임상영양(일본) Vol.69, No. 4, P.345>

있었으나, 생선 어패류를 수돗물로 잘 씻어도 그 표면에 있는 균수는 다소 감소하는 일은 있으나 그다지 제균 효과는 없다. 이와 같이 수돗물로 어패류를 씻는 것으로 장염 비브리오의 예방효과를 과신해서는 안 된다.

## 1-3. 병원성 대장균 식중독 (Enterotoxigenic escherichia coli food poisoning)

대장균(*Escherichia coli*)은 보통 사람과 동물의 장관 내에 서식하면서 정상적인 microflora를 구성하고 있는 균속 중의 하나이며, 장(腸) 속에서는 병원성을 나타내지 않는 것이 보통이지만 장 이외의 부위에 들어가면 방광염, 신우염, 복막염, 패혈증 등을 일으키기도 한다. 1945년 Bray가 영국에서 유영아설사증의 집단발생 예를 보고한 이래, 유아뿐만 아니라 성인에게도 급성 위장염을 일으키는 특정 혈청형의 대장균이 발견되었다. 이와 같은 설사 기인성을 갖는 대장균을 이른바 병원성 대장균으로 불리워 왔다. 병원성 대장균은 혈청학적으로 일반 대장균과 구별할 수 있으며 약 30종이 병원성 대장균으로 보고되었다. 1971년 Sack 등은 콜레라성 설사환자로부터 분리된 대장균이 콜레라 독소성 enterotoxin을 생산하는 것을 인정하여, 이 군(group)의 대장균을 독소원성 대장균으로 명명했다. 물론 이 균은 대장균과는 달리 이질균과 같이 장관세포 내에 침입함으로써 설사증을 일으키는 대장균으로 알려져 있다. 최근, 이외에 출혈성 대장염을 일으키는 Vero 세포독소 생산성 대장균이 확인되었다. 현재 병원성 대장균은 그 발병양식에 의해서 네 가지 group으로 분류되고 있다(표 6-10).

그러나 요즘, 이들 네 종류의 설사 기인성 대장균에 의한 식중독은 종래와 같이 모두 병원성 대장균 식중독(pathogenic *Escherichia coli* food poisoning)이라고 불리우고 있다.

### 원인균

병원성 대장균은 일반 대장균과 항원성(O, K 및 H 항원)으로는 다르게 보이나 형태와 생화학적 성질은 일반 대장균과 같다. 대장균은 Gram 음성 무아포 간균으로, 대부분 주모성의 편모가 있어서 운동성이 있지만 편모가 없어서 비운동성인 것도 있다. 통성 혐기성으로 보통 한천배지에서 잘 발육하며 포도당과 유당을 분해하여 산과 가스($CO_2$와 $H_2$)를 생성시킨다. 일반 대장균과 병원성 대장균 사이에는 항원성의 차이가 있어서 혈청학적으로만 이들을 구별할 수 있다.

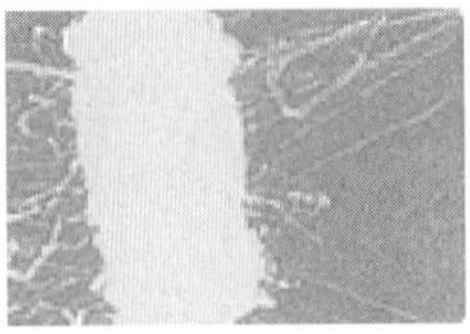
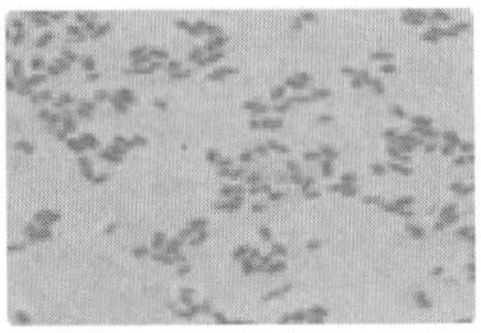

〈표 6-11〉 병원성 대장균의 종류와 O혈청형

| 장관병원성 대장균 | 장관조직 침입성 대장균 | 독소원성 대장균 | 장관출혈성 대장균 |
|---|---|---|---|
| O26 O127 | O28 a, c | O4 O77 | O26 |
| O44 O128 | O112 a,c | O6 O78 | O111 |
| O55 O142 | O124 | O7 O80 | O113 |
| O86 O1? | O136 | O8 O85 | O121 |
| O111 O18? | O143 | O9 O114 | O145 |
| O114 O20? | O144 | O15 O115 | O157 |
| O119 O146 | O152 | O118 O126 | |
| O125 O156? | O164 | O20 O128 | |
| O126 | O25? | O25 O148 | |
| | O29? | O27 O153 | |
| | | O63 O159 | |

<자료 : Honda 등 : 임상영양(일본) Vol. 69, No. 4, P 346>

#### 1) 장관병원성 대장균(Enteropathogenic *E.coli* : EPEC)

유유아의 여름설사증 환자로부터 분리된 것으로 유유아는 미량의 균에 의해서 발병하고 2차 감염이 된다. 현재 전 세계적으로 유아 설사 원인균으로 알려져 있어 특히 유유아에 있어서는 전염병과 같은 예방대책이 필요하다. 그러나 학동기 이상에서는 살모넬라 식중독의 경우처럼 식품을 매개로해서 전염되며 오심, 구토, 복통, 설사, 발열 등의 증상을 나타낸다. 장관병원성 대장균은 대장점막에는 비침입성이며 그 발병기전은 현재는 불분명하나 특정 혈청형의 대장균이 설사원성을 갖고 있어서 이질균의 일종인 *Shigella dysenteriae*가 생산하는 것과 비슷한 Shiga-like toxin을 생산하는데 이것이 설사증에 관여하는 것으로 추정되고 있다. 감염경로는 분변-경구감염이다. 감염은 오염된 식품 또는 유아용 유동식, 토양에서 올 수 있다. 잠복기는 9~24시간, 보통 9~12시간이다.

### 2) 장관조직 침입성 대장균(Enteroinvasive *E.coli*; EIEC)

장관조직 침입성 대장균은 상피세포 침입 능력으로 독성을 나타내는 병원성 대장균으로, 대장점막의 상피세포에 침입(invasion)해서 조직내 감염을 일으키므로, 세포의 괴사, 박리에 의하여 궤양이 발생되므로 점혈변을 유발한다. 이 균은 사람을 고유 숙주로 하여 미량감염을 일으키고 사람으로부터 사람에게로 감염된다. 따라서 전염병과 같은 대책이 필요하다. 또한 이 균은 가축이나 다른 동물에는 없고 자연계에서 분리되는 일도 없다. 잠복기는 약 10~18시간(길 때는 2~3일)이다.

### 3) 독소원성 대장균(Enterotoxigenic *E.coli*; ETEC)

식중독 증상은 발열, 복통은 거의 없고 물과 같은 변의 배출이 현저하며, 콜레라성 설사를 나타낸다. 이 균이 장관 내에서 생산하는 enterotoxin은 이열성과 내열성의 두 종류가 있다. 이열성인 enterotoxin은 60℃에서 30분 가열로 활성을 잃으며 분자량이 28,000의 A와 약 11,500의 B, 2개의 아단위(subunit)로 구성되어 있는 단백질이며 콜레라 enterotoxin과 매우 유사하다. 내열성 enterotoxin은 100℃에서 30분 가열에도 활성을 잃지 않으며, 분자량이 약 4,000의 polypeptide이다. 이열성 enterotoxin은 장점막과 상피세포의 adenylate cyclase를 자극하여 cyclic AMP를 증가시킴으로써 $Na^+$ 이온의 흡수를 억제하고 $Cl^-$ 이온의 분비를 항진하여 장관 내에 다량의 수분을 분비하게 한다. 한편, 내열성 enterotoxin은 점막상피의 guanylate cyclase를 활성화하여 cyclic GMP를 증가시킴으로써 장관 내에 수분이 고이게 하는 것으로 생각된다. 독소원성 대장균에 의해 설사를 일으키기 위해서는 경구적으로 장관 내에 도달한 균이 거기에 정착해서 증식할 필요가 있다(표 6-12).

〈표 6-12〉 독소원성 대장균 장독소의 성상

| 성상 | LT | ST |
|---|---|---|
| 성질 | 단순단백 | 폴리펩티드 |
| 분자량 | 약 74,000 | 약 4,000 |
| 등전점 | 6.60 | 3.90 |
| 열안정성(100℃ 30분간) | − | + |
| 프로테아제에 의한 불활성화 | + | − |
| 콜레라균의 장독소 | 항원적으로 공통 | − |
| 수용체 | GM1 강글리오시드 | GD1 강글리오시드 |
| 작용기전 | adenylate cyclase 활성화 | guanylate cyclase 활성 |

이 균의 정착인자는 사람 유래로는 CFA/I 및 CFA/II, 돼지 유래주는 K88 항원, 소와 양 유래주는 K99 항원이 알려져 있다. 이와 같은 정착인자가 없는 균주는 이열성 또는 내열성 enterotoxin을 산생하는 균이라 해도, 장관 내에서 정착하지 않고 그냥 지나쳐 버리기 때문에 감염되지는 않는다. 감염은 소아, 성인 할 것 없이 일반 식중독처럼 식품을 매개로 하며 물이

원인이 되는 수도 있다. 또 열대지방이나 아열대지방 여행자에게서 많이 발생되는데 산발적으로 발생하는 경우는 적고 집단발생이 많다. 잠복기는 10~12시간이다.

#### 4) 장관출혈성 대장균(Enterohemorrhagic *E.coli* ; EHEC)

장관출혈성 대장균의 대표적인 균종은 1982년 미국에서 발생한 식중독의 원인식품인 햄버거에서 분리된 O-157 : H7으로서 사람이나 가축의 장내에 상존하는 세균으로 많은 대장균 중 하나이다. 대부분의 대장균은 인체에 무해하나 O-157 : H7과 같이 사람의 장관에 출혈을 야기하는 대장균도 있다. 사람에게 O-157 : H7을 감염시키는 주요 원인은 가축이다. 생화학적인 성상은 일반 대장균과 거의 차이가 없으며 단지 혈청형을 중심으로 각각의 성질을 구별하고 있다. 그 중 한 가지 방법으로 균의 표면에서 항원-항체반응을 이용하는 것인데 O-157 : H7이라는 명칭은 이 균의 균체에 있는 173종류의 O항원 가운데 157번째 발견되었고, H7은 대장균 편모의 단백질 항원인 H타입이 7번째로 발견되었기 때문에 O-157 : H7으로 명명되었다. 이것이 최근 일본에서 폭발적으로 발생한 대장균 O-157 : H7 식중독 사건이었으며, 우리나라에서도 1997년 9월 26일 미국 네브래스카 주로부터 수입된 쇠고기에서 병원성 대장균 O-157 : H7이 검출되어 수입 쇠고기에 대한 안전성의 논란이 일고 있다. 임상증상은 혈변과 심한 복통 외에 구토, 메스꺼움 등이 일부 확인되었으며 발열은 드물다. 장관출혈성 대장균 중에서 혈청형 O157 : H7은 출혈성 대장염을 일으키기 때문에 장관출혈성 대장균이라고 불리우고 있다. 이 균에 의한 감염은 혈변을 보이고 특징적인 출혈성 대장염에 이어서 용혈성 요독증후군을 병발하는 것이 많으며 사망하는 예도 있다. 이 균은 가축에 분포되어 있고 오염식품(주로 식육)을 거쳐 사람에게 감염되며, 이질균이 생산하는 shiga-like toxin을 생산하여 발병에 관여하는 것으로 생각된다. 이들 독소는 독소원성 대장균이 생산하는 독소와 유사한 형태로서 장관 내에서 생산되며 식품 내에서는 생성되지 않는다. 그러므로 이 균은 독소원성 대장균과 같은 형태이고 식품 내에 어느 정도 증식한 생균을 섭식함으로써 발생하는 생체내 독소형(중간형) 식중독균이다.

**1) O-157 : H7에 의한 식중독 발생 사례**

1996년에 일본에서 발생한 O-157 : H7 피해 환자는 사망자 12명을 포함, 전국에서 12,000여 명에 달하였으며, 최대 피해 지역은 오사카 시로 1996년 7월 11일 감염자가 처음 발견된 후 매일 200~300명씩 환자가 발생하였다. 1997년에는 6월까지 150명이 발병하였고 1명이 사망하였다. O-157 : H7은 1982년 WHO에 최초로 보고되었으며, 주요 피해 사례로는 아프리카 남부에서 1,000명이 집단 발병하였고, 미국 서해안 지역에서 700명이 발병 등의 보고가 있다.

**2) O-157:H7 식중독균의 중요성**

O-157:H7 식중독균으로 주목을 받는 이유로는 첫째, 감염력이 매우 강하기 때문에 폭발적으로 발생할 수 있다는 점이다. 예를 들어, 식중독 원인균으로 잘 알려진 살모넬라의 경우, 식중독을 발생케

하는 균량은 1g당 $10^6$ 정도이나 O-157 : H7 은 1g당 $10^6$ 정도로서 감염력이 대단히 강하다. 둘째, 식중독 발병 후 단기간 내에 사망할 가능성이 매우 높다.

### 3) O-157 : H7균이 생성하는 식중독 원인 독소

O-157 : H7은 일반 대장균과는 달리 vertoxin이라는 강력한 독소를 생성하는 성질을 가지고 있다. Verotoxin은 균이 증식할 때 생성하는 것이지만 체내 침입하면 대장을 파괴하게 되며, 따라서 심한 복통과 통증을 느끼고 파괴된 장관에서는 출혈 때문에 피가 섞인 새빨간 선혈의 설사변(점혈변)이 나오게 된다. 출혈 후 verotoxin은 혈액의 흐름을 따라 체내를 돌면서 적혈구를 파괴한다. 적혈구가 정상적인 기능을 잃게 되면 모든 신체 조직, 특히 장기에 해를 미치게 되며 체력이 약한 노인이나 어린이 등은 신장기능이 저하된다. 장애를 일으켜 사망에 이르게 되는 '용혈성 요독증후군'을 일으킬 확률은 5% 정도이다.

### 4) O-157 : H7 감염원 및 경로

덜 익은 또는 덜 조리된 쇠고기, 충분히 살균되지 않은 우유, 오염된 물, 혹은 덜 익은 쇠고기로 요리한 음식을 섭취함으로써 사람에게 감염된다. 또한 감염된 사람이 대변 후 손을 씻지 않고 다른 사람과 접촉함으로써 감염되기도 한다.

### 5) O-157 : H7에 의한 증상

O-157 : H7에 감염되었을 때 최초로 나타나는 증상은 설사(종종 출혈성 설사를 동반하기도 함), 심한 복통으로 사람에 따라서는 출혈성 대장염, 용혈성 요독증을 일으키며, 소에 있어서는 이질을 유발하며, 돼지에게는 부종을 일으킨다. 잠복기는 1~10일이나 대개 2~4일이면 나타난다. 특히 주의해야 할 것은 탈수증상이며, 혈변, 부종, 폐뇨, 경련은 생명의 위험 신호이다.

### 6) O-157 : H7식중독균의 예방

첫째, 식품의 보존, 운반, 조리과정을 위생적으로 취급하고 오염이 우려되는 식품은 충분히 가열할 것. 이 균은 열에 민감하여 57.2℃에서 270초, 60℃에서 45초, 64.3℃에서 9.6초간 가열에 의해 사멸되므로 식품을 충분히 가열하여 섭취하면 예방할 수 있다

둘째, 쇠고기나 육류는 내부까지 익혀야 하며, 육류와 접촉한 식기는 철저히 씻을 것

셋째, 식품을 취급할 경우 손과 조리 기구를 흐르는 물에 충분히 씻을 것

넷째, 식수의 위생관리에 힘쓸 것, 특히 물탱크 취급에 주의를 기울일 것

### 7) 출혈을 수반하는 설사가 났을 경우 주의사항

첫째, 즉시 의사의 진단을 받고 지시에 따를 것. 어린아이는 특히 주의할 것

둘째, 환자의 변을 처리할 때에는 고무장갑을 사용하는 등 위생적으로 하며, 접촉이 되었을 경우에는 알코올로 소독하고 흐르는 물에 충분히 씻을 것

셋째, 환자의 변이나 오염된 옷은 삶거나 약품으로 소독하여 다른 가족의 것과는 따로 세탁하고 햇빛에 충분히 말릴 것

넷째, 환자가 목욕할 경우 유아와의 혼욕을 피할 것

### 오염원

식품에 오염을 일으키게 하는 것은 주로 환자와 건강 보균자의 분변으로 특히 건강보균자가 식품조리에 종사할 경우에 손을 통해 감염되는 경우가 많다. 병원성 대장균은 담수어, 하천수, 농경지 흙 등에서도 검출되는 점으로 보아서 자연계에도 널리 분포되어 있는 것으로 생각되며 이러한 것으로부터 식품이 1차 또는 2차로 오염된다.

### 원인 식품 및 감염경로

원인 식품은 특별히 정해진 것은 없으나 일반적으로 치즈, 햄, 소간, 소시지, 야채, 샐러드, 스테이크, 파이, 도시락, 두부 및 그 가공품 등이다. 또 유유아에서는 오염된 우유가 원인 식품이 된다. 식중독의 발생은 계절에 관계없이 발생하지만 여름철에 약간 많은 편이다.

### 잠복기 및 임상증상

병원성 식중독의 공통적인 주 증상은  설사(점액 수양 변)이며, 심한 경우에는 혈(血)이나 농(濃)이 섞여 나오는 때도 있다. 잠복기는 10~30시간(평균 12시간)으로 소아일수록 잠복기는 짧고 심한 증상이 나타난다.

### 예방대책

건강 보균자나 환자의 분변의 위생처리를 철저히 함으로써 사람으로부터 사람, 분변으로부터 식품으로의 오염경로를 차단한다. 그리고 조리대와 주방의 환경을 청결히 하고 방충시설을 갖추어 곤충류의 침입을 막는다.

## 1-4. 캄필로박터 식중독 (*Compylobacter jejuni/coli* food poisoning)

캄필로박터는 소나 양의 유산의 병원균으로 인식되어 사람과의 관계에 대해선 별다른 주목을 끌지 못하다가 1972년 처음으로 사람의 설사환자 분변에서 캄필로박터가 검출되어 인체 설사증의 새로운 원인균으로 등장하게 되었다. 1980년 캄필로박터균이 식중독의 원인균으로 확인되었다. 이 식중독균은 가축이나 또는 개, 고양이 등 모든 동물에 분포하여 식육, 식품 등을 매개로 하여 감염된다. 과거 30년 전에는 캄필로박터균에 의한 급성설사 환자가 25% 정도 차지하던 것이 최근에는 급성설사 환자의 65~85%를 차지하고 있을 정도로 많다.

### 원인균

사람의 식중독이나 설사증과의 관계에서 중요한 균종은 대부분이 *Comphylobacter jejuni*이고 일부의 *Comphylobacter coli, Comphylobacter fetus* 등도 식중독에 관여한다. 이 균들은 Gram

음성의 만곡된 무아포 소간균으로서, 균체의 한쪽 또는 양단에 단모성의 편모를 갖고 있으며, 미호기성(3~15% 산소 존재하) 상태에서 증식한다. *Campylobacter* 장염은 *jejuni*와 *Campylobacter coli*는 성질이 극히 닮았는데 양균의 감별에는 말의 요산 가수분해 시험이 이용되는데 *C. jejuni*는 양성, *C. coli*는 음성을 나타낸다. 건조나 열에는 약하여 60℃, 30분간의 가열로 죽지만 고습도하의 냉장에는 비교적 오래 생존한다. 또 25℃에서는 발육하지 않고 42℃에서 활발하게 증식하므로 thermophilic Campylobacter라고 불리우고 있다. *Campylobacter*속에는 *C. sputorum, C. fecalis, C. fetus, C. jejuni* 및 *coli* 등이 알려져 있으며, 그 중에서 *C. sputorum*과 *C. fecalis*는 비병원성이고 *C. fetus*는 폐혈증, 골막염 등의 원인이 되며 *C. jejuni*와 *C. coli*는 식중독을 일으키는 원인이 되고 있다.

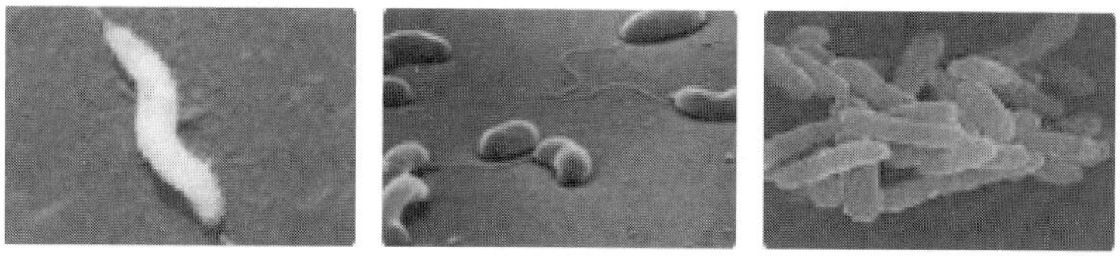

### 오염원

식중독의 원인 균주인 *C. jejuni*와 *coli*는 닭, 개, 고양이, 돼지, 소 등의 가축에 널리 분포하며, 보균 동물과의 접촉 또는 이 균으로 오염된 식품이나 음료수를 매개로 감염된다. 따라서 소, 돼지, 개, 고양이, 닭 등의 배설물이나 오염된 물이 오염원이 된다.

### 원인 식품 및 감염경로

원인 식품은 식육, 우유, 햄버거, 닭고기 등이며 어패류, 알류, 과자류 등도 그 가능성이 큰 것으로 추정되고 있다. 이 균은 식육에서 직접 사람에게 감염되거나 또는 식품이나 물을 매개로 하여 간접적으로 사람에게 감염된다. 감염 균량은 $10^3$/g 이하로 다른 식중독과는 달리 미량이다. 발병기전은 균이 장 점막에 침입해서 장염을 일으킨다. 이 균에 의한 식중독 발생은 계절과 관계없이 발생되고 집단급식, 특히 학교급식에 의한 것이 대부분이고, 발생연령은 모든 연령층에서 발생하나 어른보다는 어린이가 쉽게 발증한다.

### 잠복기 및 임상증상

캄팔로박터 식중독의 잠복과 유행의 패턴은 다른 세균성 식중독과 현저하게 다르다. 잠복기간은 2~7일간이며 길면 10일 정도까지 간다. 환자의 발생상황이 이질 등의 전염병 유행에서 볼 수 있는 패턴으로 3~8일간의 장기에 걸친다. 그 때문에 초기에는 이질이나 장티푸스 혹은 인플루엔자로 진단되는 일이 있다.

증상은 보통 발열, 권태감, 두통, 근육통 등의 전구증상이 있고, 이어서 구기, 복통 등을 볼 수 있다. 그 후 수 시간 내지 2일 후에 설사증상이 발현한다. 설사는 일반적으로 수양성 점액변이나 혈변이 나타나는 경우도 있다. 설사는 하루에 10회 이상 하는 경우도 있으나 통상 2~6회로 1~3일간 계속되며 설사증상은 없고 38~39℃의 발열이나 복통만을 나타나는 경우도 있다. 예후는 비교적 좋은 편이고 사망하는 일은 거의 없다.

#### 예방대책

식육의 위생관리를 철저히 하고, 우물물은 항상 끓여서 음용하도록 해야 한다. 특히 소량의 균으로도 발병되므로 식육으로부터 2차 오염 방지에 노력하여야 한다. 또 식품은 60℃ 이상으로 가열하여 먹고 생육의 섭취를 삼가야 한다. 또한 살균, 멸균 또는 초고온처리(UHT)되지 않은 우유를 마시지 않아야 하며, 분변오염 여부가 확인되지 않은 우물에서 그냥 떠온 물, 염소처리 하지 않은 물을 마시지 않아야 한다. 날음식, 조리된 음식 간의 교차오염을 피하고, 특히 날고기 취급에 주의해야 한다.

### 1-5. *Yersinia enterocolitica* 식중독

*Yersinia enterocolitica*는 1939년 미국에서 소아의 위장염 증례에서 최초로 분리되었으며, 일본에서는 1972년에 설사증, 충수염 등의 산발 장염환자로부터 분리되어 대규모의 집단감염 사례가 보고되었기 때문에 주목을 받게 되었다. 그 후 학교급식을 원인으로 한 대규모의 집단발생이 잇따라 보고된 것에서 1982년에 일본 후생성은 *Campylobacter jeiuni/coli* 등과 함께 식중독균으로 지정하였다. 그러나 우리나라에서는 아직 집단발생 보고는 없어 아직까지는 식중독균으로 지정되지는 않았다.

#### 원인균

*Yersinia enterocolitica*는 Gram 음성 간균으로 장내세균과에 속하며, 4℃의 저온에서도 발육하는 저온성 식중독균이다. 균체는 작고 막대기형 혹은 구형으로 배지에서 발육하는 집락도 작은 등 다른 장내세균과의 균과는 많이 다르다. 예르시니아의 성상은 배양온도에 따라 다르며 28~30℃에서 주모성 편모에 의한 운동성이 있으나 37℃에서는 편모를 잃어 운동성이 없어진다. 사람에게 병원성이 있는 예르시니아는 *Yersinia pestis*(페스트균)와 *Y. pseudotuberculosis*(가성 결핵균) 및 *Y. enterocolitica*의 병원주가 알려져 있다. *Y. enterocolitica*는 생물형과 혈청형으로 분류되며 사람에 대하여 병원성을 갖는 것은 몇 가지 조합에 한한다(표 6-13). 우리나라에 분포하는 병원성을 갖는 혈청형은 O : 3 ; O : 5, 27 ; O : 9로서, 혈청형 O:3에 의한 감염이 가장 많다(표 6-14).

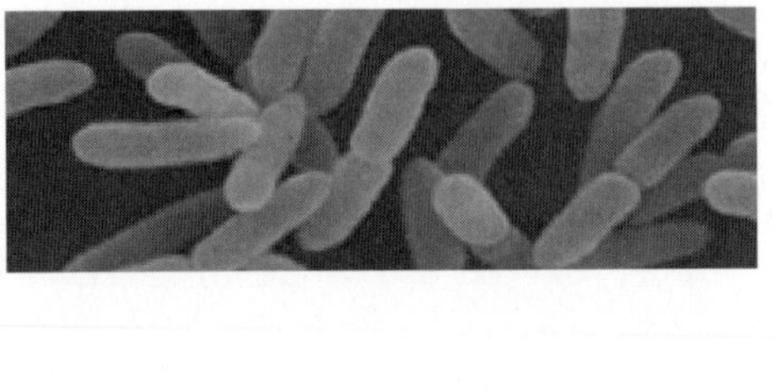

〈표 6-13〉 *Yersinia enterocolitica* 생물형의 생화학적 동정표

| 특 성 | 생 물 형 | | | | | | |
|---|---|---|---|---|---|---|---|
| | 1 | 2 | 3 | 3A | 3B | 4 | 5 |
| Lipase(Tween 80) | + | − | − | − | − | − | − |
| Indol | + | + | − | − | − | − | − |
| Esculin | + | − | − | − | − | − | − |
| Xylose | + | + | + | + | + | − | − |
| Voges-Proskauer | + | + | + | − | − | + | − |
| Ornithine | + | + | + | + | + | + | − |
| Salicin | + | − | − | − | − | − | − |
| Inositol | + | V | V | + | − | V | − |
| Sorbitol | + | + | + | + | + | + | − |
| DNase | − | − | − | − | − | + | − |
| Nitrate | + | + | + | + | + | + | − |

〈표 6-14〉 사람에서 분리한 *Y. enterocolitica*와 *Y. pseudotuberculosis*의 혈청형

| 연도 | *Y. enterocolitica* | | | | *Y. pseudotuberculosis* | | | |
|---|---|---|---|---|---|---|---|---|
| | O:3 | O:9 | O1b | O2a | O3 | O4b | O5a | O5b |
| 1994 | 2 | 0 | 0 | 3 | 0 | 2 | 1 | 2 |
| 1995 | 2 | 1 | 1 | 18 | 2 | 6 | 10 | 2 |
| 1996 | 12 | 1 | 0 | 5 | 3 | 13 | 0 | 4 |
| 1997 | 2 | 1 | 1 | 0 | 0 | 9 | 4 | 2 |
| 총계 | 18 | 3 | 2 | 26 | 5 | 30 | 15 | 10 |

## 오염원

*Yersinia enterocolitica*는 사람과 동물이 보균하고 있어서 이들의 분변에 의하여 식품이나 물 등이 오염된다. 특히 돼지는 *Yersinia enterocolitica*를 높은 비율로 보균하고 있어, 소매점에 오염 돈육이 유통되어 돈육이 *Y. enterocolitica* 감염에 관계하고 있는 것으로 생각된다. 돼지의 장(場) 내용물에서 검출률 및 균수의 최고치는 15% 및 약 $10^6$개/g이며 시판돈육에서 검출되는 균수는 최고로 $10^3$개/g이다. 도축장에서 해체처리 중 칼, 톱, 손장갑, 피박기(皮剝機), 바닥, 벽 등의 오염에 의하여 지육이 2차적으로 오염되어 시판돈육의 오염으로 발전하는 것으로 생각된다.

## 원인 식품 및 감염경로

*Y. enterocolitica* 감염증에 있어서도 원인식품이 분명하게 된 사례는 적으나, 일본에서 집단감염 사례의 가공유(생물형 4, O : 3균), 미국의 집단사례에 관련된 초콜릿 밀크(생물형 1B, O : 8균), 가공유(생물형 1B, O : 13a, 13b균)와 두부에 의한 집단발생 사례에 관련된 사용수(생물형 1B, O : 8균)로부터의 검출 보고가 있다. 우리나라에서는 집단발생 보고가 없으며, 일본에서는 1972년

에 최초의 집단발생이 보고된 이래, 지금까지 13건의 집단 식중독의 발생이 보고되고 있다. 대부분의 사례가 학교 등의 집단급식이 원인으로 발생하고 있고, 대규모의 것이 많다. 환자 중에는 우하복부통을 호소하는 것도 보여, 불행히도 많은 환자가 충수 적출수술을 받은 사례도 있다.

### 잠복기 및 임상증상

잠복기간은 2~5일로 다른 식중독 원인균에 비해 길다. 임상증상은 혈청형에 의하여 다르며, O : 3균에 의한 감염은 설사를 주체로 한 증상을 나타내고, O : 8균에 의한 감염에서는 패혈증을 일으키는 일도 있다. 우리나라에서 주로 볼 수 있는 감염은 O : 3균에 의하는 것으로, 증상은 설사, 복통을 주 증상으로 한 위장염으로 *Y. pseudotuberculosis* 감염에서 볼 수 있는 것과 같은 고열은 그다지 관찰되지 않는다. 젖먹이 어린이에서는 설사증이 많고, 어린이에서는 회장말단염, 장간막 림프절염을 일으켜, 때때로 충수염으로 오진되는 일이 있다. 설사는 주로 수양변이나 연변으로 끝나는 것도 있어 그 정도는 각기 다르다. 이러한 증상 외에 두통, 기침, 인두통 등의 감기와 같은 증상을 수반하는 일도 있다. 북유럽에서는 연령이 높게 되면 관절염을 일으키는 것으로 보고되고 있으나 우리나라에서 보고된 예는 적다.

### 예방대책

*Y. enterocolitica*는 돼지에게 보균되어 있어 사람으로의 감염은 주로 돈육을 통하여 일어나는 것으로 생각되고 있다. 최근, 식품위생 향상을 목적으로 하여, 도축장 정비가 행해져 도축과정에서 돈지육의 식중독 원인균에 의한 오염은 감소경향에 있으나 돈육의 예르시니아 오염을 완전히 방지하는 것은 어렵고, 도축장의 관리 및 공정의 새로운 개선이 필요할 것이다. 식육을 오염한 병원성 예르시니아의 증식은 냉장온도에서는 억제된다고는 하나, 장기간 생존하므로, 냉장을 과신하는 일없이 충분한 가열과 조리기구에 의한 2차 오염에 주의할 필요가 있다.

## 1-6. Arizona 식중독

아리조나 식중독균은 1939년 Caldweel 등에 의하여 미국 아리조나 주의 사막에 서식하는 도마뱀에서 처음으로 분리된 것으로 *Salmonella*속의 일종이다.

1950년 미국 아리조나 주의 집단식중독 사건에서 분리된 감염형 식중독으로 우리나라에서의 발생사례는 아직까지 없다. 이 균에 의한 식중독 사건은 별로 흔하지 않으며 원인 식품과 임상증상은 *Salmonella*와 거의 유사하다.

# 2. 독소형 식중독

## 2-1. 포도상구균 식중독(Staphylococcus food poisoning)

포도상구균은 자연계에 널리 분포되어 포도송이와 같은 모양을 하고 있는 세균으로 현재 23종 4아종으로 분류되고 있으나, 이 중에서 황색포도상구균(*Staphylococcus aureus*)은 식중독을 포함하여 여러 가지 화농 등의 염증을 일으키는 가장 중요한 균종이며 다른 균종은 기회감염균이다.

포도상구균 식중독은 1884년 Vaughn에 의해 최초로 보고된 이래 세계 각국에서 발생빈도가 대단히 높아 많은 나라에서 1위 또는 살모넬라 및 가스괴저 식중독에 이어 3위를 차지하고 있다. 한편 우리나라에서도 살모넬라, 장염 비브리오에 이어 발생률 3위를 차지하고 있다. 포도상구균속은 균동정상 중요한 coagulase 생성능, novobiocin 감수성 등을 기준으로 크게 3군으로 나누는데, 1군은 coagulase(응집소) 양성, 균응괴인자(용혈소), 황색색소를 전부 생산하거나 일부를 생산하는 균으로 7종이 포함되어 있고, 2군은 coagulase 음성, 노보비오신 감수성 균으로 12종이, 3군에는 노보비오신 내성, coagulase 음성균 9종이 있다. 이 중 1군의 황색포도상구균(*Staphylococcus aureus*)은 식품에 오염되면 enterotoxin이라는 균체 외독소를 생산하여 식중독을 일으키는 독소형 식중독으로 여름철에 흔히 발생한다. 이 균은 식중독을 일으키는 원인 물질인 enterotoxin 외에 사람에게 화농성 염증을 일으키는 괴사독소, 용혈독소 등을 생산한다. 또한 황색포도상구균은 파지형별로 분류되기도 한다(표 6-15).

〈표 6-15〉 황색포도상구균의 파지형별용 세트

| 파지형별군 | 파 지 형 |
|---|---|
| I | 29, 52, 52A, 79, 80 |
| II | 3A, 3C, 55, 71 |
| III | 6, 43E, 47, 53, 54, 75, 77, 83A, 84, 85 |
| 잡형 | 81, 94, 95, 96 |

### 원인균

포도상구균은 Gram 양성 통성 혐기성 구균으로 아포나 편모가 없다. 보통 한천배지나 혈액한천배지 등의 고형배지에서 포도송이 모양을 보이나 액체배지에서는 균이 1, 2~수 개의 불규칙하게 연결된 상태가 된다. 무아포균이지만 세포벽이 튼튼하므로 비교적 저항성이 강하며 냉동하여도 죽지 않는다. 내염성으로 식염 10% 농도에서도 충분히 자라며 15%에서도 약간 증식한다. 발육가능 온도는 10~40℃, 최적온도는 30~37℃의 중온균이다. 이 균은 80℃에서 10분 가열로 죽지만 균체가 생성한 enterotoxin은 내열성이 대단히 크다. 발육가능 pH는 4.2~9.3이고 건조와 고농도의 소금에도 저항성이 있으므로 수분활성이 비교적 낮은 식품 중에서도 증식할 수 있다.

 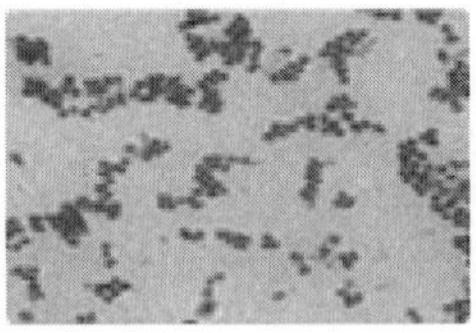 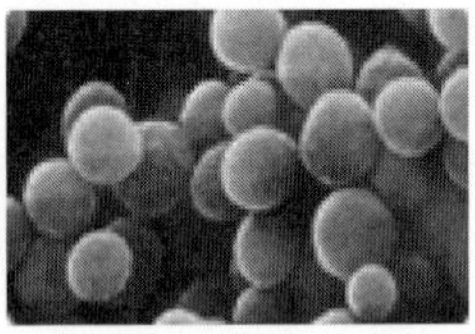

포도상구균은 생화학적 성상에 따라 황색포도상구균(*Staphylococcus aureus*), 부생포도상구균(*Staphylococcus saprophyticus*), 표피상포도상구균(*Staphylococcus epidermidis*)의 3종으로 분류되는데 이 중에서 식중독 등 병원성을 가지는 것은 황색포도상구균이다(표 6-16).

〈표 6-16〉 포도상구균속의 생화학적 성상 비교

| 성 상 | 균 종 | | |
|---|---|---|---|
| | *S. aureus* | *S. spidermidis* | *S. saprophyticus* |
| coagulase | + | − | − |
| mannitol : 호기적 분해 | + | d | d |
| mannitol : 혐기적 분해 | + | − | − |
| enterotoxin 생산능력 | + | − | − |
| deoxyribonuclease | + | − | − |
| biotin(발육소 요구성) | − | + | NT |
| cell wall 구성물질 | | | |
| ribitol | | − | + |
| glycerin | + | − | d |
| protein A | − | − | − |
| novobiocine 감수성 | + | S | R |
| | S | | |

+ : 90% 이상의 균주가 양성, − : 90% 이상의 균주가 음성, d : 90% 이하의 균주가 양성,
NT : none test, S : 최소발육저지농도 < 0.6㎍/mL, R : 최소발육저지농도 > 20㎍/mL

### 황색포도상구균의 enterotoxin(장독소)

황색포도구균이 생성하는 독소 중 식중독을 일으키는 균체외 독소는 식품 중에서 증식해서 생산되는 enterotoxin(장관독)이다. Enterotoxin의 분자량은 26,360~28,494의 단백질로 항원특이성에 따라 A, B, C, D, E형 5종류가 있다.

그 중 C형은 면역학적으로 공통이나 등전점에 따라 $C_1$, $C_2$, $C_3$형으로 나눈다. 장독소 A형 E형은 교차반응을 하며, 어느 독소와도 반응하는 공통 항원과 각 독소에 특이적으로 반응하는 특이항원의 2종류가 있다. Enterotoxin은 단백질임에도 불구하고 trypsin, chymotrypsin, papain 등의 단백질 분해효소에 의해 불활성화되지 않으며, pepsin에 대해서는 pH 2.0 이하에서 불활성화되는 특성을 가지고 있다.

식품 또는 배지에서 장독소는 높은 내열성을 가지고 있어서 100℃에서 40분간 가열해도 불활성화되지 않으므로 이를 파괴하기 위해서는 유지(돈지)에서 210℃로 30분간 가열하여야 한다. 그러므로 일단 식품 중에 이 독소가 산생되면 보통의 조리방법으로는 식중독을 피할 수 없다.

그러나 정제된 독소인 경우에는 A형은 80℃ 30분 혹은 100℃에서 1분간 가열로 불활성화 된다. 또한 B형은 100℃ 60분, C형은 100℃ 1분 가열로 80%, 30분 가열하면 100% 불활성화 되며 enterotoxin 중에서는 B형이 가장 내열성이 높다. 사람에서 식중독 발병 최소 독소량에 대해서는 임상 실험결과 B형 20~25μg을 투여한 경우 식중독을 일으키는 것으로 나타났다(표 6-17).

〈표 6-17〉 황색포도상구균의 enterotoxin 성상

| 성 상 | 황색포도상구균의 장독소형 | | | | | | |
|---|---|---|---|---|---|---|---|
| | A | B | C1 | C2 | C3 | D | E |
| 아미노산수 | 233 | 230 | 239 | 239 | 238 | 228 | 230 |
| 분자량 | 28~89 | 28494 | 27500 | 27531 | 27438 | 26360 | 26425 |
| 등전점 | 6.9 | 8.6 | 8.6 | 7.0 | 8.15 | 7.4 | 7.0 |
| 질소함량(%) | 16.5 | 16.1 | 16.2 | 16.0 | – | – | – |
| 최대흡수파장(nm) | 277 | 277 | 277 | 277 | – | 278 | 277 |
| 침강속도(S) | 3.04 | 2.78 | 3.00 | 2.90 | – | – | 2.60 |
| 구토량 ED50μg/원숭이 | 5 | 5 | 5 | 5~10 | <10 | 20 | 10~20 |
| 구토혈관내 투여량(μg/kg) | 0.03 | 0.1 | 0.1 | – | 0.05 | – | – |
| 구토경구 투여량(μg/원숭이) | 1 | 0.9 | | 1 | 10이하 | – | – |
| N말단 아미노산 | 세린 | 글루 | 글루 | 글루 | 세린 | 세린 | 세린 |
| C말단 아미노산 | 세린 | 리신 | 글리신 | 글리신 | ND | 리신 | 트레오닌 |

지금까지 알려진 식중독의 원인 독소형은 enterotoxin A형이 90% 이상으로 압도적으로 많으며 독소량은 수 ng/g~수백 ng/g이다. Enterotoxin의 생산은 식품의 성분, pH, 식염농도, 온도, 세균의 증식시간 등에 영향을 받는다. 독소 생산의 최적 pH는 7.0~7.5이고, 5.0 이하 또는 9.0 이상에서는 생산되지 않는다. 소금도 독소의 생산을 억제하는 효과가 있어서 10% 이상에서는 현저히 억제된다. 독소 생산의 최적온도는 25~30℃ 정도이다.

### 오염원

황색포도상구균은 사람이나 동물의 피부, 점막 및 장관 등에 정착하여 있으며, 일반적으로 건강한 사람의 보균율은 0~30%이며, 이들 중 20~30% 균주가 식중독 유래 균주와 같은 정도(0.5~수μg/mg)의 장독소를 생산한다. 이 외에도 토양, 먼지, 하수, 등 자연계에 넓게 분포되어 있기 때문에 식품에 오염될 가능성이 매우 높다. 실제로 식중독 발생 시에 감염원의 정확한 확인이 어려운 것도 이 때문이라고 할 수 있다. 오염경로는 식품 취급자의 편도선염이나 손가락 등의 화농성염증에 의한 오염이 많으며, 쥐에 의한 오염도 많이 일어나고 있다. 그러나 포도상구균은 자연계에 널리 분포하고 있기 때문에 오염경로도 다양하다.

### 원인 식품 및 감염경로

원인 식품은 아주 다양하며 탄수화물을 많이 함유하는 식품(식물성 식품)이 많은 것이 살모넬라

식중독과 다른 점이다. 세계적 공통식품으로 우유, 버터, 치즈, 크림 등의 유제품이 가장 많으며, 우리나라와 일본에서는 김밥, 떡, 도시락, 빵 등의 곡류와 그 가공식품이 가장 많다. 이 식중독의 발생은 극단적인 계절의 편향성은 없지만 봄철부터 가을철까지 고르게 발생하며 여름철에 다소 많이 발생하는 편이다. 연중 발생하는 요인으로는 황색포도상구균이 환경(온도, 습도)에 직접 좌우되지 않고 사람이나 동물에 상재하고 있다는 점, 식품 제조, 취급 중에 사람의 손가락이나 타액에 의하여 식품이 오염을 받기 쉽다는 점 등을 고려할 수 있다. 또한 최근 난방시설이 잘 되었기 때문에 겨울철이라도 식중독균이 증식하기 쉬운 환경으로 되어 식중독이 발생하기 쉽게 되어 있다.

### 잠복기 및 임상증상

황색포도상구균 식중독의 임상증상은 *B. cereus* 식중독균 구토형과 흡사하여 양자는 세균검사를 하지 않으면 구별할 수 없다. 잠복기는 원인식품 중 enterotoxin량 및 독소에 대한 감수성의 차이에 의해 차이가 있지만 대체로 1~6시간, 평균 3시간의 짧은 잠복기를 거치는데, 이는 다른 세균성 식중독에 비해서 대단히 짧은 것이 특징이며, 이 식중독을 추정하는 중요한 열쇠가 된다. 황색포도상구균의 발병률은 다른 균에 의한 식중독에 비해 낮아 15~20% 전후이다. 증상은 독소 섭취량과 감수성에 따라 차이가 나지만 대체로 오심(욕지기)으로 시작하여 구토를 반드시 하며, 이보다 좀 늦게 설사를 한다(70% 환자에서 설사를 한다). 설사변의 형태는 수양성 드물게는 점액성이지만 혈변은 동반하지 않는다. 이외에 복통, 37~38℃의 발열이 나타나지만 반드시 나타나는 것은 아니다. 사망하는 예는 거의 없으나 노인, 유아 등 병약자에게서는 구토에 의한 토물이 기관지 폐쇄를 일으켜 사망하는 일도 있다. 일반 증상은 수 시간 지나면 없어지지만, 중증인 경우 25시간 지속되는 경우도 있어 환자가 안정을 취하고 있으면 1~2일에 회복하며 예후는 양호한 편이다.

### 예방대책

황색포도상구균은 사람이나 동물이 보균하고 있으며 때로는 화농성 질환 등의 질병을 일으키거나 식품에 오염되어 식중독을 일으킨다. 대부분의 오염은 사람이나 동물이 관여하고 있으며, 특히 식중독 발생 시의 오염원으로는 조리 종사자에 의한 경우가 많다. 그러므로 식품의 포도상구균 오염대책으로는 조리자의 위생관리가 특히 중요하다.

세균의 증식억제에 관해서는 우선 식품을 가공한 후 빨리 먹어 장시간 보존하지 않는 것이다. 또 보존하는 경우에는 균이 증식하지 않는 온도조건(저온 또는 고온)에서 보존하는 것이다. 황색포도상구균은 10℃ 이하에서는 대부분 증식할 수 없으므로 식품의 저온관리가 좋은 예방법이다.

가열조리에 의해 황색포도상구균을 살균할 수 있지만, 식중독의 원인 독소인 enterotoxin은 내열성이므로 파괴되지 않는다. 그러므로 황색포도상구균이 증식하여 독소를 생산한 후의 가열처리는 식중독 예방이 되지 않는다는 점을 인식하여야 한다.

황색포도상구균 식중독 예방의 기본은 식품을 취급하는 사람들에게 이상과 같은 사실을 충분히 이해시키기 위해 실시하는 것, 즉 위생교육을 철저히 하는 것이 가장 중요하다.

## 2-2. 보툴리누스 식중독 (Clostridium botulinus food poisoning)

보툴리누스 식중독 또는 보툴리누스증(botulism)은 *Clostridium botulinum*균이 생산한 균체외 독소(신경독)에 의하여 일어난다. 일반적으로 보툴리누스 식중독은 식품 내에서 보툴리누스균이 증식하였을 때에 생산된 독소를 식품과 함께 섭취하여 발병하는 독소형 식중독으로 20세기 초반 보툴리누스 식중독의 사망률은 약 50% 이상으로 세균성 식중독 가운데 치명률이 가장 높았지만 현재는 항혈청과 호흡 보조기구의 발달로 약 10%로 감소하였다. 구미에서는 오래 전부터 알려져 온 식중독으로서 1895년 Van Ermengen에 의해서 식중독의 원인균으로 확인되어졌지만, 통계상 동남 아시아에서는 중독사례가 없고 우리나라도 아직까지 중독보고는 없는 실정이다.

### 원인균

보툴리누스균은 Gram 양성의 내열성의 아포를 형성하는 편성 혐기성 간균으로 주모성의 편모가 있어 활발한 운동성이 있다. 보툴리누스균이 생산하는 독소는 면역학적인 특징에 의하여 A, B, C, D, E, F, G의 7형으로 분류되는데 A, B, E, F형은 주로 사람에게 식중독을 일으키는 독소형이고, C, D형은 가축, 닭, 밍크, 야생 조류 등에 중독을 일으키는 독소로 알려져 있다. 또 보툴리누스균은 균의 생화학적 성상에 의하여 Ⅰ, Ⅱ, Ⅲ, Ⅳ의 4군으로 분류되기도 한다(표 6-18).

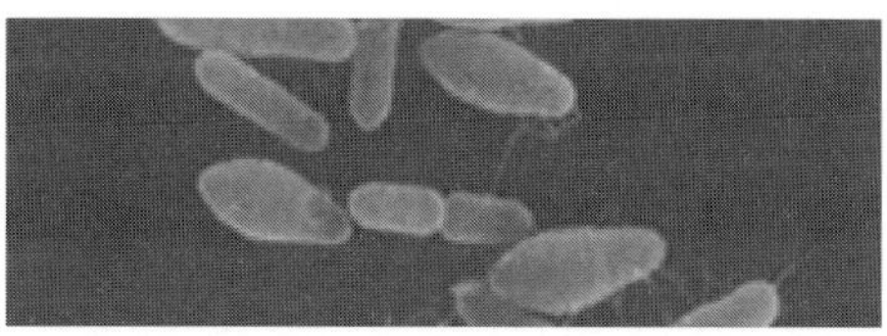

Ⅰ군에는 단백질 분해성의 A, B, F형, Ⅱ군에는 단백질 비분해성의 B, E, F형, Ⅲ에는 C, D형이, Ⅳ군에는 G형이 포함된다. Ⅰ군의 최저 발육온도가 10℃, 발육 pH가 4.6으로 낮으며, 높은 농도의 식염의 존재하에서도 발육한다. 아포의 내열성도 극히 높다. Ⅱ군은 최저 발육온도가 Ⅰ군보다 낮고, 발육최저 pH 5.0이다. 아포의 내열성은 Ⅰ군균 보다 낮다(표 6-19).

〈표 6-18〉 보툴리누스균의 대사성 군별 특징

| 성 상 | *Clostridum botulinum* | | | |
|---|---|---|---|---|
| | I | II | III | IV |
| 독소형 | A, B, F | B, E, F | C, D | G |
| 단백질 분해성 | + | − | +/− | + |
| 당 분해성 | − | + | − | − |
| 리파아제 | + | + | + | − |
| 휘발성 지방산 생산 | acetic acid<br>propionic acid<br>isobutyric acid<br>butyric acid<br>isovaleric acid<br>valeric acid<br>isocaproic acid | acetic acid<br>formic acid<br>butyric acid | acetic acid<br>propionic acid<br>butyric acid<br>valeric acid | acetic acid<br>isobutyric acid<br>butyric acid<br>isovaleric acid<br>phenylacetic acid |
| 트립신에 의한 활성화 | − | + | − | + |
| 최적발육온도 | 37~39℃ | 28~32℃ | 40~42℃ | |
| 최저발육온도 | 10℃ | 3.3℃ | 15℃ | 12℃ |
| 발육억제 pH | 4.6 | 5.0 | | |
| 발육억제 식염 | 10% | 5% | 3% | >3% |
| 발육억재 수분활성 | 0.94 | 0.97 | | |
| 아포내열성(D100) | 25분 | 0.1분 이하 | | |
| 이환동물 | 사람 | 사람 | 가축, 밍크, 닭, 야생 조류 | |
| 유아 보툴리누스증 | + | − | − | − |

〈표 6-19〉 *Botulinus* 균 아포 사멸조건

| 균의 종류 | 가열온도(℃) | 가열시간(분) |
|---|---|---|
| A, B형 균 | 100 | 360 |
| | 105 | 120 |
| | 110 | 36 |
| | 115 | 12 |
| | 120 | 4 |
| E형 균 | 70 | >60 |
| | 75 | 20 |
| | 80 | 10 |
| | 100 | 5 |

〈표 6-20〉 보툴리누스균의 질병과 독소형별 관계

| 독소형 | 주요 감염동물 | 감염원 | 다발지역 |
|---|---|---|---|
| A | 사람, 닭 | 집에서 만든 야채, 과일, 식육, 어류 병조림 | 북미 일부와 러시아 |
| B | 사람, 말, 소 | 조리된 식육 특히 돼지고기류 | 북미, 러시아, 유럽 |
| $C\alpha$ | 수서조류 | 알칼리성 습지의 부패식품 | 북미, 남미, 남아프리카, 오스트레일리아 |
| $C\beta$ | 소, 말 | 독성식품, 썩은 고기, 돼지 간 | 오스트레일리아, 남아프리카, 유럽, 북미 |
| D | 소 | 썩은 고기 | 오스트레일리아, 남아프리카 |
| E | 사람, 어류 | 수산 가공품 및 어류 가공품 | 일본, 브리티시 콜롬비아 등등 |
| F | 사람 | 식육제품 | 덴마크, 북미, 남미, 스코틀랜드 |
| G | 불확실 | 토양 | 아르헨티나 |

사람에게 식중독 원인 독소를 생산하는 균들의 발육 지적온도는 균에 따라 약간의 차이는 보이지만 대체로 28~39℃ 범위이다.

영양형의 보툴리누스균은 저온살균(60℃, 30분) 이하의 가열로 사멸되나, 아포는 열 저항성이 높아 일반적인 가열처리로는 시멸시키지 못한다. I 군의 A, B, F형은 100℃, 330분 이상, 115℃ 10분 이상, 120℃에서 4분 이상의 가열이 필요하다. E형의 아포는 열 저항성이 약하여 80℃, 6분으로 사멸한다. 동일 독소형 균이라도 균주에 따라 다소 열 저항이 다르다. 아포의 열 저항은 식품의 종류, pH, 수분활성 등에 의해서도 다르다. 게 살속의 E형이나 F형 아포는 아포 부유액의 상태보다 열 저항성이 높아진다. 어육 중의 E형 아포의 D치는 1.6~4.3분이며 사멸에 걸리는 시간이 오래 걸린다. pH가 낮아질수록 아포의 열 저항은 떨어진다.

### 보툴리누스 독소

보툴리누스 독소는 15만 달톤의 분자량을 가진 단순 단백질의 외독소인 neurotoxin 성분과 15~90 달톤의 분자량을 갖는 무독성분으로 구성되어 있는 복합 단백질이다. 독소는 보툴리누스 아포와는 달리 열에 약해서 어느 것이나 80℃, 15분 또는 100℃, 2~3분 가열하면 파괴되어 활성을 잃는다. 그러나 산에는 안정하고 소화관 내에서 pepsin, trypsin, chymotrypsin 등의 소화효소에 의하여 분해되지 않는다. 그러나 E형의 독소는 A형이나 B형 독소와 달리 trypsin에 의하여 활성화되어 독력은 현저하게 증가한다. 즉, E형 독소는 소화관 내에서 소화효소에 의하여 독력의 500배 이상으로 상승한다.

보툴리누스 신경독의 자세한 작용기전은 완전히 밝혀지지 않았다. 그러나 몇 가지 결론을 내릴 수 있었다. 신경독은 신경근육 접합부에 말초신경의 acetylcholine 유리를 차단하여 특이한 마비증상을 일으킨다. Choline이 크게 영향을 받지만 adrenalin계도 고농도의 독소에 의해 영향을 받는다. 독소의 감수성은 동물 종에 의해서도 다르다. 보툴리누스 독소는 식품이 혐기적인 조건하에 있고 그 외의 조건이 적당할 때 균의 증식과정에서 생산되어 식품 중에 축적되는데 독소의 생산조건은 다음과 같다.

첫째, 균에 오염된 식품이 충분히 가열되지 못해서 균의 아포가 살아남아 있는 식품이 그대로 또는 탈기(脫氣)되어 밀봉되었을 때

둘째, 첫째와 같은 식품이 pH 4.5 이상, Aw 0.94 이상에서 3.3℃ 이상으로 오랫동안 저장되었을 때 생산된다.

### 오염원

보툴리누스균은 토양, 하천, 동물의 분변, 퇴적물에 존재하나 수나 종류는 지역에 따라 다르다. 따라서 보툴리누스균은 도처에 존재하기 때문에 토양 세균으로 알려져 있으나, 환경에 널리 분포하기 때문에 정확한 표현은 아니다. 특히 E형 균은 어패류 등에 넓게 분포해서 캔류, 병조림,

소시지 등의 식품이 오염될 기회가 많다. 따라서 보툴리누스 오염원은 토양, 하천, 호수, 동물의 분변 등이라고 할 수 있다. 이와 같이 자연계에 존재하는 보툴리누스균이 식품에 오염되어 식품 자체가 혐기적인 상태로 보관되면 아포가 발아, 증식되어 식중독을 일으킨다.

### 원인 식품 및 감염경로

원인 식품은 가정에서 조제되는 야채나 과실의 통조림과 병조림, 소시지, 햄버그, 생선의 통조림, 생선의 훈제품, 기타 밀봉상태에 놓여진 식품 등이다. 일반적으로 유럽에서는 햄, 소시지, 조수육이 원인 식품으로 알려져 있으며, 미국에서는 채소나 과일의 통조림, 러시아에서는 생선 가공식품이, 프랑스에서는 어류의 훈제품이나 식초절임이 많고, 일본에서는 거의가 '이스시'인데 이것은 청어, 가자미, 고등어, 연어 등의 어류를 주로 하고 쌀밥, 채소, 효모 등을 섞어서 발효시킨 식품으로 숙성 중에 혐기상태가 유지되면 4℃에서 발육할 수 있는 E형의 아포가 발아, 증식하고 독소를 생산하여 식중독을 일으킨다.

보툴리누스 식중독의 발생은 세계 각지에서 발생되나 나라 지역에 따라 균형의 차이가 있어서 A형은 미국, 러시아, 중국, 아르헨티나에서 많이 볼 수 있고, B형은 유럽에 많다. E형은 알래스카, 캐나다, 미국, 스칸디나비아, 러시아, 이란에서 많이 볼 수 있다. F형에 의한 식중독은 미국과 덴마크에서 발생하였지만 그 예가 극히 드물다.

### 잠복기 및 임상증상

잠복기간은 보통 8~36시간이나, 짧으면 2~4시간 이내에 신경증상이 나타나고 늦으면 72시간 후에 발병한다. E형 균의 잠복기간은 대개 짧고 A형이나 B형은 긴 경향이 있다.

일반적으로 증상이 빨리 나타날수록 중증이다. 초기증상은 대개 오심, 구토 등의 소화기 증상이 보이나, 이것은 보툴리누스 독소의 특이작용이 아니고 원인 식품 중 세균의 증식에 의하여 분해된 물질에 의한 비특이적 자극에 의한 것이다. 보툴리누스 중독의 특이적인 증상은 약시, 복시, 무시, 동공산대(瞳孔散大), 안검하수(眼瞼下垂), 대광반사(對光反射)의 지연 등 눈의 증상이 나타난다. 그 때문에 발병 초기에는 안과의사에게 진단을 받는 일이 많다. 이들의 증상과 전후하여 설인신경 마비(舌咽神經麻痺)에 의하여 언어장애, 연하장애, 더욱이 구갈(口渴), 실성(失聲) 등이 나타난다. 그 외 복부팽만, 변비, 요폐쇄 등도 보이며 환자는 탈력감을 호소하고, 기립불능이나 보행곤란으로 된다. 차츰 호흡곤란으로 되어 항독소에 의한 적절한 치료를 하지 않으면 사망하게 된다. 전형적인 신경마비는 좌우대칭으로 나타난다. 지각신경이나 중추신경을 범하지 않으므로 의식은 명료한 편이다. 폐렴 등 합병증이 없으면 일반적으로 발열은 없다.

### 예방대책

식품이 오염원에 의해서 오염되지 않도록 하는 것이 가장 중요하다. 특히 통조림이나 병조림을 제조할 때에는 멸균처리를 철저히 해야 한다. 또한 보툴리누스균의 식중독 원인 독소는 열에 약하여 80℃에서 15분, 100℃에서 2~3분 가열하면 파괴되므로 식품섭취 전 충분히 가열하면 식중독을 예방할 수 있다.

### 유아 보툴리누스증

유아 보툴리누스증은 미국에서 가장 잘 조사되어 있고, 932사례가 보고되고 있다(표 6-21). 서부에서는 A형이 우세하지만, 동부에서는 B형이 우세하다. 이것은 그 지역의 토양에 흔한 형과 일치한다. 이 사실은 아르헨티나에서도 마찬가지이다. 미국 이외에도 대만, 오스트레일리아, (구)체코슬로바키아, 이태리, 스페인, 스웨덴, 영국, 칠레, 캐나다 등에서도 인정되고 있고, 전 세계에 널리 발생하고 있다고 할 수 있다. 발생연령은 생후 2주간에서 8개월로 4~19주 사이의 유아에게 많이 발생한다. 원인균은 대부분이 A형 내지 B형의 보툴리누스균으로 제한되었었지만, 오늘날에는 E, F형 및 독성이 있는 *C. butyricum*과 *C. baratii*가 관여하는 것으로 알려져 있다. 1세 미만의 어린이에게서 발생하는 이 질병은 변비, 전반적인 허약 및 여러 가지 신경장애의 특징이 있다. 대부분의 환자는 병원에 입원해야 하지만, 사망례는 극히 적다. 유아 보툴리누스증의 원인은 클로스트리듐 아포의 섭취와 유아의 장내에서 발아, 증식, 독소생산이다. 이와 관련된 단 하나의 식품은 꿀이다. 보툴리누스균은 토양이나 먼지에 널리 분포하고 있으므로, 사람은 항상 이 균을 섭취할 수 있다. 과일과 야채에 붙어있는 아포는 그대로 먹을 것이며, 유아의 경우에는 유아들이 흔히 그들의 입에 넣는 딸랑이 같은 장난감에 붙어있는 먼지나 오물에 있는 아포를 먹는다. 그러나 건강한 어린이나 성인은 보툴리누스균에 대하여 저항성이 있지만, 유아에게는 그렇지 않다.

일본에서는 1968년 7월에 치바현에 있어서 최초의 환자가 보고되고 그 후 때때로 보고가

〈표 6-21〉 세계 유아 보툴리누스증 발생현황

| 국 가 | 환자 수 | 사망자 수 | 독소형 | 벌꿀관여 사례 | |
|---|---|---|---|---|---|
| | | | | 가능성 | 확증 |
| 아르헨티나 | 23 | 6 | A | ? | ? |
| 오스트레일리아 | 11 | 0 | A, B | 1 | No |
| 캐나다 | 4 | 0 | A, B | 1 | 1 |
| 칠레 | 1 | 0 | ? | 아니오 | |
| (구)체코슬로바키아 | 1 | 0 | B | 아니오 | |
| 영국 | 2 | 0 | A, B | 아니오 | |
| 프랑스 | 1 | 0 | B | 아니오 | |
| 이탈리아 | 4 | 1 | A, B, E4 | 아니오 | |
| 일본 | 10 | 0 | A, C | 9 | 6 |
| 스페인 | 1 | 0 | B | 1 | ? |
| 스위스 | 1 | 0 | A | 아니오 | |
| 스웨덴 | 1 | 0 | A | ? | ? |
| 대만 | 1 | 0 | B | 아니오 | |
| 미국 | 932 | ? | A, B, F | 예 | 20% |

있었고, 현재까지 12사례가 분명해지고 있다. 이들의 증례는 어느 것이나 A형 균이며, 미국의 경우와 똑같이 꿀벌이 관여하고 있는 것 같다.

## 2-3. 세레우스 식중독

세레우스(Cereus) 식중독은 얼마 전까지만 해도 불분명한 점이 많아서 감염형으로 보기도 하고 독소형으로 보기도 하였으며 심지어 *Cereus*균의 식중독 기병성(起病性) 조차도 의문시되어 왔지만 1971년 소련의 Ezepchuk가 enterotoxin을 분리하였고 Fluer가 enterotoxin의 성질을 밝힘으로써 *Cereus*균 식중독이 독소형인 것으로 확정되었다. 이 식중독에는 enterotoxin을 원인 독소로 하는 설사형 식중독과 구토독소에 의한 구토형 식중독의 두 가지 형태가 있는 것으로 밝혀졌다.

### 원인균

*Bacillus cereus*균은 아포를 형성하는 Gram 양성의 큰 간균으로 주모성의 편모를 갖는 호기성세균이다. 발육 최적온도는 28~35℃이고, 증식가능 pH 범위는 4.9~9.3이다.

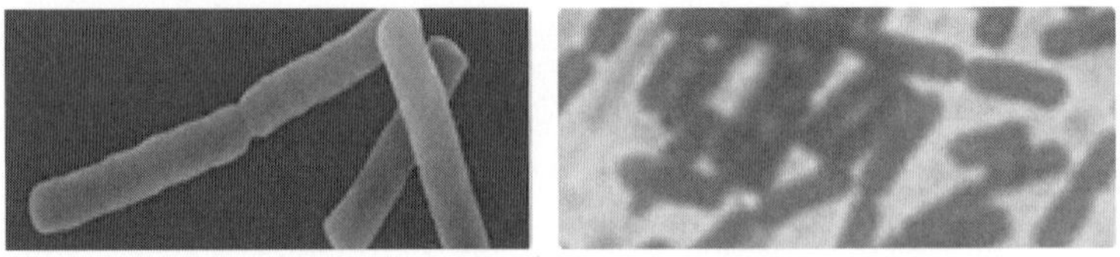

### 세레우스균 독소

이 균이 생성하는 enterotoxin은 균의 대수증식기나 또는 아포형성 전의 대수증식 후기에 생산되는 균체외 독소로서 trypsin에 의해 쉽게 분해되고 이열성으로 60℃, 20분간의 가열로 파괴되며 pH의 변화에도 예민하다. 이 enterotoxin은 콜레라 enterotoxin과 같은 형태로 adenylate cyclase를 활성화해서 장내관의 액체저류를 가져와 설사를 일으키지만 그것이 구토작용을 갖는지, 또는 구토는 이 독소와는 다른 작용으로 일으키는지에 대해서는 명확한 근거가 없다.

### 오염원

이 균은 토양 세균의 일종으로 자연계에 널리 분포되어 있으므로 주 오염원은 토양이라고 볼 수 있다. 이 균은 토양 중에서는 아포로서 존재하고 식품에 오염되면 활발하게 증식하여 식품을 부패시키고  식중독을 유발한다.

### 원인 식품 및 감염경로

조리된 식품을 실온에 오래 방치하면 Cereus균이 이상 증식하여 $10^8$~$10^9$/g에 이르면 식중독을 일으킨다. 설사형과 구토형 식중독의 원인식품에는 각각의 특징이 있다. 설사형의 경우 육류,

수프류, 마닐라소스, 소시지 등 여러 가지 식품에 의하여 발생하고 있다. 이에 대하여 구토형 사례에서는 쌀밥 및 볶음밥 등 탄수화물 식품이 대부분이다.

쌀밥류에 의한 식중독이 많은 원인으로서 전날 취사되고 남은 쌀밥을 실온 등에서 보관하고 이것을 사용하여 볶음밥 등을 조리하고 있는 일이 많아, 보관 중에 세레우스균이 증식하여 독소를 생산하여 조리하여도 독소는 불활성화 되지 않고, 이것을 사람이 먹고 식중독이 일어나는 것으로 추정되고 있다.

### 잠복기 및 임상증상

8~16시간, 평균 12시간의 잠복기를 거친 후 구토형 식중독은 오심, 구토를 필발증상으로 하고 복통을 수반하는 일이 많다. 발열은 일반적으로 볼 수 없다. 설사형 식중독에서는 설사, 복통을 주 증상으로 하고 오심, 구토 및 발열은 우연적으로 볼 수 있다. 구토형 및 설사형 식중독의 어느 것도 그의 증상은 가볍고 하루 안에 회복한다.

세레우스 식중독의 임상증상 및 발생양식에서 설사형 식중독은 가스괴저균 식중독과 유사하며, 구토형 식중독은 포도상구균 식중독과 유사하다(표 6-22).

〈표 6-22〉 세레우스균, 가스괴저균, 황색포도상구균 식중독의 특징

| 특 징 | 가스괴저균 | 세레우스균 | | 황색포도상구균 |
|---|---|---|---|---|
| | | 설사형 | 구토형 | |
| 독소생산 | 생체내 | 생체내 | 식품내 | 식품내 |
| 잠복기(시간) | 8~22 | 8~16 | 1~5 | 1~6 |
| 이병 지속시간 | 12~24 | 12~24 | 6~24 | 6~24 |
| 설사, 복통 | 극도 빈번 | 빈번 | 드물게 있음 | 다소 빈번 |
| 오심, 구토 | 드물게 있음 | 우발적 | 극도빈번 | 극도빈번 |
| 발열 | 우발적 | 우발적 | 거의 없음 | 드물게 있음 |
| 주요 원인식품 | 조리육 | 식육제품 | 쌀밥, 볶음밥 | 조리육, 가금육, 유제품 |
| 원인독소 | 장독소 | 설사원성 | 구토독 | 장독소 |
| 독소의 열저항성 | 이열성 | 이열성 | 내열성 | 내열성 |

### 예방대책

이 균은 자연환경에 널리 분포되어 있기 때문에 식품에 오염을 완전히 방지하는 것은 불가능하다. 세레우스균을 소량 섭취하면 식중독을 일으키지 않는다. 그러므로 식품에서 이 균을 사멸시키는 것 외에 발아를 억제시키고 증식을 방지하는 것이 식중독 예방의 가장 중요한 기본이다. Gibert 등은 예방법으로 다음의 것을 지적하고 있다.

첫째 : 한 번에 대량의 밥을 짓지 않는다. 볶음밥 등의 가공 조리시간을 짧게 한다.

둘째 : 밥을 지은 후 쌀밥은 고온(50℃ 이상) 또는 냉각하여 보관한다.

셋째 : 볶음밥에 사용하는 계란은 신선한 것을 사용한다.

넷째 : 쌀밥, 볶음밥은 10~50℃ 온도에 보관하지 않는다. 또 상온에서 2시간 이상 방치하지 않는다.

# 3. 생체내 독소형 식중독

## 3-1. Welchii 식중독

Welchii균의 학명은 *Clostridium perfringens*(가스괴저균)로서 흙, 하수, 물, 식품, 동물이나 사람의 장관 등에 살고 있으며, 상처감염은 이러한 곳이나 상처 주변의 피부에 있던 세균에 의해 또는 환자 자신의 장관에 있는 균에 의해서 식품에 오염된다. 식중독은 육류를 많이 먹고 또 조리한 다음에 보관하였다가 먹는 습관이 있는 서구인에게서 많이 발생하고 있다. 대량의 식품을 조리하여 저장하게 되는 학교, 병원, 기숙사 등 집단급식에서 주로 발생하지만 해산물로도 발생할 수 있다. 우리나라에서는 1984년 1건의 발생보고가 있고 그 외에는 발생보고가 없으나, 일본, 미국, 영국에서는 매우 많이 발생하고 있다. 우리나라에서 검출되지 않는 이유는 식중독에 대한 무관심, 혐기성 세균 검사에 무관심 및 식육제품의 소비량이 적기 때문으로 추정된다.

Welchii균 식중독은 welchii균이 식품을 통해 다량 섭취되면 장관 내에서 아포를 형성할 때 일종의 독소를 생산하고 이것이 식중독의 직접적인 원인으로 감염형과 독소형을 합친 특수한 형태이다. 이 균에 의한 식중독 사례는 1895년 Klein 이래 몇 가지 보고서가 있으며, 1949~1953년 사이에 Hobbs 등이 많은 조사연구에 의하여 식중독균으로 확인되었다.

**원인균**

Gram 양성 간균의 비교적 큰 간균이며 아포를 형성하지만 편모가 없으므로 운동성을 갖지 않는 편성 혐기성 균이다. 혐기적인 조건은 *Botulinus*균만큼 엄격하지 않아 약간의 산소를 포함한 포도당배지에서 양호하게 발육한다. 아포는 일반적으로 105℃, 5분 가열로 파괴되나 식중독 원인균인 A형과 C형 균의 아포는 100℃, 4시간 가열하여도 죽지 않는다.

Welchii균의 발육 최적온도는 43~45℃로 비교적 고온성이며, 발육가능 온도는 최저 14~18.5℃, 최고 50~51℃, 최소 수분활성 범위는 0.97~0.93, 발육최적 pH는 6.0~7.0이며 5.5 이하에서는 발육이 억제된다.

**병원성 균주와 Enterotoxin**

Welchii균은 $\alpha$, $\beta$, $\gamma$ 독소 등 약 12종의 독소와 효소를 생산한다. 독소의 종류와 면역학적 특이성에 따라서 A~F의 6가지 형으로 나눌 수 있으며 식중독의 원인이 되는 것은 주로 A형이다.

A형 균 장염의 원인물질은 enterotoxin으로 불리는 이열성 단백독소이다. 이 독소는 분자량이 약 35,000의 단백질로서 60℃, 4분의 가열로 분해되므로 열에 약하다. Welchii균의 enterotoxin은 세포증식 시에는 존재하지 않고, 아포 형성 시에만 보이므로 식품과 함께 경구적으로 섭취된 대량의 생균이 장관내에서 아포형성 시 생성된 enterotoxin이 균체의 융해와 함께 유리되어 위장염 증상을 발현하는 것으로 알려져 있다. 따라서 welchii균 식중독의 주증상인 설사의 병인물질은 enterotoxin이다. Enterotoxin은 포도상구균 enterotoxin이나 botulinus 독소와는 달라서 한 종류뿐이다. 가열이나 산에는 약하여 60℃, 수분간의 가열과 pH 4.0이하에서는 활성을 잃는다.

그러나 Eeissler는 1947~1949년에 걸쳐 독일에서 이 균에 의한 식중독이 괴사성 장염이란 출혈성 장염을 일으키는 것을 발견하였는데, 이것은 welchii균의 F형에 의한 것으로 원인 식품은 통조림고기, 토끼고기 등이라는 것을 알았다. 그 후에는 F형 균에 의한 식중독 발생 보고가 거의 없으며, A형에 의한 식중독이 대부분을 차지하고 있다.

### 원인 식품 및 감염경로

원인 식품은 세계 공통이 가열 조리식품이 원인으로 되어 있다. 구미에서는 스튜 등 식육 조리식품이 압도적으로 많다. 이들 원인 식품에는 다음과 같은 두 가지 특징을 볼 수 있다.

첫째, 대부분이 조수육(鳥獸肉) 및 그 가공품, 어패류 및 그 가공품, 식물성의 단백성 식품이고, 당질을 주체로 하는 식품에 의해서는 식중독이 발생하지 않는다.

둘째, 원인 식품은 가열 조리된 후 한 용기에 대량을 담아서 수 시간 내지 하룻밤을 실온에 방치한 것이다. 그 이유로서는 첫째, 위에서 나열한 식품 등은 welchii균에 의하여 오염되기 쉽고, 둘째, 가열에 의한 공기의 추출로 식품의 혐기상태가 커지며, 셋째, welchii균의 아포의 발육이 촉진되고, 넷째, 무아포균을 가열에 의해서 살균되고 welchii균만이 선택적으로 살아남게 되며, 다섯째, 냉각과정에 50~40℃의 단계에서 welchii균이 다른 세균에 우선하여 증식된다. 또 여섯째, 원인 식품인 단백성 식품 중에는 glutathion이나 그 외 환원성 물질이 함유되어 있어서 산화환원전위가 낮아지기 때문에 혐기적인 상태가 지속되게 조장하는 결과를 초래하게 된다. 이것이 바로 단백성 식품이 원인 식품의 주체가 되는 이유라 하겠다.

발생시기는 여름철에 많은 경향이 있지만 겨울철에도 발생되어 계절적인 치우침이 적다.

### 잠복기 및 임상증상

잠복기는 8~22시간, 평균 12시간이다. 다량의 균을 섭취한 경우에는 잠복기는 단축된다. 집단발생 시 살모넬라 식중독 등 감염형에 비하여 잠복기의 폭이 좁고, 환자는 단시간에 집중하여 발생한다. 주증상은 복통과 설사이다. 설사는 수양성으로 드물게 점혈변을 볼 수 있다. 이들의 증상은 일과성으로 1~2일로 설사도 정지하여 회복된다. 예후는 비교적 양호한 편이다. 따라서 직접 웰치균의 살균이나 enterotoxin의 작용 억제를 목적으로 한 치료가 시행되는 일은 거의 없다

**예방대책**

이 식중독은 식품을 가열 조리할 때 살아남은 포자가 실온에서 급속히 증식하여 오염되므로 식품은 가열 조리 후 즉시 섭취하는 것이 예방상 중요하다. 또 부득이 장기적인 저장을 해야 할 때는 작은 용기에 담아 급속히 냉각시켜야 한다.

## 3-2. Aeromonas 식중독

*Aeromonas*속균은 담수 세균으로 본래 민물고기나 개구리 등의 병원균으로 알려져 왔으나 1958년 Caselitz에 의해서 *A. hydrophila*와 *A. sobria*가 설사증 환자로부터 분리됨으로써 식중독을 유발하는 세균으로 주목받게 되었다.

**원인균**

이 균은 Gram 음성 통성 혐기성 간균이며 편모가 있어 운동성이 있다. 최적 발육온도는 30~35℃이고 10℃이하에서는 발육하지 못한다. 사람에게 급성장염을 일으키는 이 균은 설사를 유발하는 각종 독소를 생산하는데 설사원성 인자로서는 용혈독, enterotoxin, 세포독, protease 등 각종 독소나 효소가 보고된 바 있지만 설사의 원인독은 세포독이 주체인 것으로 알려져 있다.

**오염원 및 증상**

냇물이나 호수, 하수 등을 오염원으로 하여 음료수나 식품을 거쳐 사람에게 감염되며 잠복기는 5~9시간이고, 주 증상은 오심, 구토, 설사, 발열 등의 급성 위장염 증상을 나타낸다. 설사는 필발증상으로 물 같은 변이 많고 때로는 점혈이 섞이는 경우도 있다.

**원인 식품 및 발생상황**

이 균은 담수에 대단히 많이 분포되어 있으므로 이러한 환경에서 오염될 확률이 큰 식품이 원인식품이라 할 수 있고, 발생률은 그다지 높지 않다.

## 3-3. Vibrio mimicus(NAG *Vibrio*) 식중독

NAG *Vibrio*의 NAG란 non-agglutinable, 즉 "비응집성"의 약칭으로 *Cholera*균(*Vibrio cholera*)의 항혈청에 대하여 응집을 일으키지 않는 것을 뜻한다. 따라서 NAG *Vibrio*는 콜레라균과 형태학적 및 생화학적으로는 구별할 수 없으나 혈청학적으로는 구별되어 1981년 분류학적으로 *Vibrio mimicus*로 독립되었다. 생태에 있어서도 콜레라균과 유사하므로 식중독의 발생기구도 이와 동일하리라 추측된다. 이 균이 사람에게 경구감염되면 장관 내에서 enterotoxin을 생산하여 설사를 일으키게 하지만 enterotoxin을 생산하지 않는 위장염형도 있다. 최근에 이 균에 의한 오염이 세계적으로 확대되고 있고 또 해외 여행자 "여행자설사증(traveller's diarrhea)"의 형태로 상당히 많이 감염되는 것으로 밝혀져서 관심의 대상이 되고 있다.

#### 임상증상

NAG *Vibrio*의 감염증상은 본질적으로 콜레라균에 의한 것과 같아 수양성 설사 및 구토를 주 증상으로 하고 심할 경우 심한 탈수증이 있다. 그러나 때로는 급성 위장염 증상을 나타내는 일도 있고, 설사나 구토 외에 발열을 수반하며 설사변에 점액이나 혈액이 혼입하는 경우도 있다.

## 4. 기타 세균성 및 바이러스성 식중독

### 1) Vibrio fluvialis

*Vibrio fluvialis*는 해수 중에서 자라는 비브리오균의 일종으로 당초에는 Group F *Vibrio*라 불렀다. 이 균에 의한 식중독 발생 시 설사는 비교적 가볍다. 수양성 설사를 주 증상으로 하지만 복통이나 발열도 있으며, 설사변 중에서 혈액이 섞이는 예도 있다. 장염 비브리오와 혼합감염도 많다. 이 균에 의한 설사 발병기전은 아직 밝혀지지 않았지만 이들이 생산한 독소나 용혈독이 설사의 발병에 관여하는 것으로 추측되고 있다.

이 균은 우리나라 연안 해역에 널리 분포하며 어패류를 통하여 사람에게 감염된다. 예방은 장염 비브리오에 준하면 된다.

### 2) Vibrio furnissii

1983년에 *Vibrio fluvialis*에서 신종으로 독립되었다. 이 균의 형태와 선택분리 배지상의 집락은 *Vibrio fluvialis*와 완전 동일하다. 분포와 감염경로도 이와 동일한 것으로 추정된다. 이 균에 의한 설사증은 보고가 그다지 많지 않지만, 이 균이 *Vibrio fluvialis*에 속하여 있었던 일도 있어 그 실태는 아직 알 수 없다. 미국에서는 이 균이 분리된 설사증이 3예가 보고되어 있으나 어느 것이나 장염 비브리오와 혼합감염이었다.

### 3) Plesiomonas shigelloides

담수 세균의 일종으로 냇물, 진흙, 민물고기 등에 분포되어 있으며 Gram 음성 통성 혐기성 간균으로 아포나 협막은 없고 한쪽 끝에 여러 개의 편모가 있다. 설사환자에서 자주 검출되어 1982년 일본에서 식중독균으로 지정되었지만 기지의 병원균과 혼합 감염률이 높아 이 균의 병원성에 대해서 명확한 근거는 없는 실정이다. 이 균의 발육 지적온도는 37~38℃로 다른 수생 세균보다 비교적 높다. 이 때문에 이 균은 수온이 높은 여름철에 수중에서 활발하게 증식한다. 주 원인 식품은 오염된 어패류로 알려져 있으며 오염원은 담수이다. 증상으로는 설사, 복통이 주 증상이고 발열(38℃), 구토도 볼 수 있다. 2~3일만에 회복된다.

#### 4) 장구균 식중독

사람이나 동물의 장관 내에 항상 존재하며 장관의 정상적인 생리작용에 관여하고, 또한 냉동식품에 대한 분변오염의 지표로 이용되고 있는 장구균은 식중독을 일으키는 것으로 밝혀졌다. 그러나 그것은 추정 식품으로부터 이 균이 많이 검출된 데 근거를 두고 있기는 하지만 어떠한 조건에서 식중독을 일으키는지 또는 이 식중독이 감염형인지 독소형인지 등에 대해서는 아직도 명확한 결론을 얻지 못하고 있으며 그 식중독의 병원성조차도 의문시 되고 있다. 연쇄상구균(사슬알균)의 D군으로 분류되어지는 장구균은 *Sterptococcus faecalis*와 *Streptococcus faecium*의 2종이 있는데 식중독의 원인균으로 알려져 있는 것은 *Sterptococcus faecalis*이다. 장구균에 의한 식중독의 예는 1926년 일본에서 50명이 발생한 후 몇 번 밖에 발생사건이 없었으므로 아직까지의 예로 보아 확실히 알 수는 없다.

원인 식품은 특별히 한정된 것은 없고 이 균이 오염되어 증식한 식품은 모두 원인 식품이 될 수 있는데 지금까지 보고된 것은 쇠고기, 햄, 치즈, 분유, 소시지, 코코아, 크림, 두부 등이 있으며, 임상증상은 포도상구균의 식중독 증상과 유사하고, 잠복기는 1~36시간(평균 5~10시간)이고, 주된 증상은 설사, 구역질, 구토, 복통 등의 소화기계 증상이며 때로는 발열을 동반하는 경우도 있으나 증상은 가벼워서 1~2일이면 완전 치유된다.

#### 5) Allergy상 식중독

식중독 원인균인 *Proteus morganii*가 원인 식품에 번식하여 단백질을 분해시킴으로써 발생되는 분해산물인 histamine이 주원인이 되어서 발생되는 식중독으로 allergy상 증상을 나타내고 antihistamine제에 의하여 경쾌해지므로 allergy상 식중독이라고 명명하였다. *Proteus morganii* 식중독균은 histidine을 탈탄산시켜 histamine으로 전환할 수는 있으나 histamine을 더 이상 분해할 능력이 없기 때문에 이러한 원인으로 histamine이 methylguanidine, agumatin, arcaine 등의 amine류와 협동작용하여 allergy성 식중독을 일으킨다. Histmine을 생산하는 세균으로는 이미 대장균(*E. coli*)과 *Cl. welchii*균이 알려져 있으나 일본에서 발생한 식중독 사건 때 원인 식품인 조미건조 꽁치에서 분리된 *Proteus morganii*가 강력한 histamine 생산력을 가졌고, 이 분리균으로 실험한 결과 식중독을 일으키는 것으로 밝혀졌다. 일반적으로 식품 100g당 7~100mg 이상의 histamine이 생산되면 식중독이 발생되는데 histamine의 작용은 agmatin, methylagmatine 등의 amine류가 공존하면 증강된다. 주 원인 식품으로는 histidine 함량이 많은 꽁치, 정어리, 전갱이, 고등어,

가다랭이, 다랑어 등의 붉은살생선과 그 가공품이다. 중독증상 중 잠복기는 식후 1시간 정도에서 발병하나 빠르면 5분 이내에서도 나타나고, 증상은 안부에 열이 나며 붉어지고 전신에 두드러기가 생긴다. 이 외에 심한 두통, 오한, 38℃ 전후의 발열, 구토, 설사가 일어나는데 1일 이내에 회복되며 사망하는 경우는 없다.

### 6) 리스테리아 모노사이토제네스 식중독(*Listeria monocytogenes*)

*Listeria monocytogenes*는 식물, 동물, 토양, 지표수에 등에 널리 산재하여 있고 하수, 도축장 폐수, 정상 소의 우유와 유방염에 걸린 소의 우유, 사람과 동물의 분변에서 발견된다. 또 소, 양, 염소, 닭에서도 분리되나 야생 동물에서는 그리 흔하지 않다. 1983년 미국 메사추세츠 주의 식중독 사건 이후 식중독균으로 주목을 받기 시작한 이래 꾸준히 그 발생률이 증가하고 있으며, 최근 수입육류에서 그 검출빈도가 높아 위생상의 문제점으로 부각되고 있다.

이 균은 Gram 양성 무아포성의 통성 혐기성 간균으로 -0.4~50℃ 사이에서 증식한다. 살모넬라, 대장균 등의 일반적인 식중독균과는 달리 냉장상태에서도 잘 자라는 특성을 지니고 있어 냉장 저장되는 식품 특히 축산육의 위생적 관리가 요구된다.

#### 오염원

이 균은 토양, 먼지, 식물, 사료, 하수구, 동물의 장관 등에 널리 분포되어 있기 때문에 이들이 오염원이 되며, 리스테리아 모노사이토제네스균을 보균한 가축은 우유나 고기에 오염시킨다. 이 균은 열 저항성이 약하여 70℃ 이상에서 사멸된다.

#### 원인 식품

원인식품으로 특별히 정해진 것은 없고 오염 가능한 식품은 모두 원인 식품이라고 할 수 있으나 발생 사례별로 보면 주로 축산육, 우유, 치즈, 아스크림, 버터, 요구르트, 닭고기, 난제품, 야채, 해산물 등 매우 다양하다.

#### 임상증상

건강한 성인은 별다른 증세를 보이지 않으나 노약자와 면역부전 환자가 이 균에 감염되면 두통, 구토, 발열, 불안 등의 전구증상에 이어 전형적인 수막염형 또는 뇌염형의 증상을 나타낸다. 신생아가 이 균에 감염되면 호흡곤란, 발진, 화농성 결막염, 폐렴, 과민증, 구토, 경련 등의 증상이 나타나 사망에 이르게 된다. 최근에 리스테리아증은 미국에서 치명적인 식중독을 일으키는 것으로 알려져 있다.

우리나라는 1997년 11월 미국산 아이스크림에서 6건이 검출된 적이 있다.

**예방대책**

세균성 식중독의 일반적인 예방법에 준하고 있다.

### 7) 바이러스(Virus)성 식중독

최근 바이러스에 의한 식중독 발생이 증가하고 있다(표 6-23). 바이러스성 식중독이란 바이러스에 오염된 음식물을 섭취하여 일어나는 건강상의 장애를 말하며, 사람에게 주로 장염을 일으킨다. 주요 원인 바이러스는 노로바이러스(norovirus) 그룹이다. 노로바이러스는 1968년 미국 오하이오주 한 초등학교의 집단 위장염 환자 분변에서 검출되어 1972년에 전자현미경으로 그 형태가 규명되었다. 전자현미경으로 보면 크기는 30nm의 작은 구형인데 밤송이 모양의 특징적 구조를 보인다. RNA 바이러스이며 사람의 장에서만 증식하므로 식품 중에서 이 바이러스를 직접 검출하기는 매우 어렵다. 특히 생존력이 강해 −20℃ 이하에서도 장기간 살아남을 수 있다.

노로바이러스는 1999년에 국내에 보고된 이래 2003년과 2004년에 집단설사를 유행시키면서 주목받기 시작했다. 특히 2006년 6월에 발생한 노로바이러스에 의한 학교급식 사고를 계기로 노로바이러스를 비롯한 4개 바이러스를 2006년 6월부터 전염병 예방법상 병원체 감시대상 지정전염병으로 분류 관리하고 있다.

〈표 6-23〉 원인 시설별/연도별 노로바이러스 식중독 발생상황

| 원인 | | 집단급식소 | | | 음식점 | 가정집 | 기타 | 불명 | **합계** |
|---|---|---|---|---|---|---|---|---|---|
| | | 학교(직영) | 학교(위탁) | 기업체 | | | | | |
| 2006 | 발생건수 | 9 | 16 | 5 | 13 | 2 | 4 | 2 | 51 |
| | 환자수 | 1,004 | 1,917 | 93 | 217 | 20 | 61 | 26 | 3,338 |
| 2007 | 발생건수 | 9 | 7 | 17 | 39 | 4 | 17 | 4 | 97 |
| | 환자수 | 313 | 271 | 842 | 445 | 11 | 358 | 105 | 2,345 |
| 2008 | 발생건수 | 13 | 4 | 8 | 33 | 2 | 5 | 4 | 69 |
| | 환자수 | 1,018 | 220 | 173 | 603 | 8 | 56 | 27 | 2,105 |
| 2009 | 발생건수 | 7 | 1 | 4 | 11 | 2 | 3 | 4 | 32 |
| | 환자수 | 249 | 41 | 55 | 166 | 9 | 16 | 32 | 568 |
| 2010 | 발생건수 | 9 | 0 | 1 | 8 | 0 | 5 | 8 | 31 |
| | 환자수 | 1,254 | 0 | 145 | 146 | 0 | 315 | 134 | 1,994 |
| 2011.6 | 발생건수 | 12 | 1 | 1 | 2 | 1 | 4 | 5 | 26 |
| | 환자수 | 611 | 118 | 114 | 20 | 2 | 93 | 57 | 1,015 |
| **합계** | **발생건수** | 59 | 29 | 36 | 106 | 11 | 38 | 27 | 306 |
| | **환자수** | 4,449 | 2,567 | 1,422 | 1,597 | 50 | 899 | 381 | 11,365 |

### 원인 바이러스

주요 원인 바이러스는 노로바이러스 그룹이고 음식물이나 물 등을 통해 섭취할 경우 사람에게 감염성 위장염을 일으키는 장관계 바이러스(Enteric virus)의 한 종류이다. 노로바이러스는 외가닥 RNA를 가진 껍질이 없는(Non-envelop) 사람에게만 질병을 유발하는 바이러스로 5개 유전자형 (GI, GII, GIII, GIV, GV) 중 2개 유전자형(GI, GII)이 식중독을 유발한다. 최근 한국과 일본에서 발생한 노로바이러스 식중독의 90% 이상은 GII형이다.

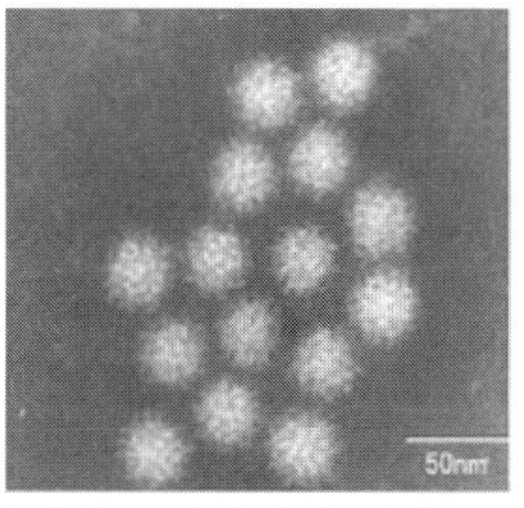


노로바이러스 입자(전자 현미경 사진)

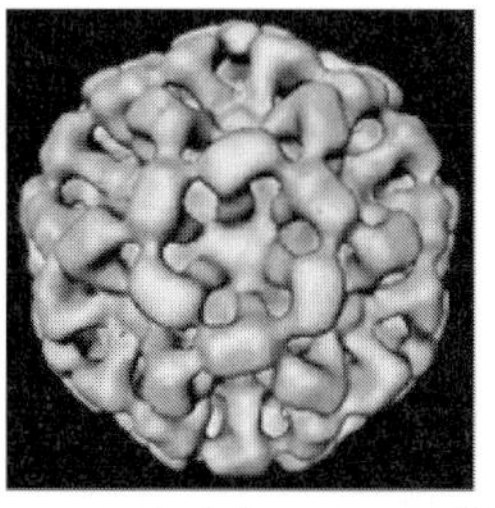

노로바이러스 구조 모형

### 원인 식품 및 감염경로

식중독은 음식(패류, 샐러드, 과일, 냉장식품, 샌드위치, 야채 샐러드, 냉장조리 햄, 빙과류)이나 물에 의해 주로 발생한다. 특히 사람의 분변에 오염된 물이나 식품에 의해 발생된다. 이 식중독은 집단 급식시설에서 집단적으로 많이 발생하는데, 노로바이러스가 조리 종사자로부터 검출되는 경우가 많다.

사람은 다양한 경로를 통해 경구감염될 수 있다. 예를 들면, 감염된 식품이나 음용수를 섭취했을 때, 오염된 물건을 만진 손으로 입을 만졌을 때, 질병이 있는 사람을 간호할 때 또는 환자와 식품, 기구 등을 함께 사용했을 경우 등이다(그림 6-1).

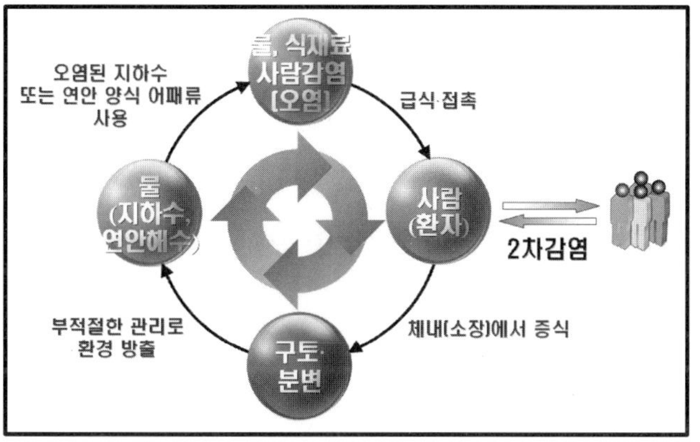


〈그림 6-1〉 노로바이러스 식중독의 감염경로

### 잠복기 및 임상증상

증상은 섭취 24~48시간의 잠복기를 거쳐 구역질(惡心), 구토, 설사, 위경련, 두통, 미열 등의 증상이 나타난다. 대부분의 사람은 1~2일 이내에 호전되며, 심각한 건강상 위해는 없으나, 때때로 어린이, 노인과 면역력이 약한 사람에 있어서는 탈수증상을 보이기도 한다.

**발생시기 및 예방대책**

바이러스성 식중독은 연중 발생하지만 1년 중 주로 온도가 낮은 겨울철(11월~2월)에 주로 발생건수가 증가하는 경향이 있다.

노로바이러스는 급성 설사를 일으키는 점에서는 로타바이러스와 비슷하지만 영유아기에 산발적으로 발생하는 로타바이러스와 달리, 학령기 아동이나 성인에게도 흔히 발생한다. 더욱이 집단으로 발생하는 것이 특징이어서 보건위생학적으로 더 중요하다고 알려졌다.

미국 질병통제예방센터(CDC)는 미국의 집단 식중독의 절반 이상이 노로바이러스 감염증으로 추정된다고 밝혔다. 노로바이러스의 가장 큰 문제는 백신이 아직 개발되지 않았으며 항생제로도 치료효과가 없다는 점이다. 오염된 식품이나 오염된 물, 사람과 사람 사이의 접촉으로 전파되는 노로바이러스는 생존력이 강해서 얼리거나 60℃ 미만의 온도에서도 생존이 가능하다. 염소농도가 10ppm 이상으로 유지되지 않으면 죽지 않는다.

이 바이러스에 감염되면, 항생제를 복용해도 효과가 없으며 탈수 방지 등 대증요법으로 치료해야 하며 예방이 가장 중요하다. 예방법으로는 다음과 같다.

① 항 바이러스 백신 등이 개발되어 있지 않아 개인위생 관리와 식음료 관리를 통한 예방 노력이 필수
② 오염이 의심되는 지하수 등은 사용을 자제하고 식수나 세척용으로 사용이 불가피한 경우에는 반드시 끓여서 사용
③ 가열·조리한 음식물은 맨손으로 만지지 않도록 주의
④ 과일이나 채소류는 흐르는 물에서 깨끗이 씻어서 섭취
⑤ 오염 지역에서 채취한 어패류 등은 85℃에서 1분 이상 가열하여 섭취

## 5. 세균성 식중독의 일반적 방지대책

세균성 식중독을 예방하는 데에 있어서는 다음의 세 가지 원칙(청결, 가열, 신속섭취)에 입각하여 대처해야 한다.

**첫째 : 세균에 의한 오염을 방지할 것**

식품의 재료는 항상 신선한 것을 사용하고, 조리 또는 식품의 제조 및 취급에 종사하는 사람은 매일 손의 소독, 세척에 유의하여 손을 매개로 한 식품의 오염을 방지해야 한다.

특히 손에 화농성 질환이 있는 사람은 포도상구균에 의한 식중독을 유발시킬 수 있으므로 주의를 요한다. 또 식품을 취급하는 사람은 수시로 검변을 행하여 보균자에 의한 사고를 미연에 방지토록 할 것과 설사를 하고 있는 사람은 조리업무에 종사하지 않도록 해야 하는 배려도 필요하다.

도마 등의 식기류는 항상 청결하게 하고, 가급적 사용 후에는 그 때마다 열탕으로 소독해야 한다. 또 쥐와 곤충에 의한 오염을 막기 위해 이들 동물의 구제 , 방충, 방서 시설을 갖추어야 한다.

**둘째 : 세균의 증식을 억제시킬 것**

통조림과 같은 특수한 것을 제외한 대부분의 식품은 완전히 무균상태로 유지하는 것은 사실상 불가능한 것이다. 따라서 평소에 사용하는 식품 중에는 다소나마 세균이 존재하고 있으므로 실제로는 이것을 증식시키지 않도록 한다는 것이 식중독 방지상 가장 중요한 것이다.

이를 위해서는 식품을 장기간 걸쳐 방치하는 것을 피하고, 곧 이용하지 않을 경우에는 가급적 저온에서 보존하는 것이 제일 먼저 취해야 할 수단이라고 할 수 있다. 세균성 식중독은 날씨가 추울 때에는 현저히 감소하는데 이것은 생물이 대체로 그러하듯이 기온과의 관계에 의한 것이다. 그러나 최근 난방설비가 일반가정에도 보급됨에 따라 겨울철의 식품 취급에 대해서도 주의를 하지 않으면 안 된다. 또 특수한 식품에 대해서는 55℃ 이상의 온도에서 보관하여 세균의 증식을 막는 방법을 강구하는 수도 있다.

**셋째 : 세균을 사멸시킬 것**

포도상구균과 같이 열에 강한 독소에 의해 일어나는 식중독은 예외이지만 식중독의 대부분을 차지하는 *Salmonella*, 장염 *Vibrio*, 병원성 대장균 등에 의한 감염형 식중독 및 *Botulinus* 식중독은 섭취 전에 식품을 충분히 가열하면 사고를 방지할 수 있다.

또 식품 내에 존재하는 세균 등의 미생물과 Virus는 냉동에 의해 사멸되는 것이 아니라 증식이 억제될 뿐이므로 냉동을 중지하면 다시 증식을 시작한다는 점에 유의하도록 식품취급자를 이해시켜 둘 필요가 있다.

## 6. 가정에서 할 수 있는 식중독 예방의 6가지 중점사항

### 1) 식품의 구입

① 식육, 어패류, 야채 등은 신선한 것으로 구입한다.

② 가공식품은 포장재의 유통기한, 보존방법 등 표시사항을 확인하고 구입한다.

③ 고기나 생선 등 물이 나오거나 즙이 나오는 식품은 비닐봉지에 각각 싸서 운반한다.
④ 냉장이나 냉동 등 저온 보존이 필요한 식품은 마지막에 구입하고, 구입 즉시 가져간다.

### 2) 가정에서의 보존

① 냉장과 냉동이 필요한 식품은 즉시 냉장고나 냉동고에 넣는다.
② 냉장고와 냉동고에는 지나치게 많이 넣지 않도록 하며, 2/3 정도만 넣는다.
③ 냉장고는 10℃ 이하, 냉동고는 −15℃ 이하로 유지하는 것이 좋으며, 특히 온도계를 이용하여 온도를 측정하는 것이 정확하다. 대부분의 세균은 10℃에서 증식이 억제되며, −15℃에서는 증식이 정지된다. 그러나 세균을 사멸시키는 것이 아니므로 가능한 빨리 소비한다.
④ 식육이나 어패류 등은 비닐봉지나 용기에 넣어 냉장고의 다른 식품에 즙액이 묻지 않도록 한다.
⑤ 식육, 어패류, 알류 등을 취급할 때에는 취급 전후 반드시 손을 씻는다. 비누를 사용하여 씻은 다음 흐르는 물로 충분히 씻어낸다. 이것은 아주 간단한 방법이지만 세균 오염을 방지하는 좋은 방법이다.
⑥ 식품을 싱크대 밑에 보관할 경우에는 물이 스며들지 않도록 주의한다. 또한 바닥에 놓아두는 일이 없도록 주의한다.

### 3) 조리 준비

① 주방은 관심을 가지고 살펴야 하며, 쓰레기가 버려져 있지 않은가? 수건이나 행주가 깨끗한 것으로 준비되어 있는가? 조리대 위는 정리 정돈되어 있으며, 넓게 쓰일 수 있게 되어 있는가?
② 지하수를 사용하고 있는 가정에서는 수질에 각별히 주의를 기울인다.
③ 손을 잘 씻는다.
④ 생 식육, 어패류, 알류를 취급한 후에는 반드시 손을 씻는다. 음식물 취급 중에 동물과 접촉하거나, 화장실에 가거나, 기저귀를 갈거나, 코를 푼 다음 손을 씻는 것이 중요하다.
⑤ 식육 및 어패류의 즙액이 과일이나 야채 등 날것으로 먹는 음식물과 조리가 끝난 식품에 묻지 않도록 한다.
⑥ 생고기나 생선을 자른 칼과 도마를 씻지 않은 채로 과일이나 야채 등 날것으로 먹는 음식물과 조리가 끝난 식품을 자르지 않도록 한다. 칼과 도마의 세척은 세제를 사용하고 뜨거운 물로 씻은 후 사용한다. 칼과 도마는 고기용, 생선용, 야채용을 각각 갖추고 사용하면 더욱 안전하다.
⑦ 랩으로 포장된 야채도 흐르는 물에 잘 씻는다.
⑧ 냉동식품 등 동결되어 있는 음식물을 조리대에 방치한 채로 해동시키지 않는다. 실온에서

해동하면 식중독균이 증식할 수 있다. 따라서 해동은 냉장고 내에서나 전자레인지를 사용한다. 물을 사용하여 해동하는 경우에는 밀폐된 용기에 넣어 흐르는 물로 한다.

⑨ 조리에 쓰일 만큼만 해동하고, 해동이 끝나면 바로 조리한다. 일단 해동한 식품을 바로 사용하지 않는다고 하여 냉동과 해동을 되풀이하는 것은 식중독균을 증식시킬 수 있기 때문에 위험하다.

칼, 식기, 도마, 행주, 솔, 스폰지 등은 사용한 후 바로 세제와 흐르는 물로 잘 씻는다. 특히 행주가 더러워지면 깨끗한 것과 교환한다. 락스에 하루 저녁동안 담궈 두면 소독효과를 얻을 수 있다. 솔이나 스폰지는 끓여서 사용하는 것이 안전하다.

#### 4) 조리

① 조리 준비로 주방이 더럽혀져 있지 않은지 다시 한 번 살펴본다. 수건과 행주는 말려서 깨끗한 것을 사용한다.

② 가열하여 조리하는 식품은 충분히 가열한다. 가열을 충분히 함으로써 혹시 식중독균이 있더라도 죽일 수 있다. 적어도 중심부의 온도가 75℃에서 1분간 이상 되도록 가열한다.

③ 조리를 중도에서 중지하고 그대로 실온에 방치하여 두면, 세균이 음식물에 부착하거나 증식할 수 있다. 이때에는 냉장고에 보관하고, 다시 조리를 할 경우에는 충분히 가열한다.

④ 전자레인지를 이용하는 경우에는 전자레인지용의 용기와 뚜껑을 이용하고, 조리시간에 주의하며, 열전도가 잘 안 되는 식품은 가끔씩 섞어 준다.

#### 5) 식사

① 식탁에 앉기 전에 손을 씻는다.

② 깨끗한 손으로, 깨끗한 기구를 사용하여 깨끗한 식기에 담는다.

③ 덥게 먹는 음식은 항상 덥게, 차게 먹는 음식은 항상 차게 해둔다. 즉, 더운 음식은 65℃ 이상, 찬 음식은 10℃ 이하로 한다.

④ 조리 전의 음식물이나 조리 이후의 식품은 실온에서 오래 방치하지 않는다. 대장균 O-157은 실온에서도 15~20분에 2배로 증식한다.

#### 6) 남은 음식

① 남은 음식을 치우기 전에도 손을 씻는다. 즉, 남은 음식은 깨끗한 기구나 그릇을 이용하여 보존한다.

② 남은 음식은 빨리 변질되지 않도록 얕은 용기에 나눠 담아 보존한다.

③ 시간이 오래 경과한 음식물은 아끼지 말고 버린다.

④ 남은 음식을 데칠 경우에도 충분히 가열한다. 그 온도는 75℃ 이상이다. 찌개나 국은 끓을 때까지 가열한다.

⑤ 조금이라도 이상하다고 생각되면 먹지 말고 버린다.

# 제7장 자연독 식중독

우리들이 관습적으로 식용하고 있는 동·식물 중에는 영양소 이외에 여러 가지의 성분을 조금이라도 반드시 함유하며, 이들 미량성분을 취하는 사람의 건강에 상당한 영향을 끼치는 것들이 많다. 동물의 경우 서식하는 환경 중의 제반 물질이 생물 농축되거나, 또 먹이사슬의 영향을 크게 받는다. 예를 들어, 어패류는 유독성 플랑크톤을 먹이로 함으로써 유독성분이 축적되는데 그 유독화를 알지 못하면 식중독이 발생한다. 식물성 식품의 경우도, 유독한 alkaloid와 배당체를 포함한 경우가 있는데 그러한 유해 부위의 제거 또는 독을 잘 제거하지 못하면 식중독의 원인이 되며 또 식용식물과 겉모양이 닮은 유독식물을 섭취함으로써 많은 중독이 발생하고 있다. 이처럼 천연자연의 상태에 있는 동·식물에 포함되는 유기화합물로서 사람에게 급성 및 아급성의 식중독을 유발하는 것을 자연독(naturally occurring poison)이라고 한다. 일반적으로 자연독은 식물성 자연독(poisonous plant)과 동물성 자연독(poisonous animal)으로 구분된다. 자연독은 동·식물 고유의 성분인 경우가 원칙이지만 먹이사슬의 변동에 따른 일시적인 유독성분도 포함된다.

자연독에 의한 식중독의 특징은 세균성 식중독에 비해 발생건수 및 환자수가 적은 반면 사망자수는 훨씬 높아 식중독 사망의 주요 원인이 된다는 점이다.

동·식물체의 자연독에 의해서 발생되는 식중독의 발생 배경은 대체로 다음과 같다.

① 독성이 있는 동·식물체를 식용해도 되는 것으로 오인하여 섭취하는 경우(독버섯, 독꼬치 등)

② 식용되는 동·식물이 특이한 환경조건이나 특정한 시기에 유독화 된 것을 모르고 섭취하는 경우(조개, 미숙한 매실, 맥각 등)

③ 특수한 부위나 기관에 존재하는 유독물질을 완전히 제거하지 않고 섭취하였을 경우(복어, 감자 등)이다.

자연독에 의한 식중독을 예방하기 위해서는 위험한 동·식물에 대한 취급상의 지식을 충분히 배양하고 올바른 감별법을 터득하도록 하는 것이 무엇보다 중요하다. 즉, 복어 요리와 같은 위험한 식품을 섭식할 때에는 반드시 경험이 풍부한 전문가가 조리하였을 경우에 섭취해야 하며, 정체불명의 어패류나 버섯의 섭취를 피하도록 하고, 조리할 때 독이 있다고 의심이 되는 부분을 과감히 제거하여야 하며, 독소를 파괴 또는 유출시키는 수단을 강구해야 한다.

자연독에 의한 식중독의 특징은 다음과 같다.

① 중독증상은 대부분의 세균성 식중독과 같은 단순한 위장염 증상뿐 아니라 정신·신경증상 등 독성물질에 따라 그 증상이 다양하다.

② 발생건수로 보면 동물성 자연독 식중독의 대부분은 복어중독이며, 식물성 식중독은 독버섯이다.

③ 세균성 식중독과 비교하면 1건당 환자수는 적다. 이는 식중독이 주로 가정 단위로 발생하기

때문이다.

④ 치명률은 세균성보다 훨씬 높다. 이는 식중독 특징의 하나인 복어중독에 의한 사망자가 많기 때문이다.

⑤ 계절적 변동이 확인되고 있다. 복어중독은 겨울에, 독버섯은 버섯증식의 최적기인 가을에 다발하고 있다. 또 버섯의 증식에 적합한 기후였던 해에는 독버섯 중독이 증가하고 있다.

# 1. 동물성 자연독

동물에 자연적으로 함유되어 있는 유독성분에 의한 식중독을 동물성 자연독에 의한 식중독이라 하며, 식물성 자연독에서처럼 환경으로부터 오염된 유독물질은 제외한다. 독성을 갖고 있는 동물은 대부분 어패류로서 육지의 동물이나 조류(鳥類)에서는 거의 자연독이 없다. 어패류 독의 유래는 내인성(endogenas intrinsic)과 외인성(exogenous extrinisic)이 있는데, 내인성은 독샘, 독침 등이 함유된 단백성 독이 대표적이며, 식중독의 원인물질로서는 권패(卷貝)의 타액선에 함유된 cholinester와 어류의 근육에 있는 pahutoxin 등이 있다. 내인성 독은 개체에 따른 차이가 적고 지역차이는 없으며 특정 조직에 항상 존재한다. 내인성 중에는 이상 환경에서 어패류의 병적상태로 인하여 이상대사에 의한 독성물질의 축적 가능성이 대두된다.

외인성은 지역과 계절적인 차이가 많다. 외인성에는 먹이사슬(food chain), 즉 유독한 물질이 어패류 자신에게는 해를 별로 주지 않고 이들 물질이 축적된 어패류를 섭취한 다른 동물이 중독을 나타내는 것이다. 동물성 자연독에 의한 식중독의 대표적인 것으로는 복어와 패류이다.

계속되는 임해공단의 증가와 급격한 도시화로 이한 산업폐수와 생활오수의 해양으로의 유입은 해양을 오염시키고 해양 생태계를 변화시켜왔다. 이로 인하여 일부 해양 생물은 체내에 중금속을 축적하기도 하고, 자연 유독성분에 의한 유독화, 이를 섭취한 인간에게 치명적인 영향을 미치기도 한다. 특히 어패류나 권패류 등은 플랑크톤을 먹이로 하기 때문에 생태계 변화로 인하여 새로운 유독 플랑크톤이 발생하였을 때는 이들의 독성분을 체내에 축적하기도 한다. 유독한 어패류에

〈표 7-1〉 어류독의 종류

| 종 류 | 원인 식품 | 독소성분 | $LD_{50}$ mouse (㎍/kg) | 독소생성원 | 한국에서의 발생 |
|---|---|---|---|---|---|
| 복어 | 복어, 권패류, 게, 불가사리, 도마뱀 | Tetrodotoxin | 7 | 해양 세균 | 간헐적 보고 |
| 독꼬치 | 열대 혹은 아열대 어류 | 지용성의 마비성 신경독 | | | 보고 없음 |
| Ciguatera | 열대성 어류 | Ciguation, Maitotoxin | 0.45 | 와편모조류 | 드물다 |
| 돗돔 | 돗돔 | Palytoxin Vitamine A | | Vitamin A | 드물다 |

의한 중독사고는 세계적으로 매년 20,000건에 이르고 있다. 생선 어패류를 생식하는 식습관을 가지고 있는 우리나라의 경우, 어패류의 자연독에 의한 식중독은 국민건강을 위협할 뿐만 아니라 수산업 분야에 심각한 경제적 영향을 미치고 있어 이에 대한 대책이 시급한 실정이다.

## 1-1. 어류에 의한 중독

### 1) 복어독

〈그림 7-1〉 복섬

식중독 원인독으로 옛날부터 잘 알려진 독이며 우리나라를 비롯하여 일본이나 중국 등에서 식품으로 많이 이용하여 왔기 때문에 중독사고도 많았지만 여전히 인기 있는 식품이다. 복어는 난해성(暖海性) 어종으로 세계 각지에 널리 분포하고 있으나 그 종류는 분류학적으로 충분히 정리되어 있지 않지만 100여 종에 이르며, 우리나라 해안 및 근해에서 발견되는 것만도 약 20~40여 종이나 된다. 복어는 종류에 따라 유독부위와 독력에 차이가 있고 또 계절에 따라 독력의 변화가 있어서 중독사고가 많이 발생한다. 따라서 복어중독은 동물성 자연독 중에서 대표적인 것으로 꼽히며 치사율도 커서 60%에 이른다. 요리 재료로 가장 널리 쓰이는 것은 자지복이고, 그 다음이 까칠복, 검복의 순이다.

〈표 7-2〉 우리나라에서 발견된 복어 종류

| 복어의 종류 | | 학 명 | 일 명 |
|---|---|---|---|
| 맹독복어 | 검복 | *Takifugu porphyreus* | ma-fuga |
| | 매리복 | *Takifugu vermicularis* | shosai-fugu |
| | 졸복 | *Takifugu pardalis* | higan-fugu |
| | 황복 | *Takifugu obscurus* | me-fugu |
| | 복섬 | *Takifugu niphobles* | kusa-fugu |
| 강독복어 | 자지복 | *Takifugu rubripes* | tora-fugu |
| | 자치복 | *Takifugu rubripes chinensis* | karas-fugu |
| | 까치복 | *Takifugu xanthopterus* | shima-fugu |
| | 바실복 | *Takifugu basilewskianus* | korai-fugu |
| | 까칠복 | *Takifugu stictonotus* | goma-fugu |
| | 청복 | *Canthigaster rivulatus* | kitamakkura |
| | 눈불개복 | *Takifugu chrysops* | akame-fugu |
| 무독복어 | 밀복 | *Lagocephalus launaris* | saba-fugu |
| | 꺼끌복 | *Arothron stellatus* | moyo-fugu |
| | 가시복 | *Diodon holacanthus* | harisenbon |
| | 불욱복 | *Tridon bursarius* | uchiwa-fugu |
| | 거북복 | *Ostracion immaculatus* | hako-fugu |
| | 육각복 | *Kentrocapros aculeatus* | itomaki-fugu |

## 복어의 독성

복어의 독성은 종류, 부위(장기), 계절, 개체, 지역 등에 따라 달라진다. 종류별로는 맹독복어·강독복어·무독복어 등이 있으며, 매리복·복섬·검복 등이 독력이 강하고, 밀복 등은 무독복어이다. 부위별로는 육질부는 다소 독이 있는 종류도 있지만 정상적인 섭취량이면 중독되는 일은 거의 없고 정소와 혈액도 무독한 경우가 많다. 그러나 난소와 간은 대부분의 종류가 맹독 또는 강독으로 복어중독의 주 원인이 된다. 유독성분은 tetrodotoxin($C_{11}H_{17}N_3O_8$)으로 단백질이고 hemiacetal 고리를 가지고 있다. 이 독소는 열에 매우 안정적이어서 106℃에서 4시간 정도 두어도 파괴되지 않으며, 산에 대하여서도 매우 안정적이어서 유기산으로는 파괴되지 않고 진한 무기산에 의해서만 파괴되나 4% NaOH 용액에서는 20분만에 가수분해되어 2-amino-6-hydroxymethyl-8-hydroxyquinozoline을 생성하여 무독화 되는 것으로 보아 알칼리에는 약하다.

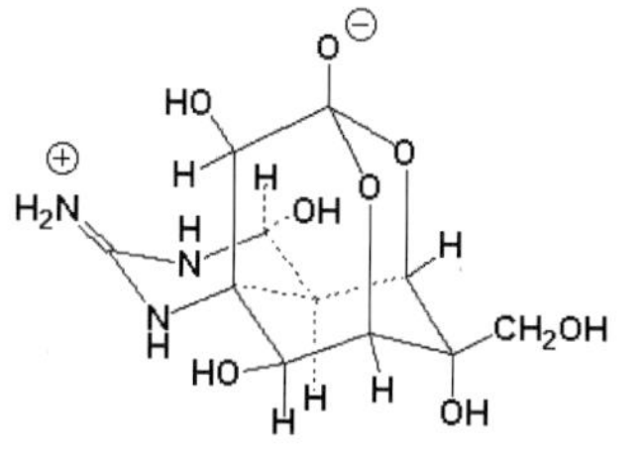

Tetrodotoxin

Tetrodotoxin의 복어 체내 분포는 난소에 가장 많고, 그 다음은 장과 피부 순이며 근육에는 가장 적다. 계절별로는 난소의 무게가 가장 커지는 산란기 직전인 4~6월에 독력이 강하다. 그러나 최근에는 오히려 간이나 난소의 독력이 산란기 이후부터 서서히 증가하여 7~9월에 걸쳐서 최고에 이른다는 보고도 있다.

Tetrodotoxin의 기원에 대해서는 오랫동안 불분명한 점이 많았다. Tetrodotoxin의 유래에

〈표 7-3〉 결정 tetrodotoxin의 독성

| 실험동물 | 투여방법 | 치사량(㎍/kg) |
|---|---|---|
| 생쥐(mouse) | 피하 | 15($LD_{50}$) |
| | 복강 | 11($LD_{50}$) |
| | 정맥주사 | 10($LD_{50}$) |
| | 경구 | 180($LD_{50}$) |
| | 뇌실내 | 0.3($LD_{50}$) |
| 흰쥐(rat) | 피하 | 14($LD_{50}$) |
| | 복강 | 12($LD_{50}$) |
| | 정맥주사 | 10($LD_{50}$) |
| | 경구 | 147($LD_{50}$) |
| 토끼(rabbit) | 피하 | 10($LD_{50}$) |
| | 정맥주사 | 2($LD_{50}$) |
| | 경구 | 200($LD_{50}$) |
| 고양이(cat) | 정맥주사 | 200($LD_{50}$) |
| 개(dog) | 피하 | 15($LD_{50}$) |
| | 피하 | *0.7($LD_{50}$) |
| | 정맥주사 | *0.3($LD_{50}$) |
| | 경구 | *70($LD_{50}$) |

* : 최소 구토량

대해서 내인성인가, 외인성인가에 대하여 논란이 되어 왔으나 권패류, 게 등 복어 이외의 동물에서도 독소가 검출된 이후 복어독은 먹이사슬에 의한 것으로 밝혀져 외인성으로 결론이 유도되고 있는 실정이다. 대표적인 독소생성원으로 *Vibrio alginolyticus, Alteromonas* 등의 해양 세균이 알려져 있다.

그러나 최근 복어알 중에서 독소가 생성되는 것으로도 밝혀져 체내에서 자체적으로 독소를 생성한다는 사실도 확인되고 있어 그 논란의 소지는 남아 있다고 볼 수 있다. Tetrodotoxin 독성은 저분자 자연독 중 가장 강한 편으로 순수한 복어독은 경구로는 $LD_{50}$=180㎍/kg , 정맥주사로는 $LD_{50}$=9㎍/kg이며, 사람에 대한 치사량은 0.5~2mg 정도이다. 복어독의 강도는 생물학적 실험에 의해 측정하며 마우스 단위(mouse unit; MU)로 나타낸다. 즉 복어 장기 1g을 체중 20g의 수컷 마우스의 복강 내에 투여하여 30분 이내에 사망하게 하는 독력을 1MU라고 정의한다. 간과 난소에는 5,000MU를 함유하는 종류도 있는데 이는 1g의 장기로 5,000마리의 마우스를 죽일 수 있는 독력인 것이다. 사람의 치사량은 1만 MU 정도이고, 10MU 이하는 무독, 1,000MU 이상은 맹독으로 간주한다.

### 중독증상

복어중독의 주증상은 마비로, 식후 30분 내지 3~6시간 사이에 나타난다. 치사시간은 가장 짧은 예로는 1시간 30분이며 길어도 8시간 정도이고 4~6시간이 가장 많다. 치사율은 40~80%로 알려져 있으며 증세가 가벼우면 회복이 비교적 빠르나 발증 후 8시간이 지나면 사망하지 않고 반드시 회복된다. 유독성분인 tetrodotoxin은 흡수 및 배설이 빠르기 때문에 증상도 빨리 나타나고 회복도 비교적 빠른 편이다. 흡수된 tetrodotoxin은 흥분전도 시에 sodium channel에 작용하여 $Na^+$의 세포막 내로의 투과를 특이적으로 차단하기 때문에 신경마비를 일으킨다고 알려져 있으며 $K^+$의 투과성에는 영향을 미치지 않는다. Tetrodoxin은 소량이면 진통제로서 지각신경 마비작용에 이용되므로 류머티스, 신경통에 사용되기도 한다. 전형적인 중독증상은 다음과 같은 4단계로 구분된다.

**제1단계 (지각이상)** : 가장 보편적으로 나타나는 초기증상으로 입술 주위나 혀끝의 지각이 마비되고 저리며 손끝도 저리게 된다. 보행은 가능해도 술에 취한 것처럼 비틀거리며 이어 오심, 구토가 나타난다.

**제2단계 (불완전 운동장애)** : 촉각·미각의 둔화, 팔다리에 운동장애가 나타나며, 발성장애도 일어나고 호흡곤란을 느끼게 된다. 혈압도 현저하게 떨어지나 건반사는 그대로 나타나고 의식 또한 명료하다.

**제3단계 (완전 운동장애)** : 골격근의 완전마비 때문에 운동불능 상태가 되고, 발성 및 연하곤란이 되고 호흡곤란과 혈압강화가 더욱 심해진다. Cyanosis도 나타나고 의식도 점점 혼탁해지며, 모든 반사기능이 소실된다.

**제4단계 (의식소실)** : 의식이 불명해지고, 대개는 호흡이 정지되어 사망에 이른다. 이 시기에도 심박동은 그대로 유지된다. 동물에서는 중독사 직전에 경련을 일으킨다.

한편, 임상증상별로는 지각이상, 운동장애, 혈행장애, 호흡장애, 위장장애, 뇌증 등으로 구분한다.

### 복어독의 자연계 분포

Tetrodotoxin은 복어 외에도 캘리포니아 도롱뇽, 개구리, 표범무늬의 낙지, 권패류 , 불가사리, 게 등에서도 검출되고 있다.

### 예방과 치료

복어요리는 복어요리 전문가에 의해 요리된 것을 섭취하도록 해야 하며 알을 위시하여 난소, 간, 내장 등 유해부위는 피하고 육질부위만을 식용해야 한다. 또 폐기된 유독성분의 처리를 철저히 하여 다른 사람이 주워 먹고 중독되는 일이 없도록 하며, 동결 시 유독 개체에서 독소가 유출되거나 동일 개체에서도 간, 난소 등에서 육질부로 독소가 이행될 우려가 있으므로 주의할 필요가 있다. 해독제는 없으므로 치료는 구토나 위세척 등 대증요법과 혈압상승제, 호흡촉진제나 인공호흡 등을 실시한다. 그러나 대개는 경과가 빨라서 치료가 충분하지 못할 때가 있다.

### 2) 시구아테라(Ciguatera) 중독

Ciguatera는 본래 카리브해산 권패 Turbo pica의 쿠바어로 cigua를 어원으로 해서 cigua에 의한 중독을 의미하는 말이다. 그러나 태평양의 열대나 아열대해역, 카리브해, 인도양 등의 산호초 주변에 서식하는 고기에서도 동종의 중독이 자주 발생하고 있다. 유독화된 고기를 요리하거나 날것으로 먹으면 중독을 일으키는데 증상은 12시간 이내에 나타나며, 어떤 때는 독을 섭취한 지 수분 이내에 나타나기도 한다. 증상의 정도는 입 주위가 얼얼한 것부터 혼수상태나 사망에 이르는 것까지 다양하나 일반적으로 (1) 입 주위나 얼굴이 얼얼함, (2) 손이나 발이 얼얼함, (3) 추위나 더위를 교대로 느낌, (4) 마비, 혼수상태, (5) 복통, 설사, 구열질, 구토 유발, (6) 사지의 근육통, 관절통 호소 등을 나타내지만 치사율은 1% 전후로 낮고 후유증이 있는

〈표 7-4〉 Ciguatera 독의 일반적인 특성

| 유독 종 | 독소성분 | 독력(㎍/kg)<br>(마우스 복강주사) | 주요 증상 | 비 고 |
|---|---|---|---|---|
| 곰치, 부시리<br>상어 | Ciguatoxin<br>(지용성) | $LD_{50}$=0.45 | 설사, 구토, 관절통 | 중독예 많다 |
| *C. striatus*와 그<br>근연초의 초식어 | Maitotoxin<br>(수용성) | 최소치사량<br>0.17 | 온도감각 이상, 심한 구토 | 어패류독 중 가장<br>강하다 |
| 대다수의 잡식성<br>산호초 서식어 | Palytoxin<br>(수용성) | $LD_{50}$=0.50 | 눈물, 사지마비, 운동실조 | |

경우도 있다. Ciguatera 유독성분 중 어떤 독은 $Na^+$의 세포내 유입을 현저히 증가시킴으로써 복어독과 길항작용이 있으며, 또 어떤 독은 혈관, 소화관 등 평활근에 있어서는 용량 의존적인 수축을 일으키고, $Ca^+$의 투과성을 증가시켜 특히 평활근 세포 내의 $Ca^{2+}$농도를 증가시키는 작용이 있는 것으로 추정되고 있다.

어류의 유독화는 와편모조류인 *Gambierdiscus toxicus*에 의한 것으로 확인되었다. 일본에서는 1949년 독꼬치에 의한 ciguatera 중독 사건이 있었으나 우리나라에서는 아직까지는 발생례가 없다.

### 유독성분

Ciguatoxin, maitotoxin, scaritotoxin, palytoxin 등이 알려지고 있다. 이 중 ciguatoxin($C_{60}H_{86}O_{19}$)은 지용성의 질소화합물로 사람의 중독에 관여하는 대표적인 것으로 13개의 환으로 된 polyether 임이 확인되었다.

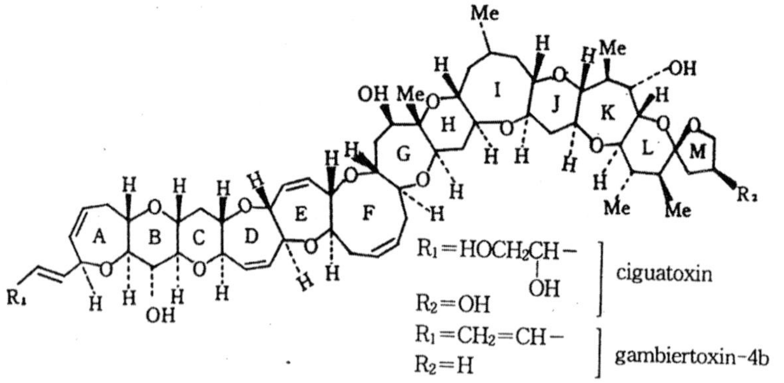


Ciguatoxin

### 유독성분의 성질

Ciguatoxin은 지용성으로 말초신경과 중추신경계에 작용하여 근육과 신경세포에서 $Na^+$의 투과성을 증대시키며 내열성으로 보통의 조리 조건으로는 불활성화되지 않는다. Maitotoxin은 어패류 독 중에서 가장 독성이 강하며 수용성이다. 또한 palytoxin은 산호초에 서식하는 어류에 존재하는 유독성분으로 수용성이며 중추신경계에 작용하여 사지마비를 일으킨다.

### 중독증상

독을 함유한 어류의 근육부, 머리, 내장 등을 섭취하면 1~20시간의 잠복기를 거치나 잠복기가 2일인 경우도 있다. 치명률은 일반적으로 낮으며 주된 증상은 위장장애로서 복통, 구토, 설사가 있고, 신경증상으로는 혀, 입술, 사지 및 전신의 마비를 들 수 있다.

■ 기타 주요 ciguatera 독어의 특징과 중독례

**독꼬치** : 태평양, 인도양 및 미대륙의 대서양 쪽 열대 또는 아열대에 분포하며 다른 어획물과 섞여 양육된 것을 식용 꼬치로 잘못 알고 이용하여 문제가 되는 독어이다. 중독사례로는 1949년 일본 도쿄에서 33명이 중독을 일으킨 사실이 있다.

Red snapper : 열대나 아열대 해역에 널리 분포되어 있으며, 1966년 일본 각지에서 중독된 바 있다.

Grouper : 일본 남부해역, 태평양, 대서양, 인도양 등의 아열대 해역과 홍해 등에 널리 분포되어 있다. 1968년 일본 각지에서 중독례가 있다.

Blue crevally : 열대, 아열대 해역에 분포하며 일본 오키나와 등에서 중독례가 있다.

### 3) 돗돔중독

돗돔 등의 간을 다량 섭취하면 급성 비타민 A 과잉증과 비슷한 식중독이 발생한다.

**중독 원인물질** : 돗돔의 간에 함유되어 있는 과량의 비타민 A에 의해서 중독이 발생하는 것으로 알려져 있으며 돗돔의 간 중의 비타민 A 함량은 10~20만 IU/g 정도이고, 최고 150만 IU/g에 이른다.

**중독증상** : 식후 5~7시간, 늦어도 12시간의 잠복기를 거쳐 두통, 발열, 구토 등의 초기증상을 나타낸다. 이러한 초기증상이 없어지거나 가벼워지는 1~2일 후부터는 피부박리 증상이 얼굴에서 시작하여 손, 발, 배를 거쳐 온몸에 퍼진다.

### 4) 어란독(魚卵毒) 중독

고급 어육연제품으로 이용되는 장갱이 일명 바다메기는 그 성숙된 난소에 dinogunellin이라는 특수한 인지질인 어란독이 함유되어 식중독의 원인이 되고 있다. 유독성분인 dinogunellin은 난소에 함유되어 있는 lysolecithine과 비슷한 특수 인지질로서 1-acylglycerophosphoric acid의 인산기에 asparagin amide와 adenosine이 결합한 특이한 구조를 갖는 내열성 화합물이다. 사람은 난소 20~50g을 섭취하면 중독을 일으킨다.

**중독증상** : 권태감, 탈력감, 현기증 등이 따르는 구토, 설사, 복통 등의 소화기계 증상을 나타낸다.

## 1-2. 조개류에 의한 중독

일상적으로 섭취되는 조개류 중에는 식중독을 일으키는 강력한 유독성분이 함유되는 경우가 종종 있다. 수산식품에서 문제가 되고 있는 조개류 독에는 마비성 조개독(paralytic shellfish poison), 설사성 조개독(diarrhetic shellfish poison), 신경성 조개독(neurotoxic shellfish poison), 기억상실성 조개독(amnesic shellfish poison), venerupin 및 tetramin 등이 있다. 이 중 우리나라에서 수산업과 공중위생상 문제가 되는 것은 마비성 조개독과 설사성 조개독이며, 최근 수입

수산물에서는 이외에도 신경성 조개독과 기억상실성 조개독에 의한 오염이 새로운 문제로 대두되고 있다.

우리나라에서 조개 생산량은 매년 증가되어 그 생산량은 약 100만 톤에 달하고 있어, 이제 조개는 국민의 단백질 공급은 물론 수출 수산물로서도 각광을 받고 있다. 그러나 각종 공장 및 인구의 증가로 인하여 연안해수의 오염도는 증가일로에 있으며, 최근에는 남해안뿐만 아니라 동해안까지도 적조현상이 일어나 조개독화에 많은 영향을 미치고 있다. 이와 같은 조개독은 먹이사슬(food chain)을 통해 유독 plankton에 의해 생성된 독소를 조개류가 섭취하여 체내에 축적하는 외인성으로 알려져 있다. 유독 plankton은 적조(赤潮) 등에 의해서 생성되므로 적조가 발생한 해역에서 잡은 조개류는 섭취를 삼가하는 것이 바람직하다.

### 1) 마비성 조개독(Paralytic shellfish poison; PSP)

마비성 조개독을 일으키는 조개류는 섭조개(*Mytilus edulis*), 홍합(*Mutilus coruscus*), 대합조개(*Meretrix lusoria*) 등의 이매패에 의해서 일어난다. 이 조개들의 중독증상의 특징이 마비이기 때문에 마비성 조개독(paralyic shellfish poisoning)이라 부른다. 우리나라에서는 섭조개, 홍합에 의한 중독이 최근 빈발하고 있다. 마비성 조개중독의 최초의 사건은 1970년 알래스카의 sitka 부근에서 홍합을 먹고 100명이 2시간 이내에 사망한 것이 최초의 보고이었고 그 후 미국, 캐나다의 대서양과 태평양 연안, 그리고 일본 각지에서 발생하였으며, 미국의 경우 1930년부터 1954년 캘리포니아 주에서만 373명이 중독되어 30명이 사망한 바 있다. 우리나라에서는 1986년 부산 감천만에서 폐선 밑바닥에 붙어 있는 섭조개를 먹고 11명이 중독되어 2명이 사망한 바 있으며, 1996년에는 거제도 외포리에서 방파제에 붙어있는 섭조개를 끓여먹고 2명이 사망, 1명이 의식불명에 이른 사고가 발생한 바 있다.

마비성 조개독은 와편모조류의 일종인 *Alexandrium sp., Pyrodinium sp. Gonyaulax catenella* 등의 해양 식물성 플랑크톤이 생산하는 신경마비독으로, 이들 유독 플랑크톤을 조개가 섭취함으로써 그 중장선이나 흡·배수강에 축적된 것을 사람이 섭취하면 증세가 발생한다. 우리나라는 5~10월경에 중독사건이 발생하고 유독화의 조건은 조개류에 따라 다르다.

#### 유독성분

섭조개에 의해서 발생하였기 때문에 처음에는 섭조개독(mytilotoxin)이라 하였고 그 후 1962년 미국의 Rapport에 의해 saxitoxin이라 명명하였다. 그 후 Oshima 등의 연구에서 마비성 조개독에는 여러 종류의 성분이 존재한다는 것이 밝혀져 현재는 saxitoxin group, gonyautoxin group, N-sulfocarbamoyl toxin group, decarbamoly toxin group, dexoydecarbamoyl toxin group 등 20종류 이상이 알려져 있다.

### 마비성 조개독에 의한 식중독 경로

마비성 조개독의 원인 플랑크톤을 섭취하는 1차 포식자는 이매패, 게, 원생동물, 연체동물, 절족동물 등이 있으며, 고차 포식자로는 육식성 권패 등이 있고, 최종적으로 사람이 이들을 섭취하여 식중독에 걸리고 심하면 사망하기도 한다. 그러나 대부분은 유독화 된 이매패에 의해서 발생한다.

### 유독성분의 성질

내열성으로 중성이나 산성에서는 열에 안정하고 알칼리성에서는 가열에 의하여 쉽게 불활성화 된다.

### 유독성분의 독성

유독성분은 그 독력이 *Clostridium botulinum* type A의 독력에는 미치지 못하나 저분자독 중에서는 복어독과 같은 맹독성이며 청산나트륨(NaCN)의 1,000배에 달하는 강력한 독소로 알려져 있다. 현재 인정되고 있는 사람에 대한 최소치사량은 saxitoxin의 경우 0.5mg(600㎍, 3,000MU) 정도이다.

Saxitoxin $LD_{50}$=5~10㎍/kg(생쥐 복강내 주사), gonyautoxin-2$LD_{50}$=12㎍/kg

### 부위별 독력

마비성 조개독은 조개 종(種)이나 계절에 따라 부위별로 독소 함량이 다르다. Medcof에 의하면 캐나다 대서양 연안 패류들을 대상으로 부위별 독력을 조사한 결과 여름에는 대부분의 패류가 중장선에 가장 많은 독소를 함유하고 있으며, 그 다음이 아가미와 생식선이었으며, 수관부(水管部)와 육질부에는 비교적 독성이 낮았다. 가을에는 모시조개의 경우 중장선의 독성이 낮은 반면, 아가미 부분이 주 축적 부위였으며, 진주담치와 가리비는 중장선이 주 축적부위였다.

### 임상증상

증상은 대단히 급격히 진행된다. 통상 식후 30분경에 입술, 혀, 잇몸, 안면 등의 마비로 시작하여 사지가 마비되고 기립보행이 곤란해진다. 심하면 언어장애, 운동장애가 오고 몸이 떠는 것 같이 느껴진다. 침 흘림, 두통, 입 마름, 심장박동 항진, 연하곤란, 근육통이 나타나기도 하고 메스꺼움, 구토, 복통 등 소화기계 장애도 수반된다. 의식은 사망 직전까지 비교적 뚜렷하고 마비가 진행되면 호흡마비로 사망한다. 보통 12시간 이내에 사망하지만 이 기간을 넘기면 회복되는 수가 많다. 치명률은 10% 정도이다. 마비증상은 독이 근육 및 신경세포의 $Na^+$이온 channel에 선택적으로 흡수되어 세포 내로의 나트륨 이온의 유입을 차단하기 때문에 일어난다.

### 예방법 및 치료

적조가 발생한 수역의 조개류 섭취를 삼가하고 마비성 조개중독의 발생지역에서는 정기적으로 조개를 채취해서 독성을 검사하고 독성이 규제치를 넘는 경우에는 조개의 식용을 금지하여야 한다. 또 독은 중장선에 거의 국한되어 축적되므로 이를 제거하면 중독을 예방할 수 있다. 우리나라에서는 마비성 조개독의 허용기준을 조개류 및 그 가공품 100g당 80㎍ 이하로 규정하고 있다.

중독되면 특별한 해독제가 없으며 위장 세척보다는 apomorpine의 투여가 효과적이며 호흡곤란 증세가 있으면 인공호흡도 유력한 방법 중의 하나이다. 알코올은 유독성분의 흡수를 촉진시키므로 음주는 매우 위험하다. 일반적인 방법으로는 더운 물을 마시면 구토제로서의 역할뿐만 아니라 배뇨작용에 의한 유독성분의 배출을 촉진시키는 효과가 있다.

### 2) 설사성 조개독(Diarrhetic shellfish poison; DSP)

1976년 여름 일본의 미야키현의 진주담치를 먹고 설사를 주 증상으로 하는 집단 식중독이 최초의 보고로, 일본을 비롯해서 네덜란드, 칠레, 스페인 등에서 발생례가 많지만 우리나라의 경우 설사성조개독에 의한 대규모 식중독 사고는 보고된 바 없다. 패류 양식지가 밀집한 남해안 지역에서 진주담치와 굴, 피조개에서 설사성 조개독이 검출되고 있으며, 동해안에서도 여름철에 가리비를 먹고 식중독을 일으키는 현상이 발생되고 있다.

유독화 조개류는 진주담치, 가리비, 바지락, 민들조개 등이며, 유럽에서는 주로 진주담치가 많이 유독화 되고 독소는 중장선에 축적된다.

설사성 조개독을 생산하는 원인 생물은 와편모조 플랑크톤으로 이것을 섭취한 이매패가 독화된다. 독화 원인 종(種)은 *Dinophysis fortii*로 동정되었지만 *D. acuminata, D. caudata, D. acuta, Prorocentrum balticum* 등도 유독종으로 추정되고 있다.

### 유독성분

설사성 조개독의 유독성분으로는 okadaic acid, dinophysistoxin-1~3, pectenotoxin-1~6, 마우스에 독성을 가지는 yessotoxin 등이 분리되어 대부분의 화학적 구조가 밝혀졌다. 주성분은 dinophysistoxin-3으로 전독량의 40% 이상을 차지하는 것으로 추정되고 있다. 그 다음으로 많은 것이 dinophysistoxin-−2로 10~20%, dinophysistoxin-1, pectenotoxin-1, pectenotoxin-2는 각각 10% 전후이다. 이 유독물질들은 물에 녹지 않고 methanol, ether, acetone 등의 유기 용매에는 녹는 성질이 있기 때문에 처음에는 지용성 조개독이라고 명명되었으나 1981년에 설사성 조개독으로 개명되었다.

### 유독물질의 성질

내열성이며 생쥐에 대한 최소 치사량은 28㎍/kg이고, 사람의 중독량은 12MU 정도에서 발병이

가능하다.

#### 중독증상

잠복기는 30분~10시간으로 독력과 독량에 따라 상당한 차이가 있으나 가장 발증률이 높은 것은 설사이고, 매스꺼움, 구토, 복통 등의 소화기계 장애가 주증상이다. 발열은 거의 없고 복통은 장염 비브리오보다는 가볍다. 70% 정도의 환자가 식후 4시간 이후에 발증하지만 3일 후에는 거의 회복되고 경과도 좋다. 사망하는 일은 거의 없다.

### 3) 모시조개중독

모시조개(바지락, *Venerupis semidecusata*)나 굴(*Crassostrea gigas*) 등이 유독 plankton을 섭취하여 그 중장선에 유독성분이 축적, 유독화된 것이 원인이 되어서 발생되는 식중독으로, 1942년 일본에서 모시조개(*Venerupis semidecusata*)에 의해 334명이 식중독을 일으켜 114명이 사망한 사건이 있어 모시조개중독이라 하였다. 우리나라에서도 1968년과 1969년 거제도에서 1974년 삼척, 속초 등지에서 발생한 바 있다. 유독화 시기는 계절에 따라 차이가 있으나 대체로 2~4월이 된다.

#### 유독성분

유독물질은 venerupin($C_6H_{15}NO_3$)으로 바지락의 학명인 *Venerupis semidecusata*에 따라 붙여진 이름이다.

#### venerupin의 성질

담황갈색의 흡섭성 물질로 그 화학적 구조는 밝혀지지 않았으나 내열성이고, pH 5~8에서는 100℃, 1시간 가열에도 불활성화되지 않지만 pH 9.0 이상에서는 오래 가열하면 불활성화된다. 물, methanol에는 잘 녹으나 ether, ethanol에는 녹지 않는다. Venerupin은 강력한 간독으로 생쥐에 대한 치사량은 5mg/kg이다.

#### 중독증상

잠복기는 12시간~1주일 정도이며 대부분 1~2일이고 길 때에는 2주일의 잠복기를 가지기도 한다. 임상증상은 초기에는 불쾌감, 전신권태, 오심, 구토, 변비, 두통 등이 있다. 특히 초기에 배, 목, 다리 등에 적색~암갈색의 피하출혈 반점이 나타나며 황달현상도 나타난다. 중증일 경우 뇌증상, 의식의 혼탁과 불안상태가 계속되며 치아의 출혈, 토혈, 혈변을 수반한다. 예후는 일반적으로 좋지 않고 간장애가 장기간 지속되는 경우가 많다. 중증일 경우에는 발병 후 10시간~7일 이내에 사망하며, 치사율은 비교적 높아서 44~50%나 된다.

### 4) 신경성 조개독(Neurotoxic shellfish poison; NSP)

미국의 플로리다 주에서는 옛날부터 와편모조 *Gymnodium breve*에 의한 적조가 빈번히 발생하고, 이 플랑크톤이 생산하는 독소인 breve toxin에 의하여 독화된 굴 등을 먹고 사람이 중독된 사례가 보고되고 있다. 섭취 후 수 시간이 지나면 입안이 짜릿짜릿해지고 얼마 지나지 않아 얼굴, 목, 몸 전체로 퍼지면서 술에 취한 것 같은 상태가 되며, 동공확대, 운동실조, 설사 등의 증상이 나타난다. 또 유독화된 굴을 먹지 않아도 적조의 비말을 흡입한 것만으로도 호흡계 장애가 나타난다는 보고도 있다. 1992년 뉴질랜드에서 이매패를 먹고 60명이 중독되었다. 중독원인 물질로서는 breve toxin이 추측되었고 신경성 조개독에 의한 중독으로 의심되었다. 1993년 미국의 FDA가 뉴질랜드 정부에 이매패 수출금지를 요청하고 출하가 금지되었다. 그러나 일본이나 우리나라에서는 신경성 조개독에 의한 중독보고는 없다.

### 5) 기억상실성 조개독(Amnesic shellfish poison; ASP)

1987년 11월부터 12월에 걸쳐 진주담치를 먹고 사망자를 수반하는 식중독 사건이 캐나다 동해안에서 발생하였다. 환자 107명 중 4명이 사망하고 12명이 기억장애가 발생하여 이 식중독을 기억상실성 조개독이라 하였다. 중독의 주 증세는 위장 및 신경장애이고, 원인물질은 Domoic acid로 밝혀졌다. Domoic acid는 L-kainic acid와 L-glutamic acid와 마찬가지로 뇌신경계에 있어서 주요한 전달물질인 흥분성 아미노산이다. Domoic acid는 원래 홍조류로부터 분리되었지만 해인초로부터 추출한 kainic acid와 같이 구충효과를 나타낸다. 일본에서는 과거 아동에게 이들 해조를 먹여 기생충을 구제하기도 하였다. 문제의 Domoic acid는 어느 규조류로부터 유래되는 것으로 알려져 있다. Domoic acid의 양과 증상의 관계에 대해서는 60~100mg으로 경증, 115~290mg으로 중증의 신경장애를 일으킨다.

미국과 일본에서는 Domoic acid의 규제치를 20ppm으로 설정하고 있지만, 우리나라에서는 Domoic acid에 의한 어패류의 독화 상황은 아직 발생례가 없어 이에 대한 규제치도 없다.

### 6) 기타 패류의 유독성분

#### ■ Tetramine 중독

한류성의 깊은 바다에 서식하는 육식성 권패를 섭취함으로써 그 타액선에 축적되어 있는 tetramine[$(CH_3)_4N^+$]에 의해서 발생되는 식중독으로, 원인이 되는 권패는 명주매물고동 이외에도 보라골뱅이, 조각매몰고동, 갈색띠매물고동, 북방매물고동, 나팔고동, 털골뱅이 등이 있는데 대표적인 것은 보라골뱅이와 조각매몰고동이다. 이러한 권패의 타액선에 함유되어 있는 성분인 tetramethylammonium hydroxide를 제거하지 않고 섭취하면 두통, 어지러움증, 멀미 등이 나타난다. 사망하는 경우는 없다.

■ **Tetrodotoxin 중독**

복어독과 같은 tetrodotoxin이 나팔고동, 수염고동, 털탑고동, 방취숭어에 함유되어 식중독을 일으키는 것이 밝혀졌다. 중독증상은 복어중독의 경우와 같다.

■ **Surugatoxin 중독**

바다 갯벌속의 세균인 coryneform group이 생성한 독소가 소라고동의 중장선에 축적하여 유독화된 것을 섭취하면 발생한다. 유독성분인 함불소 화합물인 surugatoxin을 섭취하면 갈증, 시력감퇴, 동공확대, 입술마비, 언어장애, 변비 등의 증상을 일으킨다.

■ **Pheophorbide a와 Pyropheophorbide a 중독**

전복류의 중장선에 해조류에서 유래하는 엽록소의 분해산물인 광과민성의 Pheophorbide a와 Pyropheophorbide a가 다량 함유되어, 이들 중장선을 섭취한 후 햇빛을 쪼이면 빛에 노출된 부분의 피부가 빨갛게 되며 화상성의 염증이 발생한다.

### 7) 문제점 및 대책

마비성 조개독에 의한 식중독 사고는 미국, 캐나다, 일본뿐 아니라 세계 도처에서 발생하고 있으며, 우리나라에서도 마비성 조개독에 의한 인명피해 사고가 발생하고 있다. 따라서 패류의 독화문제는 국민이나 패류 양식업자에게 공지시켜 사전에 식중독 사고를 방지해야 할 것이다. 패류에 의한 중독 사고를 방지하기 위한 일반 소비자와 양식업자들에 대하여 다음과 같은 위생교육이 실시되어야 할 것이다.

첫째 : 마비성 조개독은 사람에게 강력한 독성물질 중의 하나이다.

둘째 : 만(灣)에서 서식하는 조개류들이 유독화가 잘 된다.

셋째 : 중금속이나 해안의 기름, 물의 오염 등은 마비성 조개독에 의한 조개독화와는 관계가 없다.

넷째 : 유독화된 패류와 정상 패류는 실험에 의하지 않고는 구별할 수 없다.

## 2. 식물성 자연독

식물성 자연독이란 자연적으로 식물에 존재하는 유독성분(내인성 화합물)에 의한 식중독을 말하는 것으로, 식물성 식중독의 원인으로서는 식용해도 되는 것으로 잘못 알고 있는 경우(독버섯 등) 유독부위가 제대로 제거되지 않은 경우(감자 등), 특정 시기에 유독화된 것을 모르고 섭취한 경우(청매 등) 등이 있다. 이들 식물에 있는 독성분으로 유독 alkaloid나 배당체를 함유하고 있다. 유독성분에 따라 분류하면 다음과 같다.

첫째, 청산 배당체를 함유하는 것(오색두, 청매, 은행 등)
둘째, alkaloid를 함유하는 것(hyoscyamine)
셋째, 기타 배당체를 함유하는 것(감자)
넷째, 불명인 것(phytolaccation) 등으로 나눌 수 있다.

## 2-1. 독버섯

우리나라에서 자연독 중 가장 으뜸을 차지하는 것이 독버섯에 의한 식중독이다. 버섯독의 본체는 그 대부분이 alkaloid에 속하지만 이것을 별도로 문제삼는 것은 최근까지도 자연독으로서는 최고의 중독율을 보이고 있기 때문이다. 가을의 미각으로서 중요한 버섯에는 야생품을 채집하여 식품으로 이용하는 것이 많으나, 일반적인 버섯채집에 있어서 유독종(種)을 잘못하여 먹는 경우가 있으므로 중독을 일으키는 것이다. 우리나라에는 약 885종의 버섯종이 있는 것으로 기록되어 있으며 식용버섯이 100여 종, 독버섯이 50여 종인데 그 중 20여 종은 맹독성으로 먹으면 생명을 위협받게 되고, 먹으면 반드시 사망하게 되는 맹독성 버섯으로는 10여 종이 있다. 우리나라 산간지방에서는 버섯의 발생에 적합한 계절인 가을철에 버섯중독 사고가 종종 발생하고 있다. 특히 여름철 산행 중 버섯을 많이 보게 되는데 이때에는 반드시 독버섯인지 판별 후 섭취해야 한다. 일반적으로 이용되고 있는 독버섯의 감별법은 신뢰성에는 의문이 있으나 종래부터 전해 내려오는 독버섯의 감별법은 다음과 같다.

첫째, 버섯의 살이 세로로 갈라지는 것은 무독하고 가로로 갈라지는 것은 유독하다.
둘째, 색이 매우 아름답고 색다른 맛이나 향이 있는 것은 유독하다.
셋째, 줄기가 거칠거나 점조성인 것은 유독하다.
넷째, 쓴맛, 신맛을 내는 것은 유독하다.
다섯째, 버섯을 끓였을 때 나오는 증기에 은제 식기(은수저)가 검은색으로 변하면 유독하다.
여섯째, 냄새가 이상하거나 맛이 쓰고 자극성이 있는 경우는 유독하다.
일곱째, 곤충이나 동물이 먹은 흔적이 없는 경우는 대부분 유독하다.
여덟째, 음지에서 자생하는 버섯은 대부분 유독하다.
아홉째, 젖은 퇴비, 젖은 후두목 등에 자생하는 버섯은 대부분 유독하다.
열 번째, 잘 부서지는 경우 유독하다. 등이 있으나 정확한 것은 아니며, 각자의 버섯에 대한 올바른 감별법을 익혀야 한다.

### 독버섯의 종류

알광대버섯, 광대버섯, 독깔때기버섯, 화경버섯, 갈황색 미치광이버섯, 마귀곰보버섯, 두엄먹물버섯, 외대버섯, 땀버섯, 목장말똥버섯, 붉은싸리버섯, 노랑다발버섯, 무변색무당버섯 큰붉은젖버섯, 독청버섯, 무당버섯, 독우산버섯 등이 독버섯으로 알려져 있다.

### 독버섯의 독성분류

미국의 Lincoff와 Mitchell(1977)은 버섯의 독성을 다음과 같이 5군 8그룹으로 분류하였다.

#### (1) 간, 신장에 장애를 주는 치명적인 독

① 환상 peptide(amanitin) 등에 의한 것 : 독우산광대버섯, 알광대버섯, 흰알광대버섯 등
② gyromitrin에 의한 것 : 마귀곰보버섯, 안장버섯속의 일부

#### (2) 주로 자율신경계에 작용하는 것

③ 술(알코올)과 함께 섭취하였을 때 중독되는 것 : 두엄먹물버섯, 배불뚝이깔때기버섯 등
④ muscarin 중독 : 땀버섯속 대부분, 깔때기버섯속 일부, 적색인 그물버섯속의 일부

#### (3) 주로 중추신경계에 작용하는 독

⑤ ibotenic acid, muscinol 등에 의한 것 : 광대버섯, 마귀광대버섯 등
⑥ psilocybin, psilocin에 의한 환각을 일으키는 것 : 목장말똥버섯, 좀말똥버섯, 검은띠말똥버섯 등

#### (4) 위장형을 자극하는 독(구토, 설사, 복통)

⑦ illudin S, fasciculol, choline 등에 의한 것 : 순서대로 화경버섯, 노랑버섯, 삿갓외대버섯 등

#### (5) 손발 끝의 종창(腫脹), 괴사 등의 통증을 유발하는 것

⑧ glyzicin 등에 의한 것 : 독깔때기버섯

### 독버섯의 중독증상

독버섯의 중독증상은 독성분의 종류, 함량, 섭취량, 섞여있는 다른 종류의 독버섯, 섭취자의 건강상태나 체질 등에 따라서 다르게 나타날 수 있다. 일반적인 증상으로는 버섯의 함유하고 있는 성분에 따라 달라지는데 대개 홍조, 현기증, 호흡곤란, 혈압강화, 시신경장애, 발한, 구토, 경련, 설사, 눈물흘림 등 독버섯의 종류에 따라 다수의 증세가 나타나는데, 대체적으로 6~10시간 후 증상이 나타나나 빠른 경우는 섭취 후 20분 내지 2시간 후에 나타나기도 한다. 독버섯에 의한 중독은 세계적이어서 Ford, W.W는 독버섯에 의한 중독증상을

① 위장장애형 : 화경버섯, 외대버섯 등

② 콜레라상 증상형 : 알광대버섯, 독우산광대버섯 등
③ 신경계 장애형 : 광대버섯, 마귀광대버섯, 땀버섯 등
④ 혈액독형 : 마귀곰보버섯 등
⑤ 뇌증형 : 미치광이버섯, 외대버섯 등의 5가지로 분류하였고,

Husemann은 독버섯의 중독증상을 다음 3가지로 분류하였다.

① 위장형 중독 : 주로 위장 카타르의 증상을 나타내며 구토, 복통, 설사, 허탈 등의 증상을 나타낸다(무당버섯, 화경버섯).
② 콜레라형 중독 : 심한 위장염 증상을 나타내고 허탈, 경련, 헛소리, 혼수상태를 일으키고 때때로 황달, 혈색소뇨, cyanosis를 일으킨다(알광대버섯, 독우산버섯).
③ 뇌증형 중독 : muscarine을 함유하는 경우에는 침 흘림, 지맥, 축동(縮瞳) 등의 부교감신경의 자각증상을 나타내고, amanitatoxin을 함유하는 경우에는 산동(散瞳), 소광상태(騷狂狀態), 근육경직 등의 증상을 나타낸다(광대버섯).

### 독버섯의 유독성분

버섯류는 정확하게 감정하기가 어렵고, 생육기간이 짧아서 연구재료로 수집이 힘들기 때문에 그 유독성분이 아직 완전히 밝혀지지 못하고 있는 실정이다. 지금까지 알려진 유독성분은 버섯의 종류에 따라 다른데 중요한 것은 다음과 같다.

〈표 7-5〉 주요 독버섯의 종류 및 증상

| 종 류 | 독 성 분 | 독 성 | 잠 복 기 | 증 상 |
|---|---|---|---|---|
| 알광대버섯<br>흰알광대버섯<br>독우산광대버섯 | amanitatoxin | 맹독<br>(치명적) | 6~12시간 | 구토, 설사, 간 및 신장장애, 경련, 혼수 사망률 70% |
| 광대버섯<br>파리버섯<br>땀버섯 | muscarine | 강독 | 1~2시간 | 구토, 설사, 어지러움, 시력장애, 흥분, 의식불명 |
| 화경버섯<br>노랑버섯<br>외대버섯 | lampterol 또는 illudin | 독 | | 심한 복통, 구토, 설사, 호흡장애 |
| 독깔때기버섯 | critidine | 독 | 수일 | 손발말단 통증, 환부 붉게 부음, 증세 지속기간이 김(1개월) |
| 미치광이버섯 | | 독 | | 구역질, 현기증, 신경계통 자극에 의한 흥분으로 평형감각 상실, 환각, 실신 회복이 빠름(1일) |

### 1) Muscarine[$CH_2(CHO)N(CH_3)_3OH$]

땀버섯, 광대버섯, 마귀광대버섯 등에 함유되어 있는 alkaloid의 일종으로 맹독성이며 부교감신경 말초를 흥분시켜서 침 흘림, 심한 발한, 동공수축, 호흡급박 등과 함께 체액의 분비항진 위장경련성 수축, 구토, 설사, 방광 자궁수축 등을 일으킨다. 사람에 대한 치사량은 피하주사 3~5mg, 경구투여 0.5mg 정도이다

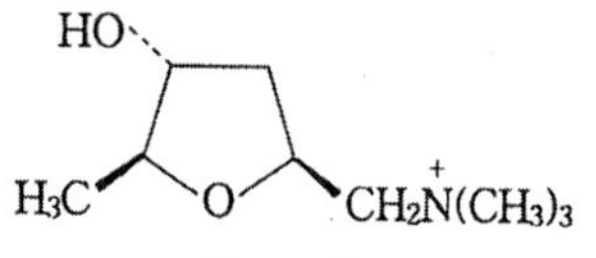

Muscarine

### 2) Muscaridine

광대버섯에 주로 많이 함유되어 있으며 atropine과 비슷한 뇌증상, 동공확대, 일과성 소광상태(騷狂狀態) 등의 증상을 일으킨다.

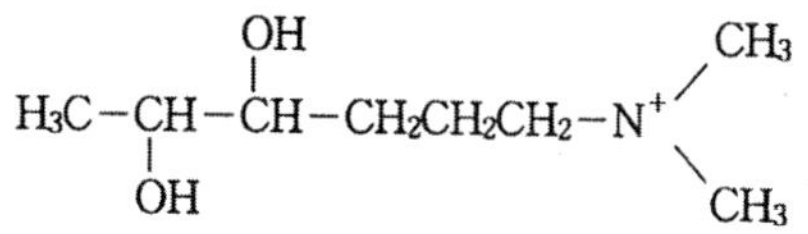

Muscaridine

### 3) Amanitatoxin

버섯독 성분 중 가장 맹독성으로 알광대버섯, 흰알광대버섯, 독우산버섯, 붉은점박이광대버섯 등에 함유되어 있으며 생리 생화학적인 성상에 의해 amatoxin군과 phallotoxin군 등으로 구분되며, 이들 모두 환상 peptide 구조를 가진다. 중독증상은 섭취한 후 10~20시간의 잠복기를 거쳐 복통, 강직, 콜레라와 같은 증상을 나타내고 대개는 2~4일 내에 사망한다.

〈표 7-6〉 Amanitatoxin의 독성

| 독성분 | $LD_{50}$(mg/kg[a], 생쥐) | 독성분 | $LD_{50}$(mg/kg[a], 생쥐) |
|---|---|---|---|
| amatoxins | | phallotoxins | |
| α-amanitin | 0.30 | phallacidin | 2.5 |
| β-amanitin | 0.50 | phallisin | 2.5 |
| γ-amanitin | 0.15 | phalloidin | 2.0 |
| ε-amanitin | 0.50 | phalloin | 1.8 |
| amanin | 0.50 | phallin | 15 |
| amanullin | nontoxic | | |

a : 정맥내 또는 근육내 투여 [자료 : Wieland and Wieland, 1972]

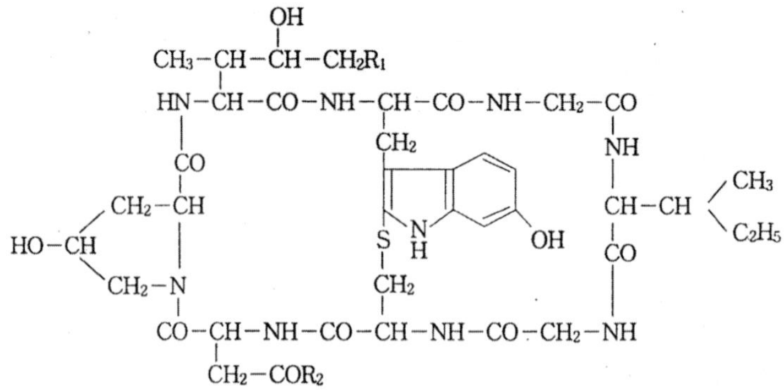

| | $R_1$ | $R_2$ |
|---|---|---|
| α-amanitin | OH | $NH_2$ |
| β-amanitin | OH | OH |
| γ-amanitin | H | $NH_2$ |

Amanitatoxin

### 4) Cholin[$CH_2(OH)CH_2N(OH_3)_3OH$]

외대버섯 등 많은 독버섯에 함유되어 있으며 담즙, 뇌수, 난황 등의 동물조직 중에서는 유리상태이거나 결합형으로 존재하며 muscarine과 유사한 중독증상을 유발하고 독성이 약한 편이다.

### 5) Neurin[$CH_2$=CH.N$(CH_3)_3$OH]

단백질의 부패작용에 의하여 cholin으로부터 생성되며 주요 증상은 호흡곤란, 설사, 경련, 사지마비 등 muscarine과 유사한 증상을 나타낸다.

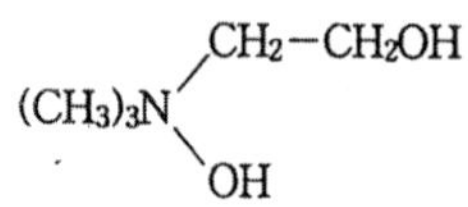

Choline

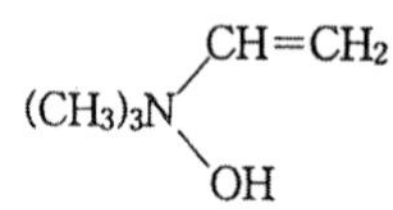

Reurine

### 6) Phaline

알광대버섯, 독우산광대버섯의 유독성분으로 일종의 배당체 맹독성이고 강한 용혈작용이 있다. 중독증상은 콜레라성의 증세를 나타낸다.

### 7) Agaricic acid

말굽잔나비버섯의 유독성분으로 위장 카타르, 설사, 구토, 두통 등을 일으키지만 독성은 강하지 않다. 이 독소는 생약으로서 복통, 안질 등에 효과를 주기도 한다.

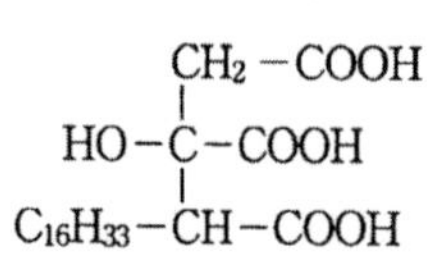

Agaricic acid

### 8) Pilztoxin

균독소라고도 하며, 광대버섯, 마귀버섯 등의 유독성분으로 열이나 건조에 약하다. 중독증상은 반사항진, 평형장애, 강직성 경련을 등을 일으킨다.

### 9) 기타

**Psilocin, Psilocybin** : 환각성 물질로 광이버섯, 웃음버섯, 모적버섯류의 유독성분으로 중독증상은 식후 10~30분에 환각이 일어나고 기억력 감퇴, 갈증, 정신산만, 지각상실 등의 증세가 나타난다.

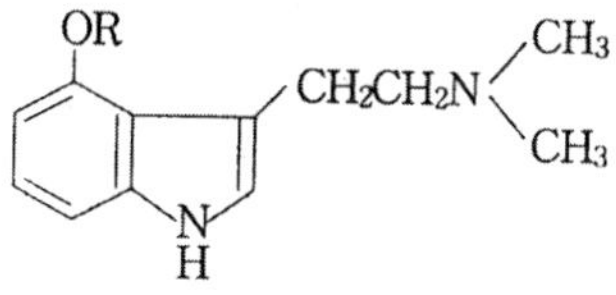

R : $PO(OH)_2$ Psilocybin
R : H Psilosin

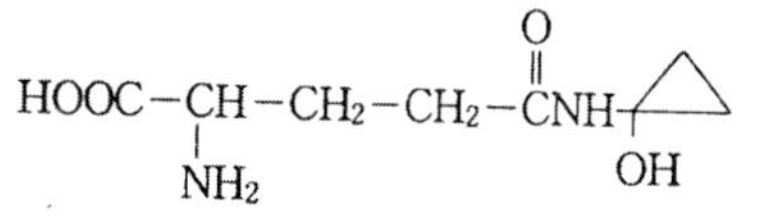

Coprine

**Coprine** : 두엄먹물버섯의 유독성분으로 음주 시 aldehyde dehydrogenase의 작용을 억제하여 악취를 유발시킨다.

**Helvellic acid** : 용혈작용이 있는 물질로서 긴안장대버섯을 완전히 끓이지 않으면 생성되는데 확실한 화학적 구조는 밝혀지지 않았다.

**Faciculol** : 노란다발버섯의 유독성분으로 구토, 설사, 마비, 경련 등을 일으키며 사망에 이르게 하는 수도 있다.

**Bufotenine** : 땀버섯과 광대버섯의 유독성분으로 환각, 발한, 구역질, 동공확대, 우울증 등의 증세를 나타낸다.

**Gyromitrin** : 마귀곰보버섯의 유독성분으로 체내에서 가수분해 되어 monomethyl-hydrazine으로 변해 독성이 강해진다. 황달, 경련, 빈혈 등을 일으킨다.

**Illudin S** : 화경버섯의 유독성분으로 lampterol과 동일한 물질이다. 구토가 심하고 심한 위장장애를 유발한다.

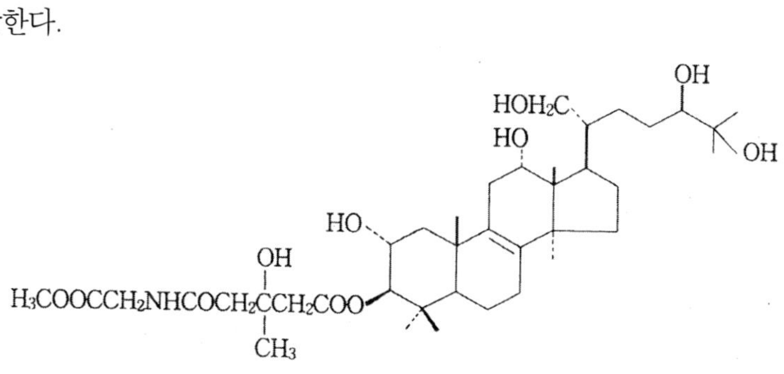

Fasciculol E

**Tricholomic acid** : 독송이의 유독성분으로 ibotenic acid와 같이 파리살충성이 있다.

**Acromelic acid** : 깔때기버섯에 clitidine과 함께 들어 있다. Acromelic acid는 A, B의 두 종이 확인되었다. 손발에 화상을 입은 것 같은 통증을 일으킨다.

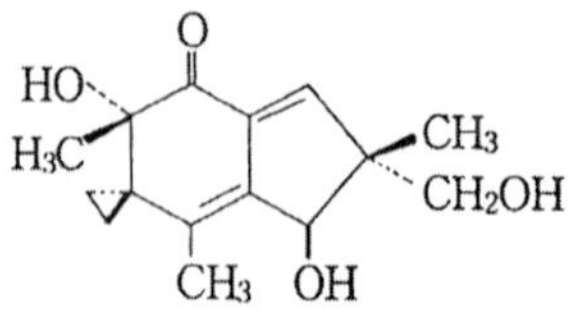

Illudin S

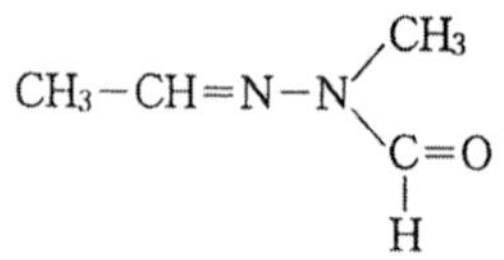

Gyromitrin

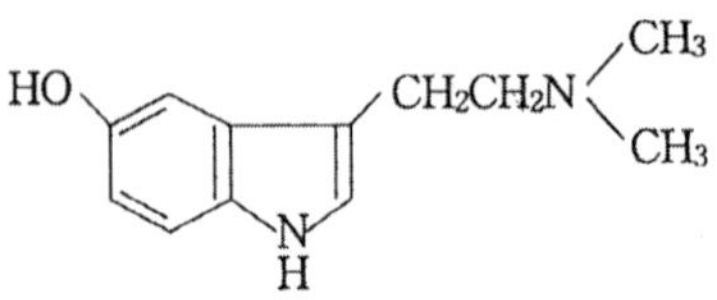

Bugfotenine

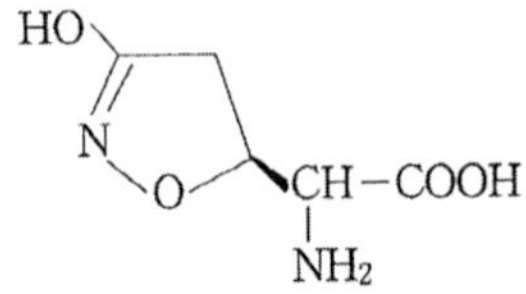

Tricholomic acid

## 독버섯 각론

### 1) 알광대버섯

알려진 독버섯 중 가장 맹독성이며 키가 10~20cm, 갓의 지름이 6~10cm인 큰 버섯으로, 갓은 처음에는 산같이 둥글지만 나중에는 편평해지며 색은 황록색이다. 대개는 흰색이고 아래 끝에는 항아리 같은 대주머니, 위쪽에는 아래로 늘어지는 턱받이가 있다. 늦은 여름~가을에 활엽수 숲에 발생하며 전 세계에 분포되어 있다.

유독성분으로서 amanitatoxin을 함유하고 있으며 중독되면 6~12시간 후에 콜레라 같은 증상에 이어 간, 신장이 침해되는 중추신경장애를 일으켜 경련, 의식불명, 혼수상태에 빠져 결국 사망하게 된다.

### 2) 광대버섯

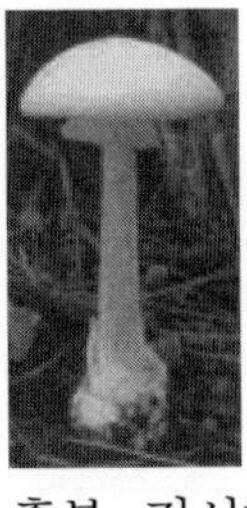

맹독성은 아니며, 키는 12~20cm 정도이고 지름이 6~15cm로 호빵 모양을 거쳐 편평해지며, 갓은 갓 표면에 있는 대주머니가 잘게 갈라져 생긴 것으로, 그 일부는 대의 밑둥에도 남아 있다. 이 버섯은 여름~가을에 침엽수와 활엽수 숲속 땅 위에 발생한다. 유독성분으로서는 muscarine, bufotenine, muscimol 및 ibotenic acid 등이 함유되어 있는데 muscarine의 함량은 적다. 중독되면 구토, 설사, 시력장애, 헛소리, 홍분, 정신착란, 환각 등을 일으키고 의식불명, 혼수상태에 이르지만 사망하는 일은 거의 없다. 이 버섯은 건조 또는 염장하여 3개월 이상 놓아두면 무독화되므로 식품재료로 저장하는 지방도 있다.

### 3) 가랑잎애기버섯

여름부터 가을까지 숲속 땅 위에 속생 또는 군생하는 낙엽 분해균이며, 북반구 일대, 오스트레일리아, 유라시아 등지에 분포한다. 갓은 지름 15~3.5㎝로 초기에는 반구형이나 차차 볼록편평형이 된다. 갓 표면에는 방사상의 주름이 있고 황갈색~담적갈색이며, 습하면 갓 둘레에 선이 나타난다. 조직은 얇고 질기며 매운맛이 난다. 주름살은 끝붙은형~완전끝붙은형이나 차차 끝붙은형이 되고, 너비 0.2~0.4㎝로 쓴맛이 있으며, 담황갈색이다. 대는 길이 2.5~5㎝로 표면은 녹황색~황갈색이고 속이 차 있으며, 기부는 담황색 털로 싸여 있다. 포자는 7.5~11×3.5~4㎛로 타원형이며, 표면은 평활하다.

### 4) 갈색고리갓버섯

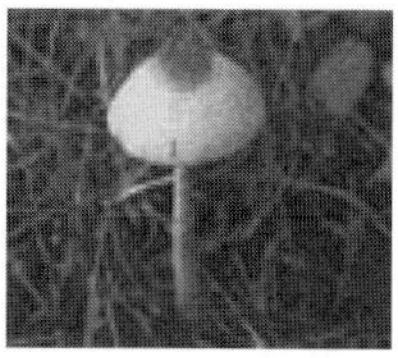

주름버섯과로 독버섯이다. 조직은 얇고 불쾌한 고무냄새가 난다. 여름과 가을에 정원, 잔디밭, 쓰레기장의 땅 위에 군생하며, 전 세계에 분포한다. 갓은 지름 2~5㎝로 초기에는 종형이나 차차 볼록편평형이 되며, 표면은 적갈색이며 성장하면 중앙부 이외의 표피가 갈라져 작은 인피를 형성하며 백색조직이 보인다. 주름살은 떨어진 형으로 빽빽하고 백색~담황색이다. 대는 20~25×0.3~0.4㎝로 위아래 굵기가 같고, 표면은 백색이나 차차 담갈색으로 변한다. 턱받이는 막질이며 초기에 없어진다. 포자는 5.5~8×3.4~4.5㎛로 마름모꼴이다.

### 5) 갈황색미치광이버섯

끈적버섯과로 독버섯이다. 물에 담았다가 식용하는 경우도 있으나 다량 식용하면 환각, 환청을 동반하는 정신이상, 흥분상태가 된다. 여름과 가을에 활엽수, 침엽수의 생목이나 고목에 속생하며, 전 세계에 분포한다. 갓은 지름 5~18㎝로 초기에는 반구형이나 차차 볼록편평형이 된다. 갓 표면은 평활하고 갈황색이고 섬유상의 미세한 인편이 있고, 조직은 담황색이고 쓴맛이 있다.

대는 5~20×1~2.5㎝로 표면은 황색~황토색이고 섬유상의 세로줄이 있으며, 대위쪽에 턱받이가 있다. 포자는 7.5~10.5×4.5~6㎛로 난형~타원형이며, 표면에는 미세한 주름이 있고, 포자문은 적갈색~갈적색이다.

### 6) 개나리광대버섯

광대버섯과로 독버섯이다. 식·독 불명 버섯인 애광대버섯과 유사하므로 주의한다. 여름과 가을에 혼합림 내 땅 위에 단생 또는 산생하며 한국, 일본 등지에 분포한다. 갓은 지름 3~7.5㎝로

초기에는 난형이나 차차 종형을 거쳐 볼록편평형이 된다. 갓 표면은 습할 때 점성이 있고 섬유상의 인편이 있으며, 담황색~황록색이고 때때로 백색 외피막 파편이 남아 있다. 조직은 백색이고 육질이며, 주름살은 떨어진형으로 빽빽하며 백색이다. 대는 5~11×0.6~1cm로 원통형이고 아래쪽으로 갈수록 굵어지며, 기부는 구근상이다. 속은 비어 있고 표면은 황색이며 섬유질 인편이 있고, 위쪽에는 막질의 백색 턱받이가 있고, 위쪽에는 막질의 백색 대주머니가 있다. 포자는 7~7.6×5~5.6㎛로 유구형이며, 표면은 평활하다.

### 7) 검은띠말똥버섯

먹물버섯과로 독버섯이다. 중독 증상은 레이스말똥버섯보다 강하며 같은 환각 성분을 함유하고 있다. 여름과 가을에 쇠똥, 말똥 위나 기름진 밭 등지에서 속생 또는 군생하며, 한국 ,일본, 인도, 유럽, 북아메리카, 아프리카 등지에 분포한다. 갓은 지름 1~4cm로 초기에는 종형~원추형이나 차차 볼록편평형이 되고, 표면은 적갈색이나 건조하면 담갈색이 되며, 습하면 갓 둘레에 회갈색 환문이 생긴다. 주름살은 끝붙은형이고 빽빽하며 흑색이다. 주름살날에는 백색 분말이 있다. 대는 4.5~8×0.3~0.5cm로 표면은 담적갈색이며 대 위쪽에는 미세한 분말이 있다. 포자는 10.5~13×6.5~9㎛로 레몬형이며, 표면은 평활하고, 포자문은 흑색이다.

### 8) 검은외대버섯

외대버섯과로 식·독 불명이다. 초여름에 잔디밭 땅위에 산생 또는 군생하며, 한국, 일본 등지에 분포한다. 갓은 지름 1~4cm로 초기에는 평반구형이나 차차 오목편평형이 되고, 표면은 흑갈색~흑색이며 아주 미세한 인편이 있으며, 습하면 방사상의 홈선이 있다. 주름살은 완전붙은형 또는 내린형으로 성기고 담회색을 거쳐 담홍색이 된다. 대는 3~6.2×0.1~0.3cm로 속은 비어있고 대부분 뒤틀려 있으며, 표면은 평활하고 회갈색~담흑갈색이며 섬유상이고, 기부에는 백색균사가 있다. 포자는 10.3~11.5×7.5~8㎛로 다면체이고, 포자문은 담홍색이다.

### 9) 고동색우산버섯

광대버섯과 요주의 식용버섯으로 알려져 왔으나 적혈구를 파괴하는 용혈독이 들어 있어 생식하면 위험하다. 여름부터 가을까지 활엽수림 내 땅 위나 풀밭에 단생 또는 산생하며, 북반구 일대에 분포한다. 갓은 지름 3~11cm로 초기에는 반구형이나 차차 볼록편형이 되며, 표면은 적갈색을 띠고 중앙부는 짙은 색이며, 외피막 파편이 붙어 있다. 주름살은 떨어진형 또는 끝붙은형으로 약간 빽빽하고 백색이다. 대는 5~12×0.6~1.9cm로 표면은 백색이고 인편이 있으며, 속은 비어 있다. 위쪽에는 백색 턱받이가 있으나 금방 탈락해버리고, 기부에는 백색의 대 주머니가 있다. 포자는 7~8×4~5㎛로 구형이다.

### 10) 굴털이버섯

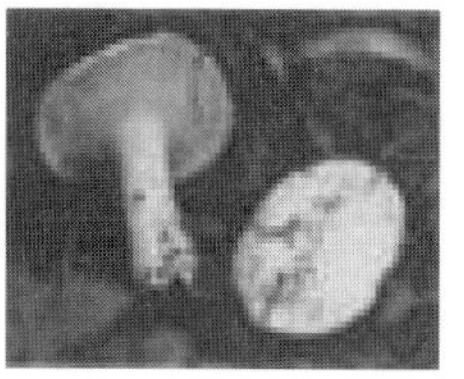

무당버섯과에 속하는 요주의 버섯으로 식용버섯이나 유액은 맵고 구토를 유발한다. 그러므로 물에 담가 유액을 제거하면 식용이 가능하다. 여름부터 가을까지 활엽수림, 침엽수림 내 땅 위에 군생하며, 북반구 일대 오스트레일리아 등지에 분포한다. 갓은 지름 4~18cm로 초기에는 오목반구형이나 차차 깔때기형이 되며, 표면은 평활하고 주름은 조금 있으며, 초기에는 백색이나 차차 담황색이 되고 황색~황갈색의 얼룩이 생긴다. 주름살은 내린형으로 빽빽하며 담황색이고 너비가 좁고 두 개로 분지된다.

대는 3~9×1~3cm로 기부가 약간 가늘고 표면은 백색이며 단단하다. 유액은 다량 분비되고 백색이며 변색되지 않고 맛은 몹시 맵다. 포자는 5.5~8×5~6.5㎛로 타원형 또는 구형이며, 표면에는 가는 돌기와 선이 있다.

### 11) 긴골광대버섯아재비

독버섯이다. 여름부터 가을에 걸쳐 침엽수림, 활엽수림, 혼합림의 땅 위에 단생하며, 한국, 일본 등지에 분포한다. 갓은 지름 2~6cm로 난형 또는 종형이나 차차 편평형으로 되고, 표면은 평활하고 회갈색~회색을 띠며, 갓 둘레에는 방사상 홈선이 있다. 주름살은 떨어진형으로 약간 빽빽하며 담홍색이다.

대는 4~9×0.4~0.8cm로 위쪽이 약간 가늘고, 표면은 백색이고 회백색 턱받이가 있으며, 기부에는 백색의 대주머니가 있다. 포자는 10~14×7.5~9.5㎛이며 표면은 평활하다.

### 12) 긴꼬리말불버섯

말불버섯과로 식·독 불명이다. 여름부터 가을까지 숲속 땅 위나 썩은 나무 위에 발생하며, 한국, 일본, 유럽, 북아메리카 등지에 분포한다. 자실체는 지름 1.5~4cm로 넓은 난형이고 기부에 균사가 붙으며, 표면은 담회색이었다가 차차 담황토색~담황토갈색으로 된다. 아래쪽에 주름이 있으며, 대는 없거나 짧다. 위쪽 표면에는 길이 0.5~1mm의 단일 또는 서로 결합한 단단한 가시가 있으며, 아래쪽에는 작은 가시가 있으나 탈락하면 사마귀 또는 망목상의 내피를 나타낸다. 내피는 담갈색이고 광택이 있다. 포자는 4~5×3.5~4.5㎛로 유구형~난형이고, 포자 크기의 4~5배 되는 긴

대가 있으며, 표면은 평활하거나 거칠다.

### 13) 긴대주발버섯

안장버섯과로 식·독 불명이다. 여름부터 가을까지 숲속 땅 위에 단생하며 한국, 일본, 유럽, 북아메리카 등지에 분포한다. 자실체는 지름 2~3㎝로 대가 달린 주발 모양이고, 머리 부분은 지름 2~3㎝로 육질이며, 초기에는 주발모양이나 차차 접시모양이 된다. 내부의 자실층은 어두운 갈색이며 외면은 담갈색이고 짧은 털이 빽빽히 나 있다.

대는 3~5×0.2~0.4㎝로 거의 원통형이며 갓의 외면과 같은 색이다. 포자는 23~30× 11~14㎛로 타원형이며, 2개의 유구가 있다.

### 14) 깔때기무당버섯

무당버섯과로 독버섯이다. 고약한 냄새가 나고 맛은 맵다. 여름부터 가을까지 숲 속의 땅 위에 군생하며, 북반구 일대에 분포한다. 갓은 지름 5~12㎝로 초기에는 평반구형이나 차차 오목편평형이 되며, 표면은 황갈색이며 습하며 점성이 있다. 갓 둘레에는 뚜렷한 방사상의 홈선이 있으며 홈의 융기부에는 작은 젖꼭지 모양의 돌기가 늘어서 있고 표피는 벗겨지지 않는다. 주름살은 끝붙은형이며 빽빽하고 백색이나 갈색의 얼룩이 있으며 물방울을 분비한다. 대는 3~9×0.5~3.5㎝로 굵고 속이 비어 있으며 표면에 가시와 연결맥이 있다. 포자는 6.5~9×5~7.5㎛로 광타원형이며 표면은 망목상이고 아밀로이드이며, 포자문은 백색~담황백색이다.

### 15) 꽃잎우단버섯

우단버섯과로 식·독 불명이다. 여름과 가을에 소나무나 침엽수의 썩은 나무·통나무 등에 중생하며 한국, 일본, 동아시아, 북아메리카 등지에 분포한다. 갓은 지름 2~7㎝로 반원형 또는 부채형이며, 표면은 평활하고 황색을 띠고, 갓 끝은 말린 형이다. 주름살은 내린 형으로 약간 빽빽하고 농황색~등황색이며 방사상으로 배열되어 있고, 분지와 함께 수축되어 측면에 주름이 있다. 대는 거의 없고 직접 기주에 부착되어 있다. 포자는 3~4×1.5~2㎛로 원형이며, 표면은 평활하고 비아밀로이드이고, 포자문은 황색이다.

## 2-2. 유독성분을 함유하는 식용식물

### 1) 감 자

감자는 일상적으로 많이 섭취하는 식품 중의 하나로 가격이 비교적 저렴하여 가정에서 뿐만 아니라 회사의 구내식당, 학교, 기숙사 등에서 많이 이용하다가 유독성분에 의해 식중독이 발생하여 사망하는 경우도 있다.

### 유독성분

감자 중에 존재하는 유독성분은 solanidine 배당체인 solanine($C_{45}H_{73}NO$)으로 steroid 골격을 가지는 solanidine($C_{27}H_{43}NO$)에 galactose, glucose, rhamnose가 결합된 것이다.

$$C_{16}H_{11}O_4-O-C_6H_{10}O_4-O-C_6H_{16}O_4-O-O_{24}H_{42}N$$

rhamnose galactose glucose solanidine

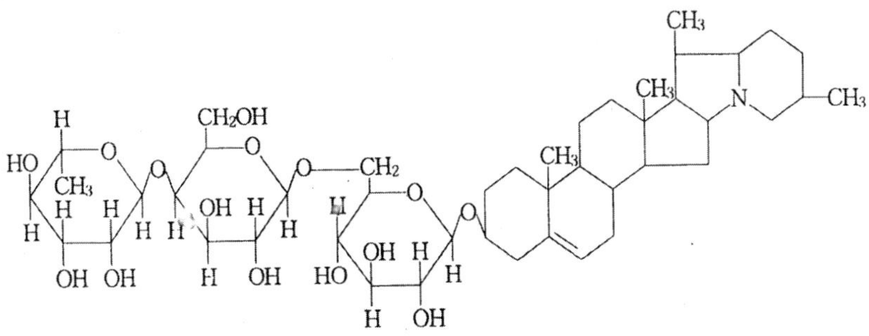

Solanine

정상적인 감자의 경우 0.001~0.05%의 solanine이 함유되어 있지만 이 정도의 양은 인체에 별문제가 되지 않는다. 싹이 튼 발아부위와 햇빛에 노출되어 생기는 녹색부위에는 solanine의 함량이 증가하게 되는데 그 함량이 0.2~0.48g/kg 이상일 때는 중독의 위험성이 있으므로 주의해야 한다.

### Solanine의 성질

Solanine은 수용성으로 보통 조리에 의해서 제거되지만 열에는 비교적 안정하므로 보통의 조리방법으로는 완전히 파괴시킬 수 없다. 생체 내에서 cholinesterase의 억제작용이 있어서 용혈, 운동중추 마비, 국소자극 등의 작용을 나타낸다. 토끼에 대한 $LD_{50}$=0.45g/kg이고, 사람의 경우 25~40mg 정도이다.

### 중독증상

중독증상은 수 시간의 잠복기를 거쳐 복통, 구토, 설사, 발열, 의식불명, 두통, 언어장애, 현기증, 졸음 등의 증상이 발생한다. 한편 썩은 감자에는 sepsine이 있어 식중독을 발생하기도 한다.

〈표 7-7〉 감자의 부위별 solanine 함량

| 부위 | Glycoalkaloid(mg/100g 생체 중) |
|---|---|
| 괴근조직 | |
| 괴근 전체 | 7.5 |
| 표피(2~3%) | 30~60 |
| 껍질(10~15%) | 15~30 |
| 껍질, 눈(3mm 폭) | 30~50 |
| 살(flesh) | 1.2~5 |
| 쓴 감자 전체 | 25~80 |
| 쓴 감자 껍질 | 150~220 |
| 식물체 | |
| 싹 | 200~400 |
| 꽃 | 300~500 |
| 줄기 | 3 |
| 잎 | 40~100 |

### 2) Cyan 배당체 함유 식물

자연계의 여러 식물 중에는 각종 cyan 배당체들이 널리 분포(식용식물에도 분포)되어 있다. 미숙한 매실이나 살구씨, 복숭아씨 등에는 cyan 배당체인 amygdalin이, 오색콩에는 acetone cyanhydrin과 glucose가 결합된 phaseolunatin이, 수수에는 dhurrin, 벚나무속의 미숙 과일 종자에는 prunasin이 각각 함유되어 있다. 이들 cyan 배당체들은 체내에서 가수분해효소에 의해 가수분해되어 청산(HCN)을 유리하고 청산은 호흡효소계의 cytochrome oxidase를 억제하여 조직호흡을 급속히 저하시킴으로써 치명률이 높은 식중독의 원인이 된다.

#### 중독증상

두통, 구토, 설사, 복통 소화불량 등의 소화기계 증상을 시작으로 호흡곤란, 전신의 강직성 경련을 일으키고, 중증인 경우에는 호흡중추의 마비로 사망하게 된다.

#### 예 방

장시간 가열하여 HCN을 휘발시키거나 물로 여러 번 씻어서 제거하여야 한다.

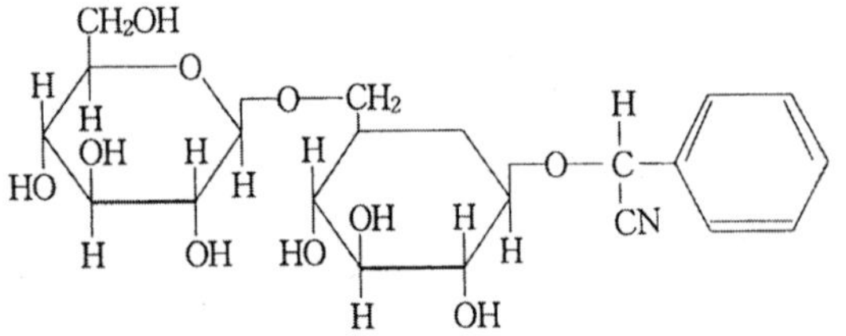

Amygdalin

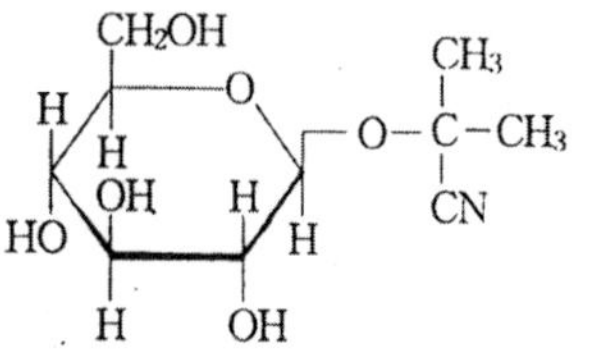

Phaseolunaton

### 3) 목화씨

목화씨에는 기름이 많이 함유되어 있어서 면실류의 제조에 이용되고 있다.

#### 유독성분

목화의 종자, 뿌리, 줄기에는 polyhydroxy napthalene의 유도체인 gossypol($C_{10}H_{30}O_8$)이 함유되어 있어 정제가 불충분한 면실유와 기름을 짠 후의 종자단백을 식용하면 식중독을 일으킨다. Gossypol 섭취 시 생체가 이용할 수 있는 lysine과 결합하여 lysine의 기능을 억제할 뿐만 아니라 항산화 작용을 가지고 있으나 그 독성작용이 더 문제가 되므로 제거하여야 한다. 대부분 정제 시 제거된다.

#### Gossypol의 성질

묽은 가성 소다 용액에 용해되므로 쉽게 기름에서 분리, 제거할 수 있으며 가열에 의해서도 어느 정도 분해된다.

#### 중독증상

중독 시에는 심부전증, 심장비대, 간장애, 황달, 출혈성 신염, 신장염 등의 증상이 나타난다.

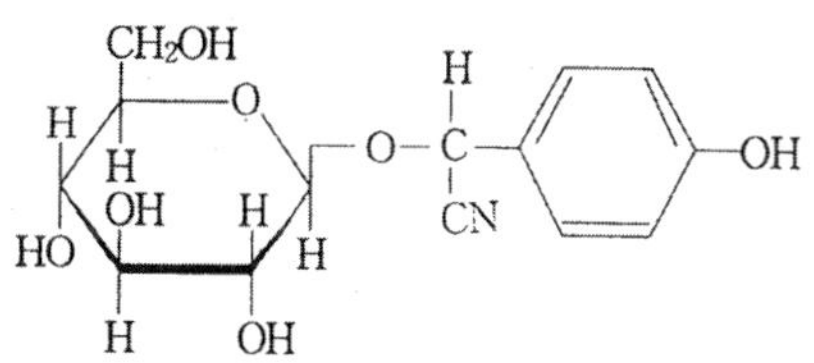

Dhurrin

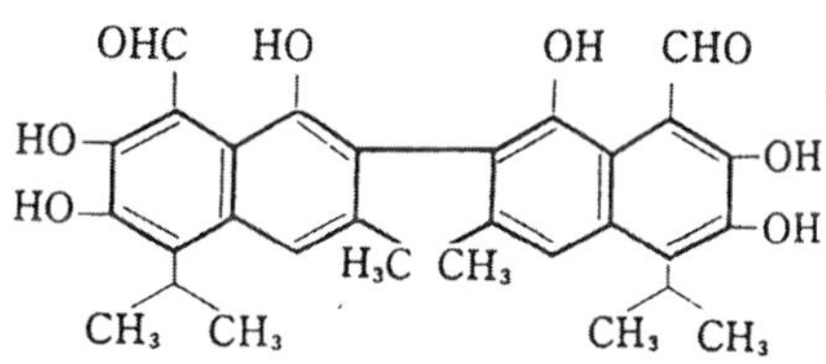

Gossypol

### 4) 피마자

피마자씨(아주까리)의 종자에는 식중독을 유발하는 유독물질이 함유되어 있어 이로부터 얻은 피마자유나 그 박(粕)에 의해 중독을 일으키는 경우가 있다.

#### 유독성분

피마자유에는 ricin과 alkaloid 독소인 ricinin, allergy성 증세를 일으키는 allergen이 있으며 allergen은 박 중에 다량으로(6~9%) 함유되어 있다.

#### 유독물질의 성질

Ricin은 피마자 이외에 많은 식물의 잎, 뿌리 및 구근과 특히 콩과식물의 종자에 널리 분포되어 있는 독성이 강한 유독성분으로 적혈구를 응집시키는 식물성 hemagglutinin 또는 phytagglutinin

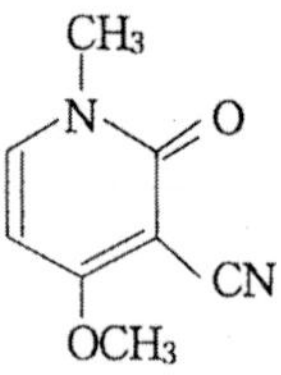

Ricinine

이라는 특수한 단백질이다. 또한 ricinin은 독성이 약한 alkaloid로 아주 소량으로 존재하기 때문에 별문제가 되지 않는다. Allergen은 내열성이기 때문에 불활성화되기 어렵고 피마자 박 중에 많이 함유되어 있다.

#### 중독증세

복통, 구토, 설사와 allergy 증세 등을 나타낸다.

### 5) 은행

은행나무의 종자인 은행에는 과량 섭취했을 경우 식중독을 유발하는 유독성분이 함유되어 있다.

#### 유독성분

은행의 유독성분은 비타민 $B_6$인 pyridoxin의 4번 위치가 methyl화된 4-methoxypyridoxin으로 이물질은 anti-vitamine $B_6$ 작용이 있어서 실험동물의 강직성 경련을 나타낸다.

#### 중독 증세

어린아이가 과량 섭취하면 구토 후에 의식을 잃고 심한 간질 모양의 경련을 반복하며 때로는 사망하게 된다.

### 6) 콩류

대두, 완두콩, 땅콩, 강낭콩에는 protease 활성의 억제물질인 trypsin inhibitor와 강한 용혈작용물질인 saponin과 sapogenin이 들어 있다. 대두에는 5~6종 이상의 트립신 억제물질이 존재하며, 이들은 protease의 구조를 변형시켜 효소기능을 상실케 한다. 그러나 가열처리로 억제물질은 그 활성을 잃는다. Saponin은 가열 조리과정에서 거의 영향을 받지 않지만, 대두에 함유된 소량(0.5%)으로는 유해작용을 가져오지 않는다.

## 2-3. 오용하기 쉬운 유독식물

### 1) 독미나리

독미나리는 Umbelliferae의 다년생 초목으로 겉모양은 미나리와 비슷하지만 대형이므로 구별하기가 쉽다.

#### 유독성분

유독성분은 cicutoxin($C_{10}H_{26}O_3$)으로 주로 지하경(地下莖)에 많다.

### 중독증세

수 분~2시간 정도의 잠복기를 거쳐 심한 위통, 구토, 현기증, 경련, 발한에 이어 정신착란 등이 일어고 중중일 때는 호흡마비로 사망한다.

### 2) 독보리

화본과에 속하는 밀과 비슷한 잡초로서 그 씨가 혼입된 것을 밀가루로 만들어 식용하면 중독을 일으킨다.

### 유독성분

독보리씨에는 유독 alkaloid인 temulin이 약 0.06% 함유되어 있다. 독성분은 종피와 배유 사이에 균이 번식하여 생산된다는 설과 식물 자신이 생산한다는 설이 있다.

### 중독증상

두통, 현기증, 무기력, 귀울림, 구토, 위통, 설사 등이며 중증일 때에는 배뇨곤란, 식은땀, 허탈, 경련, 혼수 등을 일으키며 사망하는 경우도 있다.

### 3) 독공목

독공목은 산과 들에 자생하는 높이 1.5m 내외의 낙엽관목으로 열매는 단물이 있기 때문에 특히 어린이들이 뽕나무열매(오돌개)로 오인하여 섭취하면 중독된다.

### 유독성분

유독성분은 coriamyrtin($C_{15}H_{18}O_5$)과 tutin($C_{15}H_{18}O_5$)이며 경련독이다.

### 중독증상

구토, 동공축소, 전신경직, 경련 등이며 사망하는 경우도 있다.

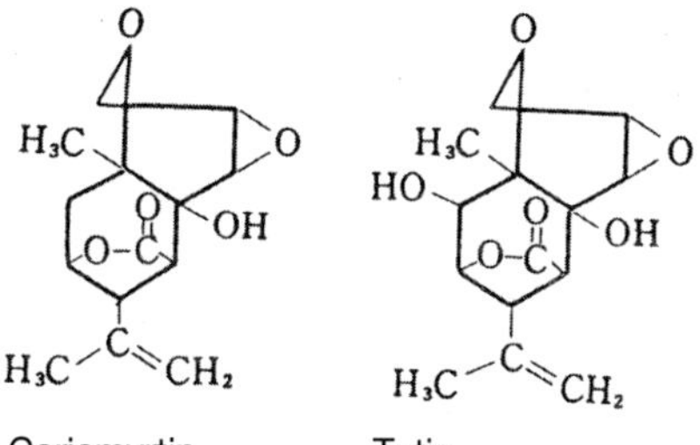


Coriamyrtin Tutin

〈표 7-8〉 식용식물과 오인되기 쉬운 유독식물의 종류 및 증상

| 식 품 명 | 유독성분 | 증 상 및 특징 |
|---|---|---|
| 바꽃<br>(오두, 초오, 투구꽃) | aconitine | 중추신경 마비작용, 구순염, 사지의 마비, 위의 타는 듯한 느낌, 언어·연하장애, 호흡마비, 식용나물과 오인 섭취, 화분이나 벌꿀에도 함유 |
| 독미나리 | cicutoxin | 미나리와 비슷하여 오인 섭취, 크기가 크며 뿌리, 줄기로 식별, 위통, 구토, 경련 |
| 흰독말풀 | hyoscyamine<br>scopolamine<br>atropamine | 강증, 심박촉진, 경련, 혼수, 치사, 부교감신경 및 중추신경 억제에 의한 증상 |
| 디키탈리스 | digitoxine | 설사,구토, 심장장애, 캄프리와 유사하여 오인 섭취 |
| 박새 | jervine<br>verotiamine | 구토, 설사, 마비, 혈압저하, 호흡곤란 |
| 독공목 | coriamyrtin | 구토, 경련, 사망, 초여름에 흑자색 열매가 뽕나무 열매와 오인 섭취 |
| 미국장녹 | phytolaccasaure | 뿌리에 질산 다량 함유, 구토, 복통 |

### 4) 붓순나무

이 나무의 줄기나 잎에는 향기가 있고 열매는 향신료로 이용되는 대회향(大茴香)과 비슷하여 오용에 의해 중독을 일으킨다.

#### 유독성분

열매에는 anisatine shikimin, shikimitoxin, hananomin 등이 함유되어 있다.

#### 중독증상

중독되면 구토, 현기증, 경련 등을 일으키고 심할 때에는 허탈 cyanosis를 거쳐 사망하는 경우도 있다.

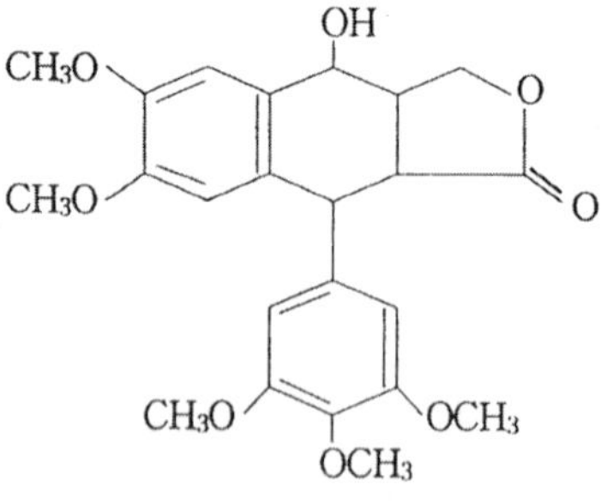

Shikimitoxin

### 5) 가시독말풀

흰독말풀이라고도 하며 종자가 검고 참께와 비슷하므로 참깨에 혼입된 것을 그대로 먹으면 중독을 일으킨다.

### 유독성분

Scopolamine, hyoscyamine, atropine 등이 씨, 잎, 뿌리 등에 함유되어 있다.

### 중독증상

식후 수십 분 이내에 흥분상태가 되고, 몸의 저림, 무도병 같은 운동, 환각 등을 나타낸다.

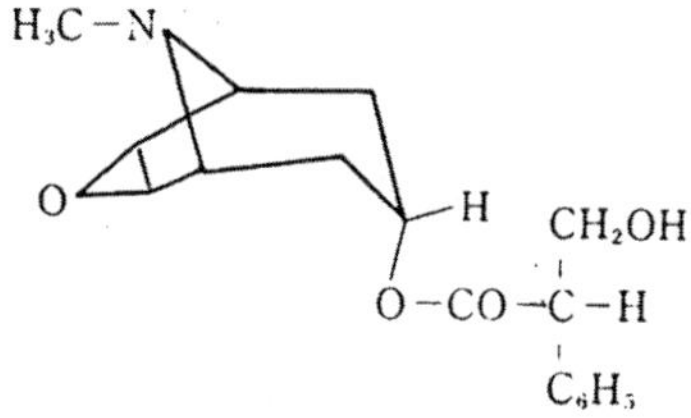


Scopolamine

## 6) 바 꽃

쌍란국이라고 하며 산과 들에 자생하며 한방에서는 건조한 근경을 부자 또는 오두(烏頭)라 하여 진통제로 사용한다. 산나물로 잘못 알고 섭취하여 급성중독을 일으킨다.

### 유독성분

바꽃 전체가 유독하지만 특히 근경에는 맹독성 alkaloid인 aconitin, masaconitine 등이 함유되어 있다.

### 중독증세

입술과 혀가 열감(熱感)이 나서 확확거리고 입과 손발이 저리며 구토, 복통, 수족의 마비, 언어장애 등을 일으키고 중증일 때에는 늦어도 3~4시간 이내에 인사불성이 되어 호흡곤란, 심장마비로 사망할 수도 있다.

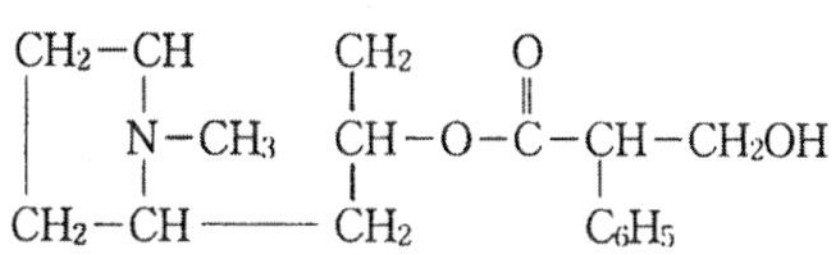


L 체 : Hyoscyamine
DL체 : Atropine

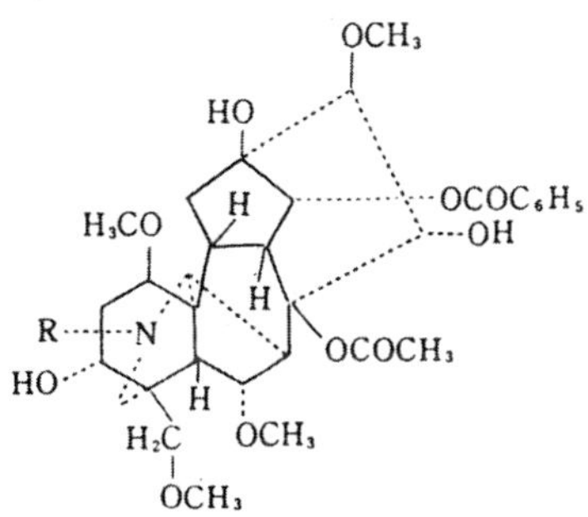


R = $C_2H_5$ : Aconitine
R = $Ch_3$ : Mesaconitine

### 7) 미치광이풀

가지과에 속하는 다년생 초본으로 지하경을 참마로 오인하여 먹거나 어린싹을 산나물로 잘못 알고 식용하면 중독을 일으킨다.

#### 유독성분

Hyoscyamine이 주성분이고 그 외에도 atropine과 scopolamine이 잎, 뿌리, 지하경에 함유되어 있다.

#### 중독증세

권태감, 동공확대, 홍분, 심계항진, 호흡곤란 등이며 심하면 호흡정지로 사망하게 된다.

## 2-4. 변이원성 및 발암성 물질을 함유하는 식용식물

### 1) 고사리

고사리는 우리나라 야산 등지에 널리 분포되어 있는 식용식물로 영국과 터키 등에서 가축에게 비뇨기나 장관의 출혈을 일으켜 죽게 하는 물질이 존재함을 알게 되어 고사리의 유독성분에 대한 연구가 시작되었다. 그 후 소에서의 방광종양, 쥐, 모르모트, 메추리 등에서 발암 및 생쥐에서의 최기형성도 보고되어 고사리의 발암성에 관심이 커졌다.

#### 유독성분

고사리의 유독성분은 nor sesquiterpenoid 배당체인 ptaquiloside로서 이것은 불안정하여 약알칼리성에서는 포도당이 분리되어 dienone이 되며 이것이 암을 일으키는 alkyl화제로 작용한다. 발암성 물질인 ptaquiloside는 고사리의 떫고 쓴맛을 우려내면 발암성의 성분도 없어진다는 사실도 실험적으로 증명되었다.

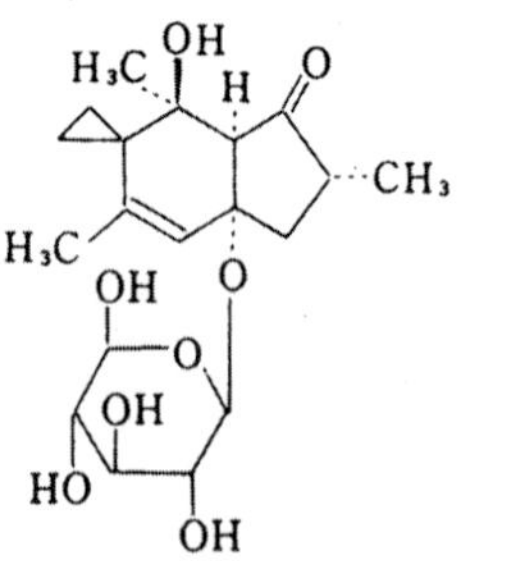

Ptaquiloside

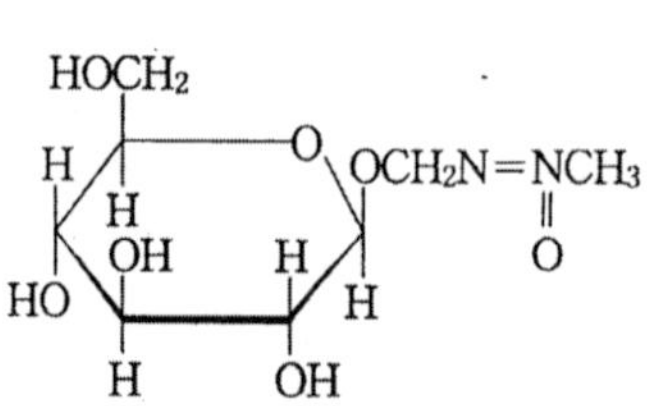

Cycasin

### 2) 소 철

관상용으로 정원에 심는 소철의 줄기와 종자에는 전분이 들어 있어 과거에 소철나무의 열매를

이용하여 불충분한 정제법으로 만든 전분 중에 유독성분이 들어 있어 이를 섭취함으로써 식중독을 일으킨 예가 있다.

### 유독성분

독성물질은 cycasin이라는 배당체의 일종으로서 cycasin이 동물의 장내세균의 β-glucosidase에 의해 분해되면 포도당과 함께 aglycone인 methylazoxymethanol이 생성되고 이 aglycone이 핵산 및 단백질의 alkyl화제로 작용하면 동물의 간, 신장, 소장 등에 종양을 발생시킨다. 동물 조직에는 β-glucosidase가 없으므로 cycasin을 비경구투여하거나 무균 동물에게 투여하면 aglycone이 유리되지 않으므로 독성이 나타나지 않는다.

## 3) Pyrrolizidine 함유 식물

산나물로 이용되는 국화과의 개쑥갓 중에는 암을 유발하는 발암성 물질이 존재하고 있다.

### 유독성분

주로 국화과의 개쑥갓속에 함유되어 있는 발암물질인 pyrrolizidine alkaloid는 1-hydroxy-methylpyrrolizidine 구조를 가지며 1,2 사이에 이중 결합이 있고 강한 간독이 있어 황달이나 간경화증을 일으키고 간암을 발생케 한다.

## 4) Safrole 함유 착향료

녹나무과 식물인 사사프라스의 뿌리에서 나오는 사사프라스 유(油)는 청량음료의 향료로 사용된다. 이 기름은 사사프라스의 뿌리를 증류해서 얻는 황색 또는 황적색의 정유로서 기름 중에는 safrole이 다량 함유되어 있다. Safrole 함유 사료를 쥐에게 장기간 투여하면 간암, 담관암이 발생하게 된다는 것이 실험으로 증명된 바 있다.

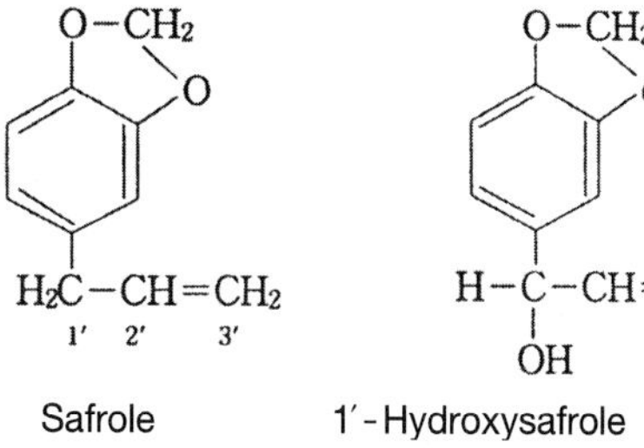


Safrole　　1′-Hydroxysafrole

# 제8장 화학성 식중독

각종 환경에서 유래되는 유해·유독한 화학물질이 식품에 오염된 것을 섭취함으로써 발생되는 식중독을 화학성 식중독(Chemical food poisoning)이라 한다. 화학물질에 의한 식중독은 주로 유해 화학물질의 식품에의 침입, 오용, 과잉 첨가, 잔류 등에 의해서 일어나며 식품의 변질의 원인이 되는 수도 있다. 화학물질에 의한 식중독은 종래 급성중독만 문제되었지만, 1955년 일본에서 발생한 비소를 함유한 조제분유에 의한 유아의 비소분유 중독사건, 1968년 PCB에 의한 미강유의 섭취로 중독사건 일어나 화학물질에 의한 아급성 또는 만성독성도 큰 문제가 된다는 사실이 밝혀졌다. 이러한 사고들은 식품의 제조에 있어서 관리가 불충분했던 것이 원인이었다. 1964년 지방성 식품의 산패에 의한 식중독 사고가 일본에서 발생하였는데 원인 물질로서는 과산화지질 또는 그것에서 유도된 물질로 추정되었다. 화학물질에 의한 식중독은 다른 식중독에 비해 치명률은 비교적 낮지만 독성물질에 의한 대사성 만성질환을 유발할 수 있기 때문에 큰 관심을 기울여야 할 때라고 생각된다. 화학성 식중독의 특유의 증상은 구토이다.

유독·유해한 화학물질의 식품유입 경로는 매우 다양하나 대체로 다음과 같이 분류할 수 있다.

첫째 : 고의 또는 오용에 의해 첨가 또는 혼입되는 경우(불허용 첨가물)

둘째 : 우연히 혼입되는 경우(유해 금속, 열 매체 등)

셋째 : 기구, 용기 및 포장재 등으로부터 용출되어서 식품으로 이행되는 경우(아연, 비소, 카드뮴 등의 유해 금속, formaldehyde 등)

넷째 : 제조, 가공 및 저장 중에 생성되는 유해물질(nitrosamine류, 변이원성 물질, formaldehyde 등)

다섯째 : 환경오염에 의한 유해물질(유해 금속, 농약, 방사성 물질, 항생물질, 유해 유기화합 물질 등)

화학성 식중독은 다른 식중독에 비하여 다음과 같은 특징을 가지고 있다.

첫째 : 체내 흡수가 빨라서 중독량에 달하면 급성증상을 나타낸다.

둘째 : 미량씩 장기간 섭취하면 체내에 축적되어 만성중독을 유발한다.

셋째 : 통계상 화학성 식중독은 급성 식중독만을 채택한 것이므로 다른 식중독에 비해 발생건수가 적다.

넷째 : 계절과 관계가 없고 한 번 발생했다 하면 대규모로 발생할 소지가 있다.

유해성 화학물질에 의한 식중독을 방지하기 위해서는 식품의 제조·가공업자 등의 올바른 위생지식의 향상과 위생관리의 철저 및 식품위생법을 준수해야 하지만, 소비자도 위생적으로 안전한 식품을 선택할 수 있는 지식을 갖추는 것이 중요하다.

〈표 8-1〉 화학성 식중독의 예 및 증상

| 원인 | 예 | | 증상 |
|---|---|---|---|
| 식품, 첨가물의 오용 및 남용 | Methanol | 추출용매 혼입, ethanol으로 오인 | 두통, 어지러움, 복통, 설사, 시신경장애 실명 |
| | 농약류(DDT, BHC 등) | 백색분말로 소맥분이나 중조로 오인 | 맹독성 물질로 자살, 살인에 사용예 있음 |
| | | 살포 직후 수확한 과일·야채류 섭취 | |
| | 불량첨가물 | 유해성 감미료, 유해성 보존료, 유해성 착색료 등 | 발암성이 우려됨 |
| 식품의 제조·가공과정에서 유해물질이 혼입 | 열, 산소 등에 의한 식품성분의 변화 | 과산화지질, n-nitroso 화합물, 엽록소 분해 생성물 | 발암, 설사, 복통, 구토, 광과민반응 |
| 기구나 용기 포장에 유해물질이 용출 | 동, 청녹 | 가공,조리용 기구관리 부주의로 쓴 녹의 유입 | 오심, 구토, 가슴앓이, 두통, 현기증, 복통, 발한, 경련, 간·신장장애 |
| | 아연 | 강한 산성물질에 의한 부식(중독량(200~500mg/체중) | 오심, 구토, 설사, 복통 |
| | 카드뮴 | 산성식품에 의해 용출(중독량 10~30mg) | 만성독성, 이타이타이병 |
| | 납 | 만성중독 | 권태감, 피부창백, 근육마비 |
| | 주석 | 캔 내용물에 의한 용출 | 복통, 구토, 설사 |
| 화학변화를 일으킨 식품성분에 의한 경우 | 히스타만(참치, 고등어, 정어리, 방어 등) | 붉은살 생선의 히스타민이 세균의 탈탄산효소에 의해 히스타민이 되어 축적(4~10mg/g 어육에서 중독) | 안면홍조, 피부발진, 발열, 두통 구토, 설사 |
| | 변패유지의 과산화물 | hydroperoxide | 설사, 복통, 구토 |

# 1. 고의 또는 오용에 의한 식중독

## 1-1. 불허용 식품첨가물

최근 사용되는 첨가물 중 인체에 유해하여 사용이 취소된 것, 또 사용 금지된 것인 줄 모르고 고의 또는 과실로 사용하여 식중독을 유발케 하는 화학물질들은 다음과 같다.

### 1) 유해성 보존료

보존료는 식품 중에 존재하는 미생물의 발육을 저지하거나 사멸시킬 수 있는 화학물질로서 독성이 비교적 낮은 것으로 사용기준을 정하여 허가하고 있지만 비록 허용된 것이라도 인체에 전혀 무해하다고 확언할 수는 없다.

① **붕산**(boric acid)

방부제로서 육제품, 어육제품 등에 첨가될 수 있고 고농도로 사용될 뿐 아니라 축적성이 있어 약 0.5%을 연속적으로 경구 섭취하면 소화효소의 저해 작용을 유발한다. 붕산은 비늘 모양의 결정으로 물에는 잘 녹지 않으나, 수증기에 의해서 휘산되는 성질을 가지고 있다. 비교적 방부효과는 약하지만 한때 영국에서 육류, 마가린, 버터 등의 식품에 사용되었으나 독성 관계로 사용이 금지되었다.

**인체에 미치는 영향** : 장기적으로 섭취하면 체내에 축적하여 산중에 의한 대사장애, 소화효소의 작용 억제로 소화불량을 일으키고 또 영양소의 동화를 방해하여 지방의 분해를 촉진시켜 체중의 감소를 가져오며 장기의 출혈을 일으킨다. 1~3g 섭취로 중독되며 구토, 설사, 위통 등의 증상을 나타낸다. 치사량은 성인 8~17g, 유아 5~6g이다.

② Formaldehyde

방부력이 대단히 강한 화합물질로서 5만 배의 희석농도(0.002%)에서도 세균의 발육이 완전히 억제된다. 최근까지도 주류, 육류, 간장, 두부 등에 부정 사용되는 일이 종종 발생되고 있다. 독성이 대단히 강하므로 우리나라 식품위생법에서는 어떤 식품에서도 검출되어선 안 된다고 규정하고 있다. Formalaldehyde가 강력한 방부력을 갖는 것은 알킬화제로서 단백질의 $-NH_2$, $-OH$기와 결합하여 단백질의 구조를(단백질의 변성) 파괴하는 것으로 알려져 있다.

**인체에 미치는 영향** : Formaldehyde에 중독되면 두통, 현기증, 호흡곤란과 소화불량 현상이 나타내고 또 체내에서 개미산으로 산화되어 배설되며 신장에 염증을 일으킨다. 치사량은 10~20mL 정도이다.

③ Urotropin(hexamethyl tetramine)

Formaldehyde와 암모니아를 결합시켜 얻은 것으로 방부작용이 있어서 의약품으로 요로살균에 사용되는데 음식물에 첨가되는 수도 있다. 중독되면 피부에 발진을 일으키고 신장이나 방광을 자극하여 혈뇨, 구토 등을 일으킨다.

④ $\beta$-naphthol

백색결정형으로 찬물에 녹지 않으며 열탕에 약간 녹고 알코올과 에테르에 잘 녹는 성질을 가지는 화합물로 방부력이 강하기 때문에 간장의 표면에 발생하는 흰곰팡이의 발생을 억제하기 위하여 한때 사용된 적이 있으나 독성관계로 사용이 금지되었다.

**인체에 미치는 영향** : 중독되면 세포단백의 변성, 신장을 자극하여 단백뇨와 혈색뇨가 나타나며, 급성은 구토, 복통, 현기증, 경련 등을 나타낸다.

⑤ 승홍(mercuric chloride)

강력한 살균작용으로 의약품으로 사용하고 있지만 방부력도 강하기 때문에 주류 등에 쓰이는 경우도 있다.

**인체에 미치는 영향** : 승홍은 체내 −SH기와 결합하여 세포의 대사기능을 억제하며 사구체, 세뇨관 변성을 일으킨다. 급성인 경우 구토, 복통, 요독증 등의 증상이 나타나고 만성일 경우는 신장장애, 구내염 등을 일으킨다.

⑥ 불소화합물

불소화합물인 불화수소산, 불화나트륨, 불화수소산 등은 강한 방부력을 가지고 있기 때문에 공업용 풀의 방부에 이용되고 있으나 육류, 우유, 알코올, 음료 등에 방부살균, 이상발효 억제를 목적으로 하여 첨가하는 수가 있는데 독성 관계로 사용이 금지되었다.

**인체에 미치는 영향** : 중독되면 급성의 경우는 구토, 복통, 경련, 호흡장애 등을 일으키고 만성중독시에는 1일 6mg 이상이면 반상치를 나타내는 것 외에 불소증(골연화증, 체중감소, 빈혈 등)을 일으킨다. 중독기전은 세포에 직접 작용하여 칼슘대사를 억제한다.

### 2) 유해성 감미료

식품에 단맛을 주기 위하여 설탕 대신 인공감미료가 개발되어 널리 사용되어왔으나 그 안정성에 문제가 제기됨에 따라 사용금지된 것이 많이 있다.

① Dulcin

여러 나라에서 식품첨가물로 사용되었으나 독성관계로 사용이 금지된 것으로 우리나라에서도 1966년 11월 이후 사용이 금지되었다. Dulcin은 소화효소에 대한 억제작용이 있고 분해되어 생성되는 p-aminophenol로 인해서 혈액독이 생기고 또 중추신경계에 자극을 주는 것으로 알려져 있다. 동물실험 결과 간에 종양을 일으키거나 적혈구의 생산을 억제하였다.

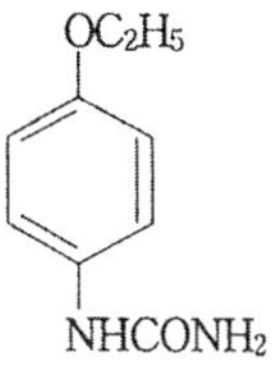

Dulcin (*p*-ethoxyphenylurea)

② *p*-nitro-*o*-toluidine

*p*-nitro-*o*-toluidine는 본래 색소의 원료로서 설탕보다 약 200배의 단맛을 나타내는 것으로 일본에서 제2차 대전 후 설탕결핍의 틈을 타서 감미료로 사용되었으나 중독사고가 잦아 일명 살인당 또는 원폭당이라 하였다.

중독증상은 섭취한 지 2~3일 후에 나타나며 위통, 식욕부진, 구역질, 권태, 미열, 피부 및 점막에 황달이 나타나고 혼수상태가 지속되다가 사망하게 된다.

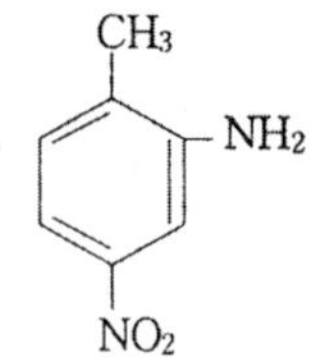

*p*-nitro-*o*-toluidine

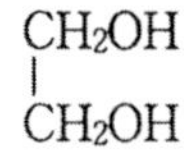

Ethylene glycol

③ Ethylene glycol

무색, 무취의 점조성 액체로서 그 수용액에 단맛이 있어 감주, 팥앙금의 맛을 내는데 사용된 적이 있다. 원래는 자동차의 부동액으로 사용된다. 1947년 일본에서 밀두에 혼입된 ethylene glycol에 의해 중독사고가 발생하여 3명이 사망한 사건이 있었다. 중독증상은 호흡곤란, 구토, 빈뇨, 신장장애를 나타내며, 치사량은 100mL로 알려져 있다.

중독기전은 체내에서 산화되어 oxalic acid가 되고 그 염류는 뇌나 신장 등에서 석출하여 신장장애 등을 일으킨다.

④ Perillartine

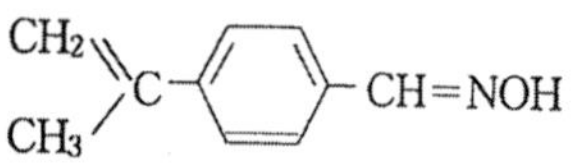

Perillartine

자소유(perilla oil)의 한 성분으로 일명 자소당이라고 하는 것으로, 백색의 주상결정이고 융점은 120℃이며 자극성이 강하기는 하여도 설탕의 2,000배나 되는 감미를 가지고 있다. Oxime기를 가지고 있어서 열에 불안정하고 입안의 타액에 의하여 쉽게 aldehyde로 분해되고 체내에 흡수되면 신장을 자극하여 염증을 일으키므로 식품에 사용을 금하고 있다.

⑤ Cyclamate

Sodium cyclamate(sodium cyclohexyl sulfamate)와 calcium cyclamate(calcium cyclohexyl sulfamate)가 대표적이며 무색 또는 백색결정성 분말로서 수용성이며 열에 대하여 비교적 안정적이다. 감미도는 설탕보다 40~50배로 청량감 있어서 한때 많이 사용되었다. 특히 sodium cyclamate는 체내에서 유해한 cyclohexylamine을 생성하는 것이 시사되고, 체내 분해산물이 염색체 파괴작용을 일으키는 것이 확인되었다. 우리나라의 경우 1970년 미국의 FDA 실험결과 cyclamate는 발암성 물질이 있다는 보고에 의해 사용이 금지되었다.

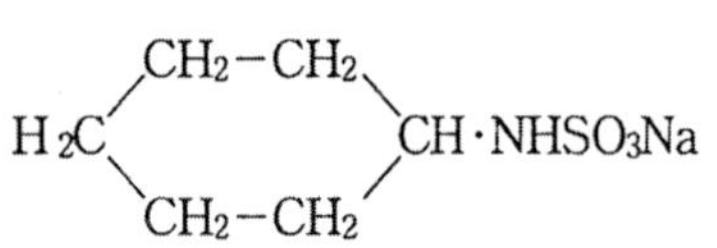

Sodium cylamate

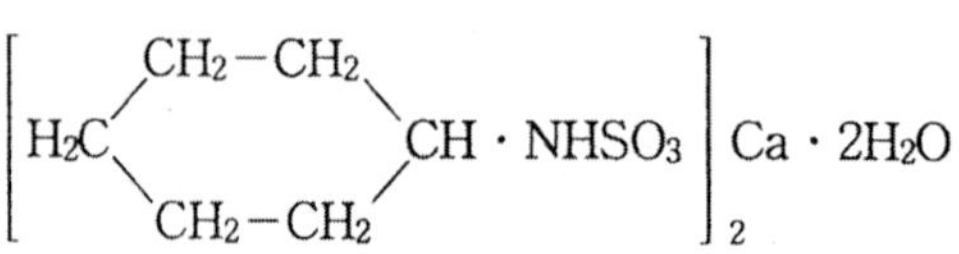

Calcium cylamate

⑥ Glucin

Glucin은 aminodiphenyl dihydrophenetriadin disulphonic acid의 Na염인데, 이는 담갈색을 나타내는 분말로서 설탕의 300배의 감미를 띠고 온수에 잘 녹으며, 독성은 dulcin보다 강하다.

### 3) 유해성 표백제

식품 중의 색소를 산화-환원반응으로 제거하기 위해 첨가되는 물질로서 허가된 것 이외의 표백제들이 식품에 불법으로 첨가되어 화학성 식중독을 유발하는 사례들이 속출하고 있다.

① Rongalite

우리나라에서는 물엿의 표백제로 한때 사용되어서 큰 물의를 일으킨 일이 있는 rongalite는 formaldehyde에 산성아황산나트륨($NaHSO_3$)을 축합시킨 후 다시 환원하여 제조한 sodium formaldehyde bissulfide와 sodium formaldehyde sulfoxylate의 혼합물로 물 중에서 아황산이 유리되어 나오므로 표백력이 강력하여 염색공장에서 발염제로 사용한 공업약품인데 표백력이 강하여 물엿이나 연뿌리 등에 잘못 사용된 적이 있다. Rongalite는 아황산에 의한 표백력은 우수하지만 formaldehyde가 식품 중에 상당량 유리되어 신장을 자극하는 독성 때문에 식품에 사용을 금지하고 있다.

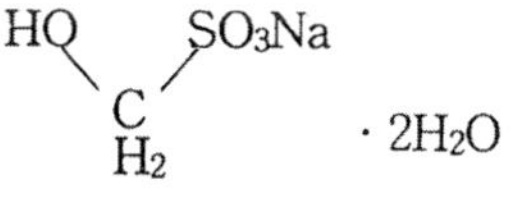

Sodium formaldehyde bisulfite

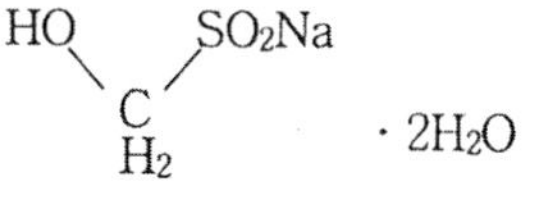

Sodium formaldehyde sulfoxylate

② 삼염화질소(nitrogen trichloride ; $NCl_3$)

자극성이 있는 휘발성 액체로서 미국에서 밀가루의 표백과 숙성에 사용하였으나 독성이 강하여 삼연화질소로 처리한 밀가루로 개를 사육하면 히스테리 증상을 나타내므로 현재는 사용을 금지하고 있다.

③ 형광염료

형광염료의 독성에 대해서는 아직 충분히 연구된 바는 없지만 독성이 상당히 큰 것으로 알려지고 있다. 형광염료로서 사용하기 쉬운 diamino stilben sulfonic acid의 유도체는 주로 압맥, 국수, 어육연제품 등을 희게 보이기 위하여 사용되었으나 독성이 강하여 사용이 금지되고 있다.

④ 과산화수소($H_2O_2$)

1968년 일본 도쿄에서 국수표백을 위해 첨가한 과산화수소로 인해서 국수를 학교급식을 통해서 섭취한 학생 중 100명이 인후통, 메스꺼움 등의 증상이 발생한 사건이 있었다. 그 후 과산화수소는 표백제 또는 살균제로 어묵이나 국수 등에 제한 없이 사용되었던 것이 식중독을 일으키는 원인물질로 밝혀져 사용기준을 정하여 제한적으로 사용토록 하고 있다.

#### ⑤ 아황산염

식품첨가물로 허용되어 있는 표백제로서 사용기준이 규정되어 있는데 도라지나 연뿌리 등에 과량 사용하여 자주 문제가 되고 있다. 과량 섭취하면 구토, 설사, 발열 등의 중독증상을 나타낸다.

### 4) 유해성 착색료

착색료는 식품의 단순히 미화와 기호성을 높일 목적으로 사용되는 것으로 천연착색료와 인공착색료가 있는데 인공착색료가 유해한 것이 많다. 특히 염기성 타르 색소가 주로 유해한 경우가 많다. 합성 타르 색소는 정도의 차이는 있겠으나 전부 독성이 있는데 그 중에서 rhodamine B가 독성이 가장 강하다. 본래 인공 타르 색소는 의료품이나 염색으로 사용할 목적으로 만들었기 때문에 식품에 사용할 경우 신중을 기해야 한다. 인공 착색료에 의한 식중독은 급성보다는 만성중독이 일어날 가능성이 크다. 그러나 만성중독 등 안전성에 대한 검토가 불충분한 것이 많아 위생상의 문제로 지정이 취소된 것이 많으며, 그 중 우리나라에서는 인체에 비교적 무해한 tar 색소 8종과 tar 색소의 알루미늄레이크 7종 및 그 외의 비 tar 색소 7종이 허용되어 있다. 법으로 지정되어 있는 식용 tar 색소는 독성이 낮은 산성 색소가 많은데 불허용품인 경우는 염기성 색소가 많이 쓰인다.

#### ① Auramine

염기성의 황색색소로서 자외선 하에서 황색의 형광을 나타내며 착색성이 좋고 값이 싸며, 광선과 열에 안전성이 높기 때문에 한때 과자, 단무지, 팥앙금류, 카레분, 완구품, 종이 등에 주로 사용했지만 독성관계로 근래에 와서는 사용이 금지되었다. Auramine을 다량 섭취하면 식후 20~30분 후에 두통, 심계항진, 맥박감소, 의식불명 등을 나타나며 쥐에 대한 치사량($LD_{50}$)은 0.48/kg이다.

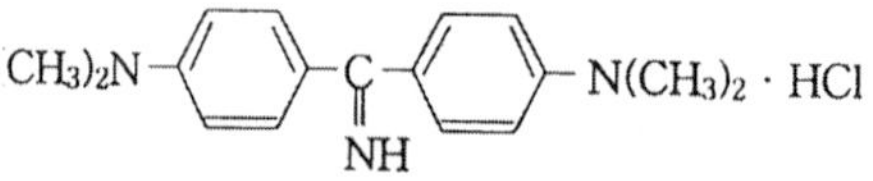

Auramine

#### ② Rhodamin B

분홍색의 염기성 타르 색소로서 과자 어묵, 생강, 토마토, 케첩, 얼음과자 등에 사용되어 문제를 일으킨 경우가 많고 다량 섭취하면 전신마비, 온몸의 착색, 핑크색 요를 배설한다. 치사량은 쥐의 경우 0.1~0.2mg/kg이고, 사람의 경우는 0.1g/kg이다.

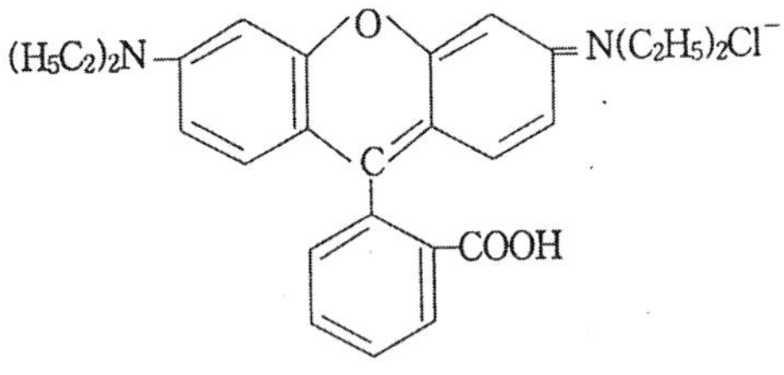

Rhodamine B

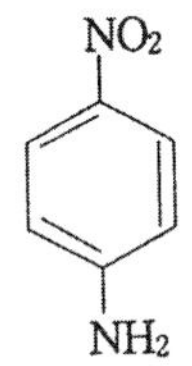

*p*-Nitroaniline

③ *p*-Nitroaniline

황색의 결정으로써 nitro기를 갖는 방향족 화합물로 무미·무취이다. 과량 섭취하면 혈액독과 신경독을 나타내는 착색제로서 주로 과자류에 사용하였다. 주요 증상은 섭취 후 10~30분 후에 두통, 맥박감소, cyanosis, 심계항진, 혼수, 황색뇨 배설 등이다.

④ Silk scarlet

붉은색의 수용성 타르 색소로서 색이 아름답고 착색이 잘 되고 안정하므로 식품에 사용되는 경우가 종종 있다. 중독증상은 구토, 복통, 두통, 마비, 오한 등의 증상을 나타낸다.

⑤ **기타 유해성 착색료**

황색계 : orange II, butter yellow, spirit yellow
청색계 : methylene blue
녹색계 : malachite green
자색계 : methyl violet, crystal violet, gentian violet
적색계 : fuchsin, sudan III
갈색계 : bismark brown 등이 있으며, 독성은 각 색소에 따라 다르나 일반적으로 장기, 혈액, 신경에 대하여 유해한 영향을 미치며 특히 간과 신장에 대한 독작용은 공통적으로 나타난다.

## 1-2. 메타놀(Methanol; $CH_3OH$)

화학성 식중독으로 가장 중요한 원인물질의 하나인 메타놀(methanol)은 알코올 발효 시 pectin에 의해서 생성되는 것으로 포도주, 사과주 등의 과실주의 정제가 불충분한 주정, 그리고 증류주에 미량함유 되어 있다. 식품위생상 주류의 methanol 허용량은 0.5㎎/mL 이하로 규제하고 있다. 중독량은 개인에 따라 차이가 많으나 5~10mL이고, 치사량은 30~100mL 정도이다.

중독증상은 섭취 후 수 시간 이내에 일어나는데 경증인 경우는 두통, 현기증, 구토, 설사 이외에 시신경장애를 일으켜 실명하게 되는 수도 있으며, 중증일 때는 호흡마비, 심장쇠약 등을 거쳐 사망하게 된다. Methanol의 독성은 체외로의 배설과 체내에서의 산화가 느려서 formaldehyde나 formic acid가 생기기 때문이다.

| $CH_3OH$ | → | HCHO | → | HCOOH | → | $CO_2$ |
|---|---|---|---|---|---|---|
| methanol | | formaldehyde | | formic acid | | carbon dioxide |

따라서 methanol 중독 시 시각장애와 실명의 원인 물질인 formaldehyde는 망막조직에 손상을 주게 된다.

### 1-3. 비소화합물

농가에서 살충제나 쥐약으로 사용하던 것을 밀가루나 baking powder 등으로 잘못 알고 다른 식품에 혼합 사용하고 중독된 예가 있다. 또 비산납은 살포한 농작물을 잘 씻지 않고 식용하여 중독되는 경우도 있다.

비소의 급성중독은 섭취한 지 1시간 이내가 많으나 배설이 아주 느리기 때문에 간이나 신장에 축적되어 만성중독의 경과를 밟는 수도 있다. 독성은 아비산이 비산보다 강하다.

## 2. 우연한 혼입 또는 잔류에 의한 것

### 2-1. 농약류

농약은 녹색혁명의 주원인이며, 농산물의 생육과 저장, 유통과정에서 발생되는 유해생물 등을 구제하는데 쓰이는 물질이다. 이런 유해생물은 식품에 오염, 소실, 파손을 일으키는 미생물, 잡초, 곤충, 새 동물(조류) 등이 있다. 여기서 농약이란 항진균제, 제초제뿐만 아니라 발아 억제제, 식물성장 조절제 등도 포함된다. 우리나라 농약관리법에 명시된 정의에 따르면 "농약이라 함은 농작물과 농림산물을 해하는 병균, 해충, 기타 동식물의 방제에 사용하는 살균제, 살충제, 제초제와 농림산물에 직접영향을 끼치는 약제, 기타 농림부장관이 지정하는 약제를 말 한다."라고 규정하고 있다. FAO/ WHO의 농약에 관한 합동회의의 정의는 "바람직하지 못한 식물, 동물종의 제거, 억제를 위한 물질 또는 물질의 혼합물을 말하며, 식물성장 조절제, 제초제 혹은 건조제로서 사용되는 물질 또는 혼합물도 포함한다. 항생물질과 비료에 대해서는 적용되지 않는다."라고 되어 있으나 많은 국가에서 항생물질을 농약으로 많이 사용하고 있는 추세이며, 우리나라에서도 validamycin 등 몇 종의 항생물질이 농약으로 사용되고 있다. 농약에 대한 식품위생상의 문제점은 농작물에 대한 병해충 내성이 높아져 가는 것에 대비해서 더욱 독성과 잔류성, 침투성이 강하고 선택성이 없는 농약으로 발전하고 있어 인체에 직·간접으로 악영향을 미치고 있다.

일반적으로 농약은 살포 후 일정기간 동안 농작물의 표면에 부착하여 있거나 식물의 내부 조직에 흡수되어 분해되지 않고 남아 있을 때가 있다. 농약을 화학적으로 구분하면 유기인제, 유기염소제, 카바메이트제, 유기수은제, 유기불소제, 금속함유 농약 등이 있다.

### 1) 유기인제

유기인제는 신경독을 가진 매우 독성이 강한 침투성 살충제로 곤충류에 대해서 신경접합부인 시냅스에 있어서 cholinesterase를 억제함으로써 살충효과를 나타낸다. 따라서 인체에 대한 작용도 cholinesterase의 억제에 의한 신경증상이다. 즉 부교감신경의 흥분에 의한 타액분비 촉진, 다한 동공의 축소, 다발신경염, 지각이상, 전신권태감, 기억력 저하 등이 발생한다.

유기인제는 독성이 강하여 급성중독이 주로 일어나고 만성중독의 경우는 드문 편이다. 비교적 분해되기 쉽고 잔류기간이 짧으므로 잔류독성은 크게 문제가 되지는 않지만 독성이 있는 것만은 사실이므로 주의해야 한다. 유기인제의 종류로서는 parathion, malathion, methylparathion, diazinon, tetraethylpyrophosphate(TEPP) 등이 있다.

〈표 8-2〉 유기인제의 중독증상

| Muscarine양 증상 | Nicotin양 증상 | 교감신경 증상 | 중추신경 증상 |
|---|---|---|---|
| 식욕부진, 구역질, 구토, 복통, 설사, 발한, 침흘림, 흉내압박감, 강제배뇨, 배변, 축동, 창백, 기관지 분비액 증가(입에서 거품이 난다), 습성호흡, 호흡곤란, cyanosis(폐수종) | 근섬유성 완축(안검, 얼굴, 전신), 경련(전신), 호흡근 마비 | 혈압상승, 빈맥 | 권태감, 불안감, 두통, 현기증, 언어장애, 흥분, 착란, 의식혼탁, 혼수, 체온 상승 |

### 2) 유기염소제

살충제나 제초제로 사용되는 유기염소제는 유기인제보다 독성이 약하여 급성중독 사고는 적은 편이지만 화학적으로 매우 안정하기 때문에 토양에서 분해가 잘 이루어지지 않는 특성이 있다. 살충제의 경우는 잔류성이 크고 지용성이기 때문에 인체의 지방조직에 축적되므로 각국에서는 사용금지나 사용제한 등의 조치를 강구하고 식품 중의 잔류량도 규제하고 있는 실정이다. 유기염소제 농약의 생체에 대한 작용기전은 유기인제 약제만큼 명확하지 않지만 중추신경계에 주로 작용하는 것으로 생각된다. 중독증상은 중추신경 증상으로 처음에는 식욕부진, 구역질, 구토, 두통 등이 나타나고 중독이 진행되면 자극 흥분성이 심해지며, 간헐적 또는 강직성의 경련증 발생에 이어 혼수상태로 사망하게 되며 급성중독 시는 간과 신장의 변성도 발생한다. 살충제로 사용되는 유기염소제는 DDD(dichlorodiphenyldichloroethane), DDT(dichlordiphenyltrichloroethane),

$\gamma$-BHC(benzen hexa chloride), heptachlor, endrin 등이 있다. 우리나라에서는 DDT의 경우 1973년 생산을 금지시켰고, BHC와 heptachlor는 1979년에 1980년부터는 모든 농작물에 사용이 금지되었다.

### 3) 카바메이트(Carbamate)제

유기염소제의 사용금지 조치에 따라 그 대용으로 만들어진 살충제 및 제초제로서 유기인제와 유사한 작용을 가지고 있기 때문에 중독증상도 cholinesterase 억제작용에 의한 신경독을 일으킨다. 증상은 즉시 발병하지만 생체 내에서의 대사가 빨라 짧은 시간 내에 회복되고 cholinesterase 활성의 부활도 빨라서 4시간 정도면 회복되기 시작하여 24시간 후에는 거의 정상화된다.

Carbamate제 종류는 NMC(1-naphthyl-N-methyl carbamate), PMC(2-isopropyl phenyl-N-methyl carbamate), MPMC(dimethyl phenyl-N-methyl carbamate), CPMC(2-chlorophenyl-N-methyl carbamate) 등이 있다.

### 4) 유기수은제

유기수은제의 주성분은 phenyl mercuric acetate로 종자소독, 벼의 도열병 방제, 과수·채소의 각종 병해 방제용 살포제, 토양 소독제 등 광범위하게 사용되어 왔으나 강한 축적성과 만성독성 때문에 종자 소독용을 제외한 다른 목적에의 사용을 금지한 경우가 많다. 우리나라는 현재 사용을 전면 금지한 상태이다.

중독증상으로는 동물실험 결과 성장억제와 신장장애가 나타나며, 일정량 이상 축적되면 신경계 중 뇌신경을 침범하여 중추신경 증상을 나타낸다. 태아에게는 태반을 통하여 이행하여 독작용을 나타내기 때문에 1963년 WHO/FAO의 합동전문위원회에서는 유기수은제 농약 중 phenyl 초산수은에 대하여 만성중독이 강하므로 식품에 잔류해서는 안 된다고 결정하였다. 유기수은제 종류는 methyl mercuric iodide, methyl mercuric chloride, methoxyethyl mercuric chloride, ethyl mercuric phosphate, phenyl mercuric acetate, phenyl mercuric iodide 등이 있다.

### 5) 유기불소제

불소제 중에서 monofluor 초산 또는 체내에서 대사되어 이들 물질을 생기게 하는 약제는 다른 halogen 유기물과 달라 독특한 증상을 일으킨다.

유기불소제는 살충제인 fussol(monofluro acetamide와 쥐약인 fratol) sodium monofluro acetate 등이 있으며, 주로 이들은 aconitase의 활성을 억제하는 작용을 갖는 유독물질로서 중독되면 심장장애와 중추신경 증상으로 섭취 후 30분~2시간 정도 경과하면 경증일 때는 전신위화감, 두통, 복통, 현기증 등을 나타내고, 중증일 때는 보행장애, 언어장애, 간질의 큰 발작 때와 유사한 간헐적인 강직성 경련을 거쳐 의식혼탁, 심장장애를 일으키고 심부전으로 사망하게 된다.

### 6) 금속함유 농약

농약에 함유된 금속 중 비소, 구리 등의 화합물은 무기물이든 유기물이든 생체 내에서 단백질의 변성을 일으켜 세포의 생리기능을 잃게 하거나 특정한 효소 단백질의 SH기와 결합하여 그 기능을 저해함으로서 독작용을 나타낸다.

살충제로 쓰이는 비소화합물로는 비산납(lead arsenate), 비산석회(calcium arsenate)와 살균제로 쓰이는 methylarsine sulfide, methyl arsonic acid, urbacid(methylarsine bis dimethyl dithiocarbamate), 구리제 살균제인 석회 Bordeaux(Bordeaux mixture), copper 8-quinolinolate) 등이 있으며, 이 중 비산납은 독성이 강해서 전 작물에 사용이 금지되었다.

### 7) 침투성 농약

침투성 농약이란 농약을 뿌리거나 땅에 주입하거나 줄기에 발라주면 식물체 내로 침투하고 식물체 전체로 퍼져서 병·해충을 효과적으로 방제할 수 있는 것을 말하는 것으로 그 식물체 내에 잔류독이 식품위생상 문제가 된다. 침투성 살균제는 자체가 스스로 살균력을 가지는 것이 아니라 식물체내에 침투·이행되어 식물의 대사를 변화시키는 물질로 변하거나, 기생균이 분비하는 독소 또는 효소를 불활성화시키는 물질로 변하거나하여 식물 자체의 저항성을 높여주는 특성을 지니고 있다.

이러한 침투성 농약의 대부분은 유기인제로 dimefox, mipafox, demeton, disyston, methyldemeton, phosdrin, phorate, dimethoate, thiometon, endothion, schradan 등과 유기불소제 fussol, 카바메이트제인 benomyl, thiophanate-methyl, 금속함유 농약인 sodium selenate가 있다.

### 8) 농약의 발암성

농약 중에는 만성독성으로 발암작용을 나타내거나 종양을 유발하는 것이 있다. 발암작용의 의심이 있는 농약으로는 유기염소제인 aldrin, dieldrin, heptachlor, DDT, 그리고 각종 수은제 농약, 2,4-dinitrophenol, thiourea, aramite, glyseofulvin 등이 있다. 종양유발 가능성이 높은 농약은 permethrin, acephate, benomy, linuron, captan, captafol, chlorothalonil, parathion, folpet 등이 있다.

Dithiocarbamate계 살균제인 maneb, zineb, mancozeb, nabam 등도 최기형성과 발암성이 의심되어 우리나라에서도 1990년 사용이 금지되었다. 또한 제초제나 감자의 발아 억제제로 사용되는 propham과 chloropropham 같은 것은 그 자신의 발암성은 없지만 다른 발암인자와 공존하는 경우에는 그것과 상호작용에 의해 발암인자가 없는 경우에는 전혀 작용을 나타내지 않는 용량에서 발암성을 나타내는 이른바 발암 협력자가 된다는 사실이 확인되었다.

### 9) 농약의 잔류성

농약은 그 잔류성에 따라 비잔류성, 중간 잔류성 및 잔류성으로 구분한다. 농약의 잔류기간은 살포장소에서 농약 잔류물이 75~100% 소실되는데 걸리는 기간을 말한다. 잔류기간은 환경조건에 따라 다르지만 대개 비잔류성 농약은 1~12주, 중간 것은 1~18개월, 잔류성은 2~5년이다.

잔류 농약으로는 DDT, BHC, drin 등의 살충제와 diquit, paraquit 등의 pyridine계 제초제가 대표적이고, 중간 잔류성인 것에는 simazine, atrazine 등의 triazine계 제초제, linuron, karbutilate 등의 phenylurea계 제초제, trifluralin, pendimethalin 등의 dinitroaniline계 제초제 등이 있고, 비잔류성 농약은 2,4-D, maneb, nabam, 합성 pyrethroid, 유기인계 및 carbamate계 살충제 등이 알려져 있다. 잔류성 농약은 먹이사슬을 통하여 농축되어 인체에 심각한 영향을 미친다.

### 10) 농약의 오염방지

농약의 취급과정에서 농약에 의한 중독 못지않게 위험한 것이 농약의 식품오염인데 이러한 오염을 사전에 방지하기 위해서 세계 각국에서는 식품 중의 농약잔류한도에 대한 규제를 실시하고 있다. 농산물의 오염방지법으로는 농산물에 잔류하는 농약의 양을 제한하는 1일 섭취허용량(Acceptable Daily Intake ; ADI), 최대무영향량(No Observed Effect Level ; NOEL), 최대잔류허용량(Maximum Residue Limit ; MRL) 등을 설정하는 방법이 있다.

현재 우리나라의 잔류농약의 관리는 크게 두 가지로 나눌 수 있다. 농약사용 측면에서의 안전사용 기준과(농림부), 식품 측면에서의 잔류허용 기준을 설정·운용하는 방법(식품의약품안전청)으로 나눌 수 있다. 식품의약품안전청에서는 식품위생법 제7조의 기준과 규격에 의거(식품공전 제3장. 7.5) 농산물의 농약잔류허용기준이 설정되어 있다. 이 기준을 초과할 경우에는 그 식품의 제조, 수입, 가공, 사용, 보존, 판매가 중지된다. 농림부에서는 농약관리법 제18조의 규정에 의거 잔류허용기준을 초과하지 않도록 농약의 안전사용기준을 정하고 있다. 이 기준에 따라 농약을 사용하며 재배한 농작물이 잔류허용기준을 초과할 경우에는 시장에 출하할 수 없다.

〈표 8-3〉 농약의 안전성 평가의 주요 검사항목과 내용

| 주요 검사항목 | 검 사 내 용 |
|---|---|
| 급성중독 | 실험동물(생쥐, 쥐 등)에게 대량의 농약을 투여하고 실험동물의 절반이 사망하는 농약의 추정량이 어느 정도인가를 조사 |
| 만성중독 | 실험동물에게 일생동안(약 2년간) 농약을 매일 일정량씩 섭취시켜 어느 정도의 농약을 섭취하면 유해한 영향을 미치는가를 조사 |
| 차세대에 미치는 영향 | 실험동물에게 매일 일정량의 농약을 섭취시켜 새끼에게 기형 등의 악영향을 미치게 되는 정도의 양 등을 조사 |
| 생체내 대사 | 음식을 통해 섭취된 농약이 동물의 체내에서 어떻게 분해되는가, 장기 등에 축적 정도를 조사 |
| 변이원성 | 농약이 유전자에 악영향을 미치는가를 미생물 등을 이용하여 조사 |

▶ 이상의 독성시험을 근거로 인간이 비록 매일 같이 농약이 잔류된 식품을 섭취한다 할지라도 인체에 악영향을 미치지 않는 정도의 양을 평가할 수 있다.
▶ 독성시험의 자료를 기초로 하여 작물 또는 식품 중에 잔류 기준치가 설정된다.
▶ 잔류기준치가 설정되면, 작물에 농약의 사용법, 사용횟수, 출하 며칠 전 농약살포 금지 등이 결정된다.

## 2-2. 다이옥신(Dioxin)

다이옥신이란 물리, 화학적 특성과 독성이 비슷한 성질을 가진 polychlorodibenzo-dioxin류(PCDDs)와 polychlorodibenzofuran류(PCDFs)를 총칭하는 용어로 각각 75가지, 135의 동종 화합물이 알려져 있다. 이중 독성이 가장 강한 것은 2,3,7,8-tetrachlorodibenzo-$\rho$-dioxin(2,3,7,8-TCDD)이다. 보통 다이옥신이라는 말을 사용할 때는 다이옥신과 다이옥신 유사물질들을 총칭해서 말하는 것이다. 다이옥신은 제조되거나 사용되는 물질은 아니다. 대신 그것은 두 가지 측면에서 의도하지 않은 상태에서 생성된다. 하나는 염소나 브롬을 함유하는 산업공정에서 화학적인 오염물로서 생성되고, 또 하나는 어떤 금속물질들은 염소를 사용하는 산업공정 중에서 다이옥신 생성을 증가시키는 촉매로서 작용하기도 한다. 다이옥신 자체는 실제로 사용되는 것은 아니다.

우리나라에서 다이옥신이 문제가 되기 시작한 것은 베트남 전쟁에서 고엽제로 알려진 제초제에 다이옥신이 불순물로 함유되었고, 이에 폭로된 참전 군인들과 그 2세들에서 여러 가지 건강장애가 나타나서 1990년대 초반부터 이 물질에 관심을 갖게 되었다. 최근에는 쓰레기 소각장에서 다이옥신의 과다한 유출로 사회적 관심을 갖게 되었고, 1997년 4월 마산만의 어패류에서 규정치보다 310만 배나 높은 다이옥신이 검출되어 문제로 부각되는 독성 화학물질이다<그림 8-1>.

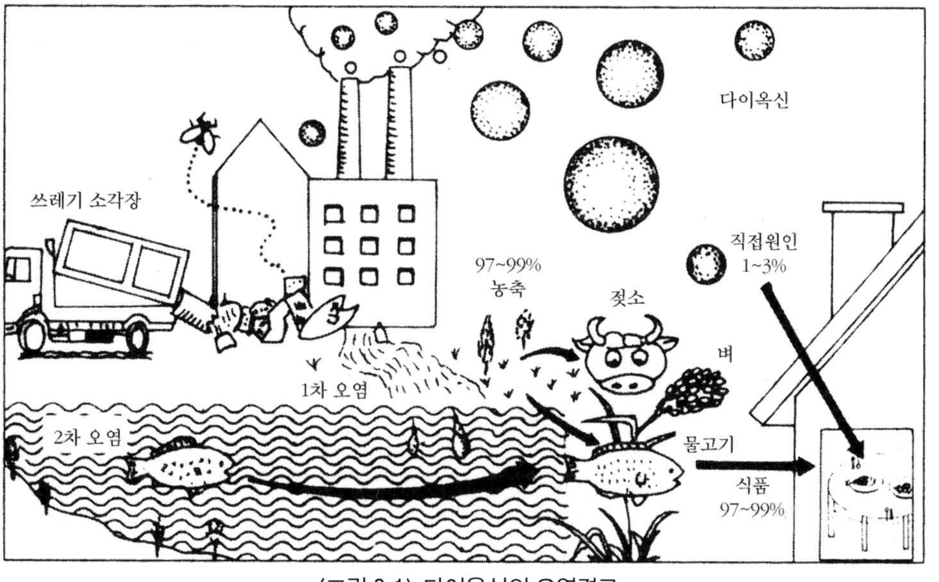


〈그림 8-1〉 다이옥신의 오염경로

### 1) 다이옥신의 물리적 특성

다이옥신, 퓨란, PCBs들은 여러 가지 물리적 특성을 지니고 있다. 다이옥신과 다이옥신의 유사물질들은 물에 잘 녹지 않으며 기름에 용해되는 지용성이다. 이 화합물들은 낮은 증기압을 갖고 있어서 쉽게 가스로 변화되지 않는다. 또한 높은 옥타놀 물 분해계수(high octanol water partition coefficient)를 갖고 있어 생체 내에서 소변으로 잘 배설되지 않고 지방에 용해되어 생물체의 지방조직에 축적된다. 다이옥신의 이러한 성질로 인하여 먹이사슬을 통해 인체에 들어오고 있다. 또한 다이옥신은 높은 유기탄소계수(high organic carbon coefficient)를 갖고 있어 물과 토양의 유기물과 단단하게 결합하여, 호수나 강바닥의 토양과 진흙 속에 축적된다. 다이옥신의 적은 부분은 가스로 변화되어 물에서 공기 중으로 이동되기도 한다.

### 2) 다이옥신의 생성

다이옥신은 본래 자연계에는 존재하지 않는 물질로 인간이 만들어 낸 화학물질 중에서 사상최악의 독극물로 알려져 있다. 다이옥신의 발생은 석유화학공업의 발전과 밀접한 관계를 가지고 있다. 즉 석유화학 공업원료로 제품을 만들 때 흔히 NaOH가 사용되는데 이때 잉여물질로서 대량의 염소가 생성된다. 이 염소의 배출구로서 유기염소화합물이 만들어지고 그 폐기물을 연소, 소각, 가열하는 과정에서 발생한다. 또 석유화학제품인 폴리염화비닐, 폴리염화비닐리덴, 유기염소 농약 등 유기염소화합물은 폐기물로서 처리되는 단계에서 850℃ 이하의 온도에서 소각하게 되면 생성된다.

현재로서는 석유화학공업에서 다이옥신이 발생하여도 조업을 모두 중지시킬 수 없으며, 앞으로 석유화학제품에 대한 수요는 계속 늘어날 추세이므로 그에 대한 대책이 필요하다. 다이옥신의 전구물질로는 chlorophenol을 갖는 물질, chlorobenzene을 갖는 물질, 그리고 연소에 의해서 활성염소나 phenol을 생성하는 물질 등을 들 수 있다.

〈표 8-4〉 미국의 다이옥신 오염원 및 배출량

| 배출원 | 대기배기량(g/년) | 비율(%) |
|---|---|---|
| 합계 | 8,226.3 | 100 |
| 화력발전소, 제지 및 철강산업 등 | 5.0 | 0.06 |
| 도시 쓰레기 소각 | 3,000 | 36.5 |
| 위해 쓰레기 소각 | 35 | 0.43 |
| 병원 쓰레기 소각 | 5,100 | 61.9 |
| 무연자동차 배기가스 | 1.3 | 0.02 |
| 디젤자동차 배기가스 | 85 | 1.03 |

### 3) 다이옥신과 환경

쓰레기 소각은 대기 중 다이옥신과 다이옥신 유사물질의 주요한 발생원이다. 다이옥신은 증기압에 따라 가스로 공기 중에서 존재할 수 있고, 또 입자들과 결합할 수도 있지만 보통은 입자들과 결합한다. 입자들은 작기 때문에 오랫동안 공기 중에 머물러 멀리 이동할 수도 있다. 가스로 공기 중에 존재하는 다이옥신은 광분해 될 수 있다. 그러나 대부분의 다이옥신은 소각로에서 나오는 소각재 같은 입자와 결합한다. 한번 결합된 다이옥신은 입자가 태양으로부터 다이옥신을 방어하거나, 혹은 입자가 광분해를 억제하는 화학물질들을 함유하고 있기 때문에 쉽게 광분해되지 않는다. 결국 다이옥신은 비에 씻기거나(습식침전), 땅에 묻히게 된다(건식침전).

다이옥신은 비수용성이기 때문에 오랜 기간 동안 토양 속에 남아있게 될 것이다. 토양 속에서 다이옥신의 농도가 반으로 줄어드는 대에는 25~100년 정도가 걸리는 것으로 추정되고 있다. 토양의 제일 표층 3mm 안에 있는 다이옥신은 태양에 의해 천천히 분해된다. 그러나 바로 그 아래 토양의 다이옥신은 영향을 받지 않는다.

또한 다이옥신은 토양 속에 지속적으로 머무르는 경향이 있기 때문에, 토양 속에 쓰레기를 매립하거나, 어떤 다른 것을 묻어두는 것은 다이옥신의 주요한 환경 속 저장소를 만드는 것이 된다. 그러나 다이옥신은 벤젠이나 톨루엔 같은 다이옥신을 용해할 수 있는, 유기용매를 함유하는 오일이나 화학적 여과액에 의해서 용해되어 다른 곳으로 이동될 수가 있다(이런 것들은 거의 항상 쓰레기 매립지에서 일어난다).

호수나 강, 해양 바닥의 침전물은 다이옥신의 또 다른 주요한 환경 속 저장소가 된다. 다이옥신은 공기 중에서 분해됨으로써 물속으로 들어올 수가 있다. 또 비에 씻겨 물속으로 흘러들어올 수도 있고, 침식에 의해서나, 제지 펄프 기업에서 물속으로 직접적으로 유리될 수도 있다. 다이옥신은 물에서 공기 중으로는 쉽게 잘 기화되지 않고, 유기용매가 있지 않은 한 물에서 천천히 광분해되기 때문에, 다이옥신은 토양에서와 마찬가지로 물에도 남아 있으려는 경향이 있다. 한 번 물속에서 입자들과 유기물에 굳게 결합되면 마침내는 바닥에 침전된다. 하지만 이러한 침전물들 때문에 다이옥신은 환경 속으로 다시 유입될 수가 있다. 항만 바닥을 긁어내는 준설작업은 다이옥신을 환경 속으로 다시 방출시키는 예가 된다.

다이옥신이 축적되어 있는 침전물들에서, 다이옥신은 생물체들에 의해 섭취되어 수생 먹이사슬 안으로 들어온다.

PCBs의 환경에 존재 형태는 다이옥신과 유사하다. PCBs가 다이옥신과 다른 점은 PCBs는 다이옥신보다 다소 더 반응성이 있어서 태양이나 공기, 박테리아에 의해 더 쉽게 분해되는 점이다. 공기중의 PCBs는 90%가 증기상태로 존재한다. 그것들은 비로 씻겨나가고, 다시 천천히 공기 중으로 증발될 수가 있다.

미국 환경보호청은 음식물에서의 다이옥신 섭취가, 사람들이 다이옥신에 폭로되는 1차적인 요인이라는 것을 발견했다. 공기 중의 다이옥신은 토양과 물, 그리고 식물 표면에 정착한다. 다이옥신이 묻은 식물이나 사료를 양, 소, 닭 등에 먹일 때, 다이옥신은 동물의 지방조직에 축적된다. 똑같은 일이 다이옥신으로 오염된 물속에서 사는 물고기에게서 일어난다. 사람들이 이러한 동물들로부터의 고기를 먹을 때, 다이옥신은 먹이사슬을 타고 올라와서 사람의 체내에 들어가게 된다. 다이옥신은 작물이나 야채의 뿌리를 통해서는 흡수되지 않는다. 하지만 토양침식에 의해서 이동될 수도 있다.

### 4) 다이옥신에 의한 건강장애

다이옥신이 인체에 들어오면 다이옥신 분자는 세포조직 내에 있는 특별한 수용체(Ah recepter)와 결합한다. 이 수용체는 본래는 호르몬이나 효소들이 우리 몸의 어떤 활동들을 조절하기 위해 사용하는 곳이다. 다이옥신이나 그 유사물질들이 호르몬이나 효소들 대신에 이 자리를 차지하고 나면, 정상적인 세포기능은 제대로 수행될 수 없어 여러 가지의 건강장애를 주게 된다.

다이옥신의 여러 인체에 대한 장애작용 중 가장 치명적인 것은 강력한 발암작용으로 알려져 있다. 특히 다이옥신은 폐암, 간암, 림프선암, 혈액암 등을 일으키고, 심한 생식계 장애와 발달장애가 일어날 수 있다. 또한 면역계의 손상으로 여러 가지 전염성 질환에 잘 걸릴 수 있으며, 호르몬의 조절기능에 손상이 나타난다. 이 밖에 불임, 출생 시 장애, 발육장애, 당뇨 및 갑상선 질환이 올 수 있다. 미국의 환경보호청에 따르면 미국인의 현재 다이옥신 평균용량으로도 면역계의 이상, 고환 크기의 감소, 당 조절 능력의 변화 등이 올 수 있다고 하였다. 가장 최근에 입증된 자료에 따르면 정자수가 감소되고, 호르몬과 연관된 암, 즉 유방암, 고환암, 전립선암 등이 증가되고 있다.

### 5) 다이옥신에 대한 대책

석유화학 제품의 사용을 일상생활에서 없앨 수는 없지만 다이옥신의 발생을 최소화 하기 위해서는 ① 염화비닐이나 염화비닐리덴 등의 염소가 들어간 것은 태우지 않는다. ② 불완전 연소를 시키지 않는다. ③ 850℃ 이상의 고온에서 태운다. ④ 집진기의 온도를 200℃ 이하로 한다.

염소가 들어간 것을 태우지 않는 것은 이론적으로 가능하지만 실제로는 불가능하다. 염소가 들어간 것을 태우면 다량의 다이옥신이 발생한다. 소각로가 작으면 작을수록 소각능력은 낮아지고 불완전 연소가 되기 쉬워 소각 중에 염화벤젠이 잘 만들어져 다이옥신이 많이 발생한다. 작은 소각로의 경우 대부분 연소온도는 다이옥신이 가장 많이 발생하기 쉬운 300~600℃이다. 그러므로 소각로가 작으면 작을수록 다이옥신의 발생이 많아진다. 또 젖어 있는 쓰레기를 태울 때나 불을 끌 때도 온도가 내려가기 때문에 다이옥신이 잘 발생하게 된다.

## 2-3. 수은(Hg)

수은은 오래 전부터 인간의 일상생활과 밀접한 관계를 가지고 있어서 농약, 의약품, 방부 등으로 이용되고 있다. 특히 수은은 농약의 주성분으로 농약을 많이 사용하는 식품과 물에 많이 함유되어 있어 흙, 물 식품의 공급원을 오염시키는 보편적인 유해금속 물질이다. 최근에는 공기가 오염될수록 토양이 오염되어 농약을 사용하지 않으면 농작물을 수확할 수도 없을 정도가 되어 농약의 사용량이 증대되고 있어 위생상의 주의가 요구되고 있다.

수은에 대하여서는 1956년 일본에서 공장폐수에 함유된 메틸수은이 어패류 체내에 농축되어서 그것을 섭취한 사람에게 심한 신경장애를 주된 증상으로 하는 미나마타병(Minamata disease)을 일으킨 사건을 시작으로 독성이 확인되어 위생사의 큰 문제로 등장하였다.

수은은 일반적으로 자연 상태에서는 무기수은과 methylmercury 상태로 존재하는데 무기수은은 비교적 배설이 용이하여 중독을 쉽게 일으키지 않지만, methylmercury는 배설이 늦으며 인체에 강한 중독을 나타낸다. 일반적으로 수은은 무기수은으로 존재하는데 이것이 물속에서 박테리아 등의 작용에 의해 methylmercury로 전환되어 호수 및 강바닥에 침적되기도 하고 물고기 등의 근육에 축적되어 있다가 먹이사슬을 통하여 또 식품에 직접 오염되어 인체에 들어온다.

식품 이외에 수은이 인체에 들어올 수 있는 경우는 증기상태로 흡입하는 경우가 있을 수 있다. 체내로 흡입이 중단될 때에 배설은 훨씬 빠르게 일어난다. 일반적으로 수은의 체내 반감기는 70일 정도이다. 수은에 의한 중독증상은 식욕감퇴, 체중감소, 햇빛과민, 피부습진이 나타나며 습진은 점차 붉은 색을 띠고 전신이 가렵고 땀이 나고 손바닥에 인설이 생기게 된다. 이는 어린이에게 심하게 나타날 수 있으며, 어른은 두통, 신경과민, 탈모, 팔목 및 발목의 통증이 주된 증상으로 나타난다.

## 3. 제조 · 가공과정 중에 혼입되는 것

식품을 제조, 가공하는 과정에서 비소, PCB, 수은, PBB 등 인체에 유해한 화학물질들이 혼입되어 중독을 일으키는 경우가 종종 있는데 그 사례를 보면 다음과 같다.

### 1) 조제분유 중독사건

1965년 일본에서는 분유에 혼입된 비소를 먹은 인공 영양아가 중독된 커다란 사건이 발생하였다. 원인은 조제분유의 조제과정에서 단백질의 안정제로 사용된 2인산나트륨에 비산나트륨($Na_3AsO_4$)이 혼입된 것을 모르고 첨가하였기 때문이다.

### 2) 미강유 중독사건

일명 가네미유 사건으로 일본의 가네미 지방에서는 1968년 3월부터 여드름 형태의 피부병 환자가 많이 발생하게 되어 이 지역 보건소에서 역학조사를 실시하게 되었다. 그 결과 같은 해 11월 이 병은 가네미회사에서 제조 판매하고 있는 식용유를 사용한 음식을 먹은 사람들에게 발생하였음을 밝혀내게 되었다. 가네미회사는 식용유 제조 시 가열매체로 PCB(polychlorinated biphenyl)를 사용했는데, 가열 파이프가 부식되어 PCB가 식용유 속으로 흘러 들어갔으며, 이 식용유가 튀김요리에 사용되어 많은 사람들에게 피해를 주게 된 것이다.

사건 발생 당시 환자들은 체중 1kg 당 67㎍의 PCB를 섭취하였으며, 5개월 후에는 만성중독 증상이 나타나기 시작하여 간장애, 안지분비 과다, 성장지연, 성욕감퇴, 내분비장애, 말초신경장애 등의 증상을 겪게 되었다. 그 수는 14,000여 명에 이르렀으며, 그 중 1,068명은 증세가 심하여 특별한 치료가 요구되는 상태였다. 또한 이 지방의 닭 100마리가 가네미유가 함유된 먹이를 먹고 중독되었으며 그 중 70마리가 죽었다. 우리나라에서는 그동안 PCB의 우수한 절연성 때문에 변압기 및 전기제품에 많이 사용해 왔지만 그 위험성 때문에 국내에서는 생산하지 않고 전량 수입에 의존해 오다가 환경오염의 위험성 때문에 1983년부터 수입금지 조치를 취한 이후 사용하지 않고 있다.

### 3) 알라모골드 중독사건

1969년 미국의 뉴멕시코 주 알라모골드 지방의 한 농가가 텍사코라는 인근 지역의 곡물창고에서 나오는 곡물찌꺼기로 돼지를 사육하였는데 사육 중이던 돼지 가운데 14마리에서 실명증상이 나타났고 이 중 12마리가 사망하였다. 그 후에는 그 증상이 아이들에게까지 확산되어 3명의 어린아이가 실명하게 되었다. 후에 원인 규명을 해 본 결과 돼지에게 먹인 곡물찌꺼기에서 수은이 검출되었고, 이는 곡물저장 창고에 메틸수은이 함유된 종자 소독제인 파노젠(수은화합물)이라는 농약이 투여되었기 때문이라는 것이 밝혀지게 되었다.

### 4) 미시간 PBB 사건

산불진화용 소방제와 가축사료 첨가제를 동시에 제조하는 회사에서 부주의로 두 제품의 포장용기가 서로 바뀌어 가축사료 용기에 소방제가 들어가고 소방제 용기에는 가축사료제가 들어가게 되었다. 산불 진화용 소방제 속에는 PBB(polybromide biphenyl)라는 고온에서 쉽게 분해되지 않는 유독성 화학물질이 들어 있었는데, 이러한 PBB가 포함된 총 300kg의 소방제가 가축사료로 뒤바뀐 체 시중에 판매되었다. 이로 인하여 3,000마리의 소, 6만 마리의 돼지, 1,500마리의 양, 그리고 200만 마리의 닭이 죽었으며, 가축을 사육하는 많은 농장주들이 신경마비 증세를 나타내었다.

### 5) 간장중독 사건

제2차 세계대전이 끝난 후 간장에 의한 집단식중독 사건이 일본과 우리나라에서 발생한 예가 있다. 원인이 된 아미노산 간장은 gluten을 염산으로 가수분해하여 조미료인 글루타민산나트륨을 제조하고 남은 폐액을 탄산나트륨으로 중화하여 염산을 제거한 후 제조하는데 이때 사용된 가수분해제인 염산과 중화제인 탄산나트륨에 다량의 비소가 함유된 것이 중독의 원인이었다.

# 4. 기구·용기·포장재 등에서 유래되는 유해물질

## 4-1. 식품용 기구 및 용기·포장의 재질

식품용 기구나 용기·포장의 재질은 크게 합성수지제, 종이제, 금속제, 목제, 유리·도자기·법랑 등으로 구분되며 이중에서 많이 사용되는 재질은 프라스틱이라고 하는 합성수지제로서 주로 폴리염화비닐(PVC), 폴리에틸렌(PE), 폴리프로필렌 (PP), 폴리스티렌(PS), 폴리카보네이트(PC), 폴리에틸렌 테레프탈레이트(PET), 아크릴로니트릴스티렌(AS) 수지 등 식품의약품안전청에서 고시한 합성수지제 만도 약 30여 종이 있다. 이중 내분비계 장애물질을 함유하거나 용출 가능성이 있는 것으로 의심되는 물질 및 이들의 용도는 다음과 같다.

### 1) PVC 랩과 프탈레이트

PVC는 필름, 용기, 완구, 가전기구 등 우리 생활에 광범위하게 사용되는 프라스틱 재질로서 식품용도로는 주로 랩이나 용기 등에 사용된다. 그러나 PVC 랩 등과 같은 제품들을 만들 때 신축성과 접착성을 좋게 하기 위해 다량의 가소제를 넣는데, 주로 프탈레이트계 화합물이 가소제로 사용되고 있어 이들의 환경오염 실태는 비교적 넓게 분포되어 있다. 프탈레이트계 가소제는 상용성과 내한성이 좋고 가격이 상대적으로 저렴하여 공업용으로 많이 사용되고 있다. 안전성에 있어서 가소제로 사용되는 프탈레이트류는 약 10여 종으로 이 중 디에틸헥실프탈레이트(DEHP 또는 DOP)는 1987년 국제암연구기관(IARC)에서 인간에게 발암성이 있을 수도 있는 그룹으로 분리하였으며, 그 동안 위해성 논란이 있어 유럽의 대부분 국가에서는 사용을 금지하고 있으며, 우리나라에서도 식품용 기구 및 용기·포장에 DOP의 사용을 금지하고 있다. 그러나 디부틸프탈레이트, 디에틸헥실아디페이트(DOA) 등에 대하여서는 내분비계 장애에 대한 독성연구 및 조사를 통해 유해성이 증명되면 사용을 금지하거나 취급을 제한하기로 하였다. 가정에서 많이 사용하는 랩의 경우 지난 1980년 말 랩의 DOP 가소제가 사회적 문제가 된 후 직접 식품을 포장하는 랩은 DOP를 사용치 않으며 대체 가소제로서 주로 adipates 계열, 특히 DOA를 주로 사용하며 이것은 비교적 안전한 것으로 알려져 있으나 내분비계 장애물질로 추정되고 있어 앞으로 연구가 더욱 필요하다. 또한 국민들 중 유아용 젖꼭지에 프탈레이트가 용출되어 위해할 수 있다는 불안감을 갖고 있는 사람이 많으나, 대부분의 젖꼭지는 실리콘 또는 천연고무로 만들어 가소제를 사용하지 않으므로 안전하다 할 수 있다. 또한 과거에는 식용유 병, 일회용품 등 PVC로 만들던 많은 종류의 식품용기나 포장재들이 현재는 비교적 안전한 에틸렌수지제나 PET 등으로 이미 많이 대체되어 사용 중이다.

### 2) 컵라면과 스티렌 다이머 및 트리머

스티렌 다이머 및 트리머는 스티렌 모노머를 중합하여 폴리스티렌 수지(PS)를 제조하는 과정에서 고분자량에 도달하지 못한 중간물질로서, PS 수지 중에 포함되어 있다가 컵라면 등과 같이 고온에서 용출되어 인체에 흡수될 수 있다고 알려져 있다. 스티렌 수지는 요쿠르트병과 같이 딱딱하게 굳힌 재질과 컵라면 용기와 같이 공기를 불어넣은 발포형 재질로 구분된다. 현재까지 스티렌 다이머 및 트리머의 내분비계 장애물질로서의 영향과 컵라면 용기로 사용시 용출 여부에 대해서는 많은 논란이 있다. 즉, 기존의 컵라면 용기 업체 및 PS 수지업체 쪽에서는 PS로 된 컵라면 용기가 무해하다는 입장을 견지하고 있는 반면에, PS 수지 이외의 업체나 학계, 환경단체 쪽에서는 아직도 많은 의구심을 갖고 이 문제를 대처하고 있다. 그러나 1998년 4월 미국 환경보호청(EPA)에서는 "스티렌 화합물은 내분비계 장애물질과 관련이 적다."고 발표하였으며, 일본 후생성 국립식품위생위원회에서도 "폴리스티렌 용기류에 포함된 물질들의 호르몬 억제 가능성이 증명된 바 없기 때문에 폴리스티렌 식품용기의 사용을 규제할 필요가 없다."고 발표하였다. 유럽 등 많은 연구소에서도 호르몬 장애가 없음을 발표하여 비교적 안전한 쪽으로 받아들여지고 있다.

### 3) 비스페놀 A

비스페놀 A는 에폭시 수지의 기본 원료로 사용되거나 폴리카보네이트(PC) 플라스틱의 합성 시 사용되는 일종의 단량체이다. 비스페놀 A는 내분비계 장애물질일 가능성이 있는 물질 중의 하나로서 이들은 주로 음료수 캔의 내부 코팅제(에폭시 수지), 유아용 젖병, 급식용 식판 및 생수통(PC 수지) 등 식품용 용기의 소재로 사용된다. 특히, PC 수지 용기는 투명하면서도 100℃ 이상 사용 가능하고 방탄유리로 사용될 정도로 잘 깨지지 않기 때문에 용도가 다양하고 사용량이 매우 많다. 우리나라에서 비스페놀 A는 주로 음료수 캔의 내부 코팅제, 커텐의 방염처리제 등으로 사용되었다. 비스페놀 A는 금속 캔 표면이나 젖병 등 용기 중에 잔류물 또는 고온, 가공 중의 분해물로서 재질 중에 일부 포함되어 있다가 용출될 수 있다는 것 때문에 문제가 되고 있다. 그러나 비스페놀 A의 내분비계 장애효과에 대하여서는 역시 많은 논란과 함께 현재 연구가 진행 중에 있다. 미국 환경청에서는 비스페놀 A의 1일 섭취허용량(만성독성 시험을 기초로 설정한 평생동안 매일 섭취해도 건강에 유해하지 않은 섭취량)을 0.05mg/체중 kg으로 하고 있으며, 우리나라와 일본에서는 식품용기에서 비스페놀 A의 용출기준을 2.5ppm 이하로, 유럽에서는 3ppm 이하로 정하고 있다.

### 4) 종이에서의 Polychlorinated biphenyls(PCBs)

PCBs(Polychlorinated biphenyls)는 1929년 처음으로 상업적인 목적으로 도입, 사용되었고 전도체, 화장품, 도료, 잉크, 비카본 복사용지, 살충제, 내열성을 위한 코팅제로 사용되어왔다. PCBs는 1966년부터 환경오염 물질로 주목되어 많은 나라에서는 사용이 금지되었다. PCBs는 미국 환경청이 분류한 내분비계 장애물질일 가능성이 큰 물질 중 하나로 인간의 면역기능 감소에 영향을 줄 가능성이 있다는 보고 등이 있다. 식품용기·포장재로서의 오염원은 종이포장제에 포함되어 있을 수 있는데, 특히 재생지의 경우 폐지 중 잉크로부터 유래될 수 있거나 포장기계나 설비로부터 유래될 수도 있다. 우리나라에서는 종이제 또는 가공지제 중 PCBs의 재질규격을 10ppm 이하로 관리하고 있으나, 실제로 종이제에서 PCBs가 검출될 확률은 매우 적으므로 안전하다 할 수 있다.

식품을 취급하는 기구, 용기, 포장재료 중의 유해물질이 식품 중의 산이나 알칼리에 용출되어 식품으로 옮겨가서 식품위생상의 문제가 되는 수가 있다. 우리나라에서는 기구 및 용기·포장의 기준규격을 정하여 관리하고 있다.

■ 일반기준

① 기구 및 용기·포장은 물리적 또는 화학적으로 내용물이 오염되기 쉬운 구조이어서는 아니 된다.

② 전분, 글리세린 등 식용물질이 식품과 접촉하는 면에 접착되어 있는 용기·포장에 대하여는 증발잔류물의 규격적용을 제외할 수 있다.

③ 식품과 접촉하는 기구 및 용기·포장의 제조 또는 수리에 땜납을 사용하여서는 아니 된다.

④ 전류를 직접 식품에 통하게 하는 장치를 가진 기구의 전극은 철, 알루미늄 및 백금 이외의 금속을 사용하여서는 아니 된다.

⑤ 동제 또는 동합금제의 기구 및 용기·포장은 그 식품에 접촉하는 부분을 전면 주석도금 또는 광택처리를 하여 위생상 위해가 없도록 적절하게 처리하여야 한다. 다만, 고유의 광택을 가지고 녹이 슬지 아니하는 것은 제외한다.

⑥ 기구 및 용기·포장의 제조에 있어 화학적 합성품인 착색료를 사용하는 경우에는 식품위생법상 허용된 착색료 이외의 착색료를 사용하여서는 아니 된다. 다만, 유약, 유리 또는 법랑에 녹이는 방법, 기타 식품에 혼화할 우려가 없는 방법에 의한 경우는 제외한다.

⑦ 용기·포장의 제조 시 인쇄하는 경우 인쇄잉크를 충분히 건조하여야 하며 식품과 접촉하는 면에는 인쇄를 하지 않아야 한다.

⑧ 기구 및 용기·포장의 제조 시에는 디옥틸프탈레이트(di-(2-ethylhexyl)-phthalate; DOP)을 사용하여서는 아니 된다.

식품용 기구 및 용기·포장재는 다양한 소재들이 사용되고 있으나 여기서는 금속성, 유리, 도자기, 합성수지, 종이, 고무, 셀로판 등을 중심으로 식품위생상 위해성 여부를 살펴보기로 한다.

## 4-2. 금속성 용기

### 1) 납(pb)

납이 식품에 혼입될 수 있는 것은 용기나 기구 등에 함유되어 있는 납에 기인되는 경우가 많다. 연독(鉛毒)이라고도 하는 납중독은 급성과 만성이 있는데 식품위생상 문제가 되는 것은 극소량(1일 1mg 이하)을 장기간에 걸쳐 섭취함으로써 발생하는 만성중독이다. 납은 우리 생활환경과 밀접한 관계가 있어서 식품을 통해 인체에 들어오는 것도 문제이지만 호흡기를 통하여 체내로 흡수되는 납도 건강상 문제점이 많다. 일반 환경에서 납의 주 발생원은 납이 함유된 차량연료(antiknocking제로 첨가되는 4-ethyl lead)의 사용이었는데 납이 함유된 연료 사용이 금지된 이후 대기 중의 납의 농도는 많이 감소되었으나 아직도 우리 주위에는 납 폭로의 위험 가능성이 많다. 체내로 들어온 납은 들어온 경로에 관계없이 혈액에 흡수된 후 혈액 및 간, 콩팥과 같은 연부조직에 일부가 남아 있고 90%는 뼈 속에 저장된다.

납중독 증상 중 급성중독은 급성 위장증상, 뇌증상(흥분, 불면, 망상) 등이 나타나고, 만성중독은 연창백(얼굴이 파래짐), 빈혈, 연녹(잇몸의 치아 쪽 끝이 청자색의 착색이 생김), 근육의 마비, 연산통(충수염과 간혹 오진함)이 나타난다. 치료는 일반적으로 Ca-EDTA 내복 또는 정맥주사하면 조직 속에 흡수된 납이 소변으로 배출된다.

### 2) 구리(Cu)

구리는 인체에 조혈을 위한 필수적인 무기질이지만(1일 필요량 1mg) 1회 섭취량이 500mg 이상 다량 섭취하면 중독이 되며 치사량은 50g 정도이다.

구리가 식품에 혼입되는 경우는 식기, 주전자, 냄비, 물통 등의 재료로 사용할 때 이것이 탈락되어 식품에 혼입되거나 아니면 위의 것들이 부식되어 녹청이 되어 식품에 혼입되는 경우가 있다. 중독증상은 구역질, 구토, 복통, 땀 흘림, 경련, 호흡곤란 등이 발생한다.

### 3) 카드뮴(Cd)

식기 도금에 사용되는 것으로서 극히 미량의 천연 카드뮴은 인체에 무해하지만, 카드뮴이 환경오염 물질로 작용할 때는 독성이 대단히 크다. 짙은 스모그에서 발견되는 카드뮴은 주로 자동차 배기가스로부터 방출된 것이다. 또 일반적으로 사용되고 있는 인산비료에도 카드뮴이 포함되어서 흙이 오염되어 여기서 수확되는 농작물을 오염시킨다.

여러 경로를 통해서 인체에 들어온 카드뮴은 각종 인체 장기에 영향을 미쳐 다양한 증상을 일으킨다. 이 중 특히 골격이나 뼈에 영향을 미치게 되면 골연화증이나 골다공증 등을 유발하게 되는데 그 통증이 매우 심하다. 카드뮴에 의한 "이타이이타이병(itai-itai disease)"은 전 세계적으로 널리 알려진 질환이다. 이 병의 출현은 약 40년 전 일본 도마야현에는 납과 아연을 제련하는 공장이 있었는데, 이 공장에서 버린 폐수 속에는 카드뮴이 들어 있었고 이 카드뮴이 그 지역의 강을 오염시켰다. 그 이후 카드뮴으로 오염된 물고기를 먹은 사람, 카드뮴이 함유된 폐수를 농업용수로 사용하여 지은 농산물을 먹은 사람, 카드뮴이 포함된 물을 계속해서 식수로 사용한 사람들에게 이상한 골연화증의 증세들이 나타나기 시작했다. 이 병에 걸린 사람들이 우리말의

"아프다 아프다"에 해당하는 일본말인 "이타이 이타이"라고 고통을 호소한데서 결국 이런 병명을 얻게 되었다. 카드뮴에 의한 급성중독의 원인은 산성식품을 카드뮴으로 도금한 용기에 보존함으로써 카드뮴이 용출되어 발생한다.

중독증상은 10mL의 경구섭취로써 급성중독이 발생하여 격심한 위장자극 증상을 시작으로 독소형 세균성 식중독과 비슷한 구토, 설사, 복통 등이 나타난다. 회복은 대체로 빠른 편이다. 치료는 급성 경구중독 시 위세척 후 계란, 황산나트륨 30g을 온수 250mL에 혼합하여 경구투여한다.

#### 4) 아연(Zn)

아연은 물통이나 국자 등의 기구나 용기로 사용되는데 물이나 일반식품을 담을 때는 큰 문제점이 없으나 주스류와 같은 산성식품을 담을 때는 단시간 내에 아연을 침식시켜 아연염으로 되어 식품에 혼입된다. 급성 중독량은 400~500mg/kg 정도이며, 이들이 식품에 혼입되는 경로를 보면 아연을 위주로 만든 금속용기를 주스나 간장, 된장을 담는 용기로 사용하는 경우 아연의 용출이 많아진다. 중독증상은 단시간에 증상이 일어나 구역질, 구토, 설사, 복통을 수반하는 위장자극이 주 증상이며, 입안에 금속성 미각을 띤다.

#### 5) 주석(Sn)

원래 주석화합물은 다른 금속에 비해 독성이 약하지만 최근 통조림에 의한 중독사고가 발생하고 있다. 중독량은 정확히 밝혀지지 않았지만 대략 0.1~0.3g 정도로 알려져 있다.

주스 통조림에서의 허용량은 한국과 일본은 150ppm, 영국은 250ppm, 미국은 300ppm으로 되어 있다. 주석은 관 내용물 중 질산이온이 있거나 산성식품에서 산소 존재하에서 용출량이 급격히 증가한다. 그러므로 수도수 기준은 $NO_3$ 10ppm 이하이지만 과실 통조림 용수는 1ppm 이하로 정하고 있다. 주석중독 시 나타나는 증상은 메스꺼움, 구토, 설사, 복통 등을 일으킨다.

#### 6) 안티몬(Sb)

안티몬은 구리와 합금하여 금속기구를 만드는 경우는 매우 드문 일이지만 품질이 나쁜 니켈로 도금한 식기나 용기에 안티몬이 들어 있는 땜납이 산성식품에 의하여 침식되어 중독을 일으킨다.

중독증상으로는 구토, 복통, 설사 등을 일으키며, 중증일 때는 콜레라와 비슷한 심한 설사, 갈증, 연하통 및 쇠약, 허탈에 이르러 사망한다.

### 4-3. 유리용기

유리용기는 액체식품을 담는 데 주로 사용되는 병, 컵, 접시, 술잔 등이 있다. 그 주성분이 규산을 주성분으로 하여 탄산나트륨과 탄산칼슘 등의 염기성분 및 산화납, 산화아연을 혼합해서

1,200~ 1,500℃의 고온에서 용융하여 만든다. 유리용기에 의한 독성은 적으나 간혹 아연이나 납 등의 유해금속이 용출되어 위생상 문제가 되는 수가 있다.

〈표 8-5〉 식품용 유리제품의 규격기준

| 항 목 | 침출용액 및 침출조건 | 규격(ppm 이하) |
|---|---|---|
| 1. 납 | 4% 초산, 실온 24시간 | 7 |
| 2. 비소 | 4% 초산, 실온 24시간 | 0.05 |
| 3. 알칼리 | 물, 실온 24시간 | 4($Na_2O$ 로서) |

## 4-4. 도자기, 법랑제품 및 옹기류

도자기는 흙, 돌, 광물류을 원료로 고온에서 소성시켜 유리화시키므로 독성은 없으나 성형품의 표면에 색, 그림, 모양 등을 나타내는데 유약을 사용하며, 유약은 소성온도가 600~700℃이어서 산성물질과 접촉할 경우 쉽게 용출된다.

법랑은 철판상에 유리화하여 얻은 성분을 도포하여 약 800℃에서 가열한 다음 융착시킨 것으로 법랑면을 매끈하게 하기 위한 유약으로서 붕사 또는 납, 주석, 티탄, 코발트, 크롬 등의 산화물 또는 황화물이 사용되고 있어 위생상 문제가 된다.

옹기류는 유약에 납이나 기타 중금속화합물이 함유되어 있을 경우 저온소성(600~700℃)하면 제대로 유리질화되지 못하므로 식품 등에 의하여 용출될 위험성이 크다. 따라서 도자기의 경우처럼 1,000℃ 이상으로 고온소성을 할 필요가 있다.

〈표 8-6〉 식품용 도자기, 법랑제품, 옹기류의 규격기준

| 항 목 | 침출용액 및 침출조건 | 규격(ppm 이하) |
|---|---|---|
| 1. 납 | 4% 초산, 실온 24시간 | 7(옹기류는 1) |
| 2. 비소 | | 0.05 |
| 3. 카드뮴 | | 0.5 |

## 4-5. 합성수지

최근에는 합성수지제 식품용 기구 및 용기·포장이 많이 제조 판매되고 있다. 합성수지는 산, 알칼리, 염류, 유지 등에 대하여 대단히 안정하고 가볍고 파손이 잘 되지 않을 뿐 아니라 간단히 성형 가공할 수 있어 식품공업에 널리 사용되고 있다.

합성수지는 열을 가하면 초기에는 가소성을 가지고 있는데 여기에는 한 번 경화하면 다시는 유연하게 되지 않은 열경화성 수지와 가열하면 가소성을 보이고 냉각하면 고화하는 열가소성 수지로 분류할 수 있다. 열가소성 수지는 가열에 의해 연화, 고화를 반복해도 본질적인 화학구조

의 변화는 없기 때문에 가열하여 연화상태로 성형가공과 부형조작을 행하여 용기 등의 제품을 만들 수 있다. 식기류에 주로 많이 사용하는 합성수지는 열경화성 수지로 여기에는 phenol 수지, urea 수지, melamine 수지 등이 있다.

열경화성 수지제 식기의 제조는 식기성형기 중에 원료를 넣고 가열 축합하여 수지화시키는데 가열, 축합이 제대로 안 되면 미반응 원료나 저중합물이 수지 중에 잔류하게 된다. 따라서 원재료가 formaldehyde와 urea인 요소수지와 melamine 수지에서는 formaldehyde가, formaldehyde와 phenol인 phenol 수지에서는 formaldehyde와 phenol이 잔류하게 된다. 따라서 열경화성 수지에서 식품위생상 문제가 될 수 있는 유해물질은 phenol과 formalin이라 할 수 있다.

열가소성 수지에는 polyethylene, polypropylene, polystyrene, 염화비닐수지 등이 있다. Polyethylene 수지는 ethylene을 중합시켜 만든 것으로 그 제조법에 의하여 저밀도와 고밀도의 polyethylene으로 나누어지며 각각 다른 성질을 가진다.

저밀도 polyethylene은 고압에 의하여 만들어지며 성형이 용이하고 투명성, 내수성, 방습성이 우수하다. 수증기는 통과하지 못하나 공기 등의 기체는 투과하는 성질이 있고 내열성이 나쁘며 끓는 물로 연화되므로 가열살균이 불가능하다. 이런 점에서 식품용 용기로는 별로 쓰이지 않으나 최근 우유용기로 각국에서 사용되고 있다.

고밀도 polyethylene은 밀도가 높아서 표면의 경도나 연화점이 높아지고 내약품성, 방습성이 높으며 통기성도 적어 고온살균에 견딘다. 현재 청량음료용 용기로 사용되고 있는데, polyethylene 자체는 무해하나 안정제 등의 식품 중으로의 이행을 조심해야 한다.

Polypropylene 수지는 propylene을 중합한 것으로 플라스틱 중 가장 가벼우며 polyethylene보다 투명성, 내열성이 우수하므로 고온살균이 가능하다. 위생적으로는 polyethylene과 같이 그 자체는 무해하나 polyethylene보다 첨가제의 사용량을 많이 하므로 이들 첨가제의 식품 중으로 이행을 조심해야 한다. Polystylene 수지는 stylene 단량체를 중합시킨 것으로 반드시 얼마간의 stylene monomer 및 저중합물을 함유하고 있다. 중합체는 일반적으로 독성이 없는 것으로 알려져 있으나 단량체는 자극성이 강하여 위생상 문제가 되고 있다.

염화비닐수지는 투명성이 우수한 것으로 다른 수지에 비하여 많이 사용하고 있다. 값이 싸며 내산성이 좋고 통기성이 적으므로 보존식품에 널리 쓰인다. 염화비닐수지 자체는 위생상 유해물이라고는 생각되지 않으나 가소제, 안정제 등으로 사용되는 각종 첨가물 중에는 유해한 것이 많이 있어 주의해야 한다.

### 4-6. 종이제품

종이는 현재 식품 포장재료 중에서 가장 광범위하게 사용되고 있다. 종이는 목재펄프를 주원료로 하기 때문에 그 자체에 대해서는 위해성이 전혀 없다. 그러나 제조과정에서 용도에 따라 표백제, 사이징제, 충진제, 착색료 등의 첨가제를 가하여 제조하기 때문에 이들에 의한 위생상 문제를 가져올 수 있다.

우리나라에서도 식품에 사용되는 포장지에 있어서 위생상의 문제가 종종 거론되어 종이 및 가공지에 대한 규격을 설정하여 규제하고 있는데, 그 규제항목은 침출용액으로 시험할 때 비소, 중금속, 포름알데히드, 형광증백제, 타르 색소, 증발 잔류물 등 6개 항목이다.

〈표 8-7〉 식품용 종이제품의 규격기준

| 항 목 | 침출용액 및 침출조건 | 규격(ppm 이하) |
|---|---|---|
| 1. 비소<br>2. 중금속<br>3. 증발 잔류물 | 4% 초산, 실온 10분(다류 봉지와 커피 여과지는 90℃ 5분) | 0.1<br>1.0<br>30 |
| 4. 포름알데히드<br>5. 허용 외 타르 색소 | 물, 실온 10분(다류 봉지와 커피 여과지는 90℃ 5분) | 4.0<br>불검출 |
| 6. 형광증백제 | – | 불검출 |

## 4-7. 셀로판

셀로판은 투명성, 착색성이 우수할 뿐만 아니라 무색, 무취로 독성이 없어 라면, 과자류의 포장지 등 식품 포장에 널리 사용되고 있다. 셀로판은 보통 및 방습 셀로판이 있는데 방습 셀로판은 polyvinyl chloride나 polyvinliden chloride을 혼합하여 방습성을 갖게 하고 glycerine, polyethylene glycol, sorbitol, urea 등을 침투시켜 유연하게 한 것이다. 셀로판은 인체에 무해하나 가끔은 유해성 착색제가 함유되어 논란이 되고 있다. 식품포장용 셀로판의 규격기준은 표 8-8과 같다.

〈표 8-8〉 식품용 셀로판의 규격기준

| 항 목 | 침출용액 및 침출조건 | 규격(ppm 이하) |
|---|---|---|
| 1. 비소 | 4% 초산 60℃ 30분 | 0.1 |
| 2. 중금속 | 4% 초산 60℃ 30분 | 1 |
| 3. 증발 잔류물 | 4% 초산 60℃ 30분 | 30 |
| 4. 허용 외 타르 색소 | 물, 60℃ 30분 | 불검출 |

## 4-8. 고무제품

식품에 사용되는 고무제는 크게 천연고무와 합성고무가 있는데 과거에는 천연고무가 주로 사용되었으나 최근에는 실리콘 고무, 이소프렌 고무 등의 합성고무가 사용되고 있다. 고무는 가류제, 가류촉진제, 노화방지제, 보간제, 충진제 등 많은 첨가제가 가해지며 첨가제 자체의 독성, 첨가제 중의 납, 카드뮴 등의 유해 불순물이 첨가되거나 첨가제의 사용량이 과다하면 위생상의 문제가 생길 수 있다. 우리나라에서는 일반 고무제품과 포유기구에 대하여 재질실험에서는 납, 카드뮴, 2-메르캅토이미다졸, 용출실험에서는 phenol, formaldehyde, 중금속, 아연, 증발 잔류물의 규격을 표 8-9와 같이 정하고 있다.

〈표 8-9〉 식품용 고무제의 규격기준

| 항 목 | 침출용액 및 침출조건 | 규격(ppm 이하) |
|---|---|---|
| 재질실험 | | |
| 1. 납 | – | 100(젖꼭지는 10ppm 이하) |
| 2. 카드뮴 | – | 100(젖꼭지는 10ppm 이하) |
| 3. 2-메르캅토이미다졸 | – | 불검출 |
| 용출실험 | | |
| 1. 페놀 | 물 60℃ 30분(100℃ 이상 가열하는 것은 95℃ 30분, 젖꼭지는 40℃ 24시간) | 5.0 |
| 2. 포름알데히드 | | 4.0 |
| 3. 중금속 | | 1.0 |
| 4. 아연 | | 15 |
| 5. 증발 잔류물 | | 60(젖꼭지는 40ppm 이하) |

# 5. 제조·가공·저장 중에 생성되는 유해물질

식품은 제조·가공·저장되는 과정에서 식품 중에 함유된 유기성분들이 상호 반응하든가 또는 가공과정 중 열이나 첨가물과 반응하여 그 성분이 변화되어 유해물질로 전환하여 인체에 치명적인 영향을 미치는 경우가 있다. 여기서는 최근 식품위생상 문제가 되고 있는 지질과산화물, *N*-nitroso 화합물, 엽록소 분해산물을 중심으로 살펴보고자 한다.

## 5-1. 지질과산화물

제3장에서 살펴보았듯이 식품 중에 함유된 지방질인 불포화지방산은 산소에 공격을 받아 산화되면 인체에 독성이 강한 과산화물이 생성된다. 이들 산화 생성물은 상당히 불안정해서 분해되거나 중합에 의하여 각종 cabonyl 화합물이나 중합물 등으로 변화되는 것이 보통이다. 지질의 산화 생성물은 독성이 강해서 구토, 설사, 복통 등 식중독의 원인이 될 뿐 아니라 간의 효소계를 억제하고, 일부는 활성화되어 생체막을 구성하는 인지질 중의 불포화지방산을 과산화물로 변화시켜 생체막에 이상을 초래함으로써 동맥경화나 노화, 간, 신장의 비대 및 기타 조직의 변화를 가져오기도 한다. 지질의 산화 생성물 중 독성이 가장 잘 알려진 것은 hydroperoxide와 2차 산화 생성물이다. 가장 대표적인 불포화지방산인 linoleic acid의 산화 생성물에 급성독성을 보면 표 8-10과 같다.

〈표 8-10〉 linoleic acid methyl ester의 산화 생성물의 급성독성

| 산화 생성물 | $LD_{50}$(mg/kg, 마우스 경구투여) |
|---|---|
| n-hexanal | 8,292 |
| 2-hexenal | 685 |
| 2-hydroxyhexanal | 598 |
| hydroxyaldehyde | 52 |
| 4-hydroperoxy alk-2-enal | 45 |
| methyl linolate hydroperoxide | 12,760 |

상기 표에서와 같이 산화 생성물인 methyl linolate hydroperoxide에 비하여 2차 산화 생성물 특히 4-hydroperoxie alka-2-enal의 독성이 강한 것을 알 수 있다.

정상적인 유지식품의 튀김조건에서는 유의성 있는 독성피해를 나타내기에 충분한 양의 유독성분이 일반적으로 생성되기 어렵다. 그러나 일부의 집단 급식소나 음식점에서는 정상적인 사용조건을 벗어나 유독성분이 생성될 정도의 과격한 가열조건을 사용하고 있는 것으로 조사되고 있다. 더욱이 가열유지 중에는 cocarcinogen이나 tumor-promotor의 존재가 의심되고 있으므로 충분한 주의가 요구된다.

## 5-2. *N*-nitroso 화합물

*N*-nitroso 화합물(nitrosoamine과 nitrosoamide류)은 제2급 amine이 아질산과 반응하여 생성되는 화합물로 100종 이상이 알려져 있고, 그 중 다수가 발암성이 있는 것으로 알려져 있다. 식품 중의 *N*-nitroso 화합물은 천연에 존재하거나, 인위적으로 식품의 보존과 발색의 목적으로 첨가한 아질산과 식품성분인 단백질에서 유래하는 아민이나 아미드류가 제조과정 중에 상호 반응하여 생성된다. 또한 아질산과 아민은 섭취한 후 소화관 내 또는 생체 내 반응 시 *N*-nitroso 화합물이 생성되기도 한다.

*N*-nitroso 화합물은 강력한 발암성을 나타내는데 발암기전에 있어서 nitrosamine은 체내에서 산화적으로 대사되어 alkyl caton(alkyl carbonium ion)이 생기고 핵산염기를 alkyl화하여 암을 발생하게 하지만 nitrosamide는 그 자체가 alkyl화제이므로 대사됨이 없이 직접 접촉부위에 암을 발생하게 하는 것으로 알려졌다. 주요 *N*-nitroso 화합물과 그 표적 장기는 표 8-11과 같다.

제2급 amine으로서는 생선살 등에 함유된 대칭 또는 비대칭의 dialkyl 등의 화합물 외에 *N*-alkyl urea, *N*-alkyl carbamate 및 *N*-alkyl amide 등이 있다. 한편, 아질산은 그 자체로 식품이나 식품첨가물, 또는 타액유래의 것 이외에 전구체인 질산염(야채에 다량 함유)의 환원반응이나 일산화질소(생체 내에서 arginine으로부터 생성)의 산화반응에 의해서 생성되어 존재한다. 제2급 amine과의 반응은 산성 조건하에서 일어나기 쉽다. 또한, nitroso화 반응에 관여하는 반응 화학종은 아질산, 질산염이나 이산화질소로부터 생성되는 $N_2O_3$일 것으로 추정되고 있다. 이들 *N*-nitroso 화합물

〈표 8-11〉 주요 *N*-nitroso 화합물과 그 발암표적 장기(rat)

| 구분 | 화합물질명 | 표적장기 |
|---|---|---|
| nitrosamine | nitrosodimethylamine(NDMA)<br>nitrosodimethylamine(NDEA)<br>nitrosodibuthylamine(NDBD) | 간<br>간, 식도<br>간, 식도, 방광 |
| | nitrosopyrrolidine(NPy)<br>nitrosopiperidine(NPi)<br>nitrosomorpholine(NM)<br>nitrosopiperazine(NPp) | 간<br>간, 식도<br>간<br>간, 식도 |
| nitrosamide | methylnitrosourea(MNU)<br>ethylnitrosourea(ENU)<br>buthylnitrosourea(BNU) | 전위, 신경<br>적아구성 백혈병<br>골수아구성 백혈병 |
| | *N*-methyl-*N'*-nitro-*N*-nitrosoguanidine(MNNG)<br>*N*-ethyl-*N'*-nitro-*N*-nitrosoguanidine(ENNG)<br>methylnitrosourethane(MNUT) | 위<br>전위<br>신장, 전위, 폐 |

중에서 dimethyl amine과 아질산으로부터 생성되는 *N*-nitrosodi methylamine(NDMA)는 간암을 유발하며 해산 어류, 가공 어패류 등에서 미량 검출된다. 그런데 NDMA의 발암성은 1956년 Magee 등에 의해 밝혀졌으며, 그 후 많은 연구에 의해 NDMA는 생체 내에서 대사 활성화를 받아서 최종적으로는 methylcarbonium ion으로 되어 DNA나 단백질을 수식하여 암을 유발시키는 것으로 추정되고 있다. Dimethylamine은 동·식물에 널리 분포 하지만 특히, 해산 어류나 생선 알에 많고, 조리나 가공에 의해서 전구체, 예를 들면 생선살 중에 많은 trimethylamineoxide로부터 용이하게 생성되어 아질산의 존재하에 NDMA로 되고 식품오염물로서 존재하게 된다. 한편, 아질산은 식품첨가물로서 햄, 소시지 등에 70ppm 이하, 어육 햄, 어육 소시지에 50ppm 이하로 보존 시의 NDMA의 생성을 고려하여 첨가량이 억제되고 있지만 아질산염을 사용하지 않은 식품에서 사용한 식품보다 오히려 고농도의 NDMA가 검출되는 일도 있다. Nitrosoamine의 폭로량에 관한 최근의 외국 연구조사에서는 일본인이 1일 평균 약 1.8㎍의 *N*-nitrosoamine을 섭취하고 있고, 그 중 약 80%는 구운 어패류를 말린 것에 의한 것이라고 한다. *N*-nitrosoamine 화합물에 의한 폭로는 오로지 *N*-nitrosoamine 화합물이 식품 이외에 존재하고, 이것이 섭취되는 것뿐만 아니라, nitroso화 되는 물질(nitroso 전구 amine)이 있어서 이들이 위내의 산성 조건하에서 아질산과 반응하여 *N*-nitroso화합물로 될 가능성이 있으며, 실제로 쥐에서 아질산과 dimethylamine의 동시 투여로 NDMA의 생성이 확인되고 있다. 아직 아질산은 식품 자체, 여러 가지 식품에 함유되는 이외에 질산함량이 높은 배추, 무 등을 섭취하는 것에 의해 타액 중으로 분비된 질산이 구강내 세균으로 환원되어지는 것에 의해서도 생성된다. 일본에서의 연구에서 사람의 아질산(염)의 최대 공급원은 타액으로 16.50㎎/일이며, 그 총 섭취량은 17.71㎎/일이다. 또한, 질산염의 총 섭취량은 313.0㎎/일로, 참고로 미국인의 경우에는 일본인보다 훨씬 적은 99.8㎎/일로 조사되어 있다. 한편, 최근의 연구에서 아질산의 생성이 활성화된 macrophage에서도 일어나고 이때 제2급 amine이

존재하면 통상에서는 반응이 일어나기 어려운 생리적 조건하(pH 7.4)에서도 반응이 일어나서 *N*-nitroso 화합물이 생성되는 것이 밝혀졌다. 그리고 이 경우 아질산은 arginine 유래의 일산화질소로서 이것이 산화되어 생성된 것으로 생각되고 있다. *N*-nitroso 화합물의 전구물질 중에서 아질산염이나 질산염은 그 사용량이 문제가 되지 않을 정도로 적기는 하지만 식품첨가물로서 식육, 어육, 어란 등 제품에 발색제로 이용되고 있는데 아질산염은 그 자체가 독성이 있어서 metahemoglobin을 생기게 하여 cyanois를 일으키며, 또 질산염은 무나 시금치 등의 채소에 수천 ppm이나 함유되어 있어서 쉽게 아질산으로 환원된다.

## 5-3. 엽록소 분해산물

식물성 식품 중 잎푸른채소에는 엽록소(chlorophyll)를 함유하고 있는데 식품을 가공, 조리하는 과정에서 가열 또는 열처리에 의하여 광여기물질인 pheophorbide나 pyropheophorbide가 생성된다.

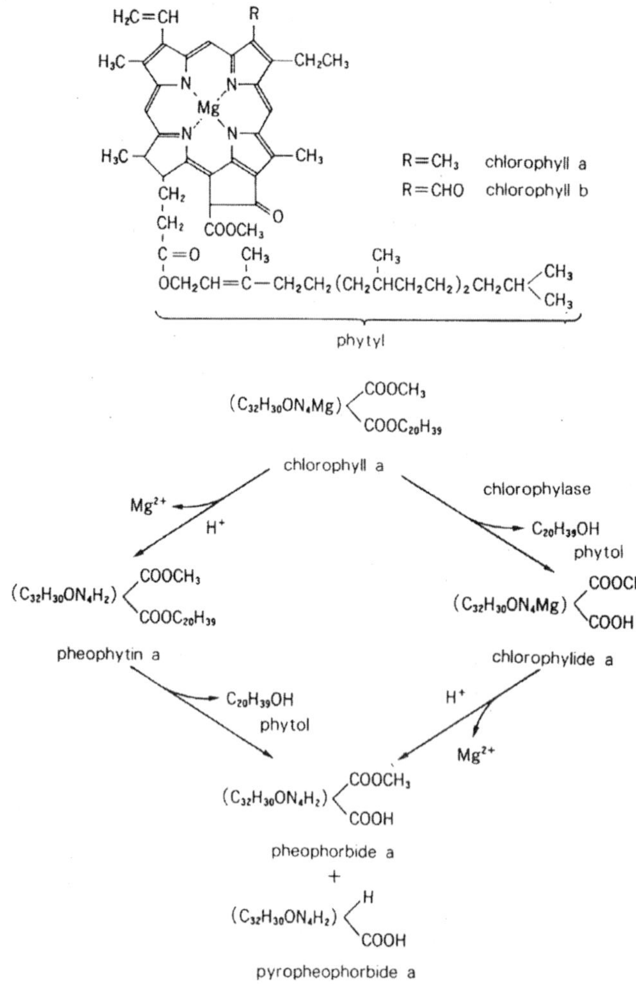


〈그림 8-2〉 Chlorophyll의 분해경로와 그 생성물

광여기물질을 다량 섭취하면 광과민증을 일으켜서 햇빛을 쪼이면 전신 또는 피부의 노출부위에 염증이 생겨 소양증상을 일으킨다. Chlorophyll 분해산물에 의한 중독사건은 1977년 봄, 일본 동경을 중심으로 20여 명이 광과민증에 걸린 적이 있는데 그 원인은 chlorella 제제를 다량 섭취한 때문으로 판명되었다. 클로렐라는 고농도(3~4%)의 chlorophyll을 함유하고 있으므로 그 가공과 보존과정에서 pheophytin과 chlorphyllid을 거쳐서 pheophorbide가 된다<그림 8-2>. Pheophorbide a의 최저 작용량은 사람에게 1일 25mg정도로 추정되고 있다.

# 6. 가열식품 중의 발암·변이원성 물질

식품을 조리, 가공할 때에는 가열시키는 일이 많기 때문에 식품 중의 주성분인 탄화수소, 단백질, 지질 등이 분해되어 여러 가지 물질들이 생성된다. 이들 열분해 생성물 중 발암성을 나타내는 물질은 다환방향족 탄화수소(Polycyclic Aromatic Hydrocarbon; PAH)와 헤테로사이클릭 아민(Heterocyclic Amine; HCA)이 있어 식품위생상 많은 관심의 대상이 되고 있다.

## 6-1. 다환방향족 탄화수소(Polycyclic aromatic hydrocarbon; PAH)

다환방향족 탄화수소는 식품에서는 특히, 훈연제품이나 생선구이, 숯불구이 스테이크, 닭고기 숯불구이 등의 탄 부분, 또는 커피 등과 같이 볶은 식품 중에 미량 존재한다고 하는 것이 알려져 있다. 일반적으로는 탄수화물이나 탄화수소 화합물의 열분해 반응에 의해서 생성하기 때문에 식품이외에도 자동차의 배기가스, 각종 공장으로부터 배출되는 연기, 그을음 등의 안에 존재한다(표 8-12). 따라서 우리들을 둘러싸고 있는 생활환경, 공기, 물, 토양 중에 넓게 분포하여 결과적으로 식품을 오염시키기도 한다. PAH에는 약 100종류가 알려져 있지만, 이 중 실험동물에 대해서 발암성을 나타낸 것으로서 benzo[α]pyrene(B[α]P)이나 benzo[α]anthracene (B[α]A) 등 약 20종류가 알려져 있다. PAH 중에서 특히 강한 발암성을 가진 benzo[α]pyrene에 관해서는 그 환경에 있어서의 분포, 동물에 있어서의 대사, 발암의 기전 등에 관해서 매우 많은 외국의 연구사례가 있다. Benzo[α]pyrene은 모든 환경시료나 식품에서 미량이기는 하지만 자주 검출되고 있고, 구운 고기, 생선 및 이들의 훈연제품에서 비교적 함량이 높다. 한편, PAH가 nitro화 되어져 생성된 각종 nitro PAH(nitroarene)도 생선구이나 닭고기 숯불구이, 스테이크 등에서 검출되고, 이들 화합물도 역시 변이원성이나 발암성을 나타내고 있다. Nitro화의 기원물질은 석탄연료의 연소가스 중에 함유된 일산화질소 또는 이산화질소로 추정되고 있다.

환방향족 탄화수소는 유기화합물의 불완전 연소나 미생물에 의한 생합성작용에 의해서 생기기도 하지만, 반대로 광화학반응에 의해 분해되기도 하므로 지난날에는 발생과 분해의 평형이

유지되었을 것으로 생각되지만 최근에는 발생량이 급격하게 증가되는 추세에 따라 전체 존재량도 증가하고 있는 것으로 보고 있다.

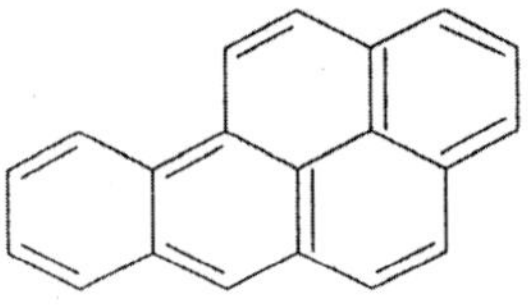

Benzo [α] pyrene

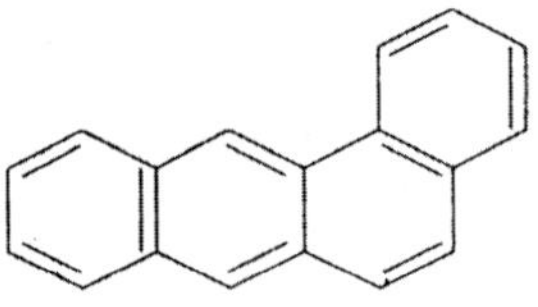

Benzo [α] anthracene

〈표 8-12〉 다환방향족 탄화수소(PAH)가 검출된 환경성분

| 구　분 | 환경성분 |
|---|---|
| 공기 | 도시 대기, 실내공기, 각종 공장내 공기(tar 취급 공장, gas 공장 등) |
| 매연 | 각종 연소로(예: 난로, 보일러, 소각로), 폐기물의 소각, 농촌에서 짚다발 연소 또는 화산 등에 의한 연기 |
| 배기가스 | 가솔린 엔진·디젤 엔진 배기가스, 항공기 배기가스 |
| 검댕 | 목탄, 석탄, 석유, carbon plag, 커피나 전분의 볶음 |
| tar 상 물질 | 콜타르, 아스팔트 |
| oil | 중류, 등류, 부저유, 광유, 가솔린, 엔진 오일, 크레오소트 오일 |
| 식품 및 기호품 | 훈연제품, 생선구이, 태운 스테이크, 식용유, 소맥분, 오염해역의 굴조개, 야채류, 이끼류, 해조류, 위스키, 커피, 차, 담배 |
| 기타 | 토사, 폐슬러지, 눈, 실내먼지, 화학비료, 공장폐수, 하천 |

## 6-2. 헤테로싸이클릭 아민류(Heterocyclic amines; HCA)

최근 10수 년간의 연구결과 가열 조리식품 중에는 Ames 돌연변이 시험법에 의해서 검색한 결과 상기의 다환방향족 탄화수소보다도 강한 돌연변이원성을 갖는 일련의 화합물이 검출되어 설치류의 실험동물 및 영장류에 대하여 여러 장기에 발암성이 있음이 밝혀졌다.

이들 발암물질은 아미노산이나 단백질에서 유래한다. 아미노산이나 단백질의 가열 분해물, 또는 생선이나 육류의 탄 부분에서 생성된 각종 heterocyclic amine이 발견되며, 이들 중에는 변이원성과 함께 발암성이 있다는 것이 알려졌다. Tryptophane의 연소물(trypyophane pyrolysate)로부터는 Trp-P-1, Trp-P-2로 불리는 2개의 heterocyclic amine이 발견되지만, 이들 화합물은 쇠고기나 건어물 등의 탄 부분 중에서도 발견되었다. 또 대두 globulin의 연소물로부터 분리된 AαC 및 MeAαC의 두 가지 화합물은 쇠고기나 표고버섯의 탄 부분 중에서도 발견되었다. 햄버거(쇠고기)로부터 발견되어지는 MeIQx에 대해서는 쇠고기 중 creatine의 탈탄산반응에 의해서 생성된 creatinine이 포도당과 아미노산과의 메이라이드 반응(Maillard reaction)에 의해서 생성된 2,5-dimethylpyrazine과 glycine의 존재하에서 반응하여 생성되는 것으로 추정되고 있다. 이들

일련의 heterocyclic amine은 살모넬라균(*Salmonella typhimurium* TA98 또는 TA100)을 사용한 시험에서 S9 mix의 존재하에 강한 변이원성을 나타내고, 특히 TA98(frame shift형 변이원 검출주)에 있어서, TA100(염기대치환형 변이원 검출주)보다 높은 활성이 인정되고 있다. 또, mouse(CDF1)나 rat(F344)에 대한 heterocyclic amine의 혼합사료 투여에서 발암성(간과 기타)이 나타났다. 그러나 이들 heterocyclic amine의 식품 중 함량은 매우 낮은 수준이고, 이들이 식품과 함께 섭취되어도 peroxidase, 차아염소산 또는 일부의 것에 대하여는 아질산에 의해서 불활성화되어질 가능성도 있다. 지금 현재 이들 연소 생성물에 함유된 heterocyclic amine이 사람의 암 발생에 어느 정도 관여하고 있는가에 대해서는 명확하지가 않으나 암 연구에서 발암성이 증명되고 있으므로 주의를 요한다.

이러한 발암성 물질들이 식품을 조리, 가공하는 동안에 생성되어 인체에 섭취되므로 식생활에 주의를 요하고, 가능하면 이들 발암성 물질의 생성을 감소시키는 조리법과 불가피하게 인체에 섭취되는 경우라도 이들의 발암성을 예방할 수 있는 식품이나 식품성분을 함께 섭취하여 인체 영향을 감소시켜야 한다.

## 6-3. 발암물질을 덜 생기게 하는 조리법

앞에서 기술한 것처럼 음식을 조리할 때 생성되는 돌연변이 유발물질 중 가장 중요하게 취급되는 것이 잘 익힌 쇠고기, 돼지고기, 닭고기와 생선살(일반적으로 약 200℃ 이상의 온도에서 조리된)에서 발견되는 헤테로사이클릭 아민이다. 이들 돌연변이 성분은 직화 위에서 높은 온도로 조리된 바베큐 고기에서도 발견된다. 고기의 튀김, 구이, 통구이를 할 때 더 많은 헤테로사이클릭 아민이 생성된다. 반면에, 끓이기, 찜, 데치기 등의 조리법은 비교적 돌연변이 물질의 생성이 거의 없거나 전혀 검출되지 않으며, 전자레인지에서 요리된 고기도 일반적으로 돌연변이 물질 생성이 낮은 편으로 알려져 있다. 한편, 가스불꽃은 $NO_2$를 생성하는데, 이 $NO_2$는 가스오븐에서 요리된 음식에서 암을 일으키는 nitrosamine과 nitropyrene을 생성시킬 수도 있다. 또한, 불고기, 불갈비, 생선구이 등 과도하게 태운 음식에는 다환방향족 탄화수소가 많이 생기므로 조리 시 태우지 않도록 유의한다. 모델 시스템에서 변이원성 물질의 생성은 150~200℃ 정도의 온도와 관련이 있다고 알려지고 있다. Glycine, creatine 및 glucose를 혼합하여 140℃에서 15분간 가열했을 때 주목할 만한 변이원성 물질은 생성되지 않았지만 160℃와 180℃에서는 변이원성 물질이 생성되었다. 가정에서 행해지는 튀김과 구이요리를 200℃ 이상의 높은 온도로 조리하면 발암물질 생성이 우려되고 있다. 그러므로 가능한 한 낮은 온도에서 조리하는 것이 발암성 물질의 생성을 줄이는 길이다. 외국의 일부 연구에서는 전자레인지 요리가 비교적 안전한 요리법이라고 알려져 있다. 적당한 정도의 열을 음식에 투과시키는 전자레인지 방식(내분비 교란물질 생성 등 다른 유해물 생성이 없다면)이 튀김과 구이 등 음식의 표면에 높은 온도를 적용하는 것보다 유해성 발암물질의 생성이 훨씬 더 적다고 알려져 있다.

## 6-4. 암 예방 물질 및 식품

암 예방 화학물질(Cancer Chemopreventive Agent)을 사용해서, 사람의 암을 화학적으로 예방하자고 하는 시도(암의 화학예방)가 세계 각국에서 이루어지고 있다. 암의 화학예방에 효과가 기대되어지는 물질은 야채나 과일의 성분이 많기 때문에 이들 물질이 많이 함유된 야채나 과일을 함께 섭취하면 식품의 조리가공 중에 생겨나서 피할 수 없이 우리 인체에 섭취되는 발암물질의 피해를 줄일 수 있다. 지금까지 다음의 표 8-13에 나타난 것들이 암의 예방효과가 기대되어지는 야채나 과일의 성분으로 알려져 있다. 이와 같은 암 예방작용을 나타내는 물질은 그 작용기전에 의해서 다음의 3가지로 나눈다. ① DNA의 수식을 일으키는 화학물질의 생성을 억제하는 물질, ② DNA에 수식이 일어나는 것을 억제하는 물질, ③ DNA에 이미 수식이 일어나서 전암상태로 되어 있는 세포의 암으로의 진행을 억제하는 물질 ① 또는 ②의 작용을 가진 물질은 항 initiator(항개시인자), 또 ③의 작용을 가진 물질은 항 promotor(항촉진인자)로 부르고 있다. 물론, 화학물질 중에는 이들 중 1개의 작용만을 나타내는 것은 아니고, 양쪽의 작용을 겸해서 가진 경우도 있다.

〈표 8-13〉 암의 예방효과가 기대되는 야채나 과일

| 종 류 | 야 채 및 과 일 |
|---|---|
| 비타민류<br>비타민 A<br>비타민 C<br>비타민 E | <br>야채류<br>야채, 과일<br>식물성 유지 |
| 카로테노이드류 | 녹황야채류, 팜유, 갑각류, α-carotene, β-carotenelycopene(토마토) |
| 클로로필류 | 녹색 야채류 |
| 플라보노이드류 | 야채, 과일, 콩, 곡류, 감귤류 등 |
| 폴리페놀류 | 차, 허브, 향신료, 콩, 곡류, 과일, 녹차테킨, 홍차 |
| 계피산유도체 | 과일, 커피, 콩, 포도, 딸기 |
| 리그난류 | 참깨, 아마 등 |
| β-diketone류 | leaf wax, 향신료 등, 생강 등 |
| anyl 화합물 | allium속 식물(마늘, 양파 등), arymercaptance, diarysulfoxide |
| isothiocyanate류 | 십자화과 야채(브로컬리, 파슬리 등), 컬리플라워, 브로컬리 |
| indole류 | 십자화과 야채, 양배추 |
| terpene류 | 감귤류, 감초, 로즈마리 |

# 제9장 곰팡이독

표·준·식·품·위·생·학

곰팡이독(mycotoxin)은 동물의 생체에 기생하여 발병하는 의진균증(mycosis)과는 달리, 곰팡이가 발육하는 과정에서 생산하는 2차 대사산물 중 경구 섭취한 사람이나 동물에 질병이나 이상한 생리작용을 유발하는 물질을 총칭하는 것으로 mycotoxin에 의해 일어나는 질병을 진균독증 또는 곰팡이독증(mycotoxicosis)이라고 한다.

곰팡이의 2차 대사산물에는 항생물질도 있으나, 이것은 미생물에 대해 생육 또는 생존을 억제한다는 점에서 mycotoxin과 구별된다.

곰팡이의 한 무리인 버섯에 독이 있다는 것은 일반적으로 잘 알려져 있지만, 곰팡이에 독이 있다는 것도 예로부터 잘 알려져 있다. 1890년경에는 *Fusarium graminearum*을 주체로 한 붉은곰팡이병에 걸린 곡류를 먹어서 걸리는 중독은 그 후에도 우리나라를 포함한 많은 나라에서 발생하였고, 1913년과 1941~1949년에 걸쳐 시베리아 지방에서 발생한 중독 사고에서는 많은 사람들이 사망하였다. 우리나라에서는 식생활 중 술, 된장, 간장 등 곰팡이를 이용한 발효식품을 많이 이용하고 있으며, 떡에 생긴 곰팡이를 칼로 제거하고 먹거나, 곰팡이가 번식한 곡류 등을 가축에 주는 등의 생활습관이 계속 이어져 왔지만 mycotoxin에 대한 인식이 낮은 것은 mycotoxin에 의한 치사를 포함한 중독예가 발생하여도 산발적이었으며, 또한 일반적으로 음식과 사료로 적합하다고 판단된 것에 만약 mycotoxin이 들어 있어도 양이 적어 급성중독증의 발현은 드물 것이라고 생각했기 때문이다.

Mycotoxin에 의한 건강장애가 전 세계적으로 심각한 만큼 많은 곡류를 비롯하여 대부분의 사료원료를 수입에 의존하고 있는 우리나라의 경우 이들 곰팡이 독소의 오염 여부를 정확히 판정함으로써 곡류에 의한 2차 오염을 예방하는 일이야말로 국내 농산물의 오염예방과 더불어 식품위생 차원에서 시급한 과제가 아닐 수 없다.

Mycotoxin의 공포가 전 세계적으로 알려지게 된 것은 1960년 영국에서 10만 마리 이상의 칠면조가 떼죽음을 당했는데 그 원인이 먹이에서 발육한 *Aspergillus flavus*의 대사산물인 aflatoxin에 의한 것임이 밝혀지게 된 것부터이다.

현재에는 100개를 넘는 mycotoxin이 알려져 있고 그 생산균종도 수없이 많이 있다. 그 중에서는 시험동물에 투여하여 얻어진 것도 있지만, 동물이 중독사하였을 때에 원인이 mycotoxin에 의한 것은 아닌가 하는 전제에서 연구를 해본 것도 있다. 어쨌든 식품과 사료에 번식하는 곰팡이 중에서는 여러 가지 mycotoxin을 생산하는 균종이 있으며, 이들에 의해 오염되었을 때 mycotoxin은 통상적인 조리온도에서는 안정적이라는 것과 aflatoxin과 같이 오염된 사료를 주면 그 동물의 생산물에서 환원되어 온다는 것에 주목할 필요가 있다.

또 mycotoxin은 그 표적장기가 다양하여서 간장애, 신장장애, 신경장애, 위장장애, 조혈장애 등의 질환을 일으키는데, 특히 발암과의 관련성에 큰 관심이 모아지고 있다. Mycotoxin에 의해서 일어나는 진균독증은 다른 일반 미생물에 의한 질병과는 달리 다음과 같은 특징이 있다고 J. Forgacs는 주장하였다.

첫째, Mycotoxin은 탄수화물이 풍부한 쌀, 땅콩, 보리 또는 목초 등의 특정한 식품이나 사료의 섭식과 관련이 있다. 과거의 중독예를 보면 탄수화물이 풍부한 농산물이나 곡류가 압도적이다.

둘째, 계절과 관련이 깊다. 그 예로 *Aspergillus*속이 생산하는 mycotoxin에 의한 중독사고는 봄철과 여름철에 많고, *Fusarium*에 의한 중독사고는 가을에서 겨울철(또는 한대지방)에서 많이 발생한다.

셋째, 감염형이 아니다. 동물에서 동물로 사람에서 사람으로 전염되지 않는다.

넷째, 중독이 일어난 동물에 항생물질이나 약제요법을 시행하여도 효과가 없다.

다섯째, 원인 식품이 곰팡이에 오염되어 있다.

따라서 곰팡이독의 원인 식품으로는 곡류, 두류 및 이들의 가공품 등 탄수화물의 함량이 큰 것이 많다. 곰팡이독을 생산하는 곰팡이로는 *Aspergillus, Penicillium, Fusarium*속이 알려져 있다. 곰팡이독을 생산하는 곰팡이는 일반 곰팡이와 같이 열에 약해서 50~60℃로 10분만 가열하여도 대부분 사멸되지만 곰팡이독은 열에 비교적 강하므로 식품위생상 문제가 되고 있다.

# 1. Mycotoxin의 분류

Townsend는 현재까지 알려진 mycotoxin 중 인체나 가축에서 빈번히 발생하는 mycotoxin을 장해가 일어나는 생체내의 주된 기관이나 부위에 따라 다음과 같이 분류하였다.

**간독(hepatoxins)** : 생체에 간경변, 간종양 또는 간세포 괴사를 일으키는 mycotoxin으로 aflatoxin, rubratoxin A, cyclopiazonic acid, sterigmatocystin, islanditoxin, luteoskyrin, ochratoxin A 등이 있는데, 이 중 가장 독력이 강한 것은 aflatoxin이다.

**신장독(nephrotoxin)** : 신장에 급성 또는 만성의 nephrosis를 일으키는 mycotoxin으로 citrinin, citremycetin, kojic acid 등이 있다.

**신경독(neurotoxin)** : 뇌중추신경계에 장애를 일으키는 mycotoxin으로 paturin, maltoryzine, citreoviridine이 알려져 있다.

**기타** : sporidesmin이나 psoralen 등의 광과민성 피부염 물질, 발정유인 물질인 zearalenone 그 밖의 것으로 유연물질인 saframine, 조혈조직장애를 일으키는 fusariogenin이나 방사선 장해상 병변을 일으키는 fusarium독, 광범위한 조직출혈 요인물질인 stachybotrytoicosis 원인물질 등이 사람이나 가축의 중독사고에서 발견되고 있다. 또한 발견균주에 따른 분류는 다음과 같다.

**식중독 유래 mycotoxin** : 사람이나 가축의 식중독 원인식에서 직접분리 추출된 물질. Mycotoxin 중 가장 중요한 것으로 aflatoxin, fusarium 독소군, patulin, maltoryzine, sporidesin, psoralen등이 이에 속한다.

**오염균주 유래 mycotoxine** : 식품이나 사료에 고도로 오염된 곰팡이를 분리하여 인공적으로 배양하고 실험동물에 의하여 독성이 확인된 물질(황변미독, fumonisin).

**보존균주 유래 mycotoxin** : 식품과는 직접 관계는 없지만 1,2에서 mycotoxin의 생산성이 분명해진 곰팡이와 분류학상 가까운 균주를 검색하고 그 대사산물의 독성을 실험동물에 의하여 분명히 한 것이다. 식품위생상의 중요성은 떨어지나 보존균주 또는 야생균주를 사용하여 새로운 의약품이나 식품을 제조하고자 할 때는 여러 가지 배양조건 아래에서 mycotoxin이 생성되지 않음을 확인해야 한다.

〈표 9-1〉 농작물에 관계하는 주요한 mycotoxin과 그 생산균

| 생 산 균 | Mycotoxin |
|---|---|
| *Alternaria alternata* | alternariol, AL-toxin |
| *Aspergillus flavus*<br>*A. parasiticus* | aflatoxin $B_1$, $B_2$, $G_1$, $G_2$, flatrem |
| *Chaetomium globosum* | chaetoglobosins |
| *C. virescens* | sterigmatocystin |
| *Claviceps purpurea* | clavine alkaloids(lysergic acid, agroclavine) |
| *Cochliobolus miyabeanus* | ophiobolin-A, -B |
| *Diplodia maydis* | diplodiatoxin |
| *Epicoccum purpurascens* | 6-methylasalicylic acid |
| *Fusarium* spp. | trichothecenes, zearalenone<br>butenolide, fumonisin-B |
| *Myrothecium verrucaria* | verrucarin-A, -B, -J, roridine-A, -D, -E |
| *Phomopsis leptostromiformis* | phomopsin-A |
| *Pithomyces chartarum* | sporidesmin |
| *Rhizoctonia leguminicola* | slaframine |
| *Sclerotinia scleotiorum* | xanthotoxin, bergapten |
| *Stachybotrys chartarum* | roridin-E, astratoxins, verrucarin-J |
| *Trichothecium roseum* | trichothecene |

# 2. 주요 Mycotoxin

## 1) Aflatoxin

Aflatoxin은 1960년 영국에서 수개월 간에 걸쳐 10만 마리 이상의 칠면조가 중독사한 사고원인을 규명하였을 때에 보였던 mycotoxin이다. 이때의 원인은 사료에 배합한 땅콩박에 오염된 *Aspergillus flavus*가 생산한 mycotoxin으로, 균 종명의 첫 문자를 따서 aflatoxin이라 명명하였다.

Aflatoxin은 표 9-2에서와 같이 aflatoxin $B_1$을 비롯하여 16종의 이성체가 현재까지 밝혀져 있다. 그 중에서 aflatoxin $B_1$ 강력한 발암성 물질로 알려져 있으며, 메탄올, 아세톤, 클로로포름에 녹으나 물에 잘 녹지 않으며, 강알칼리, 강산성하에서는 독성이 낮은 유도체로 변하고, 280~300℃

에서 분해되며 일반식품과 같은 가공처리로는 파괴하기 힘들다. 따라서 식품 중에서 이들 곰팡이가 발육하지 못하도록 하는 것이 식품위생상 무엇보다도 중요하다. 국제적 허용기준 30ppb이지만 우리나라 aflatoxin $B_1$으로 10ppb, 혼합사료는 20ppb, 사료원료는 50ppb로 허용기준을 정하고 있다.

이 밖에 식품위생상 중요한 afaltoxin은 $B_2$, $G_1$, $G_2$ 오줌, 대변, 우유에서 발견되는 aflatoxin $M_1$, $M_2$ 등이 있다.

〈표 9-2〉 Aflatoxin류의 종류

| Aflatoxin group | Molecular weight | Molecular formula |
|---|---|---|
| Aflatoxin $p_1$ | 298 | $C_{16}H_{10}O_6$ |
| Aflatoxin $D_1$ | 286 | $C_{16}H_{14}O_5$ |
| parasiticol(afatoxin $B_3$) | 302 | $C_{16}H_{14}O_6$ |
| Aflatoxin $B_1$ | 312 | $C_{17}H_{12}O_6$ |
| Aflatoxin $Q_1$ | 328 | $C_{17}H_{12}O_7$ |
| Aflatoxin $G_1$ | 328 | $C_{17}H_{12}O_7$ |
| Aflatoxin $M_1$ | 328 | $C_{17}H_{12}O_7$ |
| Aflatoxin $B_2$ | 314 | $C_{17}H_{14}O_6$ |
| Afatoxicol A | 314 | $C_{17}H_{14}O_6$ |
| Aflatoxicol B | 314 | $C_{17}H_{14}O_6$ |
| Aflatoxin $G_2$ | 330 | $C_{17}H_{14}O_7$ |
| Aflatoxin $M_2$ | 330 | $C_{17}H_{14}O_7$ |
| Aflatoxin $B_{2a}$ | 330 | $C_{17}H_{14}O_7$ |
| Aflatoxin $G_{2a}$ | 346 | $C_{17}H_{14}O_8$ |
| Aflatoxicol *O*-ethyl ether A | 342 | $C_{19}H_{18}O_6$ |
| Aflatoxicol *O*-ethyl ether B | 342 | $C_{19}H_{18}O_6$ |

〈표 9-3〉 Aflatoxin $B_1$의 급성중독

| 동 물 | $LD_{50}$50mg/kg |
|---|---|
| 집오리(새끼) | 0.33 |
| 개 | 0.5~1.0 |
| 토끼 | 0.3 |
| 고양이 | 0.55 |
| 돼지 | 0.62 |

〈표 9-4〉 식품 및 사료원료 중 aflatoxin 허용기준

| 대상식품 | 기 준 |
|---|---|
| 곡류, 두류, 땅콩, 견과류 및 그 단순 가공품(분쇄, 절단 등) | 10㎍/kg(aflatoxin $B_1$으로서) |

Aflatoxin 생성의 최적조건은 수분 16% 이상, 온도 25~30℃, 상대습도 80~85% 이상이며 탄수화물이 풍부한 쌀, 보리, 옥수수 등의 곡류가 주요 오염원이 된다. 특히 땅속에서 결실하기 때문에 aflatoxin 생성 곰팡이와 접촉할 기회가 많은 땅콩은 자연오염 농산물이라 할 수 있으며, 낮과 밤의 기온차가 심한 경우에도 aflatoxin의 생성이 증가하는 것으로 나타나 있다.

Aflatoxin에 대한 질병을 예방하기 위해서는 곡류를 저장할 때 상대습도를 70% 이하로, 곡류 중의 수분은 옥수수 밀 13% 이하, 땅콩은 7% 이하로 하는 것이 좋다.

최근 농산물 수입 개방에 따라 외국산 농산물에서 aflatoxin이 검출되는 사례가 많아지고 있어 이에 대한 주의가 요망되고 있다.

그 실례를 보면, 최근 미국의 이상기온과 가뭄으로 인하여 옥수수를 비롯한 많은 농산물이

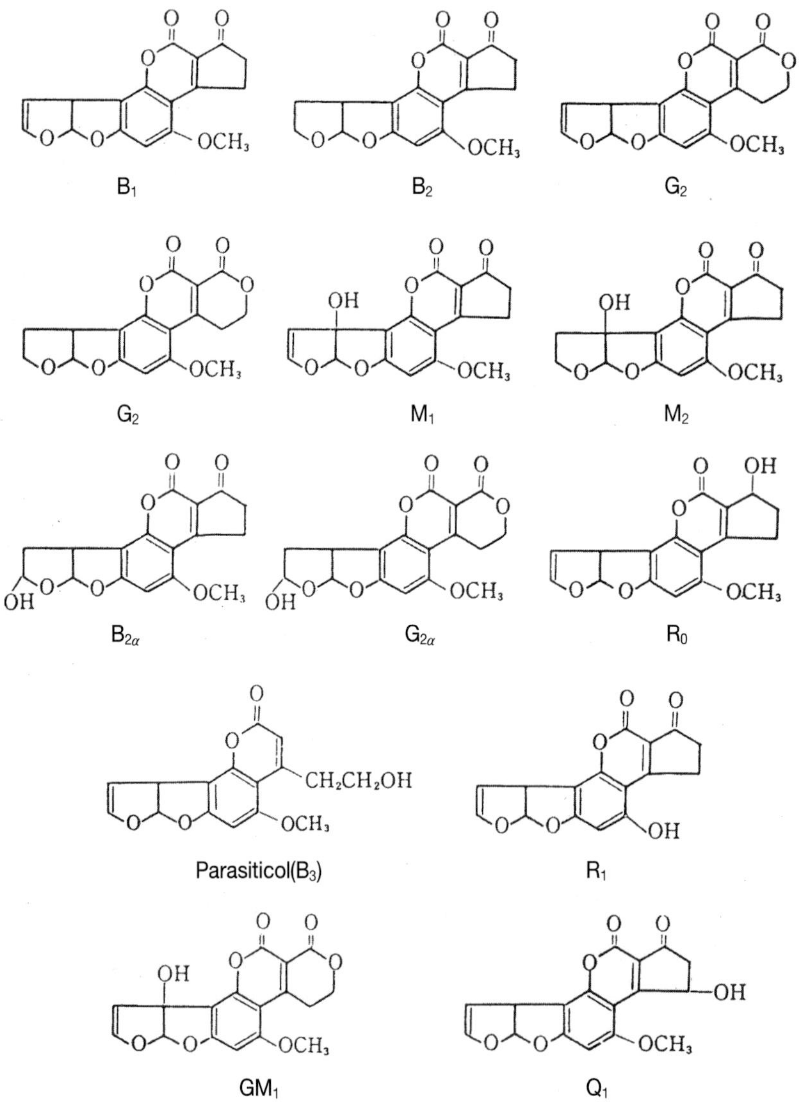


〈그림 9-1〉 Aflatoxin의 화학구조

aflatoxin에 오염되었을 가능성에 대해 우려해 왔다. 실제로 1998년 4월 5일에는 우리나라가 수입한 600만 톤 중 400만 톤의 옥수수가 aflatoxin이 오염된 것을 확인된 바 있다.

우리나라의 경우 곰팡이의 분리는 물론 3.4%의 aflatoxin 오염률을 확인하여 보고한 바 있다. 오염현황에 대한 자료가 외국에 비해 대단히 미흡한 상태하며, 수입곡류를 비롯한 농산물에 대한 조사결과가 발표되지 않고 있는 실정이다.

### 2) Sterigmatocystin

Sterigmatocystin은 *Aspergillus nidulans* 등의 곰팡이가 생성하는 mycotoxin으로서 aflatoxin생합성 경로 중 aflatoxin 생합성 전 단계에 합성되어지는 것으로 알려져 있다. 급성독성은 그다지 강하지 못해서 $LD_{50}$ 166mg/kg(쥐, 경구)이지만 동물이 섭취하여 중독을 일으킬 경우, 간과 신장의 변성이 초래되고 발암성은 aflatoxin의 1/250배 정도로 보고되어 있다.

### 3) Ochratoxin

Ochratoxin류는 *Aspergillus chraceus, As. melleus, As. sulphureus, Pencillium viridicatum, Penicillium palitans* 및 *Penicillium commune* 등이 생산하는 mycotoxin으로서 Mellein, 4-Hydroxymellin, Ochratoxin A, Ochratoxin B, 4-Hydroxyochratoxin A, Ochratoxin C 등 6종류가 알려져 있다. 이 중에서 독성이 가장 강한 것은 Ochratoxin A로 주로 간과 신장장애를 일으킨다.

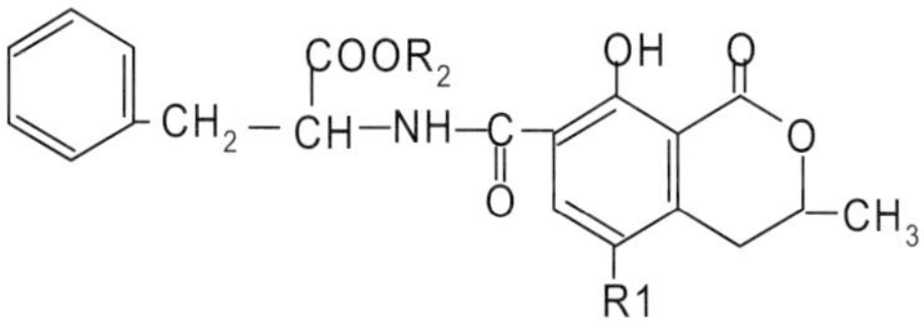


A : $R_1$–Cl　$R_2$=H
B : $R_1$=H　$R_2$=H
C : $R_1$=Cl　$R_2=C_2H_5$

〈그림 9-2〉 Ochratoxin의 구조식

### 4) Rubratoxin

*Penicillium rubrum*이 옥수수에 기생하여 rubratoxin A와 B의 독소를 형성하여 가축의 사료로 사용할 경우 동물 중독현상을 일으키기도 한다. 동물이 중독되면 여러 가지 장기의 출혈과 간 및 신장, 폐 등에 유해작용을 나타내나 발암성은 없다. 독성은 쥐의 경우 피하주사 시 $LD_{50}$=3.7mg/kg 정도이다.

### 5) Maltoryzine

Maltoryzine은 *Aspergillus oryzae* var *microporus*에 의해서 생성되는 독소이다. 중독 된 젖소의 경우 식욕부진, 유즙분비의 감소 등을 일으킨 후 사망하였다.

그 후 Wilson에 의해 *Aspergillus oryzae*와 *Aspergillus flavus*에 속하는 곰팡이에서 경련성 물질이 발견되었다.

### 6) Fusarium

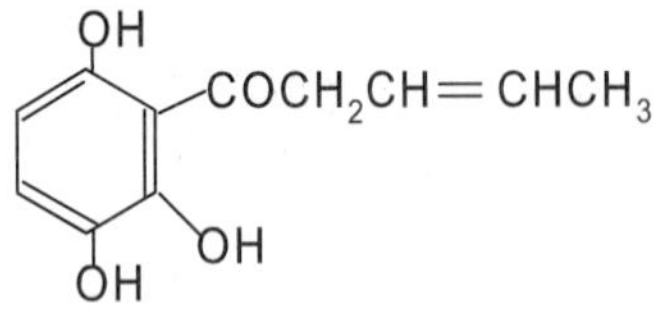

〈그림 9-3〉 Maltoryzine

*Fusarium*속 균종에 의한 농작물에서의 피해는 예로부터 알려져 있으며, 이 곰팡이에 오염된 곡류(주로 보리)를 식용한 사람의 중독에 대해서는 1889년경부터 알려져 왔다. 중독증상은 *Fusarium*속 균종이 생산한 trichoecene계 화합물에 의해서 골수 등 조혈기능에 장애를 초래하여 백혈구가 감소되고 구토작용을 동반하게 된다. *Fusarium*속 균종의 발육에는 Aw치 0.95 이상을 요구하므로, 수학기의 곡류가 안개 모양의 장마 비가 오거나, 수확한 미 건조 곡물을 장시간 쌓아주었을 때에 큰 피해가 발생한다. 수많은 *Fusarium* 독소 중에는 발암성을 가진 여러 가지 질병의 원인이 지적되었고, 식품의 안전이 위협되고 있다.

근년에도 많은 국가에서 생산한 버섯류나 옥수수를 중심으로 디옥시니레놀, 니바레놀의 오염은 통상적인 검사에서 검출시료의 빈도는 높고 그 오염치도 높은 것이 있다는 사실이다. 이들은 성숙한 동물보다도 유약한 동물의 신생아에 대하여 약 10배 이상의 독성을 나타내는 것에 덧붙어, 통상의 조리 온도에서는 무독화되지 않는다. 국내에서 소비되는 국내산이나 수입류에서도 오염이 확인되었으므로 필요한 대책이 요구된다.

### 7) Patulin

*Penicillium ulticae*균주에 의해 오염된 맥아 뿌리를 사료로 먹은 젖소가 집단 식중독을 일으켰는데, 그 원인물질이 patulin이었다. Patulin은 *Aspergillus clavatus, Asp. terreus, Asp. giganteus, Pen. expansum, Pen. urticae, Pen. patulum* 등의 곰팡이에서 발견되었다. 중독증상은 신경독으로 뇌와 중추신경에 출혈반이 생긴다.

### 8) 식물성 무백혈구증

식물성 무백혈구증은 주로 겨울과 봄 사이에 사람에게 많이 발생하는 것으로, 기온이 낮거나 강설량이 많은 기후조건에서도 잘 번식하는 곰팡이인 *Fusarium poae, Cladosporium epihyllum, F. sporotichioides* 등이 생산하는 독성물질인 sporofusariogenin, epicladosporic acid, fagicladosporic acid에 의해서 발생한다.

중독증상은 구강과 소화기에 이상을 가져오고 만성중독일 경우는 소화관과 신장의 출혈, 림프샘의 증대, 백혈구의 감소, 혈액응고 시간지연 등의 증상을 일으킨다.

### 9) 광과민성 피부염 물질

광과민성 피부염 물질이란 햇빛 조사에 의하여 피부염을 일으키는 물질이다. 광 과민피부염을 일으키는 원인은 *Sclerotina sclerotiorum*에 의해 오염된 셀러리를 수확할 때 접촉한 사람이 햇빛을 받으면 피부염을 일으키는 것으로서 그 물질은 4,5,8-trimethyl, psoralene과 8-methoxy psoralene의 두 물질이다. 또 하나는 건초에 기생하는 곰팡이인 *Sporidesmium bakeri*가 생성한 유독물질이 동물에게 간장애를 일으키게 한 후 간의 이상대사의 결과로 일광피부염(안면 일광피부염증)을 만들게 되는데, 그 원인물질은 dporidesmin A, B, C의 3종류이다.

### 10) Fumonisin

1904년 미국 sheldon에 의해서 *Fusarium monoiliforme*에 오염된 옥수수를 먹은 가축이 심한 독소 중독증상을 일으킨다는 것이 보고된 이래, 1997까지 많은 학자들이 이들 속 곰팡이균이 동물실험에서 치명적인 임상결과를 보고하였다.

1988년 Gelderblom은 이들 속 곰팡이가 산생하는 Fumonisin $B_1$, Fumonisin $B_2$를 분리하여 그 특성을 처음으로 밝혔고, 이후 많은 연구가 이루어지고 있다. Fumonisin은 수용성 물질로 $B_1$, $B_2$를 비롯한 몇 가지의 이성체가 있으며, 그 중 $B_1$의 오염빈도가 가장 높았으며 독성이 가장 강한 것으로 보고되고 있다. Fumonisin $B_1$의 독성은 말의 뇌백질연화증, 말과 돼지의 폐수종을 유발, 쥐의 간암과 병아리에서 간 회저증, 최근 역학조사 결과 사람의 식도암과 밀접한 관련이 있을 것으로 추정되고 있다.

## 3. 황변미 중독(Yellow rice toxins)

쌀은 수분을 14~15% 이상 함유하면 곰팡이의 생육에 알맞은 기질이 되며, 독소를 생산하는 *Penicillium*속의 곰팡이가 오염되면 적홍색 또는 황색의 색소가 생성되어 쌀은 황색을 나타내기 때문에 황변미(Yellow rice)가 생긴다. 황변미로 변질된 쌀을 섭취하면 황변미 중독을 일으키게 된다. 특히 우리나라를 포함한 동남 아시아에서는 건조한 기후 때문에 저장곡류의 수분함량을 조절하기 어려움이 있어 황변미 발생이 많다. 황변미로는 현재까지 다음의 3종이 알려져 있다.

### 1) Toxicarium 황변미

*Penicillium toxicarium*(현재 *Penicillium citreoviride*)에 오염되어 변질된 쌀을 toxicarium 황변미라고 한다. 주로 대만 쌀에서 많이 발생하고 있으며, 이 외에도 이란 쌀에서도 발견된다. 이 곰팡이가 생산한 황변미 원인물질은 citreoviridine이며, 척추의 운동신경세포의 기능을 억제하는 신경독으로 상행성 마비가 일어나고 호흡장애, 혈액순환 이상, 경련 등이 나타나며 더욱 진행되면

호흡마비로 사망한다. 만성중독 시에는 빈혈을 유발한다.

### 2) Islandia 황변미

*Penicillium islandicum*에 의한 일종의 간경변미라고 하며 동남 아시아산 쌀에 많고 toxicarium에 의한 황변미보다 황갈색으로 짙고 동물실험에 의하면 그의 독성이 간경변을 일으킨다. 황변미의 원인물질인 luteoskyrin, islanditoxin 및 cyclochlorotin이 있는데 모두 간독이며 발암성이 있다.

### 3) Thai(태국) 황변미

태국산 쌀에서 발견된 것으로 *Penicillium citrinum*의 기생에 의한 것으로 원인물질은 citrinin으로 이는 신장독으로 신사구체를 정해하여 세뇨관에서 물의 재흡수를 억제함으로써 소변량을 증가시키고 nephrosis를 일으킨다.

## 4. 맥각중독(Ergotism)

맥각은 보리, 호밀 등의 개화기에 *Claviceps purpurea*란 곰팡이가 기생하여 보리를 흑청색으로 변하는 동시에 보리의 조직은 부스러진다. 이와 같이 보리 속에는 이 곰팡이의 균 핵이 존재하는데 이것을 맥각(ergot)이라고 한다. 맥각의 성분은 ergotamine, ergotoxine, ergometrin 등의 알칼로이드와 histamine, lyramine, isoancyltin, methylamine, diamine, trimethylamine 등의 amine으로 되어있다. 이들 중 ergotamine과 ergotoxine은 교감신경 차단작용이 있으며 ergometrine은 자궁수축 작용이 있다. 곡류 중에 맥각이 0.5% 이상 혼입되면 만성중독을 일으키고 7%이면 치명적이라 하여 각국에서는 곡물 중의 혼입률을 허용하여 정하고 있다. 예를 들면, 러시아는 0.15%, 캐나다는 0.2%, 미국은 0.3%로 되어 있다. 중독증상 중 급성중독은 구토, 설사, 복통 등의 소화기계 증상, 두통, 사지의 작열감, 지각이상, 경련을 일으키고 임산부는 조산 또는 유산을 일으킨다. 만성중독에는 경련형과 괴저형이 있다. 초기증상은 일반적으로 소화관 증상과 신경증상에서 시작된다. 소화관 증상으로는 먼저 메스꺼움, 구토, 설사, 이상 공복감이 생기며 식욕부진을 나타낸다. 신경증상으로는 가렵고 저리며 지각이상이 사지의 말단에서 시작하여 위로 올라간다. 운동장애는 사지 및 얼굴에 경직이 온다. 이러한 지각 및 운동장애와 함께 강한 두통이 지속되며 혈압이 상승한다. 이상의 초기증상 다음에 경련이 수 주간에 계속되어 강직성 발작이 일어나며, 마비를 일으키고 중증은 전신증상을 일으켜 사망한다.

# 제10장 식품과 질병

# 1. 경구 전염병

병원미생물이 음식물이나 손, 기구, 음료수 등을 통하여 경구적으로 체내에 침입하여 증식하여 질병을 일으키는 것을 경구 전염병이라고 하며, 주로 소화기계통에 장애를 일으키기 때문에 소화기계 전염병이라고도 한다.

주요한 경구 전염병은 세균성이질, 장티푸스, 콜레라처럼 세균에 의한 것과 급성회백수염(소아마비), 전염성 설사, 유행성 간염과 같이 바이러스에 의한 것, 아메바성이질과 같이 원충류에 의한 것으로 나눌 수 있다. 세균성 식중독도 경구 전염병과 마찬가지로 병원미생물에 의하여 일어나지만 감염양식 등에서 차이점이 있다. 특히 중요한 차이점은 전염성의 유무로서 경구 전염병은 병원체가 사람에 대하여 강한 병원성을 갖고 있어서 미량의 균으로도 발병할 수 있고 사람 → 매개물 → 사람으로 2차 감염을 일으켜 감염환이 성립되지만, 세균성 식중독은 발병에 다량의 균이 필요하고 원칙적으로 사람에게 2차 감염이 일어나지 않는 종말감염(terminal infection)이라는 점이다.

전염병이 유행하려면 전염원(source), 전염경로(route), 감수성 숙주(host)의 상호작용에 따라 크게 영향을 받게 된다. 즉 전염원은 병원체를 직접 인간에게 가져다주는 모든 것을 뜻하며, 병원소는 병원체가 생활 증식하고 생존하여 질병이 전파될 수 있는 상태로 저장되는 장소를 말한다. 전염원이 될 수 있는 것들은 환자, 보균자, 환자와 접촉한 자, 매개물(곤충이나 동물), 토양, 오염된 음식물 등이다. 전염경로를 살펴보면 다음과 같다.

**음식물에 의한 전염** : 장티푸스, 파라티푸스, 이질, 콜레라, 병원성 대장균, 유행성 간염, 급성회백수염, 성홍열, Weil's disease, 식중독 등이다

**수인성 전염** : 장티푸스, 파라티푸스, 이질, 콜레라, 병원성 대장균, 유행성 간염, 급성회백수염 등이다.

**매개전염** : 파리와 바퀴가 매개하는 전염병은 음식물에 의한 전염병(경구 전염병)이 전부 가능하다. 쥐 역시 경구 전염병이 전부 가능하며 그 이외에 페스트도 전염시킨다.

**토양으로부터 전염** : 구충증(십이지장충, 아메리카구충), 분선충증 등의 기생충과 파상풍 등이 있다. 또한 전염병이 어느 집단이 전염병균에 감염되었다 해서 모두 발병되는 것은 아니다. 이는 개인마다 그 전염병에 대한 감수성의 차이, 즉 면역과 저항력의 차이가 있기 때문이다. 그러므로 병원체, 환경(접촉기회), 숙주(감수성 인간) 등의 세 가지 조건이 구비되어야만 환자가 발생하여 전염병이 유행하게 된다. 전염병은 다음과 같은 특성을 가지고 있다.

① 집단적인 발병이 쉽게 일어나며 폭발적인 유행을 한다.

② 환자의 발생은 계절적인 특성이 있다. 특히 여름철에 많이 발생한다. 그 이유는 고온다습하여 매개체(파리, 바퀴 등)가 발생하고, 식품 중의 병원체가 증식하기 알맞고,

소화기계의 기능이 약해져서 병원체에 대한 저항력이 약화되기 때문이다.

③ 환경이 좋고 나쁨에 좌우되므로 지역적인 특성에 영향을 받는다.

④ 음식물에 대한 기호성의 관계와 경제적인 상태에 따라 발생되기도 한다.

⑤ 물로 인한 오염은 희석되어 잠복기가 길지만 음식물의 오염은 농후 오염될 때가 많으므로 잠복기간이 짧아진다.

⑥ 병원체가 식품 속에서 증식하기 때문에 발병률이 높다.

⑦ 물로 인한 경우에는 가족집적성이 인정되지 않으나 장티푸스나 이질은 가족집적성이 인정된다. 그러므로 전염병이 유행할 때는 병원균에 대한 저항력을 증대시키기 위해 예방주사를 접종시켜 면역을 증대시켜야 한다. 우리나라의 주요한 경구 전염병의 발생양상을 보면, 일반적으로 장티푸스의 발생률이 높으며 다음은 이질, 콜레라, 급성회백수염 등의 순위이다.

## 1-1. 주요 경구 전염병

### 1) 이질(Dysentery)

이질은 세균성이질과 아메바성이질로 구분되며, 그 대부분이 세균성이며 식품위생상 문제가 되는 것도 세균성이질이다.

#### ■ 세균성이질(Bacillary dysentery ; shigellosis)

중세이후 유럽에서 이질이 발생하여 대유행을 하였다는 기록이 있으며, 우리나라에 있어서도 상당히 오래 전부터 있었던 것으로 알려져 있다.

이질은 여름철에 많이 발생하며, 겨울철에는 현저하게 감소한다. 많이 발생하는 연령은 10세 이하(50%)이다.

**병원체** : 세균성이질(Shigellosis)의 원인균은 *Shigella dysenteriae*(A군), *S. flexneri*(B군), *S. boydii*(C군) 및 *S. sonnei*(D군) 등이 있으며, 이는 다시 40종의 혈청형으로 분류된다. 일반적으로 이들 이질균의 발생빈도는 개발국가에서는 D군, 저개발국가에서는 A군 그리고 개발도상국가에서는 B군이 대부분을 차지하고 있다.

이질균은 Gram 음성(0.5~0.7㎛×2~3㎛)의 단간균(짧은막대균)으로 아포, 협막이 없으며 운동성이 없다. 이 균은 물속에서 2~6일, 바닷물 속에서 2~5개월간 생존한다. 신선한 우유에서는 잘 증식하나 열에 약하므로 보통 가열살균법으로 살균할 수 있다. 1% 석탄산에서 16~30분에 사멸된다.

**감염경로** : 대부분의 감염은 환자와의 직접 접촉에 의한 것이 많고, 균은 환자나 보균자의 장관에 서식하기 때문에 분변과 함께 배출된다. 이 균으로 오염된 의류, 기구, 손 및 음식물에 의하여 전파되며 쥐나 파리가 변소나 하수구 등 불결한 장소에서 균을 운반하여 식품을

오염시키는 경우도 있다.

**증 상** : 잠복기는 1~3일이며 권태감, 식욕부진, 가벼운 복통 등이 전구증상을 거쳐 오한, 전율과 함께 설사가 따른다. 설사는 혈액과 점액이 섞이는 수가 많으며 발열은 38~39℃ 정도이다. 이는 이질균이 대장점막에 침입 증식하므로, 장벽에 궤양을 만들고 점액혈변과 함께 악취를 발생시킨다. 일반적으로 2~3주에 치유되며, 경증인 경우에는 단시일 내에 치유된다. 사망률은 20~40%이다.

어린이는 전신증상이 강하게 나타나며 고열과 경련 등의 뇌신경증상을 일으킨다. 예후(prognosis)가 매우 좋아져 치명률은 크게 떨어졌다. 예방에는 감염경로를 차단하기 위하여 쥐나 곤충의 식품에 대한 침입을 막고 오염된 식품은 60℃에서 10분 가열로 병원체를 사멸시킬 수 있다.

■ 아메바성이질(Amoebic dysentery ; amebiasis)

열대와 아열대 지방에 발병례가 많고, 온대지방에는 불현성감염(inapparent infection ; subclinical infection)이 많다.

**병원체** : 원충에 속하는 이질아메바(*Entamoeba histolytica*)의 감염에 의하여 일어난다. 아메바성이질의 병원체는 발육기에 따라서 영양형(vegitative form), 포낭전기형(precystic form), 그리고 포낭형(cyst form)으로 나뉘어진다.

영양형의 아메바는 20~30㎛의 대형이며 이질 환자가 배설한 직후의 분변 속에서 활발한 운동을 하나, 이것은 감염원이 되지 않는다. 감염원은 운동이 정지된 포낭형이다. 경구감염에 의하여 소화관에 침입하면 소장 하부에서 탈 낭한 후 분열 증식하여 8개의 작은 영양형으로 되어 대장에 침입한다.

**감염경로** : 환자와 포낭 보균자가 전염원이 된다. 영양형은 분변과 함께 배출되면 외계에 대한 저항성이 약하기 때문에 사멸한다. 사람의 감염은 포낭 보균자가 전염이 되며 접촉, 음용수, 식품, 식품 취급자, 곤충, 쥐 등에 의하여 감염된다.

**증 상** : 잠복기는 수 일 내지 수 주일이다. 대장의 표층점막이 괴사 탈락되어 궤양이 생기며, 아메바가 증식함에 따라 병소가 확대되어 이질 증상이 나타난다. 열은 없으나 분변에는 점액이 많고 분량도 많다. 예방법은 이질과 같으나, 특히 음료수의 위생에 유의하여야 한다.

### 2) 장티푸스(Typhoid fever)

장티푸스는 우리나라의 제1군감염병 중에서 가장 높은 발병률을 차지하고 있다. 주로 8~9월에 발병하며, 최근에는 연중 발생한다. 많이 발생하는 연령은 청장년층이며 성별로는 남성이 약간 많다.

**병원체** : 장티푸스균(*Salmonella typhosa ; S. Typhi; Eberthella typhi*)은 Gram 음성, 간균으로서

주모성의 편모가 있어 활발한 운동을 한다. 이 균은 사람이 유일한 숙주이며, 동물에게는 감염되지 않는다. 이 균은 탄수화물에서 가스를 생성하지 않으므로 살모넬라의 다른 종류와 구별된다. 장티푸스균의 저항력은 비교적 강하여 일광이 없고 습한 환경에서 장시간 생존하다. 분변 속에서는 수주 이상 생존할 수 있으나, 깨끗한 물에서는 영양분이 없기 때문에 비교적 빨리 죽는다.

**감염경로** : 환자의 혈액, 분변, 요 중에 장티푸스균이 배출되어 의복, 기구, 손, 음식물, 물 등을 오염시켜 입을 통하여 체내에 침입한다. 특히, 치즈나 버터에서는 1개월 이상 생존이 가능하다. 그리고 이 균은 담즙 속에서 증식을 계속하기 때문에 치유된 후에도 균을 배출하는 경우(병후 보균자)와 건강 보균자가 있다. 그러므로 장티푸스의 관리에 있어서 가장 큰 문제점은 보균자(carrier)의 관리이다. 원인 식품으로서의 얼음, 어패류, 두부 등이 많고 외국에서는 우유가 많다.

**증 상** : 일반적으로 7~14일의 잠복기를 거쳐 전신권태 증상이 나타나고 40℃ 정도의 고열이 약 2주간 계속된다. 피부에 작은 붉은 발진(장미진, roseola)이 생기고 두통이 심하며 헛소리를 한다. 3주째부터 열이 서서히 떨어진다. 맥박은 느리며 백혈구가 감소한다. 사망률은 10~20%이나 최근에는 감소되었다. 병후 얻어지는 면역은 평생면역으로 강력한 면역체를 형성한다.

### 3) 파라티푸스(Paratyphoid fever)

**병원체** : 파라티푸스균(*Salmonella paratyphi*)에 의하여 일어나며 A·B·C의 3형이 있다.

**감염경로** : 장티푸스와 동일하며 성별로 보면 남성에게 많다. 전신감염(A형)은 청장년, 급성 위장카타르 증상(B형)은 청소년에게 많다. 우리나라에서 발생된 파라티푸스는 거의 B형이다.

**증 상** : 장티푸스와 같은 열병으로 나타나며 일반적으로 가볍다. B형은 발열증상을 나타내고 식중독과 같이 급성이나 가볍고 치사율도 낮기 때문에 그냥 지나쳐 버리는 경우가 많다. 잠복기는 1~10일로 장티푸스와 거의 같다. Type별 발생은 A : B = 10~20이고 계절별로는 여름철에 많이 발생한다. 감염경로와 예방법은 장티푸스의 경우와 같다.

### 4) 콜레라(Cholera)

외래 전염병으로 경구 전염병 중 가장 급성이고 인도나 동남 아시아의 풍토병으로 알려져 있다. 1883년 Robert Koch가 이집트에서 병원체를 발견하였다. 아시아 후진국에서는 환경위생 불량과 검역 소홀로 자주 유행되고 있는 전염병으로 우리나라에서도 1976년 유행하여 많은 사망자가 발생하였지만 각종 의료기술의 발전과 함께 점차 치사율이 감소되고 있다.

**병원체** : 콜레라의 균은 아시아형 콜레라균(*Vibrio cholerae biovar cholerae*)과 엘토르형 콜레라균(*Vibrio cholerae biovar eltor*)으로 나눌 수 있다. 콜레라균은 작은 콤마 또는 바나나

모양의 균으로 한쪽 끝에 하나의 편모를 가지며 활발한 운동을 한다. 콜레라균은 열에 대한 저항력이 약하여 56℃에서 30분, 100℃에서 1~2분이면 사멸한다. 저온에 대한 저항력도 비교적 약하여 0~10℃에서 5~10일이면 사멸한다. 그런 이유로 겨울철에 우리나라에서 환자 발생의 사례가 없는 것으로 생각된다. 분변 속에서 보통 1~2일 이내에 사멸하며, 소독제에 대한 저항력도 약하다. 특히 산에 약하기 때문에 건강한 위의 유리염산 농도로 사멸하나 음식물과 함께 들어가면 산의 직접작용을 받기 곤란하므로 크게 사멸을 기대할 수 없다.

**감염경로** : 환자의 구토 물, 환자나 보균자의 분변으로 오염된 음식물과 음료수 등에 의하여 감염된다. 최근에 유행한 콜레라는 어패류의 섭취에 의하여 감염된 예가 많다. 오염된 어패류의 생식에 의하여 감염되므로 콜레라가 유행할 때에는 유행지역의 선박 검역에 주의하여야 하며 일단, 그 항구가 오염되었다고 생각될 때에 그 부근의 어패류 재취를 금지시켜야 한다. 그리고 콜레라균에 노출된 사람 중에서 발병하지 않는 약 10%가 보균자가 될 수 있다.

**임상증상** : 보통 10시간~5일 정도의 잠복기를 거쳐 전구증상이 없이 복통, 복명(borborygmus), 설사가 일어난다. 하루에 10~30회의 쌀뜨물 같은 설사를 하며 구토도 일어난다. 일반적으로 발열은 볼 수 없으며 설사와 구토가 심하므로 수분 손실이 많아 갈증, 탈수가 심하게 나타난다. 특히 배장근통, 무뇨, 무성, 허탈상태에 빠진다. 사망률은 60~70%이나, 최근에 발생하는 것은 10% 이내이다. Chloramphenicol의 항생제로 치유가 가능하나 사망의 원인은 대부분이 탈수이기 때문에 탈수증상이 타나나기 전에 많은 양의 수분을 공급하여야 한다.

### 5) 디프테리아(Diphtheria)

병원체는 간균(막대균)인 디프테리아균(*Corynebacterium diphteriae*)이고 Gram 양성 간균으로 편모는 없다. 이 균은 열이나 소독약에 비교적 약하여, 58℃에서 10분, 100℃에서 1분 정도의 가열에 의하여 사멸된다. 증상은 보통 2~5일의 잠복기를 거쳐 급격히 고열이 나고 목이 아프며 연하곤란 및 기침을 한다. 코, 목, 특히 편도선에 디프테리아의 흰 위막이 생긴다. 이 균은 이 막에서 번식하여 강한 체외독소를 생산하고, 이 독소가 체내에 들어가 전신증상을 일으킨다. 위막(pseudomembrane)이 후두부에 생기면 기도가 좁아지기 때문에 호흡곤란이 나타난다.

독소가 체내를 순환하면 여러 가지 근육을 마비시키는데, 특히 심장이나 음식물을 섭취하는데 필요한 근육이 마비되기 쉬우며 이로 인하여 심장마비를 일으킨다. 어린이에게 많이 발생하며 사망자의 2/3가 5세 미만의 어린이였다.

감염경로는 비말겸염으로 코나 목의 분비물에 디프테리아균이 들어 있어 재채기나 기침을 할 때 튀어나온 분비물에 의해 감염되고 아이스크림, 생우유 등에 의해 집단으로 발생하기도 한다.

### 6) 성홍열(Scarlet fever)

용혈성 연쇄상구균(Streptococcus heaemolyticus)의 감염으로 Gram 양성이고 협막을 가지고 있는 것도 있다. 이 균이 생성하는 성홍열 독소 또는 발적 독소라고 부르는 균체외 독소인 dick 독소에 의하여 증상이 나타난다. 이 균이 편도선에서 증식하여 생성된 독소가 혈액 중에 이행되므로 전신에 확산되는데, 특히 피부의 혈관에 충혈을 일으켜 발적이 생긴다. 이 질병은 이른 봄이나 이른 겨울에 많이 발생한다. 성홍열은 5~10세의 어린이에게 잘 감염되며 전신에서 특징적인 발진을 볼 수 있고, 혀가 딸기와 같이 증대되고 특히 편도선이 종창되는 질병이다. 3~7일간의 잠복기를 거쳐 급격히 40℃ 전후의 고열이 생기고 목이 아프며 전신에 걸쳐 담적색의 발진이 나타난다.

비말감염에 의할 때가 많으나 우유에 의해서도 감염된 사례가 있다. 이것은 A형에 감염된 소에서 착유한 우유나 가공할 때 보균자에 의한 오염에 기인한 것이다.

### 7) 급성회백수염(소아마비, Poliomyelitis)

Poliovirus에 의하여 일어나는 급성 열성질환으로 6, 7월경에 많이 발생한다. 이 바이러스는 주로 분변에 배출되며 환자의 후두 분비물에도 들어 있다. 환자의 배설물과 관계가 있는 파리나 하수에서도 본 바이러스가 검출되는 일이 있으며 이들에 오염된 음용수나 식품을 통하여 감염된다. 이 바이러스는 입을 통하여 침입, 장관에서 증식, 림프절을 거쳐 혈액 속에 들어가 전신에 확산되는데, 특히 신경세포와 친화성(affinity)이 있다.

급성회백수염은 불현성감염이 많다. 가장 감염되기 쉬운 연령은 1~2세로서 환자의 50%를 차지한다. 전형적인 마비형은 잠복기가 7~12일(평균 10일 정도)이며 감기와 같은 증상으로 시작한다. 발열이 2~3일간 계속되며 두통, 인두통, 식욕감퇴, 구토, 설사, 복통이 있는 동안이나, 때로는 열이 떨어지기 시작할 무렵 사지마비가 돌연히 나타난다.

예방법으로 생 백신이 강력한 면역을 얻게 되므로 생 백신에 예방접종을 하는 것이 가장 이상적인 방법이다. 예방접종은 생후 1개월부터 1~2개월 간격으로 3회 실시하고 추가접종은 18개월에 실시한다.

### 8) 바이러스성 간염(Viral hepatitis)

바이러스 간염이라는 것은 간염 바이러스에 의한 감염증으로 현재 A형 간염 바이러스에 의한 A형 간염(혈청간염), B형 간염 바이러스에 의한 B형 간염(유행성 간염)이 알려져 있으며 이 밖에 C, D, E형도 밝혀졌다.

#### ■ A형 간염

**병원체** : A형 간염 바이러스(hepatitis A virus; HAV)에 의하여 발병하며, 이 바이러스는

직경 27㎚의 구형의 바이러스로 바이러스 핵산은 단일사슬 RNA이다. Ether, 산(pH 3.0)에 대하여 안정하지만 100℃ 5분간의 가열처리에 의하여 불활성 된다.

**감염경로** : 환자 혹은 불현성감염자의 분변, 혈액 혹은 이들에 의하여 오염된 음식물이나 물건 등이 감염원이고, 발병 직후 타액으로도 감염된다.

**증 상** : 대부분의 증상이 38℃ 이상의 발열을 가지고 급격히 발병하는 것이 특징이며 전신 권태감, 식욕부진, 오심, 구토, 황달 등과 일반적으로 복통, 설사, 두통, 인두통 등이 자주 나타난다. 일반적으로 예후가 좋아서 대부분이 1~2개월에 간기능이 정상화되고, 특히 소아의 예에서도 예후가 좋다.

### ■ B형 간염

**병원체** : B형 간염 바이러스(hepatitis B virus; HBV)에 의하여 일어나며, 여름철에 가장 많이 발생한다. 특히 청소년이 감염되는 경우가 많다.

**감염경로** : 수혈에 의한 감염은 수혈 시 검사로 거의 나타나지 않고, 주사침 사고, 약물남용자의 불결한 침, 장기이식, 성교 접촉, 산모와 태아의 수직감염 등으로 보고되고 있다. 잠복기는 보통 15~50일이다.

**증 상** : 일반적으로 전구기, 발열기, 황달기, 및 회복기의 4기로 나누어진다. 전구기에 있어서는 특별한 증상은 없으나, 때때로는 오심, 구토, 설사 등을 일으킨다. 발열기에는 급격히 오한이 나타나고 38℃ 정도의 열이 있다. 이 시기에는 식욕감퇴와 권태감이 심하며 인두염, 기관지염 같은 카타르성 증상이나 두통, 요통이 나타난다. 다음에는 간이 비대해지고 전신에 황달이 나타난다. 이 황달기는 2~4주간, 때로는 수개월간 계속되기도 한다. 황달이 서서히 없어지고 회복기에 들어가 2~6주에는 치유된다. 일반적으로 발병이 잠행성으로 발열을 동반하는 것은 적고, 간기능장애로 가는 경향이 강하다.

이 바이러스는 저항력이 강하므로 60℃에서 30분간 가열해도 생존하며 1ppm의 염소를 함유하는 물에서도 사멸하지 않는다. 그리고 건조에 대해서도 강하다. 그러므로 배설물을 철저히 소독해야 한다.

### ■ C형 간염

**병원체** : C형 간염 바이러스(hepatitis C virus; HCV)는 소형 RNA 바이러스로 크기가 35~65nm이다. 바이러스의 RNA를 역전사 효소를 이용하여, cDNA로 하고 cDNA를 PCR 법으로 증폭하여 존재를 증명할 수 있다.

**감염경로** : C형 감염은 현재 수혈에 의한 감염의 90% 이상을 점하고 있다고 알려진 non-A와 non-B형 감염 중에서 커다란 비율을 점하고 있는 감염이다. HCV를 함유한 혈액의 수혈이나 혈액제제에 의해 전파된다. 주사침 사고, 약물 남용자의 불결한 침, 장기이식, 성교 접촉,

산모 와 태아의 수직감염 등으로 보고되고 있다.

**증 상** : 발병은 통상적으로 잠행성이고 전신 권태감, 식욕부진, 복부 불쾌감, 오심, 구토 등의 증상으로 시작한다. 발병률은 B형 간염보다 조금 낮으나 만성화되는 가능성은 높다.

### 9) 전염성 설사증

이 질병은 미국에서 전염성 위장염(eppidemic gastroenteritis) 또는 급성 무열성 비세균성 전염성위장염(acute afebrile infectious non-bacterial gastroenteritis)으로 알려졌으며, 일본에서는 1984년에 전국적으로 유행한 일이 있다.

전염성 설사증은 바이러스에 의하여 일어나며 그 성상은 분명하지 않다. 환자의 분변과 같이 배출된 바이러스가 음식물을 통하여 경구 감염된다. 2~3일의 잠복기를 거쳐 미열과 더불어 하루에 5~20회 정도의 특이한 수양성 설사를 일으킨다. 4~7일에 회복되며 예후는 좋다. 연소자에게는 거의 발병자가 없다.

예방으로는 발생지역에서 환자의 분변처리를 철저히 하고, 음식물을 가열해서 먹도록 할 것 등이다.

### 10) 병원성 대장균

병원성 대장균에 의하여 일어나는 것으로 보통 대장균 장염(coli enteritis)이라고 부른다. 소아에 많고 연령이 많은 어린이나 성인에게는 발병하지 않는 경우가 많다.

불소화 분변에 농혈액 등이 혼합된 이질 모양의 설사를 하므로 집단적인 이질의 발생으로 오인될 경우가 있으며, 병원성 대장균에 오염된 음식물을 먹고 발병할 경우에는 세균성 식중독과 비슷한 발생상황을 나타내기도 한다.

주로 유유아들에게 많이 발생되므로 유아에게 사용되는 수건이나 기저귀, 목욕물 등에서 병원성 대장균이 분리되고 있으므로 위생적인 관리를 철저히 해야 한다.

### 11) 이즈미 열(Izumi fever)

바이러스에 의한 발진성 질환인데, 증상은 성홍열과 비슷하다(39℃ 발열). 1927년 일본 카네자와 시에서 유행한 것을 이즈미가 보고하였다. 주 증상은 발열, 발진, 위장증상을 나타내며, 열은 일시에 또는 2~3회 반복해서 나타난다. 잠복기는 2~10일이다. 음식물이나 물을 매개로 감염되는데, 접촉감염도 이루어질 수 있다.

### 12) 후천성 면역결핍증(Aquired bimmuno deficiency syndrome; AIDS)

후천성 면역결핍증(AIDS)은 전염성의 바이러스에 의하여 발병한다. 이 AIDS를 일으키는 바이러스는 백혈구를 파괴하여 면역기능에 문제를 일으키게 됨으로써 질병을 유발하게 된다.

이 질병은 1981년에 처음으로 동성애자 등으로부터 발생되기 시작하여 거의 대부분의 나라에서 발생하고 있으며, 1998년 6월에 발표한 WHO의 AIDS 환자 수는 190만 명이지만 실제 환자 수는 이것의 몇 배이며, 감염자는 이 보다 훨씬 더 많을 것으로 보고 있다. 특히 아프리카 중부 및 남부와 동남 아시아에서는 감염자가 급증하고 있다. 우리나라에서는 1998년 9월 말 현재 감염자 844명과 감염자 가운데 환자는 127명으로 보고되고 있다. 1987년 11월 28일 AIDS 예방법이 법률로 제정되어 예방과 감염자의 보호 관리에 기여하고 있다.

**병원체** : 1983년에는 AIDS 병원체가 HIV(human immunodficiency virus)로서 알려진 레트로 바이러스(retrovirus)로서 동정되었다. 혈청학적으로 HIV-1과 HIV-2의 두 가지 형으로 나눈다. AIDS의 특성으로 HIV가 T4 세포라고 불리는 helper T 세포를 죽이고, 그 밖에 대식세포나 B 세포, 혈관 내피세포, 특정한 내세포 등도 파괴한다고 보고되었다.

**감염경로** : AIDS의 감염은 대개 바이러스나 바이러스에 감염된 세포가 포함된 혈액, 감염된 주사기의 반복 사용, 정액 등의 체액의 교환을 통하여 이루어지며, AIDS에 감염된 산모는 유아에게도 전염시킨다.

**증 상** : AIDS는 HIV에 의한 감염의 최종 단계이며, 고열과 초조함 등을 나타내는 전염성 단구 증가증과 비슷한 첫 증상은 감염 10년 후에 나타나기 시작한다. 그러나 잠시 동안 다시 이런 증상이 완전히 없어지기도 하나, ARS(AIDS-related complex)로서 알려진 합병증으로 림프관이 부어오르고 식욕감퇴, 피로, 고열, 붉은 반점을 보인다. 그러나 죽음을 가져오는 직접적인 요인은 폐렴이나 악성종양, 특히 카포시스사르코마(kaposissarcoma)이다.

## 1-2. 경구 전염병의 예방대책

경구 전염병을 예방하기 위해서는 감염원, 감염경로, 숙주에 대하여 적절한 대책이 필요하다. 특히 식품 위생학적 견지에서는 다음 사항에 주의하여야 한다.

① 환자, 특히 경증환자 또는 보균자를 조기 발견하여 식품의 제조, 취급, 조리 등에 종사시키지 말 것
② 식품의 원료는 위생적으로 처리한 신선한 것을 사용할 것
③ 식품의 보존에 주의하여야 하며 생식을 가능한 한 금지시킬 것
④ 사용하는 물에 주의하여야 하며 오염되었다고 생각되는 물은 사용하지 말 것
⑤ 식품을 취급하는 사람은 특히 손을 잘 씻고 소독을 철저히 할 것
⑥ 식품의 제조, 취급, 조리 등에 사용되는 기구, 식기는 깨끗이 씻고 소독할 것
⑦ 쥐, 파리, 바퀴 등의 침입을 방지하고 이들을 구제할 것
⑧ 작업장을 청결하게 할 것
⑨ 예방접종을 실시할 것 등이다.

# 2. 인수공통전염병(Zoonoses)

인수공통전염병(Zoonoses)이란 척추동물과 사람이 같은 병원체에 의하여 발생되는 질병을 말하며 사람은 식육이나, 우유에 병원체가 존재할 경우 그것을 섭식하거나 감염 동물, 분비물 등에 접촉하거나 2차 오염된 음식물에 의하여 감염된다.

1959년 WHO에 의하면 "인수공통전염병이란 인간과 척추동물 사이에 전파되는 질병이다"라고 정의하였다. 인수공통전염병은 약 200여 종이며, 이 가운데 공중보건상 중요시 되고 있는 것만 하더라도 약 90여 종이다. 대표적인 인수공통전염병에는 세균성 질병으로 탄저, 브루셀라증(brucellosis), 살모네라증(salmonellosis), 야토병, 렙토스피라병, 리스테리아병, 서교증, 결핵, 재귀열 등이 있고, 리켓치아(rickettsiae) 질병으로 발진열, Q열, 쯔쯔가무시병이 있으며, 바이러스(virus)성 질병으로 일본뇌염, 인플루엔자(influenza), 뉴캣슬병, 앵무병, 광견병, 천연두, 유행성출혈열 등이 있다(표 10-1). 이들 중에서 식품위생문제와 관련된 것은 식용으로 하는 동물에서 볼 수 있는 인수공통전염병으로, 이환 동물과의 접촉이나 처리, 조리·가공할 때에 감염되는 전염병이다. 우리나라에서 주로 문제가 되는 것은 결핵, 탄저, 브루셀라증, 살모넬라증, 야토병, 돼지단독증 등이다.

## 2-1. 주요 인수공통전염병

### 1) 결핵(Tuberculosis)

결핵균(*Mycobacterium tuberculosis*)에 의하여 일어나는 질병이다. 결핵균에는 주로 사람에게 감염되는 인형(human type), 소에 감염되는 우형(bovine type), 조류에 감염되는 조형(avian type)과 사람과는 무관한 파충형(reptillian type)이 있다. 이 형들은 원래 모두 동일한 것이었는데, 각기 다른 숙주에서 오랫동안 서식함으로써 그 성질이 변환된 것이라고 생각된다. 우형은 직접 우유에 의하여 사람에게 감염되는데, 이 경우에 있어서는 주로 림프절이나 장, 폐, 골격, 관절에 침입한다. 우형 결핵균이 우유와 함께 탈출되기 때문에 우유를 마시는 어린이에게 잘 감염되며 우유에 결핵균이 함유되는 대부분의 경우는 유방에 병소가 있을 때이며 착유 후에 분변으로 오염되는 경우도 있다. 우유뿐만 아니라 이환 소의 고기나 이환 닭의 달걀도 위험하며, 특히 우리나라와 같이 개방성 결핵환자(open case)가 많은 경우에는 개방성 환자가 젖소를 취급하지 않도록 하여야 한다.

잠복기는 4~6주이다. 예방법으로는 정기적인 OT(old tuberculin) 반응검사를 실시하여 음성자는 BCG(bacillus calmette guerin) 접종을 실시해야 한다. 그리고 식품은 충분히 가열 후 섭취해야 한다.

〈표 10-1〉 주요 인수공통전염병

| 질 병 명 | 병 원 체 | 동물 숙주 |
|---|---|---|
| 〈바이러스성 질병〉 | | |
| 일본뇌염 | JBE virus | 조류, 말, 돼지, 기타 포유동물 |
| 인플루엔자 | influenza A type virus | 돼지, 말 |
| 림프구성 맥락뇌막염 | LCM virus | 마우스, 원숭이 |
| 뉴캣슬병 | ND virus | 가금(닭) |
| 앵무새병 | psittacosis virus | 앵무새, 닭, 비둘기 |
| 광견병 | rabies virus | 개, 고양이, 소, 이리, 여우 |
| 우두 (동물의 두창) | cow poxvirus | 소 |
| 유행성출혈열 | virus | 설치류(쥐) |
| 〈리켓차성 질병〉 | | |
| 발진열 | *Rickettsia typhi* | 쥐 |
| Q열 ** | *Coxiella burnetii* | 소, 양, 야수, 가금 |
| 쯔쯔가무시병 | *Rikettsia tsutsugamushi* | 쥐 |
| 〈세균성 질병〉 | | |
| *탄저 | *Bacillus anthracis* | 반추동물, 말, 돼지 |
| *브루셀라병** | *Brucella abortus* | 소 |
| | *Brucella melitensis* | 양, 산양 |
| | *Brucella suis* | 돼지 |
| 세균성 식중독 | Salmonella ** | 반추동물, 돼지, 닭, 쥐 |
| | *Staphylococcus* ** | |
| | *Clostridium botulinum* | |
| | *Clostridium perfringens* | |
| 병원성 대장균식중독** | 대장균 및 그 유산균 | 닭, 돼지, 개 |
| *돼지단독** | *Erysopelothrix rhusiopathiae* | 돼지, 닭, 어류 |
| 렙토스피라병** | leptospira | 쥐, 개, 돼지, 소 |
| 리스테리아병** | *Listeria monocytogenes* | 쥐, 양, 소, 돼지 |
| 서교증 | *Spirillum minus* | 쥐 |
| | *Streptobacillus moniliformis* | |
| *결핵 ** | *Mycobacterium tuberculosis* | 소, 산양, 돼지, 고양이 |
| | (인형, 우형, 조형) | 개, 원숭이, 조류 |
| *야토병 | *Pasteurella tularensis* | 토끼, 양 |
| 고균증 | *Vibria fetus* | 소, 양 |
| 재귀열 | borrelia | 야생 설치류 |
| 〈기생충성 질병〉 | | |
| *톡소플라스마병** | *Toxoplasma gondii* | 포유류, 조류 |
| 간디스토마 | *Clonorchis sinensis* | 개, 고양이, 돼지, 야수, 어류 |
| 폐디스토마 | *Paragonimus westermanii* | 개, 고양이, 가재, 게 |
| 창형흡충 | *Dicrocoelium dendriticum* | 반추동물, 말 |
| 간질 | *Fasciola hepatica* | 반추동물 |
| 요코가와흡충 | *Metagonimus yokogawai* | 개, 고양이, 어류 |
| 광절열두조충 | *Diphyllobogyrium latum* | 육식동물, 어류 |
| 견조충 | *Dipylidium caninum* | 개, 고양이 |
| 위립조충 | *Echimococcus granulosus* | 개, 반추동물, 돼지 |
| 왜소조충 | *Hymenolepis nana* | 쥐 |
| 스팔가눔증 | sparganum | 개, 고양이, 개구리, 뱀 |
| | | 조류, 어류, 기타 포유류 |
| 무구조충 | *Taenia saginata* | 소 |
| *유구조충 | *Taenia solium* | 돼지 |
| 분선충 | *Strongyloides stercoralis* | 개 |
| 견회충 | *Toxoxara camis* | 개 |
| 묘회충 | *Toxocara cato* | 고양이 |
| *섬모충 | *Trichinella spiralis* | 쥐, 돼지, 개 |

* 1차적으로 오염된 식육을 통하여 사람에게 전염하는 중요한 인수공통전염병.

** 우유를 통하여 사람에게 전염하는 중요한 인수공통전염병.

### 2) 브루셀라증(파상열, Burcellosis, undulant fever)

1887년 David Bruce가 발견한 브루셀라균은 Gram 음성의 작은 간균으로 운동성이 없고 아포를 형성하지 않는다. 이 균은 양, 산양, 돼지, 소에게 유산을 일으키고 브루셀라균이 사람에게 감염되면 파상열을 일으킨다. Brucella에는 소에 감염되는 *B. abortus*, 돼지에 감염되는 *B. suis*, 양 및 산양에 감염되는 *B. melitensis*가 있다. 세 가지 형의 균들은 다소 성상을 달리하며, 각 균종이 모두 감염하는 동물을 달리하고 있다.

사람에게 각 균종이 다같이 전염병을 가지고 양, 소, 돼지 등에서 자궁점막과 태막 염증, 그리고 유산을 일으키는 것을 특징으로 하여 2차적으로 사람에게 감염시킨다. 사람은 접촉이나 우유 및 육류를 생식함으로써 감염된다. 사람은 세 가지 균에 모두 감염되나 *B. melitensis*에 의한 감염이 가장 심한 증상을 나타내고 *B. abortus*에 의한 것이 가장 가볍다.

Brucella균의 종류에 따라 다소 차이가 있으나. 보통 5~21일의 잠복기를 거쳐 파상열이 나타난다. 즉 결핵, 말라리아와 비슷하여 보통 오후에는 38~40℃의 고열이 있으며 오전에는 평열을 나타낸다. 이런 상태가 2~3일간 계속된다. 이러한 열형이 여러 번 반복된다. 경련, 관절염, 쇠약, 간 및 비장의 비대, 백혈구 수 감소, 발한, 변비, 신경성 두통 등의 증상을 볼 수 있다.

이 균은 열에 대한 저항력이 약하므로 58℃에서 10~15분으로 사멸하며 우유의 저온살균(60~63℃에서 30분간)에서는 3분 내에 사멸하나 건조에는 저항력이 강하다. 예방으로는 이환된 동물의 조기발견, 격리 또는 도살하도록 하고, 축사 및 도살장의 환경위생을 철저히 하여야 한다. 그리고 우유의 살균과 수육의 가열 조리 등도 철저히 하여야 한다.

### 3) 탄저병(Anthrax)

탄저병은 *Bacillus anthracis*에 의하여 일어나는 병으로 가축의 급성 전염병인데, 가끔 사람에게도 감염된다. 탄저균은 Garm 양성의 대형 간균(2~3㎛ × 0.8~1㎛)으로 운동성이 없다. 산소가 있어야 포자를 형성하며 저항성이 매우 강하고 동물체 또는 혈액, 혈청을 함유한 배지에서 배양할 때 협막(capsule)을 형성하므로 100℃의 습열에서도 쉽게 사멸되지 않으므로 고압멸균이 필요하다. 여러 동물에 감염되나 주로 소와 양에 감염되며 말, 산양, 돼지는 가끔 감염된다. 사람에서 사람으로 감염되는 경우는 극히 드물다. 사람의 탄저는 감염부위에 따라 피부탄저, 장탄저, 폐탄저로 나누어지며 대부분이 피부탄저이다.

피부탄저는 피부를 통하여 감염되는 경우인데, 건강한 피부에는 균이 침입할 수 없으나 상처가 있으면 침입한다. 잠복기는 보통 4일 이내이며 침입부위에 발적, 종창, 수포가 생기며 침윤 중심부에 궤양, 림프절염 등을 일으킨다.

폐탄저는 기도를 통하여 감염되는데, 털에 묻어 있는 포자나 탄저로 죽은 가축의 골분을 비료로 밭에 시비할 때 흡입된다. 급성폐렴을 일으키며 심하면 패혈증으로 사망한다.

장탄저는 입을 통하여 감염되는데, 이환 가축의 고기를 충분히 가열 조리하지 않고 섭식하면 식중독과 비슷한 증상이 나타난다. 예방을 위해서는 병에 걸린 동물을 조기에 발견하여 격리, 치료하거나 도살해야 하며, 가축에 대한 예방접종을 철저히 시행하여야 한다.

#### 4) 야토병(Tularemia)

산토끼병균인 *Pasteurella tularensis*에 의해 감염되는데, Gram 음성 간균이고 피막을 형성하나 편모와 아포는 없다. 산토끼를 비롯한 설치류와 가축에 감염되는 질병이다. 저항력이 강하여 상온에서도 상당히 오래 생존한다. 50~60℃의 습열에서 10분 이내에 사멸되고, 0.1%의 formaldehyde 용액과 cresol 등이 효과적인 소독제이다. 산토끼 사이의 전염병은 벼룩, 진드기 등 흡혈곤충의 매개에 의하여 사람에게서 흡혈곤충의 자상(刺傷)보다는 감염된 산토끼의 혈액, 오줌, 침 등에 병원균이 다량 함유되어 있으므로 상처가 있거나 건강한 손으로 만지거나 박피 또는 고기를 요리할 때 경피감염이 된다.

잠복기는 1~14일, 보통 3~4일이며 대개는 오한, 전율과 함께 발열한다. 균이 침입한 피부에는 농포가 생긴 후 궤양으로 변하며, 동시에 국소 림프선이 붓는다. 또 균이 코에 침입하면 코점막을 손상시키고, 눈에 침입하면 악성결막염을 일으키기도 한다. 이 질병에 이환된 후에는 강한 면역을 얻는다. 사망률은 약 4%이며, 3~9개월 정도 경과 후 회복된다.

#### 5) 돼지단독(Swine erysiplas)

돼지를 비롯하여 양, 소, 말, 닭 등에 단독양의 피부염과 패혈증을 일으키는 질병으로서, 우리나라에서는 돼지 사이에 많이 유행하고 있다.

병원체는 돼지단독균(豚丹毒菌; *Erysipelothrix rhusiopathiae*)이며, Garm 양성의 무아포 단간균(짧은막대균)으로 통성혐기성이며 협막과 운동성이 없다. 55℃에서 15분이면 사멸되며 석탄산에 대한 저항성은 강하다. 어패류에서도 이 균이 많이 검출된다. 돼지 등 가축의 고기, 장기 또는 이환동물을 취급할 때 피부의 창상으로부터 사람에게 감염되며 때로는 경구감염도 이루어진다. 10~20일의 잠복기를 거쳐 경피감염일 때는 국소병변으로서 발적, 종창, 작열감으로부터 시작하여 자홍색의 유단독 반점을 볼 수 있다. 가끔 림프절염, 관절염, 심장장애를 동반하여 중증인 경우 패혈증을 일으켜 사망한다.

돼지의 예방접종에는 약독생균 백신이 사용되며 치료제로서 항생물질이 효과가 있다.

#### 6) 리스테리아증(Listeriosis)

소, 양, 산양, 말, 돼지 등의 가축 및 닭, 오리 등의 가금에 감염되며 때로는 사람에게 감염된다. 병원체는 *Listeria monocytogenes*이며 Garm 음성 무아포 간균(막대균)이다. 사람은 감염 동물과의 직접접촉 및 오염된 식육, 유제품 등에 의한 경구감염이나, 오염된 먼지의 흡입에 의하여 감염된다.

잠복기는 수일에서 수주라고 하지만 명확하지 않다. 증상은 다양하며 수막염의 경과를 취하는 예가 많다. 단핵구의 현저한 증가를 볼 수 있으며 패혈증을 일으킨다. 임신부는 자궁내막염(endometritis)을 일으킨다.

### 7) Q 열(Q-fever)

Q열은 *Coxiella burnetii(Richettsia burnetii)*에 의한 질병으로 소, 양, 염소의 젖에 배균되어 사람에게 감염시킬 수 있다고 한다. 사람 사이의 감염은 아직 증명되지 않고 있으며, 사람에 감염은 아직 확실하지 않으나 공기감염에 의한 것 같으며, 감염된 우유 또는 동물에 직접 접촉함으로써 감염될 때도 있다.

증상은 급격한 오한, 발열, 두통이 있으며, 발열은 4~5일부터 2~3주간 계속된다. 예방은 감염경로가 분명하지 않으므로 곤란하나 진드기 같은 흡혈곤충의 박멸이 필요하다.

### 8) 광우병(Bovine Spongiform Encephalopathy; BSE)

광우병은 성우(成牛)에서 느리게 진행되다 결국은 죽게 되는 신경병으로 영국에서 1986년 Wells 등에 의해 최초로 보고되었고, 증상은 건강한 소가 약해지고 신경질적이 되며 다리가 제각기 이상을 보이고 결국은 매우 공격적이 된다. 특히 감염된 동물의 뇌는 뇌조직에 구멍이 나있고 현미경으로 보면 스폰지와 같이 손상이 되어 있다. 이는 전염물질에 의해 일어나는 해면체뇌병으로 알려진 중추신경계의 진행성, 퇴행성 질병에 속하는 것이다.

광우병의 원인은 양의 부산물이 함유된 소의 사료에 기인한 것으로, 70년대 말 영국의 몇몇 공장은 죽은 동물 및 그 부산물을 동물사료로 가공하는 과정에서 저온에서 가공 가능한 방법을 채택하고, 고온 열처리를 하지 않았다. 광우병과 비슷한 질병으로 양의 scrapie, 사람의 Creutzfeldt-Jakob (CJD)병, 고양이의 광묘병 등이 있다. Scrapie는 250년 이상 가축(영국 지역의 양)에 퍼져 있는 질병으로서 광우병의 감염원으로 추정되고 있다.

또한 CJD는 다른 해면상 뇌질환 같이 병의 진행이 수년간 걸리는 인간의 질병으로 증상은 기억력 상실, 이상행동, 정신지체, 치매, 수족의 무의식적 운동 등으로 나타나며, 현재 어떤 경로로 전염되는지 확인된 바 없으며, 이 질병은 전 세계적으로 분포되어 있고, 매년 인구 2백만 명 중 1명꼴로 발생하고 있다. 따라서 사람의 CJD는 scrapie에 걸린 양 내장을 사료로 고기를 먹는 것과 연관성이 있는 것으로 추정되고 있다.

## 2-2. 인수공통전염병의 예방대책

식품위생상 문제가 되는 인수공통전염병의 예방으로서는 동물 사이에서의 유행을 예방하는 것으로 가축의 건강유지, 이환 동물의 조기발견, 도살 혹은 격리, 소독, 예방접종 등 가축위생상의 조치를 항상 게을리 해서는 안 될 것이다. 또한 이환 동물로부터 얻은 젖이나 유제품에 대하여서도 이와 같은 조치를 강구하여야 한다. 그러므로 도살장이나 우유 처리장에 있어서는 검사를 철저히 하여야 하고, 수입할 때에도 철저한 검역조치가 요구된다.

## 3. 식품과 기생충병

자연계에서 독립된 생활로 영양을 섭취하지 않고 타 생물에 침입하여 영양을 섭취하여 기생생활을 하는 생물을 기생충이라 하고 기생충이 기생하는 상대를 숙주(final host), 어느 정도까지 발육하고 종말 숙주로 감염되는데 도움을 주는 것을 중간숙주(intermediate host)라 한다. 기생충에는 중간숙주를 전혀 필요로 하지 않는 것과 1~2개의 중간숙주를 필요로 하는 것이 있다. 2개의 중간 숙주를 필요로 할 때 성장단계에 따라 제1 혹은 제2중간숙주로 부른다.

기생생활을 하는 기생충들은 분류학적으로 극히 수가 많고, 그 생활사도 종류에 따라 다르며, 그 독특한 생활사 때문에 인체에 감염양식도 각각의 종류에 따라 부른다.

기생충(parasites)의 감염경로는 경구, 경피 및 태반감염 등으로 대별할 수 있다. 특히 경구감염(oral infection & infestation)을 일으키는 기생충이 식품위생과 밀접한 관계가 있다. 식품과 밀접한 관계가 있는 기생충은 두 가지로 나누어 생각할 수 있다. 즉 그 하나는 기생충의 충란이나 유충이 오염, 부착된 식품을 사람이 섭취하여 감염되는 경우이며, 다른 하나는 기생충에 감염된 동물의 고기를 섭취하여 그 동물 체내의 기생충이 그대로 사람에게 감염되는 경우이다. 기생충병은 분변 시설의 확충과 의약품의 개발로 인해 과거에 비해 많이 감소되고 있으나 아직도 상당히 높은 감염률을 보이는 것으로는 회충, 편충, 요충 등으로 토양 매개성 질환이 주가 되며 아직도 높은 감염 기생충군에 속한다.

간디스토마는 전체 기생충 감염률 중 최고를 보이고 있어 그 다음의 감염률을 보이고 있는 요충의 2배 이상의 감염률을 보인다. 특히 농촌지역, 낙동강, 섬진강 지역의 주민들의 감염률이 크게 높아 집중적으로 예방사업이 이루어져야 할 것이다.

담수어류의 생식습관에 따른 감염환이 이루어지므로 감염경로를 차단하기 위해 잘못된 습관을 고치고, 예방법을 교육하는 것이 절실히 필요하다.

정확한 조사결과는 알려져 있지 않지만 담수어류를 통한 광절열두조충, 유극악구충, 장흡충 등도 관심을 갖게 하는 기생충이며, 해산 어류를 통한 감염인 아니사키스도 증가되고 있으며, 스팔가눔과 같이 보신적인 동물의 생식에 따른 발병도 무시할 수 없는 숫자의 감염사례가 보고되어 있다. 기생충이 인체에 미치는 영향은 기생충의 종류, 크기, 운동성, 기생부위 및 숙주의 연령 등에 따라 차이가 있으나 주요한 증상은 다음과 같다.

첫째, 기생충이 단지 기생하고 있는 것뿐이거나 숙주의 체내를 천공(穿孔) 이동함으로써 일어나는 증상(기계적 작용)

둘째, 충체에서 분비된 독소에 의해서 일어나는 증상(독소작용, 발열, 신경증상)
셋째, 숙주의 체내에 다수 기생함으로써 일어나는 증상(빈혈, 영양장애)

## 3-1. 채소류에 의한 기생충 감염

농촌에서는 분뇨를 채소의 비료로 사용함으로써 대부분의 기생충이 채소로부터 감염되고 있다. 분뇨는 야채의 섬유질을 적게 하고 빨리 성장시키며 경제적일 뿐만 아니라 입수가 용이한 속효성 비료이다. 보통 배추, 미나리, 파, 무, 딸기, 당근 등에서 회충, 편충, 구충 및 간디스토마의 충란이 검출되는데, 그 중에서 회충란이 제일 많다.

### 1) 회충(*Ascaris lumbricoides*)

세계적으로 가장 보편적인 기생충으로 우리나라에도 농촌지역에 특히 감염률이 높다. 사람에 기생하는 선충류 중 제일 큰 것으로 수컷의 크기는 15~31cm × 2~4mm이며 가는 뒤끝은 말려져 있고 교접자가 있다. 암컷은 20~35cm × 3~6mm로서 앞쪽 $\frac{1}{3}$ 부위에 생식공이 있고 그곳에 대상교착부(帶狀絞搾部)가 있다. 일반적으로 소장에 기생하며 감염 후 산란 시까지 약 60~75일이 걸린다. 암컷 한 마리가 하루에 약 10~20만 개의 알을 낳는다. 분변과 함께 배출된 충란은 늦은 봄부터 초가을의 적당한 조건(22~23℃, 약 9~13일)에서 발육하여 난자 안에 자충이 형성된 감염성 성숙란이 된다. 음식물과 함께 섭취된 후 십이지장에서 부화하여 장간막, 정맥 또는 림프관, 간, 폐동맥, 폐를 거쳐 기관, 식도, 위를 경과하여 소장에서 성충이 된다.

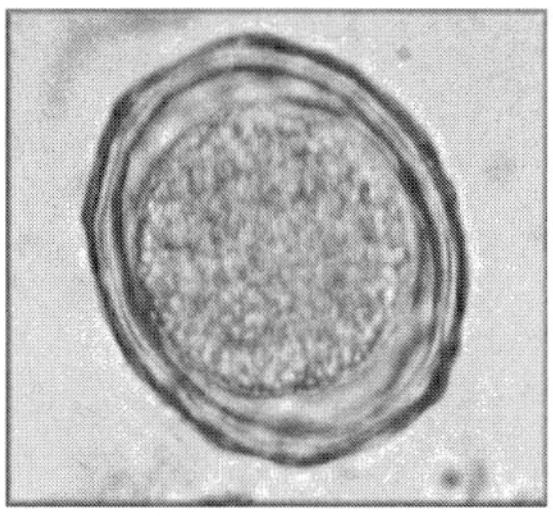
〈그림 10-1〉 회충 수정난

〈그림 10-2〉 회충의 성충

회충이 사람에게 끼치는 장애로는 담관, 췌관, 충수 등에 침입하여 위해를 일으키며 다수의 충체에 의한 장폐색(腸閉塞) 외에도 두통, 오심, 현기증, 복통, 설사, 담마진, 전간(epilepsy) 등의 증상이 나타나지만 흙 등을 먹는 이미증(異味症, geophagia)이 있는 어린이들에게 전혀 증상이 나타나지 않는 경우도 있다. 회충의 감염은 계절에 따라 다르나, 분변액 중의 회충란은 평균 300일 정도 생존한다. 토양 속에서 2~5년간, 영하 15℃ 기온에서도 월동하여 봄까지 생존하였다는 보고와 여름 김치 속에서 40일 후에도 약 20%의 회충란이 생존하였다는 보고도 있다. 열에 대한 저항성은 76℃ 이상의 열탕에서 1초 이상, 65℃에서 10분 이상 가열하면 사멸하는데, 60℃ 이하에서는 10시간 이상 처리하여도 사멸되지 않는다. 그러나 채소 속에 들어 있을 때에는 내부까지 열이 전도되는 데는 보다 많은 시간이 소요되므로 더욱 오랜 시간을 요하게 된다. 그러므로 야채는 잎을 펴서 흐르는 물에 여러 번 씻은 후, 열탕에 1분 정도 처리하여야 한다.

### 2) 구충(*Hookworn*)

*Anchostoma* 속으로 전 세계적으로 분포되어 있다. 십이지장충이라고도 하며, 최근 우리나라에서는 급격히 감소하고 있는 기생충이다. 회충보다 건강장애가 심하고 경구감염뿐만 아니라 경피감염이 되기도 한다.

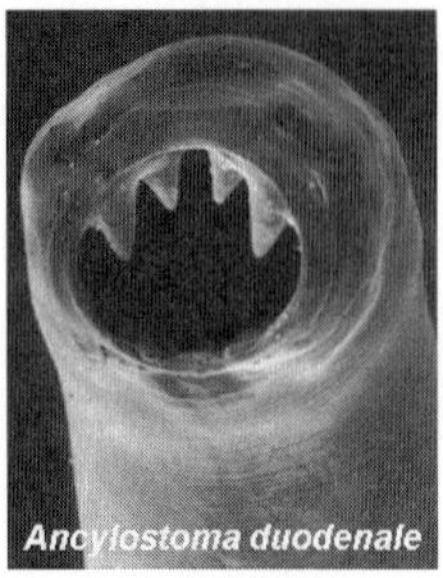


〈그림 10-3〉 구충의 구강

우리나라에서 발견되는 구충은 두비니구충(십이지장충 ; *Anchyostoma duodenale*)과 아메리카구충(*Necator americanus*)의 두 종류인데, 전자가 병원성이 강하다. 크기는 1cm 내외(두피니구충 = ♂8~10mm × 0.4~0.5mm; ♀10~13mm × 0.6mm, 아메리카구충 = ♂7~10mm × 0.3mm; ♀9~11mm × 0.4mm)로 입에 예리한 절지가 있어 이를 이용하여 장벽에 교착하므로 이동하지 않기 때문에 항문으로 자연 배출되는 예가 거의 없다. 십이지장보다는 공장 상부에 기생한다. 일반적으로 타원형을 띠고 있으며 두비니구충은 60㎛~40㎛, 아메리카구충은 64~76㎛ × 36~40㎛ 정도의 크기인 충란을 공장에 산란한다.

충란이 분변과 함께 배출되면 적당한 조건, 즉 습기와 30℃ 전후의 온도에서 2주 정도에 부화하여 자충이 된다. 그 후 2, 3일 경과 후 첫 번째 탈피를 하며 1주 정도 후에 약 2배의 길이가 되어 두 번째 탈피 후 감염형의 피낭자충이 된다. 구충의 감염은 피낭자충으로 오염된 식품 및 물을 섭취하거나 피낭자충이 피부를 뚫고 들어감으로써 성립된다. 이렇게 체내에 들어온 자충은 폐에 들어간 후 기관, 식도를 거쳐 소장에서 성충이 되어 기생한다. 경구감염되었을 때는 직접 장관에서 발육하며, 감염된 후 성충까지 되는 데는 약 5~6주가 필요하다.

주요 증상은 빈혈로서 뇌빈혈(cerebral anemia)을 일으키기 쉬우며 식욕이 감퇴되고 이미증(geophagia)을 일으켜 산미가 강한 음식이나, 미숙한 과일을 잘 먹거나, 생쌀이나 흙을 먹는다. 어린이가 심한 구충증에 걸리면 신체와 지능의 발육이 억제된다. 또한 병원균에 대한 저항력이 억제되므로 각종 질병에 걸리기 쉽다.

분변 속에 있는 이 충란의 생존기간은 보통 겨울철에는 13~14일이나, 사계절을 통하여 75일 정도이며 긴 것은 130일에 달하는 것도 있다. 일반적으로 분뇨를 2~3개월간 방치해 두면 거의 모든 충란이 죽는다. 이 충란의 저항력은 회충란보다 훨씬 약하며 70℃에서 1초 이내에 죽는다. 저온에서도 죽으며 7~8℃에서 6일간 방치해 두면 발육하지 않는다. 직사광선이나 소독제에도 저항력이 약하다.

예방대책은 회충에 준하는 것 외에 경피감염도 되므로 분뇨처리한 밭에 맨발로 다니거나 작업을 해서는 안 된다.

### 3) 동양모양선충(*Trichostrongylus orientalis*)

사람의 위에서 발견되었고, 수컷의 크기는 3.8~4.8mm × 0.07~0.02mm, 암컷은 4.9~6.7mm × 0.075~0.87mm로서 섬세한 털 모양이며 그 색은 담홍 회백색이다. 성충은 소장 상부 점막에 교착되어 있으며 다수가 기생하지 않는 한 뚜렷한 증상은 없다. 분변에 섞여 나온 충란이나 토양에서 부화된 감염형 유충으로 오염된 채소나 손을 통하여 주로 경구감염되며 경피감염은 잘 일어나지 않는다. 감염형 유충은 온도나 화학약품에 비교적 저항력이 강하며 때로는 김치를 통하여 감염되는 경우도 있다.

### 4) 요충(*Enterobius vermicularis*)

Hippocrates 시대로부터 알려져 있으며 1853년 Leach가 *Enterobius*속이라 하였다. Pinworm 또는 seatworm이라고도 한다. 전 세계에 널리 분포되어 있으며 다른 기생충과 달리 도시 지역에도 감염률이 높은 편이며, 또 어린이에게 많이 감염되어 있다. 1992년 전국을 대상으로 한 기생충 감염조사에서 토양 매개성 기생충증에 가장 높은 감염률을 보이고 있으며 분변관리만으로 근절시킬 수 없는 감염경로를 갖고 있다.

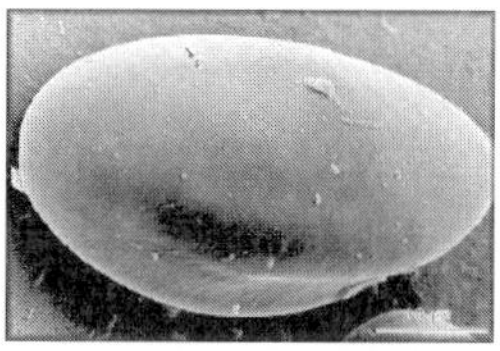
〈그림 10-4〉 요충란

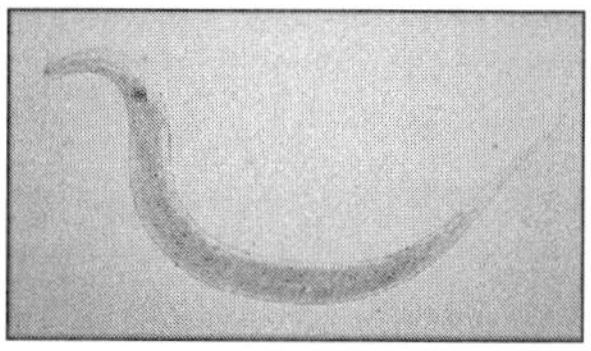
〈그림 10-5〉 성충

요충은 어른보다는 어린이에게 많이 감염된다. 소장 하부에 기생하는 매우 작은 백색의 선충으로 수컷의 크기는 2~3mm × 0.1~0.2mm 이하이며 꼬리가 말려 있어서 의문 부호를 거꾸로 한 모양과 비슷하다. 암컷은 8~13mm × 0.3~0.5mm이며 꼬리가 뾰족하다.

직장 내에서도 산란하나, 일반적으로 밤에 항문으로부터 나와 항문 주위나 회음부(perineal)에 산란한다. 경구감염되면 위액이나 장액에 의하여 부화되어 소장 하부로 이동 후 기생한다. 가끔 충란이 항문이나 그 주위에서 부화되어 직접 항문으로 들어간 후 결장에 도달하여 성충으로 발육하는 경우도 있다. 감염 후 40일이면 성숙하고, 11~35일간 생존한다.

요충에 의한 장애는 주로 충체가 산란하기 위하여 항문으로 나오기 때문에 항문 주위나 회음부에 소양증이 생긴다. 심하게 긁으면 발적, 찰상이 생기며, 어린이의 경우 잠을 자지 않고 신경질이 심해져 수축해진다. 많은 수가 기생하면 장 카타르를 일으키거나 충수염(appendicitis)을 일으킨다. 무의식적으로 긁은 후 손을 입에 넣어 감염의 원인이 될 때가 많다.

### 5) 편충(*Trichocephalus trichiurus*)

Roederer(1761)가 Trichuris라고 불렀고 Linnaeus(1771)는 인체 기생을 처음 기재하였다. 세계

각지에 분포하고 회충과 같이 야채류를 통한 경구감염을 일으킨다.

우리나라는 서 등(1969)에 의하면, 40,581명을 조사하여 74.5%의 편충 감염률을, 한국건강관리협회는 1981년도에 40,119명을 조사하여 23.4%의 감염률을, 1993년도에 51,556명을 조사하여 0.2%의 감염률을 보고한 바 있다. 기생부위는 대장하부 — 맹장, 충수돌기, 결장, 직장 등이다. 수정된 충란이 외계에 배출 — 흙 속에서 약 2주 경과하고 충란 내에 자충을 형성 — 자충포장란(仔蟲包藏卵)이 인체에 섭취 → 소장에서 부화 → 대장의 맹장, 충수돌기, 결장 등으로 내려와서 성숙 정착한다. 인체에 감염되어 성숙하는 기간은 90일 정도이고, 성숙 암놈은 1일에 5,000~7,000개의 충란을 산란하며 수명은 2~3년 정도이다.

크기는 50~54㎛ × 22~23㎛, 모양은 술통(varrel shaped)처럼 생겼다. 신선 대변 내에서 편충란은 1개의 난세포가 있고 난각은 3층으로 되어 있다. 제일 밖의 층은 담즙으로 착색되어 황갈색으로 보이나 양쪽 끝은 담즙에 착색되지 않는 점막전(mucoid plug)의 존재가 특이한 점이다. 보통 10마리 미만이 감염되었을 때에는 증상을 나타내지 않는 수가 많다.

충체의 가늘고 긴 전반부가 장점막에 매몰하여 조직을 손상시키거나 출혈을 일으키고 흡혈도 가능하다. 감염 충체수가 200마리 넘으면 대장 점막부위에 충혈과 염증, 혈변, 이질증상 등 소화불량, 복통, 충수염, 식욕감퇴, 체중감소, 빈혈 등과 심하면 탈항증의 원인이 되기도 한다.

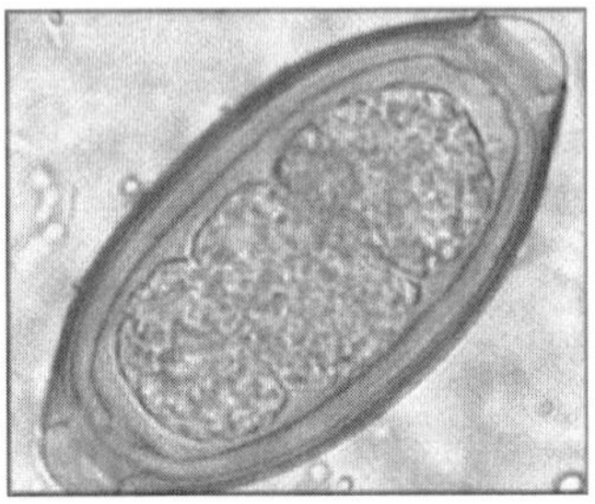

〈그림 10-6〉 편충란

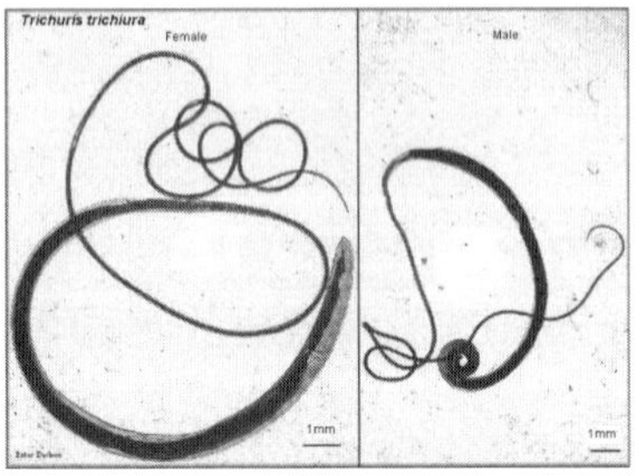


〈그림 10-7〉 성충(암, 수)

## 3-2. 식용 동물에 의한 기생충 감염

많은 조류의 흡충과 조충, 그리고 선충과 원충이 수육(獸肉)이나 어육을 통하여 감염된다. 채소를 통하여 감염되는 경우와는 달리, 이들 식품 속에 병원체가 들어 있을 뿐만 아니라 Toxoplasma를 제외한 모든 종류의 기생충은 이들 식품을 통하여 감염된다.

### 1) 원충류

■ **톡소플라마증(Toxoplasmosis)**

Toxoplasma증은 *Toxoplasma gondii*에 의하여 사람이나, 포유동물과 조류에 일어나는 질병으로서 감염경로는 분명치 않다. 고유 숙주는 고양이, 토끼, 쥐, 개, 양, 조류 등 광범위하고 중간

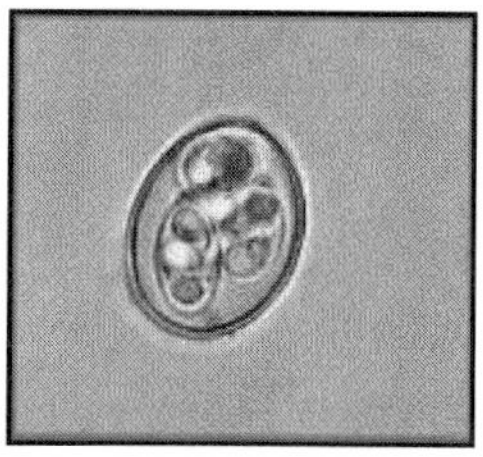
〈그림 10-8〉 톡소 포자

숙주는 숙주 특이성이 없으며 사람을 포함한 거의 모든 온혈동물이다.

이 원충은 형태학상 두 형으로 나누는데, 첫째 형은 증식형(영양형)으로 도말표본상에서 초승달모양(crescentic shape)을 띤 4~8㎛ × 2~4㎛ 크기이다.

Giemsa 염색 또는 Wright 염색으로 세포질은 청색, 핵은 적색으로 염색된다. 둘째 형은 포낭형(위포낭, cyst형)으로 수많은 충체(2,000~3,000개)가 모인 주위에 포낭벽이 형성되어 있다. 위포낭의 크기는 8~100㎛까지 다양하며(6만 개의 충체를 가지고 있는 예도 있다), 감염과 관계가 많다고 생각된다.

임신부에 있어서는 유산이나 조산의 원인이 되며, 특히 임신초기에 감염되면 사산을 일으키는 경우가 있다. 기타 중추신경계에 친화성이 있으므로 뇌수종, 뇌석회화(腦石灰化), 맥락망막염 등을 일으킨다.

인체 기생 예는 모체로부터 감염된 신생아에서 볼 수 있으며 어른에서는 거의가 불현성감염이다. 그리고 태아로 감염이 이행되었을 경우 불구아의 만출, 안저질환, 림프선염 등을 일으킨다. 여러 가지 경로를 거쳐 사람에게 감염될 수 있으나, 감염과 관계되는 식품으로는 돼지고기(영양형, 또는 포낭형)와 계란 등이 있다.

### 2) 조충류

포유류, 조류, 파충류, 양서류, 어류 등 광범위한 동물이 중간 숙주의 역할을 하고 있다.

■ **무구조충(민촌충 : *Taenia saginate*)**

쇠고기를 식용으로 하는 세계 각지에 분포하며 종래에는 유구조충보다 감염률이 높았는데, 최근에는 그렇지 않다. 성충의 두절에는 작은 4개의 반구상 흡반이 있으나, 그 끝에 문(吻)이나 소구(小鉤)가 없고 오히려 약간 함몰되어 있다. 길이는 10~12m(보통 7~8m)이며 40m에 달하는 것도 있다. 길이 16~20mm의 1,000~2,000개의 체절로 되어 있는 대형 조충이다. 머리는 4각형으로 직경 1.5~2mm이며 충란이 섞여 있는 경우도 있으나, 대부분 떨어진 체절의 형태로 배출된다. 이와 같은 체절이 지면에서 파열되면 유리된 충란이 목초에 부착한다. 이를 중간 숙주인 소가 섭식하게 되어 감염된다.

소의 십이지장에 도달하여 무구유충이 유리되고 혈류, 림프구를 통하여 근육 기타 조직으로 운반되어 약 2개월 후에 무구조충으로 된다. 이 낭충은 조직 안에서 9개월 정도 생존하는데, 이를 사람이 섭취하면 감염된다. 소의 체내에서 낭충이 주로 기생하고 있는 부위는 요부, 설근, 심근 등이며 조사대상 부위 중 무구낭충 기생률은 표 10-2와 같다.

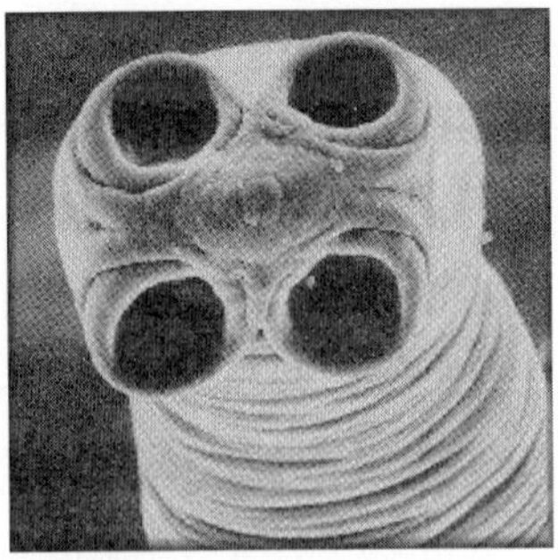

〈그림 10-9〉 두절

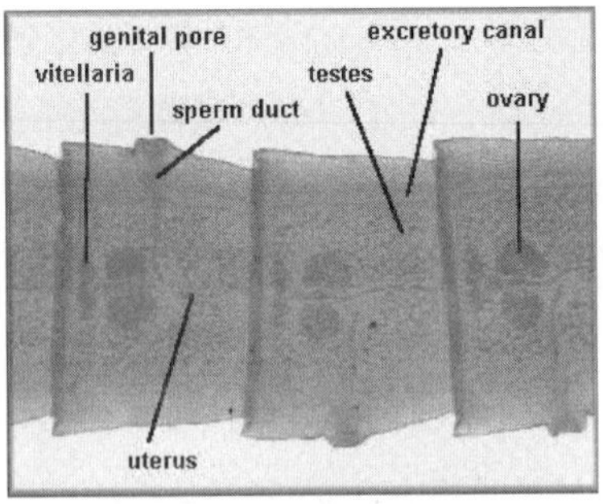


〈그림 10-10〉 성숙편절

〈표 10-2〉 한우에 있어서 무구낭충의 분포

| 기생부위 | 기생률(%) | 기생부위 | 기생률(%) | 기생부위 | 기생률(%) |
|---|---|---|---|---|---|
| 심 장 | 75.2 | 림 프 절 | 6.5 | 폐 | 19.7 |
| 혀 | 30.7 | 신 장 | 5.2 | 대 망 막 | 10.5 |
| 횡 격 막 | 20.3 | 방 광 | 3.3 | 위 벽 | 8.5 |
| 동 피 근 | 18.9 | 구 간 근 | 47.7 | 식 도 | 5.2 |
| 심 낭 | 9.1 | 저 작 근 | 23.5 | 췌 장 | 3.9 |

이 조충이 소장에 기생하여 발육할 경우, 배분할 때는 물론 걸어 다닐 때나 잠 잘 때에도 다수의 체절이 나오므로 불쾌감을 준다. 그리고 사람에 따라서는 복부의 압통, 식욕의 이상항진, 오심, 구토, 빈혈, 소화기 증상, 체중감소, 호산구 증가가 8~34% 정도 나타난다.

예방방법은 쇠고기 생식을 금하고 충분히 가열처리 후 섭취하는 것이 좋다. 쇠고기를 저온에 보존하는 것은 그다지 유효한 살충수단이 되지 못한다.

### ■ 유구조충(갈고리촌충, *Taenia solum*)

두절에 갈고리가 있어 갈고리촌충이라고도 하며 돼지를 중간 숙주로 하는 경우가 많아 돼지고기촌충으로 불린다.

이 조충의 길이는 2~7m, 폭 5~6mm 내외로 다른 조충에 비하여 짧은 편이며, 알의 크기는 31~43㎛이다. 무구조충과 비슷하나 머리에 갈고리를 가진 점이 크게 다르다. 흡반과 갈고리를 이용하여 주로 소장 상부 점막에 밀착되어 있으며 약 1,000개의 체절로 되어 있다.

분변과 같이 배출된 체절이나 충란이 중간 숙주인 돼지나 사람 기타 포유동물에 섭취되면 소장에서 부화되어 유구유충이 유리되며 장벽을 뚫고 혈류를 따라 결국 각 조직으로 이동하여 유구낭충으로 된다. 이환된 돼지의 고기에서 많은 낭충이 발견된다.

이 조충의 기생에 의한 장애는 심하지 않으나 오심, 구토, 두통, 과민한 감정상태, 때로는 장관을 폐쇄시키기 때문에 소화장애를 일으킨다. 특히 이 충은 수년 내지 수십 년간(간혹 20여

년간) 기생하므로 빈혈을 일으키는 경우도 있다. 낭충의 기생에 의한 장애는 성충에 의한 것보다 심한데, 그 기생장소가 뇌나 안구의 경우 심한 증상을 일으키기 쉽다.

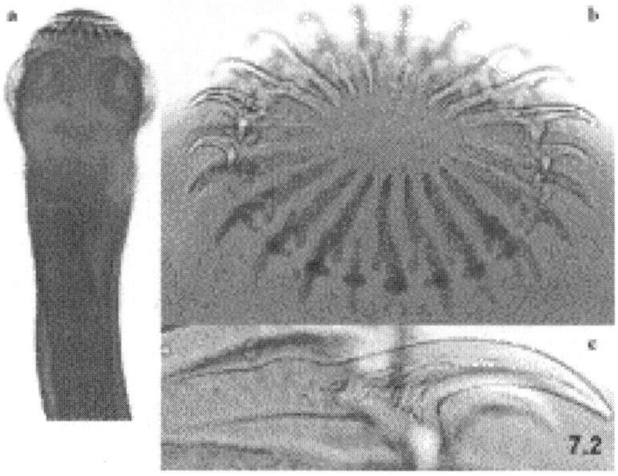


〈그림 10-11〉 두부

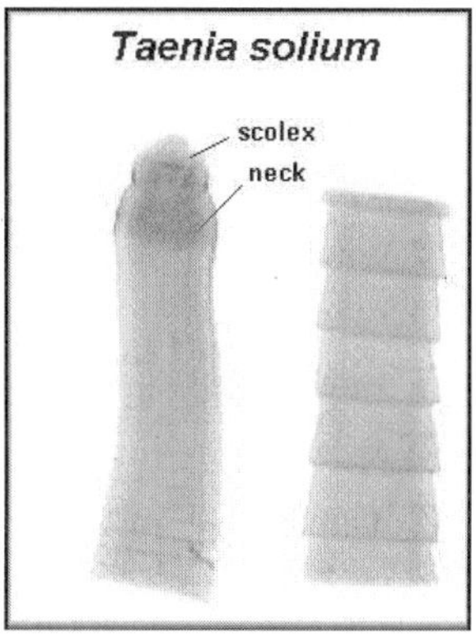


〈그림 10-12〉 성숙편절

낭충의 저항력은 상당히 강하여 상온에서 42일간 생존하며 냉장에도 저항력이 강하고 일시적인 염지로는 죽지 않는다. 이 조충의 감염을 예방하기 위해서는 돼지고기를 생으로나 불완전하게 가열하여 먹지 않아야 하며 염지한 것도 주의하여야 한다. 그리고 정밀 도축검사와 인분의 위생적 처리의 개선이 요망된다.

■ **광절열두조충(*Diphyllobothrium latim*)**

인체에 기생하는 조충 중에서 가장 긴 것으로 긴촌충이라고도 하며, 우리나라는 많은 예가 보고 되어 있지는 않으나 점차 증가하는 기생충 질환으로 알려져 있다.

크기는 보통 3~10mm이며, 1,000~4,000개(약 3,000개)의 체절로 되어 있는데, 성숙한 체절은 길이 3mm, 폭 15mm로서 폭이 길이보다 넓기 때문에 광절이란 이름이 붙여졌다. 두절에는 두 개의 흡구가 있으며 충란의 크기는 70㎛~45㎛이다.

소장에 기생하며 충란은 분변과 같이 배출된다. 이 충란은 물속에서(15~20℃) 약 11~15일 후에 부화되어 coracidium으로 된다. 이 coracidium이 제 1 중간 숙주인 갑각류 중 물벼룩(cyclops)에 섭취되어 일정 생활사를 거친 후 제 2 중간 숙주는 담수어 또는 반담수어인 연어, 숭어, 농어, 꼬치어가 이 물벼룩을 섭식하면 근육이나 간에서 전의미충이 성장하여 회백색의 의미충(plerocercoid)으로 된다. 1마리의 어류에 기생하는 유충의 수는 보통 1~5마리, 많을 경우 15마리 정도이다.

어육 속의 의미충의 저항력은 상당히 강하여 건조, 염지 또는 냉동시켜도 죽지 않는다. 고온에 약하여 50℃에서 수분 내에 죽는다. 그러나 근육 속까지 열이 전도되기까지는 약 10분 정도의 가열이 필요하다. 사람은 의미충이 감염되어 있는 연어나 송어 같은 어류를 생식함으로써 감염되며 증상은 심하지 않는 것이 보통이나 식욕감퇴, 복통, 오심, 구토, 설사 등의 증상과 가끔 빈혈을 일으킨다.

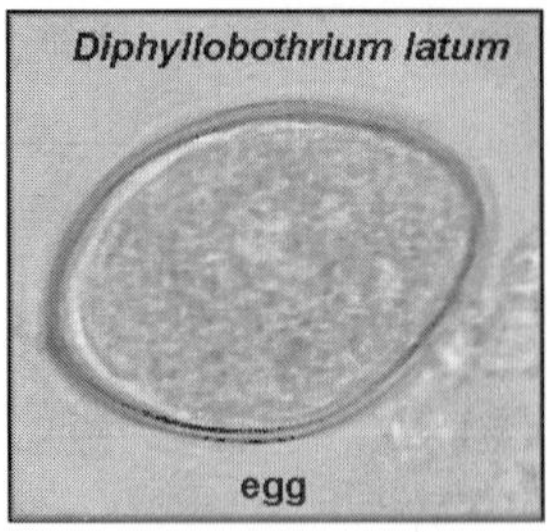


〈그림 10-13〉 충란

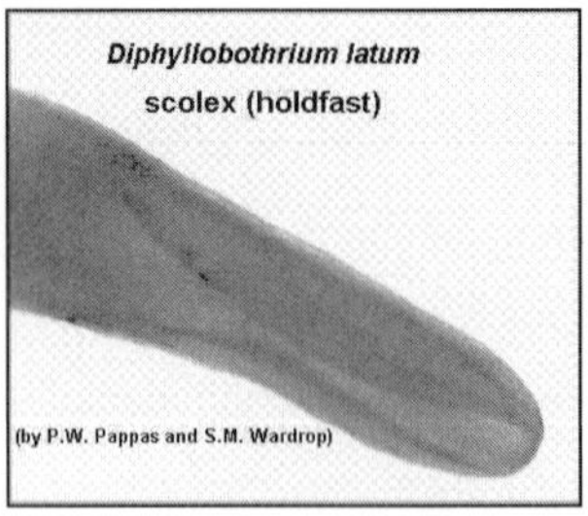


〈그림 10-14〉 두부

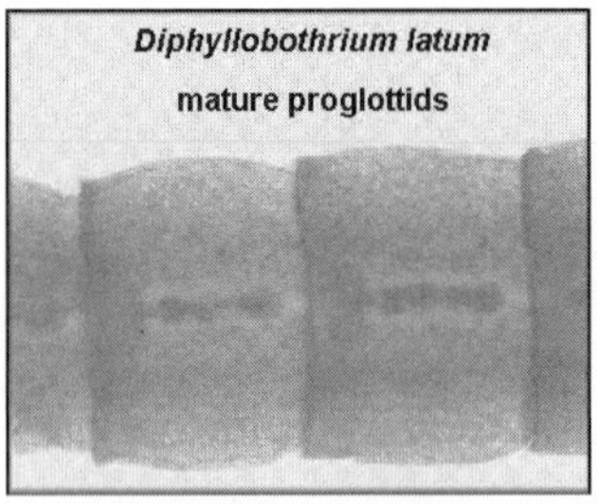


〈그림 10-15〉 편절

■ 스팔가눔증(Sparganosis)

열두조충과에 속하는 조충의 유충기를 스팔가눔(sparganum)이라고 하며 이것이 사람의 장 이외에 기생하였을 때 스팔가눔증(sparganosis)이라고 한다. 이들의 성충은 *Diphyllobothrium mansoni, D. mansonoides, D. decipiens, D. ranurum* 등으로 개나 고양이의 장에 기생한다.

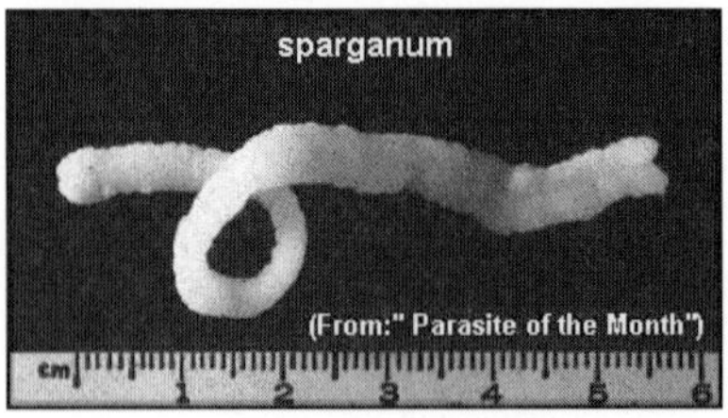


〈그림 10-16〉 스팔가눔

스팔가눔이 우리나라에서 처음으로 발견된 1924년 이래 65세 이상인 사람에게서 발견되었으며 개구리, 먹구렁이, 능구렁이, 물뱀에서도 발견된다. 제 1 중간 숙주는 물벼룩(cyclops)이며 제 2 중간 숙주는 원칙적으로는 담수어 및 뱀이나 개구리인데, 조류나 포유류, 사람도 그 역할을 한다. 사람에게 스팔가눔이 감염되면, 피하조직에 원형의 종류가 생기고 소양증이 있다. 기생부위가 일정치 않으나 복부, 서혜부, 눈, 음낭, 유방 등에 기생한다.

사람은 감염된 물벼룩을 물과 함께 마시거나 의미충에 감염되어 있는 뱀이나 개구리를 생식하였을 경우에 감염되며, 감염된 뱀이나 개구리를 먹은 닭의 근육을 의미충이 이행되는데, 이를 사람이 생식하면 감염된다.

약물요법으로 치료가 어렵기 때문에 일단 감염되면 외과적으로 제거할 수밖에 없다. 그렇기 때문에 중간 숙주가 되는 동물의 생식을 금하도록 하여야 한다.

### 3) 선충류

■ 선모충(*Trichinella spiralis*)

감염률은 낮으나 전 세계적으로 분포하며, 아프리카, 남 아메리카 및 동양에는 드물다. 중국, 일본에서 보고된 일이 있으나 지금까지 우리나라에서 보고된 예는 없다. 자연계에는 쥐에 만연되어 있으며 2차적으로 돼지, 개 여우가 감염된다. 사람은 주로 돼지고기에 의해서 감염되며 한 숙주에서 성충과 유충을 발견할 수 있는 것이 특징이다. 인체 내에 기생하는 선충류 중에서 가장 작은 것으로 크기는 ♂1.4~1.6mm × 40~60㎛, ♀3~4mm 또는 0.6mm이다.

피낭유충을 가진 고기를 섭취하면 소장에서 성충이 되고, 1~2주 사이에 암컷은 공장 윗부분의 점막 내에 침입하여 자충을 낳는다. 이 자충은 장벽의 혈관과 림프관을 통하여 신체 각 부분의

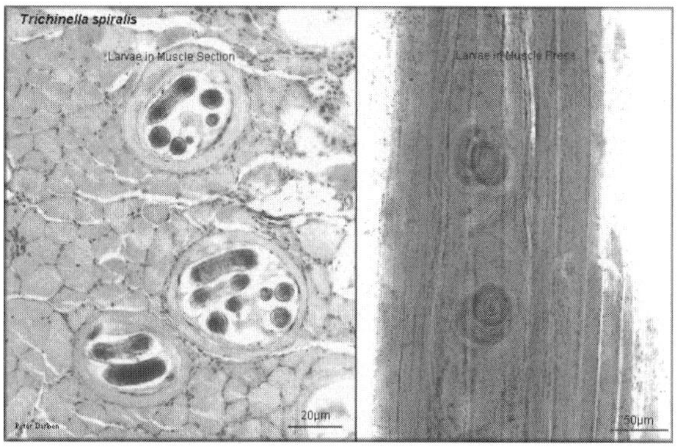

〈그림 10-17〉 근육내 피포유충

근육에 분산되어서 발육하며 나선상으로 근섬유에 둘러싸이게 된다.

증상은 위장증상, 안증상에 이어 발열(40℃)이 있고 근육통을 일으킨다. 선모충증은 효과적인 치료법이 없으므로 예방에 중점을 두어야 한다.

예방은 특히 죽은 쥐를 돼지가 먹지 않도록 위생적인 사육을 하는 것과 육류를 충분히 가열하거나(65℃에서 1시간 동안 가열하면 사멸) −27℃에서 36시간 보존하면 자충은 완전히 사멸된다.

■ 유극악구충(*Gnathostoma spinigerum*)

1836년 Owen은 런던 동물원에서 폐사한 호랑이의 위벽 종양에서 본 충을 최초로 발견하여 보고하였다. 주로 타이, 인도, 말레시아, 중국, 일본 등 극동지방에 분포하나, 우리나라에서의 발생 보고는 없다. 제 1 중간 숙주는 물벼룩이고, 제 2 중간 숙주는 가물치, 뱀장어, glossobius, theapon, clarias 속의 민물고기와 양서류, 파충류, 조류, 갑각류, 포유동물 등이다. 성충은 어류나, 냉혈동물을 잡아먹는 동물의 소화관의 종류에서 발견되는데, 사람이나 뱀, 조류, 냉혈동물은 유충이 체내에 기생하고 있는 어류를 섭식하였을 때, 그 유충이 성충으로 되지 않고 ♂16mm × 1.9mm, ♀18mm × 1.2mm의 유충(보통 4.2~9.3mm)이 피하조직 등에 기생하며 때로는 체내를 이동한다. 알의 크기는 65~70㎛ × 38~40㎛이다. 또한 성충은 개, 고양이 등의 위벽에 낭포를 만들어 기생한다.

■ 아니사키스(*Anisakis* sp.)

일본에서는 상당히 많은 Anisakis 유충 감염 예가 보고되었는데, 식습관이 비슷한 우리나라에서는 구개편도에서 36mm의 살아있는 회백색 유충이 발견되었고, 해산 어류에서 유충을 검출한 일도 있다.

Anisakis 속의 성충은 본래 제 2 중간 숙주인 해산 포유류(고래, 돌고래)의 소화관에 기생하며 암컷은 약 12cm, 수컷은 약 8cm이나, 숙주와 발육단계에 따라 차이가 있고 고래의 위에서도 해산 어류(중간 숙주)의 내장, 복강, 근육조직 내에 유충형태로 기생하는데, 어식 동물인 종숙주에서 성충이 된다.

해산 어류 중에서 제 1 중간 숙주인 고등어, 전갱이, 청어, 가자미, 갈치, 대구, 오징어 등에서 유충이 발견되는데, 고등어의 복강이나 근육에서 발견되는 유충은 그 길이가 20~30mm이다. 사람은 이러한 생선이나 미성숙 충체가 기생하고 있는 고래 고기를 생식함으로써 감염되며 유충이 각 조직을 이행하여 장애를 일으킨다. 즉 Anisakis 유충은 주로 소화관에 궤양, 종양, 봉와직염(phlegmon)을 일으킨다. 위장벽의 점막에 콩알 크기의 호산구성 육아종이 생기는 것이 특징이다.

이 유충은 50℃에 10분, 55℃에 2분, −10℃에 6시간 생존하며 겨자에는 저항력이 약하나, 다른 조미료에서는 비교적 오랫동안 생존한다. 예방방법은 해산 어류의 생식을 금하고 열처리를 하여 섭취하는 것이 좋다. 유충은 내열성이 약하여 50~60℃에서 6초 사멸되고, 냉동에는 −20℃에서 7일 이상 두어야 사멸하기 때문에 열처리를 철저히 할 필요가 있다.

### 4) 흡충류

■ **간디스토마(*Clonorchis sinensis*)**

동남 아시아, 극동 아시아에 주로 분포하며, 우리나라는 남부지방, 특히 낙동강, 영산강, 섬진강 유역에서 높은 감염률을 보인다.

성충은 나뭇잎같이 길쭉하고 납작하며 사람을 비롯하여 육식동물의 담관에 기생한다. 크기는 숙주에 따라 다르며, 사람에게 기생하는 것은 대개 1~2cm 정도로 긴 타원형 오이씨 모양을 갖고 있다.

담관에 기생하고 있는 성충이 배출한 충낭은 분변과 함께 외계에 나와 물속으로 들어간다. 충낭은 제 1 중간 숙주인 왜우렁이에게 먹힌 다음 부화하고 유모유충 → 포자낭유충(sporocyst) → 레디아유충(redia) → 유미유충(cercaria)의 과정을 거쳐 발육한다. 그리고 다시 물속으로 빠져나와서 제 2 중간 숙주인 담수어(피라미, 붕어, 잉어)에게 먹히면 그 피하조직이나 근육조직 내에 침입하여 피낭유충(metacercaria)이 된다. 사람이 이러한 민물고기를 생식하면 유충은 장내에 들어가서 탈낭하고 담관에 기생하여 성충이 된다.

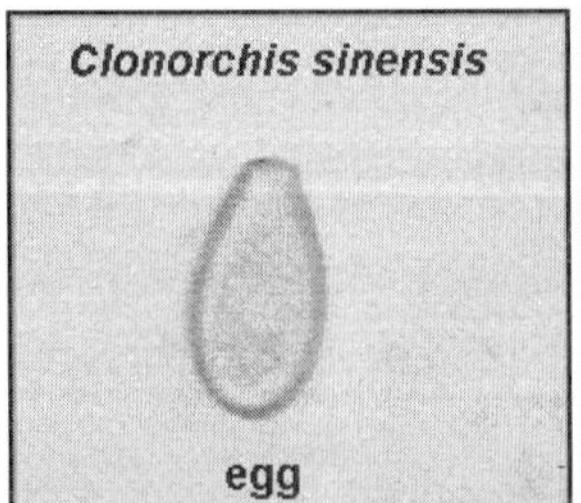


〈그림 10-18〉 간흡충란

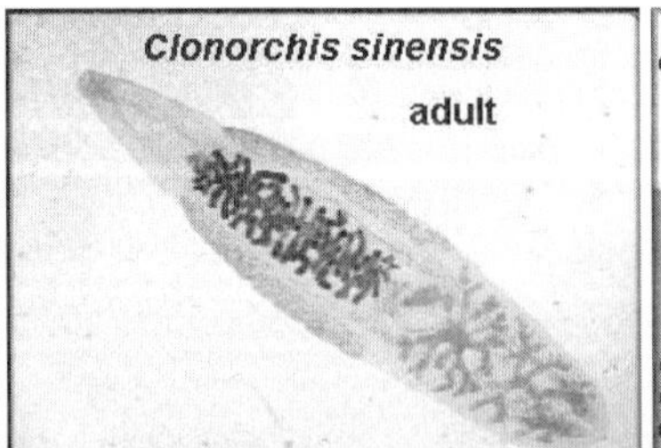


〈그림 10-19〉 성충

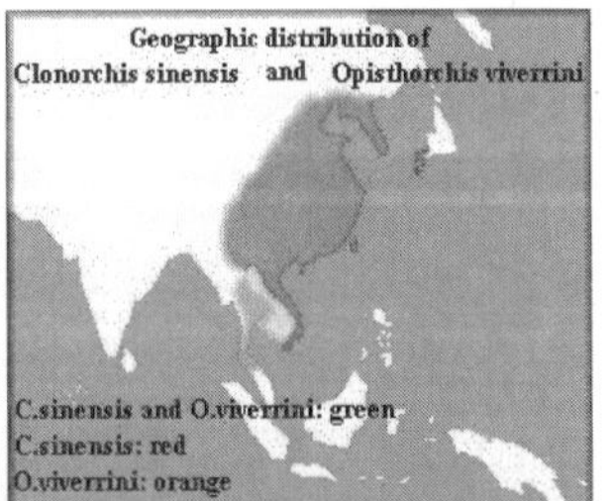


〈그림 10-20〉 유행지역

임상증상으로서는 간 및 비장의 비대, 복수, 부종, 설사, 소화장애, 황달, 빈혈 등이 나타나는데, 황달은 간에서 분비되는 담즙이 이 흡충의 기생에 의하여 담관이 막혀 배설되지 못하기 때문이다. 피낭유충의 저항력은 저온에 강하며 식초나 간에서는 단 시간 내에 죽지 않으나, 열에는 약하며 55℃ 15분, 끓는 물에서는 1분 이상 가열하면 죽는다.

### ■ 폐디스토마(*Paragonimus westermani*)

한국, 일본, 대만, 필리핀 등에 많으며 전 세계에 분포하고, 우리나라에는 산간지대에서 발병률이 높다. 이 충체는 살아 있을 때 나뭇잎 같은 모양을 하고 있는 7.5~12.0mm × 5.8mm의 편평한 것인데, 죽은 것은 콩알 정도의 크기이다.

성충은 사람뿐만 아니라 육식동물의 폐 조직에 충낭을 형성, 그 속에 기생하고 있으며 충란은 객담과 함께 외계에 배출된다. 물속에서 부화되며 유모유충(有毛幼蟲, miracidium)은 제 1 중간 숙주인 다슬기에 침입한다. 유미유충은 제 2 중간 숙주인 참가재, 참게, 동남가재, 말똥가재 등의 게와 가재에 들어가 직경 0.3~0.4mm의 피낭유충(metacercaria)이 되는데 근육, 아가미, 내장에 주로 기생한다. 유미유충이 다슬기로부터 게나 가재로 이행하는 제 2 중간 숙주가 다슬기를 섭식함으로써 이루어진다. 이러한 게나 가재를 사람이 생으로 먹으면 감염되며 가재나 게에서 유리된 피낭유충이 물속에 생존하여 있을 경우 그 물을 마시면 감염된다.

피낭유충은 장에서 탈낭한 후 장벽과 횡격막을 뚫고 폐 실질에 들어가 거기에서 발육한다. 그러나 복잡한 체내 이행 도중에 복강, 복벽, 정소, 음낭, 흉강, 뇌, 안구 등에 기생한다. 특히, 뇌에 기생하면 간질(epilepsy)과 비슷한 증상을 나타낸다. 초기에는 경한 복통, 미열, 해소 및 객담이 있다. 객담은 혈액이 섞여 있고 많은 충란이 발견된다.

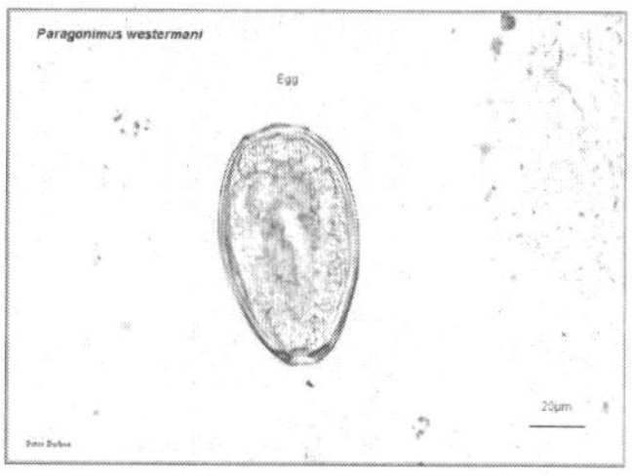

〈그림 10-21〉 폐흡충란

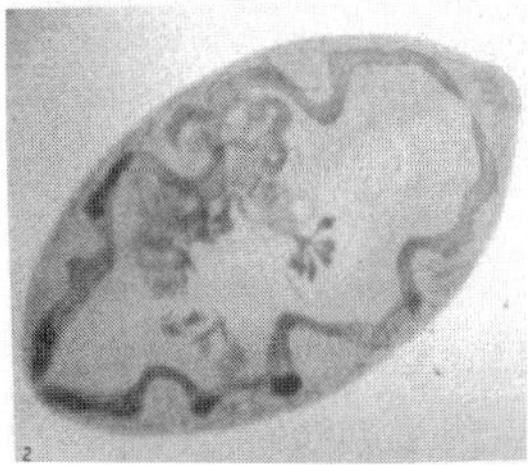

〈그림 10-22〉 성충

우리나라에서는 홍역을 앓는 어린이에게 가재 생즙을 먹이는 습관이 있는데, 이에 의하여 감염되는 예가 많다.

### ■ 요코가와흡충(*Metagonimus yokogawai*)

이 흡충은 사람 이외에 개, 고양이, 돼지 등의 동물과 Pelican 같은 어식 조류의 소장점막에 기생한다. 우리나라에 있어서는 1914년 이후 각 지역에서 발견되었다.

12mm × 0.4~0.6mm, 평균 1.2mm(양귀비씨 크기)의 극히 작은 장내 흡충이며, 충란의 크기는 28~30㎛ × 16~17㎛으로서 장내에 산란되므로 분변과 같이 배출된다. 충란은 간디스토마와 이형흡충의 것과 비슷하다.

산란 시 이미 난각 내에 유모유충이 형성되어 있으며 물속에서는 부화되지 않고 제 1 중간 숙주인 다슬기에 섭취되어 부화되어 탈출한 후 제 2 중간 숙주로서 잉어과와 은어과에 속하는 20여 종의 담수어류가 보고되었는데 은어, 붕어, 참붕어 등에 피낭유충이 많이 기생한다. 이

흡충의 기생에 의한 장해는 보통 일어나지 않으나, 다수 기생하면 만성 장 카타르 또는 설사가 일어난다.

감염을 예방하기 위해서는 은어와 같은 민물고기의 생식을 피해야 하는데, 피낭유충은 일반적으로 열이나 화학약품에 저항성이 강하여 식초 중에 1시간, 0.3% 염산 및 간장에서 6시간 동안 두어도 죽지 않으며 70℃에서 15분간 가열하여도 피낭유충은 사멸되지 않는다.

### 3-3. 기생충병의 예방원칙

소화기계에 기생하는 많은 기생충은 동물성 또는 식물성 식품을 통하여 감염되기 때문에 식품 위생상 기생충병의 대책은 매우 중요하다. 기생충병에 대한 예방원칙을 들어보면 다음과 같다.

① 분변을 완전 처리하여 기생충란을 사멸 또는 배제시킨다.
② 정기적으로 검진하여 조기에 구충한다. 집단적으로 실시하는 것이 효과적이다.
③ 감염성 충란 또는 유충으로 오염된 조리 기구를 통한 다른 식품의 오염에 유의한다.
④ 수육, 어육은 충분히 가열 조리한 것을 섭식한다.
⑤ 채소류는 흐르는 물에 충분히 세척하고 화학비료로 재배하여 섭취한다.
⑥ 손은 항상 깨끗이 씻는다.

## 4. 식품과 위생동물

식품위생상 유해한 동물은 쥐와 곤충 및 진드기류 등이 있다. 바퀴, 파리 등은 병원성 미생물을 식품에 운반 매개하여 인체에 감염시키고, 쥐는 병원성 미생물을 쥐 자체 내에 보유하여 식품에 배설함으로써 사람에게 식중독을 발생시킨다. 이들 위생동물들은 식품 속에 번식하거나 외부로부터 침입하여 식품을 침해하고 경제적인 손실을 주거나 상품가치를 저하시킨다. 또는 식품 속에 있는 동물 자체는 물론 그 사체나 배설물 등의 혼입되어 있을 때는 식품위생검사에서 이물의 혼입으로 부적합 판정을 받게 된다.

### 4-1. 쥐류(Rats)

쥐는 전 세계에 2,000여 종이 있으며, 우리나라에서는 20여 종이 알려져 있다. 가주성으로 식품위생상 문제가 되는 것은 집쥐(시궁쥐, *Rattus norvegicus*), 곰쥐(*Rattus rattus*), 생쥐(*Mus musculus*) 등이 있다.

집쥐(brown rat, Norway rat)는 3종 중에서 가장 크며, 성숙하면 체중이 300~400g에 달한다. 꼬리는 몸통의 길이보다 약간 짧고, 귀는 작아서 접어 젖혀도 눈이 가리워지지 않는다. 마루 및 돌담 사이, 시궁창의 지하 등 지계(地階)나 1층에서 생활하고 있다.

곰쥐(roof rat)는 집쥐보다 작고 체중은 250g 정도이다. 꼬리는 몸통의 길이보다 길고 귀는 커서 접어 젖히면 눈이 덮인다. 동작이 민첩하고 물건에 기어 올라가기를 잘 하여 천장이나 헛간의 구석 등 일반적으로 고층에 서식처를 만든다.

쥐에 의한 피해는 경제적인 면과 보건적인 면으로 대별할 수 있는데, 경제적인 피해로서 가장 큰 것은 식량의 손실이며, 보건상의 피해로서는 각종 병원체를 식품에 오염시키는 것이다. 쥐의 분변으로 감염되는 유행성출혈열(epidemic hemorrhagic fever), 쥐의 오줌으로부터 감염되는 바일병(Weil disease)과 렙토스피라증(leptospirosis), 쥐에게 물려서 감염되는 서교증(鼠咬症, rat-bite disease), 쥐벼룩에 의해서 전파되는 페스트(plague), 발진열(murine typhus, endemic typhus) 등이 있으며 쥐가 매개하는 식중독으로는 살모넬라 식중독이 있다.

쥐는 체내·외에 여러 가지 기생충을 가지고 있어 사람에게 옮기는데, 선모충(*Trichinella spiralis*), 왜소조충(*Hymenolopis nana*), 일본주혈흡충(*Schistosoma jaaponicum*) 등이 그 예이다.

쥐의 생활환경을 조사하여 그 둥지나 먹이를 제거하는 등의 환경개선이 중요하다. 가옥, 부엌 등은 쥐의 침입을 막을 수 있는 구조로 하고 음식물은 쥐가 들어갈 수 없는 용기나 장소에 넣어 보관한다.

살서법으로 천적을 이용하거나 쥐덫을 사용하는 방법도 있으나 주로 살서제가 이용된다. 옥내에서는 coumarin계의 만성출혈독제(慢性出血毒劑)인 wafarin이 인축에 대한 안전성이 크고 살서율도 좋아서 잘 사용한다.

급성독제(急性毒劑)로 황인제(黃燐劑), 인화아연(燐化亞鉛), 비고제 등이 오래 전부터 사용되어 왔고, 최근에는 fratol(sodium monofluoro acetate제)이 많이 사용되나 이들은 모두 인축에 대해서 맹독성이므로 재해예방에 유의하여야 한다. 이 밖에 인축에 대해서는 비교적 안전하나 시궁쥐에게는 특히 독성이 강한 $\alpha$-naphthyl thiourea나 norbormide도 사용되고 있다. 창고, 선박 등인 밀폐하고 청산, 인화수소, methyl bromide, chloropicrin 등을 훈증을 하며 CO, $SO_2$ 가스 등을 이용하여 구제한다.

## 4-2. 곤충류

곤충류는 대개 식품에 부착하여 영양을 취하므로 이들이 병원미생물을 오염시키는 운반자로서 식품위생상 문제가 되고 있다. 이들 중 위생상 문제가 되고 있는 중요한 곤충은 파리와 바퀴이다.

### 1) 파리류(Flies)

전 세계적으로 약 60,000여 종이 있는데 집파리(*Musca domestica*), 쉬파리(*Sarcophaga* sp.),

금파리(*Lucilia caesar*), 큰검정파리류(*Muscina stabulans Fallen*) 등 대형의 파리 외에 초파리(*Drosophila* sp.) 벼룩파리과(*Phoridae*)와 같은 소형의 파리도 식품에서 흔히 볼 수 있다. 집파리는 성충이 약 6mm의 흑회색을 나타내며 1회의 산란수는 50~150개이고 일생동안 5~6회 산란한다. 유충기간은 3~10일이며, 성충의 수명은 계절에 따라 차이가 있으나 20~60일 정도이다.

식품위생상 파리가 문제가 되는 것은 유충(구더기)의 발생장소로서 퇴비를 쌓아둔 곳, 변소, 하수구, 쓰레기통, 동물의 시체 등 불결한 곳에서 많이 발생하고 있다.

파리는 이질, 콜레라, 장티푸스, 파라티푸스 등의 소화기계 전염병과 살모넬라 식중독 등을 비롯하여 회충이나 구충 등의 기생충병과 결핵, 나병, 화농성 질환 등을 전파한다. 또한 최근에는 급성회백수염의 전파가 주목되고 있다.

파리의 구제는 우선 파리의 발생장소 및 파리의 종류에 따라 적합한 구제방법을 채택함으로써 좋은 효과를 얻을 수 있다. 종류에 따라 계절적 소장도 다르기 때문에 그 상황을 파악하여야 한다. 파리는 한 번 발생하면, 그 구제가 용이하지 않으므로 근본적으로 파리가 발생하지 못하도록 환경을 조성하는데 노력하여야 한다. 구제법은 유충을 대상으로 하느냐, 성충을 대상으로 하느냐에 따라 다르며, 유충은 살충제에 강한 저항성을 가지고 있기 때문에 실용적인 약제는 거의 없다. 중요한 살충제로서 pyrethrin, diazinon 등을 들 수 있다.

어떠한 살충체라도 약간의 독성은 있으며, 특히 유기인제인 살충작용이 강한 반면, 독성도 강하기 때문에 식품에 직접 약제가 부착하지 않도록 주의하여야 한다.

### 2) 바퀴(Cockroaches)

바퀴는 약 4천 종이 있는데, 그 중에서 전파체로 확인된 것은 16종이다. 우리나라에는 7종이 분포하고 있으며, 그 중 다음 4종이 가주성으로 알려져 있다.

① 독일바퀴(*Blattella germanica*) : 바퀴 중에서 가장 흔한 것으로 몸길이가 1~1.5cm로서 다른 종에 비하여 매우 작으며 색깔은 황갈색이다.

② 이질바퀴(*Periplaneta americana*) : 가주성 4종 중에서 가장 큰 것으로 몸길이가 3.0~ 4.0cm이고 색깔은 다갈색이며 광택이 있다.

③ 검정바퀴(*Periplaneta fuliginosa*) : 먹바퀴, 검둥이바퀴라고도 하며 몸길이가 3.0~4.0cm이고 색깔은 흑갈색이며 몸, 날개 모두 강한 광택이 있다.

④ 일본바퀴(*Periplaneta japonica*) : 검정바퀴와 아주 비슷하나 몸집이 작고 암컷의 날개 가 짧아서 복부의 중앙까지 밖에 닿지 않으므로 쉽게 식별할 수 있다. 또한 수컷은 몸집이 가늘고 흉부 배면이 약간 울퉁불퉁하므로 평범한 검정바퀴와 구별된다.

바퀴는 야간 활동성이며 잡식성, 질주성이며 군거생활을 한다. 바퀴는 종류에 따라 다른데 100일~3년까지 산다. 한 마리가 일생동안 240~1,500개의 알을 낳는데, 15~30℃의 고온 다습한 기후 조건을 좋아한다.

바퀴는 많은 전염병을 전파시키며 자극성 물질을 분비하여 피부병이나 allergy 반응을 일으키며 발암물질을 분비한다. 바퀴의 구제는 바퀴가 발생되기 쉬운 장소의 청결, 정돈, 그리고 식품을 외부에 방치해 두지 않는 것이 좋다. 특히 벽장이나 옷장 구석 같은 곳은 청결하게 하여야 한다. 접촉제로서 dieldrin의 잔류분무, 분제 살포 또는 chloropicrine이나 이황화탄소의 훈증도 살충효과가 좋다. 그리고 전분이나 감자에 독물(phenothiazine 20%, 아비산석회 5%, 붕산 5%)을 혼합하여 사용하거나 붕산과 식빵가루를 1 : 3의 비율로 섞어서 사용하기도 한다.

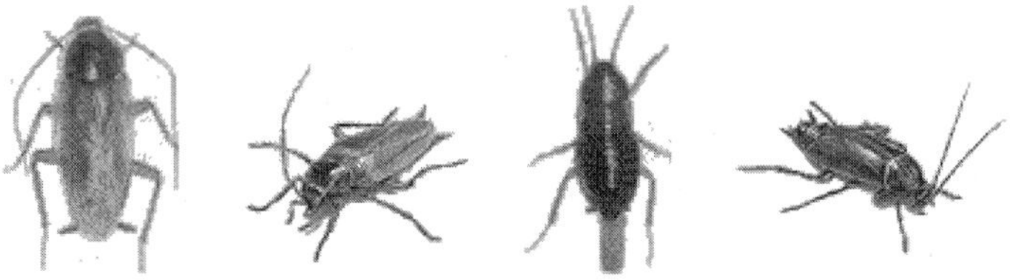


〈그림 10-23〉 여러 가지 바퀴류

### 3) 개미류(Ants)

식품에는 꿀벌 등 다른 종류의 벌류가 날아드는 외에 개미류가 침입하는 일이 많다. 흑색 대형의 일본왕개미(*Camponotus herculeanus*), 소형이며 갈색의 고등털개미(*Kasius niger*), 미소하고 물엿 빛의 애기집개미(*Monomorium pharaonis*)를 비롯하여 많은 종류가 문제되고 있다.

### 4) 바구미류(Weevil)

초시목(*coleoptera*)에도 많은 종류가 식품에 번식한다. 곡류에서는 바구미류 등이 흔히 발견된다. 이들의 성충은 앞날개가 단단해서 몸의 대부분을 덮고 있으며, 첫 날개는 날기 때문에 막상(膜狀)인 것이 많다. 유충은 구더기상이나 건조하여 털이나 돌기를 갖는 것이 많다.

### 5) 나방류(Moths)

소형의 나방으로 유충은 식품 중에 발육하고 성충이 된 다음에 날개를 세우고 가는 것이 많다. 예를 들면 쌀, 보리 등의 곡물에는 화랑곡식나방(*Plodia interpunctella*), 곡식점부채명나방, 그리고 초콜릿 등에서는 한점쌀명나방(*Corcyra cephalonica*), 곡식과자 등에서는 쌀겨얼룩명나방(*Ephestia cautella*) 등이 흔히 발견된다.

### 6) 기타

이상에서 언급한 외에 식품에서 발견되는 곤충류에는 가루다듬이벌레(*Atropos pulsatorium*), 먼지다듬에벌레(*Liposcilis divinatoria*)류가 있는데, 이들은 모양이 이와 비슷하고 운동이 활발하다. 또한 원시적인 곤충류인 좀과(Lepismatidae)에는 곡분 등의 저장이나 책의 풀을 먹는 것도 있는데 예를 들며, 흰좀(*Lebisma saccharina*), 얼룩좀(*Thermobia domestica*), 남방좀(*Ctenolepisma villosa*) 등이 있다.

### 7) 곤충의 병해 및 구제대책

곤충에 의한 병해는 곤충의 종류에 따라 다르나, 일반적으로 이질, 소아마비, 장티푸스, 파라티푸스, 살모넬라증 등 소화기계 전염병을 비롯해서 각종 전염병을 매개 및 전파시키며 식품을 오염, 파손, 변질시켜 식품의 손실을 일으킨다.

곤충의 병해(arthropods borne diseases)를 분류하여 보면 다음과 같다.

**■ 직접적 병해(기계적)**

물거나 찌르며 병적인 공포증(entomophobia), 곤충독증(envenomization), 피부염(dermatitis), 파리유충증(myiasis), allergy 등의 피해를 준다.

**■ 간접적 병해(생물학적 전파, biological trasmission)**

① 발육형(cyclo-developmental transmission) : 곤충 내에서 증식은 하지 않고 다만, 생활환의 일부를 경과한 후 숙주에 전파시킨다.

② 발육증식형(cyclo-propagative transmission) : 곤충 내에서 생활환을 경과하고 증식하면서 숙주에 전파시킨다. 예) 수면병(sleeping sickness), 말라리아 등

③ 증식형(propagative transmission) : 곤충 내에서 증식하고 상처를 통해서 전파시킨 다. 예) 모기 체내에 있어서 하계뇌염(epidemic encephalitis), 뎅기열(dengue), 페스트, 황열, 재귀열, 유행성출혈열 등

④ 유전형(hereditary transmission) : 충란을 통해서 다음 세대에 전파시킨다.
예) 록키산홍반병(rocky mountains spotted fever), 야토병(tularemia)

⑤ 배설형(fecal transmission) : 곤충체 내에서 증식하여 숙주의 피부점막에 상처가 있을 때 분으로 전파시킨다. 예) 발진열(endemic fever), 큐열(Q-fever), 발진티푸스, 페스트 등

식품해충의 피해를 경감시키기 위한 방충대책은 네 가지로 분류할 수 있는데 ① 해충의 침입, 발생, 증식을 방지하기 위한 환경적 방법(온도, 습도조절, 발생원 제거 등), ② 물리적 방법(방충망, 주광성을 이용한 포충기 등), ③ 화학적 방법(살충제, 기피제 등), ④ 생물학적 방법(병원미생물, 천적 등)이 있다. 이 중에서 근본적인 대책으로는 환경적인 면에 중점을 두어 음식물 쓰레기, 분뇨처리, 청소, 잡초 등의 발생원과 서식장소를 제거하고 기타 구제방법은 보조수단으로 생각하여야 한다. 곤충을 구제하는 약제는 농림해충을 대상으로 하는 농약용과 위생해충을 방제하는

목적으로 쓰이는 방역용으로 구별할 수 있다. 방역용은 생활환경에 쓰이므로 정제 탈취하여 농도를 낮게 하고 독성이 높은 것은 피한다. 살충제에는 현재 여러 종류가 있는데 염소계의 dieldrin, chlordane 등과 유기인계의 diazinon, malathion, DDVP, 디프테렉스, sumithion, 바이렉스 등의 제품이 시판되고 있으며 살충효력의 유효농도, 잔효성, 인축(人畜)의 독성, 곤충의 저항성 등의 특징이 있어 장단점이 있다.

중요한 살충제의 효력을 비교하여 보면, 일반적으로 dieldrin > aldrin = gamma > chlordane이며 이를 구체적으로 들어보면 다음과 같다.

① 치사작용

파리 : DDVP > diazinon > malathion > dieldrin > lindane

바퀴 : DDVP > dieldrin > lindane > diazinon > mandation

모기 : dieldrin > diazinon > DDVP > lindane

② 속효성

DDVP > allethrin > diazinon > lindane > malathion > dieldrin

③ 잔효성

dieldrin > diazinon > lindane > malathion > DDVP

④ 독성

dieldrin > DDVP > diazinon > lindane > malathion

## 4-3. 진드기류(Mite & tick)

진드기류는 몸길이 1mm 전후의 작은 진드기(mite)가 많고 큰 진드기(참진드기, tick)는 1~2cm의 타원형의 체형을 하고 있다.

세계적으로 1만 여 종이 있으며 식품에 관계되는 것은 100여 종이다. 진드기는 자유생활을 하는 종류가 많은데 사람이나 가축, 식물, 식품 등에 기생하여 이들을 영양원으로 해서 번식하므로 식량의 손실을 가져오고 식품의 외관을 나쁘게 할 뿐 아니라 병원균이나 곰팡이로 이들을 오염시켜서 사람에게 식중독이나 질병(피부염 등)을 유발시킨다. 많은 종류가 식품에 부착하여 거기에 발생한 곰팡이 등을 먹고 생활하나, 각종 위해를 고려할 때 중요한 의의를 가지고 있다. 식품 중에서 볼 수 있는 진드기류의 주요 종류는 다음과 같다.

### 1) 진드기 종류

■ 가루진드기류(*Cheese mite*)

일반적으로, 0.3~0.6mm 크기의 유백색이며 종류가 대단히 많다. 가루진드기류의 번식조건은 영양, 수분, 환경습도이며 발육 최적조건은 온도 25℃ 전후, 습도 75~80%이므로 기후가 따뜻하고 습도가 높은 장마철에 많이 발생한다.

① **긴털가루진드기(*Tyrophagus putrescentiae*)** : 우리나라 모든 저장식품에서 가장 흔히 볼 수 있는 것이며, 크기 0.3~0.5mm인 유백색 내지 황백색의 진드기로서 곡류, 곡분, 빵, 과자, 건조과실, 분유, 치즈, 건어물, 초콜릿 등에서 발견된다.

② **수중다리가루진드기(*Acarus siro*)** : 크기가 약 0.4~0.6mm인 유백색의 진드기인데, 다리와 협각 끝부분은 갈색이며 곡류나 건어물에서 발견된다.

③ **보리가루진드기(*Aleuuroglyphus ovatus*)** : 크기 0.4~0.6mm의 타원형, 유백색의 진드기인데, 다리와 협각 끝부분은 갈색이며 곡류나 건어물에서 발견된다.

④ **송곳다리고기진드기(*Glycyphagus destructor*)** : 동부의 털이 매우 굵고 길어서 현저한 측지를 가지며, 다리의 말단절에 칼집 모양의 털이 덮여 있다.

⑤ **설탕진드기(*Carpoglyphus lactis*)** : 동부 복면의 기절판이 좌우 융합해서 W자형을 하고 있는 것이 특징이다. 설탕과 된장의 표면 등에 많이 번식한다.

⑥ **집고기진드기(*Glycyphagus domesticus*)** : 송곳다리고기진드기와 비슷한데, 다리에 칼집 모양의 털이 없고 몸 앞부분 중앙에 홈이 있는데, 그 중앙에 한 쌍의 털이 있다.

⑦ **작은가루진드기(*Suidasia nesbitti* : *Chibidania tokyoensis*)** : 약간 소형이며 체표에 기와 모양의 무늬가 있고, 몸통의 털은 몸 앞부분의 한 쌍과 뒷부분의 한 쌍이 길며 이 밖에는 모두 짧다.

⑧ **고노수수렝이진드기(*Lardoglyphus konoi*)** : 건어물에서 특히 많이 볼 수 있다.

⑨ **가루살갗진드기(*Dermatophagoides forinae*)** : 배합사료나 곡분에 많이 번식한다.

■ 먼지진드기류

먼지진드기류는 가루진드기류보다 극히 소형의 진드기이며, 식품 중에서는 보리먼지진드기(Tarsonemus floricolis)를 흔히 볼 수 있다. 크기 0.1~0.2mm이며 암컷은 제 1 각과 제 2 각 사이에 고무풍선 모양의 기관이 한 쌍이 있고, 제 4 각은 변형하여 끝에 2쌍의 긴 털이 있다.

■ 전기문류(*Prostigmata*)

이 중에서 굵은발톱진드기(*Chelyletus fortis*), 장다리발톱진드기(*Cheletomorpha lepidopterorum*) 등이 발톱진드기와 몇 종을 식품 중에서 볼 수 있다. 모두 촉지가 크고 끝에 굵은 발톱이 있으며 손가락 모양의 제 5 절로부터 빗 모양의 털이 있다. 장다리 발톱진드기는 다리가 극히 길다.

### 2) 진드기와 식품위생

진드기가 식품에 번식하면 불쾌감을 줄 뿐만 아니라 식품을 손상·변질시켜 식품의 가치를 저하시킨다. 진드기가 식품과 함께 인체에 침입하면 진드기증(acarasis)을 일으킨다.

기생부위에 따라 복통, 설사 등을 일으키는 소화기계 진드기증, 혈뇨, 부종, 일과성 발열이 있는 비뇨기계 진드기증, 급성 기관지천식이나 폐렴과 비슷한 증상을 나타내는 호흡기계 진드기증 등이 있으며, 이들 환자의 오줌이나 객담에서 진드기류가 검출된 보고가 있다.

### 3) 진드기의 구제

진드기는 건조한 상태에서는 번식하지 않고 온도 20℃ 이상, 습도 75% 이상, 식품의 수분함량 13% 이상일 때 잘 증식한다.

진드기의 발생을 방지하려면 평소에 환경을 깨끗이 하고 부엌, 천장, 식품의 저장장소 등의 통풍을 잘 하여 방습에 힘쓰고 식품의 보관을 잘 하여야 한다. 곡분, 과자 등은 수분함량이 10% 이하가 되도록 충분히 건조시켜 방습용기에 보존하고 곡물 등은 습도를 60% 이하로 하여 보존한다.

식품에 따라서는 가열, 냉동, 저온보존 등의 방법을 이용한다. 진드기는 50~60℃로 5~7분 동안 가열하면 사멸하고 냉동하면 대체로 죽으나 0℃ 정도의 저온보존에서는 증식이 억제될 뿐 완전히 사멸되지는 않는다. 약제에 의한 방제에는 malathion, diazinon, sumithion, DDVP 등의 살충제가 유효하나, 식품에는 직접 뿌릴 수는 없고, 다만 외부 살포만이 가능하다. 식품을 오염시킬 위험이 없는 경우에는 DDPV 증산제를 이용할 수 있고, 창고 등에는 chloropicrin, methyl bromide, 인화수소 등으로 훈증한다. 그러나 알에는 효과가 없으므로 그 부화를 기다려 방제를 반복하여야 한다.

# 제11장 식품시설의 위생관리

음식물에 대한 위생이 확보되려면 신선하고 위생적인 식품재료를 선택하는 것도 중요하지만, 위생적으로 청결하고 건강한 사람이, 위생적인 식품제조 가공시설에서, 위생적으로 음식물을 만들고, 그 보존과 유통도 위생적으로 이루어져야 한다.

이러한 식품처리 위생의 확보를 위한 여러 가지 조치가 식품위생법으로 규정되어 있는데 식품처리 시설에 관해서는 업종별 시설기준이 있어서 이에 적합하여야 영업의 허가나 신고가 가능하고 또 이들 시설의 위생적인 유지, 관리의 의무가 영업자의 준수사항으로 규정되어 있다. 특히 식품접객업소에 대해서는 위생등급기준이 있어서 이 기준에 의하여 모범업소와 일반업소가 구분되는데 그 내용은 시설의 위생확보에 큰 비중을 두고 있다.

각 식품업소에서 갖추어야 할 위생적인 시설은 그 업종에 따라 다르므로 각종 업소에 있어서 공통적으로 요구되는 시설위생에 관한 문제를 살펴보기로 한다.

# 1. 시설기준

## 1-1. 식품제조·가공업의 시설기준

### 1) 식품의 제조시설과 원료 및 제품의 보관시설 등이 설비된 건축물의 위치

① 건물의 위치는 축산폐수·화학물질 기타 오염물질의 발생시설로부터 식품에 나쁜 영향을 주지 아니하는 거리를 두어야 한다.

② 건물의 구조는 제조하고자 하는 식품의 특성에 따라 적정한 온도가 유지될 수 있고, 환기가 잘 될 수 있어야 한다.

③ 건물의 자재는 식품에 나쁜 영향을 주지 아니하고 식품을 오염시키지 아니하는 것이어야 한다.

### 2) 작업장

① 작업장은 독립된 건물이거나 식품제조·가공 외의 용도로 사용되는 시설과 분리(벽·층 등에 의하여 별도의 방으로 구별되는 경우를 말한다.)되어야 한다.

② 작업장은 원료처리 시설·제조·가공실, 포장실 및 기타 식품의 제조·가공에 필요한 작업실을 말하며, 각각의 시설은 분리 또는 구획(칸막이·커튼 등에 의하여 구별되는 경우를 말한다.)되어야 한다. 다만, 제조공정의 자동화 또는 시설·제품의 특수성으로 인하여 분리 또는 구획할 필요가 없다고 인정되는 경우로서 각각의 시설이 서로 구분(선·줄 등에 의하여 구별되는 경우를 말한다.)될 수 있는 때에는 그러하지 아니하다.

③ 작업장의 바닥·내벽 및 천장은 다음과 같은 구조로 설비되어야 한다.

(가) 바닥은 콘크리트 등으로 내수처리를 하여야 하며, 배수가 잘 되도록 하여야 한다.
(나) 내벽 및 천장은 이물이나 먼지 등이 쌓이지 아니하도록 표면이 미끄러워야 한다.
(다) 내벽은 바닥으로부터 1.5m까지 밝은 색의 내수성으로 설비하거나 세균 방지용 페인트로 도색하여야 한다.

④ 작업장 안에서 발생하는 악취·유해가스·매연·증기 등을 환기시키기에 충분한 환기시설을 갖추어야 한다.
⑤ 작업장에는 쥐·바퀴 등 해충이 들어오지 못하도록 하여야 한다.

### 3) 식품취급 시설 등

① 식품을 제조·가공하는 데 필요한 기계·기구류 등 식품취급 시설은 식품의 특성에 따라 식품 등의 기준 및 규격에서 정하고 있는 제조·가공기준에 적합한 것이어야 한다.
② 식품취급 시설 중 식품과 직접 접촉하는 부분은 위생적인 내수성 재질[스테인레스·알루미늄·에프알피(FRP)·테프론 등 물을 흡수하지 아니하는 것을 말한다.]로서 씻기 쉬우며, 열탕·증기·살균제 등으로 소독·살균이 가능한 것이어야 한다.
③ 냉동·냉장시설 및 가열처리 시설에는 온도계 또는 온도를 측정할 수 있는 계기를 설치하여야 하며, 적정온도가 유지되도록 관리하여야 한다.

### 4) 급수시설

① 수돗물이나 먹는물 관리법 제5조의 규정에 의한 먹는 물의 수질기준에 적합한 지하수 등을 공급할 수 있는 시설을 갖추어야 한다.
② 지하수 등을 사용하는 경우 취수원은 화장실·폐기물 처리시설·동물사육장 기타 지하수가 오염될 우려가 있는 장소로부터 20m 이상 떨어진 곳에 위치하여야 한다.

### 5) 화장실

① 작업장에 영향을 미치지 아니하는 곳에 정화조를 갖춘 수세식 화장실을 설치하여야 한다. 다만, 인근에 사용하기 편리한 화장실이 있는 경우에는 화장실을 따로 설치하지 아니할 수 있다.
② 화장실은 콘크리트 등으로 내수처리를 하여야 하고, 바닥과 내벽(바닥으로부터 1.5m까지)에는 타일을 붙이거나 방수 페인트로 색칠하여야 한다.

### 6) 창고 등의 시설

원료와 제품을 위생적으로 보관·관리할 수 있는 창고를 갖추어야 하며, 그 바닥에는 양탄자를 설치하여서는 아니 된다. 다만, 창고에 갈음할 수 있는 냉동·냉장시설을 따로 갖춘 업소에서는 이를 설치하지 아니할 수 있다.

### 7) 검사실

① 식품 등의 기준 및 규격을 검사할 수 있는 검사실을 갖추어야 한다. 다만, 다음 각 호의 1에 해당하는 경우에는 이를 갖추지 아니할 수 있다.

(가) 법 제19조제2항의 규정에 의하여 식품위생검사기관 등에 위탁하여 자가 품질검사를 하고자 하는 경우

(나) 건과류·껌류·맥아엿·절임식품·김치·건포류·면류(건면류·생면류 및 숙면류에 한한다)·조미식품(고추가루·실고추 및 천연 향신료에 한한 도시락을 제조·가공하는 경우, 선박에서 통·병조림을 제조하는 경우와 단순 가공품(자연산물을 그 원형을 알아볼 수 없도록 분해·절단 등의 방법으로 변경시키거나 이와 같이 1차 가공처리한 식품원료를 식품첨가물을 사용하지 아니하고 단순히 서로 혼합만 하여 가공한 제품이거나 이러한 것에 식품제조·가공업의 허가를 받아 제조·포장된 조미식품을 포장된 상태 그대로 첨부한 것을 말한다. 이하 같다)만을 가공하는 경우

② 검사실을 갖추어야 하는 경우에는 자가 품질검사에 필요한 기계·기구 및 시약류를 갖추어야 한다.

### 8) 시설기준 적용의 특례

① 선박에서 수산물을 제조·가공하는 경우에는 다음의 시설만 설비할 수 있다.

(가) 작업장

작업장에서 발생하는 악취·유해가스·매연·증기 등을 환기시키는 시설을 갖추어야 한다.

(나) 창고 등의 시설 등

냉동·냉장시설을 갖추어야 한다. 다만, 바닥에는 양탄자를 설치하여서는 아니 된다.

(다) 화장실

수세식 화장실을 두어야 한다.

② 식품을 제조·가공하는 경우의 동결건조 또는 분무건조와 건강보조식품·특수영양식품 및 인삼제품류의 캡슐 제품을 제조하는 경우의 성형 및 충전은 식품제조·가공업의 영업신고를 한 업소에 위탁하여 할 수 있다.

③ 하나의 업소가 2 이상의 업종의 영업을 할 때 또는 2 이상의 식품을 제조·가공하고자 할 때로서 각각의 제품이 전부 또는 일부의 동일한 공정을 거쳐 생산되는 경우에는 그 공정에 사용되는 시설 및 작업장을 함께 쓸 수 있다.

④ 농어촌발전특별조치법 제2조의 규정에 의한 농업인·임업인 또는 어업인과 농수산물가공산업

육성법 제2조의 규정에 의한 생산자 단체가 국내산 농·수산물을 주된 원료로 식품을 직접 제조·가공하는 영업에 대하여는 시장·군수 또는 구청장은 그 시설 기준을 따로 정할 수 있다.

⑤ 의약품 제조업과 식품제조·가공업을 함께 허가 받거나 신고한 영업자는 보건복지부장관이 의약품제조시설에 대하여 의약품이 식품에 전이될 우려가 없어 식품의 제조 ·가공시설로 적합하다고 인정하여 지정·고시하는 경우에는 당해 시설을 식품제조·가공시설로 이용할 수 있다.

## 1-2. 즉석판매 제조·가공업의 시설기준

### 1) 건물의 위치 등

① 독립된 건물이거나 즉석판매 제조·가공 외의 용도로 사용되는 시설과 분리 또는 구획되어야 한다. 다만, 백화점 등 식품을 전문으로 취급하는 일정장소(식당가·식품매장 등을 말한다)에서 즉석판매 제조·가공업의 영업을 하고자 하는 경우로서 식품위생상 위해 발생의 우려가 없다고 인정되는 때에는 그러하지 아니하다.

② 건물의 위치·구조 및 자재에 관하여는 1. 식품제조·가공업의 시설기준 중 가. 건물의 위치 등의 관련규정을 준용한다.

### 2) 작업장

① 식품의 제조·가공시설이 설치된 제조·가공실을 두어야 한다.

② 제조가공실의 시설 등에 관하여는 1. 식품제조·가공업의 시설기준 중 작업장의 관련 규정을 준용한다.

### 3) 식품취급 시설 등

식품취급 시설 등에 관하여는 1. 식품제조·가공업의 시설기준 중 식품취급 시설 등의 관련 규정을 준용한다.

### 4) 급수시설

급수시설은 1. 식품제조·가공업의 시설기준 중 급수시설의 관련 규정을 준용한다. 다만, 인근에 수돗물이나 먹는물 관리법 제5조의 규정에 의한 먹는 물의 수질기준에 적합한 지하수 등을 공급할 수 있는 시설이 있는 경우에는 이를 설치하지 아니할 수 있다.

### 5) 판매시설

식품을 위생적으로 유지·보관할 수 있는 진열·판매시설을 갖추어야 한다.

### 6) 화장실

① 화장실은 작업장에 영향을 미치지 아니하는 곳에 설치하여야 한다.
② 정화조를 갖춘 수세식 화장실을 설치하여야 한다. 다만, 상·하수도가 설치되지 아니한 지역에서는 수세식이 아닌 화장실을 설치할 수 있다.
③ ②의 단서 규정에 의하여 수세식이 아닌 화장실을 설치하는 경우에는 변기의 뚜껑과 환기시설을 갖추어야 한다.
④ 공동 화장실이 설치된 건물 안에 있는 업소 및 인근에 사용이 편리한 화장실이 있는 경우에는 따로 화장실을 설치하지 아니할 수 있다.

## 1-3. 식품접객업의 시설기준

### 1) 공통 시설기준

#### (1) 영업장

① 독립된 건물이거나 식품접객업 외의 용도로 사용되는 시설과 분리되어야 한다. 다만, 일반음식점에서 축산물가공처리법 시행령 제21조제6호 가목의 식육판매업의 영업을 하고자 할 경우에는 그러하지 아니하다.
② 영업장은 연기·유해가스 등의 환기가 잘 되도록 하여야 한다.
③ 음향 및 반주시설을 설치하는 영업자는 영업장 내부의 노래 소리 등이 외부에 들리지 아니하도록 방음장치를 하여야 한다.
④ 공연을 하고자 하는 휴게음식점·일반음식점 및 단란주점의 영업자는 무대시설을 영업장 안에 객석과 구분되게 설치하되 객실 안에 설치하여서는 안 된다.

#### (2) 조리장

① 조리장은 손님이 그 내부를 볼 수 있는 구조로 되어 있어야 한다. 다만, 영 제7조제8호 가목의 규정에 의한 휴게음식점 영업 중 과자점 형태의 영업소로서 동일 건물 안에 조리장을 설치하는 경우와 관광진흥법 시행령 제2조제2호 가목 및 동조 제3호 마목의 규정에 의한 관광호텔업 및 관광 공연장업의 조리장의 경우에는 그러하지 아니하다.
② 조리장 바닥에 배수구가 있는 경우에는 덮개를 설치하여야 한다.
③ 조리장 안에는 취급하는 음식을 위생적으로 조리하기 위하여 필요한 조리시설·세척시설·폐기물 용기 및 손 씻는 시설을 각각 설치하여야 하고, 폐기물 용기는 오물·악취 등이 누출되지 아니하도록 뚜껑이 있고 내수성 재질로 된 것이어야 한다.
④ 1인의 영업자가 동일 건물 안의 같은 통로를 출입구로 사용하여 휴게음식점 영업 및 일반음식점 영업을 하고자 하는 경우와 일반음식점 영업자가 당해업소와 직접 접한 장소에서

도시락을 제조하는 즉석판매 제조·가공업의 영업을 하고자 하는 경우에는 하나의 조리장을 공동으로 사용할 수 있다.

⑤ 조리장에는 주방용 식기류를 소독하기 위한 자외선 또는 전기살균소독기를 설치하거나 열탕세척소독시설(식중독을 일으키는 병원성 미생물 등이 살균될 수 있는 시설이어야 한다. 이하 같다)을 갖추어야 한다.

⑥ 충분한 환기를 시킬 수 있는 시설을 갖추어야 한다. 다만, 자연적으로 통풍이 가능한 구조의 경우에는 그러하지 아니하다.

⑦ 식품 등의 기준 및 규격 중 식품별 보존 및 보관기준에 적합한 온도가 유지될 수 있는 냉장시설 또는 냉동시설을 갖추어야 한다.

### (3) 급수시설

① 수돗물이나 먹는물 관리법 제5조의 규정에 의한 먹는 물의 수질기준에 적합한 지하수 등을 공급할 수 있는 시설을 갖추어야 한다.

② 지하수를 사용하는 경우 취수원은 화장실·폐기물처리시설·동물사육장 기타 지하수가 오염될 우려가 있는 장소로부터 영향을 받지 아니하는 곳에 위치하여야 한다.

### (4) 조명시설

영업장의 밝기는 객석 및 객실의 경우는 30lux 이상(유흥주점 영업의 경우는 10lux 이상)이어야 하고, 조리장은 50lux 이상이어야 하며, 동 기준 미만으로 밝기를 낮출 수 있는 촉광조절장치를 설치하여서는 아니 된다.

### (5) 화장실

① 화장실은 콘크리트 등으로 내수처리를 하여야 한다. 다만, 공중화장실이 설치되어 있는 역·터미널·유원지 등에 위치하는 업소, 공동 화장실이 설치된 건물 내에 있는 업소 및 인근에 사용하기 편리한 화장실이 있는 경우에는 따로 화장실을 설치하지 아니할 수 있다.

② 화장실은 조리장에 영향을 미치지 아니하는 장소에 설치하여야 한다.

③ 정화조를 갖춘 수세식 화장실을 설치하여야 한다. 다만, 상·하수도가 설치되지 아니한 지역에서는 수세식이 아닌 화장실을 설치할 수 있다.

④ ③ 단서의 규정에 의하여 수세식이 아닌 화장실을 설치하는 경우에는 변기의 뚜껑과 환기시설을 갖추어야 한다.

### (6) 공통시설기준의 적용특례

① 해수욕장 등에서 계절적으로 음식점 영업을 하는 경우, 고속도로·자동차 전용도로·공원

·유원시설 등의 휴게장소에서 영업을 하는 경우, 건설공사 현장에서 영업을 하는 경우와 지방자치단체 및 농림부장관 또는 해양수산부장관이 인정한 생산자 단체 등에서 국내산 농·수·축산물의 판매촉진 및 소비홍보 등을 위하여 14일 이내의 기간에 한하여 특정 장소에서 음식물의 조리·판매행위를 하고자 하는 경우에는 공통시설기준에 불구하고 시장·군수 또는 구청장(시·도에서 음식물의 조리·판매행위를 하는 경우에는 시·도지사)이 시설기준을 따로 정할 수 있다.

② 영 제7조제5호 나목(9) 기타 식품판매업의 영업신고를 한 자가 휴게음식점 영업을 병행하고자 하는 경우와 음식물을 전문으로 조리하여 판매하는 백화점 등의 일정 장소(식당가를 말한다)에서 일반음식점 또는 휴게음식점 영업을 하고자 하는 경우로서 위생상 위해발생의 우려가 없다고 인정되는 때에는 각 영업소와 영업소 사이를 분리 또는 구획하는 별도의 차단벽이나 칸막이 등을 설치하지 아니할 수 있다.

### 2) 업종별 시설기준

#### (1) 휴게음식점 영업과 일반음식점 영업

(가) 일반음식점의 객실에는 잠금장치를 설치할 수 없다.

(나) 휴게음식점에는 객실을 둘 수 없으며, 객석에는 높이 1.5m 미만의 칸막이(이동식 또는 고정식)를 설치할 수 있다. 이 경우 2면 이상을 완전히 차단하지 아니하여야 하고, 다른 객석에서 내부가 서로 보이도록 하여야 한다.

(다) 기차·자동차·선박 또는 수상 구조물로 된 유선장·도선장을 이용하는 경우 다음 시설을 갖추어야 한다. ① 1일의 영업시간에 사용할 수 있는 충분한 양의 물을 저장할 수 있는 내구성이 있는 식수탱크, ② 1일의 영업시간에 발생할 수 있는 음식물 찌꺼기 등을 처리하기에 충분한 크기의 오물통 및 폐수탱크, ③ 음식물의 재료(원료)를 위생적으로 보관할 수 있는 시설

(라) 일반음식점 중 그 영업소가 지하층에 위치하고 있는 것으로 소방법 시행령 제4조의2의 규정에 의한 영업장으로 사용하는 바닥면적의 합계가 66제곱미터 이상인 업소의 경우에는 소방법령이 정하는 소방·방화시설 등을 갖추어야 한다.

(마) 휴게음식점 및 일반음식점의 영업장에는 손님이 이용할 수 있는 자막용 영상장치 또는 자동반주장치를 설치하여서는 아니 된다.

(바) 일반음식점의 객실 안에는 무대장치, 음향 및 반주시설, 우주볼 등의 특수조명시설을 설치하여서는 아니 된다.

#### (2) 단란주점 영업

(가) 영업장 안에 객실이나 칸막이를 설치하고자 하는 경우에는 다음 기준에 적합하여야 한다.

① 객실을 설치하는 경우 주된 객장의 중앙에서 객실 내부가 전체적으로 훤하게 보일 수 있도록 투명한 유리로만 설비하여야 하며, 통로형태 또는 복도형태로 설비하여서는 아니 된다.

② 객실로 설치할 수 있는 면적은 객석면적의 2분의 1을 초과할 수 없다.

③ 주된 객장 안에는 높이 1.5m 미만의 칸막이(이동식 또는 고정식)를 설치할 수 있다. 이 경우 2면 이상을 완전히 차단하지 아니하여야 하고, 다른 객석에서 내부가 서로 보이도록 하여야 한다.

(나) 객실에는 잠금장치를 설치할 수 없다.

(다) 소방법령이 정하는 소방·방화시설 등을 갖추어야 한다.

**(3) 유흥주점 영업**

(가) 객실에는 잠금장치를 설치할 수 없다.

(나) 소방법령이 정하는 소방·방화시설 등을 갖추어야 한다.

# 2. 환경위생 관리

## 1) 용수관리

① 수돗물이나 지하수를 사용하는 경우 오염되지 않게 충분히 공급할 수 있는 밀폐된 보관설비(필요 시)와 배관시설을 갖춘다.

② 지하수의 경우에는 환경부 고시 먹는물 관리법 제5조의 규정에 의한 수질기준에 적합한 물을 공급하도록 시설 내에 용수 살균 또는 정수시설을 갖추어야 한다.

③ 지하수를 사용하는 경우 취수원은 화장실, 폐기물 처리시설, 오수웅덩이, 동물사육장 등 지하수를 오염시킬 우려가 있는 장소로부터 20m 이상 떨어진 곳에 위치하여야 한다.

④ 검사결과 음용에 부적합 판정을 받은 경우에는 그 사용을 금지한다.

⑤ 접객용 음용수는 식품공전상 식품접객업소의 미생물 권장규격에 적합한 음용수가 공급되도록 설비에 대한 정기적인 세척, 소독 및 소모품(필터 등) 교환 등을 실시한다.

⑥ 얼음의 경우 상기 기준에 적합한 음용수로 제조하며, 오염되지 않도록 제조, 취급 및 보관한다. 또한 2차 오염의 방지를 위하여 제빙기의 경우에는 정기적인(월 1회) 세척 및 소독을 실시하고 별도의 용기를 사용하는 경우에는 전용의 용기, 체취기구 등을 청결 관리하여 사용하도록 한다.

⑦ 접객용 음용수에 대하여 1회/월 미생물 검사를 실시하여 그 결과를 기록 유지한다.

⑧ 접객용 음용수에 대한 관리상태(세척, 필터교환 등)를 주 1회 점검하여 그 결과를 음용수

점검일지에 기록하여 관리한다.

※ 조리 또는 음용수 등으로 사용되는 물은 적합한 물이 사용되어야 한다.

지하수 : 연 1회(정수처리 시스템 설치)

시 수 : 검사 생략 가능, 필요에 따라 검사

접객용 음용수 : 정수기, 냉온수기

탕비기(배관) : 1일 1회 세척, 소독

### 2) 쓰레기 및 잔반처리

① 쓰레기통 및 잔반수거통은 흡수성이 없으며 단단하고 내구성이 있어야 한다

② 쓰레기통 및 잔반수거통는 반드시 뚜껑을 사용하며, 더러운 냄새가 나거나 액체가 새지 않도록 파손된 부분이 없는지 관리한다.

③ 주방용 쓰레기통, 잔반용 쓰레기통, 일반 쓰레기통 구분·관리. 쓰레기, 잔식의 운반을 용이하게 하기 위해 운반수거 시 전용 운반도구(하부에 바퀴부착)를 구비하고 충분한 수량을 확보한다.

④ 쓰레기통 세척, 소독 시 주방 내 오염에 각별히 유의한다.

⑤ 쓰레기통 및 잔반은 지정된 장소에 보관하며, 2/3 이상 채워지지 않도록 한다.

⑥ 배식 시 잔반통이 보이지 않도록 하며, 쓰레기 및 잔반은 1일 1회 이상 수거하도록 한다.

⑦ 쓰레기는 쓰레기통, 잔반은 잔반수거통 외 다른 곳에 방치해서는 안 된다.

⑧ 쓰레기 처리 장소는 식품저장 장소와 분리된 장소에 있고 환기가 잘 되어야 하며, 세척 및 소독이 쉬워야 한다.

⑨ 방역은 관련법규(감염병의 예방 및 관리에 관한 법률)에 의거하여 2개월 1회 이상 실시하고 소독필증을 보관하여야 하며, 필요시 자체방역을 실시하되, 방역약품은 지정된 장소에 보관하고 허가된 제품을 사용하여 안전사고에 주의한다.

⑩ 외부업체에 방역 의뢰시에는 반드시 공인된 업체를 선정하여 수행한다.

## 3. 시설위생 관리

### 1) 주방건물 및 설비

조리시설 및 기구류는 위생상의 위해를 피할 수 있는 재질이어야 하며, 보수점검 및 위생관리를 용이하게 할 수 있도록 설치 및 관리되어야 한다.

조리장은 오염구역과 비오염구역으로 구분되어야 하며, 적절한 온도 및 습도를 유지하여야 한다.

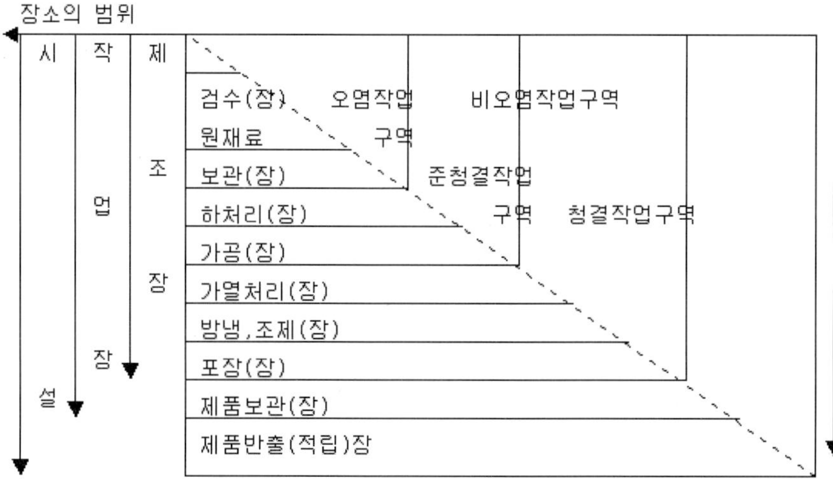


〈그림 11-1〉 시설내 각 장소의 구분과 식품의 흐름

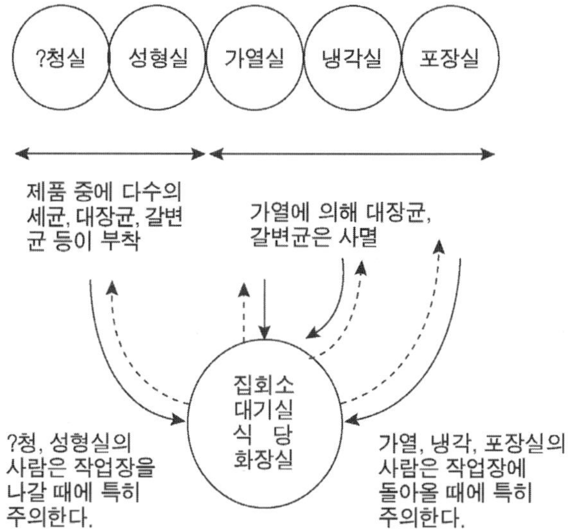


〈그림 11-2〉 수산제품 가공공장에 있어서 작업간 세균 오염

### 2) 바닥 및 배수로

바닥은 내수처리가 되어 있고 가급적 미끄러지지 않는 재질이어야 하고, 파여 있거나 물이 고이지 않도록 적당한 구배를 이루어 배수가 원활하게 이루어져야 한다. 구배는 1m당 1.5~2cm가 적당하며, 배수로는 역류나 퇴적물이 쌓여 있지 아니하여야 하고, 청소가 용이하며 개폐가 가능해야 한다.

### 3) 내벽, 창문 및 천정

내벽은 내수처리 하여야 하며, 미생물이 번식하지 아니하도록 청결하게 관리하여야 한다.

창틀/창문은 구배가 있는 것이 좋으며, 조리장 내에 설치된 창문은 가급적 고정식, 밀폐식을 사용하며 개폐식의 경우에는 반드시 방충망을 설치하여야 한다. 방충망은 30mesh가 적당하다.

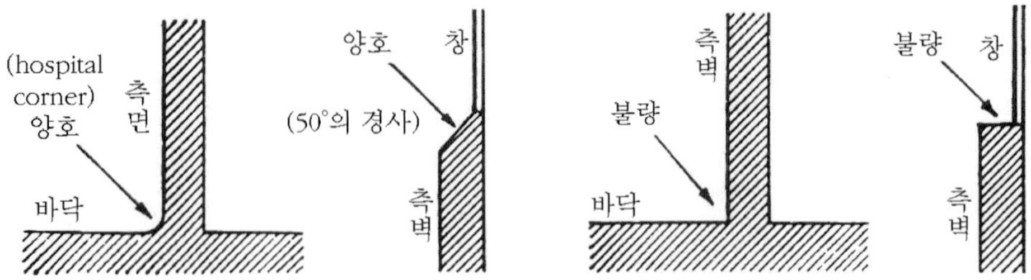


〈그림 11-3〉 바닥과 벽 및 창살과의 접속부

천장은 반기별 청소를 수행하여야 하며, 먼지 또는 기름때를 제거하여야 한다. 먼지가 쌓여 있거나 응축수가 떨어지지 않아야 하며, 미생물이 번식하지 아니하도록 청결하게 관리하여야 한다.

#### 4) 환기시설

① 일반 환기시설 : 수증기 및 악취 등을 환기시키고 조리장의 적정 온도를 조절할 수 있는 환기 시설이 갖추어져 있어야 한다. 환기구는 2개월에 1회 정기적으로 분해하여 퇴적물 등을 제거해야 한다.

② 후드 시설 : 후드 닥트는 조리 시 부착된 기름기를 방지하기 위하여 주 1회 전용 세척제를 사용하여 청소하여야 하며, 후드 환기는 원활하게 수행되어야 하며 년 1회 작업환경 측정법에 의해 유해성 여부를 받아야 한다.

#### 5) 기 타

① 채광 및 조명은 적절하게 설치되어야 하고(100Lux 이상), 채광 및 조명설비 등으로부터 식품오염을 유발하지 아니하도록 보호 장치를 설치하여야 하며 정기적으로 항상 청결하게 관리되어야 한다.

② 조리장에는 쥐, 곤충 등의 흔적이 없어야 하고 방충 및 방서시설을 갖추어야 한다.

③ 조리원을 위한 위생적인 화장실 및 갱의실이 있어야 하며 필요 시 적정 장소에 수세시설을 설치하고 청결히 유지하여야 한다.

④ 조리시설은 제조공정의 흐름에 따라 적절히 배치되어야 한다.

⑤ 각 주방설비 및 기구는 청소 및 소독규정에 의거 철저하게 관리되어야 하며 주요 주방설비 및 기구에 대해서는 점검 및 기록 유지하여야 한다.

〈표 11-1〉 조리장의 청소

| | | 청 소 | | | |
|---|---|---|---|---|---|
| | | 세제액 | 희석배율 | 빈 도 | 방 법 |
| 시설 | 작업대/조리대 | 중성세제 | 500배 (물1L당 2g) | 매 작업 시 | 문질러 닦은 후 세제가 남지 않도록 세척한다. |
| | 씽크대/개수대 | 중성세제 | 500배 | 매 작업 시 | 음식물의 기름기나 찌꺼기가 남지 않도록 하고 개수구 손잡이 부분을 세심히 세척한다. |
| | 트렌치 | 세탁세제 | 1,500배 (물10L당 7g) | 일 1회 이상 | 틈 사이에 이물질을 제거하고 청소 후 트렌치 안에 음식물 찌꺼기가 남지 않도록 청소한다. |
| | 화장실 | 중성세제 | 500배 | 일 1회 이상 | 청소 빗자루나 대걸레를 이용하여 세척 후 물로 헹구어 낸다. |
| | 바닥 | 세탁세제 | 1,500배 | 일 1회 이상 | 벽과 바닥의 연결부분에 오물이 끼지 않도록 청소한다. |
| | 신발 소독고 | 세탁세제 | 1,500배 | 일 1회 이상 | 신발에서 떨어진 흙이나 오물이 남지 않도록 물로 씻어낸 후 세척한다. |
| | 조리장 내 환기팬 | 중성세제 | 500배 | 주 1회 이상 | 먼지가 남아있지 않도록 깨끗이 세척한다. |
| | 보관고(식기보관고, 찬장, 식기건조 소독고 등) | 중성세제 | 500배 | 주 1회 이상 | 식기가 놓였던 자리에 찌든 때가 남지 않도록 세척한다. |
| | 환기 후드필터 | 강력세제 | 5~10% | 월 1회 이상 | 찌든 때가 남아서 필터가 막히지 않도록 청소한다. |
| | 조명기구 | 유리 크리너 | 원액 사용 | 연 2회 이상 | 광원에 분무 후 문질러 닦는다. |

〈표 11-2〉 조리장의 청소

| | | 소 독 | | | |
|---|---|---|---|---|---|
| | | 세제액 | 희석배율 | 빈도 | 방 법 |
| 시설 | 작업대/조리대 | 알코올 | 70~75% | 매 작업 시 | 물기제거 후 분무 |
| | | 락스 | 300배 | 일일 작업종료 시 | 행주나 스폰지에 묻혀 닦은 후 물로 씻는다. |
| | 씽크대/개수대 | 알코올 | 70~75% | 매 작업 시 | 분무한다. |
| | 트렌치 | 락스 | 25배 | 일 1회 이상 | 작업종료 시 주변과 트렌치에 충분히 분무한다. |
| | 화장실 | 락스 | 25배 | 주 1회 이상 | 청소 후 대걸레에 묻혀 닦거나 분무한다. |
| | 바닥 | 락스 | 300배 | 일 1회 이상 | 분무한다. |
| | 신발 소독고 | 락스 | 50배 | 일 1회 이상 | 희석액을 세척한 소독고에 부어 준다. |
| | 보관고(식기 보관고, 찬장, 식기건조 소독고 등) | 락스 | 300배 | 주 1회 이상 | 행주나 스폰지에 묻혀 닦은 후 물로 씻는다. |

# 4. 조리공정 위생관리

## 1) 전처리

① 전처리는 정해진 장소에서만 실시하여 비 오염구역을 오염시키지 않으며 작업순서(야채, 어류, 육류)를 정하여 작업한다.

② 전처리 작업은 실온(1~35℃)에서 3시간 이상 수행하지 않는다.

③ 식품을 전처리하는 도중에는 다른 일을 하지 않는다.

④ 특별히 열처리를 거치지 않는 식품은 직접 손 접촉을 하지 않도록 한다.
⑤ 작업 중 식자재는 항상 적정 높이의 선반을 이용하여, 바닥에 방치되는 일이 없도록 한다.
⑥ 전처리에 사용되는 기기 및 기구(칼, 도마, 용기 등)는 용도별, 식품별(육류용, 어패류용, 채소류용)로 분리하여 교차오염을 방지하고 수시로 소독하여 사용하며, 사용 후에는 소독과 청결 유지에 힘쓴다.
⑦ 싱크대는 용도별(육류, 어패류, 채소류)로 구분하여 사용하고 청결히 유지하며, 다른 작업을 하기 전에는 충분히 살균(살균소독제 사용) 세척한 후 사용한다.
⑧ 해동 시에는 식품을 완전 밀봉하여 냉장해동(10℃ 이하, 72시간) 또는 21℃ 이하의 흐르는 물에서 급속 해동을 하며 해동된 식품은 실온에 방치하지 않도록 한다.
⑨ 해동을 위하여 냉동육을 냉장실에 보관하거나, 육류를 주방에서 해동시킬 경우에는 반드시 '해동 중' 표시를 부착하거나 주방에 해동장소를 마련하여 표식을 부착하고 그곳에 보관한다.
⑩ 불리기 작업을 전일에 실시할 경우는 반드시 냉장고에 밀봉하여 둔다.
⑪ 데쳐서 건질 때 음식물이 바닥에 닿지 않도록 한다.
⑫ 썰기 작업을 할 때는 신속하게 조금씩 작업할 분량을 나눠 꺼내서 작업 후 바로 냉장고에 보관한다.
⑬ 식재는 충분히 씻고 특히 가열조리하지 않고 제공되는 채소류나 과일류는 반드시 흐르는 물로 3~4회 이상 깨끗이 씻어 충분히 세척한 후 필요 시는 소독을 한다.
⑭ 세척 시는 씽크 용량의 2/3내에서 사용하되, 사용 시에는 세척물이 타 식품류에 튀기지 않도록 주의하여 사용한다.
⑮ 세척용기(또는 씽크)는 어류, 육류, 야채류로 구분하여 사용하고, 사용 후 세척·소독하며, 구분 사용이 여의치 않을 경우 야채 → 육류 → 어류 순으로 하며, 각각을 처리한 후에는 세척·소독을 하고 다음 것을 처리한다.
⑯ 전처리를 마친 식재는 실온에 장시간 방치하지 않으며 위생적으로 보관한다.
⑰ 식품 보관용기는 주방바닥에 두지 않는다.
⑱ 전처리된 식품은 먹는물 관리법(환경부 고시)에 의한 적합한 음용수를 사용하여, 이물질이 완전히 제거(육안검사)될 때까지 세척한다.
⑲ 전처리하지 않은 식품과 전처리된 식품을 분리 취급하며, 전처리된 식품 간에 교차오염이 발생치 않도록 위생적으로 취급한다.
⑳ 전처리된 식품을 담은 용기를 바닥에 방치하지 않으며 전처리 후 조리 전까지 4시간 이상 경과 시 냉장 보관한다.
㉑ 전처리에서 발생되는 쓰레기(상자, 깡통, 병, 비닐봉지 등)는 분리하여 즉시 처리한다.
㉒ 배식시간이 길고 횟수가 많은 경우에는 조·중·석식용 식자재를 별도로 표시하여 보관한다.

### 2) 조 리

① 무치기, 버무리기, 혼합 작업 시에는 반드시 위생장갑을 착용한다.

② 위험 온도범위(10℃~65℃, 특히 16℃~49℃)에서 2시간 이상 방치되지 않도록 한다.

③ 차가운 음식조리 시 냉장된 재료를 사용하고 즉시 냉장 보관한다.

④ 양념은 가급적 처음 조리 시 첨가, 양념 첨가 후 충분히(30분) 가열한다.

⑤ 가열조리 후에는 중심부 온도를 체크하여(일반적 온도 75℃에서 1분 이상) 확실하게 익었는지 확인한다.

⑥ 가열조리 시 중심온도계를 이용하여 식품 내부까지의 완전 가열을 확인한다. 생선, 가금류(닭고기 등), 덩어리 고기, 다진 고기류(햄버거 패티 등)에 대해 식품 내부의 중심 온도가 75℃ 이상이 되는지를 반드시 확인하여 조리공정일지에 기록한다(75℃에서 15초 이상 가열).

⑦ 소량씩 분산 조리한다.

⑧ 조리시 자주 저어서 음식의 온도가 균일하게 되도록 한다.

⑨ 조리된 음식은 반드시 보관용기에 담아 덮개를 덮어 둔다.

⑩ 조리된 음식은 조리 전의 원재료와 접촉되지 않도록 유의해야 하며, 조리하는 사람의 신체가 닿지 않도록 유의하여야 한다.

⑪ 조리된 음식은 60℃에서 4℃로 4시간 이내에 빠르게 식힌다.

⑫ 재 가열을 할 경우는 75℃ 이상으로 2시간 이내에 빨리 데워서, 65℃ 이상으로 유지한다.

⑬ 조리되었거나 냉장 보관되었던 음식을 재 가열하였을 경우에 모든 음식에 대해 75℃에서 15초 이상 음식 전체를 골고루 가열한 후 제공되어야 한다.

⑭ 튀김에 사용하는 기름은 오래 사용하게 되면 착색 및 점성이 증가하여 발연온도가 저하되고 식품이 충분히 가열되지 않으므로 1회 사용함이 원칙이나, 재 사용하고자 할 경우에는 채소류 등의 비린내가 나지 않는 것으로 먼저 사용한 후에 식육, 생선 등의 순서로 사용하여야 하며, 생선 등을 먼저 튀긴 후에 채소류 등을 튀겨서는 아니 된다. 그리고 가능한 한 사용횟수를 고려하여 1주일 내에 한 번씩 새로운 것으로 교환하며, 기름의 산화방지를 위해 기름의 온도는 180℃ 이상으로 가열하지 않는다(교체시기가 된 튀김유는 연기가 많이 나고, 거품도 많이 발생하며, 점성도 강하며, 냄새는 탄내·누린내가 많이 발생함).

### 3) 조리 완제품 관리

① 조리된 음식은 오염되지 않도록 뚜껑이나 덮개를 꼭 덮어야 하며 배식 전까지 잠시 동안의 보관이 필요할 때에는 보냉은 10℃ 이하에서, 보온은 60~70℃에서 안전하게 보관되어져야 한다.

② 조리가 끝난 음식을 잠시 냉장고에 보관할 경우에는 반드시 뚜껑을 덮어 교차오염을 막을 수 있는 상태로 보관하여야 한다. 또한 조리완료 후 보온 보냉고 이외에 보관 시에는 2시간

이내에 급식될 수 있도록 한다.

③ 조리가 완료된 제품을 보냉고나 보온고에 보관 시에는 각각의 온도가 10℃ 이하, 60~70℃가 되도록 관리하며, 1일 2회 온도를 점검하여 이를 온도점검 일지상에 기록한다.

④ 별도의 보냉고가 없어서 일반 냉장고에 조리 완제품을 보관 시에는 전처리 식자재와 별도로 위치를 구분하여 관리한다.

⑤ 조리 완제품을 보관하는 용기(바트 등), 보냉 보온고 등은 항상 청결히 세척 관리하여 보관 중 2차 오염이 일어나지 않도록 주의한다.

⑥ 급식하기 전까지 조리된 음식을 보관 시에는 2차 오염을 방지할 수 있도록 깨끗한 배식용기에 담아 뚜껑이나 랩, 호일 등으로 위를 덮어 외부로부터 오염되지 않도록 유의한다.

### 4) 검 식

① 배식 전 반드시 검식을 하여 조리상태를 확인하고, 검식 중 가열상태가 완전하지 않을 경우 재 조리하여 배식한다.

② 뜨거운 음식은 65℃ 이상 차가운 음식은 10℃ 이하인지 확인한다.

〈표 11-3〉 적정 배식온도

| 음식 종류 | 적정온도 | 허용오차 | 비고 |
|---|---|---|---|
| 국 | 65℃ | ± 5℃ | |
| 밥 | 80℃ | ± 5℃ | |
| 찌게 | 85℃ | ± 5℃ | |
| 조림 | 50℃ | ± 5℃ | |
| 찬 음식 | 5℃ | ± 3℃ | |
| 음용수·차 | 65℃ | ± 5℃ | 100℃까지 끓인 후 식힘 |

③ 조리 후 맛을 볼 때는 검식용기(작은 그릇) 및 검식기구(수저)를 구분하여 사용한다(검식용기·기구는 타 식기류와 구분이 용이하여야 한다).

④ 검식 시 음식의 맛, 온도, 조화, 이물, 이취, 조리상태(질) 등을 검식일지에 기록한다.

### 5) 보존식

① 보존식은 조리·제공한 식품의 매회 1인분 분량을 보건복지부령으로 정하는 바에 따라 −18℃에서 144시간 이상 보관한다. 72시간 이전까지는 냉장 보관하고 그 이후에는 −18℃ 이하에서 냉동 보관토록 한다.

② 채취일자, 끼니, 폐기일자를 표기하여 관리한다.

③ 보존식 용기 및 채취기구의 청결을 유지한다.

④ 필요 시 보존식에 대한 검사를 실시하여 그 결과를 기록 관리한다.

### 6) 배 식

① 위생장갑, 청결한 도구(집게, 대형 숟가락, 국자 등)를 사용하며, 절대로 맨손으로 음식을 담는 일이 없도록 한다.
② 조리 후 2시간 이내에 배식을 완료한다.
③ 배식시간 동안 음식에 맞는 적정한 온도가 유지되도록 한다.
④ 조리장에서 떨어진 곳에서 배식을 하는 경우는 운반 중에 온도가 보온과 보냉 기준온도에 맞게 잘 유지되도록 해야 한다.
⑤ 배식용 운반기구(운반용 카트, 승강기) 등에 의한 오염이 되지 않도록 카트 등은 사용 후 바로 세척 소독하여 관리하며, 운반용 승강기는 1일 1회 이상 내부를 청소하여 쾌적한 환경이 되도록 한다(시설설비 점검일지).
⑥ 배식대는 배식 전후에 철저히 세척 소독하도록 하며, 배식에 사용하는 기구는 별도의 배식용 전용기구를 사용하며 세척 소독하여 건조된 것을 사용하도록 한다.
⑦ 식기, 수저, 컵 등은 세척 후 열풍건조기 또는 별도의 보관함에 보관 후 사용하며, 외부에 비치할 경우에는 별도의 덮개를 사용하여 배식 전까지 보관한다.
⑧ 배식 후 남은 잔반 및 잔식은 반드시 폐기한다.

### 7) 세 척

① 기구, 용기 및 식기류를 세척할 때는 세척 및 소독과정을 거치고 세척 후 이물이 없어야 하며, 육안으로 볼 때 청결하여야 한다.
② 기계 세척의 경우 세척 시 기계가 정상적으로 작동하고 헹굼 온도가 일정 온도(83℃) 이상 유지되어야 한다(시설설비 점검일지).
③ 수작업에 의한 세척의 경우 세척 시 세척, 헹굼, 소독과정이 적절히 수행되어야 한다.
④ 세척 후에는 물기가 신속하게 건조할 수 있는 방법으로 건조하고 젖은 상태로 겹쳐 놓지 않아야 한다.
⑤ 용기 및 식기류를 보관할 때는 가능한 식품접촉면이 오염환경에 노출되지 않도록 보관한다.
⑥ 도마, 칼, 행주 등은 사용 후 깨끗이 세척한 후 소독고에 보관하거나 건조한 후 보관한다.

## 5. 식자재 관리

### 1) 검 수

① 모든 식자재는 도착 즉시 검수를 실시하여 장시간 방치되지 않도록 한다.
② 검수자는 검수시 손을 청결히 해야 하며 반드시 위생장갑을 착용하도록 한다.

③ 검수장에는 검수대를 설치하여 식자재가 직접 바닥에 닿지 않도록 한다.
④ 검수대 및 검수기구는 검수 전후 청결을 유지하도록 한다.
⑤ 검수자는 매 검수 시마다 운송차량의 청결상태 및 온도유지 여부를 확인하여 검수일지에 기록하여 관리한다.
⑥ 육류, 어패류, 일배식품(콩나물, 묵, 두부 등) 등의 요주의 식품은 위생적인 식자재 납품을 위하여 분기 1회 정기적으로 납품업체의 검사 성적서를 수령하도록 한다.
⑦ 입고일은 물론, 조리작업 예정일 기준으로 유통기한이 경과하지 않은 제품만 입고하도록 한다.
⑧ 검수자는 발주서에 따라 식자재명, 제조업소명, 제조일, 납품업자명, 수량, 표시내용 등을 확인한 후 식자재 검수규정(첨부)에 따라 검수를 실시하여 그 결과를 검수일지에 기록한다.
⑨ 검수기준에 부적합한 식자재는 규정에 따라 반송 등의 조치를 취하며 그 처리내용을 검수일지에 기록한다.
⑩ 검수가 끝난 식자재는 식자재 저장관리 규정(첨부)에 따라 신속히 냉장, 냉동, 실온(상온) 등으로 보관하여야 한다.
⑪ 외포장 등의 오염 우려가 있는 것은 제거한 후 조리장에 반입하도록 한다.
⑫ 검수자는 의심이 가는 식자재나 부적합 경력이 있는 납품업체의 식자재에 대하여서는 검사의뢰 등의 필요한 조치를 취하고 그 결과를 기록하여 관리하여야 한다.

### 2) 보 관

① 입고된 물품은 입고일자를 표시하고 재고물품(선입고품)을 앞으로 배치하여 선입선출이 용이하도록 한다.
② 모든 저장품은 먼저 입고된 것부터 먼저 꺼내어 사용하되, 유통기한이 짧은 것부터 먼저 사용하는 것을 원칙으로 한다.
③ 식자재 저장관리 규정(첨부)에 따라 일정한 위치에 보관, 저장함으로써 관리를 쉽게 하고 식별이 가능토록 한다.
④ 조리 후 남은 식자재는 되도록 최초 포장용기에 담아서 보관하고, 소분하여 보관할 때는 제품명과 유통기한을 반드시 표시하되, 유통기한이 표시된 원포장지에 보관하는 것을 원칙으로 한다.
⑤ 식자재는 유효기간 잔여 일별로 구분하여 보관한다.
⑥ 저장 시 바닥으로부터 15cm, 벽으로부터 8cm의 공간을 띄워 저장한다.
⑦ 식품은 청결하고 포장이 손상되지 않게 보관한다.
⑧ 정해진 곳에 정해진 물품만을 보관한다.
⑨ 식품과 식품 이외의 것을 분리하여 보관토록 한다.
⑩ 보관고는 정기적으로 청소를 실시하여 청결하게 유지하여야 한다.

⑪ 보관고의 온·습도를 매일 2회 측정하여 온도점검일지에 기록한다.
⑫ 정기적인 소독(2개월에 1회)을 통해 해충 및 쥐에 의한 오염을 방지한다.

### 3) 냉장 · 냉동고

① 냉동고는 −18℃ 이하를 유지하여야 하며, 냉장고는 10℃ 이하로 유지한다.
② 시설 내부의 온도를 정확히 측정할 수 있는 온도계를 외부에서 보기 쉬운 위치에 설치한다.
③ 담당자는 매일 오전·오후 각 1회(총 2회) 이상 냉장·냉동고의 온도를 확인하여 이를 온도점검일지에 기록한다.
④ 냉동·냉장시설은 가능한 오븐 등 열원 및 직사광선에서 멀리 떨어지게 설치하여야 한다.
⑤ 냉동·냉장고문의 개폐는 신속하고 필요 최소한으로 하여야 한다.
⑥ 냉장·냉동고의 식품보관은 반드시 식힌 다음에 이루어져야 한다.
⑦ 냉장·냉동고에 음식물을 보관할 경우에는 투명비닐 또는 뚜껑으로 덮어, 낙하물질로부터의 오염을 방지하여야 한다.
⑧ 냉장고의 팬 아랫부분에는 팬으로부터 물이 떨어질 수 있기 때문에 식자재를 놓아서는 안 된다.
⑨ 냉장·냉동고에 식품을 보관할 경우에는 반드시 그 제품의 식품표시 사항(보관방법)을 확인한 후 보관하여야 한다.
⑩ 식자재의 보관은 조리가 끝난 식품, 미 조리된 식자재로 구분하여 반드시 뚜껑을 덮거나 랩 포장을 한다.
⑪ 잔식을 위생적으로 관리한다(당일처리 원칙).
⑫ 뜨거운 음식은 반드시 식힌 후 보관한다.
⑬ 오염방지를 위해 날음식은 냉장실의 하부에, 가열조리 식품은 위쪽에 보관해야 한다.
⑭ 냄새가 나는 식품(생선 등)은 냄새를 흡수하는 식품(우유, 달걀 등)과는 멀리 저장하여야 하며, 달걀은 일정 장소에 별도의 투명비닐을 씌워 보관한다.
⑮ 냉장·냉동고는 관리책임자를 정하여 적정가동 유지를 위해 정기적으로 내부 서리를 제거하고, 주 1회 이상 청소 및 소독을 실시하여야 하며, 식품으로부터 유출된 침출액 등에 의해 더러워진 경우에는 그때마다 청소하여야 한다.

## 6. 조리기구 및 설비의 위생관리

### 1) 칼

① 칼은 전처리용(육류, 어패류, 채소용)과 조리용(가열식품용, 생채소류, 생어패류)으로 구분

하여 전용으로 사용한다(교차오염 방지).

② 손잡이가 목재로 된 칼은 사용을 금한다.

③ 사용 후에는 세척 및 소독을 실시하여 자외선 소독고에 보관한다.

### 2) 도 마

① 나무재질의 도마는 위생상 문제가 있으므로 사용을 금한다.

② 전처리용(육류, 어패류, 채소용)과 조리용(가열식품용, 생채소류, 생어패류)으로 구분하여 전용으로 사용한다(교차오염 방지).

③ 사용 후에는 세척 및 소독을 실시하여 겹치지 않도록 세워서 자외선 소독고에 건조 보관한다.

### 3) 행 주

① 건조가 빠른 셀룰로이즈 재질의 행주를 사용한다.

② 용도별로 색 등으로 구분하여 사용한다.

- 조리, 배식작업, 식기류 닦을 때 : 흰색
- 식탁 등을 닦을 때 : 노란색
- 주방 청소 시 : 주황색

③ 보관 시에는 깨끗한 용기 담아둔다.

④ 사용한 행주는 매일 끓는 물에 각 용도별로 별도로 삶아 소독하고, 완전 건조시켜 자외선 소독고에 보관한다(흰색 행주는 타 세탁물과의 혼합세탁 금지).

### 4) 장 갑

① 작업목적에 맞게 용도별로 구분하여 사용한다.

② 고무장갑

- 전처리용 : 식자재 전처리 작업 시, 노란색 장갑에 '전처리용'으로 표기
- 조리용 : 조리와 관련된 작업 시, 세척 완료된 식기류 취급 시 : 노란색 장갑에 無 표시
- 청소용 : 청소·소독 시 빨간색 장갑

※ 고무장갑 세척방법 : 고무장갑을 착용한 채로 일정량의 식기세제류를 묻혀 서로 문지르면서 회전하는 동작으로 20초 이상 깨끗이 씻고, 흐르는 물로 세제거품을 충분히 헹구어 내고, 온풍건조기나 종이타올로 물기를 제거한 후 소독수를 분무하여 문질러서 건조시킨다.

③ 일회용 장갑

- 대면배식 때 음식을 나눠 줄 경우
- 조리된 음식을 직접 만질 경우

• 조리하지 않고 나가는 음식을 만들 경우

1회 사용 후는 반드시 폐기하고 한 가지 음식을 만진 후 다른 음식을 만져서는 안 된다.

④ 면장갑

고무장갑 착용 전 면장갑을 착용하고 고무장갑을 착용하도록 한다. 면장갑만 착용한 상태에서 조리를 하는 것은 금한다.

⑤ 식자재 취급 시에는 한 종류의 식자재만 다루어야 하며, 사용 후에는 반드시 면장갑을 소독 후 식자재를 취급한다.

⑥ 사용 후 세척 및 소독(끓임)을 실시하여 건조시킨다.

## 7. 개인위생 시설

### 1) 탈의실

조리 종사자들이 옷과 소지품을 둘 수 있는 락카가 있고, 이용하기 편리한 곳으로 청결하게 관리하되, 조리복(화)과 평상복(화)은 구분 보관되도록 한다.

### 2) 휴게실

작업 중 쉴 수 있는 공간으로 음식을 먹거나 담배를 피울 수 있는 장소가 마련되어야 한다.

### 3) 화장실

조리원 전용 화장실로 손 씻는 시설이 있어야 한다.

### 4) 손세척 시설

화장실, 주방 내, 전처리 장소 등 필요한 장소에 마련한다. 또한 비누 등의 전용세제가 항상 비치되어 있어야 하며, 손 씻는 방법에 대한 안내문이 잘 보이는 곳에 부착되어야 한다.

### 5) 신발 소독조

조리장 출입구에 설치하여 신발을 소독하고 출입함으로써 오염된 신발에 의한 조리장 오염을 방지한다. 소독액은 매일 1회 교체한다.

### 6) 시설점검일지

담당자는 개인위생 시설에 대하여 매일 정기적으로 점검하여 시설설비 점검일지에 기록하고 항상 위생적으로 유지되도록 관리한다.

# 8. 개인위생 관리

### 1) 직원 채용 시 건강기준

식품위생법 제26조 제4항에 의하여 다음 질병에 걸린 자는 채용을 제외한다.

① 감염병의 예방 및 관리에 관한 법률 제2조 제1항의 규정에 의한 제1군감염병 중 소화기계 전염병

② 제3군감염병 중 결핵 및 매독

③ 피부병 및 화농성 질환자

④ B형 간염(전염 우려가 없는 비활동성 간염은 제외) 등

### 2) 조리원은 자신의 위생상태를 조리작업에 적합하도록 유지하여야 한다.

① 두발은 짧고 청결하게 하며, 수염은 매일 깎는다.

② 손톱은 짧게 깎고 매니큐어를 하지 않는다.

③ 위생복 등은 복장 착용기준에 따라 규정된 것을 올바르게 착용하며 항상 청결하게 유지한다.

④ 시계, 반지, 목걸이, 귀걸이 등의 장신구는 하지 않는다.

⑤ 배식대, 주방, 홀에서 담배를 피우지 않는다.

⑥ 근무 중에는 얼굴이나 머리를 만지지 않는다.

⑦ 주머니에 물건을 넣어 두지 않는다.

⑧ 반드시 지정된 시간 혹은 휴식시간에 음식물을 먹는다.

⑨ 근무 중에 껌을 씹지 않으며 이쑤시개, 성냥개비 등의 사용을 금한다.

### 3) 조리원은 다음의 경우 항상 손 세척 및 소독을 하여 위생적으로 유지한다.

① 조리작업 시작 전

② 화장실 사용 후

③ 배식 전

④ 휴식 후, 흡연·식사 후

⑤ 오염된 물품 접촉 후(전처리 전의 식재, 특히 생육류·어패류·난각 등)

⑥ 오염 작업구역에서 비오염 작업구역으로 이동한 경우

### 4) 올바른 손 세척 방법

① 온수로 팔꿈치까지 물을 묻힌 후 비누거품을 충분히 낸다.

② 손톱 솔을 이용하여 손가락과 손톱 주위를 깨끗이 씻는다.

③ 손을 서로 문지르면서 회전하는 동작으로 씻는다(20초 이상).

④ 흐르는 물로 비누거품을 충분히 헹구어 낸다.
⑤ 종이타올 또는 온풍건조기로 물기를 제거한다.
⑥ 소독수(70% 알코올 등)를 손에 분무하여 문질러서 건조한다.

### 5) 외부인 출입

견학 또는 점검의 목적으로 급식이 실시되고 있는 단위사업장을 방문하는 외부인은 외부인 전용 위생복, 위생화를 착용하며, 위생화의 경우 사업장 사정에 따라 신발 소독판 또는 소독액을 스프레이 하여 사용하며, 기타 사업장 내 동일한 위생규칙에 따른다.

### 6) 개인위생 점검일지

점장은 작업시간대 각 조별로 조리작업 시작 전에 개인위생 점검일지에 따라 조리원의 위생상태를 점검하여 이상이 있는 조리원에 대하여는 적절한 조치를 하고 그 내용을 기록하여 관리한다.

① 손의 상처(화농성 질환) : 상처부위를 소독하고 반창고나 고무골무 등의 보호조치를 취한 후 반드시 고무장갑을 착용한 후 조리에 임하며 가능하면 조리에 직접 관련되지 않는 업무로 조정한다.
② 감기(기침, 재치기) : 마스크 등의 보호조치를 취한 후 조리에 임하며 가능하면 조리에 직접 관련되지 않는 업무로 조정한다.
③ 설사, 발열 : 전염병이 우려되므로 일단 업무를 중지시키고 검진을 받은 후 검진결과에 따라 업무 조정, 휴직 등의 적절한 조치를 한다.

### 7) 손 위생

위생 담당자는 조리원의 손에 대한 세균검사 등 개인위생 검사를 정기적으로 실시하여 그 결과를 기록 관리한다.

### 8) 건강기록부

조리원은 연 1회 정기적으로 건강검진을 받아 그 내용을 건강관리부에 기록하여 관리하여야 하며, 건강관리부에는 성명, 기검진일, 다음 검진일, 총 인원수 등이 기록되어야 한다.

### 9) 건강이상 조리원

건강검진 결과 이상(활동성 간염, 결핵, 소화기계 전염병 등)이 있는 조리원은 급식업무에 종사하지 않도록 한다.

### 10) 위생교육일지

담당자는 주 1회 20분 이상(월 1시간 이상) 조리원에게 위생교육을 실시하고, 교육내용, 참석자 확인 등을 위생교육일지에 기록하여 관리한다.

# 9. 전문식당 및 집단 급식소 위생관리

## 9-1. 위생관리의 목적

전문급식에서의 위생관리는 음식물을 통한 사고의 위험 및 위해로부터 고객의 건강을 지킬 수 있도록 업무의 전 과정을 미생물학, 식품위생학 등의 과학적 지식과 관련법규 규정에 의거하여 위생적으로 안전하게 관리함으로써 안전한 음식물을 고객에게 제공하는 데 목적이 있다.

## 9-2. 적용범위

각 전문급식 식당에서 수행되는 식재 운송, 검수, 보관, 조리, 배식, 세척, 퇴식 등의 전 제조공정에 적용 및 위생관리 업무를 효율적으로 처리하기 위한 절차, 방법에 대하여 규정한다.

## 9-3. 책임과 권한

### 1) 위생관리 책임자

① 위생관리 책임자는 HACCP 팀장의 명을 받아 위탁점의 HACCP 총괄적인 운영관리를 담당한다.
② 위탁점을 대표하여 본사 HACCP 팀의 방침이나 위생규정 등의 계획수집에 참여하고 이를 수행한다.
③ 위생관리기준 이탈 시 개선조치를 실시하고 HACCP 팀장에게 보고
④ 위생관리 제반 규정에 대한 이행 및 관리감독
⑤ 고객 사고에 대한 신속한 처리 및 조사
⑥ 중요관리점 재설정(위해요소 지점) 및 관련부서와 협의/실시
⑦ 위탁점의 시설 환경 개선이 HACCP 개념에 입각하여 효과적으로 유지관리 및 수행되도록 노력하여야 한다.
⑧ 효과적인 위생업무를 수행하기 위하여 작업 공정별 위생업무 책임범위 한계를 설정할 수 있고 위생 실무 책임자 등을 선임 및 지정할 수 있다.

### 2) 위생관리자

① 식품의 계절성, 고객의 기호성 등 특수적인 상황을 고려하여 식단을 구성한다.

② 식자재 및 위생용기 검수 시 검수기준에 의거 수행하며, 납품업체에 대하여 당사가 규정하고 있는 위생규정 이행여부 등을 관리한다.
③ 위생관리자는 생산현장에 대하여 위생점검을 수시로 수행하고 그 결과를 작성하여 매일 위생관리 책임자에게 보고하여야 한다.
④ 식품위생법규에서 규정한 각종 행정서류를 관리 유지하고 항시 관계기관의 위생점검 수검에 대비하여야 한다.
⑤ 제조된 음식물에 대하여 검식을 실시하고, 당일 생산된 음식물을 일정한 용기에 일정량을 담아 보존식으로 보존한다.

### 3) 위생관리 실무 책임자

① 조리공정 전반에 대한 위생관리 실무 책임을 맡는다.
② 조리도구(개인도구) 및 조리장비에 대한 위생관리상태 및 정상 가동여부를 수시로 점검하고 그 결과를 보고한다.
③ 보관 및 사용 대기 식재 등에 대하여 품질상태, 온도, 유통기한 등을 점검한다.
④ 작업 개시 시마다 위생관리 실무자에 대한 개인위생상태 점검 수행

### 4) 위생관리 실무자

① 위생관리 실무자는 위생규정 및 지침을 수행하여야 한다.
② 자신에 대한 개인 위생관리에 노력하여야 한다.
③ 개인 주방도구 및 사용한 주방장비에 대한 청소, 소독 등을 수행한다.
④ 작업 종료 후 작업장에 대한 전반적인 정리정돈 및 청소, 소독 등을 수행한다.

## 10. 단체급식 및 학교급식의 위생관리

복잡한 사회생활 속에 살아가는 현대인들은 여러 가지 형태의 단체생활이 이루어짐에 따라 단체급식이 점차 일반화되어 가고 있다. 학교급식의 경우, 1978년 직접 조리형태의 학교급식이 실시된 이후 꾸준히 증가하다가 1990년 후부터는 표 11-4에서 보는 바와 같이 학교급식의 실시가 활발히 이루어지고 있다. 따라서 학교급식을 포함한 단체급식의 위생관리가 철저하지 못하면 식품으로 인한 문제가 발생되어 많은 사람들이 어려움에 처하게 된다.

단체급식에 있어서 위생관리의 목적은 식중독 등 식품위생상의 사고를 방지하는 데 있다. 그러므로 급식 종사자는 식중독, 또는 식품의 위생적인 취급을 위한 사전지식을 가지고 안전한 급식이 이루어지도록 해야 하며, 이를 위해 정기적인 건강진단과 위생교육 등을 실시하여 안전하

고 맛있는 식사를 공급하기 위한 노력을 해야 한다.

〈표 11-4〉 연별도 초등학교 급식실시 현황

<자료 : 교육부 학교보건체육과>

| 구분 | | 1992 | 1993 | 1994 | 1995 | 1996 | 1997.7 | 1998 | 1999 | 2000 |
|---|---|---|---|---|---|---|---|---|---|---|
| 전체 학교수 | | 6.122 | 6,057 | 5,900 | 5,772 | 5,732 | 5,721 | 5,688 | 5,301 | 5,267 |
| 급식실시 | 학교수 | 1,203 | 1,513 | 2,188 | 3,314 | 4,140 | 5,067 | 5,640 | 5,277 | 5,252 |
| | 비율(%) | 19.6 | 25.0 | 37.1 | 57.4 | 72.2 | 88.6 | 99.2 | 99.5 | 99.7 |
| 신규 급식 학교수 | | 310 | 675 | 1,126 | 826 | 927 | 654 | | | |

단체급식은 다량의 식품을 단시간에 다수인에게 공급하게 되므로 모든 작업이 위생적으로 이루어져야 하며, 특히 음식물과 급식 종사자, 급식시설과 그 주변, 그리고 식기와 기구에 중요한 관리 대상이 된다. 그러므로 집단 급식소에서는 첫째, 위생적으로 안전한 급식이 되도록 시설 및 설비를 확보해야 하며, 둘째, 음식물은 위생적으로 보관, 취급해야 하고, 한 번 제공된 음식을 다시 제공하지 않도록 해야 하며, 공동으로 제공되는 음식물은 개인별로 덜어 먹을 수 있도록 국자, 집게, 빈 그릇 등을 제공해야 한다. 셋째, 영양사, 조리사 및 급식 종사자에 대해 각각 보수교육, 건강진단 및 위생교육을 받도록 하고, 조리 등 음식물을 직접 취급하는 종사원은 반드시 위생복을 착용하도록 한다.

## 10-1. 급식 종사원의 위생과 식품취급

### 1) 급식 종사원의 건강진단

단체급식에 종사하는 종사원을 6개월에 1회 정기적인 건강진단을 실시하는 것 이 밖에도 수시로 건강진단을 받아 안전한 급식이 이루어지도록 해야 한다. 일반적으로 건강진단 시 행하여지는 검사항목은 다음과 같다.

① 소화기계 전염병 – 콜레라, 장티푸스, 파라티푸스 및 세균성이질 등

② 결핵 – 폐결핵 등

③ 전염성 피부 질환 – 나병 등 세균성 피부질환

④ 혈청검사 – 매독 혈청검사

⑤ 간염검사 – 항체 양성자(1회/5년), 항체 음성자 (1회/6개월)

이 밖에도 급식 관리자는 월 1~2회의 검변을 실시하여 전염병의 보균자를 미연에 방지해야 한다. 특히 건강 보균자는 외관상 건강인과 조금도 다름이 없으면서 병원균을 보유하는 경우이므로 수시로 급식 종사원의 검변을 통하여 미연에 방지하는 것이 중요하다.

### 2) 조리에 종사하지 못하는 경우

식품위생법에 의해 조리에 종사하지 못하는 경우는 다음과 같다.

① 전염병에 걸렸을 때 — 콜레라, 장티푸스, 세균성이질, 결핵 등

② 전염병의 병원균 보균자인 경우

③ 피부병 및 기타 화농성 피부질환이 있을 때

④ B형 간염 — 전염의 우려가 없는 비 활동성 간염은 제외한다.

특히 손가락 등 식품에 직접 닿는 부위의 화농성 피부질환은 포도상구균에 의한 식중독의 원인이 될 수 있으므로 급식 관리자는 조리작업 전에 급식 종사원의 손 검사 등을 실시하는 것이 바람직하다. 뿐만 아니라, 각종 소화기계 전염병이나 결핵 등의 전염성 질환이 걸렸을 때나 의심이 있는 경우 의사의 지시가 있을 때까지 급식에 종사하지 못하도록 해야 한다. 이와 같이 식품 급식에 종사하는 사람들은 항상 건강에 주의하도록 해야 한다.

### 3) 급식 종사원의 손의 청결

식품과 식기의 오염을 방지하기 위하여 조리작업을 시작하기 전에는 물론, 작업 중에도 오물을 취급하였을 때나 용변 후에는 반드시 손의 세정과 소독이 필요하다. 올바른 손의 세정, 소독법은 다음과 같다.

① 손목 위까지 비누로 씻고 오염물을 제거한다.

② 손끝의 세정, 특히 손톱 밑의 세정에 주의하고 손톱솔로 잘 씻는다.

③ 비누의 알칼리가 남지 않도록 잘 헹군다.

④ 세균을 살균하기 위해 손을 역성비누로 소독한다.

⑤ 흐르는 물에 잘 헹군다.

⑥ 종이타월이나 공기 건조기로 건조시킨다.

#### ■ 역성비누의 특성

소독제 중 역성비누는 일반적으로 독성이 적고 무색, 투명하며, 살균력이 강하므로 손의 소독에 가장 적당하다. 보통 비누와 혼용하면 살균효과가 없어지므로 주의를 요한다.

#### ■ 역성비누 사용법

① 원액법 — 원액을 몇 방울 손에 떨어뜨려서 손 전체에 바르고 30초 이상 잘 문지르고 물로 씻는다.

② 희석법 — 역성비누의 3% 희석액(감염병의 예방 및 관리에 관한 법률 시행규칙)을 용기에 담고 거즈를 한 장 넣은 후 용액에 손을 30초 이상 담그고 거즈를 짜서 손을 닦는다.

#### 4) 청결한 복장

급식 종사자는 급식실에 들어가기 전에 항상 취사 전용의 깨끗한 백색의 가운을 착용하여 신체를 싸고 먼지, 이물, 세균 등이 식기나 음식물을 오염시키지 않도록 주의해야 한다. 또한 작업 중에 외부에 나가는 경우에는 취사 전용의 복장으로 출입하지 않아야 하고, 청소나 오물을 취급하는 경우와 조리나 배식 시의 복장은 구분하는 것이 필요할 뿐만 아니라 옷을 입고 벗는 것은 반드시 탈의실을 이용해야 하며, 마스크를 조리나 배식 시에 착용해야 한다. 조리실에서는 조리실 전용의 신발을 착용하는 것이 필요하고 조리 시에는 수건이나 모자를 착용하여 두발이나 외부로부터의 오염을 차단한다.

#### 5) 피급식자의 위생

조리 종사자뿐만 아니라 피급식자의 위생에도 주의해야 한다. 피급식자는 급식실에서 다음의 사항을 지키도록 해야 한다.

① 피급식자에게 식전의 손 씻기를 습관화하도록 교육한다.
② 불결한 옷으로 급식하지 않도록 한다.
③ 식당의 출입에는 청결한 신발을 사용한다.
④ 외부에서 준비한 음식물을 식당 내로 들어와서는 안 된다.

#### 6) 식품 납품업자의 위생

① 업자 혹은 그 가족의 건강진단, 검변을 실시한다.
② 업자의 출입은 검수실까지로 하고 가능한 한 조리장의 출입을 삼가한다. 출입을 할 경우는 조리장 전용의 신발로 바꾸어 신고 손의 소독을 한다.
③ 점포의 위생상태를 점검한다.
④ 식품의 포장용기 등을 청결한 것으로 사용하도록 하고, 재료는 포장하도록 하며, 용기의 뚜껑은 반드시 덮도록 한다.

#### 7) 식품관리

식품재료는 산지에서 생산되어 소비자에게 이르기까지 복잡한 유통과정을 거치는 동안 식품위생과 관련된 문제를 예방, 해결하기 위해 많은 지식을 가지고 식품재료를 취급해야 한다.

**■ 식품의 구입**

안전하고 위생적인 급식을 위한 재료나 조리 공정의 검토는 대단히 중요하다. 특히 식중독이 많이 발생하는 7~9월 사이의 하절기에는 주의해야 한다. 여름철에 식중독 사고를 일으키기 쉬운 음식으로는 어패류나 그 가공품, 육류·두류·난류·어묵·팥을 사용한 빵이나 과자류, 감자 샐러드, 마요네즈 샐러드 등이 있다. 그리고 검수를 중시해야 한다.

품질, 선도(색, 냄새), 첨가물의 사용 유무, 이물질 혼입 유무, 함량, 제조 연월일, 보존법 등에 유의하여 실시한다. 야채, 어패류, 축육은 매일 사용할 양만 구입하고 48시간 이상 급식시설에 두지 않으며, 검수가 끝나면 조리장 내에 방치되는 일이 없도록 한다.

## ■ 식품의 보관

식품의 보존·보관은 일반적으로 냉장고, 냉동고, 온장고, 식품 창고 등을 활용한다.

① 냉장고 : 0~10℃의 저온으로 보관한다. 가능한 한 냉장고 내의 온도가 5℃ 이하로 유지되도록 하며 2~4℃ 정도가 가장 이상적이다.

② 냉동고 : 식품을 −15℃ 이하로 보존한다.

③ 온장고 : 한 번 가열된 조리식품을 고온 그대로 보존하는 시설로 세균의 발육 한계온도 이상으로 하는 것이 필요하며, 보존식품의 변질에 유의해야 한다.

식품보관 시설은 항상 청결히 하고, 온도관리를 정확히 하여 식품의 적정 저장온도를 유지해야 한다.

〈표 11-5〉 식품 저장온도

| 식품명 | 온도℃ | 식품명 | 온도℃ |
|---|---|---|---|
| 과일류 | 7~10 | 육류 | 1~3 |
| 야채, 난류 | 4~7 | 조류, 어패류 | 0~3 |
| 우유, 유제품 | 3~4 | 냉동식품 | −25~−15 |

## ■ 전처리

식품 재료를 충분히 세정하여 오염을 제거해야 한다. 야채, 과일의 농약을 제거하기 위해 중성세제를 사용하는 경우 0.15~0.25%가 적당하며 세정 후 흐르는 물에 헹군다. 대량을 한꺼번에 흐르는 물에 헹구기 곤란한 경우에는 5회 이상 헹구도록 한다.

또한 날 것으로 조리하는 채소를 크게 소독제나 차아염소산 나트륨 액을 사용하여 소독하는 경우 5%의 유효 염소를 사용하는 시제품의 50배 희석액에 5분간 담근 후 물로 씻는다. 생선은 머리와 내장을 제거하고 도마와 칼은 야채용과 구분하여 흐르는 물에 씻는다. 또한 하처리한 재료를 바닥에 놓지 않으며 용기, 기구에 의한 2차 감염에 주의해야 하며, 하처리용의 조리기구와 본 조리기구는 구분하여 사용하고 어패류용, 축육용, 야채용의 기구와 작업장소도 구분한다.

## ■ 조리와 배식

조리된 식품은 매끼마다 처리하고 다음 번 급식까지 보관하여 사용하지 않으며 조리 후 배식시까지의 시간은 가급적 단축시킨다. 조리된 식품의 담기, 배식은 위생적으로 해야 한다. 반드시 마스크를 착용하고, 요리에 직접 손을 대지 않으며 집게나 일회용 위생장갑을 사용하도록 한다. 가능한 한 가열한 요리를 제공하고 두부를 차게 하여 제공하는 경우는 일단 삶아서 살균한 후 차게 하여 제공한다. 날계란을 사용하는 경우 껍질의 오염을 반드시 제거해야 하고 병조림, 통조림, 건어물, 가공식품 등은 제조일을 확인하고 사용한다. 또한 야채의 세척에 주의하고 식중독이 많이 발생하는 하절기에는 어패류의 조리를 제한한다. 완성된 음식은 반드시 뚜껑을 덮어두고, 보관 시에는 보관 온도관리에 유의한다.

### 8) 식기와 기구의 관리

■ 세 제

식기, 조리기구, 식품 그리고 야채와 과일 등의 생식품에 부착된 여러 가지 오염물을 제거하기 위한 작업은 수세만으로도 가능한 경우도 있고, 보다 강력한 세정을 하지 않으면 안 되는 경우도 있다. 이때는 세제를 필요로 한다. 천연 유지를 원료로 하여 만들어진 비누 대신 전후에 사용이 급속히 증가된 화학전 합성품을 원료로 한 합성 세제는 약알칼리성 세제와 중성 세제로 나눌 수 있으며 집단급식 시설에서 식기, 조리기구 및 야채의 세정에 사용되는 것은 중성 세제이다.

① **중성 세제의 특징**

중성 세제는 비누에 냉수, 경수 그리고 다소 염분을 함유한 물에도 비교적 잘 녹아서 세정작용을 발휘한다. 이 세정작용은 침투, 흡착, 팽윤, 유화, 분산의 5가지 작용에 의한다.

② **사용상의 주의**

우리들이 일상생활에서 사용하는 세제는 20% 전후의 계면활성제가 함유되어 있다. 그러므로 일반적인 시판 세제액을 500~1,000배 정도로 희석하여 사용하는 것이 가장 유효하다. 무조건 농후한 액을 사용하면 식기나 식품에 잔류하는 세제 성분도 많아져서 인체에 문제가 된다. 인체에 대한 영향으로는 손이 거칠어지고 발암성이 있으며, 또한 기형아 출산의 원인이 되는 등 독성에 대하여 논의되고 있으나 사용 농도와의 관계도 있기 때문에 뚜렷이 결론지을 수는 없다. 그러나 보통 손이 거칠어진다고 말하는 증상이 자주 나타나는데 이는 세제의 탈지작용에 의한 것으로 고농도의 세제를 쓰든지 빈도가 높은 경우에 일어나는 것이므로 고농도 사용이나 잦은 사용을 피하고 사용 후의 손질을 충분히 하는 것이 필요하다.

■ 소독제

식기와 식품의 소독은 주로 식중독, 소화기계 전염병을 예방하기 위하여 행하여지는 것으로 여러 가지 소독방법이 있으나 집단급식 시설에서 주로 사용되고 있는 것으로는 다음과 같은 것들이 있다.

① **차아염소산 나트륨** ─ 식기, 식품 어느 것이나 사용이 가능하다. 사용 농도는 0.2% 정도(유효염소로서 100ppm)로 하고 이 용액 중에 2~5분간 담근 후 염소 냄새가 남지 않도록 잘

헹군다. 그러나 이러한 염소계의 소독제는 화학 식기의 변색(특히, 멜라민수지에 현저히 나타남)을 유발하므로 주의해야 한다.

② **역성비누와 계면활성제** – 주로 식기나 손의 소독에 사용되며 식품에 사용되지는 않는다. 사용 농도는 대상물에 따라 다르나 0.2~1.0% 농도로 하여 이 용액에 5분 이상 담가서 소독한 다음 충분히 헹군다. 이들 소독제는 유기물이 부착되어 있으면 효력이 약해지므로 소독 전에 잘 씻고 사용해야 한다.

■ 식기의 세정과 소독

용기, 식기, 기구류의 구입 시 위생적인 것을 구입하여야 하며, 식품에 직접 접촉하는 기계, 기구류는 충분히 세정한다. 또한 필요에 따라 소독하여 항상 위생적으로 보존해야 하며, 급식 이외의 목적으로 사용하지 않도록 해야 한다.

**세정** : 세정에 의해 오염을 물리적으로 제거한다. 세제로 세정한 후에는 반드시 먹을 수 있는 물로 헹구어야 하며 흐르는 물에는 5초 이상, 고인 물에는 3회 이상 헹구도록 한다.

**소독** :

① 조리대, 가스레인지, counter 등은 하룻밤 사이에도 많이 더러워지므로 한 번 닦아낸 후 역성비누 200배 희석액으로 소독한 후에 사용한다.

② 소독용 용기에 역성비누 200배 희석액을 항상 준비해 두고 조리대 소독에 대비한다.

③ 조리대에는 가열한 요리, 소독한 식기 등을 놓게 되므로 항상 소독하고, 소독하지 않은 재료나 식기를 놓지 않는다.

④ 기구대를 설치하여 기구, 물통, 바구니 등을 바닥에 두지 않도록 하며 사용 후에는 항상 청결히 씻고 소독한다.

⑤ 조리 중에 자주 사용하는 기구나 기기 등을 수시로 소독할 수 있도록 한다.

⑥ 도마는 조리용, 어패류용, 육류용, 야채용 등을 구별하여 사용하고 사용 후에는 충분히 세정, 소독하여 보관한다. 소독방법으로는 자비소독, 열탕소독, 증기소독 등의 가열소독과 자외선 조사 소독(살균 등), 약제에 의한 소독방법 등이 있다.

**자외선 조사** : 살균력이 강한 2537Å의 자외선을 인공적으로 방출시키는 장치인 자외선 살균등을 이용한다. 자외선 살균등의 특징은 다음과 같다.

① 모든 균종에 대해 유효하다.

② 피조사물에 대하여 조사 후 거의 변화를 나타내지 않는다.

③ 자외선은 공기만을 투과하고 물질은 투과하지 않으므로 조사된 곳의 표면 살균에만 적당하다

④ 살균력은 균종에 따라 현저히 다르나 같은 세균도 조도, 습도, 조사거리 등에 따라 살균효과가 달라진다.

■ 자외선 살균등을 이용한 공기 살균의 기준

① 2~4평에 1등이지만 습도가 높은 조리실이나 식품공장 등은 2배의 등이 필요하다.

② 직접 조사방식을 취하며 작업 종료 후에도 연속 조사하는 것이 좋다.

■ 자외선 살균등의 도마 살균효과

① 도마의 오염은 보통 물로 씻거나 세제를 사용하는 정도로는 충분히 청결해지지 않는다.

② 시판품의 형광등식의 천장에 매달아 놓는 살균등은 도마의 표면에 있는 잔 칼집 등의 흠집으로 만들어진 그늘로 인해 살균의 효과가 없으므로 알루미늄제 난 반사 막대기를 붙이면 효과가 있다.

③ 살균 등의 조사는 단시간으로는 큰 효과가 없다.

④ 칼은 충분히 세정 후 열탕을 사용하여 소독하고 건조하여 살균등이 붙은 보존 상자에 보관한다. 재료에 따라 구분하여 사용한다.

⑤ 행주는 비누 또는 중성세제로 오염을 완전히 제거한 후 100℃에서 15분 이상 자비소독을 하거나 차아염소산 나트륨 액으로 약품소독을 하여 열광 또는 건조기에서 완전히 건조하여 보관한다.

■ 식기세정의 간이 검사법

**전분성 잔류물** : 0.1N의 요오드 액이나 묽은 요오드팅크에 물을 가하여 약 3배로 희석한 것을 시약으로 하여 식기 표면에 시약을 뿌려 골고루 묻도록 한 다음 가볍게 물로 씻어 내어 청색으로 변하는 부분이 있는지 본다. 전분성 잔류물이 있는 경우 요오드와 반응하여 청색으로 변한다.

**지방성 잔류물** : 0.1% 버터 yellow 알코올 용액(디메틸아미노벤젠 0.1g을 알코올 100mL에 용해한 것, 혹은 yellow-OB로 같은 농도의 것이나 다른 지용성 색소액을 사용한다)을 식기 표면에 뿌려 골고루 묻히고 물로 가볍게 씻어낸 후 황색으로 변하는 부분이 있는가 본다. 지방 잔류물이 있으면 황색으로 변한다.

### 9) 위생관리의 계획과 검사

집단급식 시설 내부는 항상 청결이 유지되도록 하고 청소와 함께 청소계획표를 만들어 실천한다. 조리작업 전의 급식실 청소는 먼지가 일어나지 않게 주의해야 하며, 조리사의 건강진단은 연 1회 이상이며, 조리사의 검변은 월 1~2회이다. 아울러 비품의 점검은 월 1회이며, 시설, 설비의 검사는 연 1회이다.

실제로 식품의 최종 선택자는 소비자들이다. 따라서 소비자가 식품의 안전성에 대하여 어떻게 인식하느냐에 따라 유통되는 식품의 구매 여부가 결정된다. 그러나 아직도 대부분의 국민 개개인은 매일 일어나는 사건들을 매스컴에 의존하면서 보고되는 자료들을 여과 없이 그대로 받아들이게 된다. 따라서 국가나 사회 그리고 식품관련 사업체들의 식품위생 관리에 대한 개선도 중요하지만 실제는 국민 개개인들의 인식전환이 매우 필요하다고 생각된다.

## 11. 보존식 관리

보존식을 하는 이유는 만약의 사고에 대비하여 이를 역학적으로 조사하여 정확한 식중독 원인이 무엇인지를 규명하기 위해 하는 것이다.

### 1) 보존식 용기구비

보존식 용기가 구비되어 있지 않은 사업장에서는 필히 전용의(뚜껑이 있는 것) 용기를 구비해야 한다. 배식용 식판에 비닐 랩을 덮어 보관하는 경우가 종종 발견되고 있으며, 이러한 경우 음식물 간의 상호 교차오염으로 인한 원인 파악이 불분명할 수 있다.

### 2) 보존식 양

1식당 1인 배식량을 기준으로 ISO 규정상에는 약 50g로 되어 있으나, 임의의 샘플링 실험결과 보존식량은 100g 이상이 있어야 정확한 실험이 되는 바 보관식 전용용기에 3/4이상 보관해야 한다.

### 3) 보존식 범위

밥을 포함하여 배식된 모든 음식이 보관되어야 한다.

배식 중 메뉴 변경에 따른 추가 배식 시에도 이를 채취하고 기록하여야 한다.

### 4) 보존식 표기

보존식 채취 시 적어놓은 일자 등이 냉장고 안의 물기 등의 이유로 지워진 채 보관되는 경우가 종종 발견되고 있다. 별도의 보존식 구분표 팻말을 사용하는 등 표기사항이 지워지지 않는 여러 가지 방법이 있을 수 있다.

### 5) 보존식 개수

몇몇 사업장에서는 본인 사업장의 보존식 개수를 정확히 파악하지 못하는 경우가 있다.

배식횟수, 복수메뉴, 휴무일 등의 이유를 들고 있지만 이는 핑계에 불과하다.

#### 6) 보존식 관리

보존식의 채취 및 관리, 폐기는 반드시 영양사가 하도록 되어 있다.

업장 사정상 담당 조리원을 통하여 관리가 되고 있는 것이 현실이지만, 다시 한 번 본연의 업무임을 상기하여 확실한 관리가 되도록 해야 한다.

#### 7) 보존식 보관장소

보존식은 반드시 -18℃의 보존식 전용 냉동고에 144시간 보관되도록 되어 있다.

보존식 전용의 냉장고가 없는 경우에는 냉장고 내 다른 식재료들과의 교차오염 방지를 위해 전용의 보관장소를 마련하고 표기사항(보존식 보관장소)을 부착하여 관리해야 한다.

휴일을 제외하고 보존식이 4일치, 5일치 보관되고 있다면 이는 관리를 제대로 하지 않는다고 밖에 볼 수 없다.

#### 8) 보존식 용기 관리

보존식 용기는 다른 어떤 식기류보다 깨끗해야 한다.

세척 후 보존식 용기를 아무 곳에나 주방 내에 방치하고 있는 업장이 많이 발견되고 있다.

자외선 소독고가 여유 공간이 있는 경우에는 보존식 검취 전에 1시간 이상 자외선 소독고 내에서 보관(음식 담는 면이 위로 가도록)해야 하며, 소독고의 여유가 없는 경우에는 되도록 주방 내 낙하균에 의한 오염이 되지 않도록 별도의 식기보관함이나 일반 소독고(건조기) 내에 보관해야 한다. 또한 보존식 검취 시에는 반드시 일회용 위생장갑을 착용 후 검취해야 한다.

## 12. 식품취급의 3대 원칙

우리들이 매일 먹는 식품으로 인한 위해는 이들 식중독뿐만 아니라 부패·변질로 인한 위해도 식중독 못지않게 매우 중요하다. 식품의 부패·변질을 방지하기 위해서는 보존료의 사용 및 위생적인 시설의 이용도 중요한 방법이 될 수 있지만 이는 어디까지나 보조적인 수단이며 보다 중요한 것은 조리자나 제조가공자의 위생적 식품취급이다.

따라서 보다 안전한 식품을 조리·가공·생산하기 위해서는 식품을 청결히 취급하고, 조리식품은 가급적 빠른 시간에 섭취하며, 저장이 불가피할 경우 냉각 또는 가열 보관하여야 하며 이를 식품취급의 3대 원칙이라고 한다.

#### 1) 청결의 원칙

아무리 근대적인 시설을 갖추었다 할지라도 청결을 등한시하면 안전한 식품의 생산은 결코

불가능하다. 식품위생에 제일 중요한 '청결'은 단순히 깨끗함만을 뜻하는 것이 아니고 청결한 재료, 청결한 제조(가공·조리)장소, 청결한 설비, 청결한 기구, 식품취급자의 청결 등 광범위한 청결을 의미하는 것이다.

### 2) 신속의 원칙

식품을 취급함에 있어 세심한 주의나 청결을 유지한다 해도 어떤 세균도 존재하지 않는 무균상태로 만들기는 불가능하므로 식품에 부착된 세균이 증식하지 못하도록 신속하게 처리하는 것이 청결 다음으로 중요하다(원료를 구매하였을 경우 신속히 조리하거나 조리하였을 경우 신속히 섭취하는 것). 일반적으로 좋은 생육조건하에서 세균은 20분에 1번씩 분열해 1개의 세균이 24시간 후에는 281조의 세균으로 증식될 수 있다.

따라서 이들 세균 증식을 억제하기 위해서는 판매능력 이상으로 식품을 제조·가공하거나 조리하여 실온에 방치하여서는 절대로 안 된다.

### 3) 냉각 또는 가열의 원칙

세균은 그 종류에 따라 증식의 최적온도가 서로 다르지만 식중독균, 부패균은 일반적으로 사람의 체온(36~37℃)과 유사하나 5~60℃까지 광범위한 온도범위에서 증식은 가능하므로 이 범위를 벗어난 온도에서 보관하도록 하여야 한다.

〈표 11-6〉 세균 증식과 온도

| −10℃ | 0~10℃ | 37℃ | 60℃ | 65℃ |
|---|---|---|---|---|
| 거의 발육불능 | 발육하는 세균도 있음 | 모든 세균 활발히 증식 | 어떤 종류의 세균은 사멸치 않음 | 대부분 세균 사멸 |

#### ■ 냉 각

식품의 안전성을 확보하기 위해서는 5℃ 이하의 온도에서 저장하여야 한다.

냉장고에 식품을 보관할 때도 냉장고를 너무 과신하지 말고 보관하는 식품의 특성과 냉장고의 온도, 보관량 및 보관기간을 적정수준으로 유지하여야 한다.

일반적으로 식품의 최적 저장온도는 다음과 같으며, 냉장고의 보관량은 냉장고 부피의 2/3 이상이 되지 않도록 하는 것이 좋다.

7~10℃ : 과실류, 4~7℃ : 야채류·알·조리식품, 3~4℃ : 우유·유제품, 1~3℃ : 식육 0~3℃ : 어패류·닭고기, -15℃ : 냉동식품(냉동식육 포함)

#### ■ 가 열

냉장으로는 세균의 발육·증식 억제는 어느 정도 가능하지만 세균을 사멸시키지는 못한다.

그러나 60℃ 이상의 온도에서는 대부분의 세균이 사멸되나 가열처리 등이 불충분하거나 조리식품을 오래 방치하게 되면 공기 중에 존재하는 세균이 오염되어 조리식품에 증식하며 식중독을 일으킬 수도 있으므로 조리된 식품은 반드시 60℃ 이상의 온장고에 보관하거나 5℃ 이하의 냉장고에 보관하여야 한다.

우리나라의 경우, 식품위생 수준이 예전에 비해 전반적으로 향상되었음에도 불구하고 식생활 행태의 변화로 식중독 발생 사례는 해마다 증가하거나 집단화되고 있으며 식품으로 인한 위해의 80~90%가 식중독에 기인된다는 점을 감안하여 볼 때 식품의 제조·가공·조리자의 각별한 주의와 철저한 위생관리가 요구되고 있다.

## 13. 식중독 사고의 원인

단체 급식소에서 발생하는 식중독 사고에는 다음의 요인들이 주로 관여하는 것으로 집약할 수 있다.

### 1) 온도관리의 잘못

① 보관온도의 부적합(즉시 냉장·냉동하지 않거나 실온 방치)
② 조리로부터 섭취 시까지 오랜 시간의 경과
③ 고온 보관·유지 부적합
④ 부적절한 냉각방법 및 잘못된 해동방법
⑤ 식품용 온도계가 사용되지 않은 경우

### 2) 부적절한 조리

모든 음식물은 병원체를 사멸시킬 수 있는 적절한 온도·시간에 맞게 가열되어야 한다. 또한 음식의 맛을 위해 살짝 재가열하는 것은 매우 위험하며, 이로 인해 식중독이 발생한 사례가 있다.

### 3) 오염된 시설 설비 및 교차오염

시설 설비의 부적절한 세척 및 취급과 교차오염이 식중독의 원인으로 발생될 수 있는 소지가 많다(예: 도마작업 시 생닭조리 후 야채를 작업할 경우, 생닭의 병원균이 야채로 옮겨짐).

### 4) 개인위생과 환경위생 설비의 실천 부족

효과적인 손 세척, 특히 생식품을 취급 후, 화장실 사용 후, 식사 전 손 씻기는 식중독 발생을 방지하는 데 가장 기본적인 요소이다. 또한, 환경위생 관리를 위해 구충·구서, 정기적인 소독 등이 필요하다(최소한 2개월에 1회는 반드시 실시한다).

### 5) 조리원 위생관리의 오류

감염증세(손 상처자, 피부환자, 감기, 설사환자 등)를 보였던 조리원을 작업에서 제외시키지 않음으로써 식중독이 발생하는 사례가 있다. 점장(관리자 포함)과 조리원 모두가 함께 이러한 상황을 인식하여 세심한 관심과 배려가 중요하다.

## 14. 하절기 메뉴 구성 주의사항

〈표 11-7〉 사용금지 식재 LIST

| 구분 | A군(4~9월)<br>생굴, 회, 생새우류, 패류 | B군(5~9월)<br>내장류, 삶은 고기류 | C군(6~8월)<br>위생포장 안된 식품, 꽃게류, 젓갈류 |
|---|---|---|---|
| 1~12월 | 수입 홍어<br>수입 홍어 슬라이스<br>참홍어<br>홍어 | | |
| | 동태알 | | |
| 4월 | 맛조갯살 | | |
| | 해래기살 | | |
| | 멍게/ 개소라 | | |
| | 우렁이살 | | |
| | 모시조개 | | |
| 5월 | 참꼬막/ 새꼬막 | | |
| | 바지락조개 | | 연두부/ 순두부 |
| | 맛조개 | | 콩비지 |
| | 고니/ 석화 | | 냉동암/숫꽃게(연안/원양) |
| 6월 | 바지락살 | 족편 | 암꽃게 |
| | 새우살/시바새우살 | 국산곱창 | 조개젓/ 창란젓 |
| | 방게/ 해삼 | 국산간 | 황석어젓 |
| | 홍합살/ 홍합 | 국산천엽 | 꼴뚜기젓무침 |
| | 미더덕/ 재치 | 국산선지 | 방게무침 |
| 7월 | 참소라 | 국산깐양 | 명란젓 |
| | 개조개/ 피조개 | 순대 | 밴댕이젓 |
| | 동태고니원양 | 국산 우육허파 | 어리굴젓 |
| | 깐생굴 | 편육 | 아가미젓 |
| 8월 | 초밥용 피조갯살 | | |
| | 초밥용 새조갯살 | | |
| | 초밥용 깐새우살 | | |
| | 적참치 횟감 | | |
| | 백참치 횟감 | | |
| 9월 | 참치회덮밥용 깍뚝 | | |
| | 초밥용 문어살 | | |
| 금지 이유 | 바다 수온이 상승하는 4~5월에는 독소생성으로 위험 / 6~9월은 배송, 취급, 보관 시 고온으로 변질 가능성 높음 | 채취, 운송, 보관과정 중 고온의 환경에 의해 변질될 가능성이 높음 | 취급, 운송, 보관과정에서 고온의 환경에 의해 변질 및 오염 우려됨 |

〈표 11-8〉 메뉴별 세부지침

| 구분 | 메뉴 예 | 비고 / 대책 |
|---|---|---|
| 금지 메뉴 | → 어패류 이용 찬류 및 탕류<br>예) 꼬막무침, 꽃게장, 소라숙회 등<br>※ 어패류 : 홍합, 바지락, 재첩, 꽃게, 활어류 등 | → 마비성 독성 및 식중독균에 의한 사고 우려 |
| | → 선지, 곱창, 순대, 소머리고기 등 | → 위생제조 및 포장이 어려운 소형업체 제품의 급속변질 우려 |
| | → 냉면육수, 사골육수 등 | → 급속냉각 및 위생처리 불가능한 업장 조리금지<br>→ 냉각과정에서 위해 미생물 증식 우려 |
| 요주의 메뉴 | → "生"채소 이용 메뉴<br>예) 야채무침, 샐러드류 등 | → 가급적 가열조리하되, 불가피한 경우 채소는 수 회 세척하여 청결소재 이용<br>→ 계란, 육류 및 육류 가공품(햄, 소시지 등)을 사용한 샐러드류 등은 2시간 이내에 먹도록 |
| | → 각종 캔류 조리가공식품<br>→ 계절성 특별 메뉴(삼계탕 등) | → 식재료 및 원료 검수 철저<br>→ 가열조리 원칙 준수 |
| | → 냉동 육류 및 어류 | → 실온 장시간 해동 및 방치 시 위해 미생물 번식 우려<br>→ 해동 후 청결하게 씻어 신속 조리 |

# 15. 식품 제조 및 가공업소에서의 HACCP 적용

## 15-1. HACCP의 정의 및 의의

HACCP란 Hazard Analysis Critical Control Point의 약칭으로 '식품의 위해요소 중점관리'로 번역되어진다. 이 제도는 식품제조·가공공정의 모든 단계에서 위해를 끼칠 수 있는 요소를 공정별로 분석하고, 각 과정에서 이들 위해물질이 해당 식품에 혼입되거나 오염되는 것을 사전에 방지하기 위하여 개발된 집중적 관리방식이다. 즉 식품의 원재료 생산에서 시작하여 제조·가공·보존·유통단계를 거쳐 최종 소비자의 손에 들어갈 때까지의 각 단계에서 발생할 우려가 있는 미생물의 위해, 즉 병원성 및 부패성 미생물에 대하여 조사하고, 그 위해를 예방하기 위한 감시 및 관리방식이다. 따라서 HACCP 제도는 위해 가능성 있는 요소를 찾아 분석·평가하는 위해분석(Hazard Analysis)과 그 위해요소를 방지·제거하고 안전성을 확보하기 위한 중요관리기준(Critical Control Point)의 두 가지 부분으로 나눌 수 있다.

HACCP에 의한 식품의 위생관리제도는 FAO/WHO 합동 식품규격위원회(Codex Alimentarius Commission)의 가이드 라인에 근거한 기본개념으로서 최근 선진 각국의 식품위생관리에 활용되고 있다. 이 제도는 이미 우리나라를 비롯한 여러 선진국에서 식품의 위생적 관리와 안전성 확보 차원에서 법적으로 도입을 한 바 있는 새롭고 종합적인 자율 규제방법이다.

HACCP은 생육, 채취·도살, 제조·가공 및 서로 다른 기술을 이용하는 여러 식품산업 분야를 통해 이루어지는 최종 소비를 위한 처리 등 모든 식품공급 단계에 적용할 수 있다. 또한 HACCP의 개념은 계획·개발 단계에서도 적용이 가능하며, 이때 가능한 위해를 제품 및 공정에서 설계상으로 가려낼 수 있다.

여러 분야에 HACCP 기본활동을 적용하기 위해서는 어느 정도의 융통성이 필요하며, HACCP은 급식과 같은 특별한 경우에도 성공적으로 적용되고 있다. 그러나 다른 식품공급 단계, 특히 식품의 생육단계에 적용할 HACCP은 아직 개발이 덜 되어 있다. 여기에서는 HACCP의 적용을 중대형 식품 제조·가공업소에서 제조된 식품에 한정하고 있지만, 식품의 안전성이 가장 중요한 요소인 소형 공장에도 적용할 수 있다.

## 15-2. HACCP 도입효과

식품안전성의 관리도구로서 식품산업체에 HACCP를 적용하면 많은 이익을 거둘 수 있다. 가장 중요한 이익들은 다음과 같다.

① HACCP 접근방식이란 원료, 생육, 채취, 구매, 생산, 유통, 저장 등 최종 제품의 소비까지 모든 식품 공급단계에서 생물학적·화학적·물리적 위해 등 식품의 안전성과 관련된 모든 분야에 적용할 수 있는 체계적인 접근방식이다.

② HACCP 제도는 위해요인이 소비자에게 도달되는 것을 막기 위해 취하는 모든 합리적인 사전 예방조치를 설명할 수 있는 과학적이고 확실한 근거를 제시한다.

③ HACCP 접근방식은 주로 사후 방문격이고, 통계학적으로 신뢰성이 부족한 최종 제품의 분석을 통한 관리방식으로부터 안전한 식품의 생산을 위한 사전예방 접근방식으로의 전환을 가능하게 한다.

④ HACCP 개념의 적용은 식품안전성을 확보하고 식이성 질병 및 손상을 막을 수 있는 경제적인 방법이다.

⑤ HACCP 제도는 안전한 제품을 확보하기 위해 가장 중요한 공정에 자원을 집중 투자하게 한다.

⑥ HACCP 제도는 변질에 의한 제품 손실을 감소시킬 수 있다.

⑦ HACCP 제도는 식품의 안전성에 대한 신뢰를 제고하여 식품교역상의 신뢰 및 식품영업의 안전성을 증진시킨다.

⑧ HACCP는 발생 가능한 위해를 예측하고 이의 관리방법을 제시할 수 있어 새로운 식품가공 기계·기구의 설계 및 제작을 용이하게 한다.

## 15-3. HACCP의 7원칙

### 1) 이해분석(Hazard Analysis)

HACCP 계획을 작성하려고 하는 식품의 원재료 및 공정에 대하여 발생할 가능성이 있는 위해 또는 위해 원인물질(생물학적, 화학적, 물리적)의 특성을 리스트화 하는 것이다. 또한 그 위해들과 위해 원인물질의 발생요인, 발생을 방지하기 위한 조치 및 관리방법 등을 명확히 하는 데 있다. 이 단계에서는 HACCP팀을 구성하여 제품에 관한 특성 등 기록이 작성되어야 하고 제품의 사용용도에 대한 확인과 제조공정에 대한 흐름도 및 흐름도에 따른 현장검증을 해야 한다. 따라서 이 원칙은 가장 중요한 원칙으로서 HACCP을 효과적으로 실시하기 위한 필수조건이 된다.

### 2) 중요관리점의 설정(CCP; Critical Control Point)

이해분석으로 특정된 식품의 안전 확보상 중요한 위해로서 일반적 위생관리 프로그램에서 관리할 수 없는 모든 위해에 대하여 위해분석에서 수집한 정보에 따라 어떤 공정이 CCP에 해당하는가를 정한다. 즉 관리가 안 될 경우 안전하지 못한 식품이 제조될 가능성이 있는 공정단계의 결정을 의미한다.

### 3) 관리기준의 설정(CL; Critical Limit)

각각의 특정된 CCP에 대하여 CL을 설정한다. CL은 각각의 CCP에서 위해를 예방, 배제 또는 허용범위 내로 하기 위하여 관리되어야 하는 기준의 최대 또는 최소값을 말한다(목표치 ±오차). 예를 들면, 온도, 시간, 습도, 수분활성, pH, 산도, 염분농도, 유효염소농도 등이다. CL은 제조기준, 과학적인 자료(문헌, 실험)에 근거하여 설정되어야 한다.

### 4) Monitoring 방법의 설정

모니터링은 CCP가 CL의 범위 내에서 관리되고 있음을 확인하기 위하여 관찰, 측정 또는 검사하는 것을 말한다. 연속적인 모니터링이 바람직하지만 그것이 불가능한 경우에는 개개의 제품에 대하여 CCP의 관리상태가 적절함을 보증할 수 있는 충분한 빈도로 하여야 한다.

각각의 CCP에서 모니터링 담당자를 지명하는 것은 필수적인데, 각 담당자는 모든 결과를 정확하게 기록할 수 있도록 하는 교육훈련을 받아야 한다.

### 5) 개선조치(Corrective Action)의 설정

CCP의 모니터링 결과 CL로부터 위반이 명백해진 경우 취해야 하는 개선조치가 포함되어야 한다. 즉 규정에 맞지 않는 제품의 처리에 관한 기준을 설정하는 것이다. 또 안전성이 손상되어 있을 가능성이 있는 제품에 대하여 식품위생상 필요한 처분을 행함과 동시에 위반요인을 특정한 후 그것을 배제하고 공정의 관리상태를 원래대로 돌려야 한다. 경우에 따라서는 새로운 CL 또는 추가 CCP의 설정이라는 HACCP 계획의 수정이 필요하게 되는 경우도 있을 수 있다.

### 6) 검증(Verification) 방법의 설정

HACCP 제도는 체계적으로 검정되어야 한다. 계획 작성 시에 검증한 후에도 위해의 발생방지를 위하여 HACCP 계획이 정확하고, 또 효과적으로 가능한 것을 정기적으로 검증(내부 및 외부에 의한)해야 한다. 정기적인 검증에는 행해지고 있는 위생관리가 HACCP 계획에 적합한지의 여부 또는 식품의 안전성 확보를 위하여 수정 및 재검토가 필요한지의 여부를 결정하기 위하여 모니터링 이외의 검사, 조사, 절차가 포함된다.

### 7) 기록(Record)의 유지관리

HACCP 계획에 따라 위생관리 전체를 효과적으로 기록하는 방법, 담당자, 양식 등을 정하고 그에 따라 실행되도록 해야 한다. HACCP 계획을 실시하고 있는 동안 계속적이고도 신뢰성 있는 기록이 유지 관리되지 않는다면 HACCP은 성립될 수 없다. 또한 이들 기록은 HACCP 계획 수정 시에 사용할 수 있어야 한다. HACCP 장점은 공정관리를 행함으로써 영업자 및 행정 담당자 모두에게 객관적이며 적절한 기록을 얻을 수 있기 때문이다.

## 15-4. HACCP 기본활동의 적용

HACCP 계획을 수립하기 전에 HACCP 제도의 적용범위를 설정하는 것이 필수적이다. 여기에는 계획상 한 개 또는 그 이상의 위해, 예를 들어 생물학적·화학적 또는 물리적 위해를 고려할 것인가를 결정하는 것을 포함한다. 처음으로 HACCP 계획을 수립할 때에는 한 가지 위해만을 고려하는 것이 더 현실적이다. 그러나 이와 같은 선택은 가공공정이나 제품에 따라 결정되며 계획의 최종단계도 설정해야 한다. 즉, 식품이 공장에서 출고되면 계획을 종료할 것인지 또는 추후 사용 및 적절한 지침까지 고려할 것이지를 결정해야 한다. 식품 제조·가공 분야에 HACCP의 7대 기본활동을 적용할 때는 다음 사항에 유의해야 한다.

### 1) 작업반의 구성

수립할 HACCP의 계획형태는 HACCP의 작업반 구성에 영향을 준다. 작업반에는 여러 부문의 전문가를 포함시켜야 하며, 고려 중인 가공공정 및 제품과 관련된 위해요소, CCP 및 관리기준 설정시에 신뢰성 제고를 위해 필요한 자료에 접근할 수 있어야 한다.

작업반에는 지정된 회장과 결정사항을 문서화할 서기를 포함시켜야 한다. 작업반원의 수는 고려대상인 식품과 공정의 형태, 예상되는 위해의 성질, 바람직한 관리방법의 난이도 등에 따라 달라진다. 소규모 조직에서는 한 사람이 한 가지 이상의 역할을 담당함으로써, 작업반이 위해를 방지하고 관리하기 위해 필요한 모든 관련 자료를 구독하고 사용할 수 있도록 하는 것이 바람직하다. 필요한 경우, 외부 전문가의 조언을 들어야 한다.

### 2) 제품설명서의 작성

검토대상 제품이나 공정의 일부분만이 검토 중이라면 그 중간 제품에 대한 자세한 설명서가 작성되어야 한다. 제품의 내용물, 조직특성, 가공공정(예를 들어, 열처리가 되는가 또는 어느 정도 열처리가 되는가), 포장공정, 저장, 유통조건, 필요한 유통기한, 사용 시 지침 등이 명확히 설정되어야 한다.

### 3) 사용목적의 확인

사용목적은 최종 사용자 또는 소비자가 기대하는 그 제품의 용도를 근거로 해야 한다. 특정의 경우에는 유아, 임산부, 건강이 나쁜 사람, 노인 등 취약집단도 고려하여야 한다.

### 4) 작업공정도 및 시설배치도의 작성

위해분석 전에 고려 중인 공정·제품을 세밀히 검토하고, HACCP 계획의 기초가 될 수 있는 작업공정도를 작성한다. 작업공정도의 형태는 자유롭게 작성해도 되며 어떤 규칙이 있는 것은 아니지만 공정도상에는 가공공정(가공공정 중 지연공정 포함)의 각 단계가 원료의 선택으로부터 가공, 유통, 판매 및 소비자 취급까지 순서대로 간략히 설명되어 있어야 한다.

작업공정도는 앞으로의 검토를 위해 충분한 기술적 자료를 가지고 작성되어야 한다. 가공공정 중 시설의 위치와 제품이나 작업자의 움직임을 표시한 시설배치도도 작성해야 한다.

필요한 자료란 다음의 것들을 의미하나, 이것만을 한정하는 것은 아니다. 즉, 사용하는 모든 원재료·부재료 및 포장재의 생물학적·화학적·물리적인 자료, 원재료 투입단계를 포함한 모든 공정의 순서, 모든 원료·중간 제품·최종 제품의 지연 가능성을 고려한 시간·온도 조건, 액체·고체의 이동조건, 제품의 재순환·재작업 회전속도, 공간의 존재여부를 포함한 시설의 설계형태, 세척 및 소음공정의 효율성, 주변 환경의 위생상태, 작업원의 출입통로, 가능한 상호 오염과정, 고위해 및 저위해 지역의 격리, 개인위생 실천상태, 저장 및 유통조건 또는 소비자의 사용지침서 등을 말한다.

### 5) 작업공정도 및 시설배치도의 현장확인

HACCP 작업팀은 모든 단계 및 공정 시간별로 작업공정도에 따른 가공과정을 확인하고, 필요한 경우 작업공정도 및 시설배치도를 바꾸어야 한다.

### 6) 단계별 관리방안 고려(기본활동 1)

각 단계별로 가능한 모든 위해를 나열하고 위해를 제거하거나 최소화할 수 있는 관리방안을 고려해야 한다.

HACCP 작업반은 예상되는 원재료의 구입과 저장을 포함한 모든 단계에서 일어날 생물학적·화학적·물리적 위해를 열거해야 한다. 위해란 수용할 수 없는 생물학적·화학적·물리적 오염 및 식품의 안전성과 관련된 미생물의 생육·증식, 독성물질 또는 좋지 않은 미생물의 생성물이 함유된 식품이 지속적이거나 수용할 수 없는 양으로 생산되는 것을 말한다. 생물학적 위해에는 병원성 미생물이나 독성물질을 가진 식물 및 동물이 포함된다. 화학적 위해에는 잔류 농약, 세척제, 항생물질, 중금속, 황산염 등과 같은 첨가물과 기타 물질들이 포함된다. 물리적 위해란 입이 찢기거나 치아가 손상되거나 질식을 일으키거나 식도에 구멍을 낼 수 있는 금속조각, 유리, 돌 등의 물질을 포함한다. 작업반은 각 위해별로 적용 가능한 관리방법을 기술하고 고려해야 한다.

관리방법이란 위와 같은 위해요인을 제거하거나 수용할 수 있는 수준으로 위해 발생이나 영향을 낮출 수 있는 모든 행위 및 활동을 말한다.

### 7) 중요관리점(CCP)의 설정(기본활동 2)

위해가 확인된 후에는 그 공정이 확인된 위해의 관리를 위한 CCP인지 여부를 결정하기 위하여 CCP 결정도(decision tree)를 이용할 수 있다. 그러나 이의 적절한 적용을 위해서는 이용에 대한 훈련이 필요하다. 또한 결정도 모델의 적용은 생산, 도살, 가공 및 제조, 저장, 유통 등 적용하고자 하는 공정에 따라 조금씩 달라질 수 있다.

CCP의 설정은 결정도를 적용하면 용이하게 될 수 있으나, 다른 방법들도 이용되고 있다. 그러나 숙련되지 않은 HACCP 작업반에 의한 HACCP 적용의 초기단계 및 훈련 시에는 결정도에 의한 접근법을 이용해야 한다. CCP의 설정에서는 위해가 합리적으로 나타날 수 있고, 도입될 것으로 예상되는 각 단계에서의 모든 위해가 고려되어야 한다. 어떤 위해가 관리방법이 없다는 것이 확인되면, 그 위해가 제거되거나 최소 수준으로 받아들일 수 있는 수준으로 낮추어지도록 제품이나 공정을 바꾸어야 한다.

### 8) 각 CCP에 대한 관리기준의 설정(기본활동 3)

각 CCP의 관리방법에 대한 관리기준이 정확히 설정되어야 한다. 어떤 경우에는 한 CCP에 대하여 한 개 이상의 관리기준을 설정해야 할 경우도 있다. 관리기준에는 보통 온도, 시간, 수분, pH, 수분활성도, 유효염소 및 외관이나 조직감 등과 같은 관능적 기준이 사용된다. 관리기준에는 강제적인 규격 및 지침서, 문헌, 연구결과, 전문가의 조언 등 여러 가지 자료원을 이용할 수 있다.

어떤 경우, 가공공정상 일어나는 변이에 따라서 반드시 관리기준을 맞추기 위한 목표수준(target level)을 따로 설정·운영할 수 있다. 목표수준이란 관리기준보다 좀더 엄격한 기준으로, 관리기준을 벗어날 위험을 감소시키기 위해 가공업자들이 사용한다. 예를 들어, 어떤 병원 미생물의 생육을 방지하기 위해 최종 제품의 pH에 대한 관리기준이 4.6 또는 그 이하로 설정된 식품에 있어서, 가공공정상 일어날 수 있는 변이에 대비해 가공업자는 관리기준(pH 4.6)을 넘는 위험을 감소시키기 위해 목표수준을 pH 4.5로 설정할 수 있다.

### 9) 각 CCP에 대한 모니터링 제도의 설정(기본활동 4)

모니터링이란 각 CCP에 설정된 관리기준이나 목표수준이 지켜지고 있는가를 확인하기 위한 정기적인 조치와 관찰을 말한다. 모니터링은 CCP의 관리상의 실수를 감지해 낼 수 있어야 한다. 또한 모니터링은 제품의 폐기 필요성이 나타나기 전에, 공정 중에서 관리상태를 유지하기 위한 개선조치가 이루어질 수 있도록 적기에 정보를 제공할 수 있는 것이 가장 바람직하다. 모니터링이 지속적이지 않을 경우, 그 간격은 CCP가 관리하는 것을 보증할 수 있을 정도이어야 한다.

CCP에 대한 모니터링은 신속히 이루어져야 하므로 대부분의 경우 시간이 오래 걸리는 분석시험은 이용할 수 없다. 물리적이고 화학적인 방법이 오랜 시간이 걸리는 미생물 검사보다 유용하다. 어떤 물리적·화학적 지표들은 제품의 미생물 관리의 지표로도 사용될 수 있다. 모니터링은 지식이 있고 필요한 경우 개선조치를 취할 권한이 있는 지정된 사람에 의해 수행되어야 한다.

### 10) 개선조치의 설정(기본활동 5)

개선조치란 모니터링의 경과 CCP가 관리기준이나 목표수준을 벗어난 것이 밝혀졌거나, 모니터링의 결과 관리를 벗어나는 경향(trend)이 보일 때 취하는 조치를 말한다. 후자의 경우에는 위생상 위해를 유발하기 전에 공정을 바꾸고 관리가 유지되도록 할 수 있다. CCP가 관리하에 있지 않은 기간에 생산된 식품은 폐기할 필요가 있다. 개선조치와 폐기조치는 HACCP 기록문서상에 기록·보존되어야 한다. 이와 같은 조치의 문서화에 대한 책임이 정확히 할당되어야 한다.

### 11) 검증방법의 설정(기본활동 6)

확인방법은 HACCP 제도가 올바르게 작동되고 있는지 확인할 수 있도록 설정되어야 한다. 모니터링 및 감사방법, 무작위 시료채취 및 분석을 포함하는 방법이나 검사 등을 사용할 수 있다. 확인의 빈도는 HACCP 계획과 이 계획의 적용이 제품의 안전성 문제를 방지할 수 있다는 확신을 줄 수 있을 정도로 충분해야 한다. 확인 활동에는 HACCP 제도와 이의 문서 재검토 CCP가 관리하에 있는가를 확인하는 방법, 관리기준에 부적합하여 취한 개선조치 및 폐기조치의 재검토, 설계된 관리기준의 적합성 확인 등이 포함된다.

### 12) 기록의 유지·보관 시스템의 설정(기본활동 7)

적절하고 정확한 기록유지와 문서화는 HACCP 제도의 적용에 필요불가결한 것이다. HACCP의 모든 단계에 대한 문서화 방법이 포함되어야 하고, 이를 기록보관철상에 설정하여야 한다. 기록에는 HACCP 계획철, CCP 모니터링 기록철, 세척·소독철과 같은 정보철이 있다. 실제로 기록유지 및 문서화 방법은 주로 확인방법의 설정 시나 그 전에 HACCP 작업팀에 의해 설정된다.

### 13) HACCP 계획의 적용

어떤 공정에 대한 HACCP 계획이 설정되면, 이를 곧바로 적용해야 한다. 이와 같은 적용을 용이하게 하기 위해 다음의 사항이 고려되어야 한다.

① 총괄관리, 계획관리, CCP에 대한 모니터링, 기록유지 및 문서화에 대한 책임자 지정
② CCP의 모니터링에 대한 간결하고 명확한 작업지침서의 작성
③ 기록지와 기타 문서의 작성
④ HACCP 계획과 무엇을, 어떻게, 언제, 누가 해야 할 것인가를 지시하는 작업지침서에 근거한 요원들의 훈련과 교육
⑤ 개선조치와 폐기조치에 대한 결정권자의 지정

### 14) HACCP 계획의 재검토

이와 같은 확인방법과 함께, 제품의 안전성에 영향을 줄 수 있는 어떠한 변이를 주기 전에 자동적으로 HACCP 계획을 재검토할 수 있는 제도를 마련해 두어야 한다. 이러한 변화에는 원재료 또는 배합비의 변화, 가공공정의 변화, 공장시설 배치 또는 환경의 변화, 가공기계의 변화, 세척 및 소독공정의 변화, 포장·저장·유통체계의 변화, 관리직원이나 책임자의 변화, 소비자 이용 시에 예상되는 변화, 제품과 관련된 건강상 위해발생 관련 정보의 취득 등이 포함된다.

HACCP의 재검토 중에 나타나는 자료는 문서화하여 HACCP 기록유지 시스템에 포함되도록 한다. HACCP의 재검토에 따라 일어나는 어떠한 변화도 HACCP 계획 내에 전부 포함되어야 한다. 왜냐하면 이와 같은 변화에 따라 이미 설정된 CCP의 관리방법, 또는 지정된 관리기준이나 목표수준을 바꾸고 공정상에 추가로 CCP나 관리방법을 설정하여야 할지 모르기 때문이다. 또한 기록상 정확한 최신 자료를 망라해 두는 것은 사용자에게 대단히 중요하다. 따라서 HACCP 기록유지제도의 유지를 위한 관리제도가 필요하며 이의 올바른 시행이 대단히 중요하다.

## 16. 건전한 식품의 확보와 건강장애 예방

WHO에서는 건전한 식품을 확보하고 식품으로 인한 질병을 예방하기 위하여 가정과 소비자

차원에서 지켜야 할 사항들을 다음과 같이 제시하였다.

### 1) 안전하게 가공된 식품을 선택할 것

식품은 생산과정부터 여러 위험에 노출된다. 생산 및 제조과정 중에 화학적으로 유해 유독한 물질이 함유될 수도 있으며, 식중독성 세균이나 기생충 등 미생물학적인 오염 가능성이 있다. 또한, 인위적으로 유해한 식품첨가물이 과량 함유되어 인체에 해를 일으킬 수도 있다. 따라서 어떠한 식품이 안전하게 생산·가공되었는가를 알려면 생산부터 소비자에게 획득될 때까지 유통경로가 위생적으로 안전한가를 먼저 고려하는 것이 필수적이다.

### 2) 철저하게 조리할 것

구입된 원료는 여러 유통과정을 거치기 때문에 위생적으로 다루어졌다 하더라도 여러 오염원인에 노출되었을 가능성이 있으므로, 각 식품에 알맞은 세척 및 조리를 철저하게 하여야 한다. 특히 대부분의 병원성 미생물들은 가열로 인해 불활성화 되며, 채소 등에 함유된 농약 및 기생충도 세척을 통해 상당부분 제거될 수 있다.

### 3) 조리된 음식은 즉시 먹을 것

보통 식중독 세균이 인체에 해를 일으킬 만큼 증식하기 위해서는 충분한 시간을 필요로 하며, 원료에 균이 함유되어 있다 하더라도 조리가 적정온도로 충분히 이루어졌다면, 미생물학적인 식중독의 위험은 거의 없다고 볼 수 있다. 따라서 제대로 조리된 음식을 즉시 섭취한다면 세균성 식중독의 위험을 크게 줄일 수 있을 것이다.

### 4) 조리된 음식은 조심해서 저장할 것

주방에서의 식중독 발생원인의 상당 부분이 원료의 오염이라기보다 교차오염에 의한 것이다. 식기나 도마, 칼 등에 부착된 세균들이 조리된 음식에 접촉하게 되면 빠른 속도로 증식하게 되고, 이것이 식중독의 원인이 된다. 따라서 조리된 음식을 보관할 때는 깨끗이 세척된 용기를 사용하고, 저온에서 보관하여 미생물이 증식할 수 있는 위험을 제거하여야 한다.

### 5) 한 번 조리된 음식은 철저히 재 가열할 것

한 번 조리된 음식은 미생물이 증식하기에 더욱 좋은 조건이 되며, 다른 원료들과의 접촉으로 교차 오염되었을 가능성이 있으므로, 음식이 장기간 보관되었을 가능성이 있는 세균들은 제거하는 것이 섭취에 안전하다.

### 6) 날로 된 식품과 조리된 음식이 섞이지 않도록 할 것

식중독의 발생은 교차오염에 의한 것이 상당 부분을 차지한다. 따라서 원료에 사용되었던 칼이나 식기는 깨끗이 세척하여 조리된 음식을 자르거나 담아야 하며, 원료를 다루었던 도마에 조리된 음식을 바로 올려놓는 일도 없어야 한다. 조리된 음식은 우리가 섭취하기 직전의 식품이므로 가장 위생적으로 다루어져야만 한다.

### 7) 손을 자주 씻을 것

오염된 원료에서 시작하여 조리가 끝난 식품을 다루어야 하는 것은 바로 손이므로, 조리에서 가장 중요한 것은 손의 위생이다. 가장 좋은 방법은 다른 음식을 만질 때마다 손을 자주 씻어주는 것이 좋으나 그렇지 않을 경우 위생장갑을 이용하거나, 조리된 식품을 취급할 때라도 손을 깨끗이 세척해야만 한다. 특히, 손에 상처 등이 있을 경우는 포도상구균이 증식할 수 있는 가장 좋은 조건이 되므로, 장갑을 끼고 조리하여야 한다.

### 8) 부엌의 모든 표면을 아주 깨끗이 할 것

부엌은 항상 일정 정도의 수분과 영양분이 존재하므로 미생물 및 곤충의 증식에 좋은 조건을 제공하게 된다. 식품에 직접 접촉하지 않는 표면이라 하더라도 식품이 오염될 가능성을 가지고 있으므로 항상 깨끗하고 위생적으로 해야 한다.

### 9) 곤충이나 쥐, 기타 동물들을 피해서 식품을 보관할 것

식품이 곤충이나 쥐 등에 노출될 수 있는 환경에 있을 경우, 식품에 침입하여 곤충이나 쥐가 가진 세균이나 진드기, 벼룩 등을 식품에 오염시킬 수 있다. 따라서 식품을 다루는 장소는 이러한 동물들이 침입할 수 없도록 위생적으로 관리되어야 할 것이다.

### 10) 깨끗한 물을 사용할 것

음식을 조리하는 것뿐만 아니라 사용한 용기의 세척에도 물은 필수적이다. 그러므로 위생적인 물이 사용되어야 한다는 것은 식품위생의 기본이다. 불을 가하지 않는 채소류 등의 섭취 뿐 아니라 조리된 음식을 자르고 담기 위해 사용하는 식기나 칼의 위생을 위해 물의 위생은 매우 중요하다.

# 제2장 식품첨가물

# 1. 식품첨가물의 개요

생활수준의 향상과 더불어 식품 문화도 많은 변화를 가져오고 있다. 식생활 문화가 다양하게 변화됨에 따라 보존식품, 가공식품, 인스턴트 식품의 이용도가 늘어가고 식품첨가물의 사용량이나 그 종류도 점점 증가되는 추세에 있다.

우리들은 일상의 식생활을 통하여 매일 수십 종에서 많게는 백 여 종의 식품첨가물을 섭취하고 있는 상태이므로 식품첨가물의 안전성 확보가 새로운 식품위생의 중요한 과제로 대두되고 있다.

식품첨가물의 사용이 다양화되면서 FAO/WHO는 1954년에 식품첨가물 전문위원회를 발족시켜서 식품첨가물의 사용규칙에 관하여 논의하여 왔다. 우리나라에서도 1962년에 제정된 식품위생법에서 처음으로 '식품첨가물'이라고 하는 명칭이 이용된 이래 수 차례의 개정을 거치면서 식품첨가물의 사용에 관한 규정을 정하고 있다.

## 1-1. 식품첨가물의 정의

일반적으로 식품첨가물이라 함은 의도적 식품첨가물로 식품의 품질을 개량하여 보존성 또는 기호성을 향상시킬 뿐만 아니라, 영양가 및 식품의 실질적인 가치를 증진시키기 위하여 식품에 첨가되는 물질이다. 식품첨가물에 대하여 FAO와 WHO의 합동식품첨가물위원회(The Joint FAO/ WHO Expet Committee on Food Additives)에서는 "식품의 외관, 향미, 조직 또는 저장성을 향상시키기 위하여 식품에 보통 미량으로 첨가되는 비영양성 물질"이라고 정의하였다.

한편, 미국의 식품보호위원회(Food Protection Commitee of the National Academy of Science-National Research Council)에서는 "생산, 가공, 저장 또는 포장의 어떤 어느 국면에서 식품 속에 들어오게 되는 기본적인 식품 이외의 물질 또는 물질들의 혼합물로서, 여기에는 우발적인 오염물은 포함되지 않는다."고 정의하고 있다.

우리나라 식품위생법 제2조 제2호에 "식품을 제조·가공 또는 보존함에 있어서 식품에 넣거나 섞는 물질 또는 식품을 적시는 등에 사용되는 물질"이라고 정의하였다.

이상의 정의에서 지적된 것과 같은 사용목적과 기능을 갖는 물질은 천연물이건 화학적 합성품이건 간에 식품에 사용하는 한 식품첨가물로 취급되며, 각각의 사용목적과 사용법을 갖는 것을 조건으로 하고 있다.

식품첨가물은 대부분 화학적 합성품인데 화학적 합성품이란 "화학적 수단에 의하여 원소 또는 화합물에 분해반응 이외의 화학반응을 일으켜 얻은 물질"로서 여기에는 천연물과 동일한 화학구조를 갖는 것이라도 화학적으로 합성되는 것과 천연물에 단순히 조염반응을 일으켜 얻은 것도 포함된다. 다만, 분해반응에 의해서 얻은 물질은 그 성상 등이 이미 알려져 있는 것이 많고, 비교적 위험한 것이 적기 때문에 화학적 합성품으로는 취급되지 않는다.

식품첨가물이 갖추어야 할 구비조건은 다음과 같다.

① 인체에 유해한 영향을 미치지 않을 것
② 사용목적에 따른 효과를 소량으로도 충분히 나타낼 것
③ 식품의 제조 가공에 필수불가결할 것
④ 식품의 영양가를 유지할 것
⑤ 식품에 나쁜 이화학적 변화를 주지 않을 것
⑥ 식품의 화학성분 등에 의해서 그 첨가물을 확인할 수 있을 것
⑦ 식품의 외관을 좋게 할 것
⑧ 소비자에게 이롭게 할 것

## 1-2. 식품첨가물의 지정

식품첨가물로 사용되는 화학적 합성품은 인체에 해로운 것이 대단히 많고 또 조금씩 사용하더라도 오랜 기간에 걸쳐서 섭취하는 경우에는 인체에 해를 끼칠 우려가 있기 때문에 식품위생법에서는 규제를 엄격하게 하고 있다. 따라서 식품위생법 제6조에서는 공중보건상 안전을 확보하기 위하여 화학적 합성품 중에서 식품의약품안전청장이 위생상 지장이 없다고 인정하여 지정한 것만을 식품첨가물로 사용하거나 판매할 수 있도록 규정하고 있다.

화학적 합성품을 식품첨가물로 지정하려면 식품위생심의위원회의 심의를 거쳐 결정한다. 식품위생심의위원회는 식품첨가물의 지정에 있어서 다음과 같은 점을 바탕으로 검토한다.

① 일반적인 사용법에 의할 경우 인체에 대한 안정성이 보장될 것
② 식품에 사용했을 경우 충분한 효과가 있을 것
③ 화학명과 제조방법이 명확할 것
④ 화학적 실험에 안전할 것
⑤ 급성 및 만성 독성시험, 발암성과 생화학 및 약리학적 시험에 안전할 것 등이다.

## 1-3. 식품첨가물의 안전성

식품첨가물은 유효성과 안전성이 확보되어야 하며 안전성은 동물에 대한 독성시험을 실시하여 판단한다. 1957년 FAO/WHO의 식품첨가물 전문위원회에서는 화학적 합성품을 식품첨가물로 사용할 때의 안전성 확인 방법을 정하여 독성시험에 관한 기본적인 원칙을 제정하였다. FAO/WHO에서 작성한 안전성 방법은 다음과 같다.

### 1) 아급성 실험

① 생쥐(mouse)와 쥐(rat)를 이용해서 경구투여에 의한 50% 치사량을 구한다. 이 $LD_{50}$은 원칙

적으로 1주일간 관찰하여 구한다.

② 경구투여에 의한 급성중독 증상을 원칙적으로 1~2주간에 걸쳐서 관찰한다. 필요에 따라 토끼, 개, 원숭이 등을 사용할 수 있도록 한다.

③ 병리학적 검사를 행하여야 한다.

### 2) 만성 독성시험

① 원칙적으로 쥐(rat) 및 생쥐(mouse)를 이용해 평균수명에 근접한 기간 동안 경구투여에 의한 독성시험 및 차세대에 걸친 영향의 시험을 실시한다. 이때 경우에 따라서는 12개월 이상의 중간성적을 독성의 판단을 행하는 자료로 이용할 수도 있다. 또 필요한 경우에는 비설치류(개, 원숭이 등)를 이용한 아급성 독성시험(실험동물의 수명에 1/10 정도)을 실시한다.

② 동물은 만성 독성을 판단하기 위해서 충분한 수의 암수 양성을 이용한다.

③ 필요한 경우에는 동물의 이유 직후부터 투여를 개시한다.

④ 투여량은 최대 안전량, 최소 중독량 및 확실한 중독량의 종류가 판단될 수 있는 양을 단계적으로 설정한다.

⑤ 병리학적 검사는 가능한 많은 장기에 대하여 실시한다.

### 3) 기타 생물학적 검사

생리적 기능에 중요한 영향을 갖는다고 생각되는 것에 관해서는 다음의 자료를 필요로 한다.

① 식품첨가물이 생체의 기능에 미치는 영향에 관한 시험(혈액학적, 생화학적, 생리학적, 세균학적 검사 등)

② 식품첨가물의 생체 내 운명에 관한 시험

③ 기타 필요한 특수시험

이러한 실험동물에 의한 독성시험 결과는 최대 무작용량(maximum no effect level)으로서 표시되지만, 최대 무작용량을 그대로 사람에게 투여하는 것은 위험하므로 통상 1/100~1/500로 하여 안전율을 맞춘다. 이렇게 해서 계산된 값이 인체의 1일 허용섭취량(acceptable daily intake; ADI)이다. ADI는 현재의 학문수준에서 사람이 일생동안 매일 먹어도 몸과 마음이 모두 아무런 장애를 받지 않고 다음 세대에도 영향을 받지 않는 최대 안전량을 실험적으로 구한 것이다.

## 1-4. 식품첨가물의 사용기준

### 1) 1일 섭취허용량(Acceptable daily intake; ADI)

ADI는 평생동안 하루도 빠짐없이 매일 섭취하여도 아무런 병변(해부학, 유전학, 병리학적)

현상이 없는 최대의 양을 1일 섭취허용량이라 한다. ADI는 영구불변한 것이 아니고, 현 시점에서 얻어진 과학 정보에 의해 평가된 것이다. 가급적 큰 동물에 대한 장기간(적어도 2년 이상)의 만성 독성시험에서 완전히 무독성이 인정되는 최고 섭취량으로 최대 안전량(maximum no effect level, MNL; mg/kg/day)을 먼저 정하고 이 값에 FAO/WHO에서 인정하는 각 식품첨가물에 대한 안전계수(보통 100~200)로 나누어 그 양을 결정한다.

#### 2) 사용하는 한계농도

그 물질이 식품에 혼합되어 목적하는 효과를 나타내는 최소량을 실험적으로 결정한 다음, 이 첨가물이 사용된 여러 가지 식품이 하루에 섭취될 수 있는 양을 고려하여 그 첨가물의 하루 섭취가능량을 계산하고 그 값에 식품기호계수(보통 10 이하)를 곱한 값이 ADI에 미달되어야 그 식품첨가물이 어떤 식품에 한하여 사용되는 농도가 결정되는 것이다.

### 1-5. 식품첨가물의 기준과 규격

식품첨가물이 순도가 낮아서 유해한 중금속, 미반응의 원료, 부산물 등을 함유하면 중독을 일으키는 등 중대한 결과를 초래하는 원인이 되므로 식품첨가물로 지정된 화학적 합성품은 물론, 일부 천연품에는 그 품질과 순도 등에 관하여 성분규격이 마련되어 있다. 또 식품첨가물의 안전성, 유효성 또는 어떤 식품에 효과적인가에 따라서 대상 식품, 사용량, 사용목적, 잔존량, 사용방법 등을 규정한 사용기준이 마련되어 있는 경우가 있다. 사용기준은 식품첨가물의 1일 섭취허용량(ADI), 식품의 섭취량, 유효농도 등을 고려하여 결정하는데 안전성이 큰 식품첨가물에는 사용기준이 없다. 그 외에도 분해되기 쉬운 식품첨가물에는 보존기준, 면류 첨가 알칼리제나 혼합제제 등에는 제조기준이 규정되어 있다.

또 모든 식품첨가물에는 표시기준의 규정이 있어서 '식품첨가물'이란 표시를 비롯하여 명칭 또는 별명(식품첨가물 공정에 기재되어 있는 명칭), 제조장소, 제조(또는 수입)업소명, 제조 연월일과 사용기준, 보존기준이 정하여진 첨가물에 있어서는 그 사용방법이나 보존방법 등을 기재하여야 한다.

### 1-6. 식품첨가물의 사용목적별 분류

현재 식품첨가물로 지정되어 있는 식품첨가물(화학적 합성품)은 433 품목과 천연물에서 얻어진 천연첨가물 207품목, 혼합제제 7품목으로 분류하면 <표 12-1>과 같다.

보존료, 항곰팡이제, 살균제, 산화방지제, 착색료, 발색제, 감미료 등은 사용기준이 엄격하여 안전성면에서 유의하여야 한다.

〈표 12-1〉 식품첨가물(화학적 합성품)의 사용목적별 분류

| 사 용 목 적 | 종 류 |
|---|---|
| 식품보존에 사용되는 첨가물 | 보존료, 항진균제, 살균료, 산화방지제, 방충제, 피막제 |
| 식품의 가공에 사용되는 첨가물 | 착색료, 발색제, 표백제, 감미료, 조미료, 산미료, 착향료, 소맥분 처리제, 탈염소제 |
| 식품의 제조에 사용되는 첨가물 | 간수, 팽창제, 껌 베이스, 양조제, 제조용제, 츄잉껌 연화제, 소포제, 유화 안정제, 점착방지제, 품질유지제, 증점제, 유화제, 결착제, 발효조정제, 이형제, 두부용 응고제, pH 조정제, 이스트후드, 응고방지제, 색조조종제, 품질개량제, 보습제 |
| 식품영양 가치를 강화하는 데 사용되는 첨가물 | 영양강화제 |

## 1-7. 식품첨가물의 문제점

식품첨가물은 그 안전성이 그 시대의 최고수준의 과학에 의해서 평가되는 것이므로 규정된 기준에 따라 올바르게 사용된다면 그것에 의해서 건강장애를 받는 일은 없을 것이다. 그러나 식품첨가물로 지정되어 있지 않은 화학적 합성품을 부정하게 사용하여 중독을 일으킨 사건은 식품위생법 제정 이전과 이후에도 빈번히 발생하고 있다. 예를 들어, 독성이 강한 formalin을 두부류 등에 불법적으로 사용한 사건이 최근까지 발생하고 있다.

식품첨가물의 실질적인 사용은 식품의 제조·가공하는 사람들의 손에 맡겨져 있으므로 기술수준이나 위생관리의 인식 등이 낮은 업자에 있어서는 불법적으로 사용될 여지가 많다. 사실 소비자는 식품첨가물에 대하여 많은 불신감을 가지고 있어서 전문가와는 반대로 위험요인의 맨 첫 번째로 꼽고 있다. 소비자는 일상생활 중에 환경오염물이 침투하고 있는데 덧붙여서 식품첨가물로 오염도를 높이게 할 수는 없다는 의식이 강하기 때문이다. 또 식품에 사용하는 수많은 식품첨가물은 독성이 상가적(相加的) 또는 상승적으로 증가되거나 반대로 상쇄되거나 하여 복잡한 상호작용을 일으킬 것도 예상되지만 이 방면에 대한 연구는 아직 미흡한 실정이다.

따라서 식품의 제조·가공업자는 식품첨가물을 이용할 때 법의 규정에 맞는 정당한 제품을 사용기준에 맞게 사용하고 식품의 성상 또는 품질을 은폐하거나 혹은 적정하지 못한 제조법 또는 가공법을 숨기기 위한 목적으로 사용하지 말며, 허위표시를 하지 않도록 하는 것이 무엇보다도 중요하다. 또한 세계적인 수입개방 정책 등에 의해서 많은 외국의 식품이 수입되어지고 있는데 식품첨가물은 각 나라별로 규제사항이 다르기 때문에 각 나라 간의 식품의 유통을 제한하는 경우도 많다. 우리나라 수입식품에 있어서 지정 외 식품첨가물이 사용되어진 식품과 사용기준 위반 식품의 판별은 공항과 항만의 식품위생 감시원이 그 임무에 충실하고 있으나 가끔 문제가 발생하기도 한다. 예를 들어, 동남 아시아산 냉동 새우, 염장 해파리에서 붕산의 검출, 염장 생강에서 sulfamin산의 검출 허가되지 않은 항진균제인 OPP와 TBZ의 검출, 사건 당시에는 허가되지 않은 착색료인 allrura red의 검출, 보존료와 아황산염 등의 사용기준의 위반 등이 있다.

1975년에서 1978년에 걸쳐 레몬 등의 감귤류의 항진균류인 OPP와 TBZ가 일본에서만 지정되지 않았기 때문에 일본과 미국의 무역상의 마찰을 일으킨 예는 잘 알려져 있다.

# 2. 식품첨가물 각론

## 2-1. 보존료(Preservatives)

식품 중에 세균이나 곰팡이 등 미생물의 발육을 억제하여 부패를 방지하고 식품의 신선도를 유지하기 위하여 식품에 첨가하는 화학적 합성품이다.

보존료는 미생물의 발육을 방지하므로 사람에게는 많든 적든 유해하다는 것을 생각하지 않을 수 없다. 보존료는 모두 사용기준이 정해져서 일정한 식품에 사용량을 한정해서 사용하도록 되어있다. 식품의 부패를 방지하기 위해서는 냉동, 냉장, 탈수, 염장 등에 의해서도 목적을 달성할 수 있기 때문에 보존료의 사용은 보조수단으로 생각해야만 된다. 보존료는 항균력에 차이가 있으므로 그 특징을 잘 살펴서 사용할 필요가 있다. 안식향산(benzoic acid), 디히드로초산(dehydro acetic acid), 소르빈산(sorbic acid) 및 프로피온산(propionic acid)과 같은 산형 보존료는 pH에 의한 항균력의 차가 커서 산성영역이 중성영역보다 항균력이 강하다.

비해리형 분자 쪽이 미생물의 세포막을 쉽게 통과하기 때문이다. 이들 보존료를 이용한 경우에는 식품의 pH를 낮게 유지할 필요가 있다. 일반적으로 보존료는 산성식품, 액상식품에서 효과를 발휘하고, 중성 및 고형식품에서는 효과가 낮은 경우가 많다.

일반적으로 보존료는 다소의 독성이 있으므로 그 성분규격, 사용기준을 잘 지키도록 하여야 한다. 보존료로서 식품에 사용되기 위해서는 다음과 같은 조건을 갖추어야 한다.

① 변패를 일으키는 각종 미생물의 증식을 저지할 것
② 독성이 없거나 극히 낮을 것
③ 공기, 광선, 열에 안정하고 또 pH에 의해 영향을 받지 않을 것
④ 식품의 성분에 따라 효능의 변화를 받지 않을 것
⑤ 장기간 효력을 나타낼 것
⑥ 무미, 무취하고 자극성이 없을 것
⑦ 사용이 쉬울 것

〈표 12-2〉 허용 보존료의 종류와 사용기준

| 명　칭 | 사용식품 | 허용량 |
|---|---|---|
| 디히드로초산<br>(dehydro acetic acid)<br>디히드로초산 나트륨<br>(sodium dehydroacetate) | 치즈, 버터, 마가린 | 디히드로초산으로서 0.5g/kg 이하 |
| 소르빈산<br>(sorbic acid) | 치즈 | 소르빈산으로서 3g/kg 이하(프로피온산 나트륨 및 프로피온산 칼륨을 병용할 때에는 프로피온산 및 소르빈산의 사용량 합계가 3g/kg 이하) |
| | 식육제품, 경육제품, 어육제품, 성게젓, 땅콩버터가공품, 모조치즈, 젓갈류(식염함량 8% 이하) | 2g/kg 이하 |
| | 된장, 고추장, 춘장, 어패건제품, 팥 등 앙금류, 단무지, 알로에즙, 채소나 과채의 된장절임, 간장절임, 소금절임 | 1g/kg 이하 |
| 소르빈산 칼륨<br>(potassium sorbate) | 잼, 케첩, 식초절임 | 0.5g/kg 이하 |
| | 과실주 | 0.2g/kg 이하 |
| | 유산균 음료(살균한 것은 제외) | 0.05g/kg 이하 |
| 안식향산<br>(benzoic acid)<br>안식향산 나트륨<br>(sodium benzoate) | 청량음료(탄산 음료, 두유 음료, 유산균 음료 및 살균 유산균 음료 제외), 인삼음료, 간장 | 안식향산으로서 0.6g/kg 이하 |
| | 알로에즙 | 0.5g/kg 이하 |
| 파라옥시 안식향산 부틸<br>(butyl *p*-hydroxy benzoate)<br>파라옥시 안식향산 에틸<br>(ethyl *p*-hydroxy benzoate)<br>파라옥시 안식향산 프로필<br>(propyl *p*-hydroxy benzoate)<br>파라옥시 안식향산 이소부틸<br>(isobutyl *p*-hydroxy benzoate)<br>파라옥시 안식향산 이소프로필<br>(isopropyl *p*-hydroxy benzoate) | 간장<br><br>식초, 인삼음료 | 파라옥시 안식향산으로서<br>0.25g/kg 이하<br><br>0.1g/kg 이하 |
| | 청량음료(탄산 음료, 두유 음료, 유산균 음료 및 살균 유산균 음료 제외)<br>과일소스<br>과일 및 과체의 표피 | 0.1g/kg 이하<br><br>0.2g/kg 이하<br>0.012g/kg 이하 |
| 파라옥시 안식향산 부틸<br>(butyl *p*-hydroxy benzoate) | 과실주, 약주, 탁주 | 0.05g/kg 이하 |
| 프로피온산 나트륨<br>(sodium propionate)<br><br>프로피온산 칼슘<br>(calcium propionate) | 빵 및 생과자<br><br>치즈 | 프로피온산으로서<br>2.5g/kg 이하<br><br>3.0g/kg 이하<br>(소르빈산 및 소르빈산 칼륨, 디히드로초산, 디히드로초산 나트륨과 병용할 때에는 그 합계가 3g/kg 이하) |

## 2-2. 살균료(Germicides)

살균료는 식품에 부패의 원인이 되는 미생물 및 전염병균을 사멸시키기 위하여 첨가되는 것으로, 보존료와 같이 안전성이 낮기 때문에 사용기준도 엄격하여 주로 음료수, 식기류, 손 등의 소독에 사용되며 식품에 직접 첨가되는 것은 엄격한 사용기준이 규정되어 있다.

구미에서 넓게 이용되었던 과산화수소는 1980년 동물실험에 의해 강하지는 않지만 발암성이 있다는 결과가 확인되었다. 과산화수소는 식품 중에서 비교적 잔재하기 어려운 것이나, 실험기준을 근거로 해서 사용기준이 정해져(식품의 완성 전에 분해 또는 제거하는 것으로 규정하여) 사실상 사용금지가 되었다. 음료수, 야채, 식기 등에 이용되는 염소계 살균제로서 차아염소산(HOCl)의 나트륨, 표백분[Ca(OCl)Cl]이 있다. 차아염소산은 알칼리성보다 중성 쪽에서 강한 살균효과를 나타낸다. 표백분에는 사용기준이 없다.

〈표 12-3〉 허용 살균제의 종류와 사용기준

| 명 칭 | 사 용 기 준 |
|---|---|
| 표백분(bleaching powder) | 사용기준 없음 |
| 고도 표백분(calcium hypochlorite) | 사용기준 없음 |
| 차아염소산 나트륨(sodium hypochlorite) | 참깨에 사용하여서는 안 된다. |
| 이염화 이소시아뉼산 나트륨(sodium dichloroisocyanurate) | 사용기준 없음 |
| 에틸렌 옥사이드(ethylene oxide) | 사용기준 없음 |

〈표 12-4〉 사용 금지된 살균제

| 명 칭 | 이 유 |
|---|---|
| nitrofurazone | 대체품(AF-2)을 지정 |
| nitrofurylacrylamide | 대체품(AF-2)을 지정 |
| halazone | 필요성 저하 |
| chloramine $\beta$ | 필요성 저하 |
| chloramine $T$ | 안정성 불충분 |
| AF-2 | 발암성 |
| 차아염소산 | 필요성 없음 |

## 2-3. 항진균제

대체로 곡물 종자에 대한 곰팡이의 감염을 방지할 목적으로 사용된다. 비교적 인체에 대한 독성은 약한 편이나 중금속 함유 살균 진균제로 처리되어 있는 종자 곡식을 사람이나 동물이 섭취함으로 인해 중독을 일으킬 가능성이 있어서 사용상 주의를 요하고 있다.

현재, 우리나라에서는 항진균제가 지정되어 있지 않지만 참고로 일본이 지정하고 있는 항진균제는 다음과 같다. 일본에서는 감귤류의 곰팡이 방지제로 diphenyl(DP), O-phenylphenol(OPP)

및 그 나트륨, thiabendazole(TBZ)의 3종, 4품목이 지정되어 있다. Diphenyl은 푸른곰팡이의 방지제로서 구미에서는 이전부터 사용되어 왔으나, 일본에서는 1971년에 지정되었다.

사용기준에 있어서는 레몬, 오렌지 등의 감귤류 및 야채의 흰곰팡이병에 의한 부패방지에 유효한 항진균제이며 미국, 캐나다 등에서 사용되고 있다.

## 2-4. 산화방지제(Antioxidants)

식품을 보존할 때 미생물에 의한 부패 외에도 공기 중의 산소에 의해서 유지가 산패되어 자극적인 냄새를 발산하며 때로는 독성을 나타낸다.

유지의 산패는 앞에서도 언급하였지만 일반적으로 불포화지방산의 자동산화(autoxidation)에

〈표 12-5〉 허용 산화방지제 종류와 사용기준

| 명 칭 | 사 용 기 준 | |
|---|---|---|
| | 사용 식품 | 첨 가 량 |
| 디부틸 히드록시톨루엔(BHT)<br>(dibutyl hydroxy toluene)<br><br>부틸 히드록시아니졸<br>(BHA)(butyl hydroxy anisole) | 유지, 버터, 어패 건제품, 어패 염장품<br><br>어패 냉동품(생식용 냉동선어패류 및 생식용 굴은 제외), 고래 냉동품(생식용 냉동선어패류 및 생식용 굴은 제외)의 침지액<br><br>껌 | 0.2g/kg 이하<br><br>1g/kg 이하<br><br>0.75g/kg 이하<br>병용할 때는 그 합계량이 각각의 사용기준량 이하 |
| 몰식자산 프로필(propyl gallate) | 식용유지, 버터류, 식품우지, 식용돈지 | 0.1g/kg 이하 |
| 에리소르빈산(erythorbic acid)<br>에리소르빈산 나트륨<br>(sodium erythorbate) | 산화방지 이외의 목적에 사용금지 | |
| L-아스코르빈산(비타민 C)<br>(L-ascorbic acid)<br>L-아스코르빈산 나트륨<br>(sodium L-ascorbate) | 사용제한 없음 | 사용제한 없음 |
| 아스코르빌 팔미테이트<br>(ascorbyl palmitate)<br>아스코르빌 스테아레이트<br>(ascrobyl strarate) | 아래의 식품 이외에 사용금지<br>① 식용유지(향미유 제외), 식용우지, 식용돈지<br>② 마요네즈<br>③ 영·유아용 곡류 제조식, 기타 영·유아식<br>④ 조제유류, 영아용 조제식, 성장기용 조제식<br>⑤ 기타 식품 | ① 아스코르빌 팔미테이트나 스테아레이트 0.5g/kg 이하(L-아느코르빌 스테아레이트나 아스코르빌 팔미테이트와 각각 병용 시는 사용량의 합계가 0.5g/kg 이하)<br>② 0.5g/kg 이하<br>③ 0.2g/L 이하<br>④ 0.05g/L 이하<br>⑤ 1.0g/kg 이하(단, 건강 기능식품의 경우 제한 받지 아니함) |
| EDTA 칼슘 2 나트륨<br>(calcium disodium ethylenediamine tetraacetate)<br>EDTA 2 나트륨<br>(disodium ethylenediamine tetraacetate) | 마요네즈, 사라다드레싱, 마가린 | EDTA-disodium(무수물)으로서 0.75g/kg 이하, 병용할 때는 합계량이 EDTA-disodium으로서 0.075g/kg 이하 |

의해서 일어난다. 유지의 산화속도는 일정하지 않으며, 초기에는 극히 완만한데 이 기간을 유도기(induction period)라고 하며 radical이나 peroxy radical을 어느 정도 생성하는데 필요한 시간을 말한다. 유도기를 지나면 peroxy radical이 hydroperoxide의 생성량이 급증한다. Hydroperoxide는 금속 등이 혼재하면 이에 의해 분해를 받아 새로운 radical을 생성하고, aldehyde, ketone, 유리산, 염화수소 등을 생성하거나 중합반응을 일으킨다.

일반적으로 유지의 산화방지제는 이러한 연쇄반응을 정지시키기 위해 사용된다. 산화방지제는 이미 산패한 유지나 산패가 상당히 진행된 유지에는 첨가하여도 효과가 약하고, 또 유지의 산패를 완전히 방지할 수도 없으며, 다만, 신선한 유지에 사용할 때 초기 산화의 진행을 어느 정도 억제할 수 있을 뿐이다. 또 산화방지제를 과용한다 하여도 일반적으로 그 효과는 상승하지 않을 뿐 아니라 오히려 저하하는 경우마저 있다.

## 2-5. 착색료(Coloring matter)

착색료는 식품 자체가 가지고 있던 고유의 자연색이 식품의 제조·가공 또는 보존 등의 과정에서 변색되거나 퇴색된 것을 본래의 색으로 복원시키거나 가공식품의 상품적 가치를 높이기 위하여 착색하는데 사용되는 첨가물이다. 착색료는 사용목적에 따라 ① 단순히 색채를 아름답게 하여 식욕을 자극할 목적으로 착색, ② 원래의 천연색소로 착색되어 있는 식품인데 가공 및 보존 중에 변색되거나 퇴색하기 때문에 이를 보충하기 위하여 착색, ③ 원래 식품에 존재하기 때문에 착색시킬 필요가 없으나, 제조 조건이나 원료가 다르므로 일정한 색이 나타나지 않기 때문에 균일한 색을 내게 하기 위하여 착색, ④ 대용품을 진품과 같이 보이기 위하여 착색하는 경우 등으로 분류할 수 있다. 식품에 사용하는 착색료는 인체에 해가 없는 천연색소를 사용하는 것이 바람직하나, 여러 가지 이유 때문에 합성 착색료가 널리 사용된다. 착색료를 생산 기원에 따라 분류하면 식용 tar 색소(합성 착색료)와 기타의 색소로 나눌 수 있다. Tar 색소는 석탄 tar를 원료로 해서 만들고 기타 색소는 식물성 또는 광물성 천연 유래의 착색료이다. 우리나라에서 허가된 착색료는 tar계 15종, 비 tar계 9종이 지정되어 있다.

〈표 12-6〉 허용 착색료의 종류와 사용기준

| 명 칭 | 사용 식품 | 첨가량 | 사 용 제 한 |
|---|---|---|---|
| 식용색소 녹색 제3호<br>(fast green FCF)<br>식용색소 녹색 제3호 알루미늄레이크<br>식용색소 적색 제2호<br>(amaranth)<br>식용색소 적색 제2호 알루미늄레이크<br>식용색소 적색 제3호<br>(erythrosine)<br>식용색소 청색 제1호<br>(brilliant blue FCF)<br>식용색소 청색 제1호 알루미늄레이크<br>식용색소 청색 제2호<br>(indigo carmine)<br>식용색소 청색 제2호 알루미늄레이크<br>식용색소 황색 제4호<br>(tartrazine)<br>식용색소 황색 제4호 알루미늄레이크<br>식용색소 황색 제5호<br>(sunset yellow FCF)<br>식용색소 황색 제5호 알루미늄레이크<br>식용색소 적색 제40호<br>(alura red) | | | 면류, 단무지, 특수 영양식품, 건강 보조식품, 유가공품, 두유류, 유산균 음료, 과실·채소류, 음료, 인삼제품류, 두부류, 젓갈류, 김치 절임류, 조림류, 천연식품, 벌꿀, 장류, 식초, 소스류, 토마토케첩, 잼류, 고춧가루 및 실고추, 후추가루, 향신료 가공품, 향미류, 카레, 식육 가공품, 어육 가공품, 식용유품, 즉석 건조식품, 복합조미식품, 메주, 코코아 버터, 땅콩 및 견과류 가공품, 수프류, 코코아 분말, 조미김, 과일·채소가공품, 추출 가공품, 알 가공품 |
| 삼이산화철<br>(iron sesquioxide) | | | 바나나(꼭지 절단면), 곤약 이외 식품에 사용불가 |
| 수용성 안나토(annato water sol.)<br>β-아포-8′-카로티날(β-apo-8′-cartenal)<br>β-카로틴(β-carotene) | | | 천염식품[식육, 어패류(경육 포함), 과자류, 해조류, 두류, 순가공품(탈피, 절단 등), 다류, 고춧가루, 김치류, 고추장 및 식초]에 사용불가 |
| 철 클로로필린 나트륨<br>(sodium iron chlorophylline) | 사용기준 없음 | | |
| 구리 클로로필린 나트륨<br>(sodium copper chlorophylline) | 채소류 또는 과일류의 저장품<br>다시마(무수물)<br>껌<br>완두콩 통조림<br>한천 | 구리로서<br>0.1g/kg 이하<br>0.15g/kg 이하<br>0.05g/kg 이하<br>0.0004g/kg 이하 | |
| 이산화티타늄<br>(titanium oxide) | | 식품중량의 0.1% 이하 | 면류, 단무지, 특수 영양식품, 건강 보조식품, 유가공품, 두유류, 유산균 음료, 과실·채소류, 음료, 인삼제품류, 두부류, 젓갈류, 김치 절임류, 조림류, 천연식품, 벌꿀, 장류, 식초, 소스류, 토마토케첩, 잼류, 고춧가루, 후추가루, 천연향신료, 카레, 식육가공품, 알 가공품, 어육연제품, 식용유지, 버터, 마가린류, 다류, 식빵, 드레싱, 카스테라, 레토르트 식품, 즉석 건조식품, 복합조미식품, 메주, 코코아 버터, 땅콩 및 견과류 가공품, 스프류, 코코아 분말, 조미김 |

## 2-6. 발색제(Colors fixatives)

발색제는 착색제와는 달리 그 자체가 색을 나타내는 것이 아니고 식품 중에 함유되어 있는 유색물질과 결합해서 그 색을 보존하든가 또는 발색시키는 물질이다. 주로 보존성 및 기호성을 높이는 목적으로 사용된다. 신선한 식육류는 일반적으로 선홍색을 나타내지만 시간이 지날수록 적갈색을 거쳐서 갈색으로 변색하게 된다. 고기제품을 선홍색으로 고정시키기 위해 아질산염을 사용하면 산화질소가 결합하여 고운 색깔을 유지하게 된다. 또한 질산염은 세균의 환원작용을 받아 아질산염이 되고 동일한 작용을 하게 된다. 가지와 같은 채소에는 황산제일철이 사용되어 채소와 결합해서 청록색의 고운 색을 나타내는 작용을 하기도 한다. 현재 허용된 발색제와 그 사용기준은 표 12-7과 같다.

〈표 12-7〉 허용 발색료의 종류와 사용기준

| 명 칭 | 사 용 식 품 | 사 용 량 |
|---|---|---|
| 아질산나트륨(sodium nitrite)<br>질산나트륨(sodium nitrate)<br>질산칼륨(potassium nitrate) | 식육 가공품(포장육, 식육 추출 가공품, 식용유지, 식용돈지 제외) 및 경육제품 | 0.07g/kg 이하 |
| | 어육 소시지류 및 어육 햄류 | 0.05g/kg 이하 |
| | 명란젓 및 연어알젓 | 0.005g/kg 이하 |
| 황산제일철(건조)(ferrous sulfate)<br>황산제일철(결정)(ferrous sulfate)<br>소명반(burnt alum) | 된장에는 사용금지 | |

## 2-7. 표백제(Bleaching agents)

식품을 가공하거나 제조할 때 식품 중의 색소가 산화 등에 의하여 변색 또는 퇴색되어 외관이 나쁘게 되는 경우가 종종 있다. 이와 같은 경우에 색소를 파괴하여 식품을 희게 만들거나 혹은 색소로 착색하기 전에 일단 표백하여 그 식품이 완성되었을 때의 색을 아름답게 하기 위하여 사용되는 첨가물이 표백제이다.

표백에는 산화제를 사용하는 방법과 환원에 의한 방법이 있는데, 산화에 의한 표백일 때는 변색되어 유색이 되는 경우가 있고, 환원에 의한 표백은 환원제가 존재하는 동안에는 표백효과가 있으나 환원제가 소실되면 공기 중의 산소에 의하여 산화되어 원상태로 돌아가는 경우도 있다. 허용된 표백제와 그 사용기준은 표 12-8과 같다.

〈표 12-8〉 허용 표백제의 종류와 사용기준

| 명 칭 | 사 용 식 품 | 사 용 량 |
|---|---|---|
| 메타중아황산칼륨(potassium metabisulfite)<br>무수아황산 (sulfur dioxide)<br>산성 아황산나트륨 (sodium bisulfite)<br>차아황산나트륨 (sodium hyposulfite) | 당밀, 물엿<br>건조 과실류(건포도 제외)<br>곤약분<br>과실주<br>새우살<br>기타 식품(참깨, 두류, 서류, 과일류, 채소류) 및 그 단순 가공품(탈피, 절단 등) 제외<br>천연과즙(5배 이상 희석하여 음용하는 것)<br>엿 | 이산화유황으로서 최대 잔존량<br>0.3g/kg 이하<br>2g/kg 이하<br>0.9g/kg 이하<br>0.35g/kg 이하<br>0.1g/kg 이하<br>0.03g/kg 이하<br>0.15g/kg 이하<br>0.4g/kg 이하 |
| 과산화수소 (hydrogen peroxide) | | 최종 제품 완성 전에 분해 제거할 것 |

## 2-8. 밀가루 개량제(Flour improvers)

밀가루는 제조 후 그대로 즉시 사용하면 carotinoide 등의 색소를 함유할 뿐 아니라 숙성이 안 되어 있으므로 좋은 제품을 얻을 수 없다. 종전에는 밀가루를 저장하여 공기 중의 산소와 밀가루 중의 효소에 의한 표백과 성숙을 시켰으나 그 진행이 완만하고 실용적이지 않아서, 화학물질을 사용함으로써 표백과 성숙기간을 단축시키고 제빵 억제물질을 파괴시켜 분질을 개량하도록 하고 있다. 이와 같은 목적으로 사용되는 화학물질을 밀가루 개량제라 한다.

밀가루 개량제의 효과는 그 산화작용에 근거한 표백작용과 숙성작용에 의한 것이지만 품목에

〈표 12-9〉 허용 밀가루 개량제의 종류와 사용기준

| 명 칭 | 사 용 식 품 | 사 용 량 |
|---|---|---|
| 과산화 벤조일(희석) (benzoyl peroxide) | 밀가루(밀가루 이외 식품에 사용금지) | 0.3g/kg 이하 |
| 과황산암모늄 (ammonium persulfate) | 밀가루(타 식품에는 사용금지) | 0.3g/kg 이하 |
| 브롬산칼륨 (potassium bromate) | 제빵용 밀가루 | 브롬산으로서 0.3g/kg 이하 |
| 염소 (chlorine) | 밀가루(케이크 및 카스테라 제조용에 한함) | 1.25g/kg 이하 |
| 이산화 염소 (chlorine dioxide) | 밀가루(케이크 및 카스테라 제조용에 한함) | 30mg/kg 이하 |
| 아조디카르본아미드 (azodicarbonamide) | 밀가루 | 45mg/kg 미만 |
| 스테아릴 젖산 칼슘 (calcium steroyl lactylate)<br>스테아릴 젖산 나트륨 (sodium steroyl lactylate) | 빵, 면류 및 커피용 비낙용 크림 이외는 사용금지 | |

따라서는 표백작용은 거의 없고 숙성작용만 갖는 것도 있다.

과산화 벤조일, 염소 및 이산화염소는 표백작용을 주로 하는 것이다. 이 중에서 희석 과산화 벤조일은 과산화 벤조일에 명반, 인산칼슘 등을 혼합하여 19~22%가 되게 희석한 것으로 주로 표백작용에 의해서 밀가루 중의 제빵효과 억제물질을 산화하고 밀가루의 숙성은 짧은 시간 안에 완료시켜서 밀가루의 품질을 신속하게 안정시킨다. 또 미생물에 대한 살균효과도 있다. 현재 허용된 것과 사용기준은 표 12-9와 같다.

## 2-9. 유화제(Emulsifiers)

서로 혼합이 잘 되지 않는 2종류의 액체 또는 고체를 액체에 분산시키는 기능을 가지고 있는 물질을 유화제 또는 계면활성제라고 한다. 유화란 어떤 액체를 불용성의 다른 액체 중에 미세한 입자로 분산시켜서 분산입자를 강한 흡착막으로 쌓아서 입자의 병합을 막아 안전한 유상액을 얻는 것이다. 유화제의 효과는 식품의 제조법에 따라 다르며 마가린이나 아이스크림 등은 냉각하면서 유화시키고 캐러멜이나 껌은 일정한 온도에서 유화시키면 좋다. 유화제를 사용하여 식품에서 효과를 얻으려면 적절한 품목을 선택할 필요가 있다. 즉 HLB(친유성과 친수성의 균형값), gel화성 등의 성질을 종합하여 정하도록 하는 것이 좋다. 식품 제조 및 가공상의 물과 기름을 유화시키는 경우에 쓰이는데 아이스크림, 마요네즈, 빵 등에 많이 사용한다. 현재 허가된 유화제로는 글리세린 지방산 에스테르(glycerine fatty acid ester), 대두 인질(soybean phospholipids), 자당 지방산 에스테르(sucrose fatty acid ester), 소르빈산 지방산 에스테르(sorbic acid fatty acid ester), 프로펠렌 글리콜 지방산 에스테르(propylene glycol fatty acid), 폴리소르베이트 20(polysorbate 20) 등 6종류가 있으며 대상 식품 및 사용량에 대한 사용제한의 기준은 없다.

## 2-10. 감미료(Nonnutritive sweetners)

감미료는 당질 이외의 감미를 가진 화학적 합성품을 총칭하는 것으로 영양가가 없다. 인공 감미료는 당뇨병을 조절하거나 당 섭취를 제한하기 원하는 사람들에게 필요하다. Saccharine은 1879년 우연히 발견되어 수십 년 동안 당뇨병 환자들에게 사용되어 왔다. 다른 감미료는 비-알코올성 음료회사에 의하여 도입되었는데, 그 중 가장 성공적인 것은 saccharine과 같이 뒤끝맛이 쓰지 않았던 sodium cyclamate이었다. 그러나 만성 독성검사 결과 cyclamate는 단독으로는 발암성이 없으나 쥐에서 saccharine과 cyclamate를 함께 사용하였을 때 방광암을 일으켰다. 후에 saccharine을 과량 사용하면 단독으로도 방광암을 일으킨다는 것이 밝혀졌다.

〈표 12-10〉 허용 감미료의 종류와 사용기준

| 명 칭 | 사 용 기 준 |
|---|---|
| 사카린 나트륨 (sodium saccharine) | 식빵, 이유식, 백설탕, 갈색 설탕, 결정 포도당, 정제 포도당, 물엿, 벌꿀 및 알사탕류에는 사용금지 |
| 글리시르리진산 2 나트륨 (disodium glycyrrhizinate) 글리시르리진산 3 나트륨 (trisodium glycyrrhizinate) | 된장 및 간장 이외의 식품에는 사용금지 |
| D-소르비톨(D-sorbitol) D-크실로오스(D-xylose) D-말티톨(D-maltitol) 이소말트(isomalt) | |
| 아스파탐(aspartame) | 가열조리를 요하지 않는 식사대용 곡류 가공품(이유식 제외), 껌, 청량음료, 차류(분말 청량음료 포함), 아이스크림, 빙과(샤베트 포함), 잼, 주류, 분말수프, 발효유, 식탁용 감미료 및 특수 영양식(이유식, 병약자, 노약자 및 임산부용 식품 제외) 이외의 식품에는 사용금지 |
| 스테비오사이드(stevioside) | 식빵, 이유식, 백설탕, 포도당, 물엿, 벌꿀, 알사탕, 우유 및 유제품에는 사용금지 |

현재 가장 많이 사용되고 있는 감미료는 aspartame이다. 이것은 aspartic acid와 phenylalanine으로 구성되어 있으며 현재까지 광범위한 독성검사에도 어떤 발암성이 있다는 증거를 발견하지 못하였다. 또한 뒤끝의 쓴맛도 없기 때문에 현재 미국에서 비-알코올성 음료에 가장 많이 사용되는 감미료가 되었고, 우리나라는 1985년 첨가물로 지정되어 사용되고 있다. 감미료의 대상 식품 및 사용량에 대한 규격기준은 없으며 허가된 감미료의 종류와 사용기준은 표 12-10과 같다.

〈표 12-11〉 식품첨가물에서 삭제된 감미료

| 명 칭 | 연 도 | 이 유 |
|---|---|---|
| Dulcine | 1968 | 발암성 |
| Cyclamine산 나트륨 | 1969 | 발암성 |
| Cyclamin산 칼슘 | 1969 | 발암성 |

## 2-11. 조미료(Seasonings)

조미료는 맛을 강하게 하거나, 다른 맛을 만들어 내거나 해서 사람의 기호에 맞추기 위해 음식물에 첨가된다. 조미료는 맛의 종류에 따라서 감미료, 산미료, 염미료, 신미료 등으로 분류할 수 있다. 그러나 식품첨가물의 분류상 조미료는 감미료, 산미료 등 다른 것과 구분하여 음식물의 감칠맛을 증진시키려는 목적으로 첨가하는 물질을 가리킨다.

〈표 12-12〉 허용 조미료의 종류

| 분 류 | 명 칭 |
|---|---|
| 핵산계 | 5′-이노신산 나트륨<br>5′-구아닐산 나트륨<br>5′-리보뉴크레오티드 나트륨<br>5′-리보뉴크레오티드 칼슘 |
| 아미노산계 | L-글루타민산 나트륨<br>DL-알라닌<br>글리신 |
| 유기산계 | D-주석산 나트륨<br>DL-주석산 나트륨<br>DL-사과산 나트륨<br>구연산 나트륨<br>호박산-2-나트륨<br>호박산 |

이들은 화학적으로 아미노산계, 핵산계 및 유기산계로 분류할 수 있는데, 모두 사용기준이 규정되어 있지 않으므로 대상 식품이나 사용량의 제한을 받지 않는다.

## 2-12. 산미료(Acidulants)

산미료는 식품을 가공, 조리할 때 식품에 적합한 신맛을 붙여서 미각에 청량감과 상쾌한 자극을 주기 위하여 사용되는 첨가물이다. 산미는 pH 3.0~4.5에서 느낄 수 있으나 같은 pH라도 종류에 따라서 미각적인 산미의 강도가 다르다. 이러한 현상은 음이온의 차이에 의한 것으로 생각되며 부미라고 불린다. 산미료는 천연 유기산계의 것을 중심으로 12종이 지정되어 있으며 어느 것이나 사용기준은 없다. 허용된 산미료는 빙초산, 초산, 구연산, D-주석산, DL-주석산, 인산, 글루코노델타락톤, 젖산, 푸마르산, 푸마르산 1-나트륨, 아디핀산, 이산화탄소, DL-사과산 등이다.

## 2-13. 영양강화제(Enriched agents)

영양강화제는 식품에 영양 강화를 목적으로 사용되는 것으로서, 비타민, 무기염, 아미노산 등이 강화제로 사용된다. 이러한 물질들은 식품의 종류에 따라서 부족한 것도 있고, 때로는 제조, 가공, 조리, 보존과정에서 소실될 때도 있다. 그러므로 영양소를 보충해 주거나 원래 함유하지 아니한 것을 첨가하여 식품의 영양가를 높이기 위하여 강화제가 사용된다. 우리나라에서 지정된 강화제는 비타민류, 필수아미노산류, 철염류 및 칼슘 화합물로 크게 나누어져 사용하고 있으며 칼슘 화합물만 사용기준이 정해져 있다. 사용량은 칼슘으로서 식품의 1% 이하이며, 탄산칼슘만은 껌에 사용할 경우에 한하여 2% 이하로 규정하고 있다. 또 L-시스테인 염산염은 빵과 천연과즙 외에는 사용할 수 없고 비오틴, 산화 아연, 요오드칼륨은 영양의 목적 외에 사용할 수 없도록 되어 있다. 또 황산아연과 황산동은 조제분유와 이유식에 한하여 그 표준 조유농도에 대하여 각각 0.6g/L와 0.6mg/L 이하를 첨가하도록 제한하고 있다.

## 2-14. 팽창제(Blowing agents)

팽창제는 빵이나 카스텔라 등을 부풀게 하여 적당한 형체를 갖추게 하기 위하여 사용되는 첨가물이다. 여기에는 천연품으로 효모가 있고 화학적 합성품으로는 탄산수소나트륨(중조)을 비롯하여 10여 품목이 단용 또는 혼용되고 있다.

〈표 12-13〉 허용 합성팽창제의 종류와 대상 식품

| 명 칭 | 대상 식품 | 작 용 |
|---|---|---|
| 명반(alum) | 빵, 과자 등 | 산제 |
| 소명반(burnt alum) | 빵, 과자 등 | 산제 |
| 암모늄 명반(ammonium alum) | 빵, 과자 등 | 산제, $NH_3$ |
| 소암모늄 명반(burnt ammonium alum) | 빵, 과자 등 | 산제, $NH_3$ |
| 염화암모늄(ammonium chloride) | 비스킷, 전병 등 | $NH_3$ |
| D-주석산 수소 칼륨(potassium D-bitartrate) | 빵, 과자 등 | 산제 |
| DL-주석산 수소 칼륨(potassium DL-bitartrate) | 빵, 과자 등 | 산제 |
| 탄산수소 나트륨(sodium bicarbonate) | 빵, 전병, 비스킷 등 | $CO_2$ |
| 탄산수소 암모늄(ammonium bicarbonate) | 비스킷, 과자 등 | $CO_2$, $NH_3$ |
| 탄산 암모늄(ammonium carbonate) | 비스킷, 과자 등 | $CO_2$, $NH_3$ |
| 탄산 마그네슘(magnesium carbonate) | 빵, 과자 등 | $CO_2$, |
| 산성 피로인산 나트륨(disodium dihydrogen pyrophosphate) | 빵, 과자 등 | 산제 |
| 제1인산 칼슘(calcium phosphate monobasic) | 빵, 과자, 비스킷 등 | 산제 |
| 글루코노 델타 락톤(glucono delta lactone) | 케이크, 도우넛, 비스킷, 식빵 등 | 산제 |

## 2-15. 피막제(Glazing agents)

과실이나 야채의 선도를 장기간 유지하기 위하여 표면에 피막을 형성시켜 호흡작용을 적당히 제한하고 수분의 증발을 방지하는 목적으로 사용되고 있다. 현재 호흡작용을 억제하는 것에는 몰포린지방산염과 초산비닐수지가 허용되어 사용하고 있고 수분증발 방지용으로는 쉘락이 사용되고 있다.

## 2-16. 추출제(Extracting agents)

일종의 용제로서 어떤 성분을 추출할 목적으로 사용하는 것이며, 현재 지정된 것은 핵산(haxane), 이소프로필 알코올(isopropyl alcohol), 글리세린(glycerine) 및 프로필렌글리콜(propyleneglycol)

뿐이다. n-핵산은 식용유지를 제조할 때 사용되며, 그 이외의 목적에는 사용하여서는 안 되고 또 최종 제품의 완성 전에 제거하도록 규정되어 있다.

## 2-17. 이형제(Remover)

빵의 제조과정에서 빵 반죽을 분할기에서 분할할 때나 달라붙지 않게 하고, 모양을 그대로 유지하기 위하여 사용되는 것으로 유동파라핀이 허용되어 있다. 그 사용기준은 이형의 목적 이외에는 사용하지 못하며 빵에 대해서 최대 잔존량은 0.2% 이하로 규제되어 있다.

# 제3장 식품오염물과 잔류물의 위생

# 1. 식품오염물의 위생

최근 식품을 생산하거나 제조·가공하는 과정에서 환경에 존재하는 유독, 유해한 물질이 동·식물의 체내에 유입되고 그 동·식물을 원료로 하여 제조된 식품 중에 발견되는 수가 많다.

식품오염물(질)의 정의를 FAO/WHO 합동식품오염물위원회는 "식품 중에 어느 일정량 이상이 있으면 부적합하다고 생각되는 물질로서 보통의 상태에서는 동·식물 체내에서 자연히 생성되거나 의도적으로 첨가된 것이 아닌 물질"이라고 하였다. 그러므로 미생물의 독소나 동·식물에 함유되어 있는 유독물질 그리고 식품첨가물 등은 식품오염물에 해당되지 않는다.

환경에 존재하는 식품오염물의 특성은 화학적 안전성이 커서 분해나 대사반응을 받기가 어렵다. 또한 생체조직에 친화성이 커서, 체지방에 용해되어 축적되며 만성중독 증상을 유발할 수 있고, 체단백과 결합하여 그 기능을 저하시키며, 생체성분과 유사하기 때문에 조직에 침입하여 생체성분과 치환되어 대사성 질환을 일으킬 수 있다.

식품오염물이 식품을 통해 인체에 들어오면 인체에 다양한 영향을 미치는데 그 정도는 오염물질의 양, 섭취기간, 공존물질 등에 따라 다르며 또 흡수, 대사, 배설되는 속도에 따라 다르다.

식품오염물에 폭로된 인체측에서 보면, 식품오염물의 농도가 높고 흡수량이 많은 경우에는 생체가 갖고 있는 독성 수식인자의 작용이 발휘되지 않고 급성중독 또는 만성중독이 나타나며, 농도가 낮은 경우에는 수식인자의 영향이 강하게 나타나 독성의 발현이 일어나지 않고 끝나는 경우가 많다.

식품오염물질이 식품을 통해 인체에 들어오는 과정은 식품에 직접 오염되어 인체에 유입되거나 또는 먹이사슬에 의한 생물농축 현상에 의해 인체에 유입되어 건강장애, 특히 만성장애를 일으키는 경우가 대부분이다.

## 1-1. 식품오염물의 생물 농축

자연계를 구성하고 있는 원소뿐만 아니라 인위적인 활동으로 환경에 방출된 농약과 중금속을 비롯한 독성 화학물질은 흙, 대기, 물 등을 거쳐 생물권으로 확산되는데 그 최초의 단계에서의 오염물질의 농도는 특별한 경우를 제외하고는 생체에 영향을 미치지 못하는 정도의 극소량인 것이 보통이다. 그러나 그와 같은 오염물질은 먹이수준이 낮은 단계에서 높은 단계로 이어지는 먹이사슬에 의하여 몇 단계의 생물체를 거치는 동안 계속 농축·축적되고 이런 것을 사람이 오랜 기간 섭취하면 인체 내에 축적되어 중독량에 이르게 되는 것이다. 이러한 현상을 생물농축이라 하는데 육생식물의 경우에서 보면 흙, 대기, 물 등에 오염된 물질을 우선 식물 자체가 부착 또는 흡수·축적하는 것을 시작으로 해서 여러 단계의 먹이사슬을 거쳐 점차 농축되어 식용 동물에 이르게 되고, 수생식물의 경우에는 미소한 플랑크톤이나 식물을 거쳐 식용 동·식물로 이어져 농축된 후 다시 이것을 사료로 섭취하는 식용 동물로의 농축을 이루게 된다.

생물 농축은 원래 생물이 그 생존에 필요한 물질을 환경에서 섭취 농축시켜서 이용하기 위한 수단이라고 생각되지만 생체가 요구하지 않는 환경오염 물질의 경우도 선택의 여지없이 섭취되어 농축된다. 일반적으로 n-octanol: $H_2O$의 분배계에서 n-octanol층에 이행하기 쉬운 물질일수록 보다 큰 생물 농축을 받아서 농축계수가 높아진다.

생물 농축에는 식이를 매개로 하는 간접농축과 호흡 또는 체표면을 통해 흡수되는 직접농축이 있다. 식이를 매개로 하는 간접농축의 예로, 수중에서는 식물성 플랑크톤 → 동물성 플랑크톤 → 소형 어류 → 대형 어류 → 조류(鳥類)의 순으로 이어지는 이른바 먹이사슬이 있으며 이에 의해 수중의 화학물질, 예를 들어 PCB의 경우에는 105배 이상으로 농축된다.

이와 같이 환경 내의 오염물질 농도가 아주 낮을지라도 생물 농축과 먹이사슬에 의해 동·식물에는 비교적 높은 오염물질이 축적될 수가 있으므로 이를 식품으로 이용하는 경우에는 충분한 주의가 필요하다.

## 1-2. 식품오염 유해금속

현재 알려진 원소의 수는 103종이며 그 중 금속 원소는 86종이다. 금속 원소 중에서 비중 4.0이상의 것을 중금속, 비중 4.0 이하인 것을 경금속이라고 한다. 생체에 대하여 급성 또는 만성의 건강장애를 일으킬 수 있는 금속 원소를 유해금속이라고 한다.

금속 원소는 생체에 대한 작용에 따라 필수금속, 불활성 금속(수반금속), 유해금속(최기형성, 발암성을 나타내는 것을 포함)으로 분류할 수 있다. 일반적으로 필수금속은 생체의 기능유지를 위해서 필수적이어서 부족하게 되면 건강장애를 일으키지만 과잉 섭취하면 오히려 중독을 일으킨다.

불활성 금속은 생체 내에 함유되어 있으나 생리적인 작용은 불분명한 것이 대부분이고, 독성을 나타내는 유해금속은 어려서는 미량 존재하지만 나이가 들어갈수록 증가해서 장기간의 축적에 의해 건강장애를 일으킨다.

금속류 중에서 생체성분과 친화성이 커서 식품 등에 축적되기 쉬운 것은 납, 카드뮴, 수은, 주석, 크롬, 구리, 비소, 셀렌 등의 중금속이다. 금속의 생체내에서의 유해여부는 금속의 물리적·화학적 형태(화학형), 생체내 유입경로(경구, 경피, 기도 등), 생체내 존재상태(장기내 각종 성분과의 결합), 장기 특이성, 축적성, 배설속도, 폭로되는 양과 기간 등에 의해 강하게 좌우된다.

금속 상호 간의 작용과 다양한 유기 화합물과의 반응에 의한 독성의 변화도 무시할 수 없다. 예를 들어 아미노산(cystein, histidine)과 유기산(구연산, 호박산)에 의해 카드뮴과 납 등의 독성이 강하게 나타날 수 있다. 식품 중에는 필수금속과 비필수금속은 물론이고 아미노산과 유기산도 모두 함유되어 있으며, 이들이 서로 복잡하게 엉켜서 독서의 증강, 경감에 작용되고 있다고 생각된다.

〈표 13-1〉 금속의 1일 평균 섭취량(1977~1982년 조사치와 허용량)

| | Cd | Zn | Mn | Cu | Pb | As | 총Hg |
|---|---|---|---|---|---|---|---|
| 섭취량(㎍) | 44 | 1,527 | 4,152 | 1,372 | 59 | 413 | 5 |
| 섭취허용량 또는 무작용량(㎍) | 429 | 14,700 | – | 30,000 | – | – | 20 |

〈표 13-2〉 식품에 함유된 유해금속의 독성과 장애

| 유해금속 | 독 성 | 장애와 표적장기 |
|---|---|---|
| Cd | $LD_{50}$ : 88mg/kg<br>(rat 경구, $CdCl_2$)<br>치사량 불명 | 급성중독 증상으로 소화장애(수연, 구토, 설사, 복통), 폐수종, 화학성 폐렴이 보인다. 가용성 Cd에 의해 수연, 구토, 복통, 설사, 허탈, 의식장애가 일어난다.<br>육종, 전립선암의 발병과 관계 있음.<br>신장, 간, 폐에 장애를 일으킴. |
| Zn | $LD_{50}$ : 2.5g/kg<br>[rat경구, $Zn(C_2H_3O_2)_2$]<br>치사량 3~5g<br>(가용성 Zn 화합물) | 수연, 구토, 위통, 설사, 기침, 땀, 호흡곤란, 혼수, 경련, 허탈을 거쳐 사망.<br>신장, 간, 전립선에 장애를 일으킴.<br>결핍증은 알려졌지만 중후군과 유사한 증상 발현 |
| Mn | $LD_{50}$ : 3.7g/kg<br>[rat경구,<br>$Mn(CH_3COO)_2$) | 만성중독 증상으로 중추신경계의 진행성 악화, 수면상태 및 파킨슨 증후군과 유사한 증상발현 |
| Cu | $LD_{50}$ : 960mg/kg<br>(rat 경구, $CuSO_4$)<br>치사량 15~20g | 구강의 작열감, 타액분비 증가, 오심, 구토, 위통, 경련, 간, 소화관에 장애를 일으킨다. |
| Pb | $LD_{50}$ : 128mg/kg<br>치사량 〉30g | 급성중독 증상으로 구토, 인사불명, 사지마비.<br>만성중독 증상으로서 빈혈 등의 혈액장애, 식욕부진, 변비 등의 소화기 장애, 신경계 및 신장의 장애가 보임.<br>소아에서는 중추신경장애가 나타남.<br>조혈기, 신장, 뇌에 장애를 일으킴. |
| As | $LD_{50}$ : 45mg/kg<br>(rat 경구, $As_2O_3$)<br>치사량 0.1~0.3g<br>(아비산) | 신장형 중독으로서 구토, 고갈, 연하곤란, 쌀뜨물 같은 설사, 경련, 심근경색에 이어 수일 후 사망.<br>발암성이 있음.<br>간·피부에 장애를 일으킴. |
| Hg | $LD_{50}$ : 59mg/kg<br>(rat 경구, $CH_3HgCl$)<br>치사량 0.5g<br>($HgCl_2$) | 무기수은염에서는 장의 작열감, 동통, 오심, 구토, 수연, 신장기능 장애를 일으킨다.<br>저급알킬수은은 구진 주변이나 지체말단의 지각이상, 운동실조, 청각장애, 구심성 시야협착, 정신장애 등 신경계 장애를 일으킨다.<br>신장 뇌에 장애를 일으킨다. |
| Sn | $LD_{50}$ : 불명<br>(경구)<br>치사량 불명 | 구토, 설사, 복통, 두통, 권태감을 일으킨다.<br>비장, 심장, 폐, 뇌(유기 주석화합물)에 장애를 일으킴. |
| Cr | $LD_{50}$ : 3.3g/kg<br>[rat 경구, $Cr(NO_3)_3$)<br>치사량 불명 | 급성중독 증상으로서 구토, 설사, 복통, 등의 소화관 증상, 요독증 등의 신장장애, 황달을 수반하는 간염이 보임.<br>발암성이 있음.<br>폐, 호흡기, 피부에 장애를 일으킴.<br>($Cr^{+3}$은 내당인자로서 필수성이 증명되어 있다) |

### 1) 납(pb)

납은 현대 산업사회에서 가장 유용한 금속 중의 하나로 세라믹, 건전지, 땜납, 연관, 가솔린 첨가 제 등으로 널리 사용되고 있지만 생물에게는 백해무익한 것이다. 납중독은 오랜 잠복기를 거친 후 나타나는데 복통, 쇼크, 신경통, 빈혈, 신경장애 등을 유발한다.

납 오염의 가장 큰 원인은 자동차에서 나오는 배기가스이다. 자동차에 사용되는 가솔린에는 옥탄가를 높이기 위해 납 화합물을 첨가하기 때문에 배기가스에는 염화납이나 브롬화납이 들어 있다. 이들은 에어로졸의 형태로 대기 중에 떠다니며, 호흡을 통하여 폐에 들어온다.

최근에는 옥탄가가 낮은 가솔린을 사용하도록 내연기관이 개선됨에 따라 납을 첨가하지 않은 가솔린을 사용하는 차량들이 늘어나고 있다. 주유소에 '무연'이라고 표시되어 있는 것은 납을 첨가하지 않은 가솔린을 의미한다.

납은 야생 동물에게도 큰 위협을 주고 있다. 사냥꾼들이 소비하는 납 탄환은 전 세계적으로 연간 600만 kg에 달하는데, 새들이 그 납 조각을 먹이로 잘못 알고 주워 납중독이 되어 죽어가고 있다.

〈표13-3〉 식품위생법에 의한 식품 중의 납 규제량

| 식 품 명 | 규제량(mg/kg 이하) | 식 품 명 | 규제량(mg/kg 이하) |
|---|---|---|---|
| 해산 어·패류(심해성 어패류 및 참치류 제외) | 2.0 | 과채류 음료 | 0.3 |
| | | 탄산음료류 | 0.3 |
| 포도당류 | 0.5 | 혼합음료 | 0.3 |
| 과당류 | 0.5 | 인산음료 | 0.3 |
| 통·병조림식품 | 0.3 | 인삼 통·병조림 | 0.3 |

〈표 13-4〉 식품 중의 중금속의 규제량

| 식 품 명 | 중금속 규제량(mg/kg 이하) |
|---|---|
| 콩나물 | 0.1 |
| 해산 어·패류(심해성 어패류 및 참치류 제외) | 0.7 |
| 두부, 가공두부, 묵류 | 3.0 |
| 잎차류, 홍차, 인스턴트 커피, 고형차, 액상차, 분말 청량음료, 엿류, 설탕류 | 5.0 |
| 기타 식품 | 10 |

### 2) 수은(Hg)

수은은 액체상태의 금속으로서 그 화합물은 독성이 강하다. 일본 구주의 미나마타 해안에서는 1953년부터 주민들이 무기력해지는 이상한 병에 걸리기 시작하였다. 환자들은 수족이 마비되어 걷지 못하거나 광기를 보였고, 심한 경우에는 사망하는 사람도 있었다. 조사결과 이러한 증상은 수은중독에 의하여 나타난다는 것이 밝혀졌는데, 이 병을 그 지방의 이름을 따서 '미나마타병(Minamata disease)'이라고 하였다. 그 지방 사람들은 생선과 조개를 많이 먹었는데, 조사결과 그 생선과 조개에는 수은이 다량 함유되어 있었다고 한다. 미나마타 해안에 있는 화학공장에서 수은을 바다로 흘려보내 해안의 어패류를 오염시켰고, 그 어패류를 먹은 사람들이 수은중독을 일으켰던 것이다. 수은은 먹이사슬을 따라 농축되는 성질이 있다.

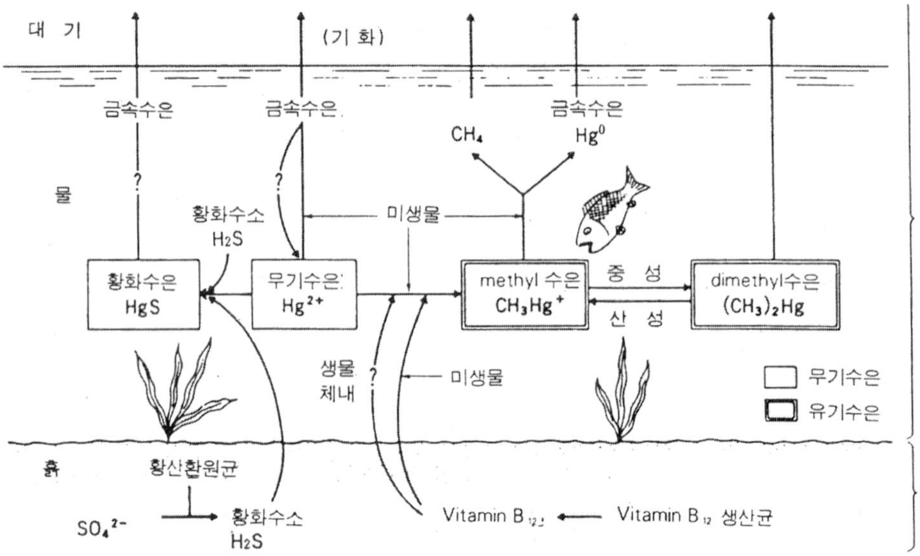


〈그림 13-1〉 자연계에 있어서 수은의 변화

### 3) 카드뮴(Cd)

일본의 진쯔 강 유역에 살고 있던 주민들이 제2차 세계 대전 이후 이상한 병에 걸렸지만 그 원인 을 알아내지 못하여 그 이름을 '이타이이타이병(itai-itai disease)'이라고 명명하였다. 이 병은 근육과 관절에 심한 통증이 있고 내분비계에 이상을 초래한다. 후에 이 병에 걸린 환자의 조직을 분석한 결과 카드뮴이 많이 함유되어 있다는 것이 발견되어 이 병이 카드뮴 중독에 의한 것임을 알게 되었다.

진쯔 강 유역에 있던 광산에서 카드뮴이 함유되어 있는 폐광석을 오랫동안 진쯔 강에 버려 강물 이 카드뮴에 오염되었다. 그 강물로 농사를 지은 벼에 카드뮴이 축적되어 그 쌀을 먹은 주민들 이 카드뮴에 중독된 것이었다. 카드뮴은 생물에게 유익한 점은 없고 소량으로도 독성을 나타내는 원소이지만, 합금, 전기 도금, 염색공업, 요업, 사진, 원자로 등에 사용되며, 생물체에 이입되면 잘 배설되지 않고 간, 신장, 갑상선, 골조직 등에 축적된다.

〈표 13-5〉 어패류의 수은 함유량

| 종 류 | 총 수은량(A)(ppm) | methyl 수은량(B)(ppm) | B/A(%) |
|---|---|---|---|
| 황다랭이 | 0.80 | 0.68 | 85 |
| 실갯지렁이 | 0.72 | 0.60 | 96 |
| 인도참치 | 0.75 | 0.62 | 83 |
| Xiphias | 1.01 | 0.96 | 95 |

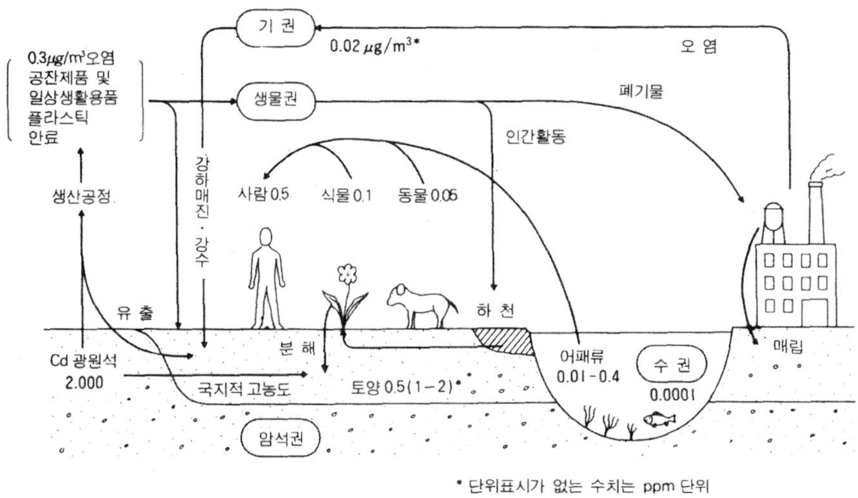


〈그림 13-2〉 자연계에 있어서 카드뮴의 순환

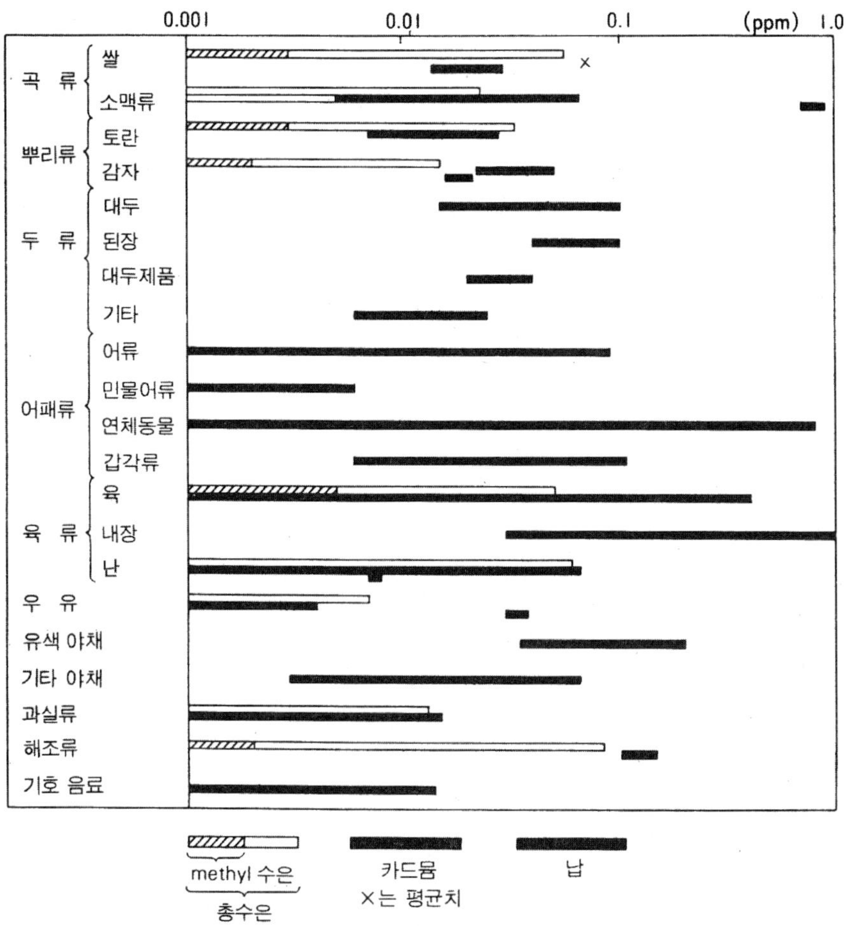


〈그림 13-3〉 여러 가지의 식품(군) 중의 수은, 카드뮴, 납의 농도

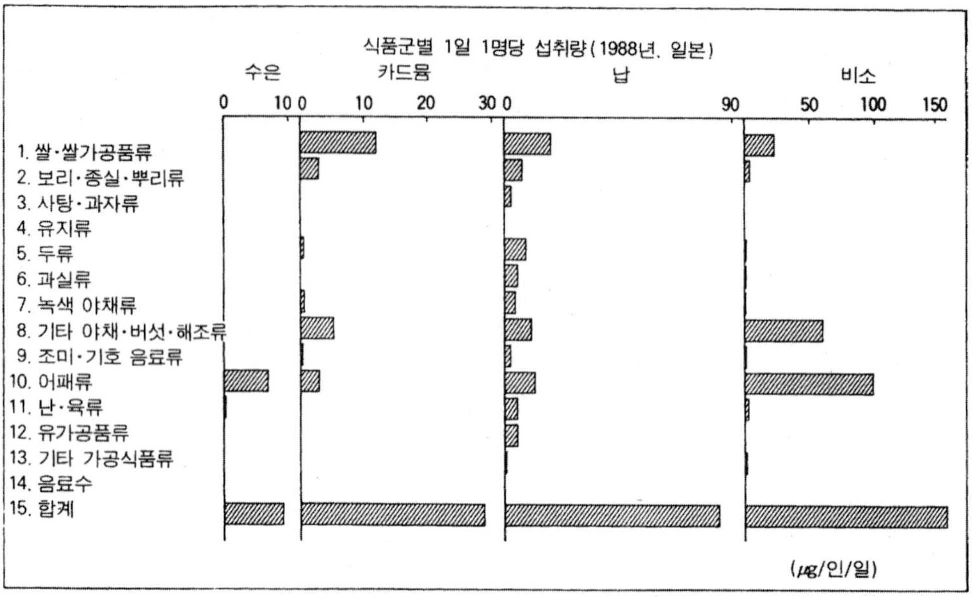


〈그림 13-4〉 일상식에서 수은, 카드뮴 등의 1일 섭취량

### 4) 비소(As)

비소는 수은과 같이 매우 오래 전부터 의약품으로 사용되었고 또 안료, 방부제, 농약 등에 널리 이용되어 왔다. 자연계에서는 주로 $As^{3+}$, $As^{5+}$의 화합물로 존재하며 3산화비소(아비산, $As_2O_3$, 수중에서는 $HAsO_2$로 존재) 및 염류, 5산화비소($As_2O_5$, 수중에서는 비산 $H_3AsO_4$으로 존재) 및 그 염류에 의한 아급성, 만성중독이 잘 알려져 있다. 자연계에서 분포하고 있는 비소는 토양 미생물에 의해 메틸화를 받아, $CH_3AsO_3H_2$(methylarzenic acid)와 $(CH_3)_2AsO_2H$(dimethylarzenic acid) 등으로 존재한다(그림 13-5).

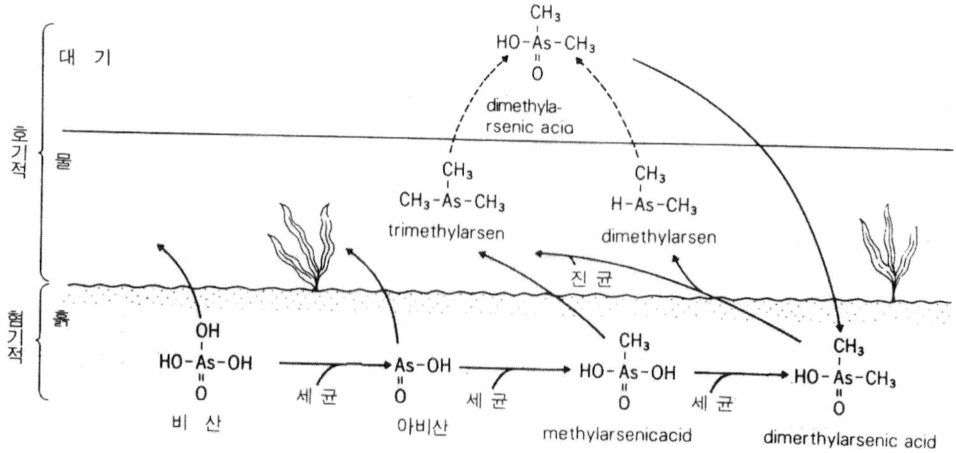


〈그림 13-5〉 자연계에 있어서 비소의 형태변화

정상인의 1일 비소 섭취량은 70~170㎍이며 이는 음식물에서 섭취가 대부분이고 호흡기와 피부로의 흡수는 적다. 비소($As_2O_3$)의 소화관에서의 흡수율은 약 3%이고, 호흡기로부터 흡수율은 27%이다. 흡수된 비소는 주로 신장을 통해서 요 중으로 배설된다. 비소는 뼈, 피부 외에 간, 신, 폐, 비장 등의 장기에 많이 존재하고, 심장과 뇌에는 적다.

비소함량이 특히 높은 것은 모발(0.047~0.97ppm)과 손·발톱(0.64~1.39ppm)이므로 이들은 비소중독의 진단에 유효하게 이용된다.

비소 화합물에 의한 급성중독은 처음에 인후·식도의 수축, 연하곤란 등의 증상이 나타나며 이어서 위통, 구토, 설사 등의 소화관 장애를 일으킨다. 더구나 단백뇨, 혈뇨에 이어서 요량의 감소 등 신장장애가 나타난다. 중독량은 $As_2O_3$로서 50mg 이상이며, 사람의 최소 치사량은 70~180mg이다.

비소에 의한 중독은 광석이 연소될 때 $As_2O_3$를 함유한 가루를 흡입하여 발생한다. 이때 여러 가지 호흡 시 장애 외에도 피부에 홍진, 습진, 약진 등의 발진(비소진)을 동반한다. 또 경구섭취의 경우도 소화관 장애가 인정되고 있다. 만성중독의 경우에는 위에 기술한 피부의 비소진 외에 색소침착 이상, 궤양, 손, 발톱, 모발의 위축과 결손, 비중격천공 등이 나타나며, 위장증상으로는 메슥거림, 구토, 설사, 변비 등이 나타난다. 또 신경증상으로는 진전, 말초신경염 등이 나타난다. 비소 화합물은 피부암뿐 아니라 폐암, 간암의 원인물질의 하나라고 생각되고 있다. 비산석회, 비산연 등 농약으로 사용하기 때문에 농산물에는 잔류기준이 있다. 또 작업장의 허용농도는 0.5mg/$m^3$(As로서)이다.

### 5) 크롬(Cr)

자연계에서는 $Cr^{+3}$, $Cr^{+6}$의 화합물로 존재한다. 3가 크롬은 쥐(rat)를 이용한 실험결과 내당능력(耐糖能力)의 유지에 불가결한 인자(耐糖因子 glucose tolerance factor; GTF)로 알려졌는데, 이는 인슐린이 그 수용체에 결합하는 것을 촉진하기 때문이라고 생각된다. 한편, 6가 크롬은 강한 산화성이 있고 특히 산성영역에서 유기물을 산화하고 자신은 3가 크롬으로 환원된다. 6가 크롬은 경구, 경피, 경기도로 흡수되어 3가 크롬으로 환원되는데 이때 궤양, 피부염, 알레르기성 습진, 결막염, 비염 등을 일으킨다. 크롬산염 제조공장이나 도금공장에서 6가 크롬의 계속적인 흡입에 의한 비중격 천공과 폐암 발생률의 상승, 그리고 6가 크롬에 의한 주변 환경의 오염이 주목된다.

성인의 1일 크롬 섭취량은 200~300㎍ 정도이고 이는 음식물, 과실류, 어패류, 해조류 등의 섭취가 대부분이고, 대기에서는 0.2㎍, 음료수에서는 2.2㎍ 정도이다.

## 1-3. 식품오염 유해 유기 화합물

화학공업의 발전과 함께 인공적으로 합성되는 화학물질은 계속해서 증가하고 있다. 이들 화학물질은 의약품, 농약, 식품첨가물, 공업용품 등으로 광범위하게 이용됨으로써 직·간접으로 현대의 문명사회에 공헌하고 있으나, 이용 시 또는 이용 후의 관리나 처리가 적절하게 처리가 되지 않을 경우에는 직접 또는 환경을 경유해서 간접적으로 사람의 건강에 심각한 영향을 미칠 수 있다.

### 1) PCBs(Polychlorobiphenyls)

PCBs(polychlorobiphenyls)는 biphenyl의 수소가 2~10개 염소로 치환된 화합물을 총칭한 것으로 그 이성체의 수는 이론상 210개나 되지만 지금까지 실제로 생성된 것은 주로 염소 수가 2~6개 정도의 것이다. PCB는 물에는 녹지 않고 산, 알칼리 및 고온(650℃)에도 매우 안정하고 불연성이며 비전도체로서 증기압이 매우 낮기 때문에 1930년부터 여러 방면에서 널리 사용되어 왔다.

난 분해성인 PCBs는 1977년까지 전 세계적으로 약 60만 톤이 생성되어 유통되어 왔으나 생산이 중단된 지금까지도 식품에 잔류되어 있어서 문제가 되고 있다.

DDT도 자외선을 쪼이면 PCBs로 전환된다는 것이 인식됨에 따라 PCBs 오염은 전 세계적인 관심사로 대두되고 있다. PCBs에 의한 인체의 중독사건은 1963년 일본에서 최초로 발생하였다. 즉 미강유 사건으로서 미강유의 탈취공정에 사용했던 PCBs가 새어나와 오염된 미강유를 사람들이 먹고서 14,320명에게서 중독을 나타내었다.

PCBs의 생체에 대한 영향은 유증환자의 증상과 유사하지만 증상이 아주 다양하고 복잡하기 때문에 어떤 기구로 독성이 발현하는 것인지는 알기 어렵다. PCBs에 의한 급성독성은 쥐(rat)에 있어서 체내, 특히 간에 과산화지질의 증량과 lipofuscin양 색소의 침착이 또 사람에 있어서는 유증환자의 임상소견으로 얼굴, 가슴 등에 부스럼과 피부, 손, 발톱의 색소침착 및 흑화가 인정되고 있다. 한편 태아성 유증환자에서는 출생 시 피부색이 검고, 발육이 약간 불량하며 치아발육 시기에 발육부진이 관찰되고 있다.

PCBs에 의한 환경오염은 각 공장에서 배기, 소각 등에 의해서 대기가 오염되고 다시 강우 등에 의한 육생생물이나 흙의 오염을 거쳐 수계오염으로 이어지는 오염경로를 밟는 것이 보통이지만 경우에 따라서는 PCBs에 오염된 사료 등을 거쳐 식품이나 동·식물을 오염시키는 특수한 경로를 밟는 수도 있다.

PCBs는 DDT나 BHC 같은 농약과는 달리 수생동물이나 새들에는 많이 잔류하나 육생 동·식물이나 가축류에는 잔류하는 양이 적다. 따라서 PCBs에 있어서는 어패류에 오염이 식품위생상 가장 중요하며, 또한 바닷물 환경에서의 먹이사슬에 의한 농축과 생체 내에서의 독성문제가 중요한 과제이다. PCBs는 물, 대기 및 흙뿐만 아니라 동·식물성 식품이 크게 오염되고 있어 인체나 모유에서까지도 PCBs가 검출되는 등 심각한 오염실태가 밝혀짐으로써 1972년 8월에는 식품 중의 PCBs의 잠정 규제치가 마련되었다. 또한 개방계의 제품에 대해서는 PCBs의 사용을 중지시켰고, 폐쇄계 제품에 대해서도 PCBs를 회수할 수 없는 것은 중지하도록 유도하고 있다.

한편, PCBs를 특정 화학물질로 지정하여 수입금지와 사용제한 등의 조치도 취하고 있다. 우리나라에서는 PCBs의 환경오염에 대비하여 환경보존법으로 공장 폐수와 방류수에 대해서는 0.003mg/L 이하, 사람의 건강보호를 위한 수질의 환경기준으로는 전 수역에서 검출되어서는 안 되는 것으로 규정하고 있다. 그러나 아직도 식품에 대한 규제기준은 마련되어 있지 않으며 PCBs 문제에 대한 그 외의 대비책도 미흡한 실정이다.

### 2) Polychloro dibenzo dioxin 및 furan

폴리염화 디벤조 다이옥신(Polychloro dibenzo dioxin; PCDD)과 폴리염화 디벤조 푸란(Polychloro dibenzo furan; PCDF)은 다음 구조식과 같이 2개의 벤젠핵과 산소로 이루어진 골격을 갖는 화합물의 염소치환제이며 염소의 수와 위치에 따라 각각 전자에는 75종, 후자에는 210종의 이성체가 있는데, 이들 가운데 일부 화합물이 제초제 등 농약에 불순물로 함유되어 있거나 또는 염화비닐수지가 섞여 있는 쓰레기를 불로 태울 때 생겨서 환경을 오염시키고 식품을 거처 인체에 들어올 수 있어서 식품위생상 새로운 문제점으로 등장하게 되었다.

PCDD는 미국에서 제초제로 허가된 2,4,5-T(2,4,5-trichlaro phenoxy acetate)의 제조과정에서 불가피하게 생성되는 부산물임이 1957년에 이미 밝혀졌고, 1957년 미국의 동부와 중서부에서 동물성 지방이 혼입된 사료에 의하여 발생된 수백 마리의 병아리 중독사 사건인 chick edema disease의 원인물질의 하나가 1969년에 1,2,3,7,8,9-hexachlaro dibenzodioxin(HCDD)으로 밝혀진데 이어서 chick edema disease의 사망인자가 2~8개의 염소치환 PCDD의 혼합물인 것으로 확인됨으로써 주목을 끌게 되었다.

PCDD는 석탄, 석유 등을 사용하는 발전소, 가솔린이나 디젤을 사용하는 자동차, 도시가스의 세정수에서도 미량 존재하고 스테이크나 담배 등의 연기에도 미량 검출되고 있다. PCDD의 발생원은 제초제 등의 제조과정에 부생하여 불순물로 혼입되는 경우가 많고, 가열·산화 등의 화학반응에 의하여 2차적으로 생성되는 경우도 있다. PCDD류는 일반적으로 상온에서 무색의 고체이고 물에는 녹지 않지만 유기용매에는 잘 녹는 성질을 가지고 있으며 물리적·생리적으로 안정하고 독성이 대단히 큰 물질이다.

PCDD·PCDF류는 물, 대기, 흙, 하천이나 바다 밑 물질, 어패류, 축산물, 농작물 등에는 물론 모유나 인체 조직에까지 축적된다. 현재 PCDD·PCDF류의 함유 가능성이 많은 화합물이 아직도 농약으로 이용되고 있고, 연소할 때 PCDD·PCDF류의 발생 가능성이 있는 폐기물도 많이 배출되고 있는 실정이므로 이로 인한 식품의 오염은 배제할 수 없다.

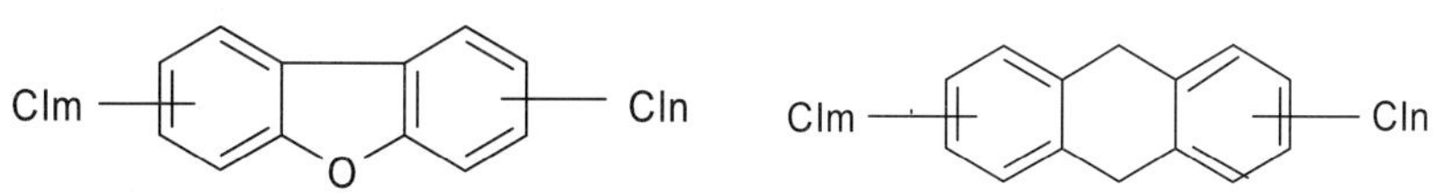


Polychlorodibenzofuran(PCDF) Polychloro-dibenzo-p-dioxin(PCDD)

### 3) Trihalomethane(THM)

1974년, 미국에서 상수도 수원이 되고 있는 하천수에 함유된 유기물질을 정수 조작 후에 조사하였더니 66종의 유기물질이 검출되었다. 그 중에는 몇 가지의 발암성 물질이 함유되어 있다는 EPA(미국 환경청)의 보고가 있었는데 그 중의 유기염소, 특히 trihalomehtane에 대하여 연구가 이루어진 끝에 그 발암성 때문에 규제치가 설정되게 되었는데, 1979년은 chloroform (thrichloromethane; $CHCl_3$), bromoform(thribromomethane; $CHBr_3$), bromodichloromethane ($CHBrCl_2$), dibromochloromethane($CHBr_2Cl$)의 4종을 trihalomethane이라 총칭하고 EPA는 0.1mg/L 이하로 규제기준을 설정하였다.

음용수 중의 유리염소 처리에 의한 trihalomethane 생성은 자연수 중의 humic 물질, 즉 humic acid, fulvic acid와 수중의 halogen과 복잡한 반응의 결과 생기는 것으로서 산업활동으로 수역에 배출되는 유기 화합물과의 반응에 의한 것은 적다. Trihalomethane의 생성은 다음과 같다.

**유리염소 + 전구물질(NOM) → THM + 부 생산물**

일반적인 조건하에서 trihalomethane은 순간적으로 생기지 않는다. 어떤 특수한 조건에서 trihalomethane 생성반응은 1시간 이내에 끝날지 모르나 대개의 경우 trihalomethane이 최대량이 되려면 수일간 걸려야 한다. 또 수중의 유리염소와 거의 구조가 불명한 전구물질과의 반응이 복잡하므로 trihalomethane 생성기구 혹은 반응이 끝난 시점에서의 생성량에 대한 영향을 주는 여러 가지 요인을 예측하기는 곤란하다.

#### ■ 염소와의 반응

Trihalomethane과 관련이 깊은 물질은 humic acid인데 아직 이의 화합물의 구조는 명백하지는 않으나 구성식은 $C_{78}H_{52}O_5(COOH)_8(CO)_2$이다. Humic acid를 화학적으로 분해하면 몇 가지 기본적인 물질들을 얻을 수 있는데, 결국 이들의 활성기와 염소와 반응하여 일부는 차아염소산 (HOCl)을 생성한다.

$$Cl_2 + H_2O \leftrightarrow HOCl + H^+ + Cl^-$$

$$HOCl \longleftrightarrow H^+ + OCl^-$$

이의 해리상수는 1.6 ~ 3.2 $\times 10^{-8}$이고 pH 7.5 ~7.8로서 $OCl^-$가 많아진다. 염소수에서는 99% 이상이 HOCl이고 HOCl은 또 약산이기도 하다. 염소수에서의 활성형 염소로서는 HOCl, $OCl^-$ 외에 $Cl_2$, $H_2OCl^+$ 등을 생각할 수 있으나 물속에서는 HOCl에 의한 친 전자반응이 주로 일어난다.

#### ■ Trihalomethane의 제거

THM을 생성하는 전구물질과 유리염소와의 일반적인 반응은 다음과 같다.

**유리염소 + 전구물질(humic 물질)과 취화물 → THM + 부산물**

일반적으로 trihalomethane의 제거는 다음의 세 가지 처리방법이 알려져 있다. 즉, 생성된 THM의 제거, THM 전구물질의 제거, 염소 이외의 소독제의 사용 등이다.

## 1-4. 방사성 물질

1954년 미국이 마샬군도 비키니에서 행한 핵 폭발실험을 시작으로 세계 여러 곳에서 핵 폭발실험의 결과 방사성 강하물이 생겨 많은 종류의 방사성 핵 분열 생성물이 물, 대기, 토양 그리고 식물과 수산물을 오염시켰다. 핵 폭발실험이 거의 정지된 현재에도 세계 각지에서 건설된 원자력 발전소와 핵연료 재처리시설로부터 배기, 배출수 등에 방사성 물질이 함유되어 있어 사람의 건강을 위협하고 있다. 특히 1986년에 구 소련의 체르노빌 원자력 발전소에서 방사능 물질의 누출사고로 인명과 재산의 큰 피해를 입은 후 방사능에 대한 불안과 관심이 더욱 커지게 되었다.

방사성은 100여 년 전 프랑스의 베크렐은 우라늄 광석 옆에 검은 종이로 싸서 놓아 둔 사진건판이 감광되어 있는 것을 우연히 발견하였다. 이것은 우라늄에서 방출된 것이 사진건판을 감광시킨 것이다. 이 때 방출된 것을 방사선이라 하고, 방사선을 내는 작용을 방사능이라고 한다.

그 후, 퀴리 부부는 우라늄보다 강력한 방사선을 내는 라듐과 폴로늄을 발견하였다. 이렇게 방사선을 방출하는 원소를 방사성 원소라고 한다. 방사성 물질에는 자연에 존재하는 것이 있고, 산업·의학 등에 이용하기 위하여 인공적으로 만든 것도 있다. 방사성 물질로부터 나오는 방사선 중 $\alpha$선은 헬륨(He) 원자핵의 흐름으로 분자를 이온화시키는 전리작용·감광 및 형광작용이 매우 크며 (+)전하를 띠고 있어 전기장에서 (−)극 쪽으로 휘고, 투과력이 약하다.

$\beta$선은 전자의 흐름으로 (−)전하를 띠고 있어 전기장에서 (+)극 쪽으로 휜다. 투과력은 $\alpha$선보다 세고 $\gamma$선보다는 약하다.

$\gamma$선은 파장이 짧은 전자기파로 전리작용은 약하지만 투과력이 가장 강하며, 5cm 정도의 납판을 차단벽으로 한 용기 속에 보관해야 한다. 그 밖에도 방사선에는 진공관에서 발생하는 X선과 원자핵 반응에서 생기는 양성자선 및 중성자선 등이 있다.

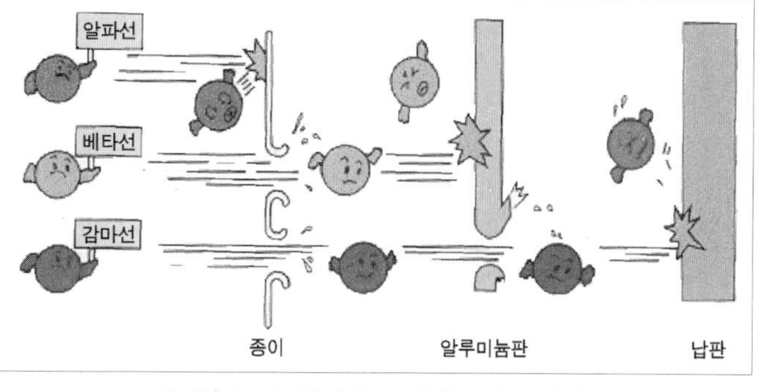

〈그림 13-6〉 방사성 물질의 물질 투과력

방사선은 눈에 보이지 않고 들을 수도 없지만 사진건판을 감광시킨다. 방사선을 탐지하는 가장 간단한 장치는 사진 필름 배지이며, 이것은 방사성 물질을 다루는 사람들이 착용한다.

방사선은 분자를 이온화하거나 깨뜨릴 수 있어 생물 조직에 나쁜 영향을 끼친다. 우리가 방사선에 노출되어 생물학적 영향을 받는 방사선의 양을 방사선량이라고 하며, 이것을 나타내는 데 렘(rem) 또는 시버트(Sv) 단위를 사용한다. 1시버트는 100렘 또는 10만 mg과 같다. 방사선량의 생물학적 영향을 보면 아래의 표 13-6과 같다.

〈표 13-6〉 방사선량의 생물학적 영향

| 투사량(rem) | 생물학적 영향 | 투사량(rem) | 생물학적 영향 |
|---|---|---|---|
| 0~25 | 탐지 불가 | 200~300 | 구토, 설사, 식욕부진 |
| 25~100 | 백혈구의 일시적 감소 | 300~600 | 구토, 설사, 출혈, 치사 |
| 100~200 | 구토, 메스꺼움, 백혈구의 장기간 감소 | 600이상 | 치사 |

우리는 우리의 생활 주변으로부터 언제, 어디에서나 방사선을 받고 있지만 그 양이 매우 적어 인체에 거의 영향을 받지 않고 있다. 일반인이 1년 동안에 받는 방사선량의 최대 허용기준을 100밀리램(mrem)으로 국제기구에서 정하고 있다.

### 1) 식품오염과 관련된 핵종

핵 폭발실험이나 원자력 발전 등의 핵반응 에너지를 이용할 때 배출되는 핵 분열 생성물 중에서 물, 흙, 식품 등을 오염시키는 핵종으로서 문제가 되는 것은 스트론튬 90(Sr-90), 세슘 137(Cs-137), 요오드 131(I-131) 등이 있는데 Sr-90과 Cs-137은 비교적 생성률이 크고 반감기도 길어서 오랫동안 문제가 된다.

Sr-90은 물리적 반감기가 28년이고, 그 화학적 성질이 Ca과 유사하고 인체 흡수 시 뼈에 침착하기 쉽고 배설되기 어렵기(사람 체내에서의 반감기는 35년인데 비해, 뼈는 약 50년) 때문에 Sr-90이 체내에 흡수되었을 때에는 골수가 장기간 $\beta$선에 피폭된 결과 백혈병이나 골육종 등의 질병에 걸리지 쉽다고 한다.

한편, Cs-137은 물리적 반감기가 30년이고, 그 화학적 성질이 칼륨과 유사하여 전신에 분포하면 $\beta$선과 $\gamma$선을 장기간 방사함으로써 체세포 특히 생식세포에 장애를 준다고 한다.

또 I-131은 그 반감기가 아주 짧아서 약 8일 밖에 안 되지만 생성률이 커서 피폭 직후 갑상선에 축적하여 $\beta$, $\gamma$선을 방사하므로 갑상선 장애를 일으킨다.

음식물의 오염에 관해서 중요한 의미를 갖는 방사성 핵종과 주요 방사선, 유효 반감기(물리적 반감기×생물학적 반감기 / 물리적 반감기 + 생물학적 반감기), 결정기관 및 음료수 중의 "주목할 수밖에 없는 농도"를 표 13-7에 나타냈다. "주목할 수밖에 없는 농도"는 국제방사선방호위원회(International Commission on Radialogical Protection; ICRP)가 수중 최대 허용농도의 1/10을 일반적으로 인간이 경계해야 할 농도로 하자는 사고방식에 기초해서 정해진 것이다.

한편, 식품의 보존을 목적으로 한 방사선 조사는 우리나라에서는 감자, 양파, 마늘, 밤, 생버섯, 마른 버섯에 허용되어 있는데 반해, 일본에서는 감자에 한해서 인정되어 있으며 발아방지를 위해서 $\gamma$선(선원 Co-60, 총량 15krad)이 조사된다.

〈표 13-7〉 식품오염 방사성 핵종과 그 성질, 결정기관, 주목농도

| 방사성 핵종 | 방사선 | 유효반감기(일) | 결정기관[b] | 주목농도(pBq/L)[c] |
|---|---|---|---|---|
| $^{60}Co$ | $\beta,\gamma$ | 86.4 | 소화관 | $18.5\times10^2$ |
| $^{90}Sr$ | $\beta$ | $4.8\times10^2$ | 뼈 | 3.7 |
| $^{95}Zr$ | $\beta,\gamma$ | 22.9 | 소화관 | $22.2\times10^2$ |
| $^{106}Ru$ | $\beta$ | $1.2\times10^2$ | 소화관 | $37.0\times10$ |
| $^{131}I$ | $\beta,\gamma$ | 3.1[a] | 갑상선 | 74.0 |
| $^{137}Cs$ | $\beta,\gamma$ | $1.3\times10^2$ | 전 신 | $74.0\times10$ |
| $^{144}Ce$ | $\beta$ | 51.6[a] | 뼈 | $37.0\times10$ |
| $^{226}Ra$ | $\alpha$ | $1.8\times10^2$ | 뼈 | $3.7\times10^{-1}$ |
| $^{239}Pu$ | $\alpha$ | 22.0[a] | 뼈 | $18.5\times10$ |

a) 쥐에 대한 생물학적 반감기를 기초로 하여 계산, 다른 것은 사람에 대한 것을 기초로 하여 계산
b) 피폭될 때 신장장애의 주 원인이 되는 장기(critical organ)
c) ICRP가 설정한 농도. 음식물 중의 "주목해야 할 농도"는 이들 값에 2.2/a를 곱한 값(pBq/kg 또는 L)으로 한다. 단 a는 음식물의 1일 평균섭취량(kg 또는 L)

## 2) 각종 음식물의 방사능 오염

### ■ 음료수

대기 중에 존재하는 일부의 방사성 물질은 대부분 먼지와 함께 빗물에 섞여 지표면에 떨어진다. 빗물에 함유된 방사성 물질은 정수장에서 정수과정을 거치는 동안 거의 제거된다. 지하수 또한 빗물이 흙 속을 이동하는 과정에서 여과작용을 통해 대부분 제거된다. 그러나 빗물을 직접 마시는 것은 위생상 위험성이 따르고, 또 우물물을 뚜껑 없이 개방할 경우에는 오염을 받은 빗물이나 먼지가 직접 외부에서 침입할 수 있기 때문에 주의해야 한다.

### ■ 농작물

방사성 물질의 농산물 오염경로는 방사성 강하물이 땅위에 떨어진 다음 일부는 식물의 표면에 부착되거나 또는 직접 흡수되고 일부는 땅 속에 축적된 후 뿌리에서 흡수된다. 특히 Sr-90이나 Cs-137은 뿌리로부터 과일이나 곡류에 흡수되는 경우가 많다. 또한 잎이나 체표면으로부터 흡수되는 경우가 있는데 비교적 적게 발생하여 강하율이 높은 기간에만 주로 문제가 되고 식물체 내에 흡수되었다 하여도 이용되는 경우는 적다. 그리고 채소류의 경우는 토양의 오염 정도, 흡수된 핵종, 잎 표면의 성질에 따라 다르나 직접 강하물이 부착하는 경우에는 세척에 의하여 제거가 가능하다.

### ■ 수산물

방사성 강하물질은 물속에 들어갔을 때 확산, 유동, 용해 등의 현상에 의해 이동이 자유로워 일반적으로 수산식품은 오염도가 크다.

이들의 오염경로는 체표면에 의한 흡수와 식이로부터의 오염을 들 수 있는데 핵종을 조사한 결과 특수한 것을 제외하고는 $Fe_{55}$, $Ze_{65}$, $Cd_{131}$ 등이 있으나 이들은 식품이란 의미로서 문제가

되는 것은 아니다.

■ 축산물

방사성 물질에 의한 축산물 오염은 먹이사슬의 경로로 보아 2차 오염이며 가축이 섭취하는 물과 사료가 중요한 구실을 한다. 축산물에서 실제로 문제가 되는 핵종은 I-131인데, 이것은 반감기가 극히 짧기 때문에 젖소가 피폭 직후 직접 오염된 목초를 섭취하면 쉽게 흡수되어서 우유 중에 바로 나타난다. 따라서 이러한 우유를 마시면 위생상 문제가 된다.

### 3) 식품 중의 방사성 허용기준

1989년 우리나라에서는 방사성 물질에 의한 식품오염에 대비하여 식품 중의 방사능 잠정 허용기준을 마련하여 표 13-8과 같이 공포하였다.

〈표 13-8〉 식품 중의 방사능 잠정 허용기준

| 핵 종 | 대 상 식 품 | 기 준(Bq/kg, L) |
|---|---|---|
| $^{131}I$ | 유 및 유가공품 | 150 |
| | 기타 식품 | 300 |
| $^{134}Cs-^{137}Cs$ | 모든 식품 | 370 |

### 4) 오염방지법

일반적으로 오염되는 경로를 차단하기는 매우 어려우나 식수의 경우는 뚜껑을 덮어 방사성 핵종의 낙하를 방지하여야 하며, 일단 오염된 경우에는 제거하여야 한다. 그 방법으로는 토양, 목관, 모래층으로 여과하는 방법과 명반 등을 사용하여 응집·침점시키는 방법이 있다. 또한 농작물에 오염된 잎의 부위는 염산이나 구연산 등으로 세정하는 방법이 제거법으로 이용되고 있다. 현재 방사성 강하물 중에 가장 위험한 핵종으로는 Sr-90과 Cs-137이 있는데, 이들 중 Cs-137은 특히 근육과 피 속에 $\beta$선을 에너지로 내고 있을 뿐 아니라 반감기도 가장 길다(Sr-90=28년, Cs-137=30년).

## 2. 식품 잔류물의 위생

식품 잔류물은 식품오염물과는 달리 식용 동·식물에 의도적으로 사용한 것이 잔류하는 것으로 농약, 사료 첨가물, 동물용 의약품의 경우가 이에 해당된다. 이들은 넓은 의미로 보면 식품오염물에 속할 수도 있으나 식품 중에 존재하는 양의 시간적 추이가 첨가물이나 오염물과는 뚜렷하게 달라서 사용된 시점에서는 높지만 차차 감소되어서 식품으로 제공되는 때에는 없어져 버리게 되는 것이다.

그러나 사용한 후에 직접 그 대상물에 잔류되는 직결과정이 아니고 일단 환경에 방출된 후 다시 환경으로부터 동·식물 체내에 흡수되는 과정의 경우는 잔류물이 아니라 식품오염물이 되는 것이다. 식품위생상 식품 잔류물에 해당되는 것은 농작물의 병충해를 방제하고 생장을 도와서 농산물의 증산에 이바지하는 농약을 비롯하여 가축 및 가금류, 양식 물고기 등의 치료나 예방을 목적으로 사료에 첨가되는 항생물질이나 합성 항균제 등이 있다. 이러한 물질의 식품 중의 잔류 문제가 식품위생상 관심사로 등장하게 되었다. 농약의 종류와 독성 등에 대해서는 제 8 장에서 언급하였으므로 여기서는 각종 사료에 첨가되는 항생물질에 대하여서만 살펴보도록 하겠다.

### 2-1. 항생물질에 의한 독성

최근 가축이나 가금류 및 양식 어류 등에 질병치료나 생장촉진을 목적으로 항생물질이나 합성 항균제를 사용하는 경우가 늘어나고 있을 뿐만 아니라 식품 제조·가공과정에서도 항생물질이 사용되는 경우가 있어 식품위생상 문제점을 일으키고 있다. 식품 중에 항생물질이 잔류하는 원인은 다음과 같다.

① 동물의 사료에서 유래하는 경우
가축의 질병치료나 발육촉진을 목적으로 동물사료에 첨가되었다가 그 식육을 통해서 인체에 들어오는 것으로 여기에는 tetracycline류, tylosin, thiopeptin, virginiamycin, macrobomycin, novobiocin, monensin 등이 있다.
② 동물의 질병치료에 사용되는 경우
③ 농약에 첨가되어 농작물에 잔류되는 경우
④ 식품의 제조가공상 필요하여 식품에 첨가하는 경우
⑤ 식품 중에서 자연히 생성되는 경우
⑥ 사료제조 중에 자연적으로 생성되는 경우 등이다.

### 2-2. 항생물질의 위생상 문제점

식품 중에 잔류하는 항생물질을 사람이 장시간 음식물을 통해서 섭취하게 되면 ① 항생물질에 의한 급성 및 만성독성, ② 균교대증, ③ 알레르기의 발현, ④ 내성균의 출현 등을 일으킬 수 있다.

### 2-3. 항생물질 잔류에 의한 대책

식육이나 어육 중에 잔류를 방지하기 위하여 배합사료에 대한 이들 첨가제의 사용량, 사용방법,

도살 전 휴약기간 등이 농수산부에 고시로 규정되어 있을 뿐만 아니라 식품위생법에도 식품일반의 성분규격으로서 식품은 항생물질, 합성 항균제 및 성장 호르몬제를 함유하지 않도록 금지하고 식육 중 그 잔류 허용기준을 정하여 관리하고 있다.

이러한 잔류기준이 지켜져서 식품의 안전성이 확보되려면 농수산부에서 고시된 사용기준을 지켜야 할 것으로 생각된다.

# 제4장 유육위생

사람은 오래 전부터 소, 돼지, 양, 염소 등 가축류나 가금류 및 어패류 등의 고기, 알, 우유나 그 가공품을 널리 식용하여 왔다. 이와 같이 널리 이용되어온 유육식품은 사람에게 최고의 영양식품이 되고 있다. 특히 식육은 소화율이 높고 고영양가의 성분이 다량 함유되어 있으며, 사람의 체 구성성분과 가장 가깝게 조성되어 있다는 점에서 높이 평가되고 있다. 특히 가장 중요한 영양소인 단백질과 지방이 주성분이고 필수 아미노산과 필수 지방산이 풍부히 들어 있으며, 비타민 B군과 우유에 결핍되어 있는 철분이나 인 성분이 풍부한 자원이기도 하다.

그러나 이와 반대로 각종 동물은 각종 질병, 특히 전염성 질환에 걸리기 쉽고, 그들 가운데는 인수공통전염병이나 사람에게 기생되는 기생충의 매개자가 되며, 부패하기 쉽고 유통과정이나 조리과정에서도 오염되기 쉬우며, 미생물에게는 좋은 배지가 될 수 있어 위생상의 문제가 발생할 수 있기 때문에 특별한 식품위생상의 주의를 요구하고 있다.

# 1. 우유위생

우유는 각종 영양소가 균형 있는 비율로 함유되어 있고 자가 소화율도 높은 양질의 것이어서 우리는 자연식품 가운데 단일 식품으로서 가장 좋은 완전식품의 하나로 꼽는다. 이와 같이 우유는 사람의 영양상 가장 이상적인 식품이지만 그 어느 식품보다도 미생물에 의해서 변패하기 쉽고 사람에게 여러 가지 전염병을 옮기는 구실을 하기도 한다.

우유가 여러 가지 전염병의 매개체 역할을 하게 되는 이유로서는 다음과 같은 것을 들 수 있다.

첫째, 우유에는 영양소가 골고루 풍부하게 함유되어 있으므로 미생물의 증식이 잘 되어 그 어느 식품보다도 변패하기 쉽다.

둘째, 우유는 각종 병원균을 함유하기 쉽고 거의 모든 병원균은 우유 중에서 쉽게 증식할 수 있다.

셋째, 우유는 주로 생식하는 식품이다.

넷째, 우유는 다른 식품에 비하여 생산, 취급, 처리, 가공, 수송, 보관 등을 위생적으로 함에 있어 보다 많은 난점이 있다.

## 1-1. 우유 속의 일반 미생물

건강한 우유에는 본래 미생물이 존재하지 않지만 우유의 착유 후에 주위 환경으로부터 오염되어 위생적으로 생산된 우유라 할지라도 상당량의 미생물이 존재한다. 예를 들면, A급 생유도 mL당 30,000 정도의 미생물이 존재한다.

### 1) 산 생성균

우유 속의 유당을 분해하여 산을 생성하는 균을 총칭하며, 다음과 같이 유산을 형성한다. 유산은 칼슘, casein과 결합하여 유리된 불용성의 caseinogen을 형성하여 gelatin 같은 응고된 덩어리가 된다. 이는 응고되어 유청(乳淸)을 만들기도 한다. 낙농업에서는 이와 같은 종류의 세균을 발효유·치즈 등의 제조에 이용하고 있으며 그 역할도 대단히 광범위하다.

### 2) 가스 생성균

유당을 분해하여 산과 가스를 생성하는 세균을 말한다. 생성된 산은 주로 초산으로 우유나 우유제품에서 불쾌한 냄새를 내며, 낙농업자의 입장에서나 우유위생 측면에서 볼 때 좋지 못한 존재이다. 우유 및 유제품의 위생에서는 대장균군이 그 대표적이다.

### 3) 단백질 분해 세균

세균이 생성하는 rennet와 casease의 하나 또는 양자가 단백질에 작용하는 것으로 전자는 casein을 paracasein으로 바꾸며, 이를 칼슘과 결합하여 불용성의 침전을 만든다. 이 응고물을 calcium paracaseinate라고 부르며, 투명한 유장(乳漿)을 만들어내기도 한다. 후자는 단백질을 분해하여 proteose, pepton 및 아미노산까지 분해한다.

### 4) 지방 분해 세균

단백질 분해 세균의 대부분은 lipase도 분해하여 크림이나 버터의 지방을 분해하는 성질을 가지고 있다. 특히 이 작용이 강한 것은 *Pseudomonas fragi, Pseudomonas fluoresens, Achromobacter lipolyticum* 등이다.

### 5) 알칼리 생성균

이 세균은 우유를 알칼리성으로 변화시키는 작용이 있다. 이 작용은 대체로 단백질에 작용하기 때문이라고 생각된다. 때로는 동시에 lipase를 내어 양자가 공동으로 작용하여 지방을 비누화시켜 우유를 황색의 유장상(乳漿狀)으로 만드는 경우가 있다.

### 6) 기 타

그 외에도 우유에 대하여 하등의 작용을 미치지 않는 무작용균이나 저온에서도 번식하는 냉온세균, 고온에서도 번식하는 고열균 등이 우유 중에 존재하여 우유에 신선도에 영향을 미친다.

## 1-2. 우유를 오염시키는 병원성 미생물

병원미생물이 우유에 침입하는 경로는 인수공통전염병에 감염되어 있는 젖소로부터 1차적으로 오염되는 경우와 우유의 취급과정에서 2차적으로 오염되는 경우로 구분할 수 있다.

1차적 오염에 관해서는 병원미생물에는 결핵균, 브루셀라균, 포도상구균(포도알균), 연쇄상구균(사슬알균), 디프테리아균 등의 세균과 Q열 리켓치아가 있고, 2차적 오염에 관여하는 것에는 장티푸스균, 파라티푸스균 등의 살모넬라속균, 이질균, 연쇄상구균, 디프테리아균 등의 세균과 유행성 간염, 소아마비 등의 바이러스 등이 있는데, 이들 병원미생물은 젖소나 우유의 취급자가 이환되어 있거나 보균하고 있을 경우에 우유를 오염시키게 된다.

이들 병원성 미생물은 열에 약하므로 적절한 살균처리를 하면 완전히 제거할 수 있다.

## 1-3. 우유의 살균

우유살균(pasteurization)의 목적은 우유를 오염시킬 염려가 있는 병원미생물을 완전히 사멸시켜서 안전한 상태로 유지하는 것이며, 이에 의하여 우유 중에 함유되어 있는 비병원성 미생물도 대부분 사멸하게 된다.

### 1) 저온살균법

우유를 62~65℃에서 30분간 유지하여 가열살균하는 방법이다. 우유의 저온살균법은 우유 자체에는 최소한의 영향을 미치며, 우유 중에 오염된 병원균은 그 어느 종류의 것이나 모두 살균하고 있다. 저온살균법의 온도와 시간의 배합은 이러한 효과를 나타내도록 되어 있으며, 그 이론적 근거는 노오드 곡선(North's curve)이다. 저온살균법에 있어서 온도와 시간의 배합은 우유 성분 중 열에 의하여 가장 쉽게 파괴될 수 있는 크림라인(cream line)에는 영향을 미치지 않고 우유 중에 혼입할 수 있는 병원균 중 열에 저항력이 큰 결핵균을 파괴할 수 있도록 한 온도와 시간의 배합으로서 노오드 곡선에 있어서의 안전대(safety zone)가 이것이다.

#### ■ 저온살균이 우유에 미치는 영향

① 물리화학적 변화

저온살균에 의한 열처리로서는 우유에 물리화학적 변화는 별로 생기지 않는다. 그러나 우유성분 중 비타민 C는 약 20~50% 감소한다.

② 미생물학적 변화

저온살균 처리로 모든 병원균과 대장균의 세균들을 비롯하여 *Streptococcus lactis*, *Streptococcus cremoris* 등 유산발효에 중요한 구실을 하는 연쇄구균도 사멸하게 된다. 저온살균 처리로 우유 중의 세균은 약 90% 이상 감소하나 여러 내열성 균과 호열성 균은 사멸하지 않고 남는다. 그러나 이들은 공중보건상으로는 별로 중요시 되지 않지만, 식품위생의 입장에서 볼 때 실온에서 우유를 변패시키기 때문에 우유는 저온보관이 필수적이다.

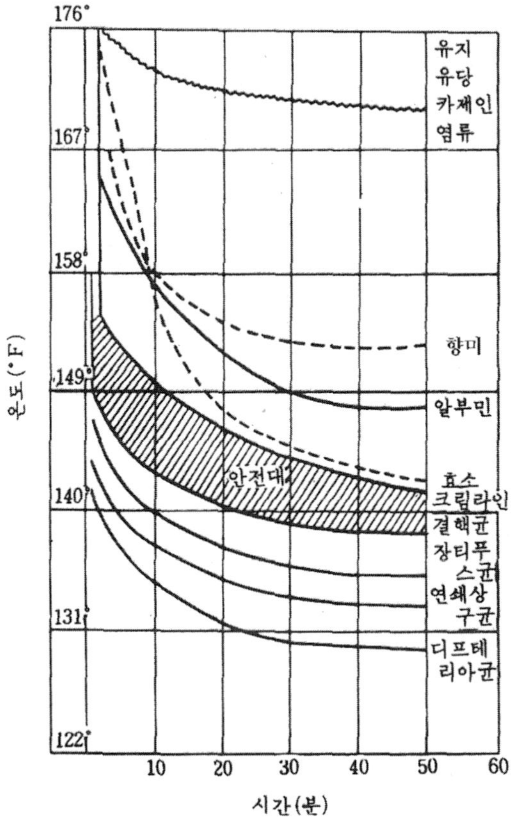


〈그림 14-1〉 노오드 곡선(우유의 가열온도와 시간에 따른 우유성분 및 병원균의 파괴곡선)

### 2) 고온 단시간 살균법

고온 단시간 살균법(high temperature short time pasteurization; HTST)은 우유를 급속하게 71.7℃로 가열하여 15초간 유지한 다음 급랭하는 방법이다. 대량의 우유를 연속적으로 처리할 수 있고 저온살균법보다 생균수가 상당히 감소되어 $10^3$/mL 정도가 되며 일부의 포자(spore)를 제외하고는 내열성 균도 대부분 사멸된다.

### 3) 초고온 단시간 살균법

초고온 단시간 살균법(ultra high temperature short time method; UHT)은 130~150℃의 고온 가압하에서 1~5초간 살균하여 우유를 멸균상태로 만든 다음 무균적으로 균질화하고 멸균 포장용기에 충전 포장하여 만든다. 이와 같이 매우 높은 온도에서 아주 짧은 시간 가열처리함으로써 우유 중의 영양소 파괴와 화학적 변화를 극소화시키고 멸균유를 만들 수 있는 이론적 근거는 온도 10℃ 증가에 따른 화학반응 속도의 증가와 세균 아포 사멸속도 증가 간의 현저한 차이에 있다. 즉 10℃ 증가에 따른 일반 화학반응 속도의 증가는 2~3배이지만 세균 아포의 사멸속도의 증가는 8~30배가 되기 때문이다.

우유의 색·맛·영양가의 변화가 매우 적고 미생물학적으로 무균상태가 되게끔 135~150℃에서 1~5초간 처리하여 무균포장한 우유를 국제낙농연맹(Internation Dairy Federation)에서는 UHT 살균무균충진우유(ultra-high temperature sterilized and aseptically filled milk)라고 규정하고, 가압증기처리에 의하여 만든 멸균유와 구별하고 있다.

### 1-4. 우유의 위생적 보존

착유한 우유를 집유소나 유 처리장에 보내기까지 이것을 농장에서 올바르게 취급·보존하느냐 못하느냐는 우유의 위생적 품질에 큰 영향을 미친다.

우유는 착유 후 3시간 이내에 집유소 또는 유 처리장에 전달되지 못할 경우에는 반드시 냉각해서 보존해야 한다. 가장 이상적인 방법은 착유 후 즉시 냉각하는 것이며, 늦어도 한 시간 이내에 10℃ 이하로 냉장하여야 한다. 우유를 항상 10℃ 이하로 본존 해야 한다는 것은 우유의 위생적 취급에 있어서 가장 기본적인 주의임을 잊어서는 안 된다. 우리나라 식품공전에서는 우유 등의 액상제품은 살균 후 즉시 10℃ 이하로 냉각도록 규정하고 있다.

〈표 14-1〉 우유 및 유제품의 성분규격(1999, 식품공전)

| 항목 \ 유형 | 가 공 유 | 저지방 가공유 | 유 음 료 |
|---|---|---|---|
| 성상 | 고유의 색택과 향미를 가진 액상으로서 이미 이취가 없어야 한다. | 고유의 색택과 향미를 가진 액상으로서 이미 이취가 없어야 한다. | 고유의 색택과 향미를 가진 액상으로서 이미 이취가 없어야 한다. |
| 무지유 고형분(%) | 7.2 | 5.5 | - |
| 조지방(%) | 2.7 이상 | 2.0 이하 | - |
| 세균수 | 20,000/mL 이하<br>(멸균제품의 경우 55°에서 1주 또는 37°에서 2주 보관 후 표준평판배양법에 의할 때 음성이어야 한다) | 20,000/mL 이하<br>(멸균제품의 경우 55°에서 1주 또는 37°에서 2주 보관 후 표준평판배양법에 의할 때 음성이어야 한다) | 20,000/mL 이하<br>(멸균제품의 경우 55°에서 1주 또는 37°에서 2주 보관 후 표준평판배양법에 의할 때 음성이어야 한다) |
| 대장균 | 2/mL 이하<br>(멸균제품의 경우 음성이어야 한다) | 2/mL 이하<br>(멸균제품의 경우 음성이어야 한다) | 2/mL 이하<br>(멸균제품의 경우 음성이어야 한다) |

## 2. 식육위생

식육이란 식용을 목적으로 사육되는 포유동물, 즉 소, 돼지, 양, 닭 또는 그 밖의 각종 동물의 고기를 통틀어 말한다. 식육은 사람에게 좋은 영양원이 되기 때문에 오래 전부터 널리 이용되어 왔다. 그러나 식육을 통한 위생상의 문제점도 많이 가지고 있어 올바른 식생활문화와 건강한 식생활을 하기 위해서는 식육에 대한 위생적인 측면을 고려해야 한다.

과거에 비해 식육의 소비량이 증가하는 추세에 있는 요즈음에는 식육에 의한 위해가 많이 발생할 가능성이 있기 때문에, 이를 사전에 예방한다는 것은 식육위생의 중요한 과제 중의 하나이다. 식육은 도살부터 판매까지 위생적으로 관리하여야 하며 또한 냉장 및 냉동 보관되어야 한다.

식품위생상 주의하여야 할 점은 다음과 같다.

① 인수공통전염병의 병원체에 의한 오염
② 식육을 중간 숙주로 하는 기생충
③ 식중독 원인 세균에 의한 오염
④ 소화기계 전염병의 병원체에 의한 오염
⑤ 식육의 부패 및 변패에 의한 위해 등이다.

## 2-1. 식육검사

식육검사는 도육(屠肉)을 식용으로 제공함에 있어 안전하고 신선한 식육을 제공하기 위한 감시·검사를 말하며, 축산물가공처리법에 따라 도축검사와 매육검사로 나눠서 행하여지며, 도축검사는 생체검사와 해체검사로 실시한다.

도축검사라 함은 도살되는 가축의 건강 여부와 질병이 있으면 법정감염병 여부 또는 그 질병이 공중위생상 도육을 식용으로 제공할 수 있는가를 판정하는 검사라고 정의되어 있으며, 도살 전에 행하여지는 생체검사와 사후의 해체검사로 나눠서 실시한다.

### 1) 생체검사

생체검사(antemortem inspection)는 생전검사라고도 하며, 도살 전에 도살되는 동물의 건강 여부를 판정하여 도살 후 도육을 식용으로 제공하는 데 이상이 없을 것인지를 판정하는 것으로, 도살 24시간 이내에 행하여져야 하며, 축산법 시행령에 정하는 바에 따라 연령감별과 수축의 안정상태 및 운동 시에 실시하는 망진과 촉진으로 생리적인 건강상태를 관찰 판단하다.

### 2) 해체검사

해체검사(postmortem inspection)는 청결한 해체장소와 깨끗이 세척된 기구로 기절(Stunning), 방혈(Bleeding), 그리고 박피(skining) 후에 실시되며, WHO의 권장에 따라 세계 대부분의 국가에서 공통적으로 행하여지는 외경검사와 병리해체검사를 실시한다. 외경검사에는 영양상태를 비롯하여 외상·충혈·부종·방혈의 정도, 골과 관절의 이상 및 이상취 등을 검사하며, 병리해체검사에서는 보다 정밀한 방법으로 부분적으로 두부, 복강 내장, 흉강과 흉강내장, 유방, 지육 등을 차례로 검사한다.

## 2-2. 식육을 변질시키는 미생물

이것은 소위 부패균군이라 불리는 것으로서 이러한 균에 오염되었을 경우에는 시간의 경과에 따라 그 변질 정도가 관능적으로 식별이 가능하다.

여기에는 중온 세균군과 저온 세균군이 관여한다. 중온 세균군으로서는 *Entero-bacteriaceae*의 각 속, 즉 *Escherichia*속, *Klebsiedlla*속, *Enterobacter*속(*Aerobacter*속), *Serratia*속, *Protozoa*속 등이며 그 밖에 *Alcaligenes*(*Achromobacter*속), *Aeromonas*속, *Vibrio*속, *Streptococci, Enterococci, Micrococci, Lactobacilli, Bacillus*속, *Clostridium*속 등이 있다. 저온 세균군으로서는 *Pseudomonas*속, *Aeromonas*속, *Vibrio*속, *Alcaligenes*속, *Achromobacter*속, *Flavobacterium*속, *Arthrobacter*속, *Brevibacterium*속 등이 있다.

이러한 균들 가운데에는 어떤 것은 단백질 분해효소를, 어떤 것은 지방 분해효소를 생산하여 그 결과 생긴 아미노산에 대해서 탈탄산기 작용, 탈아미노산기 작용으로 아민을 생성하거나 산을 생성하거나 한다. 혹은 $NH_3$, $H_2S$ 등을 생성하기도 하는데 결국은 이와 같은 도중 혹은 종말산물에 의해서 관능적으로 변질, 부패를 식별할 수 있는 것이다.

또한, 식육에는 가공 시에 발색제로서 또, *Clostridium botuinum*에 대한 발육억제의 목적으로 초산염 혹은 아초산염이 첨가된다. 그 결과 식육 중에 nitrosamine이 생성되는데, 이것이 발암성 혹은 기형성이 있어서 문제가 되고 있다. 또 식육에는 냉장 분해효소를 산생하여 육질을 변질시킬 뿐만 아니라 곰팡이독을 생성한다.

## 2-3. 식육과 곰팡이

곰팡이는 각종 식품, 기타 사람에게 유리하게 이용(식품가공, 제조, 방부 기타)되는 경우도 있지만, 반대로 각종 식품의 표면에 번식하여 품질을 저하시킴으로써 식용으로서 부적당한 경우가 많다. 식육이나 육가공품을 침범하는 곰팡이류는 다수 알려져 있지만, 일반적으로 유독, 유해물질을 생성하지 않으므로 식중독의 위험은 거의 없다. 그러나 곰팡이가 육의 표면에서 조직 내로 깊숙이 광범위하게 침입하게 되면, 그의 외관, 취미(臭味) 및 육색(肉色)의 이상을 초래하여 위생상 위해를 일으킬 경우가 있고, 식용으로 부적당하게 되므로 곰팡이의 오염 및 발육을 방지하지 않으면 안 된다.

## 2-4. 식육과 기생충

기생충의 경우에는 미생물에서와는 달리 식육을 제공하는 가축이 1차 오염(감염)을 나타내고 있는 것이 대부분이다. 그래서 식육 기생충에서는 전부가 사람이 경구적으로 섭취하여 감염된다.

식육 기생충에서 중요한 것은 *Toxoplasma gondii*(돼지, 소, 면·산양, 토끼, 조류 등), *Sarcocystis* spp(소, 물소, 말, 면·산양, 돼지, 낙타, 토끼 등의 근육 내), *Trchinella spiralis*(돼지, 육식수, 면·산양, 말 등), *Fasciola hepatica*(소, 면·산양, 말 돼지, 토끼 등), *Echinococcus granulosus*(소, 면·산양, 돼지, 말 등), *Multiceps multiceps*(면·산양, 말, 소 등), *Taenia solium*(면양, 돼지), *Taenia saginata*(소, 특히 송아지), *Shistosoma japonicum*(소, 말, 면·산양, 돼지 등)이 있다.

## 2-5. 도축장과 식육시장의 위생관리

도축장은 생축(生畜)으로부터 육 및 내장 등을 생산하는 식육생산 공장이다. 동물을 도살 해체하는 동안 식용으로 제공된 부분이 2차 오염되는 데 대한 방지대책을 강구하는 것이 필요하다. 이와 같은 일은 다른 식품공장에 있어서도 마찬가지이다.

한편, 도축장은 이미 언급한 바와 같이 도축검사를 실시하는 장소로 특별한 사명을 띠고 있는 것이다. 가축 자체는 극히 불결해지기 쉬운 동물로 사람에게 위해를 미칠 병원성 미생물을 언제나 보유하고 있기 때문에 도축장의 구조 및 설비와 운영·관리면에서도 특별한 고려가 필요하다. 즉 식용으로 제공될 부분과 불결한 부분을 확실히 구분할 수 있는 시설을 갖추어야 하는 것이다. 이와 같은 것이 행해지려면 다음의 사항에 대한 각각의 조건이 요구된다.

① 도축장의 입지조건
② 도축장의 구조, 설계와 내부 구조에 대한 조건
③ 도축장에 구비하여야 할 기계·기구에 대한 조건
④ 냉각시설에 대한 조건
⑤ 급수시설에 대한 조건
⑥ 오수·오물 처리시설에 대한 조건
⑦ 도축장의 운영·관리에 대한 조건

이와 같은 조건은 단지 위생적인 면만을 고려할 수 없다. 식육의 유통구조의 설비, 경제적인 모든 조건에 비추어서 이루어지지 않으면 안 되며, 각 나라와 지방 그리고 관습에 따라서 큰 차이가 있으며, 또 도축장의 성격에 따라서도 달라질 수 있다.

즉 농촌지역의 도축장과 같이 소비자에 대해서 직접 수요에 만족할 만한 형태와 식육의 공업적 생산에 적합하고, 그 수요에 만족할 만한 대도시 지역의 도축장 그리고 위의 양자의 기능을 겸할 수 있는 도축장 등 세 가지를 생각할 수 있다.

## 2-6. 식육공장·식육점포의 위생관리

식육공장과 식육점포의 위생은 도축장에서 생산된 식육과 내장을 취급하는 장소로서 시설과 취급 방법을 중심으로 한 위생관리가 주가 되어야 한다. 단지 식육을 취급하고 식육을 주원료로 하는 것만이 다를 뿐, 다른 식품 가공공장에 있어서의 위생관리 문제와 다를 바가 없다.

## 2-7. 식육의 위생대책

식육으로부터 오는 질병은 방지하고 소비자에게 안전한 식육을 공급하기 위한 대책으로 다음과 같은 몇 가지 대책이 필요하다.

### 1) 사육하고 있을 때의 대책

각종 인수 공통 질병을 배제할 수 있는 첫 단계로서, 각 가축을 사육하는 동안 질병의 유행을 방지하는 것이 필요하며, 가축전염병 예방법 등에 규정된 바에 의하여 가축의 전염병을 방지할 수 있는 대책이 행해져야 하며, 이와 같은 대책은 경제적인 면에서도 행해져야 하고, 식육위생 대책면에서는 기본적인 것이라고 할 수 있다.

### 2) 식육 생산과정에서의 대책

일반 동물이나 가축을 식용으로 제공할 목적으로 도살 해체를 할 때는 도축장이나 식육처리장 등의 시설에서 행해져야 하며, 이때 식육위생의 입장에서 두 가지의 대책이 필요하다. 그 한 가지는 도축검사이고, 또 하나는 도축장과 식육시장에서의 식육의 위생관리이다. 이와 같은 대책은 축산물가공처리법, 기타 이에 관련된 제 규정에 의해서 행해져야 한다.

### 3) 식육점 및 식육가공 공장에서의 대책

도축장에서 생산된 식육을 식육점에서 판매할 때나 식육가공 공장에서 가공품을 제조할 때의 위생대책은 그것을 취급하는 사람이나 환경으로부터 병원성 미생물의 2차 오염을 방지하고, 선도저하의 주 원인이 되는 일반 미생물의 오염 방지가 중요하다. 또 이 과정에서 화학적 합성품의 첨가에 대한 대책, 또는 기계·기구 등으로부터의 오염이나 유해물의 혼입을 방지해야 한다. 또 오인으로 인한 유해한 화학물질에 대한 위해방지 대책은 식육에서뿐만 아니라 모든 식품의 생산·가공 처리 및 판매장에서 지켜야 할 공통된 사항들이다.

### 4) 소비자 입자에서의 주의

식육 또는 그 가공품을 조리할 때나 그대로 소비할 때, 그리고 가정에서 소비할 때에도 식품 취급자나 주부들의 위생지식과 그 실천이 큰 문제가 된다. 더욱이 이와 같이 직접 식품을 소비하기 직전에 취급하는 사람에 대한 식육위생의 지식을 보급한다고 하는 것은 식육위생의 입장에서 아주 중요한 일이다.

# 제5장 식품위생행정

식품위생행정은 공중보건행정의 한 부분으로 식품위생법을 바탕으로 하여 식품위생의 보급과 향상을 꾀하고 국민의 식생활을 청결하고도 안전하게 확보함으로써 불량식품의 섭취로 인한 각종의 위해를 방지하는 동시에 식생활을 쾌적하게 하며 나아가서는 공중위생의 증진 발전에 기여하는 것을 목적으로 하는 행정이다. 즉 식품위생행정의 궁극적 목적은 불량식품·부정식품의 근절에 있다. 이러한 목적을 달성하기 위해서 다음과 같은 구체적인 시책을 시행하고 있다.

① 식품, 첨가물, 기구 및 용기·포장의 성분규격과 제조·사용 등의 기준 설정
② 식품첨가물로 사용되는 화학적 합성품의 지정
③ 제품검사제도의 실시
④ 식품위생감시의 실시
⑤ 표시제도의 실시
⑥ 식중독의 예방과 발생시의 조치
⑦ 식품관리 종사자들에 대한 건강관리 및 위생교육
⑧ 식품취급시설의 기준 및 영업의 허가제도 실시
⑨ 식품의 제조 또는 가공을 위생적으로 관리하기 위한 식품위생관리인 제도 실시
⑩ 수입식품 관리제도 실시
⑪ 유해식품을 제조·유통업자 책임하에 자진 회수, 폐기하는 식품회수제도(recall)의 도입
⑫ 식품의 위해요소중점관리제도(HACCP)의 도입
⑬ 농·축산물에 대한 잔류 농약 및 항균성 물질의 잔류기준 설정
⑭ 조리사와 영양사 제도의 실시

이러한 식품위생행정을 정착시키기 위해서는 개인은 물론 사회 전체의 조직적인 공동 노력과 식품위생상의 포괄적인 교육, 지도 및 감시가 필요하다.

## 1. 식품위생 대상

식품위생행정은 시대적 상황, 문화적 배경, 국민생활 수준, 국민의 의식 및 요구 정도, 식품산업, 그리고 식품위생기술 수준과 같은 주변 환경에 따라 가장 적절하고 효율적인 형태를 유지하기 위하여 주변 환경에 따라 변화되므로 충분한 이해를 위해서는 주변 환경, 법령 및 규정, 조직 등에 대한 배경 및 그 변화를 우선적으로 파악하여야 한다.

식품위생 관련 법령을 보면 식품위생법, 축산물위생관리법, 수산업법, 주세법, 보건범죄단속에 관한 특별조치법, 학교급식법, 인삼산업법, 농산물품질관리법, 농약관리법, 소비자관리법, 먹는물 관리법 등이 있다. 이 식품위생 관련 법령은 법령의 목적이나 대상 등에 따라 소관부처가 보건복지

부, 식품의약품안전청, 농림부, 환경부, 국세청 등으로 구별된다. 농산물, 수산물 및 축산물의 생산에 관련된 사항과 축산물가공품은 농림부에서, 주류는 국세청에서, 먹는물은 환경부에서, 이 품목들의 완제품으로 시중에 유통되는 것과 이 품목 외의 식품, 식품첨가물, 기구 및 용기·포장 등에 대한 위생을 다루는 법령은 식품위생법이고 이에 따른 식품위생법 시행령과 식품위생법 시행규칙이 있으며, 이를 근거로 하는 각종 행정규칙이 있어 식품위생행정의 구체적이 규범이 된다.

# 2. 식품위생행정 기구

식품위생 관련기주 및 조직은 중앙기구와 지방기구로 나누어져 있다. 중앙기구로는 보건복지부 식품정책과와 식품의약품안전청(6개 지방청)이 있으며, 지방기구로는 시·도(시·군·구)의 위생과와 시·도 보건환경연구원 등이 있다. 또한 축산물 가공처리법의 개정으로 축산물(식육·원유·식육 가공품·유 가공품·알 가공품)의 생산 및 유통은 농림부로 이관되었다.

## 2-1. 보건복지부

보건복지부에서는 국가의 보건, 식품, 의학정책, 약학정책, 사회복지, 공적부조, 의료보험, 국민연금, 가정복지 등에 관한 업무를 관장하고 있다. 식품위생 관련 업무는 보건의료정책실 식품정책과에서 담당하고 있으며 업무는 다음과 같다.

① 식품위생·안전 및 건강기능식품 정책에 관한 종합계획의 수립 및 조정
② 식품위생·안전 및 건강기능식품 제도에 관한 조사·연구 및 홍보
③ 식품위생·안전 및 건강기능식품 관련 법령에 관한 사항
④ 식품접객업제도 및 음식문화 개선에 관한 사항
⑤ 식품위생심의위원회 및 건강기능식품심의위원회의 운영
⑥ 식품진흥기금에 관한 사항
⑦ 식품의약품안전청의 업무 등에 관한 사항

## 2-2. 식품의약품안전청

정부조직법(1998년 2월 28일, 법률 제5529호)에 의해 식품의약품안전청과 그 소속기관 직제가 개정(1998년 2월 28일, 대통령령 제15733호)됨에 따라 그동안 보건복지부 소속기관으로 설치되었던 식품의약품안전본부가 보건복지부로부터 식품·의약품 관련 인·허가업무 등 집행기능을 대폭 이관받아 그 기능을 강화하여 차관급 독립외청인 식품의약품안전청으로 출범하게 되었다.

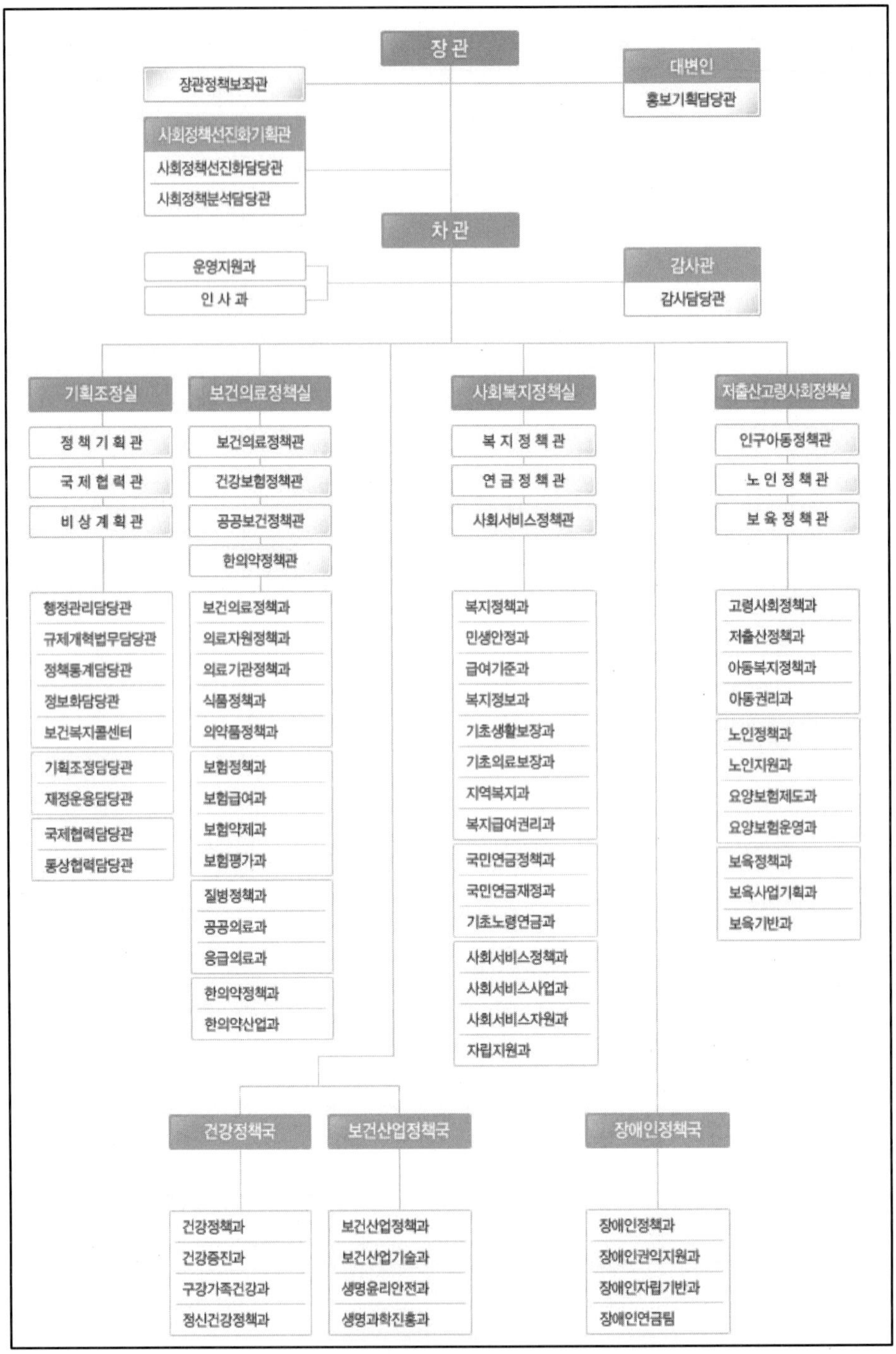


〈그림 15-1〉 보건복지부 기구 조직도

그리고 식품의약품안전청에는 2009년 5월 1일에 출범한 식품의약품안전평가원과 6개의 지방청이 있다. 식품의약품안전청의 업무는 크게 세 가지 분야, 즉 식품 행정, 의약품 행정 그리고 의료기기 행정 등으로 나눈다. 식품 행정 업무는 다음과 같다.

① 허가관리 : 식품첨가물 및 건강 기능성 식품 제조업

② 식중독 관리 : 식중독 예방 및 발생 시 신속 대응체계 유지

③ 부정 불량식품 단속 : 중앙기동단속반 운영, 위생관리등급제 시행

④ GMO 식품 등 관리 : GMO(유전자재조합 식품) 및 방사선 조사 식품, 안정성 평가 및 표시제 등사후관리

⑤ 식품안전관리 : 식품원료인정, 규격기준 및 식품에 잔류하는 농약, 항생물질 등에 대한 기준 설정, HACCP 제도 실시, 안전한 식품의 수입을 위한 위해항목 중점검사

2011년 식품의약품안전청의 조직은 그림 15-2와 같다.

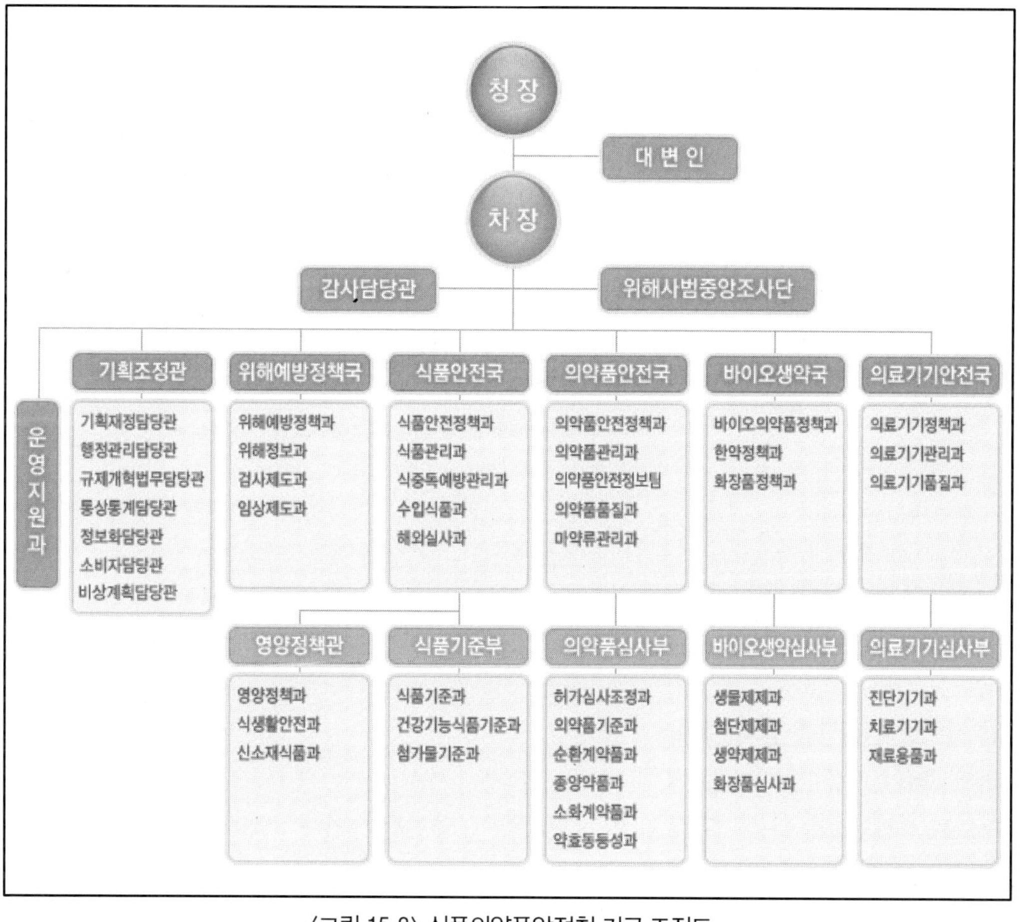


〈그림 15-2〉 식품의약품안전청 기구 조직도

# 3. 식품위생법규

식품위생행정의 바탕이 되는 식품위생법은 1962년 1월 20일 법률 제 1007호로 제정 공포되었으며, 그 후 여러 차례의 개정을 거쳐 2011년 9월 15일 법률 제11048호로 공포된 것이 현재의 식품위생법이다(식품위생법 시행령 공포 1962.6.12 대통령 제811호, 최근 개정 2011.4.22 대통령령 제 22906호, 식품위생법 시행규칙 공포 1962.10.10 보건사회부령 제19호, 최근 개정 2011.8.19 보건복지부령 제73호). 현재의 식품위생법은 식품으로 인한 위생상의 위해를 방지하고 식품영양의 질적 향상을 도모함으로써 국민보건의 증진에 이바지함을 목적으로 하는 법령으로 13장, 102조, 부칙으로 구성되어 있으며 그 내용은 다음과 같다.

〈표 15-1〉 식품위생법의 구성과 주요 내용

| 구 분 | 구 성 | 주 요 내 용 |
|---|---|---|
| 제1장 | 총칙 | 법의 목적, 정의, 식품 등의 취급에 대한 규정 |
| 제2장 | 식품·식품 첨가물 | 위해식품 등의 판매금지, 규격기준 |
| 제3장 | 기구와 용기·포장 | 유독기구 등의 판매·사용금지, 기준과 규격 |
| 제4장 | 표시 | 표시기준, 허위표시 등의 금지 |
| 제5장 | 식품 등의 공전 | 식품 등의 공전 |
| 제6장 | 검사 | 제품검사(표시), 수입식품 등의 신고, 자가품질검사, 검사기관의 지정, (명예)식품위생감시원 |
| 제7장 | 영업 | 영업의 허가, 위생교육, 영업자의 준수사항, HACCP, Recall |
| 제8장 | 조리사 및 영양사 | 이들의 자격요건 및 면허관리제도, 보수교육 |
| 제9장 | 식품위생심의위원회 | 보건복지부장관의 자문기관인 위원회의 설치와 운영 |
| 제10장 | 식품위생단체 | 동업자조합, 식품공업협회, 한국식품위생연구원의 설립, 관리 |
| 제11장 | 시정명령과 허가취소 등 행정 제재 | 시정명령, 허가취소, 청문, 과징금 처분 |
| 제12장 | 보칙 | 국가보조, 식중독보고, 집단급식소, 식품진흥기금 |
| 제13장 | 벌칙 | 식품위생법의 위반사항에 대한 벌칙과 과태료 규정 |

### 1) 비위생적인 식품 등의 배제

비위생적인 식품이나 첨가물에 대하여는 법 제4조에서 판매·수여를 금지하며, 또한 판매를 목적으로 채취·제조·가공·조리·저장·진열 행위를 금지하고 있다. 이를 위반한 영업자는 제72조에 의거하여 압류, 폐기, 허가취소, 영업의 금지, 정지 등의 행정처분을 행한다. 또한 위반 행위자에 대해서는 제93조에 따라 징역, 벌금 등 사법처리를 할 수 있다.

### 2) 식품 등의 규격 기준의 제정과 위반품의 배제

판매용의 식품(제7조), 기구·용기·포장(제9조) 등은 각각의 성분규격이나 제조 등의 기준을 정하여 식품공전(제14조)에 수록·보급하고, 그 기준에 맞지 않는 것은 제조·사용·판매 등의 금지, 정지처분 등이 강제적으로 행하여지며, 사법 처리된다.

### 3) 화학적 합성품의 사용금지와 지정제도

식품의약품안전청장이 지정하는 경우를 제외하고는 화학적 합성품인 첨가물을 식품으로 사용하는 것은 일반적으로 금지하고 있다(제6조). 현재 인정된 합성 첨가물은 378종으로 제14조에 의하여 식품첨가물 공전에 그 규격 기준을 수록하도록 하고 있다(제7조, 제14조).

### 4) 표시기준의 제정과 위반 등의 배제

표시의무(제10조) 대상은 판매 목적의 식품, 첨가물, 기구와 용기 등이다. 식품위생법 제13조에서는 허위표시나 기타 공중보건상 위해를 끼칠 우려가 있는 표시 등은 하지 못하도록 규정하고 있다.

### 5) 수입식품의 검사 실시

수입식품 중 비위생적인 것과 규격·기준에 맞지 않는 것 등은 제4조, 제6~9조 등의 규정에 따라 수입이 금지되고 있다. 또한 제19조에 따라 수입업자는 보건복지부장관에게 수입신고를 하도록 함으로써 수입식품의 관리를 제도화하고 있다.

### 6) 제품검사 및 자가 품질검사

인삼제품, 건강보조식품, 티르 색소, 보존료 및 그 제제는 식품위생검사기관(제24조)에 의한 제품검사를 받아야 한다(제15조). 식품 등의 제조·가공 공장에서 생산 품목에 대한 기준 및 규격을 자체검사 하는 자는 품질검사 의무가 있다(제31조).

### 7) 식품위생 감시

식품의약품안전청과 지방자치단체에는 식품위생감시원(제32조)을 두고, 식품위생감시원은 출입·검사·수거 등을 통하여 각종 영업시설 등에 대한 감시와 지도를 한다(제22조). 또한 명예식품위생감시원을 위촉하여 식품위생 계몽이나 지도를 하게 할 수 있다(제33조).

### 8) 영업 등의 관리

#### ■ 영업의 허가 등

식품 등에 대한 영업을 하고자 하는 자는 영업의 종류에 따라 적합한 시설을 갖추고(제36조), 허가를 받거나 신고를 하여야 하며(제37조, 88조) 허가관청은 필요하다고 인정하는 때에 영업허가 등의 제한 및 영업 제한을 할 수 있다(제38조, 43조). 또한 영업의 승계조건을 정하고 있다(제39조).

■ 영업자 준수사항 등

영업자는 영업의 위생관리 등을 위하여 업종별로 정해진 영업자 준수사항을 지켜야 하고(제44조), 영업자는 식품 등의 자진회수(제45조) 및 위해요소중점관리기준(제48조)을 준수하여야 하며, 식품 및 식품첨가물을 제조·가공하는 영업자는 품질관리 및 생산실적을 보고 하여야 한다(제42조).

### 9) 행정제재

식품위생법령 및 관련 규정을 준수하지 아니한 경우에는 각종 행정제재를 가할 수 있다. 행정처분 중 영업허가 취소 등의 행정처분을 시행하기 전에 처분 대상자에게 진술의 기회를 부여하는 청문(聽聞)이 있다(제81조).

### 10) 벌칙

식품위생법에서 규정하는 준수사항을 어기고 국민보건에 악영향을 끼칠 수 있는 위반사항을 정하여, 이를 위반하는 자에 대하여 징역 또는 벌금형에 처할 수 있도록 벌칙을 규정하고 있다(제93~98조). 이 외에도 양벌규정(제100조)와 과태료(제101조, 102조)가 있다.

### 11) 기타

조리사 및 영양사(제51~56조), 식품위생심의위원회(제57, 58조), 식품위생단체(제59~70조), 국고 보조(제85조), 식중독 조사보고(제86조), 식품진흥기금(제89조), 위임 및 수수료(제91, 92조) 등이 규정되어 있다.

## 4. 식품위생법 및 시행령·시행규칙

### 제1장 총 칙

**제1조(목적)** 이 법은 식품으로 인하여 생기는 위생상의 위해(危害)를 방지하고 식품영양의 질적 향상을 도모하며 식품에 관한 올바른 정보를 제공하여 국민보건의 증진에 이바지함을 목적으로 한다.

영 **제1조(목적)** 이 영은 「식품위생법」에서 위임된 사항과 그 시행에 필요한 사항을 규정함을 목적으로 한다.

규칙 **제1조(목적)** 이 규칙은 「식품위생법」 및 같은 법 시행령에서 위임된 사항과 그 시행에 필요한 사항을 규정함을 목적으로 한다.

**제2조(정의)** 이 법에서 사용하는 용어의 뜻은 다음과 같다. **〈개정 2011.6.7.〉**

1. "식품"이란 모든 음식물(의약으로 섭취하는 것은 제외한다)을 말한다.
2. "식품첨가물"이란 식품을 제조·가공 또는 보존하는 과정에서 식품에 넣거나 섞는 물질 또는 식품을 적시는 등에 사용되는 물질을 말한다. 이 경우 기구(器具)·용기·포장을 살균·소독하는 데에 사용되어 간접적으로 식품으로 옮아갈 수 있는 물질을 포함한다.
3. "화학적 합성품"이란 화학적 수단으로 원소(元素) 또는 화합물에 분해 반응 외의 화학 반응을 일으켜서 얻은 물질을 말한다.
4. "기구"란 다음 각 목의 어느 하나에 해당하는 것으로서 식품 또는 식품첨가물에 직접 닿는 기계·기구나 그 밖의 물건(농업과 수산업에서 식품을 채취하는 데에 쓰는 기계·기구나 그 밖의 물건은 제외한다)을 말한다.

가. 음식을 먹을 때 사용하거나 담는 것

나. 식품 또는 식품첨가물을 채취·제조·가공·조리·저장·소분[(小分): 완제품을 나누어 유통을 목적으로 재포장하는 것을 말한다. 이하 같다]·운반·진열할 때 사용하는 것

5. "용기·포장"이란 식품 또는 식품첨가물을 넣거나 싸는 것으로서 식품 또는 식품첨가물을 주고받을 때 함께 건네는 물품을 말한다.
6. "위해"란 식품, 식품첨가물, 기구 또는 용기·포장에 존재하는 위험요소로서 인체의 건강을 해치거나 해칠 우려가 있는 것을 말한다.
7. "표시"란 식품, 식품첨가물, 기구 또는 용기·포장에 적는 문자, 숫자 또는 도형을 말한다.
8. "영양표시"란 식품에 들어있는 영양소의 양(量) 등 영양에 관한 정보를 표시하는 것을 말한다.
9. "영업"이란 식품 또는 식품첨가물을 채취·제조·수입·가공·조리·저장·소분·운반 또는 판매하거나 기구 또는 용기·포장을 제조·수입·운반·판매하는 업(농업과 수산업에 속하는 식품 채취업은 제외한다)을 말한다.
10. "영업자"란 제37조제1항에 따라 영업허가를 받은 자나 같은 조 제4항에 따라 영업신고를 한 자 또는 같은 조 제5항에 따라 영업등록을 한 자를 말한다.
11. "식품위생"이란 식품, 식품첨가물, 기구 또는 용기·포장을 대상으로 하는 음식에 관한 위생을 말한다.
12. "집단급식소"란 영리를 목적으로 하지 아니하면서 특정 다수인에게 계속하여 음식물을 공급하는 다음 각 목의 어느 하나에 해당하는 곳의 급식시설로서 대통령령으로 정하는 시설을 말한다.

    가. 기숙사, 나. 학교, 다. 병원, 라. 그 밖의 후생기관 등
13. "식품이력추적관리"란 식품을 제조·가공단계부터 판매단계까지 각 단계별로 정보를 기록·관리하여 그 식품의 안전성 등에 문제가 발생할 경우 그 식품을 추적하여 원인을 규명하

고 필요한 조치를 할 수 있도록 관리하는 것을 말한다.

14. "식중독"이란 식품 섭취로 인하여 인체에 유해한 미생물 또는 유독물질에 의하여 발생하였거나 발생한 것으로 판단되는 감염성 질환 또는 독소형 질환을 말한다.
15. "집단급식소에서의 식단"이란 급식대상 집단의 영양섭취기준에 따라 음식명, 식재료, 영양성분, 조리방법, 조리인력 등을 고려하여 작성한 급식계획서를 말한다.

영 **제2조(집단급식소의범위)** 「식품위생법」 제2조제12호에 따른 집단급식소는 1회 50명 이상에게 식사를 제공하는 급식소를 말한다.

**제3조(식품 등의 취급)** ① 누구든지 판매(판매 외의 불특정 다수인에 대한 제공을 포함한다. 이하 같다)를 목적으로 식품 또는 식품첨가물을 채취·제조·가공·사용·조리·저장·소분·운반 또는 진열을 할 때에는 깨끗하고 위생적으로 하여야 한다.

② 영업에 사용하는 기구 및 용기·포장은 깨끗하고 위생적으로 다루어야 한다.

③ 제1항 및 제2항에 따른 식품, 식품첨가물, 기구 또는 용기·포장(이하 "식품등"이라 한다)의 위생적인 취급에 관한 기준은 보건복지부령으로 정한다. **〈개정 2010.1.18〉**

## 제2장 식품과 식품첨가물

**제4조(위해식품등의 판매 등 금지)** 누구든지 다음 각 호의 어느 하나에 해당하는 식품등을 판매하거나 판매할 목적으로 채취·제조·수입·가공·사용·조리·저장·소분·운반 또는 진열하여서는 아니 된다.

1. 썩거나 상하거나 설익어서 인체의 건강을 해칠 우려가 있는 것
2. 유독·유해물질이 들어 있거나 묻어 있는 것 또는 그러할 염려가 있는 것. 다만, 식품의약품안전청장이 인체의 건강을 해칠 우려가 없다고 인정하는 것은 제외한다.
3. 병(病)을 일으키는 미생물에 오염되었거나 그러할 염려가 있어 인체의 건강을 해칠 우려가 있는 것
4. 불결하거나 다른 물질이 섞이거나 첨가(添加)된 것 또는 그 밖의 사유로 인체의 건강을 해칠 우려가 있는 것
5. 제18조에 따른 안전성 평가 대상인 농·축·수산물 등 가운데 안전성 평가를 받지 아니하였거나 안전성 평가에서 식용(食用)으로 부적합하다고 인정된 것
6. 수입이 금지된 것 또는 제19조제1항에 따른 수입신고를 하지 아니하고 수입한 것
7. 영업자가 아닌 자가 제조·가공·소분한 것

**제5조(병든 동물 고기 등의 판매 등 금지)** 누구든지 보건복지부령으로 정하는 질병에 걸렸거나

걸렸을 염려가 있는 동물이나 그 질병에 걸려 죽은 동물의 고기·뼈·젖·장기 또는 혈액을 식품으로 판매하거나 판매할 목적으로 채취·수입·가공·사용·조리·저장·소분 또는 운반하거나 진열하여서는 아니 된다. **〈개정 2010.1.18〉**

규칙 **제4조(판매 등이 금지되는 병든 동물 고기 등)** 법 제5조에서 "보건복지부령으로 정하는 질병"이란 다음 각 호의 질병을 말한다.

1. 「축산물가공처리법 시행규칙」 별표 3 제1호다목에 따라 도축이 금지되는 가축전염병
2. 리스테리아병, 살모넬라병, 파스튜렐라병 및 선모충증

**제6조(기준·규격이 고시되지 아니한 화학적 합성품 등의 판매 등 금지)** 누구든지 다음 각 호의 어느 하나에 해당하는 행위를 하여서는 아니 된다. 다만, 식품의약품안전청장이 제57조에 따른 식품위생심의위원회(이하 "심의위원회"라 한다)의 심의를 거쳐 인체의 건강을 해칠 우려가 없다고 인정하는 경우에는 그러하지 아니하다.

1. 제7조제1항에 따라 기준·규격이 고시되지 아니한 화학적 합성품인 첨가물과 이를 함유한 물질을 식품첨가물로 사용하는 행위
2. 제1호에 따른 식품첨가물이 함유된 식품을 판매하거나 판매할 목적으로 제조·수입·가공·사용·조리·저장·소분·운반 또는 진열하는 행위

**제7조(식품 또는 식품첨가물에 관한 기준 및 규격)** ① 식품의약품안전청장은 국민보건을 위하여 필요하면 판매를 목적으로 하는 식품 또는 식품첨가물에 관한 다음 각 호의 사항을 정하여 고시한다. 다만, 식품첨가물 중 기구 및 용기·포장을 살균·소독하는 데에 쓰여서 간접적으로 식품으로 옮아갈 수 있는 물질은 그 성분명만을 고시할 수 있다.

1. 제조·가공·사용·조리·보존 방법에 관한 기준
2. 성분에 관한 규격

② 식품의약품안전청장은 제1항에 따라 기준과 규격이 고시되지 아니한 식품 또는 식품첨가물(식품에 직접 사용하는 화학적 합성품인 첨가물을 제외한다)에 대하여는 그 제조·가공업자에게 제1항 각 호의 사항을 제출하게 하여 제24조제1항제1호 및 제2항제1호에 따라 지정된 식품위생검사기관의 검토를 거쳐 제1항에 따른 기준과 규격이 고시될 때까지 그 식품 또는 식품첨가물의 기준과 규격으로 인정할 수 있다.

③ 수출할 식품 또는 식품첨가물의 기준과 규격은 제1항 및 제2항에도 불구하고 수입자가 요구하는 기준과 규격을 따를 수 있다.

④ 제1항 및 제2항에 따라 기준과 규격이 정하여진 식품 또는 식품첨가물은 그 기준에 따라 제조·수입·가공·사용·조리·보존하여야 하며, 그 기준과 규격에 맞지 아니하는 식품 또는 식품첨가물은 판매하거나 판매할 목적으로 제조·수입·가공·사용·조리·저장·소분·운반

·보존 또는 진열하여서는 아니 된다.

**제7조의2(권장규격 예시 등)** ① 식품의약품안전청장은 판매를 목적으로 하는 제7조 및 제9조에 따른 기준 및 규격이 설정되지 아니한 식품등이 국민보건상 위해 우려가 있어 예방조치가 필요하다고 인정하는 경우에는 그 기준 및 규격이 설정될 때까지 위해 우려가 있는 성분 등의 안전관리를 권장하기 위한 규격(이하 "권장규격"이라 한다)을 예시할 수 있다.

② 식품의약품안전청장은 제1항에 따라 권장규격을 예시할 때에는 국제식품규격위원회 및 외국의 규격 또는 다른 식품등에 이미 규격이 신설되어 있는 유사한 성분 등을 고려하여야 하고 심의위원회의 심의를 거쳐야 한다.

③ 식품의약품안전청장은 영업자가 제1항에 따른 권장규격을 준수하도록 요청할 수 있으며 이행하지 아니한 경우 그 사실을 공개할 수 있다. **[본조신설 2011.6.7]**

## 제3장 기구와 용기·포장

**제8조(유독기구 등의 판매·사용 금지)** 유독·유해물질이 들어 있거나 묻어 있어 인체의 건강을 해칠 우려가 있는 기구 및 용기·포장과 식품 또는 식품첨가물에 직접 닿으면 해로운 영향을 끼쳐 인체의 건강을 해칠 우려가 있는 기구 및 용기·포장을 판매하거나 판매할 목적으로 제조·수입·저장·운반·진열하거나 영업에 사용하여서는 아니 된다.

**제9조(기구 및 용기·포장에 관한 기준 및 규격)** ① 식품의약품안전청장은 국민보건을 위하여 필요한 경우에는 판매하거나 영업에 사용하는 기구 및 용기·포장에 관하여 다음 각 호의 사항을 정하여 고시한다.

1. 제조 방법에 관한 기준
2. 기구 및 용기·포장과 그 원재료에 관한 규격

② 식품의약품안전청장은 제1항에 따라 기준과 규격이 고시되지 아니한 기구 및 용기·포장에 대하여는 그 제조·가공업자에게 제1항 각 호의 사항을 제출하게 하여 제24조제1항제1호 및 제2항제1호에 따라 지정된 식품위생검사기관의 검토를 거쳐 제1항에 따라 기준과 규격이 고시될 때까지 해당 기구 및 용기·포장의 기준과 규격으로 인정할 수 있다.

③ 수출할 기구 및 용기·포장과 그 원재료에 관한 기준과 규격은 제1항 및 제2항에도 불구하고 수입자가 요구하는 기준과 규격을 따를 수 있다.

④ 제1항 및 제2항에 따라 기준과 규격이 정하여진 기구 및 용기·포장은 그 기준에 따라 제조하여야 하며, 그 기준과 규격에 맞지 아니한 기구 및 용기·포장은 판매하거나 판매할 목적으로 제조·수입·저장·운반·진열하거나 영업에 사용하여서는 아니 된다.

## 제4장 표 시

**제10조(표시기준)** ① 식품의약품안전청장은 국민보건을 위하여 필요하면 다음 각 호의 어느 하나에 해당하는 표시에 관한 기준을 정하여 고시할 수 있다.

1. 판매를 목적으로 하는 식품 또는 식품첨가물의 표시
2. 제9조제1항에 따라 기준과 규격이 정하여진 기구 및 용기·포장의 표시
3. 삭제 **〈2011.6.7〉**

② 제1항에 따라 표시에 관한 기준이 정하여진 식품등은 그 기준에 맞는 표시가 없으면 판매하거나 판매할 목적으로 수입·진열·운반하거나 영업에 사용하여서는 아니 된다.

**제11조(식품의 영양표시 등)** ① 식품의약품안전청장은 보건복지부령으로 정하는 식품의 영양표시에 관하여 필요한 기준을 정하여 고시할 수 있다. **〈개정 2010.1.18.〉**

② 식품을 제소·가공·소분 또는 수입하는 영업자가 식품을 판매하거나 판매할 목적으로 수입·진열·운반하거나 영업에 사용하는 경우에는 제1항에 따라 정하여진 영양표시 기준을 지켜야 한다.

③ 식품의약품안전청장은 국민들이 제1항에 따른 영양표시를 식생활에서 활용할 수 있도록 교육과 홍보를 하여야 한다.

**규칙 제6조(영양표시 대상 식품)** ① 법 제11조제1항에서 "보건복지부령으로 정하는 식품"이란 다음 각 호의 식품을 말한다.

1. 장기보존식품(레토르트식품만 해당한다), 2. 과자류 중 과자, 캔디류 및 빙과류, 3. 빵류 및 만두류, 4. 초콜릿류, 5. 쨈류, 6. 식용 유지류(油脂類), 7. 면류, 8. 음료류, 9. 특수용도식품, 10. 어육가공품 중 어육소시지, 11. 즉석섭취식품 중 김밥, 햄버거, 샌드위치

② 제1항에도 불구하고 다음 각 호의 식품은 영양표시 대상 식품으로 보지 아니한다.

1. 즉석판매제조·가공업자가 제조·가공하는 식품
2. 최종 소비자에게 제공되지 아니하고 다른 식품을 제조·가공 또는 조리할 때 원료로 사용되는 식품
3. 식품의 포장 또는 용기의 주 표시면 면적이 30제곱센티미터 이하인 식품

**제12조** 삭제 <2010.2.4>

**제12조의2(유전자재조합식품등의 표시)** ① 생물의 유전자 중 유용한 유전자만을 취하여 다른 생물체의 유전자와 결합시키는 등의 유전자재조합기술을 활용하여 재배·육성된 농산물·축산물·수산물 등을 주요 원재료로 하여 제조·가공한 식품 또는 식품첨가물(이하 "유전자재조합식품등"이라 한다)은 유전자재조합식품임을 표시하여야 한다.

② 제1항에 따라 표시하여야 하는 유전자재조합식품등은 표시가 없으면 판매하거나 판매할 목적으로 수입·진열·운반하거나 영업에 사용하여서는 아니 된다.

③ 제1항에 따른 표시의무자, 표시대상 및 표시방법 등에 필요한 사항은 식품의약품안전청장이 정한다.

**[본조신설** 2011.6.7]

**제12조의3(표시·광고의 심의)** ① 영유아식, 체중조절용 조제식품 등 대통령령으로 정하는 식품에 대하여 표시·광고를 하려는 자는 식품의약품안전청장이 정한 식품 표시·광고 심의기준, 방법 및 절차에 따라 심의를 받아야 한다.

② 식품의약품안전청장은 제1항에 따른 식품의 표시·광고 사전심의에 관한 업무를 대통령령으로 정하는 기관 및 단체 등에 위탁할 수 있다. **[본조신설** 2011.6.7]

**제12조의4(광고심의 이의신청)** ① 제12조의3제1항에 따른 심의결과에 대하여 이의가 있는 자는 심의결과를 통지받은 날부터 1개월 이내에 식품의약품안전청장에게 이의를 제기할 수 있다.

② 식품의약품안전청장은 제1항에 따른 이의신청을 받은 때에는 심의위원회의 자문을 받아 이를 심사하고 그 결과를 신청인에게 통지하여야 한다.

③ 제1항 및 제2항에 따른 이의신청 방법, 절차 및 운영 등에 필요한 사항은 식품의약품안전청장이 정한다. **[본조신설** 2011.6.7]

**제13조(허위표시 등의 금지)** ① 누구든지 식품등의 명칭·제조방법, 품질·영양 표시, 유전자재조합식품등 및 식품이력추적관리 표시에 관하여는 다음 각 호에 해당하는 허위·과대·비방의 표시·광고를 하여서는 아니 되고, 포장에 있어서는 과대포장을 하지 못한다. 식품 또는 식품첨가물의 영양가·원재료·성분·용도에 관하여도 또한 같다.

1. 질병의 예방 및 치료에 효능·효과가 있거나 의약품 또는 건강기능식품으로 오인·혼동할 우려가 있는 내용의 표시·광고
2. 사실과 다르거나 과장된 표시·광고
3. 소비자를 기만하거나 오인·혼동시킬 우려가 있는 표시 · 광고
4. 다른 업체 또는 그 제품을 비방하는 광고
5. 제12조의3제1항에 따라 심의를 받지 아니하거나 심의받은 내용과 다른 내용의 표시·광고

② 제1항에 따른 허위표시, 과대광고, 비방광고 및 과대포장의 범위와 그 밖에 필요한 사항은 보건복지부령으로 정한다.

## 제5장 식품등의 공전(공전)

**제14조(식품등의 공전)** 식품의약품안전청장은 다음 각 호의 기준 등을 실은 식품등의 공전을 작성·보급하여야 한다.

1. 제7조제1항에 따라 정하여진 식품 또는 식품첨가물의 기준과 규격
2. 제9조제1항에 따라 정하여진 기구 및 용기·포장의 기준과 규격
3. 제10조제1항에 따라 정하여진 식품등의 표시기준

## 제6장 검사 등

**제15조(위해평가)** ① 식품의약품안전청장은 국내외에서 유해물질이 함유된 것으로 알려지는 등 위해의 우려가 제기되는 식품등이 제4조 또는 제8조에 따른 식품등에 해당한다고 의심되는 경우에는 그 식품등의 위해요소를 신속히 평가하여 그것이 위해식품등인지를 결정하여야 한다.

② 식품의약품안전청장은 제1항에 따른 위해평가가 끝나기 전까지 국민건강을 위하여 예방조치가 필요한 식품등에 대하여는 판매하거나 판매할 목적으로 채취·제조·수입·가공·사용·조리·저장·소분·운반 또는 진열하는 것을 일시적으로 금지할 수 있다. 다만, 국민건강에 급박한 위해가 발생하였거나 발생할 우려가 있다고 식품의약품안전청장이 인정하는 경우에는 그 금지조치를 하여야 한다.

③ 식품의약품안전청장은 제2항에 따른 일시적 금지조치를 하려면 미리 심의위원회의 심의·의결을 거쳐야 한다. 다만, 국민건강을 급박하게 위해할 우려가 있어서 신속히 금지조치를 하여야 할 필요가 있는 경우에는 먼저 일시적 금지조치를 한 뒤 지체 없이 심의위원회의 심의·의결을 거칠 수 있다.

④ 심의위원회는 제3항 본문 및 단서에 따라 심의하는 경우 대통령령으로 정하는 이해관계인의 의견을 들어야 한다.

⑤ 식품의약품안전청장은 제1항에 따른 위해평가나 제3항 단서에 따른 사후 심의위원회의 심의·의결에서 위해가 없다고 인정된 식품등에 대하여는 지체 없이 제2항에 따른 일시적 금지조치를 해제하여야 한다.

⑥ 제1항에 따른 위해평가의 대상, 방법 및 절차, 그 밖에 필요한 사항은 대통령령으로 정한다.

**제15조의2(위해평가 결과 등에 관한 공표)** ① 식품의약품안전청장은 제15조에 따른 위해평가 결과에 관한 사항을 공표할 수 있다.

② 중앙행정기관의 장, 특별시장·광역시장·도지사·특별자치도지사(이하 "시·도지사"라 한

다), 시장·군수·구청장(자치구의 구청장을 말한다. 이하 같다) 또는 대통령령으로 정하는 공공기관의 장은 식품의 위해 여부가 의심되는 경우나 위해와 관련된 사실을 공표하려는 경우로서 제15조에 따른 위해평가가 필요한 경우에는 반드시 식품의약품안전청장에게 그 사실을 미리 알리고 협의하여야 한다.

③ 제1항에 따른 공표방법 등 공표에 필요한 사항은 대통령령으로 정한다. **[본조신설 2011.6.7]**

**제16조(소비자의 위생검사등 요청)** ① 식품의약품안전청장은 대통령령으로 정하는 일정 수 이상의 소비자 또는 소비자단체가 식품등 또는 영업시설 등에 대하여 제22조에 따른 출입·검사·수거 등(이하 이 조에서 "위생검사등"이라 한다)을 요청하는 경우에는 이에 따라야 한다. 다만, 다음 각 호의 어느 하나에 해당하는 경우에는 그러하지 아니하다.

1. 같은 소비자 또는 소비자단체가 특정 영업자의 영업을 방해할 목적으로 같은 내용의 위생검사등을 반복적으로 요청하는 경우
2. 식품의약품안전청장이 기술 또는 시설, 재원(財源) 등의 사유로 위생검사등을 할 수 없다고 인정하는 경우

② 식품의약품안전청장은 제1항에 따라 위생검사등의 요청에 따르는 경우 14일 이내에 위생검사등을 하고 그 결과를 대통령령으로 정하는 바에 따라 위생검사등의 요청을 한 소비자 또는 소비자단체에 알리고 인터넷 홈페이지에 게시하여야 한다. **〈개정 2011.6.7〉**

③ 위생검사등의 요청 요건 및 절차, 그 밖에 필요한 사항은 대통령령으로 정한다.

**제17조(위해식품등에 대한 긴급대응)** ① 식품의약품안전청장은 판매하거나 판매할 목적으로 채취·제조·수입·가공·조리·저장·소분 또는 운반(이하 이 조에서 "제조·판매등"이라 한다) 되고 있는 식품등이 다음 각 호의 어느 하나에 해당하는 경우에는 긴급대응방안을 마련하고 필요한 조치를 하여야 한다. **〈개정 2010.1.18〉**

1. 국내외에서 식품등 위해발생 우려가 보건복지부령으로 정하는 과학적 근거에 따라 제기되었거나 제기된 경우
2. 그 밖에 식품등으로 인하여 국민건강에 중대한 위해가 발생하거나 발생할 우려가 있는 경우로서 대통령령으로 정하는 경우

② 제1항에 따른 긴급대응방안은 다음 각 호의 사항이 포함되어야 한다.

1. 해당 식품등의 종류
2. 해당 식품등으로 인하여 인체에 미치는 위해의 종류 및 정도
3. 제3항에 따른 제조·판매등의 금지가 필요한 경우 이에 관한 사항
4. 소비자에 대한 긴급대응요령 등의 교육·홍보에 관한 사항
5. 그 밖에 식품등의 위해 방지 및 확산을 막기 위하여 필요한 사항

③ 식품의약품안전청장은 제1항에 따른 긴급대응이 필요하다고 판단되는 식품등에 대하여는 그 위해 여부가 확인되기 전까지 해당 식품등의 제조·판매등을 금지하여야 한다. **〈개정 2011.8.4〉**

④ 영업자는 제3항에 따른 식품등에 대하여는 제조·판매등을 하여서는 아니 된다.

⑤ 식품의약품안전청장은 제3항에 따라 제조·판매등을 금지하려면 미리 대통령령으로 정하는 이해관계인의 의견을 들어야 한다.

⑥ 영업자는 제3항에 따른 금지조치에 대하여 이의가 있는 경우에는 대통령령으로 정하는 바에 따라 식품의약품안전청장에게 해당 금지의 전부 또는 일부의 해제를 요청할 수 있다.

⑦ 식품의약품안전청장은 식품등으로 인하여 국민건강에 위해가 발생하지 아니하였거나 발생할 우려가 없어졌다고 인정하는 경우에는 제3항에 따른 금지의 전부 또는 일부를 해제하여야 한다.

⑧ 식품의약품안전청장은 국민건강에 급박한 위해가 발생하거나 발생할 우려가 있다고 인정되는 위해식품에 관한 정보를 국민에게 긴급하게 전달하여야 하는 경우로서 대통령령으로 정하는 요건에 해당하는 경우에는 「방송법」 제2조제3호에 따른 방송사업자 중 대통령령으로 정하는 방송사업자에 대하여 이를 신속하게 방송하도록 요청하거나 「전기통신사업법」 제5조에 따른 기간통신사업자 중 대통령령으로 정하는 기간통신사업자에 대하여 이를 신속하게 문자 또는 음성으로 송신하도록 요청할 수 있다.

⑨ 제8항에 따라 요청을 받은 방송사업자 및 기간통신사업자는 특별한 사유가 없는 한 이에 응하여야 한다.

**제18조(유전자재조합식품등의 안전성 평가 등)** ① 식품의약품안전청장은 유전자재조합식품등을 식용(食用)으로 수입·개발·생산하는 자에게 최초로 유전자재조합식품등을 수입하는 경우 등 대통령령으로 정하는 경우에는 해당 식품등에 대하여 안전성 평가를 받게 할 수 있다.

② 식품의약품안전청장은 제1항에 따른 유전자재조합식품등의 안전성 평가에 대한 심사를 위하여 식품의약품안전청에 유전자재조합식품등 안전성평가자료심사위원회(이하 "안전성평가자료심사위원회"라 한다)를 둔다.

③ 안전성평가자료심사위원회의 구성·기능·운영에 필요한 사항은 대통령령으로 정한다.

④ 제1항에 따른 안전성 평가의 대상, 안전성 평가를 위한 자료제출의 범위 및 심사절차 등에 관하여는 식품의약품안전청장이 정하여 고시한다.

**제19조(수입 식품등의 신고 등)** ① 판매를 목적으로 하거나 영업에 사용할 목적으로 식품등을 수입하려는 자는 보건복지부령으로 정하는 바에 따라 식품의약품안전청장에게 신고하여야 한다. **〈개정 2010.1.18〉**

② 식품의약품안전청장은 제1항에 따라 신고된 식품등에 대하여 통관 절차가 끝나기 전에

관계 공무원이나 검사기관으로 하여금 필요한 검사를 하게 하여야 한다. 다만, 기구 또는 용기·포장은 통관 절차가 끝난 뒤에도 검사하게 할 수 있다.

③ 식품의약품안전청장은 제1항에 따라 신고된 식품등이 다음 각 호의 어느 하나에 해당하는 경우에는 제2항에도 불구하고 검사의 전부 또는 일부를 생략할 수 있다. **〈개정 2010.1.18〉**

1. 제4조부터 제6조까지 및 제8조에 따른 위해식품등에 해당하지 아니하고, 제7조, 제9조, 제36조 및 제48조에 적합하며, 제13조를 위반하지 아니하였다고 식품의약품안전청장이 미리 확인하여 등록(이하 "수입식품등 사전확인등록"이라 한다)한 경우(수산동식물은 수출국 정부가 인정하는 경우를 포함하되, 수출국이 우리나라에서 수입하는 수산동식물에 대하여 같은 제도를 인정하는 경우만 해당한다)
2. 식품의약품안전청장이 인정하여 고시한 국내외 검사기관에서 검사를 받아 그 검사성적서 또는 검사증명서를 제출하는 경우
3. 제20조제2항에 따라 등록한 우수수입업소가 수입한 경우
4. 그 밖에 제1호부터 제3호까지에 준하는 사항으로서 보건복지부령으로 정하는 사유에 해당하는 경우

④ 제2항 및 제3항에 따른 검사의 종류·대상·방법과 수입식품등 사전확인등록의 기준·절차 등에 관하여 필요한 사항은 보건복지부령으로 정한다. **〈개정 2010.1.18〉**

⑤ 제1항에 따라 제44조제5항에 따른 주문자상표부착식품등을 신고하는 경우 식품의약품안전청장이 정하여 고시하는 기준에 따라 설정한 유통기한의 설정사유를 식품의약품안전청장에게 보고하여야 한다. 보고한 사항 중 보건복지부령으로 정하는 중요한 사항을 변경하는 경우에도 또한 같다. **〈신설 2011.6.7〉**

**제19조의2(수입 식품등의 신고 대행자 등)** ① 식품등을 수입하려는 자는 대통령령으로 정하는 식품안전관리 자격을 갖춘 자 중 식품의약품안전청장에게 등록한 자(이하 "수입식품신고 대행자"라 한다)에게 제19조제1항에 따른 식품등의 수입신고를 대행하게 할 수 있다.

② 수입식품신고 대행자 등록절차, 교육 및 대행에 따른 수수료는 보건복지부령으로 정한다.

③ 식품의약품안전청장은 제2항에 따라 등록한 수입식품신고 대행자가 다음 각 호의 어느 하나에 해당하는 때에는 등록을 취소하거나 6개월 이내의 기간을 정하여 업무의 정지를 명할 수 있다. 다만, 제1호에 해당하는 때에는 등록을 취소하여야 한다.

1. 거짓이나 그 밖의 부정한 방법으로 등록한 때
2. 업무 정지 명령을 위반하여 업무를 한 때
3. 제1항의 등록기준을 위반한 때
4. 수입신고업무를 담당하는 공무원에게 금품이나 향응 등을 제공한 사실이 있다고 확인된 때

5. 수입자에게 수수료 외의 금품이나 향응 등을 요구한 사실이 확인된 때
6. 제24조에 따른 식품위생검사기관에 수입식품의 신고업무와 관련된 검사를 의뢰할 때 검사수수료 외의 금품이나 향응 등을 제공한 사실이 확인된 때
7. 수입식품신고를 대행할 때 사실과 다르게 신고하거나 허위서류를 첨부하는 등 부정한 방법으로 수입신고한 사실이 확인된 때

④ 제3항에 따른 행정처분의 세부기준은 그 위반 행위의 유형과 위반 정도 등을 고려하여 보건복지부령으로 정한다.

⑤ 제3항에 따른 등록취소 후 3년이 지나지 아니한 자는 새로 등록하여서는 아니 된다. **[본조신설 2011.6.7]**

**제19조의3(식품안전 교육명령 등)** ① 식품의약품안전청장은 다음 각 호의 어느 하나에 해당하는 영업자에게 수입 식품등의 안전성을 확보하기 위한 식품안전 교육을 명할 수 있다.

1. 제19조제1항에 따라 수입신고한 식품등을 검사한 결과 부적합 식품등을 수입한 영업자
2. 국내 유통 중인 수입 식품등에 대하여 제22조제1항에 따른 출입·검사·수거 등을 실시한 결과 영업정지 처분을 받은 영업자

② 제1항에 따른 식품안전 교육명령의 조치와 관련한 세부절차, 교육기관, 방법 및 내용 등에 필요한 사항은 보건복지부령으로 정한다. **[본조신설 2011.6.7]**

**제19조의4(검사명령 등)** ① 식품의약품안전청장은 다음 각 호의 어느 하나에 해당하는 식품등을 채취·제조·수입·가공·사용·조리·저장·소분·운반 또는 진열하는 영업자에 대하여 제24조제2항에 따른 식품위생검사기관 또는 식품의약품안전청장이 지정한 국외 공인검사기관에서 검사를 받을 것을 명(이하 "검사명령"이라 한다)할 수 있다. 다만, 검사로써 위해성분을 확인할 수 없다고 식품의약품안전청장이 인정하는 경우에는 관계 자료 등으로 갈음할 수 있다.

1. 국내외에서 유해물질이 검출된 식품등
2. 제19조제2항에 따라 수입신고한 식품등을 검사한 결과 부적합률이 높은 식품등
3. 그 밖에 국내외에서 위해발생의 우려가 제기되었거나 제기된 식품등

② 검사명령을 받은 영업자는 보건복지부령으로 정하는 검사기한 내에 검사를 받거나 관련 자료 등을 제출하여야 한다.

③ 제1항 및 제2항에 따른 검사명령 대상 식품등의 범위, 제출 자료 등 세부사항은 식품의약품안전청장이 정하여 고시한다. **[본조신설 2011.6.7]**

**제20조(우수수입업소 등록 등)** ① 제19조에 따라 수입신고한 자는 해당 수입 식품등의 안전성 확보 등을 위하여 식품의약품안전청장이 정하는 기준에 따라 수출국 제조업소에 대하여 위생관리 상태를 점검할 수 있다.

② 제1항에 따라 위생관리 상태를 점검하는 업소는 식품의약품안전청장에게 우수수입식품업소(이하 "우수수입업소"라 한다)로 등록할 수 있다.

③ 우수수입업소의 등록을 하려는 자는 보건복지부령으로 정하는 바에 따라 식품의약품안전청장에게 신청하여야 한다. 등록한 사항 중 보건복지부령으로 정하는 중요한 사항을 변경하려는 경우에도 또한 같다. 〈**개정** 2010.1.18〉

④ 식품의약품안전청장은 우수수입업소가 다음 각 호의 어느 하나에 해당하는 경우에는 그 등록을 취소하거나 시정을 명할 수 있다. 다만, 우수수입업소가 제1호에 해당할 경우 등록을 취소하여야 한다. 〈**개정** 2010.1.18〉

1. 거짓이나 그 밖의 부정한 방법으로 등록을 한 경우
2. 제75조에 따라 영업정지 2개월 이상의 행정처분을 받은 경우
3. 그 밖에 제1호 및 제2호에 준하는 사항으로서 보건복지부령으로 정하는 사항을 지키지 아니한 경우

⑤ 우수수입업소의 등록 절차·방법, 수출국 제조업소의 생산·가공시설 안전성 기준 등 세부사항은 보건복지부령으로 정한다. 〈**개정** 2010.1.18〉

**제21조(특정 식품등의 수입·판매 등 금지)** ① 식품의약품안전청장은 특정 국가 또는 지역에서 채취·제조·가공·사용·조리 또는 저장된 식품등이 그 특정 국가 또는 지역에서 위해한 것으로 밝혀졌거나 위해의 우려가 있다고 인정되는 경우에는 그 식품등을 수입·판매하거나 판매할 목적으로 제조·가공·사용·조리·저장·소분·운반 또는 진열하는 것을 금지할 수 있다.

② 식품의약품안전청장은 제15조제1항에 따른 위해평가 또는 제19조제2항에 따른 검사 후 식품등에서 제4조제2호에 따른 유독·유해물질이 검출된 경우에는 해당 식품등의 수입을 금지하여야 한다. 다만, 인체의 건강을 해칠 우려가 없다고 식품의약품안전청장이 인정하는 경우는 그러하지 아니하다.

③ 식품의약품안전청장은 제1항 및 제2항에 따른 금지를 하려면 미리 관계 중앙행정기관의 장의 의견을 듣고 심의위원회의 심의·의결을 거쳐야 한다. 다만, 국민건강을 급박하게 위해할 우려가 있어서 신속히 금지 조치를 하여야 할 필요가 있는 경우 먼저 금지조치를 한 뒤 지체 없이 심의위원회의 심의·의결을 거칠 수 있다.

④ 제3항 본문 및 단서에 따라 심의위원회가 심의하는 경우 대통령령으로 정하는 이해관계인은 심의위원회에 출석하여 의견을 진술하거나 문서로 의견을 제출할 수 있다.

⑤ 식품의약품안전청장은 직권으로 또는 제1항 및 제2항에 따라 수입·판매 등이 금지된 식품등에 대하여 이해관계가 있는 국가 또는 수입한 영업자의 신청을 받아 그 식품등에 위해가 없는 것으로 인정되면 심의위원회의 심의·의결을 거쳐 제1항 및 제2항에 따른 금지의 전부 또는 일부를 해제할 수 있다.

⑥ 식품의약품안전청장은 제1항 및 제2항에 따른 금지나 제5항에 따른 해제를 하는 경우에는 고시하여야 한다.

⑦ 식품의약품안전청장은 제1항 및 제2항에 따라 수입·판매 등이 금지된 해당 식품등의 제조업소, 이해관계가 있는 국가 또는 수입한 영업자가 원인 규명 및 개선사항을 제시할 경우에는 제1항 및 제2항에 따른 금지의 전부 또는 일부를 해제할 수 있다. 이 경우 개선사항에 대한 확인이 필요한 때에는 현지 조사를 할 수 있다.

**제22조(출입·검사·수거 등)** ① 식품의약품안전청장(대통령령으로 정하는 그 소속 기관의 장을 포함한다. 이하 이 조에서 같다), 시·도지사 또는 시장·군수·구청장은 식품등의 위해방지·위생관리와 영업질서의 유지를 위하여 필요하면 다음 각 호의 구분에 따른 조치를 할 수 있다. **〈개정 2009.5.21, 2011.6.7〉**

1. 영업자나 그 밖의 관계인에게 필요한 서류나 그 밖의 자료의 제출 요구
2. 관계 공무원으로 하여금 다음 각 목에 해당하는 출입·검사·수거 등의 조치
   가. 영업소(사무소, 창고, 제조소, 저장소, 판매소, 그 밖에 이와 유사한 장소를 포함한다)에 출입하여 판매를 목적으로 하거나 영업에 사용하는 식품등 또는 영업시설 등에 대하여 하는 검사
   나. 가목에 따른 검사에 필요한 최소량의 식품등의 무상 수거
   다. 영업에 관계되는 장부 또는 서류의 열람

② 식품의약품안전청장은 시·도지사 또는 시장·군수·구청장이 제1항에 따른 출입·검사·수거 등의 업무를 수행하면서 식품등으로 인하여 발생하는 위생 관련 위해방지 업무를 효율적으로 하기 위하여 필요한 경우에는 관계 행정기관의 장, 다른 시·도지사 또는 시장·군수·구청장에게 행정응원(行政應援)을 하도록 요청할 수 있다. 이 경우 행정응원을 요청받은 관계 행정기관의 장, 시·도지사 또는 시장·군수·구청장은 특별한 사유가 없으면 이에 따라야 한다.

③ 제1항 및 제2항의 경우에 출입·검사·수거 또는 열람하려는 공무원은 그 권한을 표시하는 증표를 지니고 이를 관계인에게 내보여야 한다.

④ 제2항에 따른 행정응원의 절차, 비용 부담 방법, 그 밖에 필요한 사항은 대통령령으로 정한다.

**제23조(식품등의 재검사)** ① 식품의약품안전청장(대통령령으로 정하는 그 소속 기관의 장을 포함한다. 이하 이 조에서 같다), 시·도지사 또는 시장·군수·구청장은 제19조 또는 제22조에 따라 식품등을 검사한 결과 해당 식품등이 제7조 또는 제9조에 따른 식품등의 기준이나 규격에 맞지 아니하면 대통령령으로 정하는 바에 따라 해당 영업자에게 그 검사 결과를 통보하여야 한다.

② 제1항에 따른 통보를 받은 영업자가 그 검사 결과에 이의가 있으면 식품의약품안전청장이 인정하는 국내외 검사기관에서 발급한 검사성적서 또는 검사증명서를 첨부하여 식품의약품안전청장, 시·도지사 또는 시장·군수·구청장에게 재검사를 요청할 수 있다.

③ 제2항에 따른 재검사 요청을 받은 식품의약품안전청장, 시·도지사 또는 시장·군수·구청장은 대통령령으로 정하는 바에 따라 재검사를 할 것인지를 결정하여 그 결과를 해당 영업자에게 통보하여야 한다.

④ 식품의약품안전청장, 시·도지사 또는 시장·군수·구청장은 제3항에 따라 해당 식품등을 재검사하기로 결정한 경우에는 지체 없이 재검사를 하고, 재검사 결과를 해당 영업자에게 통보하여야 한다. 이 경우 재검사 수수료와 보세창고료 등 재검사에 따르는 비용은 영업자가 부담한다.

**제24조(식품위생검사기관의 지정 등)** ① 식품등의 안전성을 확보하고 위해식품등을 판명하기 위하여 제7조 및 제9조에 따른 기준 및 규격 등의 검사(이하 "식품위생검사"라 한다)를 행하는 기관(이하 "식품위생검사기관"이라 한다)은 다음 각 호와 같다. **〈개정 2010.1.18〉**

1. 보건복지부령으로 정하는 식품위생검사기관
2. 식품위생검사를 효율적으로 행하게 하기 위하여 식품의약품안전청장이 지정하는 식품위생검사기관

② 제1항 제2호에 따른 식품위생검사기관은 식품위생검사 업무범위별로 다음과 같이 구분하여 지정할 수 있다.

1. 식품위생전문검사기관 : 제19조제2항 및 제22조제1항에 따른 검사 중 식품위생검사에 해당하는 검사
2. 자가 품질 위탁 검사 기관 : 제31조제2항에 따른 식품위생검사

③ 제2항에 따른 식품위생검사기관이 갖추어야 할 식품위생검사시설, 식품위생검사 전문인력(이하 "검사원"이라 한다)과 식품위생검사기관의 지정·평가 등에 관하여 필요한 사항은 보건복지부령으로 정한다. **〈개정 2010.1.18〉**

**규칙** **제23조(식품위생검사기관)** ① 법 제24조제1항제1호에서 "보건복지부령으로 정하는 식품위생검사기관"이란 다음 각 호의 기관을 말한다. **〈개정 2010.3.19.〉**

1. 식품의약품안전평가원
2. 지방식품의약품안전청
3. 시·도 보건환경연구원
4. 국립수산물품질검사원(수산물의 검사에 한정한다)

② 식품의약품안전청장은 법 제24조제1항에 따른 식품위생검사기관의 검사능력 향상 및 신뢰성 확보를 위하여 검사능력을 측정하고 평가할 수 있다.

③ 제2항에 따른 검사능력의 측정 및 평가는 표준 시료(검사기관의 검사능력 평가를 목적으로 제조되어 검사능력관리 대상기관에 제공되는 시료를 말한다)를 사용하여 하며, 그 세부적인 사항은 식품의약품안전청장이 정하여 고시한다.

**제25조 - 제30조 (생략)**

**제31조(자가품질검사 의무)** ① 식품등을 제조·가공하는 영업자는 보건복지부령으로 정하는 바에 따라 제조·가공하는 식품등이 제7조 또는 제9조에 따른 기준과 규격에 맞는지를 검사하여야 한다. **〈개정 2010.1.18〉**

② 식품의약품안전청장 및 시·도지사는 제1항에 따른 검사를 해당 영업을 하는 자가 직접 행하는 것이 부적합한 경우 제24조제2항제2호에 따른 자가품질위탁검사기관에 위탁하여 검사하게 할 수 있다.

③ 제1항에 따른 검사를 직접 행하는 영업자 및 제2항에 따른 자가품질위탁검사기관은 제1항에 따른 검사 결과 해당 식품등이 제4조부터 제6조까지, 제7조제4항, 제8조 또는 제9조제4항을 위반하여 국민 건강에 위해가 발생하거나 발생할 우려가 있는 경우에는 지체 없이 식품의약품안전청장에게 보고하여야 한다. **〈신설 2011.6.7〉**

④ 제1항 및 제2항에 따른 검사의 항목·절차, 그 밖에 검사에 필요한 사항은 보건복지부령으로 정한다. **〈개정 2011.6.7〉**

**제32조(식품위생감시원)** ① 제22조 제1항에 따른 관계 공무원의 직무와 그 밖에 식품위생에 관한 지도 등을 하기 위하여 식품의약품안전청(대통령령으로 정하는 그 소속 기관을 포함한다), 특별시·광역시·도·특별자치도(이하 "시·도"라 한다) 또는 시·군·구(자치구를 말한다. 이하 같다)에 식품위생감시원을 둔다.

② 제1항에 따른 식품위생감시원의 자격·임명·직무범위, 그 밖에 필요한 사항은 대통령령으로 정한다.

**영 제16조(식품위생감시원의 자격 및 임명)** ① 법 제32조제1항에서 "대통령령으로 정하는 그 소속 기관"이란 지방식품의약품안전청을 말한다.

② 법 제32조제1항에 따른 식품위생감시원은 식품의약품안전청장(지방식품의약품안전청장을 포함한다), 시·도지사 또는 시장·군수·구청장이 다음 각 호의 어느 하나에 해당하는 소속 공무원 중에서 임명한다.

1. 위생사, 식품기술사·식품기사·식품산업기사·수산제조기술사·수산제조기사·수산제조산업기사 또는 영양사
2. 「고등교육법」 제2조제1호 및 제4호에 따른 대학 또는 전문대학에서 의학·한의학·약학·한약학·수의학·축산학·축산가공학·수산제조학·농산제조학·농화학·화학·

화학공학·식품가공학·식품화학·식품제조학·식품공학·식품과학·식품영양학·위생학·발효공학·미생물학·조리학·생물학 분야의 학과 또는 학부를 졸업한 자 또는 이와 같은 수준 이상의 자격이 있는 자

3. 외국에서 위생사 또는 식품제조기사의 면허를 받은 자나 제2호와 같은 과정을 졸업한 자로서 식품의약품안전청장이 적당하다고 인정하는 자
4. 1년 이상 식품위생행정에 관한 사무에 종사한 경험이 있는 자

③ 식품의약품안전청장(지방식품의약품안전청장을 포함한다), 시·도지사 또는 시장·군수·구청장은 제2항 각 호의 요건에 해당하는 자만으로는 식품위생감시원의 인력 확보가 곤란하다고 인정될 경우에는 식품위생행정에 종사하는 자 중 소정의 교육을 2주 이상 받은 자에 대하여 그 식품위생행정에 종사하는 기간 동안 식품위생감시원의 자격을 인정할 수 있다.

**영 제17조(식품위생감시원의 직무)** 법 제32조에 따른 식품위생감시원의 직무는 다음 각 호와 같다.

1. 식품등의 위생적인 취급에 관한 기준의 이행 지도
2. 수입·판매 또는 사용 등이 금지된 식품등의 취급 여부에 관한 단속
3. 표시기준 또는 과대광고 금지의 위반 여부에 관한 단속
4. 출입·검사 및 검사에 필요한 식품등의 수거
5. 시설기준의 적합 여부의 확인·검사
6. 영업자 및 종업원의 건강진단 및 위생교육의 이행 여부의 확인·지도
7. 조리사 및 영양사의 법령 준수사항 이행 여부의 확인·지도
8. 행정처분의 이행 여부 확인
9. 식품등의 압류·폐기 등
10. 영업소의 폐쇄를 위한 간판 제거 등의 조치
11. 그 밖에 영업자의 법령 이행 여부에 관한 확인·지도

**제33조(소비자식품위생감시원)** ① 식품의약품안전청장(대통령령으로 정하는 그 소속 기관의 장을 포함한다. 이하 이 조에서 같다), 시·도지사 또는 시장·군수·구청장은 식품위생관리를 위하여 「소비자기본법」 제29조에 따라 등록한 소비자단체의 임직원 중 해당 단체의 장이 추천한 자나 식품위생에 관한 지식이 있는 자를 소비자식품위생감시원으로 위촉할 수 있다.

② 제1항에 따라 위촉된 소비자식품위생감시원(이하 "소비자식품위생감시원"이라 한다)의 직무는 다음 각 호와 같다.

1. 제36조 제1항 제3호에 따른 식품접객업을 하는 자(이하 "식품접객영업자"라 한다)에 대한 위생관리 상태 점검

2. 유통 중인 식품등이 표시기준에 맞지 아니하거나 허위표시 또는 과대광고 금지 규정을 위반한 경우 관할 행정관청에 신고하거나 그에 관한 자료 제공
3. 제32조에 따른 식품위생감시원이 하는 식품등에 대한 수거 및 검사 지원
4. 그 밖에 식품위생에 관한 사항으로서 대통령령으로 정하는 사항

③ 소비자식품위생감시원은 제2항 각 호의 직무를 수행하는 경우 그 권한을 남용하여서는 아니 된다.

④ 제1항에 따라 소비자식품위생감시원을 위촉한 식품의약품안전청장, 시·도지사 또는 시장·군수·구청장은 소비자식품위생감시원에게 직무 수행에 필요한 교육을 하여야 한다.

⑤ 식품의약품안전청장, 시·도지사 또는 시장·군수·구청장은 소비자식품위생감시원이 다음 각 호의 어느 하나에 해당하면 그 소비자식품위생감시원을 해촉(解囑)하여야 한다.

1. 추천한 소비자단체에서 퇴직하거나 해임된 경우
2. 제2항 각 호의 직무와 관련하여 부정한 행위를 하거나 권한을 남용한 경우
3. 질병이나 부상 등의 사유로 직무 수행이 어렵게 된 경우

⑥ 소비자식품위생감시원이 제2항제1호의 직무를 수행하기 위하여 식품접객영업자의 영업소에 단독으로 출입하려면 미리 식품의약품안전청장, 시·도지사 또는 시장·군수·구청장의 승인을 받아야 한다.

⑦ 소비자식품위생감시원이 제6항에 따른 승인을 받아 식품접객영업자의 영업소에 단독으로 출입하는 경우에는 승인서와 신분을 표시하는 증표를 지니고 이를 관계인에게 내보여야 한다.

⑧ 소비자식품위생감시원의 자격, 직무 범위 및 교육, 그 밖에 필요한 사항은 대통령령으로 정한다.

**제34조(시민식품감사인)** ① 대통령령으로 정하는 영업자는 식품위생에 관한 전문 지식이 있는 다음 각 호의 어느 하나에 해당하는 자 중 식품의약품안전청장 또는 시·도지사가 지정하는 자를 해당 영업소의 식품등의 위생관리 상태를 점검하는 시민식품감사인으로 위촉할 수 있다.

1. 「소비자기본법」 제29조에 따라 등록한 소비자단체의 장이 추천하는 자
2. 「비영리민간단체 지원법」 제2조에 따른 비영리민간단체 중 식품위생 관련 단체의 장이 추천하는 자
3. 「고등교육법」 제2조에 따른 학교의 식품 관련 학과에서 조교수 이상으로 재직하는 자

② 제1항에 따라 위촉된 시민식품감사인(이하 "시민식품감사인"이라 한다)은 제1항에 따른 영업자의 영업소에 대한 위생관리 상태를 분기마다 한 번 이상 점검하고, 점검 결과 위생상태가 나쁘거나 식품 안전을 위하여 개선이 필요한 사항에 대하여는 영업자에게 개선 등 필요한 조치를 하도록 권고할 수 있다.

③ 시민식품감사인은 해당 영업자가 제2항에 따른 권고사항을 이행하지 아니하면 식품의약품

안전청장, 시·도지사 또는 시장·군수·구청장에게 그 사실을 보고하여야 한다.

④ 시민식품감사인은 업무로 알게 된 영업자의 영업에 관한 비밀을 타인에게 누설하거나 업무목적이 아닌 용도로 사용하여서는 아니 된다.

⑤ 제1항에 따라 시민식품감사인을 위촉하거나 위촉된 시민식품감사인을 해촉하는 영업자는 다음 각 호의 사항을 보건복지부령으로 정하는 바에 따라 식품의약품안전청장, 시 · 도지사 또는 시장·군수·구청장에게 보고하여야 한다. **〈개정 2010.1.18〉**

1. 위촉한 시민식품감사인의 위촉 날짜와 인적 사항
2. 제2항에 따라 시민식품감사인이 개선하도록 권고한 내용과 이에 따라 개선한 사항
3. 시민식품감사인을 해촉하는 경우 해촉 날짜와 사유

⑥ 식품의약품안전청장(대통령령으로 정하는 그 소속 기관의 장을 포함한다), 시·도지사 또는 시장·군수·구청장은 제1항에 따라 시민식품감사인을 위촉한 영업자의 영업소에 대하여 관계 공무원으로 하여금 보건복지부령으로 정하는 일정 기간 동안 제22조에 따른 출입·검사·수거 등을 하지 아니하게 할 수 있다. 다만, 다음 각 호의 어느 하나에 해당하는 경우에는 그러하지 아니하다. **〈개정 2010.1.18〉**

1. 시민식품감사인을 위촉한 영업자가 시민식품감사인의 권고사항에 따르지 아니한 경우
2. 시민식품감사인이 제2항에 따른 직무를 성실하게 수행하지 아니하거나 직무와 관련하여 부정한 행위를 한 경우
3. 시민식품감사인을 위촉한 영업자가 제조·가공하여 유통 중인 제품을 수거하여 검사한 결과 위해 요인이 있다고 확인된 경우

⑦ 시민식품감사인의 자격, 위촉 절차 및 직무 범위, 그 밖에 필요한 사항은 대통령령으로 정한다.

**제35조(소비자 위생점검 참여 등)** ① 대통령령으로 정하는 영업자는 식품위생에 관한 전문적인 지식이 있는 자 또는 「소비자기본법」 제29조에 따라 등록한 소비자단체의 장이 추천한 자로서 식품의약품안전청장이 정하는 자에게 위생관리 상태를 점검받을 수 있다.

② 제1항에 따른 점검 결과 식품의약품안전청장이 정하는 기준에 적합하여 합격한 경우 해당 영업자는 그 합격사실을 보건복지부령으로 정하는 바에 따라 해당 영업소에서 제조·가공한 식품등에 표시하거나 광고할 수 있다. **〈개정 2010.1.18〉**

③ 식품의약품안전청장(대통령령으로 정하는 그 소속 기관의 장을 포함한다), 시·도지사 또는 시장·군수·구청장은 제1항에 따라 위생점검을 받은 영업소 중 식품의약품안전청장이 정하는 기준에 따른 우수 등급의 영업소에 대하여는 관계 공무원으로 하여금 보건복지부령으로 정하는 일정 기간 동안 제22조에 따른 출입·검사·수거 등을 하지 아니하게 할 수 있다. **〈개정 2010.1.18〉**

④ 제1항에 따른 위생점검의 시기 등은 대통령령으로 정한다.

## 제7장 영 업

**제36조(시설기준)** ① 다음의 영업을 하려는 자는 보건복지부령으로 정하는 시설기준에 맞는 시설을 갖추어야 한다. **〈개정 2010.1.18〉**

1. 식품 또는 식품첨가물의 제조업, 가공업, 운반업, 판매업 및 보존업
2. 기구 또는 용기·포장의 제조업
3. 식품접객업

② 제1항 각 호에 따른 영업의 세부 종류와 그 범위는 대통령령으로 정한다.

**영 제21조(영업의 종류)** 법 제36조제2항에 따른 영업의 세부 종류와 그 범위는 다음 각 호와 같다.

1. 식품제조·가공업 : 식품을 제조·가공하는 영업
2. 즉석판매제조·가공업 : 보건복지부령으로 정하는 식품을 제조·가공업소에서 직접 최종소비자에게 판매하는 영업
3. 식품첨가물제조업
   가. 감미료·착색료·표백제 등의 화학적 합성품을 제조·가공하는 영업
   나. 천연 물질로부터 유용한 성분을 추출하는 등의 방법으로 얻은 물질을 제조·가공하는 영업
   다. 식품첨가물의 혼합제재를 제조·가공하는 영업
   라. 기구 및 용기·포장을 살균·소독할 목적으로 사용되어 간접적으로 식품에 이행(移行)될 수 있는 물질을 제조·가공하는 영업
4. 식품운반업 : 직접 마실 수 있는 유산균음료(살균유산균음료를 포함한다)나 어류·조개류 및 그 가공품 등 부패·변질되기 쉬운 식품을 위생적으로 운반하는 영업. 다만, 해당 영업자의 영업소에서 판매할 목적으로 식품을 운반하는 경우와 해당 영업자가 제조·가공한 식품을 운반하는 경우는 제외한다.
5. 식품소분·판매업
   가. 식품소분업 : 보건복지부령으로 정하는 식품 또는 식품첨가물의 완제품을 나누어 유통할 목적으로 재포장·판매하는 영업
   나. 식품판매업
      1) 식용얼음판매업 : 식용얼음을 전문적으로 판매하는 영업
      2) 식품자동판매기영업 : 식품을 자동판매기에 넣어 판매하는 영업. 다만, 유통기간이 1개월 이상인 완제품만을 자동판매기에 넣어 판매하는 경우는 제외한다.

3) 유통전문판매업 : 식품 또는 식품첨가물을 스스로 제조·가공하지 아니하고 제1호의 식품제조·가공업자 또는 제3호의 식품첨가물제조업자에게 의뢰하여 제조·가공한 식품 또는 식품첨가물을 자신의 상표로 유통·판매하는 영업
4) 집단급식소 식품판매업 : 집단급식소에 식품을 판매하는 영업
5) 식품등수입판매업 : 식품등을 수입하여 판매하는 영업. 다만, 식품등의 채취·제조 또는 가공에 사용되는 기계를 수입하는 경우는 제외한다.
6) 기타 식품판매업 : 1)부터 5)까지를 제외한 영업으로서 보건복지부령으로 정하는 일정 규모 이상의 백화점, 슈퍼마켓, 연쇄점 등에서 식품을 판매하는 영업

6. 식품보존업
가. 식품조사처리업 : 방사선을 쬐어 식품의 보존성을 물리적으로 높이는 것을 업(業)으로 하는 영업
나. 식품냉동·냉장업 : 식품을 얼리거나 차게 하여 보존하는 영업. 다만, 수산물의 냉동·냉장은 제외한다.

7. 용기·포장류제조업
가. 용기·포장지제조업 : 식품 또는 식품첨가물을 넣거나 싸는 물품으로서 식품 또는 식품첨가물에 직접 접촉되는 용기(옹기류는 제외한다)·포장지를 제조하는 영업
나. 옹기류제조업 : 식품을 제조·조리·저장할 목적으로 사용되는 독, 항아리, 뚝배기 등을 제조하는 영업

8. 식품접객업
가. 휴게음식점영업 : 주로 다류(茶類), 아이스크림류 등을 조리·판매하거나 패스트푸드점, 분식점 형태의 영업 등 음식류를 조리·판매하는 영업으로서 음주행위가 허용되지 아니하는 영업. 다만, 편의점, 슈퍼마켓, 휴게소, 그 밖에 음식류를 판매하는 장소에서 컵라면, 일회용 다류 또는 그 밖의 음식류에 뜨거운 물을 부어 주는 경우는 제외한다.
나. 일반음식점영업 : 음식류를 조리·판매하는 영업으로서 식사와 함께 부수적으로 음주행위가 허용되는 영업
다. 단란주점영업 : 주로 주류를 조리·판매하는 영업으로서 손님이 노래를 부르는 행위가 허용되는 영업
라. 유흥주점영업 : 주로 주류를 조리·판매하는 영업으로서 유흥종사자를 두거나 유흥시설을 설치할 수 있고 손님이 노래를 부르거나 춤을 추는 행위가 허용되는 영업
마. 위탁급식영업 : 집단급식소를 설치·운영하는 자와의 계약에 따라 그 집단급식소에서 음식류를 조리하여 제공하는 영업
바. 제과점영업 : 주로 빵, 떡, 과자 등을 제조·판매하는 영업으로서 음주행위가 허용되지 아니하는 영업

**제37조(영업허가 등)** ① 제36조제1항 각 호에 따른 영업 중 대통령령으로 정하는 영업을 하려는 자는 대통령령으로 정하는 바에 따라 영업 종류별 또는 영업소별로 식품의약품안전청장 또는 특별자치도지사·시장·군수·구청장의 허가를 받아야 한다. 허가받은 사항 중 대통령령으로 정하는 중요한 사항을 변경할 때에도 또한 같다.

② 식품의약품안전청장 또는 특별자치도지사·시장·군수·구청장은 제1항에 따른 영업허가를 하는 때에는 필요한 조건을 붙일 수 있다.

③ 제1항에 따라 영업허가를 받은 자가 폐업하거나 허가받은 사항 중 같은 항 후단의 중요한 사항을 제외한 경미한 사항을 변경할 때에는 식품의약품안전청장 또는 특별자치도지사·시장·군수·구청장에게 신고하여야 한다.

④ 제36조제1항 각 호에 따른 영업 중 대통령령으로 정하는 영업을 하려는 자는 대통령령으로 정하는 바에 따라 영업 종류별 또는 영업소별로 식품의약품안전청장 또는 특별자치도지사·시장·군수·구청장에게 신고하여야 한다. 신고한 사항 중 대통령령으로 정하는 중요한 사항을 변경하거나 폐업할 때에도 또한 같다.

⑤ 제36조제1항 각 호에 따른 영업 중 대통령령으로 정하는 영업을 하려는 자는 대통령령으로 정하는 바에 따라 영업 종류별 또는 영업소별로 식품의약품안전청장 또는 특별자치도지사·시장·군수·구청장에게 등록하여야 하며, 등록한 사항 중 대통령령으로 정하는 중요한 사항을 변경할 때에도 또한 같다. 다만, 폐업하거나 대통령령으로 정하는 중요한 사항을 제외한 경미한 사항을 변경할 때에는 특별자치도지사·시장·군수·구청장에게 신고하여야 한다. **〈신설 2011.6.7〉**

⑥ 제1항, 제4항 또는 제5항에 따라 식품 또는 식품첨가물의 제조업·가공업의 허가를 받거나 신고 또는 등록을 한 자가 식품 또는 식품첨가물을 제조·가공하는 경우에는 보건복지부령으로 정하는 바에 따라 식품의약품안전청장 또는 특별자치도지사·시장·군수·구청장에게 그 사실을 보고하여야 한다. 보고한 사항 중 보건복지부령으로 정하는 중요한 사항을 변경하는 경우에도 또한 같다. **〈개정 2011.6.7〉**

⑦ 식품의약품안전청장 또는 특별자치도지사·시장·군수·구청장은 영업자(제4항에 따른 영업신고 또는 제5항에 따른 영업등록을 한 자만 해당한다)가 「부가가치세법」 제5조에 따라 관할세무서장에게 폐업신고를 하거나 관할세무서장이 사업자등록을 말소한 경우에는 신고 또는 등록 사항을 직권으로 말소할 수 있다. **〈개정 2011.6.7〉**

⑧ 제3항부터 제5항까지의 규정에 따라 폐업하고자 하는 자는 제71조부터 제76조까지의 규정에 따른 영업정지 등 행정 제재처분기간 중에는 폐업신고를 할 수 없다. **〈신설 2011.6.7〉**

**영 제23조(허가를 받아야 하는 영업 및 허가관청)** 법 제37조제1항 전단에 따라 허가를 받아야 하는 영업 및 해당 허가관청은 다음 각 호와 같다.

1. 제21조 제6호 가목의 식품조사처리업 : 식품의약품안전청장

2. 제21조 제8호 다목의 단란주점영업과 같은 호 라목의 유흥주점영업 : 특별자치도지사 또는 시장·군수·구청장

**영 제25조(영업신고를 하여야 하는 업종)** ① 법 제37조 제4항 전단에 따라 특별자치도지사 또는 시장·군수·구청장에게 신고를 하여야 하는 영업은 다음 각 호와 같다.

1. 제21조제1호의 식품제조·가공업
2. 제21조제2호의 즉석판매제조·가공업
3. 제21조제3호의 식품첨가물제조업
4. 제21조제4호의 식품운반업
5. 제21조제5호의 식품소분·판매업
6. 제21조제6호나목의 식품냉동·냉장업
7. 제21조제7호의 용기·포장류제조업(자신의 제품을 포장하기 위하여 용기·포장류를 제조하는 경우는 제외한다)
8. 제21조제8호가목의 휴게음식점영업, 같은 호 나목의 일반음식점영업, 같은 호 마목의 위탁급식영업 및 같은 호 바목의 제과점영업

② 제1항에도 불구하고 다음 각 호의 어느 하나에 해당하는 경우에는 신고하지 아니한다.

1. 「양곡관리법」 제19조에 따른 양곡가공업 중 도정업을 하는 경우
2. 「수산물품질관리법」 제19조에 따라 수산물가공업의 등록을 하고 해당 영업을 하는 경우
3. 「주세법」 제6조에 따라 주류제조면허를 받아 주류를 제조하는 경우
4. 「축산물위생관리법」 제22조에 따라 축산물가공업의 허가를 받아 해당 영업을 하는 경우
5. 「건강기능식품에 관한 법률」 제5조 및 제6조에 따라 건강기능식품제조업, 건강기능식품수입업 및 건강기능식품판매업의 영업허가를 받거나 영업신고를 하고 해당 영업을 하는 경우
6. 식품첨가물이나 다른 원료를 사용하지 아니하고 농산물·임산물·수산물을 단순히 자르거나, 껍질을 벗기거나, 말리거나, 소금에 절이거나, 숙성하거나, 가열(살균의 목적 또는 성분의 현격한 변화를 유발하기 위한 목적의 경우는 제외한다. 이하 같다)하는 등의 가공과정 중 위생상 위해가 발생할 우려가 없고 식품의 상태를 관능검사(官能檢査)로 확인할 수 있도록 가공하는 경우. 다만, 다음 각 목의 어느 하나에 해당하는 경우는 제외한다.

   가. 집단급식소에 식품을 판매하기 위하여 가공하는 경우

   나. 식품의약품안전청장이 법 제7조제1항에 따라 기준과 규격을 정하여 고시한 신선편의식품(과일, 야채, 채소, 새싹 등을 식품첨가물이나 다른 원료를 사용하지 아니하고

단순히 자르거나, 껍질을 벗기거나, 말리거나, 소금에 절이거나, 숙성하거나, 가열하는 등의 가공과정을 거친 상태에서 따로 씻는 등의 과정 없이 그대로 먹을 수 있게 만든 식품을 말한다)을 판매하기 위하여 가공하는 경우

7. 「농어업·농어촌 및 식품산업 기본법」 제3조제2호에 따른 농어업인 및 「농어업경영체 육성 및 지원에 관한 법률」 제16조에 따른 영농조합법인과 영어조합법인이 생산한 농산물·임산물·수산물을 집단급식소에 판매하는 경우. 다만, 다른 사람으로 하여금 생산하거나 판매하게 하는 경우는 제외한다.

**제38조(영업허가 등의 제한)** ① 다음 각 호의 어느 하나에 해당하면 제37조 제1항에 따른 영업허가를 하여서는 아니 된다.

1. 해당 영업 시설이 제36조에 따른 시설기준에 맞지 아니한 경우
2. 제75조 제1항 또는 제2항에 따라 영업허가가 취소(제44조 제2항 제1호를 위반하여 영업허가가 취소된 경우와 제75조 제1항 제18호에 따라 영업허가가 취소된 경우는 제외한다)되고 6개월이 지나기 전에 같은 장소에서 같은 종류의 영업을 하려는 경우. 다만, 영업시설 전부를 철거하여 영업허가가 취소된 경우에는 그러하지 아니하다.
3. 제44조 제2항 제1호를 위반하여 영업허가가 취소되거나 제75조 제1항 제18호에 따라 영업허가가 취소되고 2년이 지나기 전에 같은 장소에서 제36조 제1항 제3호에 따른 식품접객업을 하려는 경우
4. 제75조제1항 또는 제2항에 따라 영업허가가 취소(제4조부터 제6조까지, 제8조 또는 제44조제2항제1호를 위반하여 영업허가가 취소된 경우와 제75조 제1항 제18호에 따라 영업허가가 취소된 경우는 제외한다)되고 2년이 지나기 전에 같은 자(법인인 경우에는 그 대표자를 포함한다)가 취소된 영업과 같은 종류의 영업을 하려는 경우
5. 제44조 제2항 제1호를 위반하여 영업허가가 취소되거나 제75조 제1항 제18호에 따라 영업허가가 취소된 후 3년이 지나기 전에 같은 자(법인인 경우에는 그 대표자를 포함한다)가 제36조 제1항 제3호에 따른 식품접객업을 하려는 경우
6. 제4조부터 제6조까지 또는 제8조를 위반하여 영업허가가 취소되고 5년이 지나기 전에 같은 자(법인인 경우에는 그 대표자를 포함한다)가 취소된 영업과 같은 종류의 영업을 하려는 경우
7. 제36조 제1항 제3호에 따른 식품접객업 중 국민의 보건위생을 위하여 허가를 제한할 필요가 뚜렷하다고 인정되어 시·도지사가 지정하여 고시하는 영업에 해당하는 경우
8. 영업허가를 받으려는 자가 금치산자이거나 파산선고를 받고 복권되지 아니한 자인 경우

② 다음 각 호의 어느 하나에 해당하는 경우에는 제37조 제4항에 따른 영업신고 또는 같은 조 제5항에 따른 영업등록을 할 수 없다. **〈개정 2011.6.7〉**

1. 제75조 제1항 또는 제2항에 따른 등록취소 또는 영업소 폐쇄명령(제44조 제2항 제1호를 위반하여 영업소 폐쇄명령을 받은 경우와 제75조 제1항 제18호에 따라 영업소 폐쇄명령을 받은 경우는 제외한다)을 받고 6개월이 지나기 전에 같은 장소에서 같은 종류의 영업을 하려는 경우. 다만, 영업시설 전부를 철거하여 등록취소 또는 영업소 폐쇄명령을 받은 경우에는 그러하지 아니하다.
2. 제44조 제2항 제1호를 위반하여 영업소 폐쇄명령을 받거나 제75조 제1항 제18호에 따라 영업소 폐쇄명령을 받은 후 1년이 지나기 전에 같은 장소에서 제36조 제1항 제3호에 따른 식품접객업을 하려는 경우
3. 제75조 제1항 또는 제2항에 따른 등록취소 또는 영업소 폐쇄명령(제4조부터 제6조까지, 제8조 또는 제44조 제2항 제1호를 위반하여 등록취소 또는 영업소 폐쇄명령을 받은 경우와 제75조 제1항 제18호에 따라 영업소 폐쇄명령을 받은 경우는 제외한다)을 받고 2년이 지나기 전에 같은 자(법인인 경우에는 그 대표자를 포함한다)가 등록취소 또는 폐쇄명령을 받은 영업과 같은 종류의 영업을 하려는 경우
4. 제44조 제2항 제1호를 위반하여 영업소 폐쇄명령을 받거나 제75조 제1항 제18호에 따라 영업소 폐쇄명령을 받고 2년이 지나기 전에 같은 자(법인인 경우에는 그 대표자를 포함한다)가 제36조 제1항 제3호에 따른 식품접객업을 하려는 경우
5. 제4조부터 제6조까지 또는 제8조를 위반하여 등록취소 또는 영업소 폐쇄명령을 받고 5년이 지나지 아니한 자(법인인 경우에는 그 대표자를 포함한다)가 등록취소 또는 폐쇄명령을 받은 영업과 같은 종류의 영업을 하려는 경우

**제39조(영업 승계)** ① 영업자가 영업을 양도하거나 사망한 경우 또는 법인이 합병한 경우에는 그 양수인·상속인 또는 합병 후 존속하는 법인이나 합병에 따라 설립되는 법인은 그 영업자의 지위를 승계한다.

② 제29조 제2항 각 호의 어느 하나에 해당하는 절차에 따라 영업 시설의 전부를 인수한 자는 그 영업자의 지위를 승계한다. 이 경우 종전의 영업자에 대한 영업 허가·등록 또는 그가 한 신고는 그 효력을 잃는다. **〈개정 2011.6.7〉**

③ 제1항 또는 제2항에 따라 그 영업자의 지위를 승계한 자는 보건복지부령으로 정하는 바에 따라 1개월 이내에 그 사실을 식품의약품안전청장 또는 특별자치도지사·시장·군수·구청장에게 신고하여야 한다. **〈개정 2010.1.18〉**

④ 제1항 및 제2항에 따른 승계에 관하여는 제38조를 준용한다. 다만, 상속인이 제38조 제1항 제8호에 해당하면 상속받은 날부터 3개월 동안은 그러하지 아니하다.

**제40조(건강진단)** ① 보건복지부령으로 정하는 영업자 및 그 종업원은 건강진단을 받아야 한다.

다만, 다른 법령에 따라 같은 내용의 건강진단을 받는 경우에는 이 법에 따른 건강진단을 받은 것으로 본다. **〈개정 2010.1.18〉**

② 제1항에 따라 건강진단을 받은 결과 타인에게 위해를 끼칠 우려가 있는 질병이 있다고 인정된 자는 그 영업에 종사하지 못한다.

③ 영업자는 제1항을 위반하여 건강진단을 받지 아니한 자나 제2항에 따른 건강진단 결과 타인에게 위해를 끼칠 우려가 있는 질병이 있는 자를 그 영업에 종사시키지 못한다.

④ 제1항에 따른 건강진단의 실시방법 등과 제2항 및 제3항에 따른 타인에게 위해를 끼칠 우려가 있는 질병의 종류는 보건복지부령으로 정한다. **〈개정 2010.1.18〉**

**규칙** **제49조(건강진단 대상자)** ① 법 제40조제1항 본문에 따라 건강진단을 받아야 하는 사람은 식품 또는 식품첨가물(화학적 합성품 또는 기구등의 살균·소독제는 제외한다)을 채취·제조·가공·조리·저장·운반 또는 판매하는 일에 직접 종사하는 영업자 및 종업원으로 한다. 다만, 완전 포장된 식품 또는 식품첨가물을 운반하거나 판매하는 일에 종사하는 사람은 제외한다.

② 제1항에 따라 건강진단을 받아야 하는 영업자 및 그 종업원은 영업 시작 전 또는 영업에 종사하기 전에 미리 건강진단을 받아야 한다.

③ 제1항에 따른 건강진단은 「위생분야 종사자 등의 건강진단규칙」에서 정하는 바에 따른다.

**《참고사항》** 위생분야 종사자 등이 건강진단 규칙

**제4조(정기진단)** 「식품위생법」 제40조 제1항 및 같은 법 시행규칙 제49조에 따라 건강진단을 받아야 하는 사람의 진단항목 및 횟수는 별표 2와 같다.

[별표 2] 정기 건강진단 항목 및 횟수(제4조 관련)

| 대 상 | 건강진단 항목 | 횟수 |
|---|---|---|
| 식품 또는 식품첨가물(화학적 합성품 또는 기구 등의 살균·소독제는 제외한다)을 채취·가공·조리·저장·운반 또는 판매하는 데 직접 종사하는 사람. 다만, 영업자 또는 종업원 중 완전 포장된 식품 또는 식품 또는 식품첨가물을 운반하거나 판매하는 데 종사하는 사람은 제외한다. | 1. 장티푸스(식품위생 관련 영업 및 집단급식소 종사자에 한한다)<br>2. 폐결핵<br>3. 전염성피부질환(하넨병등세균성피부질환을 말한다) | 1회/년 |

**규칙** **제50조(영업에 종사하지 못하는 질병의 종류)** 법 제40조 제4항에 따라 영업에 종사하지 못하는 사람은 다음의 질병에 걸린 사람으로 한다.

1. 「감염병의 예방 및 관리에 관한 법률」 제2조제2호에 따른 제1군 감염병
2. 「감염병의 예방 및 관리에 관한 법률」 제2조제4호나목에 따른 결핵(비감염성인 경우는 제외한다)
3. 피부병 또는 그 밖의 화농성(化膿性)질환
4. 후천성면역결핍증(「감염병의 예방 및 관리에 관한 법률」 제19조에 따라 성병에 관한

건강진단을 받아야 하는 영업에 종사하는 사람만 해당한다)

《참고사항》 제 1 군 감염병
전염속도가 빠르고 국민건강에 미치는 위해 정도가 너무 커서 발생 또는 유행 즉시 예방대책을 수립하여야 하는 다음 각 호의 감염병을 말한다.
1. 콜레라, 2. 장티푸스, 3. 파라티푸스, 4. 세균성이질, 5. 장출혈성 대장균감염증, 6. A형 간염

**제41조(식품위생교육)** ① 대통령령으로 정하는 영업자 및 유흥종사자를 둘 수 있는 식품접객업 영업자의 종업원은 매년 식품위생에 관한 교육(이하 "식품위생교육"이라 한다)을 받아야 한다.
② 제36조제1항 각 호에 따른 영업을 하려는 자는 미리 식품위생교육을 받아야 한다. 다만, 부득이한 사유로 미리 식품위생교육을 받을 수 없는 경우에는 영업을 시작한 뒤에 보건복지부장관이 정하는 바에 따라 식품위생교육을 받을 수 있다. **〈개정 2010.1.18〉**
③ 제1항 및 제2항에 따라 교육을 받아야 하는 자가 영업에 직접 종사하지 아니하거나 두 곳 이상의 장소에서 영업을 하는 경우에는 종업원 중에서 식품위생에 관한 책임자를 지정하여 영업자 대신 교육을 받게 할 수 있다. 다만, 집단급식소에 종사하는 조리사 및 영양사(「국민영양관리법」 제15조에 따라 영양사 면허를 받은 사람을 말한다. 이하 같다)가 식품위생에 관한 책임자로 지정되어 제56조 제1항 단서에 따라 교육을 받은 경우에는 제1항 및 제2항에 따른 해당 연도의 식품위생교육을 받은 것으로 본다. **〈개정 2010.3.26〉**
④ 제2항에도 불구하고 조리사 또는 영양사의 면허를 받은 자가 제36조제1항제3호에 따른 식품접객업을 하려는 경우에는 식품위생교육을 받지 아니하여도 된다.
⑤ 영업자는 특별한 사유가 없는 한 식품위생교육을 받지 아니한 자를 그 영업에 종사하게 하여서는 아니 된다.
⑥ 제1항 및 제2항에 따른 교육의 내용, 교육비 및 교육 실시 기관 등에 관하여 필요한 사항은 보건복지부령으로 정한다. **〈개정 2010.1.18〉**

규칙 **제52조(교육시간)** ① 법 제41조 제1항(제88조 제3항에 따라 준용되는 경우를 포함한다)에 따라 영업자와 종업원이 받아야 하는 식품위생교육 시간은 다음 각 호와 같다.
1. 영 제21조 제1호부터 제8호까지에 해당하는 영업자[같은 조 제5호 나목1)의 식용얼음 판매업자와 같은 목 2)의 식품자동판매기영업자는 제외한다] : 3시간
2. 영 제21조 제8호라목에 따른 유흥주점영업의 유흥종사자 : 2시간
3. 법 제88조 제2항에 따라 집단급식소를 설치·운영하는 자 : 3시간

② 법 제41조 제2항(법 제88조 제3항에 따라 준용되는 경우를 포함한다)에 따라 영업을 하려는 자가 받아야 하는 식품위생교육 시간은 다음 각 호와 같다.
1. 영 제21조 제1호부터 제3호까지에 해당하는 영업을 하려는 자 : 8시간
2. 영 제21조 제4호부터 제7호까지에 해당하는 영업을 하려는 자 : 4시간

3. 영 제21조 제8호의 영업을 하려는 자 : 6시간
4. 법 제88조 제1항에 따라 집단급식소를 설치·운영하려는 자 : 6시간

③ 제1항 및 제2항에 따라 식품위생교육을 받은 자가 다음 각 호의 어느 하나에 해당하는 경우에는 해당 영업에 대한 신규 식품위생교육을 받은 것으로 본다. **〈개정 2011.4.7〉**

1. 신규 식품위생교육을 받은 날부터 2년이 지나지 않은 자 또는 해당 연도에 제1항에 따른 교육을 받은 자가 교육받은 업종과 같은 업종으로 영업을 하려는 경우
2. 신규 식품위생교육을 받은 날부터 2년이 지나지 않은 자 또는 해당 연도에 제1항에 따른 교육을 받은 자가 다음 각 목의 어느 하나에 해당하는 업종 중에서 같은 목의 다른 업종으로 영업을 하려는 경우
   가. 영 제21조 제1호의 식품제조·가공업, 같은 조 제2호의 즉석판매제조·가공업 및 같은 조 제3호의 식품첨가물제조업
   나. 영 제21조 제8호 가목의 휴게음식점영업, 같은 호 나목의 일반음식점영업 및 같은 호 바목의 제과점영업
   다. 영 제21조 제8호 다목의 단란주점영업 및 같은 호 라목의 유흥주점영업
3. 영 제21조 제1호부터 제3호까지의 어느 하나에 해당하는 영업에서 같은 조 제4호부터 제7호까지의 어느 하나에 해당하는 영업으로 업종을 변경하는 경우
4. 영 제21조 제1호부터 제8호까지의 어느 하나에 해당하는 영업을 하는 자가 영 제21조 제5호 나목2)의 식품자동판매기영업으로 업종을 변경하거나 그 업종을 함께 하려는 경우

**제42조(품질관리 및 보고)** ① 식품 또는 식품첨가물을 제조·가공하는 영업자와 그 종업원은 원료관리, 제조공정, 그 밖에 식품등의 위생적 관리를 위하여 보건복지부령으로 정하는 사항을 지켜야 한다. **〈개정 2010.1.18〉**
② 제1항에 따른 영업자는 보건복지부령으로 정하는 바에 따라 식품 및 식품첨가물을 생산한 실적 등을 식품의약품안전청장 또는 시·도지사에게 보고하여야 한다. **〈개정 2010.1.18〉**

**제43조(영업 제한)** ① 시·도지사는 영업 질서와 선량한 풍속을 유지하는 데에 필요한 경우에는 영업자 중 식품접객영업자와 그 종업원에 대하여 영업시간 및 영업행위를 제한할 수 있다.
② 제1항에 따른 제한 사항은 대통령령으로 정하는 범위에서 해당 시·도의 조례로 정한다.

**제44조(영업자 등의 준수사항)** ① 식품접객영업자 등 대통령령으로 정하는 영업자와 그 종업원은 영업의 위생관리와 질서유지, 국민의 보건위생 증진을 위하여 보건복지부령으로 정하는 사항을 지켜야 한다. **〈개정 2010.1.18〉**

② 식품접객영업자는 「청소년 보호법」 제2조에 따른 청소년(이하 이 항에서 "청소년"이라 한다)에게 다음 각 호의 어느 하나에 해당하는 행위를 하여서는 아니 된다. **〈개정 2011.9.15〉**

1. 청소년을 유흥접객원으로 고용하여 유흥행위를 하게 하는 행위
2. 「청소년 보호법」 제2조 제5호 가목3)에 따른 청소년출입·고용 금지업소에 청소년을 출입시키거나 고용하는 행위
3. 「청소년 보호법」 제2조 제5호 나목3)에 따른 청소년고용금지업소에 청소년을 고용하는 행위
4. 청소년에게 주류(酒類)를 제공하는 행위

③ 누구든지 영리를 목적으로 제36조 제1항 제3호의 식품접객업을 하는 장소(유흥종사자를 둘 수 있도록 대통령령으로 정하는 영업을 하는 장소는 제외한다)에서 손님과 함께 술을 마시거나 노래 또는 춤으로 손님의 유흥을 돋우는 접객행위(공연을 목적으로 하는 가수, 악사, 댄서, 무용수 등이 하는 행위는 제외한다)를 하거나 다른 사람에게 그 행위를 알선하여서는 아니 된다.

④ 제3항에 따른 식품접객영업자는 유흥종사자를 고용·알선하거나 호객행위를 하여서는 아니 된다.

⑤ 주문자 상표부착방식으로 수출국에 제조·가공을 위탁하여 제19조에 따라 식품등(이하 "주문자상표부착식품등"이라 한다)을 수입·판매하는 영업자는 다음 각 호의 사항을 지켜야 한다.

1. 주문자상표부착식품등을 제조·가공하는 업체에 대하여 식품의약품안전청장이 정하는 위생점검에 관한 기준에 따라 대통령령으로 정한 기관 또는 단체로 하여금 현지 위생점검 등을 실시하여야 한다.
2. 주문자상표부착식품등에 대하여 제31조에 따른 검사를 실시하고, 그 기록을 2년간 보관하여야 한다.

**제45조(위해식품등의 회수)** ① 판매의 목적으로 식품등을 제조·가공·소분·수입 또는 판매한 영업자는 해당 식품등이 제4조부터 제6조까지, 제7조 제4항, 제8조 또는 제9조 제4항을 위반한 사실(식품등의 위해와 관련이 없는 위반사항을 제외한다)을 알게 된 경우에는 지체 없이 유통 중인 해당 식품등을 회수하거나 회수하는 데에 필요한 조치를 하여야 한다. 이 경우 영업자는 회수계획을 식품의약품안전청장, 시·도지사 또는 시장·군수·구청장에게 미리 보고하여야 하며, 회수결과를 보고받은 시·도지사 또는 시장·군수·구청장은 이를 지체 없이 식품의약품안전청장에게 보고하여야 한다.

② 식품의약품안전청장, 시·도지사 또는 시장·군수·구청장은 제1항에 따른 회수에 필요한 조치를 성실히 이행한 영업자에 대하여 해당 식품등으로 인하여 받게 되는 제75조 또는 제76조

에 따른 행정처분을 대통령령으로 정하는 바에 따라 감면할 수 있다.

③ 제1항에 따른 회수대상 식품등·회수계획·회수절차 및 회수결과 보고 등에 관하여 필요한 사항은 보건복지부령으로 정한다. **〈개정** 2010.1.18〉

**제46조(식품등의 이물 발견보고 등)** ① 판매의 목적으로 식품등을 제조·가공·소분·수입 또는 판매하는 영업자는 소비자로부터 판매제품에서 식품의 제조·가공·조리·유통 과정에서 정상적으로 사용된 원료 또는 재료가 아닌 것으로서 섭취할 때 위생상 위해가 발생할 우려가 있거나 섭취하기에 부적합한 물질[이하 "이물(異物)"이라 한다]을 발견한 사실을 신고받은 경우 지체 없이 이를 식품의약품안전청장, 시·도지사 또는 시장·군수·구청장에게 보고하여야 한다.

② 「소비자기본법」에 따른 한국소비자원 및 소비자단체는 소비자로부터 이물 발견의 신고를 접수하는 경우 지체 없이 이를 식품의약품안전청장에게 통보하여야 한다.

③ 시·도지사 또는 시장·군수·구청장은 소비자로부터 이물 발견의 신고를 접수하는 경우 이를 식품의약품안전청장에게 통보하여야 한다.

④ 식품의약품안전청장은 제1항부터 제3항까지의 규정에 따라 이물 발견의 신고를 통보받은 경우 이물혼입 원인 조사를 위하여 필요한 조치를 취하여야 한다.

⑤ 제1항에 따른 이물 보고의 기준·대상 및 절차 등에 필요한 사항은 보건복지부령으로 정한다. **〈개정** 2010.1.18〉

**제47조(위생등급)** ① 식품의약품안전청장 또는 특별자치도지사·시장·군수·구청장은 보건복지부령으로 정하는 위생등급 기준에 따라 위생관리 상태 등이 우수한 식품등의 제조·가공업소, 식품접객업소 또는 집단급식소를 우수업소 또는 모범업소로 지정할 수 있다. **〈개정** 2010.1.18〉

② 식품의약품안전청장(대통령령으로 정하는 그 소속 기관의 장을 포함한다), 시·도지사 또는 시장·군수·구청장은 제1항에 따라 지정한 우수업소 또는 모범업소에 대하여 관계 공무원으로 하여금 보건복지부령으로 정하는 일정 기간 동안 제22조에 따른 출입·검사·수거 등을 하지 아니하게 할 수 있으며, 시·도지사 또는 시장·군수·구청장은 제89조 제3항 제1호에 따른 영업자의 위생관리시설 및 위생설비시설 개선을 위한 융자 사업과 같은 항 제6호에 따른 음식문화 개선과 좋은 식단 실천을 위한 사업에 대하여 우선 지원 등을 할 수 있다. **〈개정** 2010.1.18〉

③ 식품의약품안전청장 또는 특별자치도지사·시장·군수·구청장은 제1항에 따라 우수업소 또는 모범업소로 지정된 업소가 그 지정기준에 미치지 못하거나 영업정지 이상의 행정처분을 받게 되면 지체 없이 그 지정을 취소하여야 한다.

④ 제1항 및 제3항에 따른 우수업소 또는 모범업소의 지정 및 그 취소에 관한 사항은 보건복지부

령으로 정한다. **〈개정 2010.1.18〉**

**제48조(위해요소중점관리기준)** ① 식품의약품안전청장은 식품의 원료관리 및 제조·가공·조리·소분·유통의 모든 과정에서 위해한 물질이 식품에 섞이거나 식품이 오염되는 것을 방지하기 위하여 각 과정의 위해요소를 확인·평가하여 중점적으로 관리하는 기준(이하 "위해요소중점관리기준"이라 한다)을 식품별로 정하여 고시할 수 있다. **〈개정 2011.6.7〉**

② 보건복지부령으로 정하는 식품을 제조·가공·조리·소분·유통하는 영업자는 제1항에 따라 식품의약품안전청장이 식품별로 고시한 위해요소중점관리기준을 지켜야 한다. **〈개정 2011.6.7〉**

③ 식품의약품안전청장은 제2항에 따라 위해요소중점관리기준을 지켜야 하는 영업자와 그 밖에 위해요소중점관리기준을 지키기 원하는 영업자의 업소를 식품별 위해요소중점관리기준 적용업소(이하 "위해요소중점관리기준적용업소"라 한다)로 지정할 수 있다.

④ 식품의약품안전청장은 위해요소중점관리기준적용업소로 지정받은 영업자에게 보건복지부령으로 정하는 바에 따라 그 지정 사실을 증명하는 서류를 발급하여야 한다. **〈개정 2010.1.18〉**

⑤ 위해요소중점관리기준적용업소의 영업자와 종업원은 보건복지부령으로 정하는 교육훈련을 받아야 한다. **〈개정 2010.1.18〉**

⑥ 식품의약품안전청장은 제3항에 따라 위해요소중점관리기준적용업소의 지정을 받거나 받으려는 영업자에게 위해요소중점관리에 필요한 기술적·경제적 지원을 할 수 있다.

⑦ 위해요소중점관리기준적용업소의 지정요건·지정절차, 제5항에 따른 영업자 및 종업원에 대한 교육실시 기관, 교육훈련 방법·절차, 교육훈련비 및 제6항에 따른 기술적·경제적 지원에 필요한 사항은 보건복지부령으로 정한다. **〈개정 2010.1.18〉**

⑧ 식품의약품안전청장은 위해요소중점관리기준적용업소의 효율적 운영을 위하여 보건복지부령으로 정하는 위해요소중점관리기준의 준수 여부 등에 관한 조사·평가를 할 수 있으며, 그 결과 위해요소중점관리기준적용업소가 다음 각 호의 어느 하나에 해당하면 그 지정을 취소하거나 시정을 명할 수 있다. 다만, 위해요소중점관리기준적용업소가 제2호에 해당할 경우 지정을 취소하여야 한다. **〈개정 2011.6.7〉**

1. 위해요소중점관리기준을 지키지 아니한 경우
2. 제75조에 따라 영업정지 2개월 이상의 행정처분을 받은 경우
3. 영업자와 그 종업원이 제5항에 따른 교육훈련을 받지 아니한 경우
4. 그 밖에 제1호부터 제3호까지에 준하는 사항으로서 보건복지부령으로 정하는 사항을 지키지 아니한 경우

⑨ 위해요소중점관리기준적용업소가 아닌 업소의 영업자는 위해요소중점관리기준적용업소라는 명칭을 사용하지 못한다.

⑩ 위해요소중점관리기준적용업소의 영업자는 지정받은 식품을 다른 업소에 위탁하여 제조·가공하여서는 아니 된다. 다만, 위탁하려는 식품과 동일한 식품에 대하여 위해요소중점관리기준적용업소로 지정된 업소에 위탁하여 제조·가공하려는 경우 등 대통령령으로 정하는 경우에는 그러하지 아니하다.

⑪ 식품의약품안전청장(대통령령으로 정하는 그 소속 기관의 장을 포함한다), 시·도지사 또는 시장·군수·구청장은 위해요소중점관리기준적용업소에 대하여 관계 공무원으로 하여금 보건복지부령으로 정하는 일정 기간 동안 제22조에 따른 출입·검사·수거 등을 하지 아니하게 할 수 있으며, 시·도지사 또는 시장·군수·구청장은 제89조 제3항 제1호에 따른 영업자의 위생관리시설 및 위생설비시설 개선을 위한 융자 사업에 대하여 우선 지원 등을 할 수 있다. **〈개정 2010.1.18〉**

⑫ 식품의약품안전청장은 위해요소중점관리기준적용업소의 공정별·품목별 위해요소의 분석 및 기술지원 등의 업무를 「한국보건산업진흥원법」에 따른 한국보건산업진흥원 등 대통령령으로 정하는 기관에 위탁할 수 있다.

⑬ 식품의약품안전청장은 제12항에 따른 위탁기관에 대하여 예산의 범위에서 사용경비의 전부 또는 일부를 보조할 수 있다.

⑭ 제12항에 따른 위탁기관의 업무 등에 필요한 사항은 대통령령으로 정한다.

**제49조(식품이력추적관리 등록기준 등)** ① 식품을 제조·가공 또는 판매하는 자 중 식품이력추적관리를 하려는 자는 보건복지부령으로 정하는 등록기준을 갖추어 해당 식품을 식품의약품안전청장에게 등록할 수 있다. **〈개정 2010.1.18〉**

② 제1항에 따라 등록한 식품을 제조·가공 또는 판매하는 자는 식품이력추적관리에 필요한 기록의 작성·보관 및 관리 등에 관하여 식품의약품안전청장이 정하여 고시하는 기준(이하 "식품이력추적관리기준"이라 한다)을 지켜야 한다.

③ 제1항에 따라 등록을 한 자는 등록사항이 변경된 경우 변경사유가 발생한 날부터 1개월 이내에 식품의약품안전청장에게 신고하여야 한다.

④ 제1항에 따라 등록한 식품에는 식품의약품안전청장이 정하여 고시하는 바에 따라 식품이력추적관리의 표시를 할 수 있다.

⑤ 제1항에 따른 등록의 유효기간은 등록한 날부터 3년으로 한다. 다만, 그 품목의 특성상 달리 적용할 필요가 있는 경우에는 보건복지부령으로 정하는 바에 따라 그 기간을 연장할 수 있다. **〈개정 2010.1.18〉**

⑥ 보건복지부장관 또는 식품의약품안전청장은 제1항에 따라 등록을 한 자에게 예산의 범위에서 식품이력추적관리에 필요한 자금을 지원할 수 있다. **〈개정 2010.1.18〉**

⑦ 식품의약품안전청장은 제1항에 따라 등록을 한 자가 식품이력추적관리기준을 지키지 아니

하면 그 등록을 취소하거나 시정을 명할 수 있다.

⑧ 식품이력추적관리의 등록절차·등록사항, 그 밖에 등록에 관하여 필요한 사항은 보건복지부령으로 정한다. 〈**개정** 2010.1.18〉

**제50조(위생수준 안전평가)** ① 식품의약품안전청장은 소비자에게 안전한 식품을 공급하고 식품위생 수준을 높이기 위하여 제37조에 따라 영업허가를 받거나 신고 또는 등록을 한 자 중 제48조에 따라 위해요소중점관리기준을 준수하여야 하는 영업자 등 대통령령으로 정하는 영업자에 대하여 식품등의 제조·가공·조리 및 유통 등의 위생관리 수준과 안전한 식품공급 등에 대한 평가(이하 "위생수준 안전평가"라 한다)를 실시하여야 한다. 〈**개정** 2011.6.7〉

② 식품의약품안전청장은 위생수준 안전평가에 관한 기준을 정하여 고시한다.

③ 식품의약품안전청장은 위생수준 안전평가에 관한 업무를 대통령령으로 정하는 바에 따라 관계 전문기관이나 단체에 위탁할 수 있다. 이 경우 필요한 예산을 지원할 수 있다.

④ 식품의약품안전청장은 위생수준 안전평가를 실시하여 식품위생 수준 등이 우수하고 안전한 식품등을 공급하는 영업소에 대하여 보건복지부령으로 정하는 우수등급 영업소로 결정하여 공표할 수 있다. 〈**개정** 2010.1.18〉

⑤ 제4항에 따른 우수등급 영업소는 보건복지부령으로 정한 로고 등을 해당 영업소와 그 영업소에서 제조·가공·조리 및 유통하는 식품등에 표시하거나 그 사실을 광고할 수 있다. 이 경우 그 표시·광고 기간은 우수등급이 결정되어 통보받은 날부터 2년으로 한다. 〈**개정** 2010.1.18〉

⑥ 제1항에 따른 위생수준 안전평가 대상인 영업소의 영업자는 특별한 사유가 있는 경우 외에는 위생수준 안전평가에 응하여야 한다.

⑦ 위생수준 안전평가의 시기·범위 및 절차와 제4항에 따른 공표 등에 필요한 사항은 보건복지부령으로 정한다. 〈**개정** 2010.1.18〉

⑧ 식품의약품안전청장, 시·도지사 또는 시장·군수·구청장은 제1항에 따라 위생수준 안전평가를 받은 영업소에 대하여 그 평가를 받은 날부터 1년간 이 법을 위반한 사실이 밝혀지는 등 특별한 사유가 없는 한 제22조에 따른 출입·검사·수거 등을 면제할 수 있다.

⑨ 식품의약품안전청장, 시·도지사 또는 시장·군수·구청장은 제4항에 따른 우수등급 영업소에 대하여는 제75조 또는 제76조에 따른 행정처분을 보건복지부령으로 정하는 범위에서 감면할 수 있다. 〈**개정** 2010.1.18〉

## 제8장 조리사 등

**제51조(조리사)** ① 대통령령으로 정하는 식품접객영업자와 집단급식소 운영자는 조리사(調理士)를

두어야 한다. 다만, 식품접객영업자 또는 집단급식소 운영자 자신이 조리사로서 직접 음식물을 조리하는 경우에는 조리사를 두지 아니하여도 된다. **〈개정 2011.6.7〉**

② 집단급식소에 근무하는 조리사는 다음 각 호의 직무를 수행한다. **〈신설 2011.6.7〉**

1. 집단급식소에서의 식단에 따른 조리업무[식재료의 전(前)처리에서부터 조리, 배식 등의 전 과정을 말한다]
2. 구매식품의 검수 지원
3. 급식설비 및 기구의 위생·안전 실무
4. 그 밖에 조리실무에 관한 사항

**영 제36조(조리사를 두어야 하는 영업 등)** ① 법 제51조 본문에 따라 조리사를 두어야 하는 자는 다음 각 호에 해당하는 식품접객영업자 및 집단급식소 운영자로 한다. **〈개정 2010.3.15.〉**

1. 제21조 제8호의 식품접객업 중 복어를 조리·판매하는 영업을 하는 자
2. 다음 각 목의 집단급식소 운영자
   가. 국가 및 지방지치단체
   나. 학교, 병원 및 사회복지시설
   다. 「공공기관의 운영에 관한 법률」 제5조 제3항 제1호에 따른 공기업 중 보건복지부장관이 지정하여 고시하는 기관
   라. 「지방공기업법」에 따른 지방공사 및 지방공단
   마. 특별법에 따라 설립된 법인

② 제1항에도 불구하고 다음 각 호의 어느 하나에 해당하는 자가 두는 영양사가 조리사 면허를 받은 자인 경우에는 조리사를 따로 두지 아니할 수 있다.

1. 복어를 조리 · 판매하는 영업자
2. 제37조에 따라 영양사를 두어야 하는 집단급식소를 설치·운영하는 자

**제52조(영양사)** ① 대통령령으로 정하는 집단급식소 운영자는 영양사(營養士)를 두어야 한다. 다만, 집단급식소 운영자 자신이 영양사로서 직접 영양 지도를 하는 경우에는 영양사를 두지 아니하여도 된다. **〈개정 2011.6.7〉**

② 집단급식소에 근무하는 영양사는 다음 각 호의 직무를 수행한다. **〈신설 2011.6.7〉**

1. 집단급식소에서의 식단 작성, 검식(檢食) 및 배식관리
2. 구매식품의 검수(檢受) 및 관리
3. 급식시설의 위생적 관리
4. 집단급식소의 운영일지 작성
5. 종업원에 대한 영양 지도 및 식품위생교육

**영 제37조(영양사를 두어야 할 집단급식소 등)** ① 법 제52조에 따라 영양사를 두어야 하는 집단급식

소는 제36조 제1항 제2호 각 목의 운영자가 설립·운영하는 집단급식소로 한다.

② 제1항에도 불구하고 집단급식소에 두는 조리사가 영양사 면허를 받은 자인 경우에는 영양사를 따로 두지 아니할 수 있다.

규칙 **제79조(영양사의 직무 등)** 법 제52조에 따른 영양사는 다음 각 호의 직무를 수행한다.

1. 식단 작성, 검식(檢食) 및 배식관리
2. 구매식품의 검수(檢受) 및 관리
3. 급식시설의 위생적 관리
4. 집단급식소의 운영일지 작성
5. 종업원에 대한 영양 지도 및 식품위생교육

**제53조(조리사의 면허)** ① 조리사가 되려는 자는 「국가기술자격법」에 따라 해당 기능분야의 자격을 얻은 후 특별자치도지사·시장·군수·구청장의 면허를 받아야 한다.

② 제1항에 따른 조리사의 면허 등에 관하여 필요한 사항은 보건복지부령으로 정한다. **〈개정 2010.3.26〉**

**제54조(결격사유)** 다음 각 호의 어느 하나에 해당하는 자는 조리사 면허를 받을 수 없다. **〈개정 2010.3.26〉**

1. 「정신보건법」 제3조제1호에 따른 정신질환자. 다만, 전문의가 조리사로서 적합하다고 인정하는 자는 그러하지 아니하다.
2. 「감염병의 예방 및 관리에 관한 법률」 제2조제13호에 따른 감염병환자. 다만, 같은 조 제3호아목에 따른 B형간염환자는 제외한다.
3. 「마약류관리에 관한 법률」 제2조제2호에 따른 마약이나 그 밖의 약물 중독자
4. 조리사 면허의 취소처분을 받고 그 취소된 날부터 1년이 지나지 아니한 자

**제55조(명칭 사용 금지)** 조리사가 아니면 조리사라는 명칭을 사용하지 못한다. **〈개정 2010.3.26〉**

**제56조(교육)** ① 보건복지부장관은 식품위생 수준 및 자질의 향상을 위하여 필요한 경우 조리사와 영양사에게 교육(조리사의 경우 보수교육을 포함한다. 이하 이 조에서 같다)을 받을 것을 명할 수 있다. 다만, 집단급식소에 종사하는 조리사와 영양사는 2년마다 교육을 받아야 한다. **〈개정 2011.6.7〉**

② 제1항에 따른 교육의 대상자·실시기관·내용 및 방법 등에 관하여 필요한 사항은 보건복지부령으로 정한다. **〈개정 2010.1.18〉**

③ 보건복지부장관은 제1항에 따른 교육 등 업무의 일부를 대통령령으로 정하는 바에 따라

관계 전문기관이나 단체에 위탁할 수 있다. **〈개정 2010.1.18〉**

## 제9장 식품위생심의위원회

**제57조(식품위생심의위원회의 설치 등)** 보건복지부장관 또는 식품의약품안전청장의 자문에 응하여 다음 각 호의 사항을 조사·심의하기 위하여 보건복지부에 식품위생심의위원회를 둔다. **〈개정 2010.1.18〉**

1. 식중독 방지에 관한 사항
2. 농약·중금속 등 유독·유해물질 잔류 허용 기준에 관한 사항
3. 식품등의 기준과 규격에 관한 사항
4. 그 밖에 식품위생에 관한 중요 사항

**제58조(심의위원회의 조직과 운영)** ① 심의위원회는 위원장 1명과 부위원장 2명을 포함한 100명 이내의 위원으로 구성한다. **〈신설 2011.8.4〉**

② 심의위원회의 위원은 다음 각 호의 어느 하나에 해당하는 사람 중에서 보건복지부장관이 임명하거나 위촉한다. 다만, 제3호의 사람을 전체 위원의 3분의 1 이상 위촉하고, 제2호와 제4호의 사람을 합하여 전체 위원의 3분의 1 이상 위촉하여야 한다. **〈신설 2011.8.4〉**

1. 식품위생 관계 공무원
2. 식품등에 관한 영업에 종사하는 사람
3. 시민단체의 추천을 받은 사람
4. 제59조에 따른 동업자조합 또는 제64조에 따른 한국식품산업협회(이하 "식품위생단체"라 한다)의 추천을 받은 사람
5. 식품위생에 관한 학식과 경험이 풍부한 사람

③ 심의위원회 위원의 임기는 2년으로 하되, 공무원인 위원은 그 직위에 재직하는 기간 동안 재임한다. 다만, 위원이 궐위된 경우 그 보궐위원의 임기는 전임위원 임기의 남은 기간으로 한다. **〈신설 2011.8.4〉**

④ 심의위원회에 식품등의 국제 기준 및 규격을 조사·연구할 연구위원을 둘 수 있다. **〈개정 2011.8.4〉**

⑤ 제4항에 따른 연구위원의 업무는 다음 각 호와 같다. 다만, 다른 법령에 따라 수행하는 관련 업무는 제외한다. **〈신설 2011.8.4〉**

1. 국제식품규격위원회에서 제시한 기준·규격 조사·연구
2. 국제식품규격의 조사·연구에 필요한 외국정부, 관련 소비자단체 및 국제기구와 상호협력
3. 외국의 식품의 기준·규격에 관한 정보 및 자료 등의 조사·연구

4. 그 밖에 제1호부터 제3호까지에 준하는 사항으로서 대통령령으로 정하는 사항
⑥ 이 법에서 정한 것 외에 심의위원회의 조직 및 운영에 필요한 사항은 대통령령으로 정한다. **〈개정 2011.8.4〉**

## 제10장 식품위생단체 등

### 제1절 동업자조합

**제59조 - 제63조 (생략)**

### 제2절 식품산업협회 〈개정 2011.8.4〉

**제64조 - 제70조 (생략)**

## 제11장 시정명령과 허가취소 등 행정 제재

**제71조(시정명령)** ① 식품의약품안전청장, 시·도지사 또는 시장·군수·구청장은 제3조에 따른 식품등의 위생적 취급에 관한 기준에 맞지 아니하게 영업하는 자와 이 법을 지키지 아니하는 자에게는 필요한 시정을 명하여야 한다.
② 식품의약품안전청장, 시·도지사 또는 시장·군수·구청장은 제1항의 시정명령을 한 경우에는 그 영업을 관할하는 관서의 장에게 그 내용을 통보하여 시정명령이 이행되도록 협조를 요청할 수 있다.
③ 제2항에 따라 요청을 받은 관계 기관의 장은 정당한 사유가 없으면 이에 응하여야 하며, 그 조치결과를 지체 없이 요청한 기관의 장에게 통보하여야 한다. **〈신설 2011.6.7.〉**

**제72조(폐기처분 등)** ① 식품의약품안전청장, 시·도지사 또는 시장·군수·구청장은 영업을 하는 자가 제4조부터 제6조까지, 제7조 제4항, 제8조, 제9조 제4항, 제10조 제2항, 제12조의 2제2항 또는 제13조를 위반한 경우에는 관계 공무원에게 그 식품등을 압류 또는 폐기하게 하거나 용도·처리방법 등을 정하여 영업자에게 위해를 없애는 조치를 하도록 명하여야 한다. **〈개정 2011.6.7〉**
② 식품의약품안전청장, 시·도지사 또는 시장·군수·구청장은 제37조 제1항, 제4항 또는 제5항을 위반하여 허가받지 아니하거나 신고 또는 등록하지 아니하고 제조·가공·조리한 식품 또는 식품첨가물이나 여기에 사용한 기구 또는 용기·포장 등을 관계 공무원에게 압류하거나 폐기하게 할 수 있다. **〈개정 2011.6.7〉**
③ 식품의약품안전청장, 시·도지사 또는 시장·군수·구청장은 식품위생상의 위해가 발생하였

거나 발생할 우려가 있는 경우에는 영업자에게 유통 중인 해당 식품등을 회수· 폐기하게 하거나 해당 식품등의 원료, 제조 방법, 성분 또는 그 배합 비율을 변경할 것을 명할 수 있다.
④ 제1항 및 제2항에 따른 압류나 폐기를 하는 공무원은 그 권한을 표시하는 증표를 지니고 이를 관계인에게 내보여야 한다.
⑤ 제1항 및 제2항에 따른 압류 또는 폐기에 필요한 사항과 제3항에 따른 회수 · 폐기 대상 식품등의 기준 등은 보건복지부령으로 정한다. <**개정** 2010.1.18>
⑥ 식품의약품안전청장, 시·도지사 및 시장·군수·구청장은 제1항에 따라 폐기처분명령을 받은 자가 그 명령을 이행하지 아니하는 경우에는 「행정대집행법」에 따라 대집행을 하고 그 비용을 명령위반자로부터 징수할 수 있다.

**제73조(위해식품등의 공표)** ① 식품의약품안전청장, 시·도지사 또는 시장·군수·구청장은 다음 각 호의 어느 하나에 해당되는 경우에는 해당 영업자에 대하여 그 사실의 공표를 명할 수 있다. 다만, 식품위생에 관한 위해가 발생한 경우에는 공표를 명하여야 한다.

1. 제4조부터 제6조까지, 제7조 제4항, 제8조 또는 제9조 제4항 등을 위반하여 식품위생에 관한 위해가 발생하였다고 인정되는 때
2. 제45조 제1항에 따른 회수계획을 보고받은 때

② 제1항에 따른 공표방법 등 공표에 관하여 필요한 사항은 대통령령으로 정한다.

**제74조(시설 개수명령 등)** ① 식품의약품안전청장, 시·도지사 또는 시장·군수·구청장은 영업시설이 제36조에 따른 시설기준에 맞지 아니한 경우에는 기간을 정하여 그 영업자에게 시설을 개수(改修)할 것을 명할 수 있다.
② 건축물의 소유자와 영업자 등이 다른 경우 건축물의 소유자는 제1항에 따른 시설 개수명령을 받은 영업자 등이 시설을 개수하는 데에 최대한 협조하여야 한다.

**제75조(허가취소 등)** ① 식품의약품안전청장 또는 특별자치도지사·시장·군수·구청장은 영업자가 다음 각 호의 어느 하나에 해당하는 경우에는 대통령령으로 정하는 바에 따라 영업허가 또는 등록을 취소하거나 6개월 이내의 기간을 정하여 그 영업의 전부 또는 일부를 정지하거나 영업소 폐쇄(제37조 제4항에 따라 신고한 영업만 해당한다. 이하 이 조에서 같다)를 명할 수 있다. 〈**개정** 2011.6.7〉

1. 제4조부터 제6조까지, 제7조 제4항, 제8조, 제9조 제4항, 제10조 제2항, 제11조 제2항 또는 제12조의 2제 2항을 위반한 경우
2. 제13조 제1항을 위반한 경우
3. 제17조 제4항을 위반한 경우

4. 제19조 제1항을 위반한 경우
4의2. 제19조 제5항을 위반하여 허위의 보고를 하거나 변경 보고를 하지 아니한 경우
5. 제31조제1항을 위반한 경우
6. 제36조를 위반한 경우
7. 제37조 제1항 후단, 제3항, 제4항 후단 및 제6항을 위반하거나 같은 조 제2항에 따른 조건을 위반한 경우
7의2. 제37조 제5항에 따른 변경 등록을 하지 아니하거나 같은 항 단서를 위반한 경우
8. 제38조 제1항 제8호에 해당하는 경우
9. 제40조 제3항을 위반한 경우
10. 제41조 제5항을 위반한 경우
11. 제42조 제1항을 위반한 경우
12. 제43조에 따른 영업 제한을 위반한 경우
13. 제44조 제1항 · 제2항 및 제4항을 위반한 경우
14. 제45조 제1항 전단에 따른 회수 조치를 하지 아니한 경우
14의2. 제45조 제1항 후단에 따른 회수계획을 보고하지 아니하거나 거짓으로 보고한 경우
15. 제48조 제2항에 따른 위해요소중점관리기준을 지키지 아니한 경우
16. 제51조 제1항을 위반한 경우
17. 제71조 제1항, 제72조 제1항·제3항, 제73조 제1항 또는 제74조 제1항(제88조에 따라 준용되는 제71조 제1항, 제72조 제1항·제3항 또는 제74조 제1항을 포함한다)에 따른 명령을 위반한 경우
18. 「성매매알선 등 행위의 처벌에 관한 법률」 제4조에 따른 금지행위를 한 경우

② 식품의약품안전청장 또는 특별자치도지사·시장·군수·구청장은 영업자가 제1항에 따른 영업정지 명령을 위반하여 영업을 계속하면 영업허가 또는 등록을 취소하거나 영업소 폐쇄를 명할 수 있다. **〈개정** 2011.6.7〉

③ 식품의약품안전청장 또는 특별자치도지사·시장·군수·구청장은 다음 각 호의 어느 하나에 해당하는 경우에는 영업허가 또는 등록을 취소하거나 영업소 폐쇄를 명할 수 있다. **〈개정** 2011.6.7〉

1. 영업자가 정당한 사유 없이 6개월 이상 계속 휴업하는 경우
2. 영업자(제37조 제1항에 따라 영업허가를 받은 자만 해당한다)가 사실상 폐업하여 「부가가치세법」 제5조에 따라 관할세무서장에게 폐업신고를 하거나 관할세무서장이 사업자등록을 말소한 경우

④ 제1항 및 제2항에 따른 행정처분의 세부기준은 그 위반 행위의 유형과 위반 정도 등을 고려하여 보건복지부령으로 정한다. **〈개정** 2010.1.18〉

**제76조(품목 제조정지 등)** ① 식품의약품안전청장 또는 특별자치도지사·시장·군수·구청장은 영업자가 다음 각 호의 어느 하나에 해당하면 대통령령으로 정하는 바에 따라 해당 품목 또는 품목류(제7조 또는 제9조에 따라 정하여진 식품등의 기준 및 규격 중 동일한 기준 및 규격을 적용받아 제조·가공되는 모든 품목을 말한다. 이하 같다)에 대하여 기간을 정하여 6개월 이내의 제조정지를 명할 수 있다. **〈개정 2011.6.7〉**

1. 제7조 제4항을 위반한 경우
2. 제9조 제4항을 위반한 경우
3. 제10조 제2항을 위반한 경우

3의2. 제12조의 2제 2항을 위반한 경우

4. 제13조 제1항을 위반한 경우
5. 제31조 제1항을 위반한 경우

② 제1항에 따른 행정처분의 세부기준은 그 위반 행위의 유형과 위반 정도 등을 고려하여 보건복지부령으로 정한다. **〈개정 2010.1.18〉**

**제77조(영업허가 등의 취소 요청)** ① 보건복지부장관 또는 식품의약품안전청장은 「축산물위생관리법」, 「수산업법」 또는 「주세법」에 따라 허가 또는 면허를 받은 자가 제4조부터 제6조까지 또는 제7조 제4항을 위반한 경우에는 해당 허가 또는 면허 업무를 관할하는 중앙행정기관의 장에게 다음 각 호의 조치를 하도록 요청할 수 있다. 다만, 주류(酒類)는 「보건범죄단속에 관한 특별조치법」 제8조에 따른 유해 등의 기준에 해당하는 경우로 한정한다. **〈개정 2010.5.25〉**

1. 허가 또는 면허의 전부 또는 일부 취소
2. 일정 기간의 영업정지
3. 그 밖에 위생상 필요한 조치

② 제1항에 따라 영업허가 등의 취소 요청을 받은 관계 중앙행정기관의 장은 정당한 사유가 없으면 이에 따라야 하며, 그 조치결과를 지체 없이 보건복지부장관 또는 식품의약품안전청장에게 통보하여야 한다. **〈개정 2011.6.7〉**

**제78조(행정 제재처분 효과의 승계)** 영업자가 영업을 양도하거나 법인이 합병되는 경우에는 제75조 제1항 각 호, 같은 조 제2항 또는 제76조 제1항 각 호를 위반한 사유로 종전의 영업자에게 행한 행정 제재처분의 효과는 그 처분기간이 끝난 날부터 1년간 양수인이나 합병 후 존속하는 법인에 승계되며, 행정 제재처분 절차가 진행 중인 경우에는 양수인이나 합병 후 존속하는 법인에 대하여 행정 제재처분 절차를 계속할 수 있다. 다만, 양수인이나 합병 후 존속하는 법인이 양수하거나 합병할 때에 그 처분 또는 위반사실을 알지 못하였음을 증명하는 때에는

그러하지 아니하다.

**제79조(폐쇄조치 등)** ① 식품의약품안전청장, 시·도지사 또는 시장·군수·구청장은 제37조제1항, 제4항 또는 제5항을 위반하여 허가받지 아니하거나 신고 또는 등록하지 아니하고 영업을 하는 경우 또는 제75조 제1항 또는 제2항에 따라 허가 또는 등록이 취소되거나 영업소 폐쇄명령을 받은 후에도 계속하여 영업을 하는 경우에는 해당 영업소를 폐쇄하기 위하여 관계 공무원에게 다음 각 호의 조치를 하게 할 수 있다. 〈**개정** 2011. 6.7〉

1. 해당 영업소의 간판 등 영업 표지물의 제거나 삭제
2. 해당 영업소가 적법한 영업소가 아님을 알리는 게시문 등의 부착
3. 해당 영업소의 시설물과 영업에 사용하는 기구 등을 사용할 수 없게 하는 봉인(封印)

② 식품의약품안전청장, 시·도지사 또는 시장·군수·구청장은 제1항 제3호에 따라 봉인한 후 봉인을 계속할 필요가 없거나 해당 영업을 하는 자 또는 그 대리인이 해당 영업소 폐쇄를 약속하거나 그 밖의 정당한 사유를 들어 봉인의 해제를 요청하는 경우에는 봉인을 해제할 수 있다. 제1항 제2호에 따른 게시문 등의 경우에도 또한 같다.

③ 식품의약품안전청장, 시·도지사 또는 시장·군수·구청장은 제1항에 따른 조치를 하려면 해당 영업을 하는 자 또는 그 대리인에게 문서로 미리 알려야 한다. 다만, 급박한 사유가 있으면 그러하지 아니하다.

④ 제1항에 따른 조치는 그 영업을 할 수 없게 하는 데에 필요한 최소한의 범위에 그쳐야 한다.

⑤ 제1항의 경우에 관계 공무원은 그 권한을 표시하는 증표를 지니고 이를 관계인에게 내보여야 한다.

**제80조(면허취소 등)** ① 보건복지부장관 또는 특별자치도지사·시장·군수·구청장은 조리사가 다음 각 호의 어느 하나에 해당하면 그 면허를 취소하거나 6개월 이내의 기간을 정하여 업무정지를 명할 수 있다. 다만, 조리사가 제1호 또는 제5호에 해당할 경우 면허를 취소하여야 한다. 〈**개정** 2010.3.26〉

1. 제54조 각 호의 어느 하나에 해당하게 된 경우
2. 제56조에 따른 교육을 받지 아니한 경우
3. 식중독이나 그 밖에 위생과 관련한 중대한 사고 발생에 직무상의 책임이 있는 경우
4. 면허를 타인에게 대여하여 사용하게 한 경우
5. 업무정지기간 중에 조리사의 업무를 하는 경우

② 제1항에 따른 행정처분의 세부기준은 그 위반 행위의 유형과 위반 정도 등을 고려하여 보건복지부령으로 정한다. 〈**개정** 2010.1.18〉

[별표 23] 조리사의 행정처분 기준 〈개정 2011.8.19〉

| 위반 사항 | 근거 법령 | 행정처분기준 | | |
|---|---|---|---|---|
| | | 1차 위반 | 2차 위반 | 3차 위반 |
| 1. 법 제54조 각 호의 어느 하나에 해당하게 된 경우 | 법 제80조 | 면허취소 | | |
| 2. 법 제56조에 따른 교육을 받지 아니한 경우 | | 시정명령 | 업무정지 15일 | 업무정지 1개월 |
| 3. 식중독이나 그 밖에 위생과 관련한 중대한 사고 발생에 직무상의 책임이 있는 경우 | 법 제80조 | 업무정지 1개월 | 업무정지 2개월 | 면허취소 |
| 4. 면허를 타인에게 대여하여 사용하게 한 경우 | 법 제80조 | 업무정지 2개월 | 업무정지 3개월 | 면허취소 |
| 5. 업무정지기간 중에 조리사의 업무를 한 경우 | 법 제80조 | 면허취소 | | |

**제81조(청문)** 식품의약품안전청장, 시·도지사 또는 시장·군수·구청장은 다음 각 호의 어느 하나에 해당하는 처분을 하려면 청문을 하여야 한다. 〈**개정** 2011.6.7〉

1. 제19조의 2제 3항에 따른 수입식품신고 대행자 등록취소

1의2. 제27조에 따른 식품위생검사기관의 지정취소

2. 제48조 제8항에 따른 위해요소중점관리기준적용업소의 지정취소
3. 제75조 제1항부터 제3항까지의 규정에 따른 영업허가 또는 등록의 취소나 영업소의 폐쇄명령
4. 제80조 제1항에 따른 면허의 취소

**제82조(영업정지 등의 처분에 갈음하여 부과하는 과징금 처분)** ① 식품의약품안전청장, 시·도지사 또는 시장·군수·구청장은 영업자가 제75조 제1항 각 호 또는 제76조 제1항 각 호의 어느 하나에 해당하는 경우에는 대통령령으로 정하는 바에 따라 영업정지, 품목 제조정지 또는 품목류 제조정지 처분을 갈음하여 2억원 이하의 과징금을 부과할 수 있다. 다만, 제6조를 위반하여 제75조 제1항에 해당하는 경우와 제4조, 제5조, 제7조, 제10조, 제12조의2, 제13조, 제37조 및 제42조부터 제44조까지의 규정을 위반하여 제75조 제1항 또는 제76조 제1항에 해당하는 중대한 사항으로서 보건복지부령으로 정하는 경우는 제외한다. 〈**개정** 2011.6.7〉

② 제1항에 따른 과징금을 부과하는 위반 행위의 종류·정도 등에 따른 과징금의 금액과 그 밖에 필요한 사항은 대통령령으로 정한다.

③ 식품의약품안전청장, 시·도지사 또는 시장·군수·구청장은 과징금을 징수하기 위하여 필요한 경우에는 다음 각 호의 사항을 적은 문서로 관할 세무관서의 장에게 과세 정보 제공을 요청할 수 있다.

1. 납세자의 인적 사항, 2. 사용 목적, 3. 과징금 부과기준이 되는 매출금액

④ 식품의약품안전청장, 시·도지사 또는 시장·군수·구청장은 제1항에 따른 과징금을 기한 내에 납부하지 아니하는 때에는 대통령령으로 정하는 바에 따라 제1항에 따른 과징금 부과처분을 취소하고 제27조에 따른 식품위생검사 업무정지, 제75조 제1항 또는 제76조 제1항에 따른

영업정지 또는 제조정지 처분을 하거나 국세 또는 지방세 체납처분의 예에 따라 이를 징수한다. 다만, 다음 각 호의 어느 하나에 해당하는 경우에는 국세 또는 지방세 체납처분의 예에 따라 이를 징수한다. **〈개정 2011.6.7〉**

1. 제25조 제1항 및 제2항에 따른 식품위생검사기관의 유효기간이 지났거나 제27조에 따른 지정취소 등으로 식품위생검사업무 정지처분을 할 수 없는 경우
2. 제37조 제3항, 제4항 및 제5항에 따른 폐업 등으로 제75조제1항 또는 제76조제1항에 따른 영업정지 또는 제조정지 처분을 할 수 없는 경우

⑤ 제1항 및 제4항 단서에 따라 징수한 과징금 중 식품의약품안전청장이 부과 · 징수한 과징금은 국가에 귀속되고, 시·도지사가 부과·징수한 과징금은 시·도의 식품진흥기금(제89조에 따른 식품진흥기금을 말한다. 이하 이 항에서 같다)에 귀속되며, 시장·군수·구청장이 부과·징수한 과징금은 시·도와 시·군·구의 식품진흥기금에 귀속된다. 이 경우 시·도 및 시·군·구에 귀속시키는 방법 등은 대통령령으로 정한다.

⑥ 시·도지사는 제91조에 따라 제1항에 따른 과징금을 부과·징수할 권한을 시장·군수·구청장에게 위임한 경우에는 그에 필요한 경비를 대통령령으로 정하는 바에 따라 시장·군수·구청장에게 교부할 수 있다.

**제83조(위해식품등의 판매 등에 따른 과징금 부과 등)** ① 식품의약품안전청장, 시·도지사 또는 시장·군수·구청장은 위해식품등의 판매 등 금지에 관한 제4조부터 제6조까지 또는 제8조를 위반한 경우 다음 각 호의 어느 하나에 해당하는 자에 대하여 그가 판매한 해당 식품등의 소매가격에 상당하는 금액을 과징금으로 부과한다. **〈개정 2011.6.7〉**

1. 제4조제2호·제3호 및 제5호부터 제7호까지의 규정을 위반하여 제75조에 따라 영업정지 2개월 이상의 처분, 영업허가 및 등록의 취소 또는 영업소의 폐쇄명령을 받은 자
2. 제5조, 제6조 또는 제8조를 위반하여 제75조에 따라 영업허가 및 등록의 취소 또는 영업소의 폐쇄명령을 받은 자

② 제1항에 따른 과징금의 산출금액은 대통령령으로 정하는 바에 따라 결정하여 부과한다.

③ 제2항에 따라 부과된 과징금을 기한 내에 납부하지 아니하는 경우 또는 제37조제3항, 제4항 및 제5항에 따라 폐업한 경우에는 국세 또는 지방세 체납처분의 예에 따라 이를 징수한다. **〈개정 2011.6.7〉**

④ 제2항에 따라 부과한 과징금의 귀속, 귀속 비율 및 징수 절차 등에 대하여는 제82조제3항 · 제5항 및 제6항을 준용한다.

**제84조(위반사실 공표)** 식품의약품안전청장, 시·도지사 또는 시장·군수·구청장은 제72조, 제75조, 제76조, 제79조, 제82조 또는 제83조에 따라 행정처분이 확정된 영업자에 대한 처분 내용,

해당 영업소와 식품등의 명칭 등 처분과 관련한 영업 정보를 대통령령으로 정하는 바에 따라 공표하여야 한다.

## 제12장 보 칙

**제85조(국고 보조)** 보건복지부장관 또는 식품의약품안전청장은 예산의 범위에서 다음 경비의 전부 또는 일부를 보조할 수 있다. **〈개정 2011.8.4〉**

1. 제22조 제1항(제88조에서 준용하는 경우를 포함한다)에 따른 수거에 드는 경비
2. 제24조에 따라 지정된 식품위생검사기관의 검사와 실험에 드는 경비
3. 조합에서 실시하는 교육훈련에 드는 경비
4. 제32조 제1항에 따른 식품위생감시원과 제33조에 따른 소비자식품위생감시원 운영에 드는 경비
5. 정보원의 설립·운영에 드는 경비
6. 제60조 제6호에 따른 조사·연구 사업에 드는 경비
7. 제63조 제1항(제66조에서 준용하는 경우를 포함한다)에 따른 조합 또는 협회의 자율지도원 운영에 드는 경비
8. 제72조(제88조에서 준용하는 경우를 포함한다)에 따른 폐기에 드는 경비

**제86조(식중독에 관한 조사 보고)** ① 다음 각 호의 어느 하나에 해당하는 자는 지체 없이 관할 보건소장 또는 보건지소장에게 보고하여야 한다. 이 경우 의사나 한의사는 대통령령으로 정하는 바에 따라 식중독 환자나 식중독이 의심되는 자의 혈액 또는 배설물을 보관하는 데에 필요한 조치를 하여야 한다.

1. 식중독 환자나 식중독이 의심되는 자를 진단하였거나 그 사체를 검안(檢案)한 의사 또는 한의사
2. 집단급식소에서 제공한 식품등으로 인하여 식중독 환자나 식중독으로 의심되는 증세를 보이는 자를 발견한 집단급식소의 설치·운영자

② 보건소장 또는 보건지소장은 제1항에 따른 보고를 받은 때에는 지체 없이 그 사실을 보건복지부장관, 식품의약품안전청장, 시·도지사 및 시장·군수·구청장에게 보고하고, 대통령령으로 정하는 바에 따라 원인을 조사하여 그 결과를 보고하여야 한다. **〈개정 2010.1.18〉**

③ 식품의약품안전청장은 식중독 발생의 원인을 규명하기 위하여 식중독 의심환자가 발생한 원인시설 등에 대한 조사절차와 시험·검사 등에 필요한 사항을 정할 수 있다.

**제87조(식중독대책협의기구 설치)** ① 식품의약품안전청장은 식중독 발생의 효율적인 예방 및

확산방지를 위하여 교육과학기술부, 농림수산식품부, 보건복지부, 환경부, 식품의약품안전청, 시·도 등 유관기관으로 구성된 식중독대책협의기구를 설치·운영하여야 한다. **〈개정 2010.1.18〉**

② 제1항에 따른 식중독대책협의기구의 구성과 세부적인 운영사항 등은 대통령령으로 정한다.

**제88조(집단급식소)** ① 집단급식소를 설치·운영하려는 자는 보건복지부령으로 정하는 바에 따라 특별자치도지사·시장·군수·구청장에게 신고하여야 한다. **〈개정 2010.1.18〉**

② 집단급식소를 설치·운영하는 자는 집단급식소 시설의 유지·관리 등 급식을 위생적으로 관리하기 위하여 다음 각 호의 사항을 지켜야 한다. **〈개정 2010.1.18〉**

1. 식중독 환자가 발생하지 아니하도록 위생관리를 철저히 할 것
2. 조리·제공한 식품의 매회 1인분 분량을 보건복지부령으로 정하는 바에 따라 144시간 이상 보관할 것
3. 영양사를 두고 있는 경우 그 업무를 방해하지 아니할 것
4. 영양사를 두고 있는 경우 영양사가 집단급식소의 위생관리를 위하여 요청하는 사항에 대하여는 정당한 사유가 없으면 따를 것
5. 그 밖에 식품등의 위생적 관리를 위하여 필요하다고 보건복지부령으로 정하는 사항을 지킬 것

③ 집단급식소에 관하여는 제3조부터 제6조까지, 제7조 제4항, 제8조, 제9조 제4항, 제10조 제2항, 제22조, 제40조, 제41조, 제48조, 제71조, 제72조 및 제74조를 준용한다.

④ 집단급식소의 시설기준과 그 밖의 운영에 관한 사항은 보건복지부령으로 정한다. **〈개정 2010.1.18.〉**

**제89조(식품진흥기금)** ① 식품위생과 국민의 영양수준 향상을 위한 사업을 하는 데에 필요한 재원에 충당하기 위하여 시·도 및 시·군·구에 식품진흥기금(이하 "기금"이라 한다)을 설치한다.

②-④ 생략

**제90조(포상금 지급)** ① 식품의약품안전청장, 시·도지사 또는 시장·군수·구청장은 이 법에 위반되는 행위를 신고한 자에게 신고 내용별로 1천만원까지 포상금을 줄 수 있다.

② 제1항에 따른 포상금 지급의 기준·방법 및 절차 등에 관하여 필요한 사항은 대통령령으로 정한다.

**제90조의2(정보공개)** ① 식품의약품안전청장은 보유·관리하고 있는 식품등의 안전에 관한 정보

중 국민이 알아야 할 필요가 있다고 인정하는 정보에 대하여는 「공공기관의 정보공개에 관한 법률」에서 허용하는 범위에서 이를 국민에게 제공하도록 노력하여야 한다.

② 제1항에 따라 제공되는 정보의 범위, 제공 방법 및 절차 등에 필요한 사항은 대통령령으로 정한다.

**[본조신설 2011.8.4]**

**제91조(권한의 위임)** 이 법에 따른 보건복지부장관 또는 식품의약품안전청장의 권한은 대통령령으로 정하는 바에 따라 그 일부를 시·도지사 또는 지방식품의약품안전청장에게, 시·도지사의 권한은 그 일부를 시장·군수·구청장 또는 보건소장에게 각각 위임할 수 있다. **〈개정 2010.1.18〉**

**제92조(수수료)** 다음 각 호의 어느 하나에 해당하는 자는 보건복지부령으로 정하는 수수료를 내야 한다. **〈개정 2011.6.7〉**

1. 제12조의 3에 따른 표시·광고 심의를 신청하는 자
2. 제18조에 따른 안전성 평가를 받는 자
3. 제19조 제2항에 따른 검사를 받거나 같은 조 제3항제1호에 따른 수입식품등 사전확인등록을 신청하는 자

3의2. 제19조의 2에 따른 수입식품신고 대행 등록을 하는 자

4. 제24조에 따른 식품위생검사기관 지정을 신청하는 자
5. 제37조에 따른 허가를 받거나 신고 또는 등록을 하는 자
6. 제48조 제3항(제88조에서 준용하는 경우를 포함한다)에 따른 위해요소중점관리기준적용업소 지정을 신청하는 자
7. 제49조 제1항에 따른 식품이력추적관리를 위한 등록을 신청하는 자
8. 제53조에 따른 조리사 면허를 받는 자
9. 제88조에 따른 집단급식소의 설치·운영을 신고하는 자

## 제13장 벌 칙

**제93조(벌칙)** ① 다음 각 호의 어느 하나에 해당하는 질병에 걸린 동물을 사용하여 판매할 목적으로 식품 또는 식품첨가물을 제조·가공·수입 또는 조리한 자는 3년 이상의 징역에 처한다. **〈개정 2011.6.7〉**

1. 소해면상뇌증(狂牛病)
2. 탄저병

3. 가금 인플루엔자

② 다음 각 호의 어느 하나에 해당하는 원료 또는 성분 등을 사용하여 판매할 목적으로 식품 또는 식품첨가물을 제조·가공·수입 또는 조리한 자는 1년 이상의 징역에 처한다. **〈개정 2011.6.7〉**

1. 마황(麻黃)
2. 부자(附子)
3. 천오(川烏)
4. 초오(草烏)
5. 백부자(白附子)
6. 섬수(섬수)
7. 백선피(白鮮皮)
8. 사리풀

③ 제1항 및 제2항의 경우 제조·가공·수입·조리한 식품 또는 식품첨가물을 판매하였을 때에는 그 소매가격의 2배 이상 5배 이하에 해당하는 벌금을 병과(倂科)한다. **〈개정 2011.6.7〉**

**제94조(벌칙)** 다음 각 호의 어느 하나에 해당하는 자는 7년 이하의 징역 또는 1억원 이하의 벌금에 처하거나 이를 병과할 수 있다.

1. 제4조부터 제6조까지(제88조에서 준용하는 경우를 포함하고, 제93조 제1항 및 제3항에 해당하는 경우는 제외한다)를 위반한 자
2. 제8조(제88조에서 준용하는 경우를 포함한다)를 위반한 자
3. 제37조제1항을 위반한 자

**제95조(벌칙)** 다음 각 호의 어느 하나에 해당하는 자는 5년 이하의 징역 또는 5천만원 이하의 벌금에 처하거나 이를 병과할 수 있다.

1. 제7조 제4항(제88조에서 준용하는 경우를 포함한다), 제9조 제4항(제88조에서 준용하는 경우를 포함한다) 또는 제19조 제1항을 위반한 자
2. 제27조 제1호부터 제3호까지에 해당하는 위반행위를 한 자
3. 제43조에 따른 영업 제한을 위반한 자
4. 제72조 제1항 · 제3항(제88조에서 준용하는 경우를 포함한다) 또는 제73조제1항에 따른 명령을 위반한 자
5. 제75조 제1항에 따른 영업정지 명령을 위반하여 영업을 계속한 자(제37조제1항에 따른 영업허가를 받은 자만 해당한다)

**제96조(벌칙)** 제51조 또는 제52조를 위반한 자는 3년 이하의 징역 또는 3천만원 이하의 벌금에 처하거나 이를 병과할 수 있다.

**제97조(벌칙)** 다음 각 호의 어느 하나에 해당하는 자는 3년 이하의 징역 또는 3천만원 이하의 벌금에 처한다. **〈개정 2011.6.7〉**

1. 제10조 제2항(제88조에서 준용하는 경우를 포함한다), 제12조의 2제2항, 제13조 제1항, 제17조 제4항, 제31조 제1항, 제34조 제4항, 제37조 제3항·제4항, 제39조 제3항, 제48조 제2항·제10항 또는 제55조를 위반한 자
2. 제19조 제2항, 제22조 제1항(제88조에서 준용하는 경우를 포함한다) 또는 제72조 제1항·제2항(제88조에서 준용하는 경우를 포함한다)에 따른 검사·출입·수거·압류·폐기를 거부·방해 또는 기피한 자
3. 제20조 제4항 제1호부터 제3호까지에 해당하는 위반행위를 한 자
4. 제36조에 따른 시설기준을 갖추지 못한 영업자
5. 제37조 제2항에 따른 조건을 갖추지 못한 영업자
6. 제42조 제1항 또는 제44조 제1항에 따라 영업자가 지켜야 할 사항을 지키지 아니한 자. 다만, 보건복지부령으로 정하는 경미한 사항을 위반한 자는 제외한다.
7. 제75조 제1항에 따른 영업정지 명령을 위반하여 계속 영업한 자(제37조제4항 또는 제5항에 따라 영업신고 또는 등록을 한 자만 해당한다) 또는 같은 조 제1항 및 제2항에 따른 영업소 폐쇄명령을 위반하여 영업을 계속한 자
8. 제76조 제1항에 따른 제조정지 명령을 위반한 자
9. 제79조 제1항에 따라 관계 공무원이 부착한 봉인 또는 게시문 등을 함부로 제거하거나 손상시킨 자

**제98조(벌칙)** 다음 각 호의 어느 하나에 해당하는 자는 1년 이하의 징역 또는 300만원 이하의 벌금에 처한다. **〈개정 2011.6.7〉**

1. 제44조 제3항을 위반하여 접객행위를 하거나 다른 사람에게 그 행위를 알선한 자
2. 제46조 제1항을 위반하여 소비자로부터 이물 발견의 신고를 접수하고 이를 거짓으로 보고한 자
3. 이물의 발견을 거짓으로 신고한 자
4. 제45조제1항 후단을 위반하여 보고를 하지 아니하거나 거짓으로 보고한 자

**제99조(벌칙 적용에서의 공무원 의제)** 제24조 제2항에 따라 지정된 식품위생검사기관의 임직원은 「형법」 제129조부터 제132조까지의 규정에 따른 벌칙의 적용에서는 공무원으로 본다.

**제100조(양벌규정)** 법인의 대표자나 법인 또는 개인의 대리인, 사용인, 그 밖의 종업원이 그 법인 또는 개인의 업무에 관하여 제93조 제3항 또는 제94조부터 제97조까지의 어느 하나에 해당하는 위반행위를 하면 그 행위자를 벌하는 외에 그 법인 또는 개인에게도 해당 조문의 벌금형을 과(科)하고, 제93조제1항의 위반행위를 하면 그 법인 또는 개인에 대하여도 1억5천만원 이하의 벌금에 처하며, 제93조 제2항의 위반행위를 하면 그 법인 또는 개인에 대하여도 5천만원 이하의 벌금에 처한다. 다만, 법인 또는 개인이 그 위반행위를 방지하기 위하여 해당 업무에 관하여 상당한 주의와 감독을 게을리하지 아니한 경우에는 그러하지 아니하다.

**제101조(과태료)** ① 다음 각 호의 어느 하나에 해당하는 자에게는 1천만원이하의 과태료를 부과한다.

1. 제11조 제2항을 위반하여 영양표시 기준을 준수하지 아니한 자

② 다음 각 호의 어느 하나에 해당하는 자에게는 500만원이하의 과태료를 부과한다. **〈개정 2011.6.7〉**

1. 제3조·제40조 제1항 및 제3항(제88조에서 준용하는 경우를 포함한다), 제41조 제1항 및 제5항(제88조에서 준용하는 경우를 포함한다) 또는 제86조 제1항을 위반한 자

1의2. 제19조의 3 제1항을 위반하여 교육을 받지 아니한 영업자

1의3. 제19조의 4 제2항을 위반하여 검사기한 내에 검사를 받지 아니하거나 자료 등을 제출하지 아니한 영업자

1의4. 제31조 제3항을 위반하여 보고를 하지 아니하거나 거짓 보고를 한 자

2. 제34조 제5항을 위반하여 보고를 하지 아니하거나 허위의 보고를 한 자
3. 제37조 제6항을 위반하여 보고를 하지 아니하거나 허위의 보고를 한 자
4. 제42조 제2항을 위반하여 보고를 하지 아니하거나 허위의 보고를 한 자
5. 삭제 **〈2011.6.7.〉**
6. 제48조 제9항(제88조에서 준용하는 경우를 포함한다)을 위반한 자
7. 제56조 제1항을 위반하여 교육을 받지 아니한 자
8. 제74조 제1항(제88조에서 준용하는 경우를 포함한다)에 따른 명령에 위반한 자
9. 제88조 제1항을 위반하여 신고를 하지 아니하거나 허위의 신고를 한 자
10. 제88조 제2항을 위반한 자

③ 다음 각 호의 어느 하나에 해당하는 자에게는 300만원이하의 과태료를 부과한다. **〈개정 2010.1.18〉**

1. 제29조 제3항을 위반하여 검사기관 운영자의 지위를 승계하고 1개월 이내에 지위승계를 신고하지 아니한 자
2. 제42조 제1항 또는 제44조 제1항에 따라 영업자가 지켜야 할 사항 중 보건복지부령으로

정하는 경미한 사항을 지키지 아니한 자

3. 제46조 제1항을 위반하여 소비자로부터 이물 발견신고를 받고 보고하지 아니한 자
4. 제49조 제3항을 위반하여 식품이력추적관리 등록사항이 변경된 경우 변경사유가 발생한 날부터 1개월 이내에 신고하지 아니한 자

④ 제1항부터 제3항까지의 규정에 따른 과태료는 대통령령으로 정하는 바에 따라 식품의약품안전청장, 시·도지사 또는 시장·군수·구청장이 부과·징수한다.

**제102조(과태료에 관한 규정 적용의 특례)** 제101조의 과태료에 관한 규정을 적용하는 경우 제82조에 따라 과징금을 부과한 행위에 대하여는 과태료를 부과할 수 없다. 다만, 제82조 제4항 본문에 따라 과징금 부과처분을 취소하고 영업정지 또는 제조정지 처분을 한 경우에는 그러하지 아니하다.

# 참고문헌


1. 강희양 : 보건학개론, 형설출판사(1985)
2. 고양태 외 8명 : 독물학, 정문사(1995)
3. 금종화 외 14명 : 알기쉬운 식품위생학, 효일(2011)
4. 김광수 외 5명 : 식품화학, 학문사(2000)
5. 김동술 외 1명 : 꼭 알아야 할 식품위생, 유림문화사(1998)
6. 김동한 : 위생과 식중독, 광문각(1998)
7. 김미정 외 1명 : 식품위생학, 라이프사이언스(2006)
8. 김영환 : 위생곤충학, 대학서림(1998)
9. 김오식 외 1명 : 산업독성학(1998)
10. 김우정 외 1명 : 식품관능검사법, 도서출판 효일(2001)
11. 김진수 : 식품냉동냉장학, 도서출판 효일(2000)
12. 나규환 외 5명 : 환경독성학, 동화기술(1997)
13. 문범수 : 식품위생학, 신광출판사(2007)
14. 박원희 외 5명 : 최신미생물학, 정문각(2000)
15. 박춘란 외 4명 : 단체급식, 광문각(2001)
16. 박홍현 외 3명 : 실무를 위한 식품위생학, 광문각(2001)
17. 백운하 : 해충학, 향문사(1987)
18. 보건복지부 : 보건사회통계연보
19. 성낙계 : 최신발효화학, 형설출판사(1998)
20. 송형익 외 4명 : 현대식품위생학, 지구문화사(1999)
21. 식품의약품안전청 : 식중독 예방 대국민 홍보사이트(2011)
22. 식품의약품안전청 : 식중독 예방교육 표준교재(2003)
23. 식품의약품안전청 : 식품위생법(2011)
24. 식품의약품안전청 : 식품위생법(2011)
25. 식품의약품안전청 : 식품첨가물공전(1999)
26. 식품의약품안전청 : 식품첨가물공전(2010)
27. 신광순 외 3명 : 최신식품위생학, 신광출판사(1987)
28. 안용근 외 4명 : 식품가공·저장학, 도서출한 효일(2001)
29. 양용석 : 인체기생충학, 대학서림(1985)

30. 오승희 외 1명 : 최신식품위생학, 문운당(1996)
31. 유대식 : 식품미생물학개론, 학문사(1995)
32. 이갑상 외 2명 : 발효공학, 학문사(1991)
33. 이영자 외 1명 : 역학 및 질병관리(1980)
34. 이정렬 외 1명 : 역학과 건강증진, 수문사(1996)
35. 이지열 : 원색한국버섯도감, 아카데미서적(1988)
36. 이치영 외 3명 : 식품위생학, 동화기술
37. 이한일 : 위생곤충학, 고문사(1997)
38. 장동석 외 4명 : 식품위생학, 정문각(1999)
39. 저곡해충편람 : 국립농산물검사소(1993)
40. 정현옥 외 3명 : 독성학개론, 동화기술(1996)
41. 조규성 외 5명 : 식품분석법, 학문사(1995)
42. 학교급식업무편람 : 경상북도교육청(2000)
43. 한국보건정보교육학회 : 보건정보학개론, 현문사(2000)
44. 한국식품공업협회 : 식품첨가물공전(1999)
45. 한국식품공업협회 : 월간 식품정보
46. 한국식품위생학회 : 한국식품위생학회지
47. 한명규 : 식품화학, 형설출판사(1998)
48. A Conceptual Framework to assess the risks of Human Disease Following Exposure to Pathogen Risk Analysis Vol. 6, ILSI Risk Science Institute Patogen Risk Assessment Working Group
49. An identification procedure for foodborne microbial hazards International Journal of Food Microbiology 38 (1997) 1~15
50. Comparison of microbiological risk assessment studies published International Journal of Food Microbiology 58 (2000) 197~202
51. Food safety, Hazard Analysis and Critical Control Point and the increase in foodborne disease: a paradox? Food Control 10 (1000) 325~333
52. Guide to Minimize Microbial Food Safety Hazards for Fresh Fruits and Vegetables U.S. DHHS, FDA, CFSAN, October, 1998
53. Hazard Analysis and Critical Control Point Identification in Ice Cream Plants Dairy and Food Sanitation, Vol. 8, No. 3, Pages 131~135 (March 1988)
54. Hazard Assessment of Listeria monocytogenes in the Processing of Bovine Milk Journal of Food Protection, Vol. 57, No. 8, 1994, Pages 689~697

55. Hazard identification and exposure assessment for microbial food safety risk assessment International Journal of Food Microbiology 58 (2000) 147~157
56. Microbial risk assessment: dose-response relations and risk characterization International Journal of Food Microbiology 58 (2000) 159~172
57. Microbiological risk assessment in Europe: the next decade International Journal of Food Microbiology 58 (2000) 223~230
58. Microbiological risk assessment: a new approach to food safety control International Journal of Food Microbiology 58 (2000) 173~179
59. Pathogen Bacteria in Milk - A Review Dairy and Food Sanitation, Vol. 8, No. 3, Pages 131~135 (March 1988)
60. Predictive microbiology and food safety International Journal of Food Microbiology 58 (2000) 183~192
61. Risk analysis in HACCP: burden or benefit? Food Control Vol.9 No.2-3 pp. 171~176, 1998
62. Risk assessment of microbiological hazards in foods (Report of the Joint FAO/WHO Expert Consultation Geneva, Switzerland, 15 to 19 march 1999)
63. Risk Assessment of Microbiological Hazards in Foods (Report of the Joint FAO/WHO Expert Consultation on, 2000)

# 찾아보기

## 한글 찾아보기



### ㄱ

ㄴ

## ㅂ



## ㅅ

### ㅇ

## ㅌ



## ㅍ



## ㅎ

## 영문 찾아보기

### A

## L



## M



## N

## O



## P



## Q

## R



## S

판 권
소 유


| 표준 식품위생학 |

**발행일** 2012년 2월 1일 초판 인쇄
2012년 2월 10일 초판 발행

**저 자** 채용곤 · 이광배

**발행인** 김 시 동
**발행처** 정 문 각
서울특별시 마포구 백범로 104번지 401호
(지번주소 : 서울특별시 마포구 대흥동 210-1 봉화빌딩 4층)

**출판등록** 1990년 10월 25일 9-246호
**전 화** 02) 713-0421~3
**팩 스** 02) 704-6265
**전자우편** jungmunk@unitel.co.kr
**홈페이지** www.jungmunkag.co.kr





**정 가** **28,000원**





ISBN 978-89-7742-491-3 93510